第二版

磨料、磨具与磨削技术

李伯民　赵波　李清　编著

化学工业出版社

·北京·

本书全面介绍磨料、磨具与磨削技术。磨削技术是先进制造技术中的重要领域，是现代制造业实现精密加工、超精密加工最有效、应用最广的制造技术，磨削加工占机械加工总量的 30％～40％，在众多产业部门得到广泛应用。本书系统论述了磨料的结晶原理、性能及生产工艺，各类磨具特性及生产工艺，磨削原理及各种磨削工艺技术；本书还对传统磨削领域的实用技术进行介绍，并对磨削领域最新研究成果及新开发的技术进行重点论述。与第一版相比，本书第二版增加了"超精密磨削与镜面磨削"、"超高速磨削技术"、"难加工材料的磨削工艺"等更多内容。本书具有系统性强、实用性强、实践性强的特点。

本书可供广大机械加工、材料加工企业及研究部门工程技术人员、技术工人学习磨料、磨具、磨削技术使用，还可作为相关大专院校机械制造专业、材料加工专业和磨料、磨具专业在校师生的教学参考用书。

图书在版编目（CIP）数据

磨料、磨具与磨削技术/李伯民，赵波，李清编著．—2 版．
北京：化学工业出版社，2015.10（2025.1 重印）
ISBN 978-7-122-24885-5

Ⅰ．①磨…　Ⅱ．①李…②赵…③李…　Ⅲ．①磨料②磨具
③磨削　Ⅳ．①TG7②TG58

中国版本图书馆 CIP 数据核字（2015）第 185672 号

责任编辑：朱　彤　　　　　　　　　　　　装帧设计：刘丽华
责任校对：吴　静

出版发行：化学工业出版社（北京市东城区青年湖南街 13 号　邮政编码 100011）
印　　装：北京虎彩文化传播有限公司
787mm×1092mm　1/16　印张 25　字数 690 千字　2025 年 1 月北京第 2 版第 3 次印刷

购书咨询：010-64518888　　　　　　售后服务：010-64518899
网　　址：http：//www.cip.com.cn
凡购买本书，如有缺损质量问题，本社销售中心负责调换。

定　　价：158.00 元
版权所有　违者必究

第二版前言

本书第一版自出版以来，受到广大读者朋友的欢迎，许多读者纷纷来电、来信咨询相关技术问题，为我国磨料、磨具与磨削技术的推广、应用起到了很好的引领作用。本书在2013年1月被评为2012年中国石油与化学工业优秀科技图书二等奖。对此，编者表示衷心的感谢！

磨料、磨具与磨削技术是现代制造业领域基础技术，是先进制造技术的重要内容，在化工、地矿、建材、军工、轻工业等行业得到广泛应用，特别是在机械装备制造业的应用更为重要。本书将磨料、磨具与磨削技术内容汇集一册，而市场上相关书籍多侧重于某方面的介绍，因此，本书编写内容更为具体、系统和全面。

本次再版，依然力求强化工程实际，特别突出当前的最新工程应用实际和最新技术成果，对磨料的结晶原理，磨料性能及其生产工艺，各类磨具的特性、磨具配方构成及其制造工艺过程，并对磨削原理及其应用等方面进行了更为系统的阐述，综合了近年来磨料、磨具、磨削技术的最新技术成果，以适应新形势下对磨料、磨具与磨削技术的最新要求，同时修订时基本保持了原有的体系和写作特色。本次再版修订的内容主要有以下几个方面。

（1）将原第一版的磨削液、砂轮磨损与修整、表面质量完整性等内容重新进行了调整，以增强和完善磨削原理的系统性和完整性。

（2）重新补充、编写了"超精密磨削与镜面磨削"内容，以适应新形势下对磨削技术的最新要求。

（3）重新补充、编写了"超高速磨削技术"、"难加工材料的磨削工艺"内容，以凸显磨削高新技术的实用性和重要性。

（4）其他章节也进行了大量更新、增补和修改。

由于磨料、磨具与磨削技术日新月异，而作者时间和水平所限，书中疏漏在所难免，敬请各位读者和同仁指正。

编者
2015 年 9 月

第一版前言

磨削是用磨料或磨具去除材料的加工方法。磨料、磨具是磨削加工的工具。磨削涵盖了固结磨具的各种工艺方法、涂附磨具的各种工艺方法、游离磨料（粒）的各种工艺方法。从制造工艺方法分类讲，磨削是一个大类，是一个总称。由于人类生活质量的提高，国民经济各部门所需多品种、多功能、高精度、高品质、高度自动化技术装备的开发和制造，促进了先进制造技术的发展。磨削技术是先进制造技术中的重要领域，是现代制造业中实现精密加工、超精密加工最有效、应用最广的制造技术。有资料表明，磨削加工占机械加工总量的$30\%\sim40\%$，在机械、航空航天、国防、石油化工、机床、交通运输、建筑、农业机械、微加工、芯片制造众多产业部门得到广泛应用。

磨料、磨具与磨削技术的发展趋势正朝着采用超硬磨料、磨具和高速、高效、高精度磨削工艺及装备CNC磨床与磨削加工中心方向发展。但在中国制造业中普通磨床，普通磨料、磨具，普通磨削工艺仍占有重要地位。因此，本书既对传统磨削技术领域的实用技术进行了论述，又对磨削领域最新研究成果与技术开发进行了必要的介绍；在内容上突出磨料、磨具与磨削技术的实用性。对磨料的结晶原理、磨料特性及磨料生产工艺在第1章进行了论述；将各类磨具的磨料、黏结剂、组织、硬度等特性，黏结剂构成与配方，磨具成形等生产工艺列为第2章，第3～8章分别对磨削原理、砂轮修整、磨削液、固结磨具磨削工艺、涂附磨具磨削工艺、游离磨粒加工技术进行了阐述；第9章对磨削加工质量与检测技术进行了介绍。对于磨削加工装备——磨床结构及控制技术，因篇幅所限，本书没有进行专门论述，但对数控磨削加工进行了适当介绍。

本书第1、2、7章由李伯民教授编写，第3、4章及第6章第7节和第9章第7～9节由赵波教授（博士）编写，第5章和第9章第1～6节由贺子杳编写，第6章第1～6节、第8章由李清副教授编写。全书由李伯民教授统稿，王建红女士为本书书稿及图形处理做了辛勤的工作。本书的出版得到化学工业出版社的大力支持。

由于磨料、磨具与磨削技术是一门多学科、高新技术相结合的综合性技术，涉及知识面宽，限于编者学识有限，书中难免存在不当之处，敬请读者批评指正。

编者

2009 年 4 月

目 录

第1章

磨 料

1.1 概述

1.1.1 磨料定义

磨料的概念是随着科学技术的发展，在不同阶段有不同含义。1982 年出版的《科学技术百科词典》的解释是磨料是用于打磨或磨削其他材料的硬度极高的材料，磨料可以单独使用，也可以制备制成砂轮或涂附在纸或布上使用。1992 年国际生产工程研究会编写的《机械制造技术词典》将磨料定义为："磨料是具有颗粒形状的和切削能力的天然或人造材料"。2006 年 5 月中国标准出版社出版的《机械工程标准磨料与磨具》中规定的磨料的概念是：磨料是在磨削、研磨和抛光中起作用的材料；磨粒是用人工方法制成特定粒度，用以制造切除材料余量的磨削、抛光和研磨工具的颗粒材料；粗磨粒是 4～220 粒度的磨料；微粒是不粗于 240 粒度的普通磨料或细于 $36\mu m/54\mu m$ 的超硬磨料；在自由状态下直接进行研磨或抛光的磨粒。

磨料已成为制造业、国防工业、现代高新技术产业中应用的重要材料。用磨料可以制成各种不同类型或不同形状的磨具或砂轮。磨料是磨具能够进行磨削加工的主体材料，可直接使用磨料对工件进行研磨或抛光。对于磨料用于材料及电工制品等非磨削加工领域，本书不再述及。

1.1.2 磨料分类及代号

磨料分为普通磨料与超硬磨料两大类，在这两大类中又分为天然磨料与人造磨料。依据磨料的磨削性能，磨料的分类如图 1-1 所示。

天然普通磨料，在古代使用较多。由于天然普通磨料硬度较低，组织不均匀，含杂质多，其磨削性能较差，现已很少应用，现代工业中主要使用人造普通磨料，我国使用的人造普通磨料的品种及代号，已列入国家标准。表 1-1 所示为我国普通磨料的名称及代号（摘自 GB/T 2476—1994）。

天然金刚石（又名钻石）是罕见的矿物质，宝石级金刚石晶莹剔透，显现特有的光泽，熠熠生辉。古代便开始用它制作美丽的装饰品，近代对金刚石的特殊性能及使用价值的开发，使金刚石昔日的装饰变成现代工业和科学技术的瑰宝，1954 年人造金刚玉问世，1957 年立方氮化硼研制成功，超硬磨料得到迅速发展。人造金刚石和立方氮化硼的品种代号及适用范围列于表 1-2 中。

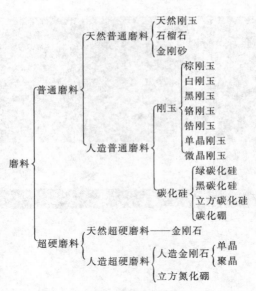

图 1-1 磨料的分类

表 1-1 普通磨料代号 （摘自 GB/T 2476—1994）

系　别	名　称	代　号
刚玉	棕刚玉	A
	白刚玉	WA
	单晶刚玉	SA
	微晶刚玉	MA
	铬刚玉	PA
	锆刚玉	ZA
	黑刚玉	BA
碳化物	黑碳化硅	C
	绿碳化硅	GC
	立方碳化硅	SC
	碳化硼	BC

表 1-2 人造金刚石、立方氮化硼的品种代号及适用范围 （摘自 GB/T 6405—1994）

品　种		适　用　范　围		
系列	代号	粒　度/μm		推荐用途
		窄范围	宽范围	
人造金刚石	PVD	60/70～325/400		树脂、陶瓷结合剂制品等
	MBD	35/40～325/400	30/40～60/80	金属结合剂磨具、锯切、钻探工具及电镀制品
	SCD	60/70～325/400		树脂结合剂磨具,加工钢与硬质合金组合件等
	SMD	16/18～60/70	16/20～60/80	锯切、钻探及修整工具
	DMD	16/18～60/70	16/20～40/50	修整工具
	M-SD	36/54～0/0.5		硬、脆材料的精磨、研磨和抛光等
立方氮化硼	CBN	20/25～325/400	20/30～60/80	树脂、陶瓷结合剂制品等
	M-CBN	36/54～0/0.5		硬、韧材料的精磨、研磨和抛光等

1.1.3　磨料应具有的基本性能

磨料是构成磨具的主要原料且可以直接用于研磨和抛光。磨料是磨具能够磨削工件的主体材料。为能适应各种工件材料加工的需要，磨料应具备以下基本性能：硬度、韧性、强度、热稳定性、化学稳定性。

（1）磨料应具有很高的硬度

硬度是磨料的基本性能。磨削作用是通过磨料刻划工件表面完成。为此，磨料要能够切入工件，其硬度必须高于工件的硬度。磨料和硬质合金的显微硬度比较如下：

棕刚玉	19600～21600MPa
锆刚玉	14700MPa
铬刚玉	21600～22600MPa
绿碳化硅	31000～34000MPa
碳化硼	40000～45000MPa
立方碳化硼	73000～100000MPa
人造金刚石	86000～106000MPa
钨钴类硬质合金	16500～17500MPa
钨钴钛类硬质合金	28000～30000MPa

磨料的硬度是与磨料的化学成分、结晶构造的完整程度、熔合在结晶中的杂质等有关。由于各种磨料的化学成分、杂质的含量及结晶构造都不同，所以每一类磨料部分地适合于某一特定用途。

（2）磨料必须具有一定的韧性

韧性是指磨料的磨粒在受力或冲击作用时抵抗破裂的能力。适当的韧性能保证磨粒微刃的切削作用，并在钝化后能够破裂面产生新的切削微刃，以继续保持其锋利状态。如果磨料脆性较大，就会在尚未充分发挥切削作用之前就被破损。磨料的韧性在很大程度上决定于它的结晶状态（包括结晶中存在的裂纹、孔隙等缺陷）、晶体的大小和磨料宏观几何形状及制粒方法等因素。例如，在棕刚玉磨料的成分中，随着 TiO_2 含量的增加，集合体相应增加，而单晶体和紧密集合体将相应减少。由于集合体中玻璃（非晶体）含量多，从而降低了棕刚玉的韧性。磨粒形状也影响其韧性。等体积形磨粒比片状或针状磨粒的韧性要高。

（3）磨粒应具有一定的机械强度

磨粒在磨削过程中要反复受到磨削力的作用，并在接触工作时要受到冲击载荷及磨削温度的影响，磨粒还会产生热应力。因此，磨粒必须有一定的机械强度，才能保证磨粒发挥切削作用。磨粒的强度与材质及结晶有直接关系。一般来说，刚玉系磨粒的强度高于碳化物系的磨粒。在刚玉系磨粒中，锆刚玉的强度最高，棕刚玉的强度高于白刚玉。在碳化物系磨粒中，黑碳化硅的强度高于绿碳化硅。对于金刚石磨料更是一项重要的性能指标，它以金刚石的抗压能力来表示。磨料呈单晶状态晶形完整的磨粒强度较高。

（4）磨料应具有热稳定性（红硬性）

由于磨削区的温度很高（为 400～1000℃），因此要求磨粒在高温下仍能具有必要的物理力学性能，以继续保持其锋利的切削刃。

（5）磨料应具有热稳定性

磨料与被加工工件材料应不易起化学反应，以免产生黏附和扩散作用，造成磨具的堵塞或磨粒的钝化，致使降低或丧失切削能力。

（6）磨料应具有较好的制粒工艺性

为适应磨削加工，磨料应能制成尺寸范围广、颗粒形态较整齐均匀、形状较规则的磨粒，难以制成颗粒的硬度、韧性较高的材料，不适宜作磨料，如硬质合金粉末。

1.1.4 磨料的粒度

磨料的粒度是指磨料颗粒的粗细程度。磨料的粒度规格用粒度号来表示。磨料的国家标准把粒度规格分为两类：一类是用于固结磨具、研磨、抛光的磨料粒度规格，其粒度号以"F"打头，称为"F 粒度号磨料"；另一类是用于涂附磨料的磨料粒度规格，其粒度号以"P"打头，称为"P 粒度号磨料"。

(1) F 粒度号规格

GB/T 2481—1998 规定，普通磨料粒度按颗粒尺寸大小，分为 37 个粒度号，其筛比为 1.1892，即 F4、F5、F6、F7、F8、F10、F12、F14、F16、F20、F22、F24、F30、F36、F40、F46、F54、F60、F70、F80、F90、F100、F120、F150、F180、F220、F230、F240、F280、F320、F360、F400、F500、F600、F800、F1000、F1200。

根据磨料生产工艺，磨料粒度在 F4～F220 部分的称为"粗磨粒"，其磨粒尺寸在 $63\mu m$ 以上，多用筛分法生产；磨料粒度在 F230～F1200 范围内，磨粒尺寸小于 $63\mu m$ 的称为"微粉"，多用水选法生产。

F4～F220 粗磨粒磨料粒度组成、F230～F1200 微粉磨料粒度组成（光电沉降粒度）及 F230～F1200 微粉磨料粒度组成参见 GB/T 2481—1998 标准。

(2) P 粒度号规格

在涂附磨具中使用 P 粒度号磨料（P 为 popular 的第一个字母）。国标规定磨料有 28 个粒度号，即 P12、P16、P20、P24、P30、P36、P40、P50、P60、P80、P100、P120、P150、P180、P220、P240、P280、P320、P360、P400、P500、P600、P800、P1000、P1200、P1500、P2000、P2500。

P12～P220 磨料较粗，其筛比为 1.892。P240～P2500 磨料为粒度较细及微粉磨料，所用筛比为 1.120→1.589→1.196。P12～P220 磨料粒度组成与 P240～P2500 磨料粒度组成参见 GB/T 9258—2000 标准。

(3) 超硬磨料的粒度号

GB/T 6406—1996 等效于 ISO 6106—1979《超硬磨料制品——金刚石或立方氮化硼颗粒尺寸》，共有 25 个粒度号，其筛比为 1.18，其窄范围 20 个，宽范围 5 个。各个粒度号的尺寸范围以本粒度上、下检查筛的网孔尺寸范围表示。各粒度号的颗粒尺寸范围及粒度组成列于表 1-3 中。

表 1-3 超硬磨料的粒度标准（GB/T 6406—1996）

粒度标记	公称筛孔尺寸范围/μm	99.9%通过的网孔尺寸(上限筛)/μm	上检查筛		下检查筛			不多于2%通过的网孔尺寸(下限筛)/μm
			网孔尺寸/μm	筛上物(不多于)/%	网孔尺寸/μm	筛上物(不多于)/%	筛下物(不多于)/%	
窄范围								
16/18	1180/1000	1700	1180	8	1180	90	8	710
18/20	1000/850	1400	1000	8	850	90	8	600
20/25	850/710	1180	850	8	710	90	8	500
25/30	710/600	1000	710	8	600	90	8	425
30/35	600/500	850	600	8	500	90	8	355
35/40	500/425	710	500	8	425	90	8	300
40/45	425/355	600	455	8	360	90	8	255
45/50	355/300	500	384	8	302	90	8	213
50/60	300/250	455	322	8	255	90	8	181
60/70	250/212	384	271	8	213	90	8	151

续表

粒度标记	公称筛孔尺寸范围/μm	99.9%通过的网孔尺寸(上限筛)/μm	上检查筛		下检查筛			不多于2%通过的网孔尺寸(下限筛)/μm
			网孔尺寸/μm	筛上物(不多于)/%	网孔尺寸/μm	筛上物(不多于)/%	筛下物(不多于)/%	
窄范围								
70/80	212/180	322	227	8	181	90	8	127
80/100	180/150	271	197	10	151	87	10	107
100/120	150/125	227	165	10	127	87	10	90
120/140	125/106	197	139	10	107	87	10	75
140/170	106/90	165	116	11	90	85	11	65
170/200	90/75	139	97	11	75	85	11	57
200/230	75/63	116	85	11	65	85	11	49
230/270	63/53	97	75	11	57	85	11	41
270/325	53/45	85	65	15	49	80	15	
325/400	45/38	75	57	15	41	80	15	
宽范围								
16/20	1180/850	1700	1180	8	850	90	8	600
20/30	850/600	1180	850	8	600	90	8	425
30/40	600/425	850	600	8	425	90	8	300
40/50	425/300	600	455	8	302	90	8	213
60/80	250/180	384	271	8	181	90	8	127

注:隔离线以上用金属织筛,其余用电成形筛筛分。

(4) 粒度组成

各粒度号磨料产品不是单一尺寸的粒群,不是尺寸仅限于相邻两筛网孔径之间的立群,而是跨越几个筛号的若干粒群集合,在规定各粒度号磨料的尺寸范围以及每个粒度号中各粒群的质量比例关系时,把各粒度号磨料的颗粒分为五个粒群,即最粗粒、粗粒、基本粒、混合粒和细粒。基本粒是指该粒度对应的筛网与相邻的粗一号筛网孔径尺寸间的粒群;粗粒是与基本粒最邻近的较粗的一个粒群;细粒是与基本粒邻近的较细的一个粒群;最粗粒是比粗粒尺寸更大的粒群;混合粒是基本粒群与相邻的较细粒群之和。

以 F36 磨料为例,说明各粒群的尺寸范围,如图 1-2 所示。磨料粒度组成就是测量计算各粒群所占的质量分数。

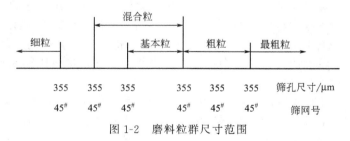

图 1-2 磨料粒群尺寸范围

我国国家标准规定的检查用筛号列于表 1-4 中。

国家标准规定微粉粒度号为 F230～F1200,若采用光电沉降仪检测,$R = 2^{1/2} \approx 1.4142$ 为公比数;若采用沉降管粒度仪检测,R 从 $1.173 \to 1.305 \to 1.197$,没有确定的公比数。

在 P 系列中,国家标准规定磨粒粒度号为 P12～P220 的公比数,$R = 2^{1/4} \approx 1.1892$ 为主。国家标准规定微粉粒度号为 P240～P2500,若采用沉降管粒度仪检测,R 从 $1.120 \to 1.589 \to 1.196$,没有确定的公比数。

表 1-4　我国国家标准规定的检查用筛号　　　　　　　　　　　　　　μm

筛号	网孔基本尺寸	筛号	网孔基本尺寸	筛号	网孔基本尺寸
5/16	8000	14	1400	70	212
0.265	6700	16	1180	80	180
3½	5600	18	1000	100	150
		20	850	120	125
4	4750	25	710	140	106
5	4000	30	600	170	90
6	3350	35	500	200	75
7	2800	40	425	230	63
8	2360	45	355	270	53
10	2000	50	300	325	45
12	1700	60	250		

1.1.5　普通磨料的化学成分

　　磨料的化学成分是反映磨料质量和性能的主要指标。磨料的主要成分在其质量指标规定范围内含量越高，纯度越高，磨料的性质越好。各种刚玉磨料品种的主要区别是氧化铝含量的不同与杂质含量的不同。国家标准规定了相应范围，并限定了氧化钛与氧化铁的含量。碳化硅磨料的主要成分是 SiC，含量在 95%～99.5% 之间，其余为杂质。刚玉磨料和碳化硅磨料的化学成分的具体规定可查阅国家标准 GB/T 2475—1996 和 GB/T 2480—1996。

1.2　氧化物（刚玉）系磨料

1.2.1　刚玉系磨料

　　棕刚玉（A）是以矾土、无烟煤和铁屑为原料，在电弧炉中熔化而成。在冶炼过程中，无烟煤的碳素将矾土中的氧化铁、二氧化硅、氧化钛还原成金属，它们与加入的铁屑 Al_2O_3 结合在一起成为铁合金。铁合金熔液的密度较刚玉熔液大，所以沉降在炉底而与刚玉熔液相分离。刚玉熔液冷却后成为晶体，由于含有杂质，因而呈棕褐色。棕刚玉的主要化学成分为 94.5%～97% 的 Al_2O_3 以及少量的氧化钛、氧化硅、氧化铁、氧化钙、氧化镁。棕刚玉有较高的韧性，能承受较大压力，磨削中抗破碎能力较强，加之价格比较便宜，在磨粒中用量最大。

　　白刚玉（WA）用含 $Al_2O_3$98% 以上的铝氧粉熔融结晶而成。因此，白刚玉中含 Al_2O_3 更高，一般在 98.5% 以上，含 Na_2O 在 10.6% 以下。由于白刚玉中 Al_2O_3 的纯度高及晶体中存在有气孔（这主要是 Al_2O_3 粉中的 Na_2O 受热后蒸发而成的），所以白刚玉硬而脆。

　　单晶刚玉（SA）以矾土、无烟煤、铁屑、黄铁矿为原料，在电弧中熔合而成，熔炼过程的特点是：矾土中的杂质除了被无烟煤中的碳还原成金属结合体——铁合金，沉于炉底之外，矾土中的一部分铝与硫化合成硫化铝夹杂在刚玉之间，由于硫化铝能溶于水，所以将冷却结晶好的熔块水解后，其 Al_2O_3 的含量在 98% 以上，颗粒形状多为等体积形，是完整的单晶体，具有良好的多角多棱切削刃，切削能力强。

　　微晶刚玉（MA）是以矾土、无烟煤、铁屑为原料，在电炉中冶炼。其冶炼过程与冶炼棕刚玉基本相同，所不同的是将电炉中熔化还原的熔液，采用流放措施，使之急速冷却而成。微晶刚玉的主要成分为：Al_2O_3 94%～96%，TiO_2 小于3%，还有少量的氧化硅、氧化铁、氧化镁。其晶体尺寸小，90～280μm 的 Al_2O_3 晶体占75%～85%，大 Al_2O_3 晶体不超过400～800μm。它的韧性较棕刚玉高，强度较高，磨削中有良好的自锐性能。

铬刚玉（PA）是在熔炼白刚玉时加入适量的氧化铬（Cr_3O_2）而制得，呈紫红或玫瑰红色，其主要成分是 Al_2O_3，占97.5%以上，Cr_3O_2 占1.3%以上。铬刚玉的韧性较白刚玉高，有良好的切削性能。

镨钕刚玉（NA）是用 Al_2O_3 粉、氧化镨、氧化钕混合物在电弧炉中熔炼冷却结晶而制得。它的化学成分除含有 Al_2O_3、Na_2O 外，还含有少量稀土氧化物，稀土元素分布于 α-Al_2O_3 晶体、玻璃（晶体）和稀土化合物中，韧性较白刚玉好些。

锆刚玉（ZA）以矾土或 Al_2O_3 粉和锆英石为原料，在电弧炉中熔炼而成。其主要成分是 Al_2O_3、ZrO_2，其中 ZrO_2 占25%～45%，韧性好。

钒刚玉以 Al_2O_3 及 V_2O_5（五氧化二钒）为原料，在电弧炉中熔炼冷却结晶而制得。磨料中含有 VO_2，呈猫眼绿色，具有坚而韧的特点。

矾土烧结刚玉，将矾土脱水后磨细至于10μm 以下再成形为颗粒，经高温烧结而成。其主要化学成分为：Al_2O_3 占85%～90%，Fe_2O_3 占4%～6%，SiO_2 占2%～6%，TiO_2 占2%～4%。硬度稍低，但韧性好。

黑刚玉（BA）又名人造金刚砂，用铁矾土及焦炭烧结而成。它的主要成分是：Al_2O_3 占70%～85%，Fe_2O_3 占7%～9%，少量的 SO_2 与杂质。其硬度较低，切削性能较差，但价格低廉。

1.2.2 刚玉磨料晶体结构与相图

氧化物系（刚玉）磨料常用的氧化物有 Al_2O_3、Cr_2O_3、ZrO_2、莫来石（$3Al_2O_3 \cdot 2SiO_2$）、尖晶石（$MgAl_2O_4$）等。其中 Al_2O_3、Cr_2O_3、ZrO_2 是常用的、力学性能优越的刚玉磨料。

(1) Al_2O_3 磨料（棕刚玉）晶体结构

Al_2O_3 是一种多晶型的化合物，其变体有多种，如三方晶系的 α-Al_2O_3、六方晶系的 β-Al_2O_3、四方晶系的 γ-Al_2O_3、等轴晶系的 η-Al_2O_3、单斜晶体系的 θ-Al_2O_3。稳定的天然 α-Al_2O_3 称为刚玉。α-Al_2O_3 由53.2%的铝（Al）和46.8%的氧（O）组成，有时含有微量的 Ti、Fe、Cr、Mn 等类质同像杂质。纯刚玉为无色透明，由于所含色素离子的不同，纯刚玉呈现不同颜色。天然 α-Al_2O_3 单晶体，称为白宝石；含微量的三价铬（Cr^{3+}）呈红色，称为红宝石；含三价铁（Fe^{3+}）或四价铁（Fe^{4+}）呈蓝色，称为蓝宝石；含少量的 Fe_3O_4 显现暗色，称为刚玉粉。

其结构比较复杂，因此以原子层的排列结构和各层间的堆积顺序来说明比较容易理解，如图1-3所示。其中 O^{2-} 离子近似地作六方最紧密堆积，Al^{3+} 离子填充在6个 O^{2-} 离子形成的八面体空隙中。由于 Al:O=2:3，Al^{3+} 占据八面体空隙时，多周期堆积起来形成刚玉结构。结构中2个 Al^{3+} 填充在3个八面体空隙时，在空间的分布有三种不同的方式，刚玉结构中正、负离子的配位键数分别为6和4，晶格常数 $|a_1|=|a_2|=a$。两轴变角为 120°。c 轴与底面垂直，c/a=1.633。刚玉型结构的化合物还有 Cr_2O_3、α-Fe_2O_3 等。刚玉硬度非常大，为莫氏硬度9级，熔点高达 2050℃，这与 Al—O 键的牢固性有关。Al_2O_3 的离子键比例为0.63，共价键比例为0.37。

(2) Al_2O_3 的相图

以 Al_2O_3 的生成为研究对象称为系统。系统中具有相同物理与化学性质且完全均匀分

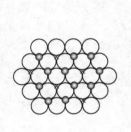

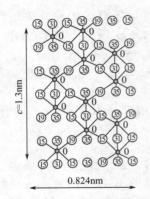

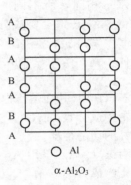

(a) 刚玉型结构中   (b) 刚玉型结构在面(2$\bar{1}$$\bar{1}$0)上的投影，反映出   (c) 刚玉型结构中O^{2-}作hep排列，显示出Al^{3+}填充以3个
正离子的排列   6个Al—O层在c轴方向构成一个周期   八面体空隙时在c轴方向上的三种不同的分布方式

图 1-3   刚玉型（α-Al$_2$O$_3$）结构

布的总和称为相。相与相之间有界面。越过界面时性质发生突变。相平衡主要研究多组分（或单组分）多相系统中相的平衡问题，即多相系统的平衡状态（包括相的个数、每相的组成、各相的相对含量等）如何随着影响平衡的因素（温度、压力、组分的浓度等）变化而改变的规律。一个系统所含相的数目称为相数，以 P 表示。按照相数的不同，系统可分为单相系统（$P=1$）、两相系统（$P=2$）、三相系统（$P=3$）等。一种物质可以有几个相，如水可有固相、液相、气相。

为研究刚玉结晶过程中的矿物生成规律，需要了解 Al$_2$O$_3$ 与杂质氧化物系统的相平衡。相平衡研究中遵循相律这一普遍规律。相律确定了多相平衡系统中系统的自由度数（F）、独立组元数（C）、相数（P）和对系统平衡状态能够发生影响的外界影响因素数（n）之间的关系。相律的数学表达式为

$$F=C-P+n$$

自由度 F 是指在一定范围内，可以任意改变而不引起旧相的消失或新相的产生的独立变量，称为自由度。这些变量主要是指组成（组分的浓度）、温度、压力等。一个系统中有几个独立变量就有几个自由度。由相律可知，系统中独立组元数 C 越多，则自由度数 F 就越大。相数 P 越多，自由度数 F 越小。自由度数 F 为零时，相数 P 最大。相数最小时，自由度数 F 最大。

相平衡是一种动态平衡。根据多相平衡实验的结果，可以绘制成几何图形以描述在平衡状态下的变化系统，这种图形称为相图（或称平衡状态图）。它是处于平衡状态下系统的组分，物相和外界条件相互关系的几何描述，所以相图是平衡的直观表现。

氧化铝与杂质氧化物系统可分为 Al$_2$O$_3$-SiO$_2$ 系、Al$_2$O$_3$-CaO 系、Al$_2$O$_3$-FeO 系、Al$_2$O$_3$-TiO$_2$ 系、Al$_2$O$_3$-MgO 系及 Al$_2$O$_3$-CaO-SiO$_2$ 系等。

① Al$_2$O$_3$-SiO$_2$ 系统相图　Al$_2$O$_3$-SiO$_2$ 系相图中只有一个化合物 3Al$_2$O$_3$·2SiO$_2$（称为 A$_3$S$_2$ 莫来石），其质量组成是 72% 的 Al$_2$O$_3$ 和 28% 的 SiO$_2$。物质的量组成是 60% 的 Al$_2$O$_3$ 和 40% 的 SiO$_2$。图 1-4 所示为 Al$_2$O$_3$-SiO$_2$ 系统相图。

本系统的液相线温度都比较高。在使用高纯原料试样并在密封条件下进行相平衡实验时，莫来石 A$_3$S$_2$ 则是一致熔融化合物，见图 1-4(a)；当试样中含有少量碱金属等杂质，或相平衡实验是在非密封条件下进行时，A$_3$S$_2$ 为不一致熔融化合物，见图 1-4(b)。莫来石和刚玉之间能够形成固溶体。由图 1-4(a) 中可以看出，一致熔融的莫来石，熔点为 1850℃，分解为液相 L 和 Al$_2$O$_3$。Al$_2$O$_3$ 的质量分数大于 90% 以上的为刚玉质，其矿物相为刚玉与莫来石。因此，按 Al$_2$O$_3$ 的含量范围，可以在相图上确定其矿物组成，进而估算材料性能。

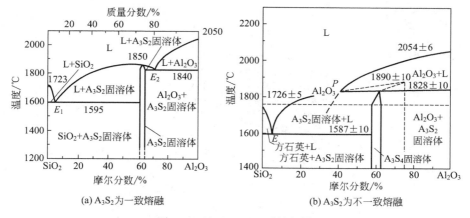

图 1-4　Al_2O_3-SiO_2 系统相图

在相图中 SiO_2 一端含 Al_2O_3 <1%，则是硅质耐火材料（硅砖制品范围，具有在高温 1620～1660℃情况下，长期使用不变形的特点）。另外，从相同液相线的倾斜程度，可以判断其组成材料的液相量随温度而变化的情况。

② Al_2O_3-TiO_2 系统相图　Al_2O_3-TiO_2 系相图示于图 1-5 中，该系统有一个化合物 Al_2TiO_5，熔点为 1860℃，莫氏硬度为 7～7.5，其质量组成是 56% Al_2O_3、44% TiO_2。从相图中可以看出，TiO_2 的含量多，会降低 Al_2O_3 的熔点；TiO_2 对刚玉结晶范围的限制比 SiO_2 要小得多。在 1850℃时，液相全部凝固，TiO_2 难以固溶体状态存在于 Al_2O_3 晶体中，它将以微晶核形式从 Al_2O_3 中析出，使 Al_2O_3 晶体结构发生微晶型变化，从而提高 Al_2O_3 晶体的坚韧性和耐冲击强度，这是微晶刚玉形成的原因。

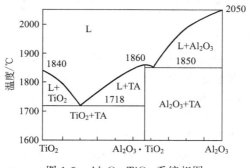

图 1-5　Al_2O_3-TiO_2 系统相图

③ 白刚玉的 Na_2O-Al_2O_3-SiO_2 三系统相图　如图 1-6 所示。白刚玉是以铝氧粉为原料，经高温熔融后冷却再结晶而获得的。而铝氧粉是以钒土经化学提纯获得的，其主要杂质是氧化钠，生成高铝酸钠（$Na_2O \cdot 11Al_2O_3$）。高铝酸钠对白刚玉的质量有严重影响。可通过加石英砂和氟化铝（AlF）消除或减弱 Na_2O 的危害。从 Na_2O-Al_2O_3-SiO_2 系统相图中可以看出，在白刚玉熔炼时加入一定量的石英砂（SiO_2）能限制高铝酸钠的生成并形成三斜霞石：

$$Na_2O + Al_2O_3 + 2SiO_2 =\!=\!= Na_2O \cdot Al_2O_3 \cdot 2SiO_2（三斜霞石）$$

④ 单晶刚玉（Al_2O_3-Al_2S_3）系统相图　单晶刚玉是用钒土、黄铁矿（FeS_2）、碳素、铁屑等材料，在电弧炉内冶炼而成。在冶炼过程中，除相同于棕刚玉的杂质还原、铁合金沉降外，还会有部分氧化铝通过 FeS_2 和 C 复分解反应生成少量的硫化铝（Al_2S_3）。Al_2S_3 的

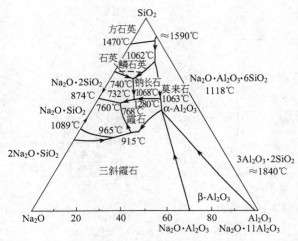

图 1-6 $Na_2O-Al_2O_3-SiO_2$ 系统相图

主要作用是：降低熔体的熔点，Al_2S_3 把刚玉结晶温度间隔拉大，使刚玉结晶过程平稳，晶体发育良好。因熔体温度低，使刚玉晶体的热应力低，Al_2S_3 起熔铝作用，使刚玉晶体趋于等体积形，颗粒形状特别好。

1.2.3 锆刚玉的晶体结构与相图

含锆（Zr）的矿石有斜锆石（ZrO_2）和锆英石（$ZrSiO_4$）两种。斜锆石的 ZrO_2 的含量为 85%～99%，矿藏量小，其莫氏硬度为 6～7。锆英石（即硅酸锆 $ZrSiO_4$）也称锆石，其中 ZrO_2 含量为 67.01%，SiO_2 含量为 32.99%，是 ZrO_2 的主要来源材料。ZrO_2 粉由这两种矿石提炼出来。较纯的 ZrO_2 粉呈黄色或灰色，高纯 ZrO_2（含量大于 99.5%）为白色粉末。

（1）ZrO_2 的晶体结构

ZrO_2 的晶体结构在理想状态下为金刚石结构（R-Rutile），是正四方晶系。阳离子与阴离子的配位数为 6:3。晶脆参数为 $a=b\neq c$，$\alpha=\beta=\gamma=90°$，点阵有简单四方（阵点坐标为 [0,0,0]）及体心四方（阵点坐标为 [0,0,0] [1/2,1/2,1/2]）。ZrO_2 有三种晶型：在低温下为单斜晶系，为简单斜点阵时晶脆参数为 $a\neq b\neq c$，$\alpha=\gamma=90\neq\beta$，阵点坐标为 [0,0,0]，为底心单斜时，阵点坐标为 [0,0,0] [1/2,1/2,0]，密度为 5.65g/cm^3，稳定温度不高于 1100℃；高温下为四方晶系，其密度为 6.10g/cm^3，稳定温度为 1100～2370℃；更高温度下，转变为立方晶系，其晶脆参数为 $a=b=c$，$\alpha=\beta=\gamma=90°$，点阵有简单立方、体心立方与面心立方，其密度为 6.27g/cm^3，稳定温度为 2710℃。三者转变关系为：

$$单斜氧化锆 \xrightarrow{1170℃} 四方氧化锆 \xrightarrow{2370℃} 立方氧化锆 \xrightarrow{2710℃} 熔体$$

氧化锆（ZrO_2）的离子键性比例为 0.51，共价键性比例为 0.49。

（2）氧化锆（ZrO_2）的二元相图

ZrO_2 的氧化物系统有 $ZrO_2-Y_2O_3$（氧化钇）、$Al_2O_3-ZrO_2$ 系。图 1-7 分别给出了两者的相图。图 1-7(a) 以 ZrO_2 为基（即富 ZrO_2）的材料，具有较高的韧性与强度。在 ZrO_2 中含有 Y_2O_3 后，使 ZrO_2 相变点降低，起到了稳定高温相的作用。因此，Y_2O_3 称为 ZrO_2 的稳定剂。图 1-7(b) 所示为 $Al_2O_3-ZrO_2$ 系相图，在 (1710±10)℃ 以下为 $ZrO_2+Al_2O_3$ 共晶体。

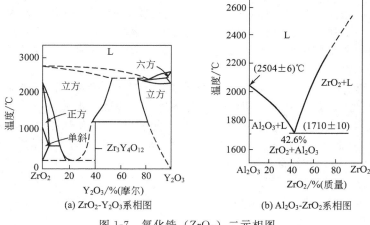

(a) ZrO₂-Y₂O₃系相图　　　(b) Al₂O₃-ZrO₂系相图

图 1-7　氧化锆（ZrO₂）二元相图

1.2.4　刚玉磨料的生产工艺

(1) 刚玉磨料的化学成分

磨料的化学成分是决定磨料质量和性能的重要指标。对于磨料，GB/T 2478—1996、GB/T 2479—1996 及 JB/T 7986—2001、JB/T 7996—1999 等进行了相关规定。刚玉系磨料中的 Al_2O_3 含量是主要化学成分指标。棕刚玉含 Al_2O_3 92.5%～97%（质量分数），含 TiO_2 1.5%～3.8%；白刚玉含 Al_2O_3 97%～98.5%，含 Na_2O 低于 0.5%～0.8%，微晶刚玉含 Al_2O_3 94%～96.5%，含 TiO_2 2.2%～3.8%；单晶刚玉含 Al_2O_3 98%～98.6%；黑刚玉含 Al_2O_3 62%～77%，Fe_2O_3 大于 5%；铬刚玉含 Al_2O_3 大于 98%，含 Cr_2O_3 0.15%～0.4%。

磨料的化学成分随磨料粒度变化略有波动。磨料粒度越细、纯度越低，杂质含量会相应增加。

(2) 生产刚玉磨料的原料

① 矾土　是冶炼棕刚玉、微晶刚玉、单晶刚玉的主要原料，矾土又称铝土矿。它是以三水铝石（$Al_2O_3 \cdot 3H_2O$）、一水铝石（$Al_2O_3 \cdot H_2O$）为主要组分，还有蛋白石、赤铁矿、针铁矿等次要组分的混合物。刚玉磨料主产对矾土的质量要求主要是矾土化学成分、脱水程度、熔点和块度。

② 碳素　是冶炼刚玉类磨料的还原剂，常用的是石油和无烟煤，在选用上应严格控制质量。

③ 铝氧粉　是冶炼白刚玉、铬刚玉、锆刚玉的主要原料，其主要成分为 Al_2O_3，熔点在 2000℃以上，是白色粉状物，含量大于 98.4%，含 Na_2O 低于 0.6%。

④ 黄铁矿（FeS_2）　是生产单晶刚玉的原料。

⑤ 铁屑　是冶炼棕刚玉的稀释剂与澄清剂，稀释硅铁合金的浓度，常用钢屑、铸铁屑。

(3) 刚玉磨料生产工艺

刚玉磨料生产工艺过程主要包括电炉冶炼、冷却、制粒加工。

① 棕刚玉生产工艺　生产棕刚玉的原材料有熟矾土、碳素、铁屑等。根据冶炼过程中化学反应平衡式进行配料计算，将配好的原料装入电弧炉内，送电开炉，对原料进行熔炼，使原料熔化，还原杂质氧化物生成并分离铁合金与刚玉熔体。熔炼阶段完成后进行精炼，其目的是把杂质氧化物进行充分还原，使炉内熔液温度提高，化学成分符合要求，精炼充分后停电出炉。将熔液倾倒入接包，将棕刚玉熔液进行冷却，先自然冷却，使刚玉熔块冷却至

常温。

② 白刚玉磨料生产工艺　白刚玉磨料以铝氧化粉为原料，在电弧炉内高温熔融，经熔炼与精炼之后，倾倒注入接包，进行冷却形成白刚玉熔块。白刚玉冶炼不同于棕刚玉之处在于，电弧炉炉衬材料采用白刚玉砂、氧化铝粉；熔块法生产白刚玉，要求炉衬有良好的绝热性能及良好的透气性。

③ 单晶刚玉磨料生产工艺　用矾土、黄铁矿（FeS_2）、碳素、铁屑等原料在电弧炉内冶炼及精炼，出炉倾入接包，进行水清洗→磁选→脱水→酸洗→水清洗→脱水→单晶刚玉。

④ 微晶刚玉生产工艺　与棕刚玉类似，所不同的是在冶炼中要加入适量的还原剂及澄清剂去除杂质，控制晶体生长，Al_2O_3 含量较低；在冷却时，熔块厚度较薄（100～200mm），需快速冷却，其结晶细小。

⑤ 铬刚玉生产工艺　类似于白刚玉生产工艺，但在原料中加入的 Cr_2O_3 利用率为40%～60%，损失较多。为防止 Cr_2O_3 的损失，可在冶炼中后期加入 Cr_2O_3 与铝氧化混合料，提高铬进入固体的含量。

⑥ 锆刚玉生产工艺　与棕刚玉大体相同，不同之处是在原料中加入大量的锆英砂或ZrO_2，冶炼完毕后，采用快速冷却工艺。常用的冷却方法有钢球冷却法、半连续钢球冷却法、滚筒挤压法及隔板冷却法等。冷却方法是锆刚玉获得微晶结构的关键。

1.3　碳化物系磨料

碳化物有 SiC、TiC、WC 等多种化合物，在磨料中常见的有绿碳化硅（SiC）和黑碳化硅（C）。

① 黑碳化硅（C）　以石英、石油、焦炭为原料，加入少量木屑，在 1700℃以上的高温电阻炉中冶炼而成。其化学成分含 98.5%以上的 SiC、游离碳小于 0.2%，Fe_2O_3 小于0.6%，呈黑色光泽结晶。它的韧性较绿碳化硅高。

② 绿碳化硅（GC）　以石英沙、焦炭为原料，加入木屑和食盐，在电阻炉中冶炼而成。其化学成分为含 99%以上的 SiC，游离碳小于 0.2%，Fe_2O_3 小于 0.2%，呈绿色光泽结晶。其硬度比黑碳化硅高，切削能力强。

③ 立方碳化硅（SC）　又名 β-碳化硅。立方碳化硅是碳化硅的低温相，呈微粒状立方晶体，生成于 1450℃，在 1600℃以上高温开始转变为六方碳化硅。通常以碳和硅、碳和石英为原料，在小型的管状炉内获得。其化学成分为含 SiC 92%～94%，矿物成分为 β-SiC。具有与金刚石相似的立方形晶体结构。一般呈淡黄绿色，其硬度高于黑碳化硅而略次于绿碳化硅，切削能力较强。

④ 碳化硼（BC）　用硼酸与石墨粉（或炭粉）为原料熔炼而成。硼酸在 250℃以下进行脱水后，粉碎成粉末，与石墨按一定比例混合后，放入电弧炉（或电阻炉）内，在 1700～2500℃的高温下，以碳直接还原硼酸生成。它是一种灰暗至金属光泽的粉末，其硬度仅次于金刚石、立方氮化硼，耐磨性好，切削能力强。其分子式为 B_4C。

1.3.1　碳化硅的晶体结构及相图

(1) SiC 晶体结构

用 X 射线对 SiC 晶体结构进行衍射分析证明，SiC 的晶型有 α-SiC、β-SiC。α-SiC 为高温稳定型，β-SiC 为低温稳定型。β-SiC 向 α-SiC 转变的温度始于 2160℃，但转变速率很小，在 0.1GPa 的压力下，分解温度为 2380℃。α-SiC 为六方晶体结构，晶体参数为 $a=b=d\neq c$（或 $a=b\neq c$），$\alpha=\beta=90°$，$\gamma=120°$为简单六方点阵，阵点坐标为 [0,0,0]。按拉斯德尔法

命名将 α-SiC 分为 4H-SiC、6H-SiC、15R-SiC。β-SiC 用 3C-SiC 命名。H 表示六方晶系结构，R 表示菱面体结构，C 表示立方晶体结构，4、6、15 表示晶体沿 c 轴周期的层数。4H-SiC、6H-SiC 为六方晶体结构，15R-SiC 为菱方三方体结构。β-SiC（或 3C-SiC）为面心立方体结构（FCC）。SiC 离子键性比例为 12%，共价键性比例为 88%。SiC 可视为共价键化合物。其晶体结构中单位晶胞由相同的四面体结构构成，硅原子处于中心，如图 1-8 所示。

图 1-8　SiC 四面体结构

（2）SiC 系统相图

图 1-9(a) 所示为常温下 SiC 系统相图，该图确定了硅基固溶体和熔体的存在范围，SiC 的分解温度为 2760℃，并确定了气相+C、气相+SiC、液相+气相、液相+碳固溶体两相区，碳及硅所形成的均相区，在 1410℃ 出现液相+碳固溶体+SiC 变量的三相平衡，在 2760℃ 呈现气相+ SiC+C 无变量三相平衡，图中 SiC 是唯一的固相二元化合物。

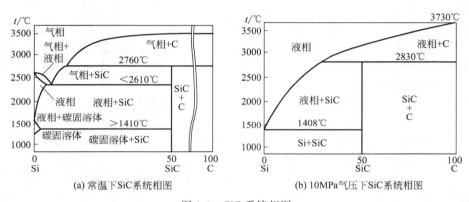

(a) 常温下SiC系统相图　　　　(b) 10MPa气压下SiC系统相图

图 1-9　SiC 系统相图

图 1-9(b) 所示为 10MPa 气压下 SiC 系统相图，可以看出高压下的三相平衡和升华曲线向高温方向移动，形成液相+SiC 及液相+C 的两级分完全互溶的熔体区，SiC 在熔融前后固、液相的化学成分不同，高压时它转熔分解为石墨（C）和富硅熔体，常压下分解为石墨和气相，在超高压下可从碳化物熔融体直接制取 SiC。

1.3.2　碳化硅磨料的生产工艺

（1）SiC 的原材料

其主要原料为硅砂与碳素，辅助材料有木屑、食盐与回炉料。

① 硅砂（SiO$_2$）　又称石英砂。冶炼 SiC 常用河砂、海砂及脉石英。河砂及海砂用来冶炼黑色 SiC，脉石英用来冶炼绿色 SiC。硅砂的粒度大小影响 SiC 的产量，也是电能消耗的重要因素，因此要选用质量合适的较细粒度的硅砂。

② 碳素　提供生成 SiC 反应的碳，常用石油焦炭、沥青焦炭及低灰分的无烟煤。

③ 木粉（硬木屑）　为了增加透气性，扩大反应区。

④ 食盐　含量在 97%～99%，粒度小于 2mm。在冶炼绿色 SiC 时加入可加速排除杂质，起净化剂和催化作用。冶炼黑色 SiC 时不使用。

（2）SiC 的生产工艺流程

电阻炉是冶炼 SiC 的主要设备。冶炼工艺方法有新料法与熔烧料法。新料法是将配好的原材料直接装入电阻炉的反应区冶炼 SiC。熔烧料法是将配好的原材料装入下一炉的反应区进行冶炼。SiC 生产的工艺流程分为配料→装炉→冶炼→冷却与扒炉→混料除盐→出炉与分级→造粒。

1.3.3 碳化硅制粒加工

一般将 F4~F220 粒度的磨料称为磨粒，将 F230~F1200 粒度的磨料称为微粉。磨粒加工采用筛分分级，微粉采用水力分级。

制粒工艺过程：结晶块破碎→筛分→水洗→酸洗→碱洗→磁选→整形→煅烧（烘干）→精筛→检查包装。

微粉主要工艺过程：结晶块破碎→球磨→筛分→水洗→脱水→干燥→水力分级→磁选→精筛→检查→包装。

1.4 金刚石磨料

金刚石又名钻石，是世界上目前已知的最硬的物质。天然金刚石是地球上罕见的矿物。宝石级金刚石晶莹剔透，显现特有光泽，熠熠生辉、灿烂夺目，自古就作为美的装饰品，制成钻戒、胸饰、王冠上的明珠，是人们社会地位、富贵和荣誉的象征。到了近代，金刚石的各种特殊性能和使用价值被发现以后，便开始了对其多方面工业应用，由昔日的装饰品成为现代工业和科学技术的瑰宝。

天然金刚石是碳的一种结晶形态，与石墨同为碳的同素异构体。人们探索用其他形态的碳转变为金刚石，通过各种试验，试图人工制造金刚石，到 20 世纪中期，近代科学知识奠定了合成金刚石的理论基础，高压装置的诞生与不断完善，为合成金刚石提供了必要手段。在这两个前提下，开始利用高压、高温技术研制合成金刚石的工作，1954 年美国物理化学家霍尔（H. T. Hall）利用 Belt 式装置，在石墨中加陨硫铁，成功地制出第一颗人造金刚石。人造金刚石在科学研究和工业生产中得到迅速发展。1963 年我国第一颗人造金刚石研制成功，随着金刚石合成理论的发展和合成技术与设备的不断进步，我国金刚石工业得到了迅速发展，2004 年金刚石产量达到 32.9 亿克拉（1 克拉＝0.2g），金刚石品种涵盖了人造金刚石单晶、烧结体金刚石复合体、金刚石微粉、纳米金刚石和金刚石薄膜。金刚石在磨具及其修整工具、锯切工具、切削刀具、钻探工具、拉丝模具、特殊仪器仪表元件等方面得到广泛应用。在由超硬材料制成的各类工具构成中，磨具及修整工具约占 30%。在磨具方面，金刚石磨削由精磨扩展到粗磨、成形磨、强力磨削研磨、抛光等。超硬磨料——金刚石和立方氮化硼取代普通磨料（刚玉和碳化硅），成为世界上磨料、磨具行业发展的大趋势，此即"A—B，C—D"进展（A——Alumina，刚玉；B——Borazon，立方氮化硼；C——Carborundum，碳化硅；D——Diamond，金刚石）。这种进展从磨料制造角度来看，可节省能源，改善劳动条件，防止环境污染，便于实现生产过程自动化，可提高磨削加工质量和效率及磨具使用寿命。

1.4.1 金刚石分类及牌号

(1) 金刚石的分类

金刚石的分类有多种方法，但至今尚无统一规定的分类方法。一般工业用金刚石多按用途分类。金刚石分类按来源分为天然金刚石与人造金刚石。天然金刚石中宝石级多用于制作工艺品，细碎的用于手工业。人造金刚石用于工业。按金刚石晶体类型分为单晶体与多晶体（聚晶——分为生长型与烧结型）。按晶体结构分为立方金刚石和六方金刚石。立方金刚石为面心立方，属闪锌矿型结构。六方金刚石的特征为密排六方，属纤维矿型结构。

(2) 人造金刚石品种、牌号

各国人造金刚石品种和牌号对照列于表 1-5 中。

表 1-5 各国人造金刚石品种和牌号对照

国别	戴比尔斯 De Beers	美国 GE	俄罗斯	日本东明	中国	性能用途
低强度金刚石	RDA RDA55N RDA30N RDA50C	RVG RVG-W56 RVG-W30 RVG-D	AC0(AC2) ACOM ACOMA	IRV IRV-AP IRV-CP	RVD RVD-N RVD-C	不规则脆性结晶,供树脂磨具用 不规则脆性结晶,供树脂磨具用。镀 Ni(50%左右) 不规则脆性结晶,供树脂磨具用。镀 Ni(30%左右) 不规则脆性结晶,供树脂磨具用。镀 Cu(50%左右)
自锐性金刚石	CDA CDA 55N CDA 30N CDA 50C CDA-L CDA-M	RVG-W880		IRV-150 IRV-150NP IRV-150CP		镶嵌结构,自锐性多晶磨粒 镶嵌结构,自锐性多晶磨粒。镀 Ni(55%) 镶嵌结构,自锐性多晶磨粒。镀 Ni(30%) 镶嵌结构,自锐性多晶磨粒。镀 Cu(50%) 长形颗粒(针状、羽毛状结晶),镀有感磁材料微晶聚结颗粒
磨软钢专用金刚石	DXDAMC DXDAⅡMC	GSGⅡ		IDS-NP	SCD	镀金属(Ni)。磨韧性材料专用,同 DXDAMC,干磨用(表面有凹坑)
中强度金刚石	MDA MDAS MDASE EDC MDA100	MBGH MBG600 MBG600T MBG-T EBG MBG660	ACP(AC4) ACPMACB (AC6) ACBM	IMG	MBD4 MBD6 MBD8 MBD10	规则结晶,制金属结合剂磨具,磨脆性材料 规则结晶,制金属结合剂磨具,磨玻璃、陶瓷、石材 规则结晶,制造电镀砂轮用
高强度金刚石	SDA⁺ SDA85 SDA85⁺ SDA100 SDA100⁺ SDA100S SDB DSN	MBS MBS 710 MBS 70 MBS 750 MSD MBS 900 系列	 ACK (AC15) ACM(AC20) ACC (AC32) (AC50)	IMS	SMD SMD25 SMD30 SMD35 SMD40 DMD	高强度,制造切割锯片,加工软石材、混凝土 高强度,制造切割锯片,锯中等硬度石材 高强度,制造切割锯片,锯最硬岩石或人造铸石 性能用途基本同 SDA85⁺,TI、TCI 值更高 高强度,制造修正滚轮
	SDAT SDA85T SDA100T SDA100ST					同 MBS 系列的表面镀覆品种

1.4.2 金刚石的性质

① 化学成分　纯净的金刚石的化学成分是碳。金刚石与石墨同属于碳的同素异构体。常见的金刚石,不管是天然的、人造的,都或多或少含有少量杂质。在杂质中有非金属元素 N、B、Si 等。金属元素有 Fe、Co、Ni 等。天然的金刚石中主要杂质是 N,在普

通型金刚石中 N 含量为 $0.01\%\sim0.25\%$，特殊型金刚石中 N 含量不高于 0.01%。人造金刚石含杂质较多，可达 3% 以上，主要杂质是石墨及催化剂金属 Fe、Co、Mn、Ni、Cr 等。

金刚石中的杂质常沿着晶体的对称轴排列，分布状态常为线状、薄片状、杆状及颗粒状。

② 颜色　纯净的金刚石无色透明，由于含有各种杂质和晶体缺陷而呈现出不同颜色。天然金刚石多呈淡黄色，人造金刚石常为黄绿色，含杂质多的则呈现为灰绿色或黑灰色。

③ 晶体形态　金刚石具有一系列独特性质，与金刚石具有的晶体结构密切相关。按照金刚石晶体形状和内部结构，金刚石可分为单晶体和连生体。按照晶体的形状和晶体之间的相互关系，单晶体和连生体又可细分，列于图 1-10 中。金刚石属于面心立方晶系。天然金刚石结晶形状常见为八面体，菱形十二面体较少见，立方体更少见。人造金刚石依合成条件不同，常见晶形为立方-八面体聚形、立方体、八面体。金刚石磨粒及微粉的晶体形态，可用光学显微镜及电子显微镜进行观测。

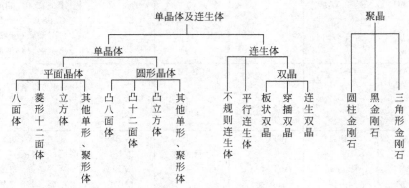

图 1-10　金刚石晶体形态分类

1.4.3　金刚石的物理、化学和力学性能

(1) 金刚石的物理性质

① 光学性质　完整、光滑的金刚石具有强烈的光泽，反射率为 0.172，折射率为 0.24，Ⅰ型金刚石可透过的光波波长范围为 $30nm\sim3\mu m$，Ⅱ型金刚石可透过的光波波长范围为 $225nm\sim3\mu m$。金刚石有光致发光、电致发光、热致发光及摩擦发光现象。

② 热学性质　金刚石具有高熔点、高热导率、低比热容、低线胀系数。其最高熔点温度为 $(3700\pm100)℃$。热导率 λ：$\mathrm{I_a}$ 型金刚石 $\lambda=9W/(K\cdot cm)$，$\mathrm{I_b}$ 型金刚石 $\lambda=5\sim9W/(K\cdot cm)$，$\mathrm{II_a}$ 型金刚石 $\lambda=22\sim26W/(K\cdot cm)$。金刚石的热导率大小受温度、杂质含量多少的影响。金刚石质量定热容 $C_V=6.17J/(mol\cdot K)$。金刚石的线胀系数小，α_1 在不同温度条件下的数值如下。

$-100℃$	$\alpha_1=(0.4\pm0.1)\times10^{-6}K^{-1}$
$20℃$	$\alpha_1=(0.86\pm0.1)\times10^{-6}K^{-1}$
$50℃$	$\alpha_1=1.28\times10^{-6}K^{-1}$
$100\sim900℃$	$\alpha_1=(1.5\sim4.8)\times10^{-6}K^{-1}$

③ 电磁学性质　Ⅰ型金刚石具有很高的电阻率，接近于工业绝缘体，$\mathrm{II_b}$ 型金刚石为半导体。$20℃$ 下Ⅰ型的电阻率 $\rho=10^{12}\sim10^{14}\Omega\cdot m$。$\mathrm{II_b}$ 型的电阻率 $\rho=10^{-1}\sim10^{1}\Omega\cdot m$。金刚石介电常数 $\varepsilon=(5.68\pm0.03)F/m$。

④ 密度　金刚石的理论密度 $\rho = 3.51525 \mathrm{g/cm^3}$，测定结果为 $\rho = 3.51524 \mathrm{g/cm^3}$，人造金刚石的不同产品的实际密度一般在 $3.48 \sim 3.54 \mathrm{g/cm^3}$ 范围内。人造金刚石堆积密度一般在 $1.5 \sim 2.1 \mathrm{g/cm^3}$。颗粒越规则，堆积密度越大。

（2）金刚石的化学性质

① 亲水性　金刚石对水不浸润，易粘油。这种疏水、亲油的特征是由金刚石的电子 sp^3 杂化轨道的非极性共价键的本质决定的。这一特征决定了可用油脂提取金刚石。在制造金刚石磨料时，宜选用含亲油基团的有机物作为金刚石润湿剂。

② 化学稳定性　在常温下，金刚石对酸、碱、盐等化学试剂都表现为惰性，王水也不与其发生化学反应。在加热 1000℃ 条件下，除个别氧化剂外其不受化学试剂腐蚀。

③ 高温下的热稳定性（氧化性）　在纯氧中达 600℃ 以上时，金刚石开始失去光泽出现黑色表皮灰烬化；达 700～800℃ 时，开始燃烧。人造金刚石在空气中开始氧化的温度为 740～840℃；开始燃烧时的温度为 850～1000℃。

④ 石墨化现象　在惰性气氛中，当加热到某一高温下金刚石可发生石墨化现象，高于或等于 1500℃，非氧介质转化为 $C_{石墨}$，温度达 1700℃ 左右时金刚石晶体迅速石墨化，在 2100℃ 时一颗 1 克拉的八面体钻石在 3s 内全部化为灰烬。当存在极少氧气时，石墨化在 1000℃ 以下较低的温度下就开始了。在 1400℃ 以下发生石墨化实际是氧的作用。

$$O_2 + 2C_{金刚石} \longrightarrow 2CO$$
$$2CO + C_{金刚石} \longrightarrow CO_2 + 2C_{石墨}$$

（3）金刚石的力学性能

① 硬度　硬度是材料在一定条件下抵抗一种本来不会发生到物体压入的能力。材料的硬度是衡量材料力学性能的重要参数之一。金刚石的硬度在旧莫氏标度上为 10 级，在新莫氏标度上为 15 级；用维氏硬度试验法测得金刚石的维氏硬度值（HV）约为 100GPa；用努普硬度试验法测得金刚石的努普硬度值（HK）约为 90GPa〔人造金刚石的努普硬度值（HK）约为 70GPa〕。在任何一种硬度标度上，金刚石都是最硬的物质。

单晶金刚石各向异性，不同晶面上硬度不同。金刚石各晶面硬度顺序与金刚石晶体面网的顺序一致，即（111）＞（110）＞（100）。

② 晶面解理与脆性　金刚石既硬又较脆的特性，是与金刚石晶体结构密切相关的。金刚石属立方晶体，晶体的形态为八面体。金刚石晶体中重要的晶面如图 1-11 所示，按晶面指数有（111）、（110）、（100）。在单位晶面内的原子数称为晶面密度。不同的晶面，其晶面密度是不同的。晶面密度不同，其原子间结合力不同，结合力越强，抵抗外力作用的强度就越大。八面体晶体的三种晶面密度的比值为密度（110）：密度（111）：密度（100）＝1.414：1.154：1。

另外，各晶面间距离存在不均匀性。金刚石（110）晶面与（100）晶面是均匀排列的，各自晶面之间的距离总是相等的。（110）晶面之间的距离等于 $\frac{\sqrt{2}}{4}a$，（100）晶面之间的距离等于 $\frac{1}{4}a$。而（111）晶面的排列则是不均匀的，具有时近时远的循环排列。两个挨得很紧

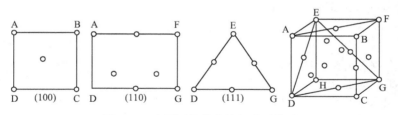

图 1-11　金刚石晶体中几何重要晶面

的晶面之间的距离等于$\frac{\sqrt{3}}{12}a$，形成一个晶面偶，而相邻两个晶面之间的距离很大，其距离等

于$\frac{\sqrt{3}}{4}a$。金刚石各种晶面之间的间距示于图1-12中。由于（111）晶面存在晶面偶，把相邻
很紧密的两个晶面看成一个整体，则两个晶面密度加在一起，这样（111）晶面密度就增加
了一倍，则晶面密度便提高了。因此，晶面密度（111）：晶面密度（110）：晶面密度
（100）＝2.308∶1.414∶1，故密度（111）＞密度（110）＞密度（100）。

因此，晶面（111）的原子结合能力强，但由于晶面间的间距大，故在外力作用下容易
沿着晶面间距离最大的晶面劈开，这种现象称为金刚石晶体的晶面解理，见图1-12（b）中
虚线位置。因金刚石的（111）晶面间间距最大，最容易在此间距内折断，沿此晶面向平行
方向裂开。无可见缺陷的金刚石被劈开的压力在3000～10000N/cm^{2}之间。金刚石八面体在
（111）晶面硬度最高却最容易裂开，又有比较大的脆性。掌握金刚石的这一特性，对于金刚
石的工业应用具有重要价值。

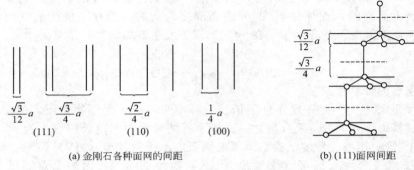

(a) 金刚石各种面网的间距　　　　　　(b) (111)面网间距

图1-12　金刚石晶面间距

③ 强度　金刚石是世界上强度最高的材料，但对金刚石的强度测量比较困难。测量结
果出入较大。金刚石的强度受其所含杂质、结晶缺陷等影响较大，且小颗粒的金刚石比大颗
粒的金刚石显示出更大强度，存在尺寸效应的影响，金刚石的强度常用单颗粒抗压强度值、
抗拉强度值、抗剪切强度值表示。

单颗粒抗压强度是衡量金刚石质量的主要指标之一。金刚石的抗压强度σ按下式计
算，即

$$\sigma = \frac{P}{S}$$

式中　P——载荷，每粒破坏载荷为20～40N/粒；

　　　S——晶粒横截面积，mm^2，$S = \sqrt[3]{V^2}$；

　　　V——晶粒平均体积，常取40颗的平均值，m^3/颗。

一般磨料级金刚石的抗压强度在1.5GPa左右，晶形完整的高品级金刚石的抗压强度为
3～5GPa。

金刚石抗拉强度的理论断裂强度σ_b为

$$\sigma_b = \sqrt{\frac{EA}{a_0}}$$

式中　E——金刚石的弹性模量，$E = 1050$GPa；

　　　A——破裂表面能，$A = 5.3$J/m^2；

　　　a_0——碳原子间距，$a_0 = 0.154$nm。

根据计算，σ_b约为$E/5$。

用压痕法测得金刚石抗拉强度 $\sigma_b = 130 \sim 250\text{GPa}$。

金刚石抗剪切强度理论值为 120GPa，其摩擦实验值为 87GPa。

④ 弹性模量与压缩系数　金刚石具有特殊的弹性，用 X 射线和超声波传播速度测量，金刚石的弹性模量在所有物质中为最高，各测量者提供数据有异，推荐杨氏模量 $E = 1050\text{GPa}$，体积模量（压缩模量） $K = 500\text{GPa}$。

1.4.4　金刚石电子结构和晶体结构

(1) 金刚石的原子结构

原子是由一个带有 Z 个正电荷的原子核和外面的 Z 个电子组成的系统，Z 称为原子序数，Z 是原子的重要特征，如 $Z=6$ 为碳、$Z=1$ 为氢。原子的另一特征是它的质量数 A（核子数），原子核是由质子和中子构成，A 是它们的总数，Z 是其中的质子数。Z 相同的原子具有相同的物理和化学性质，统称为一种元素。Z 相同而 A 不同的是这种元素的同位素，如 $Z=6$，而 $A=12$、14 的两种同位素。

根据量子力学的原理，C 原子在适当条件下，其角量数 ι 可以为 0，1，2，3，…，当 $\iota=0$ 时，电子轨道为 s 态；$\iota=1$ 时，电子轨道为 p 态；$\iota=2$ 时，电子轨道为 d 态；$\iota=3$ 时，电子轨道为 f 态；$\iota=4$ 时，电子轨道为 g 态。s、p、d 轨道的电子云形状示于图 1-13 中。

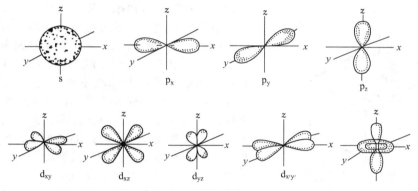

图 1-13　s、p、d 轨道的电子云形状

从共价键的观点出发，丰满键的 C，呈四价，它既可捕获 4 个电子变成稳定态，也可奉献 4 个电子而呈稳定态。C 通常以共价键结合，具有很高的硬度。碳原子的电子层结构是 $1s^2$、$2s^2$、$2p_x^1$、$2p_y^1$。当 C 原子相互结合为共价键时，原子轨道不是一成不变的。根据电子轨道理论，同一个原子中能级相近的各个轨道，可以通过线性组合成为成键能力更强的新的原子轨道，即杂化轨道。根据鲍林的轨道杂化理论来说明杂化过程。C 原子在反应时，激发一个 2s 电子到 2p 轨道上去，这时 1 个 s 轨道和 3 个 p 轨道"混合起来"，形成 4 个新轨道——sp^3 等价杂化轨道，每个 sp^3 杂化轨道具有 1/4 的 s 态成分和 3/4 的 p 态成分，形状都相同，这 4 个轨道的对称轴之间的夹角都是 109°28′。以 sp^3 杂化轨道成键，就构成四面体或八面体的金刚石原子结构。C 原子 sp^3 杂化轨道的杂化过程如图 1-14 所示。

金刚石的 sp^3 可写为 s、p、p、p，它们是规一的，又是相交的，能量相同的原子轨道可以"混合起来"组成新的轨道，这种新的轨道还是 p 轨道，只是方向不同而已。尽管 s 轨道和 p 轨道的主量子数相同，但 s 轨道比 p 轨道的能量低，因此 s 轨道不可能和 p 轨道"混合"起来组成新的轨道，只能孤立在原子中间，但是分子中的"原子"情况不同，共价键的形成改变了原子状态。这种外力在量子力学中称为"微扰"。由于共价键产生"微扰"作用的能量比 s 轨道和 p 轨道之间能量差别来得大，按量子力学"微扰"理论，s 轨道和 p 轨道也可以混合起来组成新的轨道，这种新的轨道中，有 s 成分也有 p 成分，而与 s 轨道和 p 轨

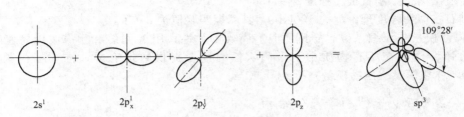

图 1-14　C 原子 sp³ 杂化轨道的形成

道不同，而组成 sp³ 杂化新轨道。原子轨道杂化后，可使成键能力增加，使生成的分子更加稳固。共价键是由 2 个电子的电子云相互穿插、重叠而成的，故在 2 个原子粒之间有最大的电子云密度。金刚石的 C 原子，在形成共价键时放出的能量，足以使 2s 中 1 个电子激发到 2p 轨道上去，形成 sp³ 杂化轨道，有 4 个不成对的电子，就形成 4 个共价键。

（2）金刚石的晶体结构

晶体是离子、原子或分子有规律地排列所构成的一种物质，其质点在空间的分布具有周期性和对称性。人们习惯用空间几何图形来抽象地表示晶体结构，即把晶体质点的中心用直线连接起来，构成一个空间网格，此即晶体点阵，质点的中心位置，称为点阵节点。如果把

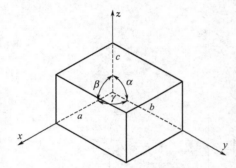

图 1-15　晶胞坐标及晶胞参数

待定的结构基元（离子、原子或分子）放置于不同的点阵节点上，则可形成各种各样的晶体结构。晶体可以看成由一个节点沿三维方向按一定距离重复地出现在节点而形成的。每个方向上节点距离称为该方向上晶体的周期。同一晶体在不同方向的周期不一定相同。从晶体结构中提取出来的以反映晶体周期性和对称性的最小重复单元，称为晶胞。晶胞的形状、大小可用 6 个参数来表示，此即晶胞参数，也称为晶格常数，它们分别是 3 条边棱的长度 a、b、c 和 3 条边棱的夹角 α、β、γ，如图 1-15 所示。

晶胞参数确定后，晶胞和由它表示的晶格也随之而定，方法是将该晶胞沿三维方向平行堆积即构成晶格。依据晶胞参数之间的关系不同，可以把所有晶体的空间点阵划分为 7 类，即 7 个晶系，共包括 14 种点阵。金刚石属立方（cubic）晶系，晶胞参数关系为 $a=b=c$，$\alpha=\beta=\gamma=90°$，点阵有简单立方、体心立方、面心立方。图 1-16 所示为立方金刚石晶胞与六方金刚石晶胞图。

金刚石晶胞结构如图 1-16 所示，为立方晶系，$a=0.356$nm。金刚石的结构是面心立方格子，C 原子分布于 8 个顶角和 6 个面心。在晶胞内部有 4 个 C 原子交叉地位于 4 条体对角线的 1/4、3/4 处，每个原子周围都有 4 个 C 原子，配位数为 4，C 原子之间形成共价

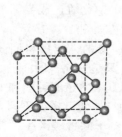
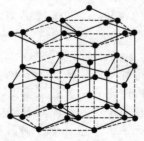
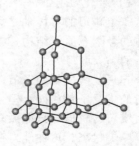

(a) 立方金刚石晶胞　　　(b) 六方金刚石晶胞　　　(c) 金刚石晶体结构

图 1-16　金刚石晶胞与晶体结构

键，一个 C 原子位于正四面体的中心，另外 4 个与之共价的 C 原子在正四面体的顶角上。

晶体是由其组成质点在空间按一定的周期规律性地排列而构成的。可将晶体点阵在任何方向上分解为相互平行的节点平面。这样的节点平面称为晶面，晶面上的节点在空间构成一个二维点阵。同一取向的晶面，不仅相互平行、间距相等，而且节点的分布也相等。

结晶学中经常用 (hkl) 表示一组平行晶面，称为晶面指数。数字 hkl 是晶面在 3 个坐标轴（晶轴）上截距的倒数的互质数比。为了确定晶面指数，在空间点阵中引入坐标系，选取任一节点为坐标原点 O，以晶胞的基本矢量为坐标轴 X、Y、Z。设晶面在坐标轴上的截距分别为 m、n、p，然后将它们的倒数依 X、Y、Z 轴顺序化为互质整数比，即 $1/m$：$1/n$：$1/p = h$：k：l 之后，将 hkl 写入圆括号 () 内，即为这个晶面的晶面指数，每一个晶面指数为 (100)、(110)、(111)，如图 1-17 所示。重要的晶面之间存在并不平行的两组以上的晶面，它们的原子排列状况是相同的，这些晶面构成一个晶面族。同一个晶面族中，不同的晶面指数的数字相同，只是数序和正、负号不同。将晶面族指数用符号 $\{hkl\}$ 表示，将 $\{hkl\}$ 中的 $\pm h$、$\pm k$、$\pm l$ 改变符号和顺序，进行排列组合，就可构成这个晶面族所包括的所有晶面的指数。如 $\{111\}$ 晶面族包括 (111)、($11\bar{1}$)、($1\bar{1}1$)、($\bar{1}11$)、($1\bar{1}\bar{1}$)、($\bar{1}1\bar{1}$)、($\bar{1}\bar{1}1$)、($\bar{1}\bar{1}\bar{1}$) 8 个不同的坐标方位的晶面。实际上，它们在晶体中是 4 个位向不同的平行晶面组，即 4 组独立晶面。$\{100\}$ 晶面族包括 (100)、(010)、(001)、($0\bar{1}0$)、($00\bar{1}$)、($\bar{1}00$) 6 个不同坐标方位晶面。$\{110\}$ 晶面族包括 12 个坐标方位不同的晶面，即 6 组独立晶面。同一晶面族各平行晶面的面间距相等。

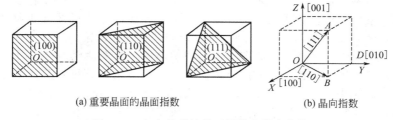

(a) 重要晶面的晶面指数　　　　(b) 晶向指数

图 1-17　立方晶系的晶面指数和晶向指数

晶体点阵也可以在任何方向上分解为相互平行的节点直线组，质点等距离地分布在直线上。位于同一直线上的质点构成一个晶向。同一直线组中的各直线，其质点分别完全相同。故其中任一直线，均可作为直线组的代表。任一方向上所有平行晶面可包含晶体中所有质点，任一质点也可以处于所有晶向上。晶向用指数 $[uvw]$ 表示。其中 u、v、w 这三个数字是晶向矢量在参考坐标系 X、Y、Z 轴上矢量分量经等比化简而得出。为了确定图 1-18 中的 OP 的晶向指数，将坐标原点选在 OP 的任一节点 O 点，把 OP 的另一端 P 的坐标经等比化

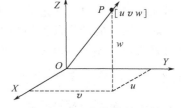

图 1-18　晶向指数的确定

简后按 X、Y、Z 坐标的顺序写入方括号 [] 内，则 $[uvw]$ 即为 OP 的晶向指数。

（3）金刚石晶体中质点间的结合力与结合能

① 晶体中质点间的结合力性质　晶体中的原子之所以能结合在一起，是因为它们之间存在结合力和结合能。原子结合时，其间距在十分之几纳米（nm）的数量级上，因此带正电的原子核和负电子必然要和它周围的其他原子核和负电子产生静电库仑力，显然，起主要作用的是各原子的最外层电子。按照结合力的性质不同，分为强键力（化学键或主价键）和弱键力（物理键或次价键）。化学键包括离子键、共价键和金属键，物理键包括范德华键、氢键。由此，可把晶体分成五种典型的类型：离子晶体、共价键晶体、金属晶体、分子晶体

和氢键晶体。金刚石为共价键晶体。

共价键是原子之间通过共用电子对或通过电子云重叠而产生的键合。靠共价键结合的晶体称为共价键晶体或原子晶体。金刚石的 C 是典型的共价键晶体。共价键的特点是具有方向性和饱和性。一个原子的共价键数即与它共价结合的原子数，最多只能等于 $8-n$（n 表示这个原子最外层的电子数），所以共价键具有明显的饱和性。在共价键晶体中，原子以一定的角度相邻接，各键之间有确定的方位，故共价键有着强烈的方向性。共价键之间的夹角为 $109°28'$。共价键结合力很大，所以原子晶体具有强度高、熔点高、硬度大等性质。在外力作用下，原子发生相对位移时，键将遭到破坏，故脆性也大。

② 晶体中质点间的结合力与结合能 各种不同的晶体，其结合力的类型和大小是不同的。晶体中相互作用力或相互作用势能与质点之间的距离有关。晶体中质点相互作用分为吸引作用与排斥作用两类。吸引作用在远距离是主要的，吸引作用来源于异性电荷之间的库仑引力。排斥作用在近距离是主要的，排斥作用来源于同性电荷之间的库仑力与泡利原理所引起的排斥力。

两个原子的相互作用势能可以视为原子对间的相互作用势能之和，可通过量子力学方法进行计算。推荐金刚石势能为 347.4kJ/mol，键长为 $1.54Å(0.154nm)$。了解组成晶体的质点之间的相互作用的本质，对探索材料的合成提供了理论指导。

③ 金刚石晶体中的缺陷 通常把质点严格按照空间点阵排列的晶体称为理想晶体。把晶体点阵结构中周期性势场的畸变称为晶体的结构缺陷。晶体的结构缺陷按几何形态分为点缺陷、线缺陷、面缺陷、体缺陷。

点缺陷又称为零维缺陷。在三维方向上缺陷尺寸处于原子大小的数量级上，包括原子空位、间隙质点、杂质质点。杂质质点是外来质点取代原来晶格中的质点占据正常节点位置，形成杂质缺陷。金刚石存在 N、Fe 等杂质成分，因此存在点缺陷。

线缺陷是一维缺陷，指在一维方向上偏离理想晶体中周期性规则排列所产生的缺陷。缺陷尺寸在一维方向上较长，在二维方向上很短。晶体在结晶时受到杂质、温度变化等产生的应力作用或晶体在使用中受到冲击、切削、研磨等机械应力作用，使晶体内部质点排列变形。原子行列间、面缺陷、体缺陷相互滑移，形成线状缺陷。位错滑移总是沿着晶体中最密排的晶面上进行。原因是越密排的晶面，晶面间距越大，晶面间原子结合力越小；越是密排的晶面，密排的晶面滑移的矢量越小，滑移就越容易进行，这些晶面称为滑移面，晶向称为滑移方向。在面心立方金刚石晶体中 {111} 晶面族平面为滑移面，[110] 方向为滑移方向。位错缺陷有刃位错（或层错）、螺位错及混合位错，如图 1-19 所示。

晶体缺陷的产生及类型和数量，对晶体的许多物理、化学性质会产生巨大影响，晶体缺陷研究的是晶体结构研究和晶体质量研究的关键问题和核心内容。

1.4.5 金刚石生长过程——合成机理

石墨和金刚石都是 C 的不同变体，天然金刚石资源很少，人造金刚石的生成是在一定的温度和压力条件下，将石墨转化为金刚石。金刚石的合成过程是一个复杂的多相系统的物理、化学过程，把金刚石作为系统研究对象，根据热力学和动力学原理，分析石墨、金刚石稳定存在的条件，研究金刚石生成相平衡条件，相平衡随温度、压力、组分的浓度等因素变化而改变的规律。金刚石的合成机理有催化剂说、溶剂说、固相转化说。

系统中具有相同物理、化学性质的完全均匀部分的总和称为相。相与相之间有界面。常见的相有气相、液相、固相。相平衡研究多组分（或单组分）多相系统中相的平衡问题。一个多相系统中在一定条件下，当某一相的生成速度与它消失的速度相等时，宏观上没有任何物质在相之间传递，系统中每一个相的数量不随时间而变化，这时系统便达到了相平衡。相平衡是一种动态平衡。根据相平衡的实验结果，可绘制成几何图形以描述这

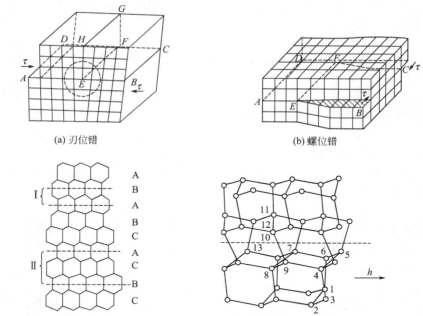

(a) 刃位错　　　　　　　　　　　　(b) 螺位错

(c) 金刚石结构中抽出型层错(Ⅰ)和插入型层错(Ⅱ)　　(d) 金刚石结构中的纯螺型层错

图 1-19　金刚石晶体位错

些在平衡状态下的变化关系。这种图形称为相图（或称为平衡状态图），相图是相平衡的直观表现，其原理属于热力学范畴，可以根据相图及热力学原理，判断石墨转变为金刚石过程的方向和程度。

（1）碳的相图

前人经过计算外推，在实验基础上，得出压力-温度相图，即 p-T 图，如图 1-20 所示。

相图分为七个区域。在金刚石稳定区 Ⅴ 与石墨稳定区 Ⅳ 之间的分界线称为石墨-金刚石相平衡曲线，在这条曲线上，温度 T 和压力 p 称为温度-压力边界值，在一定温度范围内，此边界线可近似视为直线，并有关系式：

$$p = a + bT$$

式中　T——温度，K；

　　　　p——对应于 T 时的平衡压力，MPa。

当 T 为 1200～2000K 时，$a=6.5$，$b=27.4$；当 T 为 2200～4400K 时，$a=10$，$b=25.3$。

从 C 的相图可以看出，石墨转化为金刚石，必须在高温高压下进行。

（2）石墨-金刚石相变条件

① 石墨-金刚石相互变化的方向和限度　石墨在催化剂作用下转变为金刚石的过程可以看成是一个多组分相系统的等温、等压相变过程，遵循相变规律。

系统的相变自由度是指在一定范围内，可以任意改变而不引起旧相消失或新相产生的独立变量。

根据相变规律可以确定相变系统的自由度（F）、独

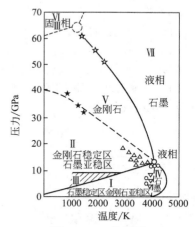

图 1-20　C 的相图

○无反应；△在千分之几秒内石墨转变成金刚石；▽在千分之几秒内金刚石转变成石墨；★在万分之几秒内石墨转变成金刚石；☆在百万分之几秒内石墨转变成液相或碳的第Ⅲ相；Ⅰ—石墨稳定区和金刚石亚稳区；Ⅱ—金刚石稳定区和石墨亚稳区；Ⅲ—催化剂反应区；Ⅳ—石墨稳定区；Ⅴ—金刚石稳定区；Ⅵ—碳的第Ⅲ相；Ⅶ—碳的液相

立组元数（C）、相数（P）和对系统平衡状态能够发生影响的外界影响因素（n）之间关系。相变规律的表达式为

$$F=C-P+n$$

一般情况下，只考虑温度和压力对系统平衡状态的影响，即 $n=2$，则相变规律表达式为

$$F=C-P+2$$

由热力学可知，C 在石墨和金刚石两相中间同时并存的平衡条件是它在两相中的化学位相等，即每个组分在相中的化学位相等，可写为

$$\mu_G=\mu_D$$

式中 μ_G、μ_D——C 在石墨和金刚石相中的化学位。

在对应于 C 相图中石墨-金刚石分界线的压力、温度条件，在相分界线上方金刚石稳定，石墨不稳定，即

$$\mu_G>\mu_D \text{ 或 } \Delta\mu=\mu_G-\mu_D>0$$

根据相变过程由高化学位向低化学位方向进行的原理，会由石墨向金刚石相转移，直到平衡为止。$\mu_G>\mu_D$ 就是石墨合成金刚石的热力学条件。化学位是状态系数，随着压力、温度而变化。在相平衡线下方则变为

$$\mu_G<\mu_D \text{ 或 } \Delta\mu=\mu_G-\mu_D<0$$

则金刚石转变为石墨。此即金刚石石墨化问题。将以上三式综合起来，可写为

$$\text{若 } \mu_G \underset{<}{\overset{>}{=}} \mu_D，\text{则 } G \underset{\leftarrow}{\overset{\rightarrow}{=}} D$$

这就是在一定压力温度条件下，石墨-金刚石相互转化过程进行的方向和限度（此处的方向是指合成什么，限度是指能得到多少预计的相组成）。

a. 合成金刚石的压力和温度条件：合成金刚石的压力、温度可由 C 的相图看出，凡是在石墨-金刚石相平衡线上方的压力、温度条件下，都能满足 $\mu_G>\mu_D$，都能使石墨向金刚石转变。但因催化剂的种类而异，如催化剂 Co、Ni、Fe 合成金刚石所需的最低压力 p、温度 T 条件为

Co：$p=5.0\text{GPa}$，$T=1450℃$

Fe：$p=5.5\text{GPa}$，$T=1400℃（1460℃）$

Ni：$p=5.3\text{GPa}$，$T=1400℃（1475℃）$

b. 石墨-金刚石相变的压力条件：从热力学可知，在恒温可逆非体积功为零时，则有 $dG=Vdp$，积分可得

$$\Delta G_p-\Delta G_{p_0}=\int_{p_0}^{p}\Delta V dp$$

在平衡条件下，$\Delta G_{p_0}=0$，故上式则变为

$$\Delta G_p=\int_{p_0}^{p}\Delta V dp$$

式中 ΔV——摩尔体积差；

p_0、p——相平衡压力和相平衡线以上的合成压力；

ΔG_{p_0}、ΔG_p——相应 p_0 和 p 时两相摩尔自由焓（能）差。

要使相变自发进行，必须使 $\Delta G<0$，即 $p>p_0$，结晶相变自发进行。两相压力差是相变过程的推动力。

c. 石墨-金刚石相变的温度条件：从热力学可知，在等温等压条件下，则有 C 在石墨和金刚石相中化学位的差异。化学位常用摩尔自由焓来代替，自由焓的变化差异为 ΔG，即

$$\Delta G=\Delta H-T\Delta S$$

在平衡条件下 $\Delta G=0$

则有
$$\Delta H - T\Delta S = 0$$

即
$$\Delta S = \frac{\Delta H}{T}$$

式中　T——相变的平衡温度；

　　　ΔH——相变热；

　　　ΔS——两相熵之差。

若在任一温度 T 的不平衡条件下，则有
$$\Delta G = \Delta H - T\Delta S \neq 0$$

若 ΔH、ΔS 不随温度而变化，则有
$$\Delta G = \Delta H - \frac{T\Delta H}{T_0} = \Delta H\ \frac{T - T_0}{T_0} = \Delta H\ \frac{\Delta T}{T_0}$$

从该式可见，相变过程要自发进行，必须有 $\Delta G < 0$，则 $\Delta H \dfrac{\Delta T}{T_0} < 0$。

若相变过程为结晶凝聚，则为放热，即 $\Delta H < 0$。要使 $\Delta G < 0$，则必须有 $\Delta T > 0$，即 $\Delta T = T_0 - T > 0$，$T_0 > T$。这表明系统中必须有"过冷"，即系统实际温度比理论相变温度要低，才能使相变过程自发进行。若相变过程吸热，则 $\Delta H > 0$，要满足 $\Delta G < 0$ 这一条件，则必须 $\Delta T < 0$，即 $T_0 < T$。这表明系统要自发相变必须"过热"。由此可得，相变的驱动力可以表示为过热度（或过冷度）的系数。因此，相平衡理论温度与系统实际温度之差即为相变过程的推动力。

② 高压、高温及催化剂对相变活化能的影响　摩尔自由焓（能）之差 ΔG 是相变的动力，但具有平均能量为 G 的石墨还必须得到足够的活化能，才能超过能峰，变为金刚石。在满足发生相变的压力和温度条件下，添加催化剂可以降低石墨相变为金刚石的活化能 E。设 E 为不用催化剂的直接法合成金刚石的活化能。当使用镍基催化剂参与情况下，活化能降低为 E_{Ni}，经计算 $E_{Ni} \approx \frac{1}{2}E = 364\text{kJ/mol}$。$E_{Ni}$ 的降低原因：一是温度升高，当温度从 25℃ 升温到 2000℃ 时，合成体系热焓增加值 $\Delta H = 148.6\text{kJ/mol}$；二是增加相变压力，当合成系统压力增加到 6GPa，石墨体系压缩 10%，可释放晶格能 E_p，经热力学计算，$E_p = 238.3\text{kJ/mol}$，这样在高温、高压及有催化剂条件下，合成系统获得的总能量为 $E_{Ni} = \Delta H + E_p = 148.6 + 238.3 \approx 387\text{kJ/mol}$。此值与理论值 364kJ/mol 基本一致。由此可见，压力的控制是十分关键的。在合成金刚石过程中，压力比温度起着更大的作用。

综上所述，根据热力学与动力学原理，说明了压力、温度、催化剂三者在合成金刚石过程中所起的作用。压力、温度的提高，使石墨和金刚石的化学位（即摩尔自由焓）从常温下的 $\mu_G < \mu_D$ 状态，改变为合成条件下的 $\mu_G > \mu_D$ 状态，产生了相变动力 $\Delta\mu$，即 $\Delta G_p = \Delta V(p - p_0)$，为相变提供了可能性。同时高压、高温又为石墨的原子额外提供相变所需的活化能 E_{Ni}，使之转变为金刚石。在合成中使用催化剂可降低相变所需的活化能一半左右，亦即降低了合成所需的压力、温度。

（3）金刚石晶粒的形成与长大

从热力学观点看，每种物质都有各自稳定存在的热力学条件，高温下物质处于液态或熔体状态，在熔点或液相线以下长时间保温，系统最终都会变成晶体。从相变机理上看，液-固相变及大多数固-固相变按照成核-生长机理进行相变，新相形成包括成核、生长两个过程。动力学上描述液-固相变（成核-生长）机理时常用晶核生长速率（也称核化速率或成核速率）、晶体生长速率（也称晶化速率）、总的结晶速率来描述。晶核生长速率是指单位时间、单位体积母相中形成新相核心的数目。晶体生长速率用新相的线生长率表示，即单位时间新相尺寸的增加。总的结晶速率以新相与母相的体积分数随温度、时间的变化来表征。

① 金刚石的晶核生长速率 结晶时，由于热运动引起组成和结构的变化，使得一部分组成（质点）从高自由焓状态转变为低自由焓状态而形成新相，造成系统体积自由焓 ΔG_v 降低。同时由于新相与母相形成新的界面时需要做功，造成系统界面自由焓 ΔG_s 增加。若新相与母相之间存在应变能，则应变能改变为 ΔG_E。合成金刚石时，使用的压力为 p，平衡压力为 p_E，在晶核形成过程中，当形成新相时，整个系统的自由焓的变化为 ΔG_r，ΔG_r 应为 ΔG_v、ΔG_s、ΔG_E 各项代数和，即

$$\Delta G_r = \Delta G_v + \Delta G_s + \Delta G_E$$

半径为 r 的球形晶核自由焓变化为

$$\Delta G_r = \frac{4}{3}\pi r^3 \Delta G_v + 4\pi r^2 \gamma_{ls} + \frac{4}{3}\pi r^3 \Delta G_E$$

式中 r——球形新相区半径；

γ_{ls}——液-固界面能。

当各种能量起伏小时，所形成的球形新相区很小时，这种较小的不能稳定长大成新相的区域称为核胚。随着起伏加大，达到一定大小（临界值）时，系统自由焓变化由正值变为负值，这时随新相尺寸的增加，系统自由焓降低。这种稳定成长的新相称为晶核。要使结晶形成，必须产生晶核，核化后使晶核进一步长大（晶化），结晶的速率决定于晶核的生长速率及晶体的生长速率。

在恒温恒压下，形成球形新相，不考虑应变能时，自由焓的变化可写为

$$\Delta G_r = \frac{4}{3}\pi r^3 \Delta G_v + 4\pi r^2 \gamma_{ls}$$

当球形新相颗粒很小时，颗粒表面对体积的比率大，第二项占优势，总的自由焓变化是正值。对颗粒较大的新相区而言，第一项占优势，总的自由焓变化是负值。因此，存在一个球形新相的临界半径 r^*，颗粒半径比 r^* 小的核胚是不稳定的，只有颗粒半径大于 r^* 的超临界晶核才是稳定的。可由对 ΔG_r 式的微分，并使之等于零来求得临界晶核半径 r^*：

$$\left.\frac{\mathrm{d}\Delta G_r}{\mathrm{d}r}\right|_{r=r^*} = 8\pi r^{*2}\gamma_{ls} + 4\pi r^* \Delta G_v = 0$$

则

$$r^* = -\frac{2\gamma_{ls}}{\Delta G_v}$$

形成临界晶核时，系统自由能变化要经历极大值，此即相变势垒，此值为

$$\Delta G_r^* = \frac{16\pi\gamma_{ls}^3}{3(\Delta G_v)^2}$$

临界晶核数目值为

$$n_r^* = n\exp\left(-\frac{\Delta G_r^*}{kT}\right)$$

式中 n——单位体积母相中原子或分子数；

k——波尔兹曼常数；

T——合成温度。

原子从母相中迁移到核胚界面需要由活化能 ΔG_a 来克服势垒。一个原子在单位时间跃到界面的次数还取决于原子的振动频率 f，因此单位时间到达核胚界面的原子数 m 为

$$m = an_s f\exp\left(-\frac{\Delta G_a}{kT}\right)$$

式中 a——原子向核胚方向跃进的概率；

n_s——临界核胚固界上的原子数。

成核速率 I 等于单位体积、液体中临界晶核的数目 n_r^* 乘以每秒钟达到临界晶核的原子

数，因此均态核化速率可写为

$$I=n_r^* m=nan_s f\exp\left(-\frac{\Delta G_a+\Delta G_r^*}{kT}\right)=nan_s f\exp\left(-\frac{\Delta G_a+16\pi\gamma_{ls}^3/[3(\Delta G_v)^2]}{kT}\right)$$

非均态核化速率 I_s 可表达为

$$I_s=k_s\exp\left(-\frac{\Delta G_h^*}{kT}\right)$$

$$k_s=N_s^0 f\exp\left(-\frac{\Delta G_a}{kT}\right)$$

式中　　N_s^0——接触固体单位面积的分子数；

　　　　ΔG_h^*——非均态核化的临界状态自由焓的变化。

$$\Delta G_h^*=\frac{16\pi\gamma_{ls}^3}{3(\Delta G_v)^2}\left[\frac{(2+\cos\theta)(1-\cos\theta)^2}{4}\right]$$

令

$$f(\theta)=\frac{(2+\cos\theta)(1-\cos\theta)^2}{4}$$

则

$$\Delta G_h^*=\Delta G_r^* f(\theta)$$

当接触角 $\theta=0°$，有液相存在时固体被晶体完全湿润，$\cos\theta=1$，则 $f(\theta)=0$，即 $\Delta G_h^*=0$，不存在核化势垒。

当接触角 $\theta=90°$，$\cos\theta=0$，则 $f(\theta)=\frac{1}{2}$，即均态与非均态核化势垒降低一半。

当接触角 $\theta=180°$，$\cos2\theta=-1$，则 $f(\theta)=1$，即均态与非均态核化势垒相等。

由此可见，θ 越小，越有利于晶核生成，对核化最有利。

② 金刚石晶体生长速率　晶核生成后要继续长大，晶体生长是界面移动过程，生长率与界面结构及原子迁移密切相关。晶体中的界面有共格、半共格及非共格。其原子排列、界面能大小各不相同，迁移方式也不相同。当析出的晶体与母相（熔体）组成相同时，界面附近的质点只需通过界面跃迁就可附着于晶核界面，因此晶体生长由界面控制。当析出的晶体与母相组成不同时，构成晶体的组成必须在母相中长距离迁移达到新相-母相界面，再通过界面跃迁才能附着于新相表相，因此晶体生长由扩散控制。生长机理不同，动力学规律会有差异。

a. 界面控制的长大　晶核形成后，在一定的温度和过饱和度下，晶体按一定的速率生长。原子到分子扩散并附着到晶核上的速率取决于熔体和界面条件，也就是晶体-熔体之间界面对结晶动力学和结晶形态有决定性影响。晶体生长取决于分子或原子从熔体中间界面扩散和其反方向扩散之差。界面上液体侧一个原子或分子的自由焓为 G_L，结晶侧一个原子或分子的自由焓为 G_c，则液体与晶体的自由焓差值为

$$G_L-G_c=V\Delta G_v$$

一个原子或分子从液体通过界面跃迁到晶体所需的活化能为 ΔG_a，则原子或分子向晶体迁移的速率等于界面的原子数目（S）与跃迁频率（f_0）之积，再乘以跃迁所需激活能的原子的分数，即

$$\frac{dn_{L\text{-}S}}{dt}=f_0 Sh\exp\left(-\frac{\Delta G_a}{kT}\right)$$

式中　　h——附加因子，指晶体界面能够附着上分子的位置占所有位置的分数。

质点从晶相反向跃迁到液相的速率为

$$\frac{dn_{S\text{-}L}}{dt}=f_0 Sh\exp\left(-\frac{\Delta G_a+V\Delta G_v}{kT}\right)$$

因此，从液相到晶相跃迁的净速率为

$$\frac{\mathrm{d}n}{\mathrm{d}t} = \frac{\mathrm{d}n_{\text{L-S}}}{\mathrm{d}t} - \frac{\mathrm{d}n_{\text{S-L}}}{\mathrm{d}t} = f_0 Sh \exp\left[\left(-\frac{\Delta G_a}{kT}\right) - \left(-\frac{\Delta G_a + V\Delta G_v}{kT}\right)\right]$$

则晶体线形生长率 U 等于单位时间迁移的原子数目除以界面原子数 S，再乘以原子间距 λ，即

$$U = f_0\left(\frac{\lambda}{S}\right)Sh \exp\left(-\frac{\Delta G_a}{kT}\right)\left[1 - \exp\left(-\frac{V\Delta G_v}{kT}\right)\right]$$

$$= f_0\lambda h \exp\left(-\frac{\Delta G_a}{kT}\right)\left[1 - \exp\left(-\frac{V\Delta G_v}{kT}\right)\right]$$

当过冷度很小时，$V\Delta G_v$ 相对于 kT 很小，则将 $\exp\left(-\dfrac{V\Delta G_v}{kT}\right)$ 展成幂级数并略去高次项后有

$$\exp\left(-\frac{V\Delta G_v}{kT}\right) = 1 - \frac{V\Delta G_v}{kT}$$

于是生长率简化为

$$U = f_0\lambda h\left(\frac{V\Delta G_v}{kT}\right)\exp\left(-\frac{\Delta G_a}{kT}\right)$$

该式表明，由熔点或液相线开始降温，随着温度的降低，过冷度增加，晶体生长率增加。

b. 扩散控制的长大　当析出的晶体与母相组成不同时，构成晶体的组分必须在母相中长距离迁移到新相-母相界面，再通过界面跃迁才能附着于新相表面，晶体生长由扩散控制。相变时，新相与母相成分不同，有两种情况，一是新相溶质浓度高于母相，二是新相溶质浓度比母相低。这两种情况，新相长大速率取决于溶质原子的扩散。当母相的成分为 C_0，在温度 T 下，析出溶质浓度高于母相 α 的新相 β。则在相界处，新相 β 的浓度为 C_β，母相 α 的浓度为 C_α，而远离相界处的母相的成分仍为 C_α。因此，在母相中引起了浓度差 $C_0 - C_\alpha$，此浓度差引起母相内溶质原子的扩散。扩散相界处的 C_α 升高，破坏了相界处的浓度平衡。为了恢复相间的平衡，溶质原子会越过相界由母相 α 迁入到新相 β，进行相间扩散，使新相 β 长大，新相长大所需的溶质原子是远离相界的母相 α 提供的，因此新相长大速率受溶质原子的扩散速率所控制。根据扩散第一定律，在 $\mathrm{d}t$ 时间内，在母相内通过单位面积的溶质原子的扩散通量为 $D\left(\dfrac{\partial C}{\partial r}\right)_{r=R}\mathrm{d}t$，$D$ 为溶质原子在母相中的扩散系数。若相界同时移动了 $\mathrm{d}r$ 距离，即新相的体积增大了 $\mathrm{d}V$，新相 β 中溶质原子的增量为 $(C_\beta - C_\alpha)\mathrm{d}r$，由于溶质原子来自远离相界的母相，所以

$$D\left(\frac{\partial C}{\partial r}\right)_{r=R}\mathrm{d}t = (C_\beta - C_\alpha)\mathrm{d}r$$

故新相 β 的长大速率 U 为

$$U = \frac{\mathrm{d}r}{\mathrm{d}t} = \frac{D}{C_\beta - C_\alpha}\left(\frac{\partial C}{\partial r}\right)_{r=R}$$

该式说明，扩散控制的新相长大速率与扩散系数及相界附近母相中溶质的浓度梯度成正比，与相界两侧的两相中溶质原子浓度差成反比。考虑使用（Ni_{27}，Mn_{23}）合金作催化剂合成金刚石时，在生长范围内，石墨转变成金刚石的活化能（自由焓差 ΔG）和活化体积差（ΔG_v）随压力、温度的变化很小，因此，$\Delta G = \Delta G_墨 = \Delta G_石$，$\Delta G_v = \Delta G_{v墨} = \Delta G_{v石}$，可计算出 $\Delta G = 28.75\text{kcal/mol}$（$1\text{cal} = 4.1840\text{J}$），$\Delta G_v = -10.85\text{cm}^3/\text{mol}$。可得出扩散控制的金刚石生长速率的经验公式为

$$U = \frac{\mathrm{d}r}{\mathrm{d}t} = 15979\exp\left(-\frac{14450 - 0.1325p}{T}\right)$$

该公式在有效合成压力 p、温度 T 范围内，当合成时间在 10min 左右，具有较高的可

靠性，证明了石墨转变为金刚石必须经过系统活化和体积缩小的过程。

1.4.6　人造金刚石的合成装置与原料

近代人造金刚石的研制成功是利用高压、高温技术将石墨转变为金刚石。合成金刚石的方法可分为以下几种。

① 静压法　包括静压催化剂法、静压直接转变法、晶种催化剂法。

② 动压法　包括爆炸法、液中放电法，直接转变成六方金刚石。

③ 亚稳定区域生长金刚石的方法　包括化学气相沉积法、液相外延生长法、气-液-固相外延生长法及常压常温合成法。

静压法主要用于磨料级人造金刚石的生产和宝石级金刚石的合成。爆炸法主要用于纳米级金刚石的开发。气相沉积法主要用于微晶金刚石、纳米金刚石薄膜的开发应用。本书仅就静压催化剂法的技术与工艺进行阐述。

(1) 合成金刚石的超高压技术及合成装置

静态高温、高压合成金刚石使用超高压技术。超高压技术是指在同一空间领域同时获得所需要的高温、高压，并持续所需时间的技术。它研究高压的产生和在高压作用下物质的物理状态变化的规律。在高压状态下，物质的原子排列、晶体结构或电子结构所发生的变化，表现为不同的物理和力学特性。高压技术对认识固体本质、研究新材料、揭示新的物理现象有重要意义。

超高压是指压力在 $3\sim100GPa$ 范围内。产生超高压的方法有静压法和动压法两种。静态超高压是采用在特制的高压容器中对传压介质施加静态压力而产生的。动态超高压是利用炸药爆炸、高速物理碰撞、火花放电、强磁场压缩等方法产生的冲击波作动力而获得的瞬时高压。

静压法合成金刚石时，获得高压的合成设备主要有六面顶装置和两面顶装置。

① 六面顶高压装置　图 1-21 所示为 DS-023 型高压设备示意。设备组成部分主要有模具、主机、增压器、液压系统、加速系统和控制台等。六面顶装置是指用油压推动 6 个相互垂直的活塞同时向中心运动，每个活塞的端部固结一个硬质合金模具（顶锤）给受压物施压。6 个顶锤的轴线在空间汇交点称为汇力中心。3 对活塞的轴线重合为一直线，3 根直线在空间的相交点，称为设备的结构中心。高压设备的物理工作状态要求设备的结构中心、模具的汇力中心与受压物的质量中心应做到三心合一。六面顶设备是我国合成金刚石磨料晶体的主流设备。

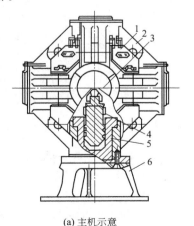

(a) 主机示意　　　　　　　　(b) 六面顶6个顶锤位置示意

图 1-21　DS-023 型高压设备示意

1—防护装置；2—铰链梁；3—顶锤；4—限位环；5—工作缸；6—底座

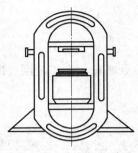

图1-22 千吨级金刚石
专用压机轮廓

② 两面顶高压装置 单向施压，静压力的获得依靠模具，两面顶装置能产生 4～10GPa 压力，温度达 2770℃ 左右。两面顶装置有年产 500t、1000t 轮式超高压压机。它们是由一台主机、一台副机、液压系统、增压器、电气系统、小车轨道、取料机构等组成的。主机由架体、上下梁和柱、工作缸组成，外形如图1-22所示。

轮式超高压压机所用高压模具由压缸、顶锤、钢环装配而成。压缸、顶锤、钢环形状及尺寸如图1-23所示。整个机身呈 O 形，上、下梁装入架体内形成上、下工作台，上工作台用来固定模具，下工作台安装工作油缸。主工作缸内的密封，全部采用耐油橡胶 O 形圈和高压聚乙烯保护环，当高压油进入油缸时，活塞上升，直至压头顶着被压物体而升压。当高压油由另一孔放出时，活塞下降而退压，活塞上端直径为 210mm，为安装下压头用。千吨液压机主要技术参数见表1-6。

表1-6 千吨液压机主要技术参数

序号	项目	名称	单位	数值	备注
1		公称压力或低压	t	1000 25	回程
2		工作压力：高压 超高压	kgf/cm²	166 1000	增压器 主工作缸
3	主机	活塞行程	mm	170	
4		最大闭合尺寸	mm	410	
5		最小闭合尺寸	mm	240	有效使用 310
6		左右开档	mm	700	

注：$1kgf/cm^2 = 98.0665kPa$。

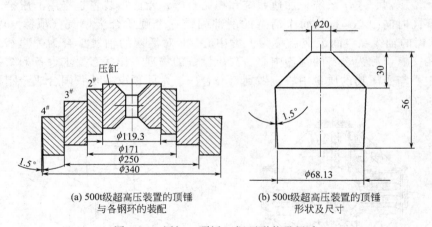

(a) 500t级超高压装置的顶锤
与各钢环的装配

(b) 500t级超高压装置的顶锤
形状及尺寸

图1-23 压缸、顶锤、钢环形状及尺寸

压缸材料用 YG15 硬质合金，顶锤用 YG6X 硬质合金，钢环用 45CrNiMo 或 45CrNiMoV，热处理后 σ_b 为 1500～1800N/cm²，$\sigma > 1300～1500N/cm^2$。

(2) 合成金刚石的原料

静压超高压高温合成金刚石所用的原材料和辅助材料，主要有叶蜡石、石墨、催化剂（金属或合金）。叶蜡石在合成金刚石过程中起传热、密封绝缘和保温作用。碳-石墨材料是合成金刚石的原材料。催化剂金属或合金，促使石墨向金刚石转变，加速转变过程。

① 碳-石墨材料　碳素材料有石墨、无定形碳、木炭、炭黑、煤焦油等。不同的碳素材料对生产金刚石的质量、数量和颗粒大小都有着相当大的影响。

石墨晶体结构为六方形的平面网状结构，通过范德瓦尔斯力结合起来，形成无限层状分子平行堆积，如图1-24(a)所示。这些层状堆积层与层之间的原子不是正对着的，而是依次错开六方格子的对角线长的一半，使结构更加紧密。按各层错开情况不同，石墨分为ⅠⅡⅢⅠ型和ⅠⅢⅠ型两种晶体结构。每隔两层原子位置的投影相重合的为ⅠⅡⅢⅠ型三方石墨；每隔一层原子位置的投影相重合的为ⅠⅢⅠ型六方石墨，如图1-24(b)所示。石墨制品的高温强度高，抗压强度为$20\sim68$MPa，在2500℃时达到最高，熔点在$3500\sim4000$℃之间，热容C为186J/(kg·K)，密度为2.266g/cm^3。

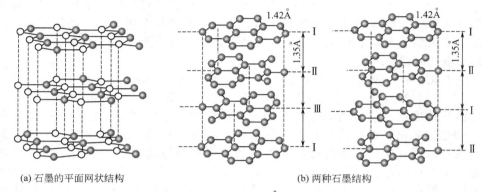

(a) 石墨的平面网状结构　　　　(b) 两种石墨结构

图1-24　石墨结构（$1\text{Å}=10^{-10}$m）

石墨有天然与人造之分。人造石墨是合成金刚石磨料的主要碳素材料。人造石墨是成形石墨。以SK-2石墨为例，它采用沥青焦、石油焦、天然鳞片石墨作为原料，经过煅烧、成形、焙烧、石墨化等工艺过程形成石墨成品。

② 传压、密封材料——叶蜡石　叶蜡石是传压、密封材料。硫化钠、白云石也有一定应用。用于合成金刚石合成过程的传压密封材料在性能上应具有良好的传压性能、密封性能和绝缘性能，好的热稳定性及化学稳定性，良好的机械加工性能。叶蜡石具备这些性能，因此被广泛用于合成金刚石的容器。

叶蜡石属层状硅铝酸盐族，单斜晶系，是黏土矿物。其分子式为$Al_2[Si_4O_{10}][OH]_2$或$Al_2O_3Si_2H_2O$。叶蜡石晶体由Si—O四面体及H—O八面体结构单元构成，形成四面体与八面体聚形，键力较弱，因此叶蜡石具有较好的滑移性，且硬度低，莫氏硬度为$1.0\sim1.5$。

叶蜡石含有结晶水，在高温下内部结晶水不断脱出，温度在500℃以下基本不脱水，温度在500℃以上开始大量脱水，失重量急剧增大，在560℃时达到峰值，随后趋于缓和。叶蜡石在高温下还会发生分解，在1200℃焙烧后分解为石英石、α-Al_2O_3、多铝红柱石，温度达1350℃后多铝红柱石含量略有增加。

叶蜡石颜色有红色、白色、灰色、斑点色等。在119℃低温烘干条件下，传压性能灰色最好、白色次之、斑点的最差。不同颜色的叶蜡石的传压性能差异随压力升高而增大，这是选择叶蜡石时应考虑的重要因素。

叶蜡石块制备的主要工艺过程如下。

a. 破碎。将天然叶蜡石矿料经颚式破碎机破碎为粒径小于5mm的碎块，再经过辊机细碎至粒径小于2mm。

b. 筛分。用筛网$16\sim100$目或$20\sim80$目进行筛分。

c. 配混料。将筛分后的料，除$20\sim80$目混合料外，再加100目的细料，占5%，加水

玻璃 $5\% \sim 7\%$，进行混匀。

d. 将混好的料经两次筛分，使料无料团。

e. 成形。用 25t 单柱校正压力机、压力控制在 100MPa，将配好的料在边长 32.5mm 的立方模具内压制成 $73 \sim 75$kg 的成形块，成形块要正方，密度均匀，质量要相同。成形块边长为 $32.5^{+0.2}_{0}$mm，内孔为 $18^{+0.2}_{+0.1}$mm $\times 32.5^{+0.2}_{0}$mm。

f. 烧结。叶蜡石块的传压性能与焙烧温度有关。一般焙烧温度在 $350 \sim 400℃$ 范围内，焙烧时间不超过 5h。在 340℃ 下保温 4h，然后随炉温冷却至 60℃ 备用。

③ 催化剂材料　石墨转变为金刚石需在高压、高温下进行，如没有使用催化剂，则所需的压力约为 13GPa、温度为 2700℃ 以上。若在石墨中掺入催化剂材料，则合成压力降至 5.5GPa，温度降至 1300℃，反应条件大为降低。加入催化剂可降低石墨向金刚石转变的反应活化能（焓），从而使活化分子的数目增多，增大了石墨向金刚石转变的反应速度。各种催化剂反应活化能平均值为 12.5J/mol。因此催化剂是影响人造金刚石质量、产量、颗粒大小、晶形完整性的重要因素。

常用的催化剂有：单元催化剂，如 Fe、Co、Ni、Cr、Mn 等；二元或多元催化剂，如 Ni-Cr、Ni-Fe、Ni-Mn、Fe-Al、Co-Cu、Co-Mn、Ni-Fe-Mn、Co-Cu-Mn 等。

经实践总结出选用催化剂的原则有结构对应原则、定向成键原则、低熔点原则。结构对应原则是指催化剂物质是面心立方结构，其晶胞常数等于或接近于金刚石的晶胞常数。定向成键原则是催化剂物质密排晶面上的原子要与石墨晶面上的单号原子在垂直方向上成键，成键能力越强，其催化能力越好。低熔点原则是指催化剂熔点低，对于工艺过程的掌握，熔融状态的催化剂在温度超过熔点不多时和高压条件下，能够充分发挥催化作用。

催化剂制品有片状催化剂、粉末催化剂。粉末催化剂生产方法有雾化法、还原法、电解法、机械加工法等。粉末粒度为 $50\mu m$ 左右，对应的石墨粉末粒度小于 $10\mu m$。

1.4.7 人造金刚石合成工艺

静压催化剂法合成金刚石主要使用六面顶压机。六面顶合成技术包括六面顶合成高压腔（即合成块组装形式）结构设计和原料选择与加工、高温高压合成工艺参数、加压加温与控压控温方式以及合成操作等多个方面。

(1) 合成块组装

合成块（或组装块）是合成金刚石所用的原材料合成棒和位于合成棒两端的导电铜圈、合成棒外围的传压、密封介质石蜡块按一定方式组装而成的块状体。合成块组装方式有片状、管状、粉状等，如图 1-25 所示。

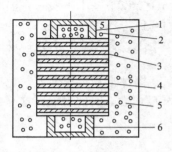

(a) 片状叠装
1，6—堵头；2—叶蜡石环；3—催化剂片；4—石墨片；5—叶蜡石块

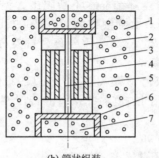

(b) 管状组装
1，7—叶蜡石块；2—石墨片；3—石墨管；4—催化剂管；5—钢丝；6—钢堵头

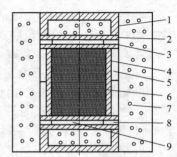

(c) 粉状组装
1—堵头；2，3—金属片；4—金属套管；5—叶蜡石套管；6—催化剂与石墨粉；7—叶蜡石块；8—叶蜡石环；9—石墨片

图 1-25　金刚石合成块组装方式

合成块组装原则或者说确定合成棒与合成块结构的基本原则应当是为有利于金刚石的生长提供一个均匀而又稳定的压力温度场。也就是说，应当尽可能减少在轴向和径向的压力梯度场和温度梯度场，使合成棒中各部位的压力、温度都尽可能趋于均匀。

组装结构对合成棒中压力和温度的分布都有影响，对温度的影响尤其明显。例如，当合成棒的高度与直径比（高径比）大于 1 时，轴向的压力差和温度差均大于径向的，缩小高径比，可缩小轴向的压力差和温度差。

（2）金刚石磨料合成工艺简要叙述

下面简单介绍树脂结合剂磨具和陶瓷结合剂磨具所使用的 RVD 型的金刚石磨料以及以青铜结合剂为代表的金属结合剂磨具用的 MBD 系列金刚石磨料的合成工艺，并介绍生产过程中通过观察合成棒判断压力、温度参数的方法。

① 合成工艺参数简析 合成工艺参数主要是指合成压力 p、合成温度 T、合成时间 t。这三个参数对于合成效果有着重大影响。

压力和温度是影响金刚石结晶特性的最根本的工艺因素。其他各种工艺条件，诸如合成棒和合成块结构及组装方式、叶蜡石传压介质的性质等，也往往在不同程度上归结到压力和温度这两个基本工艺因素上来。至于加热方法（直接加热、间接加热、混合加热方式）、升压升温方式（一次升压、二次升压、慢升压）、控压控温方式（手动控制、自动控制）等，更是直接关系到压力和温度。

在 p 和 T 一定的条件下，合成时间长短则主要是影响晶粒大小。因为金刚石颗粒随着生长时间的延长而逐渐长大，所以合成时间（保压、保温时间）应当由所要求的产品粒度来决定。除了粒度之外，还要考虑生长速率。在生产高品级金刚石的条件下，生长速率比较缓慢，因此需要更长的生长时间。

所用石墨片和催化剂片的厚度，也取决于所要生产的金刚石粒度。在其他条件适当的前提下，片越厚，越有利于获得粗粒度产品。

合成棒直径的大小取决于压机吨位。压机越大，允许使用的合成棒也相应增大（表 1-7）。

表 1-7　六面顶压机吨位与合成棒直径参照表

压机额定吨位 /MN	压缸直径 /mm	合成棒直径 /mm	压机额定吨位 /MN	压缸直径 /mm	合成棒直径 /mm
6×6	$\phi270\sim290$	$\phi16\sim18$	6×18	$\phi450\sim460$	$\phi35\sim40$
6×8	$\phi300\sim320$	$\phi20\sim23$	6×20	$\phi500\sim510$	$\phi40\sim45$
6×10	$\phi360$	$\phi25\sim28$	6×24	$\phi550\sim560$	$\phi45\sim50$
6×12	$\phi400\sim420$	$\phi30\sim35$			

合成棒加大，所用叶蜡石立方块尺寸也要相应增大，以保持其足够的密封、隔热、电绝缘性能。

② 观察合成效果判断压力和温度 在生产过程中，可以根据每次高压、高温合成后的合成棒经砸开并刷去表面石墨后观察到的金刚石生长情况，直观地估计所用压力和温度的高低。根据观察到的情况，判断压力和温度并及时进行必要调整，这是合成操作的一项基本功。

生产中常见的情况大体上可分为以下几种。

a. 合成棒烧结成整体，比较结实，但不难砸开。砸开后看到端片和中间都生长有金刚石晶粒而且分布均匀，这表明压力和温度适当，合成效果良好。

b. 合成棒很结实，不易砸开。砸开后发现各片生长金刚石多而细，表明温度适当，压力稍偏高或升温开始较晚。

c. 合成棒很松，轻轻一砸，石墨片与催化剂片就一片片分开，并且接触面平整，无明显变化，无金刚石生成。这表明温度和压力都低，未达到金刚石生长区间。

d. 中间几片生长金刚石，两端片不生长，说明温度偏低。

e. 中间几片烧结，不长金刚石，两端长金刚石，说明温度偏高。

f. 试棒周围有较厚金属壳，催化剂片变色，发脆，变形，出现星形带，有重结晶特征；石墨片发亮不长金刚石。这表明压力和温度都偏高，超出了金刚石生长的区间。

③ RVD 型金刚石合成工艺　RVD 型金刚石的特征是晶形不规则，针片状晶形占 70%以上，其余为等体积形（颗粒长轴与短轴比小于 1.5 倍），强度最低，脆性最大，尖棱锐利，磨削锋利，是最适宜制造树脂结合剂磨具和陶瓷结合剂磨具的金刚石品种。RVD 型金刚石经过表面镀覆处理可以显著延长磨具使用寿命。

这类产品利用小吨位压机（6×6MN）和小尺寸腔体（φ16mm 合成棒）就可以制造，不是必须使用大吨位压机和大腔体。催化剂可以使用 NiCrFe 或 NiFeMn，不必使用 NiMnCo 或其他 Ni 和 Co 含量高的昂贵的催化剂材料。对石墨材料也要求不高，供人造金刚石用的各种牌号的石墨均可使用，以有利于高产者为好。因为这类金刚石粒度较细小（60/70～325/400），又要求高产，所以宜使用较薄的催化剂片与石墨片，或者使用粉状催化剂和石墨。组装方式见前述。

RVD 型金刚石在合成工艺上的特点是：要求压力和温度控制在 V 形合成区内的富晶区的中间部位；可以采用一次升压、升温方式（图 1-26），而不必要求二次升压或慢升压；保压、保温时间视粒度要求而定。通常是生产细粒度产品，时间一般为 3～5min。

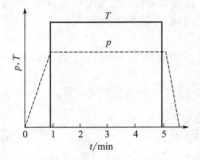

图 1-26　RVD 合成工艺参数曲线

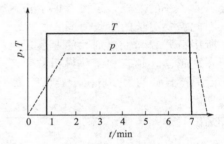

图 1-27　MBD 合成工艺参数曲线

④ MBD 系列金刚石合成工艺　MBD 系列金刚石包括 MBD_4、MBD_6、MBD_8、MBD_{10}四个品种。这些产品的晶形明显好于 RVD 型产品，很少有非等体积形，基本上是等体积形（占 80%以上），而且有相当大比例的完整晶形（至少 20%以上）。这些产品基本上属于中等强度范围，主要用于制造金属结合剂磨具。MBD_8、MBD_{10} 的强度指标更高一些，晶形也更完整一些，除用于磨具外，还可以用于制造锯片、钻头及电镀制品。

生产 MBD 系列金刚石可以使用 6×8MN 压机，φ18～23mm 合成棒，NiMnFe 或 NiMnCo 催化剂，T641 或 SK-2 石墨。石墨和催化剂组成的合成棒可以采用片状叠装方式或粉状组装方式。

合成工艺要求：p、T 控制在富晶区中间稍偏右部位，即脊线右侧附近；采用二次升压或慢升压（交替升压、升温）（图 1-27）；合成时间（保温、保压时间）视粒度要求而定。通常生产中等粒度产品，时间一般为 5～10min。

（3）人造金刚石的提纯与分选

金刚石合成棒中有金刚石、剩余石墨、催化剂金属及叶蜡石杂质。要获得纯净金刚石需将这些混合物去除。金刚石提纯是去除合成棒中混杂的催化剂金属、叶蜡石等杂质的过程。分选是将提纯的金刚石进行筛分、选形与磁选，划分出不同粒度、形状和性能的品种的过程。提纯工艺流程如图 1-28 所示。

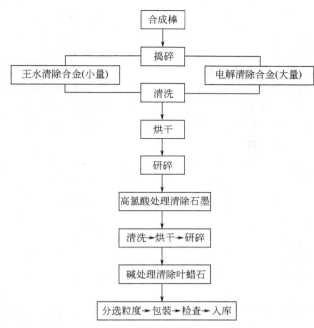

图 1-28　提纯工艺流程

① 清除催化剂金属。

a. 王水处理。

ⅰ. 原料。化学纯盐酸（密度 $1.19g/cm^3$）、化学纯硝酸（密度 $1.40g/cm^3$），按盐酸：硝酸＝3∶1 的体积比例配成王水。

ⅱ. 反应原理。加热时反应速度加快，对镍铬铁合金，其化学反应如下：

$$3Ni+2HNO_3+6HCl \longrightarrow 3NiCl_2+2NO+4H_2O$$
$$Cr+HNO_3+3HCl \longrightarrow CrCl_3+NO+2H_2O$$
$$Fe+HNO_3+3HCl \longrightarrow FeCl_3+NO+2H_2O$$

ⅲ. 方法步骤。

• 将合成棒捣碎，除去大块叶蜡石，投入到耐酸容器中。

• 王水分次加入，加热至沸腾，关小火，保持沸腾时间为 8～10h。当反应溶液呈绿色，表示反应已停止。

• 冷却后倒入清水反复清洗、沉淀。

• 处理完毕后，将物料烘干。

b. 电解处理。

ⅰ. 原料。硫酸镍 $NiSO_4$，工业纯 200g/L；硫酸镁 $MgSO_4$，化学纯 150g/L；硫酸亚铁 $FeSO_4$，化学纯 150g/L；氯化钠 $NaCl$，化学纯 2～3g/L；硼酸 H_2BO_3，化学纯 5g/L。

ⅱ. 电解工艺参数。

电解压：6～8V。

电解温度：50～60℃。

pH 值：5～6。

电流密度：开始 $3A/cm^2$；终止 $1.3A/cm^2$。

阳、阴极间距：30～40mm。

ⅲ. 反应原理。以 Ni 为例说明原理，其他过渡族金属与此类似。

$$NiSO_4 \longrightarrow Ni^{2+}+SO_4^{2-}$$

$$H_2SO_4 \longrightarrow 2H^+ + SO_4^{2-}$$
$$H_2O \longrightarrow H^+ + OH^-$$

Ni^{2+} 跑到阴极电解板上，生成 Ni。溶液中的水分解成 H^+ 和 OH^-，H^+ 又和 SO_4^{2-} 生成 H_2SO_4，并与阳极试棒中的 Ni^{2+} 继续生成 $NiSO_4$，$NiSO_4$ 再分解析出 Ni，依次循环，最终使阳极的 Ni 都经电解液迁移到阴极，达到清除试棒中金属元素的目的。

ⅳ. 方法步骤。电解装置阴极用不锈钢板制成，阳极由多孔材料制成。先将合成棒捣碎，倒入电解篮中压实，然后将配制好的电解液倒入电解槽中，调节 pH 值到 5～6，再将阴极板和电解篮放入电解液中进行电解。

电解时注意：电解 3～4h 应将料压实一下，电解液蒸发后添到原有高度，每隔 3h 清除一下阴极板上的 Ni，并把它集中起来。电解 3 天后取出电解篮中的金刚石，然后重新装料进行电解。电解液使用一次后，应进行沉淀、过滤、重新调整 pH 值。

② 清除石墨。

a. 碳酸钠处理。

ⅰ. 原料。化学纯碳酸钠。碳酸钠与除完金属后的混合物质量比为 5：1。

ⅱ. 原理。碳酸钠加热到 500℃ 左右，对石墨有一定的氧化作用，用这种方法可以清除 70%～80% 的石墨。

ⅲ. 方法步骤。先将碳酸钠和经王水处理过的金刚石-石墨混合物混合均匀，倒入镍坩埚中，然后将其置于电炉内加热。在 (500±10)℃ 保温 2h，在保温过程中，每隔半小时将坩埚取出搅拌一次，使反应均匀。保温一定时间后，取出坩埚，将料倒入容器中，加适量盐与酸中和，静置 20～30min 后，加水清洗、沉淀，每隔一定时间换一次水，至水清为止。沉淀物烘干后即可用高氯酸处理。

b. 高氯酸处理。

ⅰ. 原料。工业纯高氯酸与金刚石混合物比例为 1：10。

ⅱ. 原理。高氯酸是一种强氧化剂，加热后，能使石墨缓慢地全部氧化。

ⅲ. 方法步骤。将上道工序处理剩余物置于容器中，倒入高氯酸，高氯酸分次加入，然后缓慢加热。溶液开始反应时冒白烟，随着反应的进行，溶液颜色由白色变为绿色，进而变为棕色，最后变为棕红色的次氯酸酐。石墨全部反应完毕，冷却后用清水把粘在容器上的反应物冲入容器内，静置 1h，倒出废液，再加清水清洗沉淀至水清为止。然后烘干，把大块叶蜡石挑出，即可进行下道工序。

③ 清除叶蜡石。

a. 原料。化学纯氢氧化钠与合成料的质量比为 (1：4)～(1：3)。

b. 原理。叶蜡石是一种组成为 $Al_2[Si_4O_{10}][OH]_2$ 层状硅铝酸盐，加热后氢氧化钠与叶蜡石反应生成硅酸钠和偏铝酸钠等易溶于水的物质。

反应方程式为

$$Al_2O_3 \cdot 4SiO_2 \cdot H_2O + 10NaOH \longrightarrow 2NaAlO_2 + 4Na_2SiO_3 + 6H_2O$$

c. 方法步骤。把金刚石料倒入不锈钢坩埚中，再将适量的 NaOH 覆盖在上面，置于电炉中加热到 (650±20)℃，保温 1h 左右使叶蜡石小块全部熔融为止。当炉温冷却到 40～50℃ 时取出，倒入温水加热，使生成物全部溶解，然后倒入烧杯中，加满水静置 2h，倒出废液，再倒入清水，静置 30min，倒出废液，再加开水并加 5% 稀盐酸中和，搅拌 5～10min，静置 2h，倒出废液，用水洗 5～6 次，每次静置 1h 左右。干燥后的金刚石进入粒度分选。

上述操作过程，应随时注意观察，不得使溶液溢出容器外，或溶液蒸干发生爆炸或燃烧，同时应防止与有机物接触，严防强酸、强碱、强氧化剂伤人。高氯酸处理时产生的毒气对环境污染很大，应采取适当措施处理，并注意防火通风。

④ 金刚石粒度分选和检测。经过提纯后的金刚石，必须进行粒度分选，金刚石磨料产品分为磨粒和磨粉两部分。磨粒粒度分为 12 个粒度级：40/50、50/60、60/80、80/100、100/120、120/140、140/170、170/200、200/230、230/270、270/325 及 325/400。磨粉又称微粉，分为 12 个粒度级：W40、W28、W20、W14、W10、W7、W5、W3.5、W2.5、W1.5、W1.0 及 W0.5。

a. 金刚石粒度分选。采用筛分法进行，粒度范围是 $36^{\#} \sim 320^{\#}$。

筛分时，粒度由细号到粗号，使用的是标准筛分网，按其型号分为三组：

第一组　$220^{\#}$　　$240^{\#}$　　$280^{\#}$　　$320^{\#}$

第二组　$100^{\#}$　　$120^{\#}$　　$150^{\#}$　　$180^{\#}$

第三组　$36^{\#}$　　$46^{\#}$　　$60^{\#}$　　$80^{\#}$

筛分的方法是每次投料 100g，将 $220^{\#}$ 筛上物投入第二组筛网，将比 $100^{\#}$ 粗的投入第三组，筛分时间为 $5 \sim 10$min，筛分后，按各种粒度分别收集起来称重，最后注明粒度号质量和生产日期，待检查后包装入库。

b. 金刚石粒度检测。金刚石磨料粒度采用筛分法进行检测，粒度由细号到粗号，使用的是标准筛分网。

粒度 40/50～325/400 用筛分检查；W40～W0.5 用显微镜法检测。

筛分在 $\phi 200$ 型拍击式振筛机上进行。转速 290r/min，拍击次数 156 次/min，拍击高度 (38 ± 6)mm。

网孔尺寸 $600 \mu m$ 的检查筛应使用金属丝筛网，其技术要求应符合 ISO 2591 和 ISO 3310/1 的规定。

$41 \sim 455 \mu m$ 的检查筛组应使用直径 200mm 或 75mm，高 25mm 的电成形筛。按被检粒度选取所需检查筛，把称取的试样投入最上层筛中。经筛分后，用天平称取筛上物和筛下物时，如果各个结果的总量少于原质量的 99%，应用新试样重检。

1.5　立方氮化硼磨料

1975 年立方氮化硼问世。GB/T 6405—1994 规定立方氮化硼的品种代号为 CBN 和 M-CBN 两种。De Beers 牌号有 ABN300、ABN360、ABN615、ABN660。GE 牌号有中等强度的 CBN Ⅰ、CBN Ⅱ，高强度 CBN500、CBN510。立方氮化硼的硬度仅次于金刚石，维氏硬度值 HV 为 $73 \sim 100$GPa，热导率在 20℃时为 13W/(cm·K)，弹性模量在 (111) 晶面为 7.12×10MPa，密度为 3.48g/cm³，线胀系数在 700℃时为 4.3×10^{-6}℃$^{-1}$。

1.5.1　立方氮化硼的组成、结构和性质

氮化硼是由氮原子和硼原子所构成的晶体，化学质量组成为 43.6% 的硼和 56.4% 的氮。氮化硼有四种变体，即六方氮化硼（HBN）、菱方氮化硼（RBN）、立方氮化硼（CBN）及纤锌矿氮化硼（WBN）。

(1) CBN 的结构

CBN 具有类似金刚石的晶体结构，晶格常数 $a = 0.3615$nm，晶体中的结合键为沿四面体杂化轨道形成的共价键。其结合键是 B、N 异类原子间的共价键结合，并带有一定的弱离子键。在理想 CBN 晶格中，四个 B—N 键的键长皆相等，$c = 0.156$nm，键角为 $109°23'$。CBN 晶体每一层按紧密球堆积原则构成，且是同类原子构成。由 B 原子构成的单层与由 N 原子构成的单层相互交替。CBN 格子具有 $aa' \, bb' \, cc' \, aa' \, bb'$ 的连续层堆垛。立方氮化硼的结构及其 (111) 晶面、纤锌矿氮化硼的结构及其 (001) 晶面如图 1-29 所示。

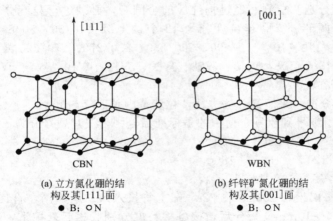

(a) 立方氮化硼的结
构及其[111]面
● B；○ N

(b) 纤锌矿氮化硼的结
构及其[001]面
● B；○ N

图 1-29 CBN 的结构

CBN 的几何形状是正面体晶面与四面体晶面的结合，其形态有四面体、假八面体、假六角形（扁平四面体）。

（2）CBN 的化学电磁性质

CBN 与 Fe、C 没有明显的亲和力，因此适合于磨削钢材。CBN 与一些元素的化学作用是：在氧气中温度为 1620～1670K 时 Fe、Ni、Co 可与 CBN 反应；在 $1.33×10^{-3}$Pa 真空中，Ni 或 Mo 在 1630K 时可与 CBN 反应；含有 Al 的 Fe 或 Ni 基合金在 1520～1570K 时与 CBN 反应。

CBN 的电阻率在 Be 掺杂情况下为 $10^2～10^4\Omega\cdot cm$，导电激活能为 0.19～0.23eV；CBN 介电常数 $\varepsilon=7.1$。CBN 具有弱的铁磁性。

1.5.2 氮化硼的 p-T 状态图

（1）氮化硼的相图

图 1-30 所示为 BN 的相图，由图可知，BN 的热稳定相是 HBN、ZBN 和液相。WBN 是一种高密度亚稳定相，在较低的温度下 HBN 形成，在较高的温度下亚稳态的 HBN 和

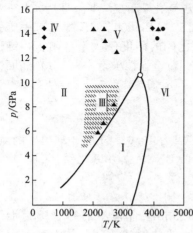

图 1-30 BN 相图
Ⅰ—六方氮化硼稳定区；Ⅱ—立方氮化硼稳定区；Ⅲ—催化剂生长区；Ⅳ—闪锌矿型氮化硼；Ⅴ—纤锌矿型氮化硼；Ⅵ—液相
● HBN；▲ ZBN；◆ WBN

WBN 可转化为 ZBN，该图给出了不同相之间的 p-T 关系，图中两条实线是通过有催化剂存在时测得的 HBN 与 CBN 间相平衡及实验测定的 HBN 熔线。这两条线延伸形成的交点即立方相、六方相、液相的"三相点"。HBN-CBN 平衡曲线计算的关系式即自由熵变化 ΔG_T^p 为

$$\Delta G_T^p = \Delta G_T^0 + \int_0^p \Delta V_T dp = 0$$

式中　ΔG_T^p——在温度 T 和压力 p 下的自由熵的变化；

ΔV_T——温度 T 下的体积差；

ΔG_T^0——在任意温度 T 和大气压下的自由熵的变化，$\Delta G_T^0 = \Delta H_T^0 - \Delta S_r^0$；

ΔH_T^0，ΔS_r^0——HBN-CBN 系统中熵值和熵值。

HBN 和 CBN 的熵值 ΔH 和熵值 ΔS 计算为

$$\Delta H = \int_{300}^T \Delta G_p dT + \Delta H_{300}^0$$

$$\Delta S = \int_0^T \frac{\Delta C_p}{T} dT$$

式中　ΔC_p——BN 的热容差值。

$$C_p - C_V = T\frac{\alpha^2 V}{n}$$

式中　α——线胀系数；

　　　V——体积；

　　　T——温度；

　　　n——压缩系数。

催化剂使六方氮化硼（HBN）转变成立方氮化硼（CBN）的过程中，压力和温度发生变化。实验证明，HBN 中含有 1.9% 的氧及 7.9% 氮，CBN 生长区的温度和压力随含量的增加而提高。在催化剂中有氮化物 $BN\text{-}Ca_3N_2$、$BN\text{-}Mg_3N_2$、$BN\text{-}Li_2N$ 存在的体系中，对于 CBN 生长的压力和温度（$p\text{-}T$），三种催化剂合成的 CBN 的压力下限基本相同，而温度下限明显不同，$Ca_3N_2 < Mg_3N_2 < Li_2N$。

（2）六方氮化硼与立方氮化硼结构转变

HBN 与 CBN 这两种物质的宏观性质不同，是由于 B 原子和 N 原子在两种晶体中具有不同的外层电子结构。在 HBN 中 B 原子的外层电子状态为 $sp^2 + 2sp_x^0$，而 N 原子的为 $sp^2 + 2p_z^2$。在 CBN 晶体中 B 原子和 N 原子都是 sp^3 杂化状态。CBN 与 HBN 相比，它的 B 原子外层电子轨道中多了一个电子，而 N 原子却少了一个电子。由此可见，只要创造一定条件，促进电子从 N 原子转移到 B 原子上，就可实现由 HBN 向 CBN 的转变。在高压、高温下，CBN 晶体中上下两层间对得很准的 B 原子和 N 原子，其间距一定缩短到它们足以相互作用的范围内，B 原子外层的 2p 电子空轨道便夺取 N 原子的一个 $2p_z$ 电子，从而使自己外层电子由原来的 $sp^2 + 2p_x^0$ 变成 $sp^2 + 2p_z^1$，进而完成杂化。与此同时，N 原子由于失去了一个 $2p_z$ 电子，外层电子由原来的 $sp^2 + 2p_z^2$ 变成了 $sp^2 + 2p_z^1$，完成杂化。至此，HBN 就转变为 CBN 晶体，这一转变过程可由下式直观示意表达：

$$\text{HBN}\begin{cases} \text{B}\quad sp^2+2p_z^0 \xrightarrow{pT} sp^2+2p_z^1 \longrightarrow sp^3 \quad \text{B} \\ \quad\mid \qquad\qquad\qquad\qquad\qquad\qquad\qquad\quad\mid \\ \quad\mid \qquad\qquad\qquad\qquad\qquad\qquad\qquad\quad\mid \\ \text{N}\quad sp^2+2p_z^2 \xrightarrow{pT} sp^2+2p_z^1 \longrightarrow sp^3 \quad \text{N} \end{cases}\text{CBN}$$

后端 B—N 表示层间以 sp^3 成键，与合成金刚石相类似。有催化剂参与时，则可大大降低 CBN 形成的压力和温度。催化剂的作用不仅促成 B 原子和 N 原子间的电子转移，而且还要能促使层接成键相连。

静压催化剂法合成立方氮化硼常用的催化剂有碱金属、碱土金属及其氮化物。主要有 Mg、Ni、Li 等碱金属。这些金属的外层电子容易丢失，在一定压力、温度条件下，HBN 结构中的 B 原子可以较容易地从熔融催化剂金属那里"借来"一个自由电子而发生结构变化，而同一层上与之直接相连的 N 原子在 B 原子的影响下也发生了相应结构变化，同时释放一个电子"还给"催化剂金属，这个过程是一个催化相变过程，可表示如下：

$$\text{HBN}\begin{cases} \text{B}\quad sp^2+2p_x^0 \xrightarrow{pT} sp^2+2p_x^1 \longrightarrow sp^3 \quad \text{B} \\ \quad\mid \qquad\quad\searrow\text{Mg（熔融）} \qquad\qquad\qquad\mid \\ \quad\mid \\ \text{N}\quad sp^2+2p_x^2 \xrightarrow{pT} sp^2+2p_x^1 \longrightarrow sp^3 \quad \text{N} \end{cases}\text{CBN}$$

通过这一过程，熔融催化剂金属与一层 HBN 结构的 B-N 原子团，形成了立方氮化硼晶体的生长基元。随着熔融催化剂和六方氮化硼不断相互扩散、接触，生长基元越来越多，便以催化剂金属为基底而聚集成晶核，CBN 晶核不断长大形成晶体。CBN 晶体中也有位错等晶体缺陷。上述就是由六方氮化硼（HBN）合成立方氮化硼（CBN）的基本原理。

CBN 在低压、高温条件下，存在 Mg、Ni、Li 等催化剂时，CBN 可变成 HBN。这与金刚石石墨化类似。催化剂促使立方氮化硼的六方化。CBN 的六方化，必须在高温、低压下，催化剂物质把表面次层以内的 B 原子上的电子转移到 N 原子上，催化剂金属 Mg、Ni、Li 与 CBN 晶体表面为 B 原子的晶面接触时，能将金属的自由电子"借给"处于表面次层上的 N 原子，于是，N 原子的外层电子轨道便随之而发生以下变化：

$$N：sp^3+e \longrightarrow sp^2+2p_x^2$$

在 N 原子影响和带动下，表面 B 原子由缺电子的 sp^2 杂化立方结构变成了平面结构，但无电子损失：

$$B：sp^2-e \longrightarrow sp^2+2p_x^0$$

这样一来，原来都是立方结构的表面层和表面次层都变为六方结构。CBN 新 B 原子多出的那个电子"还给"催化剂金属。催化剂金属继续与 CBN 的新表面作用，不断地将 CBN 六方化。

在高温、低压下催化剂碱金属促进 CBN 六方化，便造成了 CBN 工具在加工碱金属材料时出现亲和作用，使 CBN 六方化。金属原子吸引并夺取 CBN 表面次层上 B 原子的一个电子，完成 B 原子向平面结构过渡：

$$B：sp^2-e \longrightarrow sp^2+2p_x^0$$

在 B 原子的影响与带动下，N 原子也向平面结构转变。因其本来就有 5 个电子，故无电子的得失：

$$N：sp^3+e \longrightarrow sp^2+2p_x^2$$

过渡金属从 B 原子取得的电子，又转送到了新表面层的 N 原子上，过渡金属催化剂催化 CBN 六方化所需的能量高，以致在碱金属起作用下，它们的反催化相变的作用表现不出来。因而，用 CBN 工具或磨具加工过渡金属材料时，就不会因快速磨损而出现亲和现象。即 CBN 与过渡金属材料之间具有良好的化学惰性。CBN 对 Ni、V 的化学惰性最好，对 Ti、Fe、Co、Se 等的化学惰性次之。

1.5.3 合成 CBN 的原料

静态高温、高压催化剂法合成 CBN 所用的主要原料有六方氮化硼（HBN）、催化剂和叶蜡石。催化剂起着降低合成温度和压力的作用。叶蜡石则是传压密封介质，叶蜡石的作用在合成金刚石中已有介绍，此处不再赘述。

(1) 六方氮化硼的制备

HBN 的制备常用固相法合成。按合成 HBN 的原料不同可分为硼砂-氯化铵法、硼砂-尿素法等。在固相法中，根据原料和方法的不同，又分为化合或还原-化合法、自蔓延高温合成法。

① 化合或还原-化合法。

a. 硼砂-氯化铵法。将脱水的硼砂与氯化铵混合，在氨气流中加热反应，将反应所得产物净制即得氮化硼，其反应方程式为

$$Na_2B_4O_7 \cdot 10H_2O \longrightarrow Na_2B_4O_7+10H_2O$$
$$Na_2B_4O_7+2NH_4Cl+2NH_3 \longrightarrow 4BN+2NaCl+7H_2O$$

b. 硼砂-尿素法。将脱水的硼砂与尿素混合，在氨气流中加热反应，将反应所得产物净制即得氮化硼，其反应方程式为

$$Na_2B_4O_7 \cdot 10H_2O \longrightarrow Na_2B_4O_7 + 10H_2O$$

$$Na_2B_4O_7 + 2CO(NH_2)_2 \longrightarrow 4BN + Na_2O + 4H_2O + 2CO_2$$

c. 硼酸-磷酸三钙法。以磷酸三钙为填充物与硼砂混合，在氨气流中加热反应，其反应方程式为

$$2H_3BO_3 \longrightarrow B_2O_3 + 3H_2O$$

$$2NH_3 + B_2O_3 \longrightarrow 2BN + 3H_2O$$

② HBN 工业生产的工艺流程如下。

$$\left.\begin{array}{c}硼酸\\磷酸钙\end{array}\right\} \rightarrow 烧结\xrightarrow[过筛]{粉碎}加入 NH_4Cl \xrightarrow[1233K]{通 NH_3}氮化 \rightarrow BN\text{-}CaO \xrightarrow{加 HCl} BN \xrightarrow{干燥} HBN 粉$$

使用硼酸为原料可以获得较高纯度的 HBN，氮源使用尿素可制得高纯度的 HBN。制备 HBN 一般在低于 1473K 的温度下进行，所得的 HBN 纯度不高，要提高 HBN 的纯度，需在高温下进一步处理。

合成 CBN 的 HBN 还应在高温下氮化以提高纯度、结晶度和三维有序化程度。在高温下氮化的方法是先在稍低一些的温度下氮化，以除去半成品中较多的 B_2O_3，再经高温提高 HBN 的结晶度，一般在 1573K 氮化 10h 以上可以达到目的。

（2）合成 CBN 的催化剂

为降低合成 CBN 的压力、温度，需要使用催化剂。常用的催化剂有：单元素催化剂，有碱金属、碱土金属、锡、铝等；合金催化剂，如铝基合金、镁基合金等；化合物催化剂，如氮化物、硼化物、尿素等。

过去常用金属镁、锂、钙作催化剂。近年来用镁基合金（如 Mg-Al、Mg-Zn、Mg-Al-Zn）、铝基合金（Al-Ni、Al-Cr、Al-Mn 等）、铅基合金作为催化剂，所合成的 CBN 晶形明显变好，单晶抗压强度提高。晶体呈黑色不透明。

氮化物或氮硼化合物作为催化剂，常用的有 Li_3N、Mg_3N_2、Ca_3N_2、Li_3BN_2、Mg_2BN_4、$Ca_3B_2N_4$ 等，所产生的 CBN 呈淡黄色、琥珀色或无色透明晶体，完整晶形多，晶面光滑，单晶颗粒抗压强度高。

1.5.4　CBN 合成工艺、提纯及检测

静态高压、高温催化剂法合成 CBN 所使用设备也为两面顶超高压装置与六面顶超高压装置（以铰式六面顶为主）。

（1）合成 CBN 的工艺流程

$$\left.\begin{array}{c}催化剂制备：研磨 \rightarrow 筛分 \rightarrow 称料\\HBN 粗料 \rightarrow HBN 精料 \longrightarrow 称料\end{array}\right\} \rightarrow 混料 \rightarrow 称料 \rightarrow 压柱 \xrightarrow{石墨管} 组装 \rightarrow 高温、高压合成 \rightarrow 合成球$$

磨棒 → 水洗 → 煮沸 → 烘干 → 碱处理 → 水洗 → 酸处理 → 水洗 → 烘干

整形 → 筛分 → 检测 → 包装 → 镜检

CBN 合成工艺无论采用金属镁、氮化物、氮硼化合物、镁基合金等任一种催化剂材料，合成工艺流程基本是一致的。

合成 CBN 所使用的合成块组装如图 1-31 所示。合成压力为 6.0GPa，温度为 1773K。在 CBN 生成区内，压力提高，晶体成核率高，晶粒多而细，单晶强度较差，降低压力则相反。合成的升温方式常采用"到压升温"。合成 CBN 的时间可以短至 0.5min，一般保温 10～15min 就可达到较好效果。

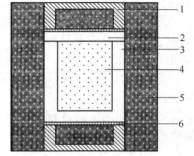

图 1-31　立方氮化硼合成块组装

1—导电铜碗；2,3—石墨片；

4—反应料；5—叶蜡石块；

6—钼片

（2）CBN 的提纯

CBN 的提纯是清除合成料中的 HBN、催化剂、石墨、叶蜡石等，以获得纯净的 CBN。提纯工艺流程为：合成棒捣碎→泡料→分选→酸处理→整形→碱处理→水洗→烘干。

酸处理可以除去石墨、金属等杂质。酸处理一般用高氯酸与金属作用生成盐而溶解。碱处理可以去除 HBN 和叶蜡石等杂质。

（3）CBN 的检测

CBN 的粒度分为磨料与微粉两部分。粒度划分、检测方法同金刚石。CBN 产品质量应符合 GB 6408—1986 标准。

1.5.5　聚晶立方氮化硼（PCBN）制备及性能

PCBN 是以许多微细的 CBN 为原料，经高温、高压条件下烧结而成的聚结体。PCBN 分为有结合剂的 PCBN 和纯 PCBN 及表面镀覆的 PCBN，PCBN 的性能特点如下。PCBN 硬度仅次于金刚石，高于陶瓷与硬质合金，可加工 HRC60 以上的淬火钢、灰口铸铁、硬质合金及硬度高达 HRC70 以上的 YG15、YG20、YG25 的硬质合金；其寿命为陶瓷刀具的 3～5 倍，硬质合金的 5～15 倍。PCBN 刀具材料具有高的耐磨性和长寿命，能提高工件的加工精度，减少换刀次数和刃磨次数，提高加工工效。

PCBN 与其他刀具材料性能对比列于表 1-8。

表 1-8　PCBN 与其他刀具材料性能对比

材料性能	材料种类				
	高速钢	硬质合金	陶瓷	CBN	金刚石
密度/(g/m³)	8.0～8.8	5.5～15	3.6～4.7	3.12～4.12	3.47～4.12
硬度	63～70HRC	89～94HRC	91～95HRC	800～900HV	1000HV
抗弯强度/MPa	2900～4800	1050～2900	345～1516	700	1360
抗压强度/MPa	4100～4500	3100～5000	2750～5000	3800	7600
冲击韧性/(kJ/m³)	100～600	25～60	5～12	25～60	10～24
弹性模量/GPa	200～230	310～690	310～420	850	820～1060
泊松比		0.22	0.22	0.15～0.22	0.07
热导率/[W/(m·K)]	15～50	17～125	20～29	90～100	500～1000
耐热性/℃	600～650	800～900	＞1200	1400～1500	700～800

PCBN 刀具材料具有优良的切削性能，主要体现如下。

① 高硬度及优良的耐磨性　PCBN 的显微硬度为 HV800～900，仅次于金刚石的硬度（HV1000）。

② PCBN 具有很高的热稳定性　PCBN 的耐热温度高达 1400～1500℃。CBN 在 1370℃以上时，才由立方晶体转变为六方晶体且开始软化。用 CBN 制作刀具可以切削高温合金，其切削速度比硬质合金刀具高 3～5 倍。

③ PCBN 具有极强的化学稳定性　PCBN 具有化学惰性大的性质，在中性还原气体介质中，对酸、碱都是稳定的，与碳在 2000℃时才起反应。与铁元素材料在 1200～1300℃也不起反应。PCBN 与各种材料的黏结性和扩散作用比碳质合金小得多，可用来切削金刚石不能切削的钢铁材料。

④ PCBN 导热性能好　PCBN 的热导率为 795.4W/(m·K)，仅次于金刚石。

⑤ PCBN 具有较低的摩擦系数　PCBN 的摩擦系数为 0.1～0.3，摩擦系数低，可减小切削力，降低切削温度，减小表面粗糙度。

⑥ PCBN 可重磨　PCBN 刀具的切削刃采用镶嵌工艺，镶嵌牢固，刀刃钝化可进行

重磨。

由于 CBN 的粒度小且存在易劈裂的解理面，不能直接用于制造切削刀具。工业上作为切削刀具大多是聚晶的 PCBN。PCBN 是由无数细小的无方向性 CBN 单晶构成的，会使劈裂的影响大大减小，并且随着切削刀具的磨损会连续露出新的晶体。

PCBN 分为有结合剂的 PCBN 和纯 PCBN 及表面镀覆的 PCBN。PCBN 的结合剂有金属及其合金组成的金属结合剂和陶瓷与金属或合金组成的结合剂。

陶瓷组分的结合剂由氧化铝、氮化铝、硼化铝等成分组成，经烧结后能提高 PCBN 的强度。有结合剂的 PCBN 中存在非 CBN 组分，降低了 CBN 的硬度和强度。

由于 CBN 单晶表面有一层致密的氧化硼薄膜，阻碍了 CBN 晶粒间的直接键合，所以难以得到 CBN 晶粒直接键合的高强度的 PCBN。因而在聚合过程中加入多种结合剂材料以加强 CBN 晶粒间的连接。金属结合剂对提高 PCBN 的韧性起到良好的作用，在高温下结合剂的软化对 PCBN 的耐磨性起一定的副作用。而用陶瓷结合剂，可在高温条件下解决软化的问题，但其冲击韧性差、寿命短。陶瓷与金属的混合结合剂则克服了前两种结合剂的各自缺点，目前通过改进结合剂，PCBN 正朝着高断裂韧性、高耐磨性方向发展。

由美国 GE 公司研究的 BEN Compact 复合片直径为 8.3mm、13.2mm、23.5mm、50.8mm，复合片厚度为 1.6mm、3.2mm、4.8mm，其中 PCBN 的净厚度分为 0.6mm、1.2mm、1.6mm，适用于切削高硬度高速钢、冷硬铸铁、超硬耐磨合金。

由 De Beers 公司研制的 AMBORITE 商标的 AMB90、DBA80、DBC50、DBN-45 的 PCBN，是由 CBN 的不同粒径、不同含量、不同结合剂合成而成。其 CBN 含量分别为 90%、80%、50%、45%，适用于高速切削淬火钢高硬度轧辊，加工表面粗糙度很低。在高压（>5GPa）、高温（高于 1400℃）下，则使 AMB90 的直径由 60mm 增大到 101.6mm，增强了产品市场适应性和经济效益。

陶瓷结合剂的组分中有氧化铝、氮化铝、硼化铝等，经烧结后，对提高 PCBN 的强度有较好的效果。高熔点金属组分可用 TiC、TiN、WC、NBe、（TiW）C、TiW、TiTa 等，加入后，对 PCBN 的抗磨性和抗破损性都有提高。美国史密斯公司制备的复合体系包括两相组成的有序微观结构，第一结构相由 Co、Ni、Fe、W、Mo、Cu、Al、Nb、Ti、Ta 金属、陶瓷和合金等组成，第二结构相至少与一定量的第一相紧密接触，复合体系至少包含两相的有序结构，用于钻孔加工的切削刀具。

纯 PCBN 发展迅速，GE 公司采用 2～4μm、8～12μm 的 CBN 粉末在 7.7GPa 高压和 2100～2350℃高温下，无任何烧结助剂下制备纯净、半透明的 PCBN 复合片，其杨氏模量、剪切模量、泊松比等方面非常接近纯 PCBN。日本住友公司研制了 CBN 含量大于 99.9% 的纯 PCBN。

表面镀覆 PCBN 是在 PCBN 表面，采用物理气相沉积方法，在表面上镀覆一层厚 1～3μm 的 TiN 等陶瓷镀层，以提高 PCBN 的使用寿命和切削性能。PCBN 刀具材料的性能随 CBN 的含量表现出不同特点，用于以下不同的加工场合。

① 切削性质　CBN 含量 78%，高断裂韧性，高热导率；CBN 含量 <60%，高抗压强度，低热导率。

② 应用范围　高 CBN 含量，精加工冷硬铸铁，粗加工淬火钢，冷硬铸铁，珠光体铸铁，表面冷硬层；低 CBN 含量，精加工淬火钢，铸铁，钴基、镍基高温合金。

PCBN 刀具主要应用于数控机床、多用途机床、自动线专用高速机床，柔性生产线，对淬火钢、模具钢、白口铸铁、压铸铸件、合金钢、工具钢、热喷涂、焊接件进行精加工与半精加工，能高速切削 HRC35 以上的钴基、镍基高温合金、硬质合金、陶瓷及其他难加工材料的高速车削、铣削、镗削、钻铰等加工，是用车、铣加工代替磨削的最主要的刀具材料。

1.5.6 新型磨料

(1) 微晶氧化铝磨料

微晶氧化铝（Seeded Gel，SG）磨料是美国 Norton 公司的专利产品。它是由晶粒为亚微米级（尺寸小于 $1\mu m$）的刚玉（Al_2O_3）晶体，采用溶胶-凝胶（Sel-Gel）工艺合成并经烧结制成。目前常用的是 SG 与 WA（白刚玉）或 A（棕刚玉）的混合磨料砂轮，采用的结合剂是低温结合剂。SG 磨粒的磨削性能介于刚玉与 CBN 之间，是一种很有应用前景的新磨料。SG 磨料分为 SG、5SG、3SG、1SG 等品种，分别表示磨料微晶含量分别为 100%、50%、30%、10% 等。纯 SG 磨料砂轮用于粗磨，5SG、3SG、1SG 磨料砂轮用于精磨。SG 磨料硬度高，磨粒是微晶，它有很多晶解面，在外力作用下或在休整、修锐中仅微晶脱落，不断产生锋利的切削微刃，自锐性好，磨粒剥落较小。用其制作的砂轮具有耐磨性好、磨削热少、使用寿命长、磨除率高、磨削比大、磨削质量好等特点。和 CBN 比，SG 磨料成本低且对磨床没有特别要求。砂轮的修整与传统磨粒砂轮修整方法相同。以砂轮线速度为 125m/s 磨削回火钢，其比磨除率已达 $100mm^3/(mm \cdot s)$。SG 磨粒已在航空航天、汽车、轴承、模具、仪器仪表等领域的高效加工领域广泛应用。近年来 Norton 公司推出 SG 磨粒的二代产品——TG（Targa）。TG 保留了 SG 的优点，在磨料形状上增加了很细的棒状晶态结构，适合于缓进给磨削加工钴镍铁合金、高温合金等难加工材料。TG 磨料的磨除率为刚玉的 2 倍，寿命为刚玉的 7 倍。

(2) 人造金刚石磨粒（CDA）

CDA 是 De Beers 公司推出的人造金刚石磨粒。它是一种镶嵌结构，是不规则块状，明显缺乏结晶定向，凹凸不平，有一定脆性，具有微刃破碎的自锐作用，可提高磨削比和降低功率消耗。与多晶金刚石磨粒 RDA 相比，CDA 可提高生产率 50%～60%。

(3) ABN800 和 ABN600 CBN 磨粒

ABN800 和 ABN600 CBN 磨粒均是微晶结构，具有较高的抗压强度和热稳定性。ABN800 磨粒在其合成过程中，晶体沿着四/八面体轴向生长，与四面体结构有很大偏差，实际上不存在立方体晶面，具有独特的晶体特性。在受冲击破裂时，主要以解理机制为主，裂纹沿着与解理面平行的晶面发生，磨粒的破碎以间断方式进行。磨粒碎片无论大小都具有尖角，使其在磨削过程中始终保持锋利的切削微刃。所以，使用 AB800 磨粒制作的砂轮比其他 CBN 砂轮磨削时磨削力小，功率消耗少，加工质量好，使用寿命长，适合于高生产率磨削。

ABN600 磨粒具有四/八面体及立方晶体面，当其受冲击时，破裂连续发生，产生的小碎片有尖角，故它适合于加工高碳合金钢，适合制造强把持力的金属结合剂砂轮。

第2章

磨具

2.1 磨具结构与特性

磨具是由不同粒度的各种磨料用结合剂将磨粒与辅料固结成不同形状尺寸，且有一定强度和刚性的固体或涂附在软质载体上，用于磨削加工的工具。

2.1.1 磨具的分类

由于磨具用途十分广泛，加工对象、加工条件等有很大不同，加之磨具本身的特性也有很大差别，所以磨具的种类也是多种多样的。常见的磨具分类方法如下。

（1）根据磨具的基本形状和使用方法分类

固结磨具：砂轮、磨头、油石、砂瓦。

涂附磨具：砂布、砂纸、砂带等。

研磨膏：软膏、硬膏。

（2）根据结合剂性能分类

无机磨具：陶瓷结合剂磨具、金属结合剂磨具、菱苦土结合剂磨具。

有机磨具：树脂结合剂磨具、橡胶结合剂磨具。

（3）根据磨料性能分类

氧化物系磨具：棕刚玉磨具、白刚玉磨具、天然刚玉磨具、锆刚玉磨具等。

碳化物磨具：黑碳化硅磨具、绿碳化硅磨具、碳化硼磨具等。

超硬磨料磨具：金刚石磨具、立方氮化硼磨具。

（4）根据磨具突出特点分类

细粒度磨具、高硬度磨具、大气孔砂轮、高速砂轮、超薄片砂轮等。

（5）专用砂轮

磨针砂轮、牙科砂轮、磨钢球砂轮、磨纸浆砂轮等。

2.1.2 磨具的结构

磨具是由许多细小的磨粒用结合剂或结合剂将其黏结成固结或非固结状态对工件进行切削加工的一种工具。

对绝大多数磨具来说，均由磨粒、结合剂、辅料和气孔四部分组成，或称磨具结构四要素，如图 2-1 所示。

磨料是构成磨具的主要原料，它具有高的硬度和适当的脆性。在磨削过程中对工件起切削作用。

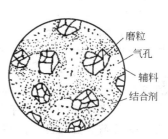

图 2-1　磨具结构示意

　　结合剂的作用是将磨粒固结起来，使之成为一定形状和强度的磨具。

　　气孔是磨具中存在的空隙，磨削时起容纳磨屑和散逸磨削热的作用，还可以浸渍某些填充剂或添加剂，如硫、蜡、树脂和金属银等，以改善磨具的性能，满足某些特殊加工的需要。

　　辅料有湿润剂，如水玻璃、糊精、纸浆、着色剂、成孔剂、浸渍剂。

2.1.3　磨具的硬度

(1) 磨具硬度的概念

　　磨具硬度是指磨具表面上的磨料在外力作用下从结合剂中脱落的难易程度。磨粒容易脱落的磨具，其硬度就低；反之，磨具硬度就高。因此，磨具硬度并不是指磨粒或结合剂本身的硬度，它与金属的硬度概念不同。

　　影响磨具硬度的主要因素是结合剂的数量，结合剂数量多时，磨具硬度就高，结合剂少的硬度就低。

　　在制造磨具过程中，磨具成形时的密度也是影响磨具硬度的重要因素。磨具成形厚度的偏差、模具的磨损、成形料的干湿、单重称量误差等因素，都将使磨具成形密度产生偏差，因而使磨具硬度出现偏差。

　　此外，磨具的烧结温度及烧结时间也影响磨具的硬度，在其他条件相同的情况下，成形密度大，烧结时间长，温度高，磨具的硬度就高些；反之，则硬度就低些。

(2) 磨具硬度等级

　　为了适应不同工件材料和磨削加工条件的要求，需要有不同硬度等级的磨具供选择使用。GB/T 2484—1994 规定磨具硬度代号由软至硬的顺序为

　　　　A，B，C，D，E，F，G，H，I，J，K，L，M，N，P，Q，R，S，T，Y

　　磨具硬度对其使用性能有很大影响。同时，磨具生产过程中也有多种因素影响，使磨具的硬度不稳定，造成选择使用时的困难。

2.1.4　磨具结合剂

　　磨具结合剂的主要作用是将众多细小的磨粒黏结在一起组成磨具，使其具有一定形状和必要的强度、硬度。磨削时，磨粒在结合剂支撑下，可以对工件进行切削。当磨粒磨钝时，又能使磨粒及时破碎或脱落，使磨具保持良好的磨削性能。用于磨具的结合剂名称及代号列于表 2-1 中。

表 2-1　结合剂名称及代号（摘自 GB/T 2484—1994）

名　称	代　号	名　称	代　号
陶瓷结合剂	V	橡胶结合剂	R
树脂结合剂	B	增强橡胶结合剂	RF
增强树脂结合剂	BF	菱苦土结合剂	Mg

(1) 陶瓷结合剂（V）

组成陶瓷结合剂的原材料如下。

①　可塑性原料　主要是黏土、黄土、膨润土等。利用这些原料的可塑性，提高成形料的成形性能，使磨具毛坯保持一定的形状和提高磨具毛坯的湿、干强度。

②　瘠性原料　主要有石英、萤石等。这些原料能减少结合剂的线胀系数，增加结合剂在高温状态下的黏度，减少毛坯干燥时的收缩变形和高温烧成时发生弯曲变形。

③　催熔原料　有长石、硼玻璃、滑石等。这些原料主要起催熔作用，降低结合剂的耐

火度，并促进玻璃相或结晶矿物的形成，从而将磨粒牢固地黏结起来。

将上述三种原材料粉碎至规定的粒度，按配比组成混合物，并与磨料按一定比例配制，经过高温（1300℃）焙烧，磨粒被牢固地黏结在一起，使磨具具有一定形状，并具有一定硬度、强度和自锐性。因此，要求结合剂有一定化学、物理和力学性能，如耐火度、反应能力、流动性、线胀系数和机械强度等。

陶瓷结合剂按其在磨具焙烧过程中所得到的不同状态，可分为烧熔和烧结两种。

烧熔结合剂主要用来制造刚玉系磨具，它的耐火度比磨具烧成时温度低50~80℃（也有低100~300℃）。在烧成过程中，结合剂的大部分或全部被熔融，与刚玉磨料发生作用而使其表面熔解，结合剂与磨粒获得牢固结合。

烧结结合剂的耐火度比磨具烧成温度高100~150℃。在烧成过程中，仅部分结合剂被熔解成烧结状态的陶瓷，将磨粒把持在制件中。这种结合剂主要用于制造碳化硅磨具。但碳化硅磨具也有用烧熔结合剂来制造的。

陶瓷结合剂磨具价格便宜，具有良好的耐热性及化学稳定性，不怕水、油及普通酸碱的侵蚀，但脆性较大，弹性较差，必须高温烧成，生产周期较长。

（2）树脂结合剂（B）

树脂结合剂主要有酚醛树脂、聚酰胺树脂等人造树脂。聚酰胺树脂有液体和粉状两种。用液体树脂结合剂制造磨具时，在混料成形等工序上存在较大缺点，如成形料易结块，混料和摊料不易均匀，造成磨具组织不均匀，而导致报废。粉状树脂结合剂则具有优良的工艺性能，便于操作，有利于实现机械化，易于保证磨具产品质量。

树脂结合剂磨具的特点是结合剂略有弹性，强度较高。磨削时发热量低、粗糙度值低。可制成厚度为0.2~4mm的薄片磨具，但抗热性及抗碱性较差，磨削区的高温可烧毁结合剂，碱性磨削液容易降低磨具的强度和硬度，增加砂轮的磨损。

（3）橡胶结合剂（R）

橡胶结合剂是以人工合成橡胶或天然橡胶为主要原料，并加入一定比例的硫磺、氧化锌等矿物，它与磨料混合，经150~200℃低温硫化可制得磨具。橡胶结合剂磨具的强度高，弹性比树脂磨具大，但组织较密，气孔小，耐油性差。

（4）菱苦土结合剂（Mg）

菱苦土结合剂是以煅烧氧化铁、氧化镁配制而成。在常温下即可硬化，无需焙烧工序。使用时需用水漆保护其非工作面。

（5）复合结合剂

为了改进上述各单一结合剂性能，可将几种结合剂混合使用，成为复合结合剂，如橡胶树脂结合剂、陶瓷金属结合剂等。

2.1.5　磨具的组织

磨具组织是指磨具中的磨料、结合剂、气孔三者之间的体积关系，一般通过配方来控制。有时，也在磨具中加入一些高温焙烧时易挥发物质，如萘、焦炭，经焙烧后形成气孔。

磨具组织的表示方法有两种：一种是用磨具体积中磨料所占的体积分数，也就是磨粒率来表示；另一种是用磨具中气孔的数量和大小，即气孔率表示。

以磨粒率表示磨具组织的方法，间接说明了磨具组织的松紧程度，反映了磨具工作部位单位面积上可参加磨削的磨粒数目的多少。按磨粒率表示的磨具组织共分15个组织号。其划分的原则是以62%的磨粒率为0号组织，以后磨粒率每减少2%，组织号增加一号，依此类推。我国GB/T 2484—1994规定，磨具组织号按磨粒率从大到小的顺序为0、1、2、3、4、5、6、7、8、9、10、11、12、13、14。

以气孔率表示磨具组织的方法，说明了磨具的松紧程度，能充分反映磨具气孔量和大小及分布，对磨削加工的影响具有更直接的意义。但由于目前用气孔率表示磨具组织还有困难，因此尚未明确分级。常用磨具高密度的松紧程度，气孔率趋于零，中等密度的气孔率为 $20\%\sim40\%$；大气孔的气孔率为 $40\%\sim60\%$ 或更高。

2.1.6　磨具形状尺寸

磨具的正确几何形状和尺寸，是满足各种磨削加工方式和保证磨削加工正常进行的重要条件。由于磨具的使用范围十分广泛，因而磨具的形状也是多种多样的。各类磨具的名称、形状代号及其基本用途和油石、沙瓦、磨头的形状代号与尺寸标志参见 GB/T 2484—1994。

砂轮的标志图示代号如图 2-2 所示。

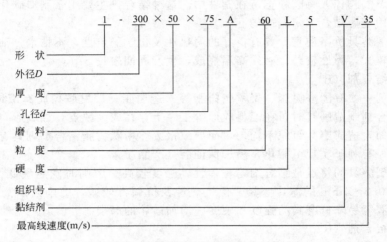

图 2-2　砂轮的标志图示代号

磨具的书写顺序按 GB/T 2484—1994 规定。

磨具形状标志举例：平形砂轮外径 300mm，厚 50mm，孔径 75mm，棕刚玉磨料，粒度 $60^{\#}$，硬度 L，5 号组织，陶瓷结合剂（V）砂轮最高工作速度 35m/s，则标志写为砂轮 $1\text{-}300\times50\times75\text{-}A60L5V\text{-}35$。

2.1.7　磨具的强度

磨具的强度是指磨具回转时受到离心力的作用而破裂的难易程度。磨削时，磨具的强度十分重要。因为磨具是一种脆性物体，且在高速下回转，没有足够的强度是难以保证磨具安全工作的，特别是在高速磨削时，磨具速度更高，破裂时带来的危害更为严重，更需要有足够强度，才能保证磨削工作正常进行。

磨具的强度是通过测定"8"字块试样断面的抗拉强度来间接确定的。"8"字块的抗拉强度值越高，则按"8"字块配方做成的磨具的破裂速度也越高。由于影响磨具强度的因素复杂，所以"8"字块的抗拉强度还不能完全反映磨具的回转强度。对于磨具直径在 150mm 以上的，还必须进行高速回转试验来检查磨具的强度。

为了保证磨具工作时不致破裂，要求磨具的破裂速度与磨具工作速度之间应保持一定比例关系，称为安全系数 f。磨具使用速度在 60m/s 以下的安全系数为 2，80m/s 以上的安全系数为 1.8。

磨具在出厂前的检验中常将检验速度 v_j 与工作速度 v_s 之比称为检验系数 f_j，即 $f_\text{j}=v_\text{j}/v_\text{s}$。$f_\text{j}$ 值见表 2-2。

表 2-2　磨具检验速度 v_j 与工作速度 v_s 条件下的 f_j 值

$v_s/\text{m}\cdot\text{s}^{-1}$	$v_j/\text{m}\cdot\text{s}^{-1}$	f_j
35	56	1.6
50～60	80～96	1.6
80	128	1.6

影响砂轮强度的因素很多。磨具本身特性的影响列于表 2-3 中。

表 2-3　磨具特性对磨具强度的影响

影响磨具强度的因素	对磨具强度的影响	
	较弱	较强
磨粒(陶瓷砂轮)	A,WA	WA,SA
粒度	粗	细
硬度	软	硬
组织	松	紧
结合剂类型	陶瓷	有机
孔径与外径之比	大	小
厚度	薄	厚
形状	异形	平形
不平衡值	大	小
补强状况	无	有

2.1.8　磨具的静平衡度

磨具（砂轮）的重心不在旋转轴中心线上，砂轮存在不平衡，在砂轮高速旋转时产生离心力而引起振动，影响被加工表面质量，加快磨床磨损，还会引起砂轮的断裂，造成设备人身事故。

表 2-4　k 系数的值

磨削方法	机　床	砂轮名称	D/mm		k		
					$v_s/\text{m}\cdot\text{s}^{-1}$		
			大于	至	至 40	＞40～63	＞63～100
粗磨	手提砂轮机	平形砂轮 斜边砂轮 钹形砂轮	—	—	0.40	0.32	0.25
	双头砂轮机 摆动式砂轮机	平形砂轮	—	—	0.63	0.50	0.40
	重负荷磨床	重负荷树脂 荒磨砂轮	—	—	0.80	0.63	0.50
精磨	平面磨床 外圆磨床 齿轮磨床 螺纹磨床 工具磨床 无心外圆磨床	平形砂轮 斜边砂轮	—	305	0.25	0.20	0.16
		平形带 锥砂轮	305	610	0.32	0.25	0.20
		碟形砂轮 单双面砂轮	610	1100	0.40	0.32	0.25
		凹砂轮	1100	—	0.50	0.40	0.32
切断或 开槽	手提砂轮机	平形砂轮 钹形砂轮	—	—	0.40	0.32	0.25
	固定式砂轮机	平形砂轮	—	305	0.50	0.40	0.32
	摆动式砂轮机	钹形砂轮	305	—	0.63	0.50	0.40

引起砂轮不平衡的原因：一是砂轮组织不均，使旋转中心线两边质量不等，砂轮重心不在旋转中心线上产生不平衡；二是砂轮几何形状的缺陷，如砂轮孔偏心、两端不平行等，造成砂轮两边质量对旋转中心不对称，砂轮也就不平衡。

为了保证砂轮的质量和安全使用，对于外径为 150mm 以上的砂轮，规定了不平衡的数值，允许的最大不平衡数值 Ma 的经验公式为

$$Ma = k\sqrt{M}$$

式中　　M——砂轮质量，g；
　　　　k——与砂轮特性和使用条件有关的经验系数（表 2-4）。

2.2　陶瓷结合剂磨具

陶瓷结合剂磨具是由多种原材料组成的复杂物系，其原材料有磨料、结合剂、润湿剂、着色剂、成孔剂等材料。所使用的磨料有刚玉系磨料、碳化硅系磨料、超硬磨料。根据磨料不同，主要分为如图 2-3 所示的种类。

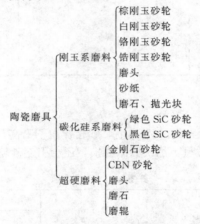

图 2-3　陶瓷结合剂磨具分类

陶瓷磨具用途广泛，品种类型和规格众多。本节主要叙述陶瓷磨具的原材料及配方设计，以及陶瓷磨具制造工艺等问题。

2.2.1　陶瓷磨具的原材料

(1) 磨料

关于刚玉系磨料、碳化硅系磨料、超硬磨料的结构、粒度、性能及制造工艺已在第 1 章述及。

用于磨削加工的砂轮所使用的磨料应具备以下性能。

① 磨料的硬度应高于磨削加工工件材料的硬度。这是实现磨削加工的首要条件。为使磨削过程顺利进行，磨料的硬度 $H_磨$ 与工件硬度 $H_工$ 之间应满足以下关系，即

$$\frac{H_磨}{H_工} > 1.5 \sim 2$$

② 磨料应有足够的抗压强度、抗弯强度、抗冲击强度和适当的自锐性。

③ 在高温下磨料应能保持一定的硬度和强度。磨削加工常产生大量的磨削热，磨具在磨削区局部达到 $400 \sim 1000℃$ 的温度。磨料在高温下应具有热稳定性，具有必要的物理力学性能，保持微刃的锋利性。

④ 磨料应具有化学稳定性。磨料不与被加工材料起化学反应，避免产生黏附或扩散作用，造成磨具的堵塞及钝化，丧失切削能力。

（2）结合剂原材料

陶瓷结合剂原料的主要成分有黏土、长石、石英等，次要成分有滑石、硼砂和硼玻璃。

① 黏土　它是一种含水铝硅酸盐类矿物，是长石类岩石经过长期风化与地质作用而形成的。黏土的主要矿物组成有高岭石类、伊利石类、水铝英石、叶蜡石类等。黏土具有良好的可塑性及收缩率、烧结温度、烧结范围等工艺性质。

黏土在结合剂中所起作用是：利用黏土可塑性使磨具成形料具有一定的成形性能和一定的干湿强度；提高结合剂的耐火度，增加高温黏度，并扩大结合剂的烧结温度范围。

黏土与适量的水混匀后形成泥团，泥团在外力作用下产生变形而不开裂，外力去掉后，其形状不变，这种性质称为黏土的可塑性。泥团在干燥后排出颗粒间疏松结合的水分后，颗粒互相靠拢，产生体积收缩，称为干燥收缩。黏土干燥块在焙烧时，排除结构水，并产生一系列物理、化学反应又引起坯体体积收缩，称为烧成收缩。一般黏土颗粒越细可塑性越好，可塑性越高，其收缩率越大。过大的收缩率易使产品开裂。黏土没有固定的熔点，在相当大的温度范围内逐渐软化。当温度超过 800℃，黏土试样体积开始剧烈收缩，气孔率明显减少。这种明显开始剧烈变化的温度称为开始烧结温度（T_1）。温度继续升高，收缩率达最大，气孔率降至最低，致密度最高，此时温度称为烧结温度（T_2）。若温度继续升高，试样开始软化，液相量不断增多，原有试样形状变形，这时温度称为软化温度（T_3）。通常把完全烧结与开始软化之间的温度间隔称为烧结范围（$T_2 \sim T_3$）。生产中常用吸水率来反映原料的烧结程度。优质高岭石的烧结范围为 200℃，即 $T_3 - T_2 = 200℃$。黏土抵抗高温作用而不熔化的能力，称为耐火度。高岭石的耐火度达 1700～1770℃。耐火度主要取决于其组成。常用 Al_2O_3/SiO_2 的比值来判断其耐火度。其比值越大，耐火度越高，烧结范围也越宽。干燥后黏土泥团吸收大气中水分的性能，称为吸水性。可塑性越大，吸水性也大，吸水性大，容易导致配料不准及干坯返潮。黏土因含有有机物质及杂质矿物，烧结后，呈灰、浅灰、黄、褐、紫、绿、黑等色，对颜色影响最大的是铁钛化合物（$Fe_2O_3 \cdot TiO_2$）。

② 石英（硅石）　SiO_2 以硅酸盐化合物状态存在，构成矿物岩石。SiO_2 的主要矿物类型有水晶、脉石英、石英岩、砂岩。石英在陶瓷结合剂中的作用主要是：作为瘠性材料，降低结合剂坯干燥的收缩率，石英可促进结合剂和磨料之间形成硅酸盐层，减少 SiC 分解，防止 SiC 磨具"黑心"，并增加结合剂在高温下的黏度。

③ 长石　它是一种熔剂材料，起助熔作用。长石是不含水的碱金属与碱土金属的铝硅酸盐，常见的有钠长石（$NaAlSi_3O_8$）、钾长石（$KAlSi_3O_8$）、钙长石（$CaAl_2Si_3O_4$）、钡长石（$BaAl_2Si_3O_4$）。结合剂中常用钾长石，其原因是钾长石开始熔融温度低（约 1130℃），熔融温度范围大（1130～1450℃），熔融体积度随温度变化慢，有利于烧成。钾长石在结合剂中含量多，制成的磨具强度、硬度也高。长石作为瘠性材料，可缩短结合剂的干燥时间，减少干燥收缩。

④ 滑石　它是天然的含水硅酸镁盐，其化学通式为 $3MgO \cdot SiO_2 \cdot H_2O$，颜色呈白、灰白、浅黄、浅绿。硬度小，密度为 2.7～2.8g/cm³，有脂肪光泽及滑腻度。

对于刚玉类磨具，滑石的作用是：可降低耐火度，促使结合剂中玻璃相含量增多，提高磨具的强度；结合剂中滑石含量大，磨具的热稳定性好，滑石在 1000℃开始有液相，至1557℃才完全熔融，故可提高结合剂的高温黏度。对于 SiC 磨具，滑石能吸收 SiC 晶格中FeO 粒子，防止磨具发红。但滑石易使 SiC 分解，产生"黑心"废品。

⑤ 硼砂及硼玻璃　硼砂是硼酸钠（$Na_2O \cdot 2B_2O_3 \cdot H_2O$）。硼酸易溶于水，在磨具制造中常与长石粉一起熔炼成硼玻璃使用。结合剂中引入硼玻璃能提高结合剂与磨粒的反应能力，生成强度较高的硼酸玻璃，从而提高磨具的机械强度。硼玻璃的主要化学成分为 SiO_2

和 B_2O_3，在结合剂中的作用是：硼玻璃有催熔作用，能降低结合剂的耐火度，促进形成玻璃体，增加结合剂的流动性、湿润性，使结合剂在磨料周围分布均匀，较大地提高磨具强度，减少结合剂收缩。

(3) 辅料

辅料主要有如下几种。

润湿剂：有水玻璃、糊精、纸浆废液、聚乙烯醇等。

着色剂：有氧化铁（棕红—橘红）、氧化铬（橙黄—紫色）、氧化钴（浅蓝—蓝色）。

成孔剂：木炭、焦炭、核桃壳、塑料球等固体成孔剂。

浸渍剂：充填于磨具气孔中的物质，如油酸、硬脂酸、石蜡、石墨、松香等。

2.2.2   陶瓷结合剂的主要性能

为满足磨削加工的要求，国内外已开发出种类繁多的结合剂，每类结合剂都是针对一定的被磨削加工的材料和磨削工艺而设计的。结合剂的性能与烧成条件、最终烧成温度有关。在相同烧成条件下，一种性能良好的结合剂应能保证磨具的产品质量。在相同磨具成形密度时，用较少的结合剂可获得较高的机械强度与硬度，成形性能好，湿、干坯温度高，烧结时不变形，不易产生烧成裂纹，且抗"黑心"能力强，磨具色泽好，磨具硬度对烧成温度不敏感。结合剂的主要性能包括热学、化学、力学等方面的性能。

(1) 耐火度

耐火度是结合剂在高温下软化时的温度。它是结合剂的主要性能之一，是结合剂抵抗高温作用而不熔融的性能。结合剂耐火度过高或过低，都直接影响磨具的烧成质量。黏土 15%、长石 25%、黄土 60% 的细粒度结合剂的耐火度为 1320～1360℃；黏土 35%、长石 65% 的结合剂的耐火度为 1360～1390℃；黏土 45%、长石 45%、滑石 10% 的结合剂的耐火度为 1160～1220℃。结合剂中 Al_2O_3 含量增加，能明显提高耐火度，碱及碱土金属氧化物（K_2O、Li_2O、CaO、MgO 等）是溶剂，随其含量增加，耐火度降低。化学反应的还原气氛存在可降低耐火度。结合剂粒度细，有较大的表面积，故耐火度低。

(2) 收缩率

结合剂在干燥过程中，坯体长度和体积缩小称干燥收缩，在烧结过程中，产生的长度和体积的收缩现象称为烧成收缩。确定测定干燥收缩与烧成收缩，对于制定合理的干燥及烧成曲线、减少裂纹废品、选择合理的结合剂有重要的作用。

(3) 反应能力

刚玉磨料在烧成过程中和结合剂相互作用，刚玉磨料表面的 Al_2O_3 溶解扩散到结合剂中，结合剂中的 SiO_2 等也会溶解到刚玉中，在刚玉磨料与结合剂接触处生成厚为 $10～100\mu m$ 的过渡层。反应能力测定以氧化铝为基准。结合剂在高温下溶解磨粒表面氧化铝的能力（A）为

$$A = \frac{A_2 - A_1}{A_2}$$

式中 A——结合剂反应能力，%；

　　A_1——烧前结合剂中氧化铝含量，%；

　　A_2——烧后结合剂中氧化铝含量，%。

在 SiC 磨具中，SiC 不会溶入结合剂中，仅在 SiC 表面形成很薄的 SiO_2 膜与结合剂反应，故反应能力仅对刚玉磨具而言。

(4) 弹性模量

陶瓷磨具是由结合剂、磨料、气孔、辅料等多项材料组成的，磨具的弹性模量也是由多项材料的弹性模量决定的，由下式确定：

$$E = E_1 V_1 + E_2 V_2 + \cdots + E_i V_i$$

式中　E——磨具复合材料的弹性模量；

　　　E_i——组分的弹性模量；

　　　V_i——组分的体积分数。

结合剂弹性模量大，磨具的弹性模量也大。结合剂的弹性模量影响到磨具在烧成过程中产生的热应力大小。磨具热应力是磨具在加热或冷却时产生的应力。模具的弹性模量大，热应力也大，当其超过抗拉强度时，磨具便产生裂纹。为降低热应力，应选择弹性模量较小的结合剂。影响结合剂弹性模量的因素主要与结合剂的化学成分、结合剂组成内部质点间化学键强度有关。键力越强，变形越小，则 E 值大。磨具中气孔率增多，则弹性模量与强度均下降。磨具硬度高，E 值也高。

(5) 高温润湿性

结合剂的高温润湿性是指高温状态下结合剂熔体对磨料的润湿能力。结合剂熔体对磨料的润湿性好，结合剂对磨料的结合牢固，则磨具强度高，磨料不易脱落，否则出现相反情况。

2.2.3　结合剂的选择

结合剂在焙烧过程中，各种矿物成分相互作用。在相同的焙烧温度、气氛、压力条件下，有的只有少部分熔融。熔融的结合剂冷却后成为玻璃体，均匀地分布在磨粒周围，将磨粒固结。对于耐火度低于焙烧温度的结合剂称为烧熔结合剂；耐火度高于焙烧温度的称为烧结结合剂；耐火度接近或等于烧成温度的结合剂称为半烧结结合剂。

(1) 刚玉类磨具用结合剂

焙烧结合剂主要用于刚玉类磨具，其种类繁多，主要常用黏土-长石类（$K_2O \cdot Al_2O_3 \cdot SiO_2$）和黏土-长石-硼玻璃类（$K_2O \cdot Al_2O_3 \cdot B_2O_3 \cdot SiO_2$）。

黏土-长石类结合剂配料配比范围为黏土 20%～50%、长石 50%～80%。其中黏土含量在 30% 以下为烧熔结合剂，含量高的为烧结结合剂。结合剂的耐火度随结合剂中的黏土含量增加而提高，随长石含量增加而降低。黏土-长石类结合剂成本低，能满足通用刚玉磨具性能要求，但不能制造粗粒度和软级硬度的磨具。

黏土-长石-硼玻璃类结合剂中的硼玻璃耐火度为 640～690℃，是一种强催熔剂。含硼结合剂均为烧熔结合剂，它的流动性大，高温湿润性好，反应能力强，有利于提高磨具的强度，多用于提高磨具强度及结合剂用量少的粗粒度和软级硬度磨具、高速砂轮、超硬磨料磨具。

(2) 碳化硅磨具用结合剂

SiC 磨具常用烧结结合剂。SiC 在高温时分解生成 C 和 Si，随结合剂液相增加分解加剧。当氧气不足时就会产生"黑心"废品。烧结结合剂的耐火度高于烧成温度，结合剂只产生少量液相而烧结。磨粒分解的少量的 C 被氧化，并在 SiC 磨粒表面形成一层 SiC 薄膜阻止 SiC 进一步分解。烧结结合剂的流动性、反应能力、高温湿润性都较差，其磨具气孔率少，磨削效率较差，并易烧伤工件，多用于硬度较高的 SiC 磨具。

SiC 磨具通常采用的结合剂有黏土-长石-石英类、黏土-长石-石英-滑石类、黏土-长石-硼玻璃类等。黏土-长石-石英类结合剂原料配比范围为石英 15%～30%、长石 40%～65%、黏土 20%～35%，多为烧结结合剂。结合剂脆性较大，磨具适合于磨削较硬的工件。黏土-长石-石英-滑石类结合剂属烧结结合剂，主要用于制造中硬度级别以上的 SiC 磨具，酸碱比大，具有较强的抗"黑心"能力及防止磨具发红。黏土-长石-硼玻璃类结合剂强度较高，适于制造 60m/s 的高速 SiC 砂轮。这类结合剂属烧熔性结合剂，酸碱比大，制品不易产生"黑心"现象。

(3) 金刚石、立方氮化硼磨具用结合剂

由于金刚石、立方氮化硼热稳定性较差，超硬磨粒结合剂磨具必须采用低温烧成。低熔结合剂的低温烧成具有以下特点。

① 低熔结合剂的低温烧成可以节约燃料成本，降低烧成周期。

② 可以改善磨具质量，减少废品。低温烧成可以避开金刚石、立方氮化硼高温热稳定性差的问题。

③ 常用的低熔结合剂有黏土-长石-硼玻璃-萤石类、硼玻璃-石英-刚玉粉-固体水玻璃类、黏土-含硼针瓶玻璃类、黏土-长石-窗玻璃类。

金刚石磨具结合剂常用的玻璃料有 $SiO_2 \cdot ZnO \cdot B_2O_3$ 系玻璃、$NaO \cdot Al_2O_3 \cdot B_2O_3 \cdot SiO_2$ 系玻璃，$SiO_2 \cdot Al_2O_3 \cdot TiO_2 \cdot BaO \cdot B_2O_3$ 系玻璃，立方氮化硼磨具常用的玻璃料有 $SiO_2 \cdot B_2O_3 \cdot Na_2O \cdot PbO \cdot ZnO$ 系玻璃。由于钠硼硅酸盐玻璃的软化温度低、强度高、化学稳定性好，所以常选为金刚石与立方氮化硼陶瓷结合剂的基础系玻璃，再根据结合剂低熔点、低膨胀、高强度、良好润湿性等要求进行其他成分的添加调整。现在，开始运用微晶玻璃作为陶瓷结合剂的玻璃料，用于制造金刚石与立方氮化硼磨具。微晶玻璃有硅酸盐、铝硅酸盐、氟硅酸盐、硼酸盐等微晶玻璃。其中常用氟硅酸盐微晶玻璃作为结合剂，它是在 $MgO \cdot Al_2O_3 \cdot SiO_2$ 系统基础上，加入强助熔剂氟和钾，降低氟硅酸盐微晶玻璃的熔制温度和析晶温度，使其达到超硬材料结合剂所需的低熔点。

2.2.4 陶瓷结合剂原料配方设计

(1) 配方的基本概念

陶瓷结合剂磨具原料的主要成分有磨料、结合剂和辅料。在磨具制造时，各种原料用量、磨具坯体的质量、成形密度（或成形压力与坯体厚度）必须符合技术要求的规定，为设定性的磨具确定磨料、结合剂和辅料之间的比例关系，称为磨具配方。磨具配方的内容包括磨料、结合剂的种类、性能和用量，润湿剂、成孔剂、着色剂等原料的性能和用量，磨具坯体的成形密度（或成形压力、厚度）、磨具组织的确定。配方是根据磨削技术要求、磨具制造工艺条件和已积累的生产经验及试验验证来确定的。配方一经确定就是制造磨具的重要技术文件，是制造磨具的工艺依据，它对磨具的使用有决定性作用。各个磨具生产厂家，都根据自身的优势（材料、设备、能源等）制定出具有特色的磨具配方。配方种类繁多，按磨削应用方法可分为通用磨具配方和专用磨具配方。按磨具坯体成形工艺的不同分为压制磨具配方、水浇注磨具配方和热蜡浇注磨具配方等。配方与所制造出的磨具成分不同。配方中的物料在磨具制造过程中可有三种情况发生：基本上不发生变化，如磨料本身有化学惰性，与其他物料不发生化学反应，且不受温度影响；发生化学变化，如结合剂在温度等因素作用下将发生化学反应，并有小分子逸出；在磨具制造过程中全部挥发，如成孔剂的精萘等。

磨具配方的表示方法是以磨料质量为 100，其他组分以此为基础所占磨料的质量分数。将所有配方数、磨具组织号、成形密度、磨具硬度级别，均列于同一表内，某厂 WA60 配方表列于表 2-5 中。

配方设计是一个反复试验逐步完善的过程，配方设计应满足以下要求。

① 应满足磨削应用的需要。

② 必须与磨具制造工艺相结合。

③ 必须符合相关标准和具有规律性。

④ 要求符合经济性原则。

⑤ 要符合安全与环保要求。

表 2-5　WA60 配方

硬度	H	J	K	I	M	N	P	Q	R	S
WA60	100	100	100	100	100	100	100	100	100	100
结合剂	12	12	14	15	17	18	20	22	24	25
黏结剂	3.4	3.2	3.1	3.0	2.9	2.8	2.7	2.6	2.5	2.4
水玻璃	1.9	2.0	2.1	2.1	2.3	2.4	2.5	2.6	2.7	2.8
成形密度/g·cm^{-3}	2.23	2.25	2.30	2.35	2.40	2.45	2.49	2.52	2.56	2.60
组织号	6	6	6	6	6	5	5	5	5	5

（2）配方的主要内容与规律

① 磨料与结合剂用量关系（磨料结合剂比例关系——砂结比）　在确定砂轮磨粒种类、粒度、硬度、结合剂种类的基础上，确定配方结合剂的用量。调整结合剂用量是调整配方硬度的有效方法。一般增加结合剂用量 1%～4%，磨具硬度增加一级。当磨料种类相同时，同样硬度，磨粒细粒度时结合剂用量多于粗粒度。在粒度和成形密度相同条件下，要制成相同强度等级的磨具，碳化硅磨料所用结合剂用量比刚玉磨料用量多。

② 成形密度（或压强）与磨具硬度的关系　陶瓷磨具在机压（压制）成形磨具配方中有定模法（定体积）和定压法两种配方形式。在定模成形配方中常用成形密度表示。成形密度是用成形湿磨具坯体的质量除以湿磨具坯体的体积。在定模成形配方中，按设定磨具的组织号（磨粒率）来确定成形密度，再根据成形密度调整配方硬度及计算成形料。在定压成形配方中，成形压强及成形密度是重要的技术参数，成形压强为预定值，成形密度为实测值。成形密度（压强）增大，磨具的硬度和强度提高。

定压成形的成形压强提高，所压出的坯体比较致密，即成形密度大。当成形压强不变，结合剂用量超过 3% 时，硬度仍不能提高一个小级，则必须提高成形压强，尤其对高硬度磨具，提高成形压强比增加结合剂用量更有效。提高（或降低）成形压强 5.0MPa，磨具硬度均会变化一个小级。

③ 磨具的组织与结合剂用量的关系　当磨具硬度不变时，通过调整配方结合剂用量、成形密度或压强，可使磨具的磨粒率（组织号）变化达 8%～10%（即 4～5 个组织号）。

④ 配方的调整　同一等级的硬度（或强度）配方的调整可以通过采用较多的结合剂、较小的成形密度以及较少的结合剂、较大的成形密度来实现。制定配方应遵循：随着硬度或强度的提高，结合剂量和成形密度也依次递增的规律。

（3）配方设计方法和步骤

配方设计的一般顺序如下。

① 选定具有代表性的磨料粒度，设定成形密度、结合剂、辅料用量。

② 制作硬度块试样。

③ 测试硬度块的硬度。

④ 根据硬度块测试数据进行处理，调整配方。

⑤ 检验低硬度磨具及高硬度磨具配方的可靠性。

⑥ 进行生产验证，对生产全过程进行跟踪监控，及时进行改进。

⑦ 对磨具产品进行磨削试验和检验。

2.2.5　陶瓷磨具的成形

在磨具制造过程中，以一定的成形方法将配好的成形料转变成一定形状和强度的磨具坯体，称为磨具成形。陶瓷磨具成形方法有压制成形、水浇注成形、热蜡浇注成形。

（1）成形料的配制与混料

配料是根据所确定的配方，将所需的磨料、结合剂、辅料等按要求称取，分袋集中存放。混料是将磨具所需的原料按一定程序通过机械搅拌或人工混合，使润滑剂、结合剂和辅料均匀地黏附在磨粒上的过程。经混料所得到的混合料送往成形工序，故称为成形料。成形料的计算过程如下。

① 确定成形料的投料量

a. 根据磨具规格及加工余量，计算磨具坯体体积。砂轮的体积为

$$V = \frac{H(D^2 - d^2)}{4}$$

式中　　D——坯体外径；
　　　　d——坯体内孔直径；
　　　　H——坯体厚度。

b. 根据配方成形密度 γ 计算坯体成形单重 W 为

$$W = V\gamma$$

c. 根据磨料生产纲领计算必需的投料量为

总投料量＝磨具的总数量×单重＋投料量×（1＋附加消耗百分数）

d. 计算总投料量中磨料、结合剂、辅料的总质量。

e. 计算每次混料的原料量及混料批数。混料批数是磨料总质量与每批磨料量的比值。

f. 计算原料各自的质量和确定配料单。

② 混料工艺　成形料的混合是磨具制造中的重要工序。根据磨料粒度的粗细，混料工艺有干法与湿法两种。磨料粒度细，结合剂量多，不易混合，多用干法混料；磨料粒度粗，结合剂量少，易混合均匀，多用湿法混料。

干法混料的工艺流程（以 F180 细磨粒为例）：

磨料
结合剂———→混料→过筛→加湿润剂→混合→过筛
辅料

湿法混料的工艺流程（以 F150 粗磨粒为例）：

磨粒→加湿润剂→混匀→加结合剂→混匀→过筛

混料常用设备有桨叶式混料机、滚筒式混料机及碾压式混料机。

（2）压制成形

陶瓷磨具的成形是用压力机将成形料装入成形模具中分布均匀后，经压制成形而得到一定密度、一定形状尺寸的磨具坯体。压制成形过程中成形料粉体受到外力的挤压作用，颗粒本身发生移动和变形，当外力与粉体粒子之间的摩擦力平衡时，粒子处于平衡状态，坯料结构发生变化，孔隙率减少，粒子靠拢，坯料被压实。压制力大时，成形料的黏结性强，成形坯料的密度大，坯体的湿强度大。压制中常会出现压力分布不均匀，导致坯体各部分的密度出现差别，其原因是成形料颗粒移动和重新排列时，颗粒之间内摩擦力及颗粒与模壁之间的摩擦力妨碍压力的传递。

① 压制成形设备　模具成形所使用的设备主要是二柱、三柱、四柱油压机。压制模具有模位固定式、模位往复式、模位回转运动式（多工位转台）。选择压力机的原则是由磨具受压面积所需最大压力，计算出需要的压力总吨位，进而来选择压力机的吨位。

压制成形用模具要根据磨具形状、尺寸大小、余量、成形密度、硬度等因素来设计模具结构。如平形砂轮的平形磨具主要由模套（模圈、模环）、底盘、模盖（下压板、上压板）、心棒（压头、压环）及垫铁等构成。

② 压制成形工艺　陶瓷模具机压成形工艺流程如下：

模具清理组装
↓
成形料 →（投料）模具 → 摊料刮平 → 初压 → 压制 → 卸模顶出坯体

压制成形工艺应保证成形坯体的尺寸、组织、硬度、均匀性、强度等性能要求。

（3）水浇注成形

水浇注成形主要用于细于 F150 的精密磨具的成形。它是用水将成形原料调配成流体的成形料，注入模具内，胶凝后成为磨具坯体。

用水将原料浸泡成均匀的浆料并过筛，向浸泡好的浆料注入淀粉溶液并混匀，倒入混料缸内并加入磨料，搅拌均匀，并用水调整料浆的黏稠度。

水浇注成形工艺流程如图 2-4 所示。

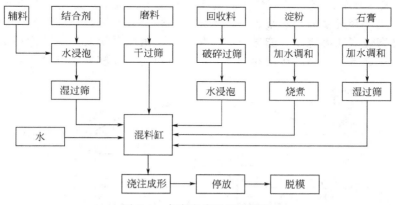

图 2-4 水浇注成形工艺流程

（4）热蜡浇注成形工艺

热蜡浇注成形采用熔化的石蜡作为浆料介质，混料均匀，造坯迅速。将浆料用压缩空气喷注，可造成复杂形状的磨具。热蜡浇注的辅料有石蜡、油酸、硬脂酸和蜂蜡。

热蜡浇注成形工艺流程如图 2-5 所示。

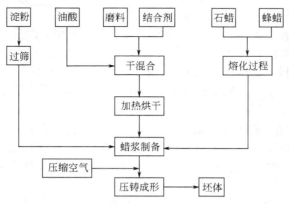

图 2-5 热蜡浇注成形工艺流程

2.2.6 磨具坯体干燥与粗加工

磨具坯体干燥是利用热能将坯体物料中的水分汽化并排除所生成的水分，提高机械强度并减少成品收缩。在实际生产中干燥后的坯体中仍有 0.4%～1% 的水分。磨具坯体干燥过程分为四个阶段：升速干燥阶段、等速干燥阶段、降速干燥阶段和平和阶段。干燥速度是坯体在各个干燥阶段中所规定的干燥时间。干燥速度过快易使坯体变形开裂,所以,干燥速度不宜太快。不同的坯体、不同的干燥条件,其干燥速度不同。

坯体干燥后,为焙烧工序做准备,应对干燥体进行粗加工和挑选,以获得近似成品形状和尺寸的坯体。

2.2.7 磨具的焙烧

磨具坯体焙烧是决定磨具成品质量的关键工序。磨具坯体经过高温焙烧,结合剂玻化或瓷化,并与磨料一起发生一系列物理化学变化,使磨具达到所要求的硬度、强度和其他性能。

焙烧在焙烧窑内进行。常用的窑炉有隧道窑、全自动燃气抽屉窑等。隧道窑工作系统如图 2-6 所示,其工作原理是:装满坯体的窑车在轨道上由推车机推动,缓慢行驶,与窑内气流方向相遇,逐步穿过室内余热带、烧成带、冷却带,分别进行坯体预热、烧出及冷却。在烧成带两端设有烧嘴和燃烧室。隧道设有排烟系统、透风系统及热空气循环系统,使窑体内气体流动,加速烟气与产品的热交换,使窑内气体压力制度和气氛符合要求。

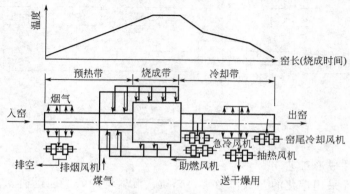

图 2-6 隧道窑工作系统

在焙烧过程中,随着温度的变化,分为低温阶段、分解与氧化阶段、高温阶段、冷却阶段。现以刚玉磨具为例说明各阶段的物理化学变化。

① 低温阶段(常温～300℃) 这一阶段主要是排除干燥后的残余水分。随着水分排除,固体颗粒紧密靠拢,发生少量收缩。当温度超过 120℃ 以上时,坯体内部发生强烈汽化。

② 分解与氧化阶段(300～800℃) 这个阶段的主要变化如下。

a. 排除结晶水。黏土及其他矿物的氧化铁系在不同温度下脱除结晶水。脱去结晶水后,结合剂变得比较松散。

b. 结合剂中硫化物、硫酸盐、碳酸盐和有机物的分解与氧化。

c. 石英的多晶转化和少量液相形成。在 573℃ 发生 β-石英转化为 α-石英,体积略有增加。结合剂中糊精在 400℃ 左右焦化,碳酸钠在 700℃ 熔融。各种盐类分解,可使坯体疏松,强度降低。

③ 高温阶段(800℃～烧成温度) 磨具坯体达到 800℃ 以上后,分解氧化继续进行,固相熔化,形成液相并形成新晶相和晶相长大,温度为 950℃ 时是长石、石英、高岭石的共熔点。脱水高岭石在 950℃ 左右转化为硅铝尖晶石,继续转化为莫来石,莫来石在 1000℃ 转化为方石英。

各组分形成液相,结合剂桥形成,较均匀地分布在磨粒周围,气孔减少,结合剂是光滑的玻璃相,形成不规则的网状结构。在温度达到烧成温度 1300℃ 左右,经保温,使坯体制品各部分温度均匀一致,能充分进行物理化学变化。保温时间一般为 4～8h,过长易造成成品过烧。

④ 冷却阶段　冷却过程分为：最高烧成温度至 900℃阶段，使温度迅速下降。900～400℃缓冷阶段，坯体由塑性状态变为脆性状态。400℃～出窑（80～60℃）阶段，降温速度与磨具规格、尺寸、形状有很大关系。

SiC 磨具的烧成变化与刚玉磨具不完全相同，SiC 磨粒表面有一层 SiO_2 涂膜包裹着 SiC 磨粒，使其不被分解，烧成过程中 SiC 的分解过程有两个分解阶段，即 SiC 本身的分解和分解物的氧化。若氧化过程落后于分解过程，则磨具会产生"黑心"现象。故应在充分氧化条件下烧成。由于 SiC 磨料热性能好，线胀系数小，升温和冷却过程中产生内应力小，故升温、降温速度可比刚玉磨具略快些。

陶瓷磨具的烧成规范包括烧成曲线、窑内气氛制度及窑内压力制度，磨具规格对升温速度影响很大，烧成时受热不均，易产生热应力。升温速度与热应力的关系为

$$v_e = \frac{\sigma_1 \eta}{E \alpha R^2 K}$$

式中　　v_e——升温速度；

σ_1——受热状态下切向应力；

η——线胀系数；

E——弹性模量；

R——单面受热时为砂轮孔半径，双面受热时为砂轮半径与孔半径之差的一半；

K——常数；

α——传热系数。

窑内气氛为中性或弱氧化气氛。如为强氧化气氛，则棕刚玉色泽变浅及出现铁斑。而 SiC 磨具宜为强氧化气氛，可防止"黑心"产生。

窑内压力状况与窑内气体流动速度、热交换、温度均匀性、窑内气氛有关。对于隧道窑内压力过大或过小均不能保证烧成曲线形成，窑内压力过大形成还原气氛，会造成 SiC 磨具"黑心"。

陶瓷磨具烧成后，易产生：坯体裂纹，裂纹有外径裂纹、孔径裂纹、网状裂纹；磨具黑心；渗碳及色泽变浅或发红；磨具变形；烧成温度低，产生烧损现象，降低硬度、强度等。

2.2.8　磨具制品的加工与检验

焙烧后的磨具坯体需要进行精加工，使磨具几何形状和尺寸精度符合成品质量要求，使磨具表面硬度与内部硬度一致，提高磨具制品的外观质量，降低用户修整砂轮费用。

磨具制品的加工方法有车削加工、磨削加工。车削细粒度砂轮使用金刚石车刀，加工细粒度的石墨砂轮、橡胶砂轮及细粒度的树脂砂轮时，一般使用陶瓷或树脂结合剂的专用磨石进行车削加工。磨削加工砂轮的方法有用金刚砂磨削加工砂轮平面、用磨轮加工砂轮、用磨轮加工砂轮孔径、被加工磨具对磨加工外径、用金刚石锯片加工砂轮平面、用钻头引导磨料加工磨具孔径等。

磨具的孔径是磨具与磨床主轴的重要配合表面，精度要求高。灌孔是孔径加工方法的一种，生产效率高，孔径精度易达到。灌孔方法适用于磨料粒度 F120 及更粗、厚度较厚、孔径 $\phi 10 \sim 305mm$ 的磨具。灌孔材料有硫化水泥、铝、硬质塑料注孔或镶孔。硫化水泥由硫磺粉、长石粉、石墨粉及滑石粉配制而成。硬质塑料有聚苯乙烯、聚氯乙烯、聚乙烯及聚酰胺。灌孔用的工具主要有底座、压盖、心棒、隔垫、转盘等。

加工后的磨具还需要进行浸渍处理，改善磨具的磨削性能，提高工作表面质量。浸渍处理有硫磺处理、树脂浸渍、石墨处理。

磨具成品需经过质量检验，保证磨具达到质量标准。检查项目有外观缺陷、外形尺寸、

形位公差、硬度、静平衡、回转强度及组织号七项内容。

2.2.9　特种磨具

特种磨具包括高速砂轮、多孔砂轮、磨钢球砂轮等。

(1) 高速砂轮

通常将磨削速度超过 60m/s 以上的磨削称为高速磨削。金刚石砂轮、CBN 砂轮的磨削速度已达 80～240m/s。高速磨削所使用的砂轮应具有足够的强度、均匀的组织、较小的不平衡度。粒度比普通磨具细 1～2 个粒度号。磨具制造工艺的每个工序要求更加严格。磨具孔壁处强度要严格保证，在干燥、装窑、焙烧过程中要特别避免出现暗裂纹、微裂纹等缺陷。

(2) 多孔磨具（大气孔砂轮）

多孔磨具的总气孔率远高于普通磨具，一般在 50% 以上，磨具的体积密度小，组织松，组织号一般在 8 号以上。多孔砂轮的磨削的自冷却作用好，不易烧伤工件。加工工件表面质量高。多用于磨削软金属、橡胶、皮革等非金属材料；加工大平面薄壁工件、易受热变形工件；用于深切缓进给磨削。

在多孔磨具制造中为获得较高的气孔率，常在成形材料中添加一定量的成孔剂，主要是双氧水。通过调控双氧水的用量及分解温度来控制气孔率：温度高，生成的气泡大；温度低，气泡小。

(3) 磨钢球砂轮

磨钢球砂轮是用于磨削滚动轴承用的直径在 76.20mm 以下钢球的专用砂轮。砂轮规格有 800mm×100mm×290mm 及 600mm×100mm×290mm 两种。磨钢球砂轮的质量直接影响钢球的质量和产量，要求砂轮硬度高、密度大、粒度细、组织均匀，具有一定韧性。制造磨钢球砂轮的工艺常采用一些特殊措施，如采用混合磨料及混合粒度，采用较大的成形密度，调整结合剂的成分与配比、湿度，增大磨具的收缩率。

2.3　树脂结合剂磨具

以合成树脂或天然树脂作结合剂制成的磨具称为树脂结合剂磨具，简称树脂磨具。按磨料分为普通磨料树脂磨具、金刚石树脂磨具、立方氮化硼树脂磨具。

树脂磨具具有以下特点。

① 结合强度高　树脂结合剂比陶瓷结合剂具有较高的黏结强度，制成的磨具机械强度高，可在高速磨削条件下承受较大的磨削力。

② 可制成各种形状复杂的磨具　树脂结合剂硬化温度低，收缩率小，可制成各种复杂形状和特殊要求的磨具。

③ 具有一定的弹性和韧性　树脂属高分子化合物，具有一定的弹性和韧性，可缓冲磨削压力，磨削效果好且具有良好的抛光作用，可提高磨削表面质量。

④ 树脂结合剂耐热性低，不易产生磨削烧伤现象。

⑤ 树脂结合剂化学稳定性较差　一般树脂结合剂磨具耐碱性、耐水性较差，不能长期存放，遇碱性物质时，树脂结合剂发生降解，影响磨具的强度和硬度。

树脂磨具广泛应用于荒磨、粗磨、半精磨、精磨、珩磨、超精密加工、抛光和切割等多种工艺，可加工钢、铝、铜、铁、硬质合金、高速钢、钛钢、不锈钢、木材、橡胶、塑料、玻璃、陶瓷、石材等众多工程材料。

制造可随树脂的种类、性质和对磨具的不同要求而采用不同的工艺方法和工艺装备，但归纳起来，所有树脂结合剂磨具的制造，都基本遵守以下工艺流程：

磨料┐
树脂├──→配料→混料→成形→干燥→装炉→硬化→加工→检测→成品
辅料┘

2.3.1 树脂结合剂原材料

(1) 磨料

树脂结合剂所用的磨料品种有：棕刚玉（A）、白刚玉（WA）、单晶刚玉（SA）、微晶刚玉（MA）、铬刚玉（PA）、锆刚玉（ZA）、黑刚玉（BA）等刚玉系列磨料；黑碳化硅（C）、绿碳化硅（GC）、立方碳化硅（SC）、立方碳化硼（BC）系列磨料；超硬磨料的人造金刚石（RVD、MBD、SCD、SMD、DMD、M-SD）和立方碳化硼（CBN、M-CBN）。

制造树脂磨具的磨料对磁性物质含量要求不高，但对磨料颗粒表面质量要求严格。因为磨料表面附着有石墨和灰尘，能降低和削弱树脂和磨粒的黏结力，导致磨具的硬度和强度降低。为了提高磨料与结合剂的黏结能力，并改善磨料的强度、韧性、耐磨性等，应对磨料进行必要的附加处理。磨料的处理方法有煅烧、颗粒整形、表面涂附、表面腐蚀等。

① 磨料的煅烧处理 刚玉磨料经 800～1300℃、2～4h 的煅烧，可明显提高磨粒的显微硬度、韧性和亲水性。温度超过 1300℃后，磨料性能下降。煅烧处理对刚玉磨料有明显效果，对 SiC 磨料效果不明显。

② 选用专门的工艺制造磨料 采用熔块法生产刚玉磨料，熔块法具有结晶颗粒大的特点，使得磨料颗粒强度增大，硬度提高。在磨粒加工方法上采用对滚方法加工，可增加片状和剑状颗粒，同时保证磨料表面粗糙。对滚加工后再经筛选，可提高磨料基本粒的含量及粒度的均匀性，并清理杂物、粉尘和粗粒。

③ 磨料表面涂附处理 是在磨粒表面涂上一层薄薄的物质，再经热处理、松散过筛。其作用是提高磨粒表面的亲水性和加大表面粗糙度。涂附处理方法有金属盐处理、树脂处理、陶瓷液-硅烷处理及碱腐蚀处理。刚玉磨料根据对磨具的要求不同，而选用不同的涂附处理方法对磨料进行处理。

④ 超硬表面的镀覆处理 超硬磨料表面镀上一层不同材料的镀膜层，就成为不同性能的新品种磨料。镀覆的目的是赋予超硬磨料颗粒以特殊的理化性能，从而改善磨料的性能和使用效果，提高磨具耐用度。

常用的镀膜材料有铜、镍、钼、铜合金，铜锡钛合金，非金属材料的陶瓷、碳化钛、氮化钛等难熔硬质材料。

目前，普遍采用镀铜、镀镍的金刚石及 CBN 磨粒制造树脂磨具，大约有 90% 的树脂结合剂金刚石磨具采用镀金属薄膜的金刚石磨料。使用镀覆 CBN 磨料，可以使磨粒脱落数从 60% 降至 30%。镀铜磨料用于干磨，镀锡磨料用于湿磨。镀覆超硬磨粒具有以下优点。

a. 磨粒强度提高 30%～60%。RVD 金刚石及 CBN 是脆性材料，在镀上一层铜或镍薄膜后，改善脆性，可以承受较大的外力冲击。同时，在镀覆过程中，镀液渗入磨料表面裂纹、气孔和空穴，从而修补了缺陷，使 RVD 金刚石与 CBN 颗粒得到强化。

b. 改善树脂结合剂对超硬材料的浸润性，从而提高了树脂结合剂对磨粒的黏结性能，增加了磨具的耐用度。试验表明，未经镀覆的超硬磨具干磨硬质合金时，大约有 70% 的磨粒未充分利用而直接脱落，而镀覆 RVD 金刚石及 CBN 磨具，可大大改善磨粒的脱落状况。

c. 金属镀膜对 RVD 金刚石及 CBN 起到了良好的热屏障作用。在磨削过程中产生的磨削热首先传到金属膜上，并通过金属膜传递给结合剂，因此磨削热积聚较少，使 RVD 金刚石及 CBN 周围树脂结合剂达到碳化温度而分解的概率就少得多，保证了树脂结合剂对磨粒的黏结强度，能充分发挥磨粒的磨削作用。

d. 镀膜金属可使 RVD 金刚石及 CBN 的自锐性降低，因而在磨削过程中增加磨床动力消耗 10%～20%。

e. 要适当调整树脂结合剂的配方，合理选择磨料浓度。树脂结合剂超硬磨具的磨料粒度较细，选用粗粒度磨粒将加剧砂轮损耗。一般粒度选择 $100\mu m/120\mu m$ 以下至微粉。树脂磨具选用磨料浓度较低，一般 RVD 金刚石磨具的浓度为 $25\%\sim100\%$，常用磨料浓度为 $75\%\sim100\%$；CBN 磨具的磨料浓度为 $75\%\sim100\%$。粗磨用的粗粒度磨具宜采用高浓度，精磨用的细粒度磨具宜采用低浓度。

（2）树脂结合剂

树脂结合剂用来把松散的磨料黏结起来，固结成一定形状，经过加热固化使其具有一定的硬度、强度和磨削性能。树脂结合剂由黏结剂（树脂）和各种填料组成。填料的种类和用量对结合剂的物理力学性能影响很大。因此，必须合理选用填料的种类和用量。

树脂结合剂应具备以下性能：良好的黏结性能，结合剂强度要高，硬度要合适；良好的耐热性，有利于提高磨削加工效率和降低磨削工件表面粗糙度；良好的经济性及环保性。

国内外制造树脂磨具的树脂主要是人造酚醛树脂、环氧树脂、聚砜树脂、聚酰胺等。为适应磨具生产的特殊要求，以酚醛树脂为主，加入一定量的其他树脂，如酚醛-环氧树脂、酚醛-聚酰胺等。

① 酚醛树脂　主要生产原料是苯酚、二甲酚、多元酚等酚类，甲醛、乙醇糠醛等醛类，催化剂，如盐酸、硫酸、草酸、氢氧化钠、氢氧化钾、氨水、氧化镁等。

酚醛树脂的生产工艺流程如下：

$$原材料准备\rightarrow缩聚反应\begin{cases}部分脱水\rightarrow树脂液\\干燥脱水\rightarrow冷却\rightarrow破碎\rightarrow树脂粉\end{cases}$$

酚与醛的缩聚反应可在加压、常压及减压等条件下进行。通常是在酸性或碱性介质中进行常压缩聚反应。

酚醛树脂分为热塑性酚醛树脂和热固性酚醛树脂。热塑性酚醛树脂的密度为 $1.18\sim1.32g/cm^3$，软化点为 $85\sim110℃$。游离酚质量分数为 $3.5\%\sim7\%$，常温下为白色或淡黄色半透明固体粉末，在空气中易吸收水分。树脂粉不加硬化剂，能溶于乙醇、丁醇、丙酮等溶剂中。在硬化剂作用下，树脂粉经加热可变为热固性树脂。热塑性酚醛树脂的软化点高，其磨具的抗拉强度较高。软化点高低对磨具硬度影响不明显，但对于磨具制造工艺的可行性影响较大。软化点低（如 85℃），树脂粉易发黏，易结块，易造成成形料结块，给制造带来不便。软化点过高，则成形料可塑性差，且影响磨具的成形强度，特别是对薄片砂轮影响更大。

树脂粉的粒度大多属于 F240 及更细粒度，树脂粉粒度过细易结块，粒度过粗则成形料不易混匀，影响磨具硬度与强度。树脂粉易在空气中吸水而结块变硬，给生产带来不便，且影响磨具的强度和硬度。试验表明，树脂粉的湿度由 0.176% 增至 4.23% 的磨具试块的硬度降低两小级，强度降低 20%。

热塑性酚醛树脂的硬（固）化剂是乌洛托品，与水作用生成 CH_2O，甲醛先与线型树脂中苯环的邻对位作用生成羟甲基物，之后进一步缩聚生成网状结构。固化剂加入量不足，树脂硬化不完全，影响磨具的强度和硬度，加入量过高，多余的固化剂并不与树脂粉结合，在硬化过程中分解挥发，使磨具的气孔增多，降低磨具硬度与强度。

热固性酚醛树脂液在常温下是一种淡黄色至深褐色的黏性液体，密度为 $1.16\sim1.20g/cm^3$，黏度为 $60\sim200s$（4 号杯法），能溶于乙醇、丙酮及糠醛中，经加热也可溶于水。其化学性能不稳定，常温下存放，能缓慢进行缩聚反应，黏度增大，在 $110\sim120℃$ 保持 2h，则失去流动性，变为弹性或脆性物。加热至 230℃ 以上，则树脂液开始炭化，温度越高，炭化程度越深，当达到 500℃ 时，则完全烧毁。树脂液的黏度为 $100\sim500s$（杯法）时常作结合剂，黏度在 $40\sim200s$ 范围内，常将树脂液作树脂粉的润滑剂。合适的黏度可获得结合剂适宜的可塑性。黏度太低时，成形料的流动性大，可塑性差，容易粘模，制成的磨具坯体机械强度低；黏度太高，则成形料太硬，不易混匀，不利于压型时摊料，影响磨具组织均匀性和机械强度。实践证明，树脂液的杯法黏度为 $100\sim500s$ 时，质量稳定，对磨具硬度影响很小。

热固性酚醛树脂在 180℃温度下，缩聚硬化后的质量称为固体含量。固体含量在不同程度上决定磨具的硬度与强度，固体含量低，则制成的磨具硬度和强度下降，生产中必须控制树脂液的固体含量。

以氨水为催化剂制成的树脂液结合剂黏结强度大，耐火性能好；以氢氧化钠作催化剂制成的树脂液结合剂的黏结强度和耐火性较差。

酚醛树脂结合剂固化后具有较高的耐热性和良好的力学性能，但结构中的酚羟基与亚甲基易氧化，使耐热性与耐氧化性受到影响。亚甲基的存在使固化后的结合剂显现一定的脆性等弱点，需要改性加以克服。酚醛树脂改性是加入添加剂，改变树脂的一些性质。改性树脂有酚醛-缩醛树脂、酚醛-环氧树脂、硼酚醛树脂、有机硅改性酚醛树脂等。

② 环氧树脂　是指含有环氧基团的高分子化合物或反应中能生成环氧基团的化合物与某些组成中具有活泼氢氧基团的物质相互作用而成的线型聚合物。环氧树脂有缩水甘油基型环氧树脂、环氧化烯烃、新型环氧树脂三类。我国通用的环氧树脂为 E-型环氧树脂，它是由环氧氯丙烷和双醛 A（二酚基丙烷）两种单体，在碱性催化剂（NO_2OH）作用下，逐步聚合而成的双醛 A 型环氧树脂。环氧树脂中含环氧基的多少是一项重要指标。

环氧树脂常压下为淡黄色至琥珀色的透明液体或固体，能溶于丙酮、甲苯、二甲苯等有机溶液中。它是线型结构，自身不会固化，只有加入硬化剂使其线型结构交联成网状或体型结构，形成不溶物，才具有优良的使用性能，固化物的性能取决于硬化剂的种类与用量。硬化剂是环氧树脂结合剂中重要的组成部分。

硬化剂根据所需要的温度，可分为加热硬化剂和室温硬化剂；根据化学结构类型可分为胺类硬化剂、酸酐类硬化剂、树脂类硬化剂、咪唑类硬化剂；按硬化剂的形态可分为液体硬化剂与固体硬化剂。树脂磨具结合剂常用的硬化剂有：胺类，包括己二胺、间苯二胺、三乙醇胺；树脂类，包括聚酰胺树脂、酚醛树脂；酸酐类，包括顺丁烯酸酐、邻苯二甲酸酐、均苯四甲酸二酐；咪唑类，包括 α-甲基咪唑、2-乙基-4-甲基咪唑。

环氧树脂结合剂有如下特点。

a. 具有强的黏结能力　可黏结金属与非金属。以环氧树脂作结合剂的磨具比酚醛树脂磨具强度高。

b. 收缩率小　其收缩率很小（约 2%），若加入填充剂，其制件收缩率仅有 $0.25\%\sim1.25\%$，线胀系数小（$60\times10^{-6}℃^{-1}$）。适于制造细粒度、高密度磨具。

c. 优良的化学稳定性　可耐有机溶剂和各种化学试剂。

d. 耐热性差　环氧树脂磨具在磨削接触区的瞬时温度可达 $800\sim1000℃$，环氧树脂在磨削热作用下，易发生炭化，丧失对磨料的保持能力，使磨粒过早脱落，加大磨具损耗。在相同工艺条件下，环氧树脂磨具比酚醛树脂磨具的磨损量高 $3\sim5$ 倍，加上价格昂贵，环氧树脂磨具未被广泛应用于磨具制造，常用于珩磨轮、细粒度抛光轮、磨转子槽砂轮、高速磨片等特殊磨具制造。另外，与酚醛树脂混用组成酚醛-环氧改性树脂，可提高磨具质量。

③ 辅料　树脂磨具的原料中常用的辅料有填充剂、润湿剂、增塑剂、稀释剂、偶联剂、脱模剂、增强材料等，用于改善结合剂的强度、硬度、耐热性、导电性、表面质量等性能。

填充剂（填料）用以改变结合剂的性能或降低成本。常用的填充剂有用于提高磨具强度的，如半水石膏、刚玉粉、SiC 粉、长石粉、石英粉、黏土、尼龙丝、石棉纤维等；用于提高磨具导电性的，如钼、银、石墨粉等；用于促进硬化的，如 CaO、MgO 等；用于提高磨具耐热的，如石墨粉、石棉粉、黏土粉、石英粉、FeO 粉等；用于提高磨具抛光性能的，如二硫化钼、石墨粉、精萘、食盐、浮石、聚乙烯空心球等；用于提高磨削效率的，如冰晶石粉、黄铁矿粉、氟硅酸钠（钾）、氧化物、硫化物等。

润湿剂的作用是混制成成形料时，先把磨料润湿，再进行混料，保持坯体湿强度。常用的润湿剂有乙醇、水、机油、煤油等。

增塑剂是为了降低树脂的玻璃化温度，增加流动性，提高磨具的韧性，常用邻苯二甲酸二丁酯、聚酰胺、液体胶等。

偶联剂是为了促进结合剂与被粘磨料之间形成化学键，提高黏结强度。常用的偶联剂有沃兰、A-151、KH-550、KH-590、B201、B202。一般用量为 0.1%～0.8%，磨具强度可提高 10%～30%。

增强材料用于制造高速树脂磨具，在结合剂中加入玻璃纤维、网络布、尼龙丝等。

2.3.2　树脂结合剂配方设计

(1) 普通树脂磨具结合剂的配方设计

普通树脂磨具是指刚玉系、碳化硅系各种磨料的树脂磨具。树脂结合剂的配方设计就是为了确定设定性磨具磨料、结合剂、填料、辅料之间的比例关系。常用以磨料质量为 100 份，其他材料按占磨料的百分比表示法和已构成磨具各组分原料的总质量为 100 份，每种原料占总质量的百分数的表示法。普通树脂磨具的基本要素是磨料种类与粒度、磨具硬度、结合剂量、磨具组织、成形密度或压强。树脂磨具配方基本规律是要控制好：磨料种类与结合剂量的关系；磨料粒度与结合剂的关系；成形密度与磨具硬度关系；结合剂量与磨具硬度的关系。

在粒度和成形密度相同的条件下，要制成相同强度等级的磨具，SiC 磨料所用结合剂量比刚玉磨料用得多。在磨具强度（或硬度）、磨料种类和成形密度（或压强）相同的情况下，其结合剂量随着磨料粒度号的增加而增加，即磨料越细，所需结合剂越多。在其他条件相同的情况下，混合粒度所用结合剂量比单一粒度要少一些。在磨料种类、粒度和成形密度相同的情况下，增加结合剂量，能提高磨具的强度和硬度。在磨料种类、粒度和结合剂量相同的情况下，随着成形密度的增大，磨具的硬度和强度也提高。调整成形密度是调整磨具硬度和强度的主要方法。尤其是高强度磨具，提高成形密度比调整结合剂量的效果更有效。

(2) 超硬磨料磨具树脂结合剂的配方设计

超硬磨料价格昂贵，所以超硬磨具在结构上与普通磨具有很大区别。为了节约超硬磨料，充分发挥金刚石、CBN 磨具耐磨性强，使用周期长的优势，因此将金刚石、CBN 磨具的工作层制成一薄层镶在磨具非工作层之上。一般金刚石与 CBN 磨具由基体、过渡层、工作层构成，如图 2-7 所示。

超硬磨具特有的特性是金刚石、CBN 在工作层中的浓度。浓度是指金刚石、CBN 工作层每立方厘米体积中所含金刚石或 CBN 质量的对应百分比。金刚石树脂磨具使用的浓度一般为 75% 左右，CBN 磨具一般为 75%～100%，成形磨削时为 100%～150%。

超硬磨料树脂磨具制造工艺与生产普通树脂磨具基本相同，但在配方和工艺操作上略有不同。配方的特点是填料多、磨料少，工艺特点是热压成形，热压温度酚醛树脂为 180℃，聚酰亚胺为 225℃ 左右，单位压力为 30～75MPa，甚至 100MPa，固化时间为 10～30h。由于超硬磨具结构的特殊性，使得成形模具和成形操作变得复杂，要求更加细致和严格。图 2-8 所示是酚醛树脂结合剂金刚石砂轮生产工艺流程；图 2-9 所示是树脂结合剂 CBN 砂轮生产工艺流程。

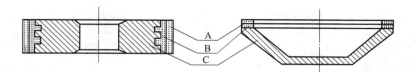

图 2-7　金刚石及 CBN 砂轮的结构

A—工作层，由金刚石、CBN 磨料及树脂结合剂、填料组成，压制成金刚石及 CBN 砂轮
的工作部分，起磨削作用；B—过渡层，由结合剂和填料组成的压制层，不含超硬
磨料，保证工作层充分利用；C—基体，一般由铝合金、电木或酚醛铝粉制成，
要求有一定几何形状和尺寸精度，基体起支撑过渡层与工作层的作用，
在基体与过渡层交界面上，加工出沟槽或网纹，以便牢固连接

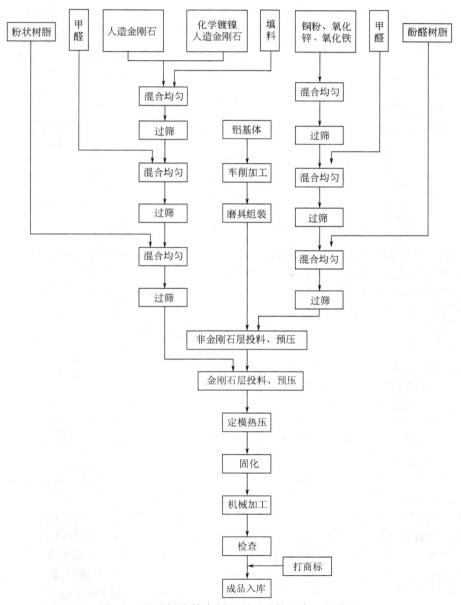

图 2-8　酚醛树脂结合剂金刚石砂轮生产工艺流程

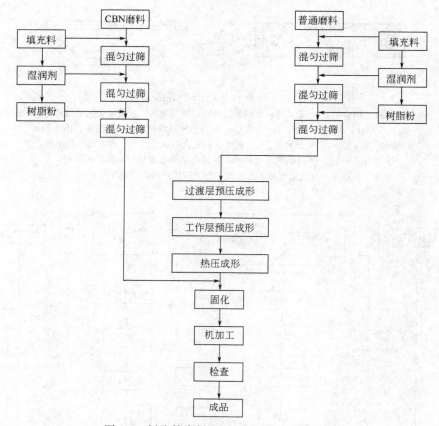

图 2-9 树脂结合剂 CBN 砂轮生产工艺流程

超硬磨具树脂结合剂配方是根据超硬磨具使用性与工艺要求来拟定的,考虑配方中各种原料的性能及配比能不能适合磨削加工质量要求。

树脂结合剂配方设计原则如下。

超硬磨具工作层的总体积 V_Σ

$$V_\Sigma = V_{磨料} + V_{结} + V_{孔} = 100$$

式中　V_Σ——磨料工作体积;

　　　$V_{磨料}$——金刚石或 CBN 所占体积;

　　　$V_{结}$——树脂结合剂所占体积;

　　　$V_{孔}$——气孔所占体积。

$$V_{结} = V_{黏} + V_{填料}$$
$$成形密度 = V_{磨料}\rho_{磨料} + V_{黏}\ \rho_{黏} + V_{填料}\rho_{填料}$$

式中　ρ——各组成密度。

配方中各数据取决于磨料、结合剂、气孔三者的比例关系,要使三者比例关系搭配合理,必须抓住影响配方的浓度、硬度、磨料粒度几个因素进行分析。

磨料浓度代表了磨料在磨具中所占的体积。浓度高,说明同等体积的磨具中磨料占的体积多,磨削时单位时间内有较多的磨料参与磨削工作。根据磨具三要素的关系,浓度过高,结合剂量减少,对金刚石或 CBN 把持不牢,易过早脱落,不能充分发挥每颗磨粒的作用,造成磨损快,增加成本;浓度过低,参与磨削的磨料数量少。结合剂量多,则摩擦阻力增加,造成磨削力增加。要根据磨削加工要求选用合适的浓度,根据浓度的大小,选择结合剂量:浓度小时,结合剂量少;浓度大时,结合剂量增加,填料量减少,以增大对磨料的把持力。

磨料粒度决定被加工表面的粗糙度和磨削效率。粗糙度值小时，磨粒使用细粒度。要求磨削效率高，使用粗粒度磨粒。磨粒粒度越细，比表面积越大，所需结合剂量多，气孔率相同的磨具细粒度磨具比粗粒度软。在同一浓度的磨具中，随结合剂用量增加，磨具硬度提高。但结合剂量过多，不但磨具硬度提高很少，且给混料与成形带来较多困难。提高磨具硬度常用增加填料的方法而不用增加结合剂的方法。另外，也可采用增加成形压力使磨具密度（压强）增大。

超硬磨具配方表示方法仍用体积表示法与质量分数表示法，可分别计算出各组分原料的用量。

2.3.3　树脂磨具配混料工艺

(1) 结合剂的配混

结合剂由结合剂与填料组成。它的配制按下列顺序进行。

① 黏结剂配制　将干燥的块状树脂放入球磨机球磨 24h 之后按树脂：乌洛托品＝9：1 的比例加入乌洛托品混匀，再过 120 号筛网 2～3 遍，保存待用。

② 填料配制　按配方分别准确称取各种所需填料，装入混料机，均匀混合 1～2h，过 180 号筛网 2 遍，存入干燥器具内待用。

③ 结合剂配制　将已混均匀的黏结剂与填料按配方称重放入球磨机罐内进行混合，混合至无白点或颜色一致，过 80 号筛网 2～3 遍，存放干燥处待用。

(2) 成形料的配混

成形料的配制与陶瓷结合剂类似。按配方方式分别计算出各种原料的用量。配好料后进行混料。树脂结合剂粗粒度粉状树脂成刮料混合工艺与细粒度粉状树脂成形料混合工艺的流程分别如图 2-10(a)、(b) 所示。

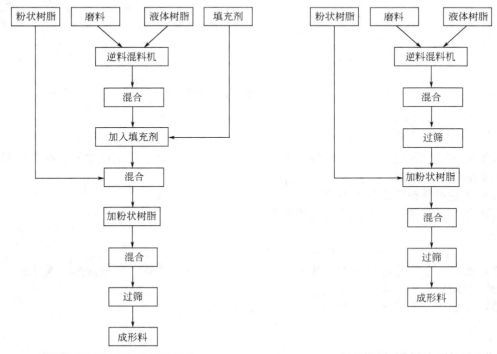

(a) 粗粒度粉状树脂成形料混合工艺　　　　　　　(b) 细粒度粉状树脂成形料混合工艺

图 2-10　树脂成形料混合工艺流程

液体树脂磨具成形料是一种可塑性黏性混合料。具有成形压力低、便于制造异型磨具，硬化时结合剂流动性大，黏结能力较强。要选择合适的树脂液的黏度，黏度太高，成形料松散性差，易结成硬块，黏度太低，成形料可塑性差，坯体强度低，易变形或倒塌。在一般室温下，磨料粒度为 F14～F46，树脂液的黏度选用 170～250s（涂-4 杯法，25℃）；F60～F120 时，树脂液的黏度为 120～180s。混料时间与数量和混料机的搅拌效率、物料数量及操作方法有关。常用轮碾机混制粗粒度成形料；用双轴叶片混粒机混制粗粒度成形料；用球磨机混制细粒度树脂液成形料。图 2-11 所示是球磨机混制细粒度液体树脂成形料工艺流程。

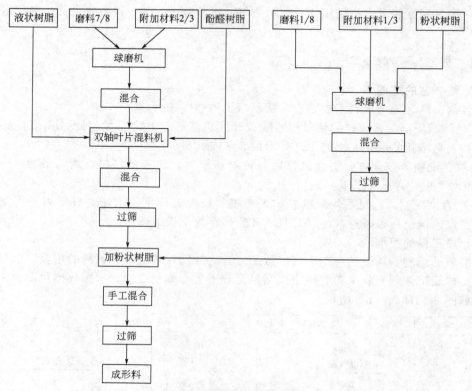

图 2-11　球磨机混制细粒度液体树脂成形料工艺流程

2.3.4　树脂磨具成形工艺

成形是把松散的可塑性的成形料，制成密度均匀、有一定形状和尺寸的、没有外观和内在缺陷的磨具坯体的过程。

(1) 普通磨料树脂磨具的成形

普通磨料树脂磨具成形的工艺流程如下。

　　　　　　　　　　　┌───装模───┐
成形料→称料→投料→模具→摊料→压制→卸模→制品

普通磨料树脂磨具的成形的工艺方法有模压成形、热压成形、擀压成形、滚压成形、浇注成形、振动成形等，通常采用模压成形。

模压成形压制磨具坯体所需的总压力 N 按下式计算：

$$N = \frac{Fp}{1000}$$

式中　F——磨具受压面积，m^2；

　　　p——磨具单位面积所需压力，MPa。

成形压力 p_1 按下式计算：

$$p_1 = \frac{pS}{S_1}$$

式中　p_1——压力机的常压，MPa；
　　　S_1——压力机活塞的横截面积，m^2；
　　　p——磨具单位面积所需压力，MPa；
　　　S——磨具受压面积，m^2。

压型系数（压缩比）K 为

$$K = \frac{成形料自由填充高度}{磨具成形厚度}$$

压缩比 K 取决于成形料中的磨料粒度、磨具硬度等，其值为 1.4～2.0；粗粒度磨具 K 值小些，细粒度磨具 K 值大些。

压制成形的压制方法有定单重法（定密度法）、定压法。普通磨料树脂磨具压力较大，一般为 150～400MPa。

（2）超硬磨料树脂磨具的成形

树脂超硬磨具成形多以热压法为主。其工艺原理是在压制过程中，使树脂熔融流动并在保压时间内逐渐缩聚固化或半固化，保证磨具的密度、硬度和强度。热压成形工艺流程如下。

过渡成形料
↓
模具准备→模具→摊料→预压→工作层成形料投料→预压→热压→保压→卸模→半成品

热压成形是利用油压机上、下压板上的加热系统，并以热电偶控温，保持热压时温度恒定。先将过渡层成形料投入模腔内，刮平、捣实，用压料环预压紧，之后放上压环送入压力机进行冷压，之后取出预压坯体，将预压坯体涂上一层黏结剂再放模具内，投入工作层成形料搅匀、刮平、捣实、放上压环垫铁，再送入热压机内进行再次预压和热压并保温、卸模。

（3）超硬树脂模具固化工艺

经模压成形和热压成形的磨具坯体，还未达到完全固化，必须经过进一步热处理，使树脂与固化剂充分反应，形成交联的网状或体型结构，磨具才具有足够的强度、硬度和良好的磨削性能。

固化机理是利用酚醛树脂可塑性，具有可熔性及结构中存在未反应的活性点，在遇到固化剂乌洛托品时，进一步产生缩聚反应，形成不溶的网状体型结构。

常用固化方法有一次固化法，磨具在压机内保压时，加热固化 30～40min 后即成产品；还有二次固化法，对大而厚的磨具一次在压机上只进行初步加热固化后再放入电烘箱内进行二次加热固化。二次加热固化设备主要是电热干燥箱。对酚醛树脂的固化温度一般以 (180 ± 5)℃为好。在加热固化时要注意升温速度的控制。在 100℃ 以下可自由升温，在升温达 140℃ 后，升温应缓慢，逐步达到 180℃ 左右。

2.4　橡胶结合剂磨具

橡胶结合剂磨具简称橡胶磨具，它是以天然橡胶或合成橡胶和配合剂为结合剂，与磨料混匀并成形，经过加热硫化而得到的橡胶制品。这种制品既有磨具的一般磨削特性，又有橡胶制品的性能特点，是磨削加工中不可缺少的磨具，约占磨具总量的 5%。

橡胶磨具具有以下特点。

① 机械强度高 橡胶磨具属于硬质硫化橡胶制品，有很高的机械强度，其物理力学性能：抗拉强度为 $576\sim720$ MPa，抗冲击强度为 0.05MPa，密度为 $1.1g/cm^3$，伸长率为 $5\%\sim705\%$，软化温度为 60℃。

② 富有弹性，抛光性能好 橡胶为具有大分子量、可变形的高弹性体，在常温下表现出高弹性的独特性能。在磨削加工中，受磨削热影响，磨具与被磨工件的接触处于弹性状态，受磨削力作用，磨具表面磨料可以被压入弹性结合剂橡胶中，因而，被磨工件表面留下较浅的划痕，工件表面可获得较低的表面粗糙度值。

③ 磨具组织紧密，气孔率低 橡胶结合剂原料生胶是一种高黏度的液体，受热软化流动，成为黏弹性物质。橡胶磨具成形加工是在热塑性状态下进行加热硫化，因而制成的磨具坯体组织紧密，气孔率低甚至无气孔，故在磨削过程中排屑和散热性能差，易摩擦生热，烧伤工件，因此影响了橡胶磨具的广泛使用。

④ 耐热性较差 软质橡胶磨具不耐油，易老化。硬质橡胶磨具则耐油、耐酸、耐碱，可在常温下存放。橡胶磨具耐热性差，60℃开始软化，100℃以上放出 H_2S 气体，产生恶臭气体。温度超过 200℃开始炭化分解，达到 $250\sim280$℃燃烧。故橡胶磨具仅在湿磨中使用。

橡胶磨具的特性决定了其用途，主要制成硬质磨具，如磨轴承砂轮、磨螺纹砂轮、无心磨削导轮；用于精密磨削，在轴承行业广泛应用；还可制成硬质橡胶薄片砂轮，其厚度可薄至 0.08mm，对仪表、量具、精密零件进行刻槽与开沟，对贵重金属材料进行切割与切断。所加工出的沟槽有较高的表面质量。另外，制成柔性抛光轮，对精密零件及工具进行抛光和修饰。

橡胶磨具按制造工艺分为滚压法砂轮、模压法砂轮；按结合剂性状分为软质胶砂轮、半硬质胶砂轮、硬质胶砂轮；按用途分为精密砂轮、导轮、切割砂轮、抛光砂轮。橡胶磨具形状、尺寸、材质、粒度的标准代号和表示方法可参考 GB/T 2484—1994。

橡胶磨具生产工艺流程如图 2-12 所示。

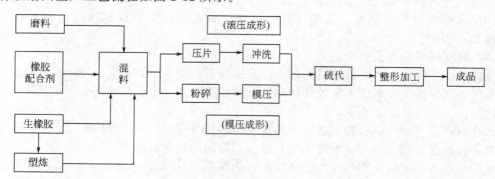

图 2-12 橡胶磨具生产工艺流程

2.4.1 橡胶磨具的原材料

橡胶磨具所使用的原材料种类繁多，大体上分为磨料、橡胶及配合剂三个部分。

(1) 磨料

橡胶磨具常用磨料是棕刚玉、白刚玉。少量磨具使用微晶刚玉、绿碳化硅、黑碳化硅。原料粒度号为 F80～F120，少量磨具使用 F40～F60 和 F150～F240，个别使用 F280、F400 及 F800。

橡胶磨具中不同品种磨料对磨具使用性能有一定影响。在相同结合剂的生胶中加入粒度和数量相同的磨料，但磨料品种不同，制成相同规格的磨具，在相同磨削条件下使用，白刚玉（WA）和铬刚玉（PA）磨具强度最低；单晶刚玉（SA）磨具对工件表面烧伤最严重，微晶刚玉（MA）和铬刚玉（PA）烧伤最轻。不同磨料品种对磨具生产中生胶的可操作性有一定影响。棕刚玉（A）与生胶料的黏附性比白刚玉（WA）好；细粒度磨料与生胶的黏附性比粗粒度磨料好。含刚玉磨料的生胶料，对磨料的包辊性能远比SiC磨料好。生胶中含磨料量大时，则胶料性能发脆，易断裂散碎，压片成形困难，但压出的磨具坯体尺寸稳定，硫化变形小。磨料含量少时，压出的坯体尺寸膨胀大，胶料粉碎性差。磨料含量大，结合剂含量相对减少，则会降低磨具强度，耐用度下降，但磨削能力增加且不易烧伤工件。

对于软弹性抛光砂轮、超薄砂轮等特殊用途的橡胶磨具的磨料，需要对磨料的表面涂覆一层酚醛树脂薄膜，制备成包涂磨料（俗称树脂砂），再投入混料，以提高磨料与结合剂的黏结强度，提高磨具的抛光性能，所涂覆的酚醛树脂是极性有机物，容易与磨料的极性表面产生较好的物理吸附力并在受热固化后，能牢牢地把持磨粒。而橡胶受热硫化时，酚醛树脂与橡胶也能与橡胶分子发生交联反应，成为网状硫化橡胶结构，磨粒表面的酚醛树脂薄膜层便与硫化橡胶结合，牢固地连接起来。在生产中，粗粒度软弹性橡胶磨具，细粒度或刚性的硬质硫化橡胶磨具都在使用涂覆磨料，以提高橡胶磨具的耐磨性能和磨削效果。

（2）橡胶

橡胶是生产橡胶磨具的主要原料。按质量计，橡胶占磨具的10%～15%。橡胶的物理化学性能，直接影响磨具的使用性能。

橡胶是高分子化合物，分天然橡胶和合成橡胶，把未经硫化的橡胶称为生胶。按生胶形态分为固体胶（粉末、片状、粒状）和液体胶与胶乳。橡胶弹性高，可塑性强，能够硫化和降解，在室温下长期存放会发生老化现象。

橡胶磨具生产中所用橡胶有天然橡胶、丁苯橡胶、固体丁腈胶、液体丁腈胶等。天然橡胶主要来源于三叶橡胶树。天然橡胶密度为$0.9\sim0.95g/cm^3$，无固定熔点。加热到50℃开始分解，270℃则急剧分解，300℃以上完全炭化。天然橡胶主要用于制造无心磨削导轮，柔性抛光砂轮等系列产品，并可与合成橡胶并用制成有特殊要求的磨具。丁苯橡胶是合成橡胶中应用最广的一个胶种。它由单体丁二烯和苯乙烯共同聚合而成。按单体配比可分为丁苯-10、丁苯-30、丁苯-50（数字为苯乙烯含量）。丁苯橡胶具有较好的耐热、耐老化性能和较高的耐磨性能，加工工艺性不如天然橡胶，硫化速度也较慢。丁苯橡胶主要用来制造硬质胶磨具。所制成的磨具磨削力强，耐热，耐磨；可用于制作薄片砂轮，在干磨条件下具有优异的磨削性能。丁腈橡胶是由丁二烯和丙烯腈两种单体经乳液或溶液聚合而成的一种高分子弹性体。丁腈橡胶种类繁多。硫化丁腈橡胶对矿物油及其他油类具有高的稳定性，耐磨性、热稳定性比天然橡胶、丁苯橡胶好，丁腈橡胶工艺性能比丁苯橡胶差，可用软化剂或增塑剂，提高可塑性和黏结性能。丁腈橡胶可制成硬质薄片切割砂轮。

（3）配合剂

未经硫化的生胶，分子之间没有交联，不能制作橡胶制品，在生胶中必须加入配合剂，使生胶硫化交联成具有一定物理力学性能的硫化胶。配合剂是多种化学物质。配合剂种类繁多，根据这些化学物质在生胶中的主要作用，分为硫化剂、硫化促进剂、防焦化剂、防老剂、填充剂、增塑剂、软化剂或专用的配合剂等十几个大类。

① 硫化剂　在一定条件下能使橡胶发生硫化交联的物质称为硫化剂。硫化剂类型按化学结构可分为硫、硒、碲等元素，含硫化合物，有机过氧化物，金属氧化物，胺类化合物，合成树脂等。其中使用硫磺作为天然橡胶与丁苯橡胶硫化的主要硫化剂。在橡胶磨具生产中除硫磺外，还需加入一定量的促进剂、活性剂等。所以橡胶磨具老化过程是一个多组分体系的平行和依次进行的许多双分子反应的总和。硫磺的硫化过程是硫磺分子在常态下为8原子的环状结构，生胶料中硫磺在硫化温度下及约30J/mol分子能量作用下，环状结构产生开环，生成链状的双基性硫。根据不同条件，硫环断裂后可生成自由基或离子基的双基性硫。双基性硫与橡胶大分子在双键处或α-碳原子处反应时，可在一根分子链上生成"分子内的

化合物"，也可在两根分子链之间生成"分子间的化合物"即产生交联。随硫磺用量增加，结合硫量也增加，硫化胶的强度、硬度、耐热性提高，弹性下降，耐溶剂性、耐水性提高，橡胶发脆，冲击强度下降，故硫磺用量不是无限的，有一个最大限量，即100g生胶的最大硫磺含量（g），称为硫化系数（%）。天然橡胶的硫化系数为47%，丁苯橡胶硫化系数为44.5%。

② 硫化促进剂　凡能促进硫化反应的物质均称为硫化促进剂，简称促进剂。促进剂可提高和改善硫化胶的物理力学性能，减少硫化剂用量，缩短硫化时间，提高生产率，能促进硫化的适宜温度，保证胶料有相当的焦烘时间，保证胶料的混料、压延及压出过程中的操作安全。

常用的有噻唑类、2-硫磺醇基苯并噻唑（商品名：促进剂M）、二磺化二苯并噻唑（促进剂DM）、胍类（二苯胍）。

③ 活性剂　能增加促进剂活性，发挥促进剂的硫化效能，减少促进剂用量，缩短硫化时间。硫化活性剂分有机活性剂与无机活性剂。有机活性剂常用硬脂酸，无机活性剂常用氧化锌。

④ 填充剂与补强剂　在橡胶生产中增大产品体积，节约生胶，改善生胶工艺性能的填充料称为非活性填充剂，简称填充剂。在橡胶生产中可显著提高硫化橡胶的抗冲击、抗伸长、抗撕裂等强度及耐磨耗性能的填充料称为活性填充剂或补强填充剂，简称补强剂。两者均为填料。根据填料的化学组成和形状，可分为粒状填料、树脂填料、纤维填料三大类。粒状填料在橡胶工业中应用最广泛，主要有炭黑、白炭黑及其他矿物。树脂填料中有改性酚醛树脂、聚苯乙烯树脂，主要用于补强。纤维填料主要有石棉、玻璃纤维、有机短纤维等，可用来补强。橡胶磨具制造中常用填料有炭黑、氧化锌、氧化镁、氧化铁、氧化钙、黏土、酚醛树脂等。软质磨具如柔性抛光砂轮，主要采用炭黑、氧化锌。硬质磨具主要采用MgO、ZnO、Fe_2O_3、CaO、酚醛树脂、橡胶粉。

⑤ 增塑剂　橡胶进行混炼、压延、压出前，必须先使其具有塑性。加入一些助剂，增加胶料的塑性流动，易于加工，改善制品某些性能。增塑剂分为化学增塑剂与物理增塑剂两类。化学增塑剂加入生胶后能切断橡胶分子链，降低生胶分子量，从而降低橡胶弹性，提高塑性，可称为橡胶塑解剂。物理增塑剂也称软化剂，加入生胶后使生胶产生溶胀，增大生胶分子间的距离，降低生胶分子间的相互作用力，从而使弹性降低，塑性提高。常用化学增塑剂有硫酚、过氧化苯甲酰、硫化苯甲酸等。物理增塑剂有：石油类软化剂，如机械油、锭子油、重油、沥青、石蜡等；松油类软化剂，如松焦油、松香等。

⑥ 防老剂　橡胶制品在使用和存放中，常变硬、变脆或软化发黏，失去弹性，不能使用，这称为老化现象。老化的主要原因是氧化作用。为防止老化，常在生胶料中加入防老化添加剂。有物理防老剂和化学防老剂。制造软弹性磨具使用化学防老剂A（防老剂甲）及防老剂D（防老剂丁）。物理防老剂是在生胶料中加入石蜡等物质，可在橡胶制品表面生成薄膜，保护橡胶制品不被氧化。

2.4.2　橡胶磨具的配方

橡胶磨具的配方是决定磨具性能的重要因素。它反映成形料的成分及量的关系。配方合理才能使磨具具有所需的性能。配方内容包括各种原材料的品种、数量、硫化条件（压力、温度、时间）。橡胶磨具配方表示方法常用两种形式，即以橡胶为基准，其他组分相对所占的质量比例列出的表示法和以磨料为基准，其他组分相对所占的质量比例列出的表示方法。

橡胶磨具配方设计的基本原则要根据磨具使用中对磨具的弹性、强度、硬度、耐热、耐磨等使用性能要求，选择不同种类、数量的原材料进行合理配方；橡胶胶料（结合剂及成形料）在磨具制造中工艺性好坏，对磨具产品质量和生产效率有很大影响，这就要求胶料既不能过硬也不能过软，既不能包辊也不能粘辊。胶料必须具有良好的工艺性。配方决定磨具制品的成本和效益：配方应能达到使磨具具有良好的使用性能；结合剂和成形料应具有良好稳定的工艺性能，使磨具产品有较低的成本，较高的经济效益，所用原料具有良好的环境友好性。生产软质橡胶磨具，由于所用合成橡胶机械强度较低，必须加入大量的填料，炭黑是具有补强作用的填料，是合成橡胶不可缺少的补强材料，又因为软质胶交联度小，易裂解，故加入适量的防老剂。硬质橡胶磨具在常温下是坚固的固状物，要求具有较高的弹性系数和抗拉强度。结合剂的配方决定磨具硬度、耐热性及弹性。加入硫磺的数量增加，会增加磨具硬度。调整磨具硬度可通过调整结合剂中含硫填料树脂及软化剂量来实现。表 2-6 所列是橡胶磨具常用材料用量范围。

表 2-6　橡胶磨具常用材料用量范围　　　　　　　　　　%

原材料	液压精密砂轮	切断砂轮	柔性抛光砂轮	松散料砂轮	液压导轮
橡胶	松香丁苯胶	松香丁苯胶	天然橡胶	松香丁苯胶	天然橡胶
含胶率	48～52	44～49 40～55	53～59	55～58 40～55	62～66
硫磺粉	40～60	50～65	16～20	35～45	38～45
促进剂 M	1.5～2	2	1～1.25	2	0.3
促进剂 DM				1.5	
促进剂 D					
促进剂 T、T			0.5		
氧化锌	2.3～2.5	10	20～30	5～12	
氧化铁	9～12	10			
氧化镁		5		10～15	5
氧化铅	9	10		5	
滑石粉				7	
炭黑			20～50		
酚醛树脂粉	2～25	5		10～20	
硬脂酸	0.5～7	2	1～1.6	0.5～4	
松焦油		2			
黑油膏					5～30
古马隆树脂					5～10
防老剂			3		
砂结比	75/25	75/25	78/22	80/20	82/18

注：除含胶率和砂结比外，各项用量范围均以橡胶为 100 计算。

2.4.3　橡胶结合剂的原料加工准备

　　制造橡胶磨具所用原料有磨料、橡胶、配合剂三大类。原料进入车间后，需根据生产工艺过程及磨具质量要求，对其进行加工处理后，才能用于混料。

　　① 包涂磨料的制备　对于软质弹性砂轮及特别薄的砂轮所用磨料需包涂酚醛树脂，制备成树脂砂，才能用于混料，其他橡胶磨具所用磨料不需再处理，可直接用于混料。

② 生胶加工　包括切胶、破胶、塑炼等处理。塑炼是把橡胶从弹性状态变为具有可塑性状态物体的过程。塑炼后的橡胶分子结构受到一定程度的破坏，长链分子断裂成较短的分子，分子量降低，产生降解反应，使弹性降低，可塑性增加。塑炼方法有机械塑炼法，此法是对生胶进行反复碾压，使生胶分子在机械力的挤压和剪切下，分子链断裂，即发生降解作用，使弹性降低，可塑性提高；还可使用热氧化塑炼法，用机械塑炼不能达到所需可塑性要求时，必须再用热氧化塑炼法，此法是把生胶放在空气中加热到相当温度（在 120～170℃温度进行），使生胶分子与空气中的氧反应产生氧化，从而断裂为较小分子，使弹性降低，并提高可塑性。

③ 配合剂加工处理　配合剂种类繁多，形状不一，有粉状、无定形状和黏性流体状，因此加工处理方法也不相同。鉴别不同形态常分别经过粉碎、过筛、干燥、蒸发等处理方法。

2.4.4　成形料的配制

(1) 配料

按照市场配料单（市场配方）规定的各种材料的用量进行称量与盛放的过程就是配料。配料量的计算要根据混料机的容量，确定一次混料量；根据砂结比分别计算磨料和结合剂的用量；根据配方计算出结合剂中生胶用量；由生胶的含量计算出各种配合剂的用量。配料时，必须对各种原材料的称重严格控制，误差不超过 0.5%。

(2) 混料

用一定的设备和方法把配合剂、磨料均匀地混入橡胶中的过程称为混料。将磨料与配合剂均匀地混合在生胶中，所得到的混合料称为成形料。成形料的质量好坏，受到生胶的黏度，生胶对磨料与配合剂的浸润性，配合剂的分散性、纯度、温度和细度，加料的顺序及混料时间等因素影响。

混料方法根据生胶形态和性质分为两类：一类是对液体胶来说，混料方法为松散混料；另一类是对固体胶来说，是采用开放式炼胶机，先使生胶发热软化，再混入配合剂与磨料。

① 开放式炼胶机的混料　开放式炼胶机混料分三个阶段进行：结合剂混合、成形料混制（加砂）、成形料辊碎（松散料制备）。

结合剂的混合按开放式炼胶机操作顺序分为包辊、吃粉、翻炼三个阶段。将生胶或塑炼胶、促进剂加入开炼机两辊缝中，控制前后辊辊距，经辊压 3～4min，胶料均匀、连续地包于前辊上，形成光滑无隙的包辊胶。形成包辊胶后，先加入硬脂酸等助剂，随后加入 ZnO 等难分散的助剂，再加入填料，加入填充剂粉料，徐徐进入胶中，将粉料全部吃入后，辊压 4～5min 后，加入硫化剂，待硫磺全部混入胶中，完成全部吃粉过程。加料的顺序是：生胶→固体软化剂→小料（促进剂、助促剂、防老剂等）→补强剂与填充料→液体软化剂→硫磺→翻割混匀→下料。翻炼包括割切和翻动。割切与翻动方法有拉刀法、八字刀法与三角包法等多种。

成形料的配制在结合剂包辊胶形成后，调整辊距，使之在辊缝上形成一定的堆积胶，在堆积胶上方均匀不断地加入磨料，随着磨料进入结合剂的数量增多，逐步加大辊距，并开冷却水，使料温下降至 82℃以下，待磨料加入 2/3 后，再加大辊距，继续加入全部磨料，再辊炼一定时间，然后加大辊距使成形料自动脱辊，冷却后等分为若干份，并分别压成长块，撒上滑石粉，停放待用。

② 松散料混料机的混料　松散料混料机主要用于混制模压法成形的固体橡胶成形料。该混料机主要工作部件是两个带辊旋突棱的椭圆空心辊子，以不相等的速度对向转动，在混料时起挤压、搓揉、上下左右翻动、撒裂等作用，既把成形料混匀，又把成形料打成松散状态。其工艺过程为：破胶成胶团→软化→结合剂混料→软化→混磨料→打散与过筛→松散成

形料。

2.4.5　橡胶磨具成形

将混分好的成形料，用一定的成形方法把其制成各种形状和尺寸的磨具坯体的过程称为成形工序。橡胶磨具坯体成形方法分为：固体生胶成形料，常用辊压法和叠压法成形；松散料，用模压法成形。

（1）辊压法成形

辊压法成形只适用薄片（<20mm）制作。这种成形方法包括出片、剪切、压延、冲型等工序，其工艺流程如图 2-13 所示。

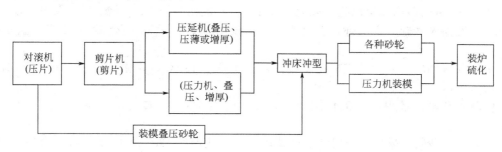

图 2-13　辊压法成形工艺流程

（2）叠压法成形

叠压法成形主要由于固体胶的高厚度（>20mm）磨具的成形。叠压法可分为用模子叠压和不用模子叠压。叠压将压出的成形料片趁热叠在一起，在压延机或油压机上进行施压，使数片料片粘在一起。

（3）模压法成形

模压法用于液态胶成形料和固体胶松散成形料成形。模压法成形能控制磨具组织和制造异型磨具及细粒度磨具。采用定密度成形方法，所使用油压机和模具与树脂磨具和陶瓷磨具类似。

2.4.6　橡胶磨具硫化

硫化是制造橡胶磨具中的重要工序，是决定磨具性能的最后一个过程。硫化是在加热条件下，坯体结合剂中的生胶与硫化剂发生化学反应，使橡胶由线型结构的大分子交联成为网状或体型结构的大分子，导致制件的物理力学性能有明显改善。硫化的目的是使磨具坯体固定其形状，并变成符合质量要求的磨具。正常的硫化将使磨具坯体的强度、硬度、耐热性提高，而伸长率下降，对软质胶磨具弹性有所提高，对硬质胶磨具弹性有所下降。对于大多数橡胶磨具采用热硫化法，少量加超速促进剂的磨具采用冷硫化法。热硫化工艺过程包括以下几个工艺环节：码垛装车→炉体预热→升温→冷却→卸车。

橡胶磨具硫化过程分为焦烧、热硫化、平坦硫化、过硫化四个阶段。焦烧阶段为硫化反应前的诱导阶段，胶料在模具中有良好流动性，但交联作用未开始。热硫化阶段为交联反应阶段，交联开始逐渐产生网构。平坦硫化阶段是硫化历程中网构形成阶段的前期，交联反应结束。胶料抗张曲线出现平坦区，这段时间称为平坦硫化时间。过硫化阶段是网状形成阶段的后期，交联键重排、裂解等，胶料抗张性能下降。硫化历程可用硫化仪测定。

硫化过程中胶料综合性能达到最佳值的阶段，称为正硫化。正硫化时间（正硫化点）是指达到正硫化所需最短时间。在正硫化阶段，胶料的物理力学性能保持最高值。对于含硫橡胶胶料的硫化加热温度、加热时间、硫化压力，称为硫化条件或硫化三要素。

(1) 硫化温度、硫化时间和硫化压力

橡胶硫化的温度是促进化学反应速度加快的因素：温度升高，硫化速度加快，达到正硫化点所需时间短。硫化时间包括升温时间、保温时间、冷却时间。在硫化过程中，硫化剂与生胶分子的作用是固相反应，压力对反应速度有影响，在加压条件下进行硫化可避免磨具坯体变形、膨胀等现象，提高硫化温度和缩短硫化时间，使产品组织紧密，机械强度、耐磨性、弹韧性提高，磨具抛光性能好，可降低工件表面粗糙度。

硫化所使用的设备有圆形卧式间接热风硫化炉、加压热空气硫化罐。

(2) 橡胶磨具硫化规范

① 滚压精磨砂轮　采用卧式硫化罐硫化，硫化温度165℃，硫化时间8h（其中升温5h，保温3h）。采用循环热风炉硫化，硫化温度175℃，硫化时间9h（升温5h，保温4h）。

② 柔性抛光砂轮　采用卧式硫化罐硫化，硫化温度160℃，硫化时间8h（升温5h，保温3h）。

③ 松散料砂轮　采用卧式硫化罐硫化，硫化温度180℃，硫化时间15h（升温10h，保温5h）。

④ 薄片砂轮　采用卧式硫化罐硫化，硫化温度170℃，硫化时间8h（升温3h，保温5h）。

⑤ 磨螺纹砂轮　采用带压卧式硫化罐硫化，硫化温度135℃，硫化时间6.5h（升温4h，保温2.5h），硫化压力5.1MPa，硫化完毕逐步放压。

2.5　金属结合剂超硬磨具

以超硬材料金刚石、CBN磨料和金属结合剂（M）制备的磨具称为金属结合剂超硬材料磨具。根据制造工艺方法的不同，可分为烧结金属结合剂超硬材料磨具、电镀金属结合剂超硬材料磨具、单层高温钎焊超硬材料磨具。烧结金属结合剂超硬材料磨具是将金属粉末与超硬磨粒金刚石、CBN混匀经热压烧结而成。电镀金属结合剂超硬材料磨具是采用电镀原理将结合剂金属镀覆在金属基体上，将金刚石或CBN磨料把持在镀层中。单层高温钎焊超硬材料磨具是用激光、火焰或感应加热的高温钎焊方法使磨粒与结合剂金属经化学冶金反应结合在一起，磨料裸露度可达70%～80%，磨料与结合剂的黏结强度和磨粒锋利程度高于电镀金属磨具。

2.5.1　烧结金属结合剂超硬材料磨具

金属结合剂（M）按金属或合金种类的成分，分为铜基合金结合剂（青铜结合剂最常用）、钴镍合金结合剂、铸铁纤维结合剂及硬质合金结合剂。

(1) 铜基结合剂

铜基结合剂主要有青铜结合剂，是用于金刚石、CBN磨具的结合剂。青铜主要指锡青铜，现在铜与铝、铍、硅、锰、钛、镁、铬等元素组成的二元合金元素的铜合金都称为青铜。铜锌合金或以锌为主要合金元素的铜合金，称为黄铜。铜镍合金或以镍为主要合金元素的铜合金称为白铜。锡青铜是制造金刚石、CBN磨具的主要结合剂材料。以锡青铜为结合剂制造的超硬磨具，强度、硬度高，又有较高的脆性，锡青铜收缩率小，易产生分散性缩孔，能满足制造形状复杂且要求有一定气孔率的磨具，锡青铜导热性较好，有利于磨具磨削时降低磨削温度和防止工件表面烧伤。锡青铜结合剂的主体材料是铜、锡、锌、银等金属粉末，占95%以上，有时加入少量的石墨等非金属材料，加入量不超过5%。

根据磨削加工对象和加工质量要求，青铜结合剂可分为多种，常分为二元合金系、三元合金系及多元合金系。

① 二元合金系　二元合金主要是铜锡二元合金。标准锡青铜是 Cu81.5Sn18.5。铜锡配比可在较大范围内变动。例如，Cu80%～90%，Sn20%～10%，外加1%石墨；Cu85Sn15，外加1%石墨；Cu75Sn25，外加1%石墨。

② 三元合金系　在 Cu-Sn 二元合金基础上，加入第三组分银（Ag）、镍（Ni）、锌（Zn）等，组成三元合金结合剂，如 Cu80Sn10Ag10、Cu70Sn25Ag5、Cu73Sn25Pb2 等。

③ 多元合金系　结合剂组分超过三元以上的为多元合金系。铜仍是基础组分。常加入的金属有 Ni、Co、Ti、Sn、Zn、Pb、Ag 等，如 Cu88Sn10Zn1Pb1、Cu70Sn10Ag15Ni5、Cu100Sn10-15Zn2Pb2-3（德国配方）。

（2）钴基结合剂

钴基结合剂中含有较高的钴（Co）组分。分为高钴与中钴配方。高钴组分含 Co 量大于70%。Co 的高温强度和耐磨性极差且易烧结。国内生产高品级金刚石锯片，含 Co 量达100%。国内加工硬质花岗岩的高钴金刚石锯片所用的配方为 Co70%、Cu20%、Sn5%、Mn5% 或 WC。中钴配方是为适应加工不同对象和不同加工条件。有多种中钴含量的多元结合剂配方，如 Co60%、Cu5%、Sn5%、Zn3%、Ni10%、Mn8%、Fe9% 或 WC。其烧结温度为 840～880℃，结合剂硬度为 95HRB。

（3）铸铁基结合剂

在铸铁基配方中，以 Fe 及 WC 作为骨架相，烧结时呈固相，调节 Fe/WC 的比例，满足不同加工要求的耐磨性。为增加韧性，添加球墨铸铁纤维。铸铁纤维结合剂超硬磨料磨具的磨削比比较大，能适合于高速磨削。铁基结合剂配方为 30%～50% 的 Fe、5%～8% 的 Sn、20%～30% 的 Ca、8%～15% 的 Ni、0～5% 的 Co、10%～25% 的 WC。对金刚石磨料镀钛合金薄膜，阻止 Fe 与金刚石的直接接触，防止 Fe 对金刚石的亲和，增强与结合剂的黏结能力，使磨料不易脱落。

（4）金属结合剂成分设计

金属结合剂组分分为骨架材料、黏结金属，形成碳化物的元素，提高结合剂的力学性能的元素、填充料。

骨架材料是在青铜结合剂、钴基结合剂中添加 WC、Ti 等硬质点物质，提高和改善结合剂强度、硬度、耐磨性等性能。在烧结过程中结合剂形成液相（黏结相），硬质点物质起结晶骨架作用，液相将骨架相的孔隙填充达到致密烧结，使烧结制品的强度、硬度、耐磨性满足把持超硬磨料颗粒的要求，避免出现结合剂不耐磨而造成超硬磨粒过早脱落。硬质点物质用量在20%（质量）以内时，磨具硬度的变化不大。青铜系结合剂中不加硬质点 WC、Ti 时，抗弯强度为 813.4MPa，硬度为 14.3HRC，加入 WC 为 15%、Ti 为 1% 时，抗弯强度为 1021MPa，硬度为 15.0HRC，当加入 WC25%、Ti1.5% 后，抗弯强度为 1527MPa，硬度为 23HRC。钴基系不加 WC、Ti，抗弯强度为 934MPa，硬度为 15.8HRC，加入 WC 为 15%、Ti 为 1% 后，抗弯强度为 1227MPa，硬度为 16.2HRC，加入 WC 为 25%、Ti 为 1.5% 后，抗弯强度为 1527MPa，硬度为 24HRC。

黏结金属应用最广的是铜基合金。超硬磨料需要在 1000℃ 以下进行烧结。铜基合金熔点能满足 1000℃ 的要求。其中 Sn 的熔点较低且能降低合金表面张力，改善黏结金属对超硬磨料的润湿作用，降低铜的熔点并起固溶强化作用，所以铜锡合金作为超硬磨具结合剂效果良好。在铜基结合剂中含有铜、锡、锌、镍、锰、钴、铁、铅、铝、铍、钛、铬、钼等多种金属元素及石墨、Fe_3O_4、WC 等非金属添加剂，所以超硬磨具烧结后结合剂中的黏结相不是简单的青铜或黄铜，而是复杂的多元青铜或白铜。各元素在铜合金中的溶解度不同，能够无限互溶形成连续固体。复杂铜合金中各元素的固溶规律，对烧结超硬磨具性能有重要作用。金属结合剂中各组成及含量与性能的关系，必须通过对合金相图分析，了解有关合金的结晶状况和显微组织，才能掌握金属结合剂的相关规律，用以指导超硬磨具生产。

碳化物形成元素有 Cr、Ti、W、Mo 等。这些元素可以与超硬磨料形成碳化物，可提高结合剂对金刚石、CBN 的黏结强度。

在金属结合剂配方中加入 Co、Ni、Mn、Si、Al 等元素，可以提高结合剂的力学性能。配方中加入 Co、Ni 元素，可提高润湿性及固溶强化作用，增大结合剂强度和硬度。加入的 Mn 是弱脱氧剂，Mn 与 Si、Al 一起存在时脱氧能力急剧加强。又因 Mn 熔点较低（1244℃），易与其他金属形成低熔点合金。Cu-Ce 合金有好的脱氧作用，能提高合金流动性，使制品致密，无针孔缩松等缺陷，可消除低熔点杂质的有害影响，提高力学性能。Pb 可提高合金的耐磨性、密实性和耐腐蚀性，减少结合剂与工件的摩擦因数。Si 与 B 的加入，可大幅度降低合金熔点，但也会增加结合剂的脆性。Ag 粉的加入可使铜基合金的抗弯强度大幅增加，并提高导电性能。

石墨是青铜结合剂中常用的非金属填充料，加入石墨可防止磨具变形，降低磨具韧性，减轻青铜结合剂磨削堵塞，在结合剂中起润滑、造孔、吸氧等有益作用。其加入量为 1%～5%。近来国外将石墨制成球形粉末颗粒，将外表面镀覆一薄层金属，在烧结时，球形石墨表层金属与结合剂金属黏结在一起，防止石墨滑移和黏结能力下降。磨削过程中石墨颗粒所占的空间形成一个微孔，有助于石墨发挥润滑作用，改善磨具的磨削性能。结合剂中加入 Fe_3O_4 主要是提高结合剂的脆性减少磨具堵塞现象。Fe_3O_4 用量多，会使结合剂强度下降，一般用量为 3%～7%（质量）。

(5) 烧结理论

烧结是金属结合剂超硬磨具的重要工序。烧结是指金属结合剂粉末预压成形的坯体在一定外界条件和低于结合剂主要组元熔点的烧结温度下，所发生粉末颗粒表面减少，孔隙体积降低的过程。烧结温度一般为金属粉末熔点温度 T_w 的 70%～80%。在烧结过程中，发生添加剂的挥发、变形颗粒回复与再结晶，结合剂颗粒之间的物质扩散、流动、溶解、化合及进化等一系列物理、化学变化。烧结的结果使粉末颗粒密度增大，强度提高。结合剂预压坯体在烧结过程中包括升温过程、在烧结温度下的保温过程和降温冷却过程。按烧结时物相状态分为流相烧结和固相烧结。多数材料的烧结是液相烧结。液相烧结时有流态的液相，可迅速填充气孔而达到致密烧结，把配方中高温熔化的铜合金称为黏结相。固相烧结时无液相形成，致密化过程通过原子扩散蒸发凝聚和塑性变形实现。

烧结分为冷压烧结与热压烧结。冷压烧结是先用模具将粉末金属以较高压力压制成形，然后在常压下烧结。为防止粉末金属氧化，烧结一般在还原气氛（氢气或氨分解气）或中性气氛（氮气、氩气）下进行。这种烧结过程主要依赖于液相在毛细管力作用下，填充气孔达到致密化。液相不足则浸润性不好，不能良好渗透，则烧结体密度和强度较低。故冷压烧结配方要求能够形成较多的液相。冷压烧结主要用于金刚石小切割片、金刚石砂轮的制造，其生产批量大，制造成本低，但烧结时间长。热压烧结是金属结合剂超硬磨具生产使用最多的方法。在热压条件下，形成的液相在压力作用下强制流动渗透。高温下即使是骨架相也会软化。在压力作用下发生塑性变形，导致产品在短时间内达到 100% 的致密化，容易保证热压产品的烧结质量。

(6) 烧结金属结合剂超硬磨具生产工艺

烧结金属结合剂超硬磨具生产工艺（包括冷压法和热压法）流程如图 2-14 所示。

① 烧结金属结合剂配方设计　设计原则主要考虑所设计磨具的性能和使用要求。根据用户所提出的磨削要求进行配方设计，选择结合剂各种原料及用量。配方设计要先确定超硬磨料的品种及浓度。不同品种牌号超硬磨料适用于不同工件材质的加工。粗磨、大磨除率磨削，要选用粗粒度和高浓度的磨料。细粒度、低浓度（用量）磨料，则适用于精磨。其次要确定结合剂组分的合理配比，结合剂与磨料的品种、性能要相互配合，结合剂的组成和性能

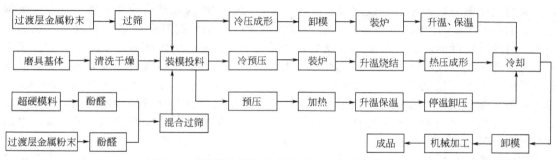

图 2-14 烧结金属结合剂超硬磨具生产工艺流程

应与加工材料性质和加工方式相适应。最后要确定适当的磨具组织。结合剂各种成分的用量计算同普通磨具、树脂磨具的配方计算。

② 金属结合剂超硬磨具成形料配混 金属结合剂金刚石、CBN 磨具成形料分工作层与过渡层成形料配混。工作层成形料由金刚石、CBN 磨料、金属结合剂与润湿剂组成。先混制过渡层成形料，后混制工作层成形料。混料要保证超硬磨料与结合剂混合均匀。超硬磨料与结合剂充分混合后，再加入润湿剂，或先将超硬磨料与润湿剂混匀，再加结合剂充分混均匀。混料要严格控制各组成材料的用量。

③ 金属结合剂成形模具 超硬磨料金刚石、CBN 磨具成形模具由模套、压环、心棒、心杆、底板等部分组成。由于超硬磨料砂轮成形压力在 300～500MPa 范围内，且生产批量较小，故成形模具所使用的材料有碳素工具钢、合金工具钢、高速钢、硬质合金。对于软金属青铜、锡粉末尽量选择碳素工具钢与合金钢；对于高密度、高强度、硬度、耐磨性高的磨具，可选用耐热钢。成形模具应根据磨具尺寸和形状来设计其结构尺寸。金刚石磨具坯体尺寸不允许留有余量，故模套内径尺寸就是制品的外径尺寸，模套内径尺寸应保证磨具工作层金刚石的浓度（用量）不变。

④ 压制成形工艺 包括冷压成形与热压成形工艺法。常选油压机，加压方式分为上压式、下压式与横向加压式。总压制压力 F 可按 $F = pSK$ 计算，p 为油压机公称压力，K 为安全系数，取 $K = 1.15～1.50$，S 为所压制坯体横截面积。

⑤ 烧结工艺 超硬磨具烧结所使用的烧结炉多采用电加热。电加热方式有碳管电阻加热、高频或中频感应加热。烧结炉有管式炉、钟盖炉、中频感应炉、内热电阻炉。烧结中采用中性还原气氛或固体还原介质保护气氛，防止烧结过程中超硬磨料氧化。中性气氛用 N_2、CO_2 真空，还原气氛有 H_2、CO、烃。固体保护介质主要使用木炭。烧结时要严格执行烧结工艺规范（烧结温度曲线），也称烧结制度。烧结温度曲线由升温、保温烧结，冷却三部分组成。

⑥ 烧结废品 烧结工艺受结合剂原材料、配混料工艺、成形工艺等诸多因素影响，烧结过程中又发生一系列复杂的物理化学变化，偏离了工艺要求及配方要求，会造成磨具的废品。常见烧结废品有裂纹、组织不均、变形、发泡、色泽不均及掉环等。

2.5.2 电镀金属结合剂超硬材料磨具

电镀金属结合剂超硬磨具是以钢材为基体，以镍及镍合金为结合剂，金刚石或 CBN 为磨料，通过电镀金属原理的金属电结晶作用从溶液中沉积在基体上，把超硬磨料固结在金属镀层中而形成的一种磨具。

电镀金刚石、CBN 磨具有磨头、电镀砂轮、铰刀、修整滚轮、内圆切割片、外圆切割片等及无心磨轮、平形磨轮、杯形磨轮、成形磨轮、油石、线锯等。

(1) 电镀金刚石及 CBN 磨具工艺原理

在电镀槽中，将浸在镀液中的被镀磨具基体与直流电源负极相连接组成阴极，把要镀覆的金属与直流电源正极相接组成阳极，接通电源，镀液中的金属离子便在阴极上沉积形成镀层。金刚石及 CBN 电镀磨具在电镀中应注意解决镀层对超硬磨料磨粒固结能力和对被加工工件材料的适应性问题。镀覆金属镍及镍合金的离子在阴极上电沉积有三个过程，即阳极镍离子与水分子结合成水化离子，水化离子向阴极扩散，由镀液内部移到阴极表面上，金属水化离子脱水并与阴极电子反应形成金属原子，金属原子在阴极上排列生成一定形状的金属晶体，并与基体相结合。金属电沉积是一个电极过程，电极过程包含液相传质、表面转化、金属离子还原为金属原子（电子转移）及金属原子形成金属晶体（电结晶步骤）等过程。电沉积必须靠外部电源给系统提供能量，系统通以电流，电流通过电极，产生极化（电极电位偏离平衡电位即极化）。极化现象使阴极电位从原来的平衡电位向负方向移动，从而使阴极获得过电位，形成电位差。在阴极上可同时发生多个还原反应，形成多种金属共同沉积。共同沉积得到合金镀层具有单金属镀层所不能达到的硬度、致密性、耐磨性、耐高温性等优良性能。电镀超硬磨具都采用合金镀层，如镍钴、镍锰、镍铁等镀层。金属共同沉积的基体条件是两种金属的析出电位要相近。两种金属同时在阴极上沉积出来的条件取决于两种金属的标准电极电位、溶液中金属离子的活度和阴极极化三个因素。金属电沉积的速度仅与通过的电流有关。沉积速度取决于阴极电流速度的大小。在电沉积过程中存在晶核形成与晶核生长。金属电沉积时，只有当电极电位偏离平衡电位到某一负值时，才有可能成核，电位的偏离值就是过电位。晶核生长概率 Z 与阴极极化值关系为

$$Z = B\exp(-b/\Delta\phi^2)$$

式中　　B，b——常数；

$\Delta\phi$——阴极极化值或阴极过电位。

随着过电位增大，新晶核形成概率 Z 迅速增大。新晶核形成速度越快，晶核数目迅速增多，所得镀层结晶越细。

电镀溶液常用盐电解液，可镀 Ni、Fe、Co 金属。主盐浓度增大，极化减少，均镀能力下降。在电解液中常加入 K、Na、Mg 盐类，提高电镀溶液导电性和提高阴极极化使结晶细化。在电镀液中加入少量表面活性剂、润湿剂、增光剂等添加剂，可改善镀层质量。

（2）电镀超硬磨具工艺

电镀超硬磨具生产工艺过程包括：磨料选择与表面处理，电镀规范制定，基体机械加工与表面处理、施镀、检查包装等。金刚石与 CBN 的选择应选高强度品种和等体积形，电镀前应经净化和亲水处理。在满足被加工件的表面粗糙度要求情况下，尽量选粗粒度磨料，以提高磨削加工效率。在粗磨时选用 80～100 目颗粒，半精磨选用 120～180 目磨粒，精磨选用 180 目～W40，研磨与抛光选用 W40～W1，砂轮线速度达 250～300m/s。

电镀液常用镀镍和镍钴合金瓦特电镀液。它由硫酸、氯化镍和硼酸组成。电镀液如析出氢多，将会把镀件表面的磨粒冲跑，使镀件表面上固结不住磨料，并造成镀层脱落。为了使镀层与基体表面有牢固的结合力，镀件基体表面要进行表面处理、除油、去锈等。

2.5.3　单层高温钎焊超硬材料磨具

在电镀超硬磨具基础上，20 世纪 80 年代后期开发了单层高温钎焊超硬磨料砂轮。高温钎焊单层金刚石砂轮是用氧（乙）炔焰火焰在钢制基体上喷涂上一层 Ni-Cr 合金层，以 Ni-Cr 活性金属层为钎焊料，在氩气感应气氛中直接钎焊金刚石磨粒。在钎焊过程中，Ni-Cr 合金分离出碳化物并富集在金刚石表面，使 Ni-Cr 合金和金刚石之间具有良好的浸润性，使合金层对金刚石有较强的结合强度。钎焊是在 1080℃氩气中进行 30s 内完成。通过电子探针与 X 衍射分析 Ni-Cr 合金层与金刚石界面及合金层与钢基体界面，表明磨料、基体金属与 Ni-Cr 活性金属层之间都获得了较高的结合强度。对磨粒的把持力明显优于电镀单层金刚石砂轮，且合金层厚度维持在磨粒高度的 20%～30% 的水平上，能适应大负荷高速高效

磨削的需要。钎焊砂轮可以提供高达 70%～80% 的磨料裸露高度，扩展了磨料间的容屑空间，并提高了磨粒的锋刃性与耐用度。但钎焊温度 1080℃ 对金刚石来说易造成热损伤，腐蚀金刚石，影响结合强度。为此，将金刚石进行预处理，在金刚石表面镀覆一层活性金属薄膜，在钎焊过程中镀覆的薄膜对金刚石起保护作用，容易实现 Ni-Cr 合金层与金刚石之间的强力冶金化学结合，有效地避免磨粒脱落，砂轮寿命和加工效率大幅度提高，适合于 300～500m/s 的超高速磨削。单层高温钎焊金刚石砂轮将逐步替代传统电镀砂轮。

立方氮化硼（CBN）与 Ni-Cr 活性合金（钎料）之间浸润性极差，即使在 1100℃ 的还原气氛中其浸润性也不明显。故 CBN 砂轮钎焊要比金刚石砂轮困难。其解决方法是先对 CBN 磨料进行针对性预镀改性处理。在 CBN 磨粒表面上预镀 TiC 膜。采用化学气相沉积（CVD）的方法在 CBN 表面上沉积 TiC 薄膜，其反应方程式为

$$TiCl_4 + CH_4 \longrightarrow TiC + 4HCl$$

沉积温度为 1000～1050℃，系统压力为 0.01MPa，沉积时间为 60～90min，CH_4 流量为 0.25L/min，H_2 流量为 10L/min，$TiCl_4$ 浓度为 2%。经 90min 沉积后 CBN 颗粒可完全被 TiC 覆盖。在钎焊过程中，CBN 磨料与 Ni-Cr 合金之间具有良好的浸润性。

2.5.4　高速、高效精密超硬材料磨具

高速、高效精密磨削是先进制造技术的研究和发展方向之一。高速、高效精密超硬材料磨具的研究和开发是先进制造技术的重要组成。我国现已突破一些关键技术，开发出一批性能优良的新型高档超硬材料磨具产品。

（1）汽车发动机曲轴高速高效磨削用 CBN 砂轮

该砂轮为高强度陶瓷结合剂。在 Li_2O-Al_2O_3-SiO_2 体系的微晶玻璃材料基础上，采用新型氧化物材料，改善结合剂的性能。其微晶玻璃相晶粒 <1μm，主晶相为 $Zr(SiO_4)$，抗折强度 ≥60MPa，抗磨性较同类结合剂提高 30%，能满足 125～160m/s 高速、超高速加工曲轴的砂轮要求。

该砂轮很好地解决了复杂型面砂轮工作层成型技术。通过对砂轮磨削加工过程受力状态的分析和磨损情况分析、砂轮工作层组织结构及成型方法研究，对砂轮结块采用特殊的结构设计与成型方式，实现了砂轮在不同磨削方式下均匀消耗，保证了曲轴成型磨削加工砂轮的型面精度，提高砂轮的耐用度和使用寿命。经磨削 $42CrM_0$ 锻钢载重曲轴连杆颈，HRC35.5，使用 v_S =100m/s，加工余量 1.2mm（直径），加工节拍 14min，Ra 达 0.4～0.63μm，耐用度每修磨一次 15 根，使用寿命达 3969 根，达到产品要求。

（2）集成电路（IC）晶圆背面减薄磨削用金刚石系列砂轮

该系列砂轮包括陶瓷结合剂和树脂结合剂两类，主要用于 IC 晶圆硅片背面减薄磨削加工。陶瓷结合剂用于粗加工，树脂结合剂用于半精磨与精磨加工。该系列砂轮为杯形砂轮，砂轮直径范围为：φ114～φ444mm，砂轮工作层为窄环高厚度，环宽为 2.5～3.5mm，厚度为 8～10mm。制造精度要求高，动平衡精度 ≤62.5，平行度 ≤0.015mm，外圆跳动度 ≤0.05mm，砂轮磨料粒度为 2000#（8/6μm）、3000#（5/4μm）。砂轮形状分为整环形、带水槽形和三椭圆带水槽形，分别如图 2-15(a)、(b)、(c) 所示。

该系列砂轮的关键技术为适用于金刚石砂轮的低温烧结成高性能陶瓷结合剂，结合剂为 Na_2O-Al_2O_3-B_2O_3-SiO_2-TiO_2-Li_2O 体系，烧成温度低于 700℃，其抗折强度大于 38MPa，能满足砂轮速度为 50m/s 的要求。对于树脂结合剂砂轮采用高气孔率树脂结合剂微粉级金刚石砂轮的制造技术。常规树脂结合剂金刚石砂轮的气孔率在 5% 以下。这样的砂轮用于硅片背面减薄磨削，自锐性不好，磨削力大，硅片表面损伤层大，型面精度差，易变形。

该砂轮通过对造孔技术以及高气孔率、低密度（1.5g/cm³）、窄环高厚度工作层（如环宽 2.5mm，磨料层高度为 8mm）砂轮成型工艺的研究，提高了结合剂与磨粒的把持力，解

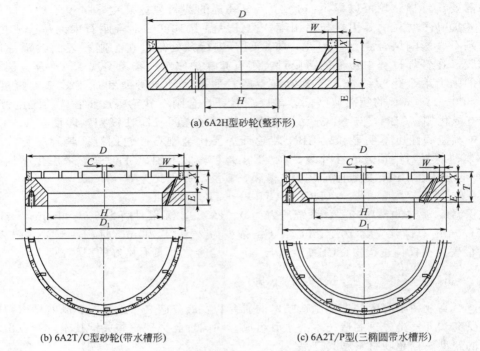

(a) 6A2H型砂轮(整环形)

(b) 6A2T/C型砂轮(带水槽形)　　　　　　(c) 6A2T/P型(三椭圆带水槽形)

图 2-15　晶圆磨削用金刚石砂轮

决了高气孔、低密度、窄环高厚度树脂砂轮成型密度不均匀的问题,开发出具有"整体低强、局部高强"特点的高气孔率树脂结合剂金刚石砂轮,气孔率达到 $30\% \sim 80\%$ (体积分数),$2000^{\#}$ 砂轮表面,可见直径 $50\mu m$,甚至 $200 \sim 300\mu m$ 的孔洞。该技术有效地降低了砂轮对硅片的磨削力,减小了砂轮磨削时的接触工件面积并可提供足够的容水、容屑空间。该砂轮可安全应用于 $50m/s$ 的磨削速度,工件表面不产生划痕、微裂纹,表面损伤层达标,砂轮寿命与进口砂轮相当。

采用该技术研制的 $325/400^{\#}$ 陶瓷结合剂金刚石砂轮($6A2 \times 354 \times 35 \times 235 \times 3 \times 5DV100$),在日本 Okamoto 公司 VG401 硅片超精密磨床上进行磨削试验,材料去除率达到 $62.13mm^3/s$,硅片粗糙度为 224nm,损伤层厚度为 $14.5\mu m$。

在相同磨床上试验研制的 $2000^{\#}$ 树脂金刚石砂轮($6A2 \times 354 \times 35 \times 235 \times 3 \times 5$ D2000 B100),材料去除率达到 $10.236mm^3/s$,硅片粗糙度为 $Ra = 5nm$,损伤层厚度为 $2.5\mu m$,砂轮磨损为 $1:120$。

(3) 集成电路(IC)晶圆划片与分割用高精度电镀超薄金刚石切割砂轮

该产品简称电镀薄片,俗称划片刀,主要用于半导体集成电路(IC)和分立器件(TR)晶圆封装前、后道加工中晶圆的划片、分割或开槽等微细加工。其加工特点如下:精密,切缝宽度误差不超过 $\pm 5\mu m$,切缝崩刃小于 $5\mu m$;高速,适用转速为:$30000 \sim 45000r/min$。

其产品特征如下。

① 在铝合金基体上直接电镀磨料层形成带轮式的切割砂轮,如图 2-16 所示。

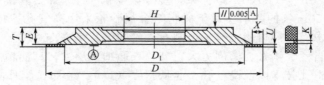

图 2-16　电镀薄片结构

② 超薄　磨料工作层厚度 0.015~0.06mm，是目前国际上工作层最薄的砂轮。

③ 高精度　厚度精度为 $\pm(0.002\sim0.004)$mm；孔（H）$19.05^{+0.008}_{+0.003}$mm；外径（D）：ϕ55.6mm$\pm$0.05mm。

④ 超细粒度　最细为 0.5~2μm。

其关键技术如下。

① 超细微粉磨料的均匀分散技术。

② 低应力、高刚性、高硬度、高平整度工作层的电镀液配方技术。

③ 提高镀层与基体结合强度的技术。

④ 镀后工作层承托基体精密除去技术。

⑤ 工作层外圆和端面的精密修整技术。

⑥ 工作层厚度的非接触式检测技术。

⑦ 专用设备、装置的开发，包括高效精密电镀装置及高精度智能化电镀稳流电源。

上述①和②两项技术确保了工作层金刚石分布均匀、无叠砂、平整、光滑、不变形、精度高以及切割性能优良；④、⑤和⑥三项技术解决了因工作层厚度薄、强度低，加工和检测易断裂的技术难题。第⑦项技术中的电镀装置和电源，不但实现一次可镀多片砂轮，而且保证了镀层的厚度、精度和内在质量的一致性；非接触式检测装置实现了超薄工作层的无损检测。

该产品在用户生产线上经测试达到各项技术指标，如加工 5in（1in＝25.4mm）、0.35mm 厚分立器件，用工作层厚度为 20~22μm 的砂轮，主轴转速 30000r/min，进给速率为 50mm/s，切口缝宽不超过 40μm，则砂轮使用寿命为 6834.97m。又用工作层厚度为 18~20μm 的砂轮，加工 6in、厚 0.27mm 的晶圆，主轴转速为 45000r/min，进给速率为 40mm/s，切口缝宽 65μm，则砂轮使用寿命为 1900m。

（4）精密研磨用陶瓷结合剂 CBN 磨盘

该系列产品（简称陶瓷磨盘）主要应用于液压件、空调压缩机零件、磁性材料等行业的高压叶片泵核心部件（叶片、定子、转子等）、空调及冰箱压缩机核心部件（缸体、滚套等）和汽车、摩托车发动机核心部件（连杆、活塞环）等数控高效、高精度双端面研磨加工，其加工特点是高效率、精密。加工合金铸铁空调压缩机滚套时，加工节拍 50~60s，工件平行度$\leqslant$2μm，厚度尺寸差$<$7μm，表面粗糙度值 $Ra\leqslant$0.2μm 等。加工高速钢空调压缩机滑片时，加工节拍 25~90s，平行度$<$2μm，厚度尺寸差$<$4μm，工件 R_Z 值$<$1.2μm。

陶瓷丸片高效黏结工艺成功解决了成百上千个丸片黏结效率低、黏结不牢、掉块的问题，所研制的产品能够在进口数控研磨机上替代进口产品以加工不同材料的工件，磨削效率、工件质量以及使用寿命等指标均达到国外进口同类产品水平，其综合使用成本比进口磨盘降低 30％以上，产品性能稳定：如用 1A2T 700×55×300×5 CBN800 V100 磨盘加工高速钢滑片，加工节拍 25~90s，工件尺寸离散度$<$4μm，Ra 值 1.0~1.2μm，平行度 1.0~1.5μm，磨盘使用寿命大于 70 万件；用 1A2T 634×54×240×4 D800 V100 磨盘加工合金铸铁滚套，加工节拍 50~60s，工件尺寸离散度$<$3μm，Ra 值$<$0.15μm，平行度 0.5~1.0μm，磨盘使用寿命 60 万件。

（5）高硬度刀片磨边用新型复合结合剂金刚石砂轮

该系列产品主要应用于刀具行业硬质合金、陶瓷、金属陶瓷等可转等位刀片周边的高精度、大批量的高效磨削加工，其加工特点如下。高效加工，自动上、下料一次装夹即能完成刀片周边的平面磨削、倒圆及倒棱等工序。加工节拍对 1103 型刀片为 50s 左右，1204 型刀片约为 60s。粗、精磨一次完成。其中，周边磨的去除效率$\geqslant$12mm^3/min。单片磨削余量$\geqslant$15~20mm^3（依砂轮规格不同要求不同，规格越大，余量越大）。此外，还有精密加工特点，刀片尺寸精度要求$\leqslant$5μm，刃口质量好。

该系列产品砂轮技术参数如下：型号为 12A2 或 2A2，$\phi 250 \sim 400mm$，平面度 0.01 ～ 0.02mm，平行度 0.01～0.02mm，动平衡精度 G2.5。2A2 型砂轮结构如图 2-17。

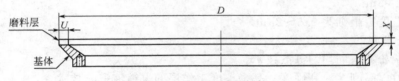

图 2-17 2A2 型砂轮结构

该砂轮开发中的关键技术为树脂金属结合剂的复合技术。刀片在往复进给磨削（周边磨）过程中，砂轮表面受到工件的冲击作用，金刚石易脱落，切削能力下降而定点切入磨削（倒圆、倒棱）。砂轮表面形状精度易丧失，使耐用度偏低，从而导致砂轮使用寿命偏低。

通过高温树脂优选、低温金属结合剂的研制以及相应混料、成型、后处理工艺的研究，开发了树脂金属结合剂的复合技术，采用该技术制备的树脂金属复合结合剂，具有金属与树脂形成近似的连续互穿网络分布的相结构。这种复合结构的结合剂，在发挥树脂结合剂自锐性好、磨削效率高、弹性好、工件表面质量高等优点的同时，具备金属结合剂强度高、形状保持精度好、导热性好的特点，满足了高硬度刀片数控周边磨砂轮的高耐磨性要求。该复合结合剂抗拉强度≥40MPa，应用结合剂制成的砂轮具有高耐磨、高锋利度的特性。

上述技术应用效果如下。研制的刀片周边磨金刚石砂轮目前已经在 8 家国内外知名刀具企业投入使用，磨削的材料涉及硬质合金、金属陶瓷、无机陶瓷等。

磨盘产品为大直径（510～860mm）、高精度（平面度 0.01～0.03mm、平行度 0.03～0.06mm）丸片式宽工作面（环宽 200～400mm）、微粉级端面磨砂轮。图 2-18 是磨盘结构示意。

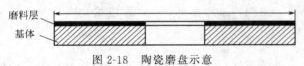

图 2-18 陶瓷磨盘示意

该产品生产的主要关键技术如下。

① 烧熔高强度陶瓷结合剂 为了保证磨盘具有较好的耐磨性，以获得大批量加工工件的一致性，要求用微粉磨料制成的陶瓷丸片气孔率很低。因此，需要研发一种流动性较好的结合剂来尽量填满这些气孔。

该砂轮以 $Li_2O\text{-}Al_2O_3\text{-}SiO_2\text{-}B_2O_3$ 为主体，通过加入少量的 Na_2O，研发出 1000℃时流动性 200％、抗折强度大于 45MPa（现有结合剂 1000℃时流动性 140％时，抗折强度大于 45MPa）的新型烧熔高强度陶瓷结合剂。同时，该陶瓷结合剂膨胀系数为 5.50×10^{-6}（1173K 时），与 CBN 的膨胀系数 5.60×10^{-6}（1173K 时）接近，满足了加工不锈钢工件用 CBN 磨盘的要求。

② 细粒度磨料均匀混料及造粒工艺 解决了细料易结团、投料不均匀的问题，满足了细粒度成型料在模腔中均匀分布的要求，提高了陶瓷丸片成型的均匀性和一致性。

③ 陶瓷丸片排列及填充方式 通过研究，提出了根据加工效率、加工表面质量、加工机床钢性等因素以选择丸片形状、排列方式。研制的刀片周边磨砂轮与进口同类产品在相同机床设定参数的条件下用于批量生产，包括磨削质量、耐用度、使用寿命在内的砂轮主要磨削性能指标已达到日本和德国同类产品的水平，工件的综合磨削成本比进口同类产品低30％以上。产品质量稳定。实例：用 12A2T 300×27×300×12×7 砂轮加工 M4502-SEEL-120（磨周边及倒圆，材质 4YC30S，修整间歇 12 件，使用寿命 23530 件），单件砂轮成本为 0.19 元（日本旭铜砂轮的相应数据为 10 件、19000 件、0.38 元）。

随着加工技术的不断提高，高速、高效精密超硬材料磨具将不断涌现新产品。同时，随着航空、航天飞行器及汽车领域的飞速发展，超高速陶瓷结合剂的 CBN 砂轮将得到进一步发展。此外，达到纳米级表面粗糙度的超精密加工用的金刚砂轮目前已在研发之中。

2.6 涂附磨具

涂附磨具是将磨料用黏结剂黏结固定在柔性基体上的一种磨具，用于进行高精度、高效率磨削及抛光。磨料、黏结剂、基体是涂附磨具结构三要素。涂附磨具的磨削、抛光性能及特征取决于基体种类及其处理，磨料种类及粒度，黏结剂种类及对磨粒、基体的黏结强度、涂附磨具形状及尺寸大小。

根据磨料、黏结剂、基体、磨具形状与制造工艺的不同，可将涂附磨具分类如下（图 2-19）。

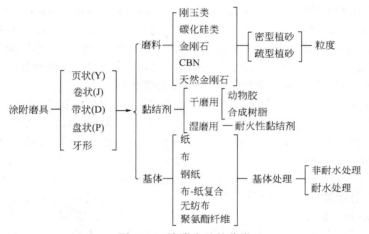

图 2-19　涂附磨具的分类

涂附磨具分类特征及标记参见 GB/T 153053—1994。涂附磨具具有制造方便，生产周期短，成本低，生产效率高，使用方便，磨削效率高和性能好，应用广泛等突出特点，被誉为"万能磨具"。

涂附磨具生产工艺分为连续式生产线与分段式生产线。国内砂布、砂纸生产，多采用连续式生产方式。

普通砂布生产工艺流程如下。

原布→刮浆→烘干→烫平→涂底胶→植砂→干燥→涂覆胶→干燥→覆甲醛→干燥→印商标→分条→切块→检查→包装→页状干磨砂布

砂纸生产工艺流程如下。

原纸→涂底胶→植砂→干燥→涂覆胶→干燥→印商标→裁切→检查→砂纸

分段式生产方式包含基体处理阶段、涂附磨具制造阶段和产品转换阶段，主要生产全树脂与半树脂黏结的高、中档磨具及耐水砂带。其工艺流程如图 2-20 所示。

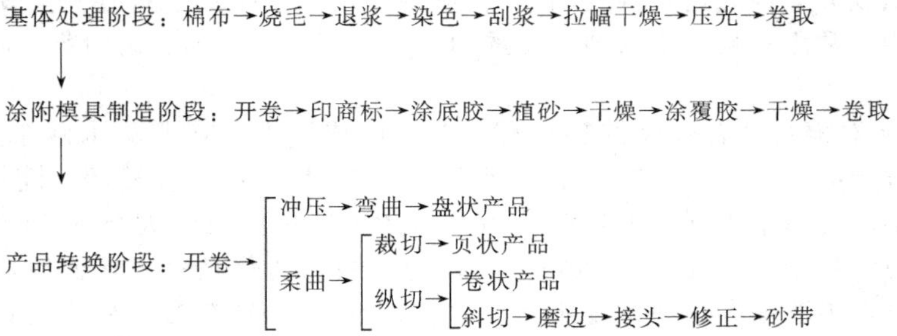

基体处理阶段：棉布→烧毛→退浆→染色→刮浆→拉幅干燥→压光→卷取

↓

涂附模具制造阶段：开卷→印商标→涂底胶→植砂→干燥→涂覆胶→干燥→卷取

↓

产品转换阶段：开卷→ ┌ 冲压→弯曲→盘状产品
　　　　　　　　　　　└ 柔曲→ ┌ 裁切→页状产品
　　　　　　　　　　　　　　　└ 纵切→ ┌ 卷状产品
　　　　　　　　　　　　　　　　　　　└ 斜切→磨边→接头→修正→砂带

图 2-20　分段式生产工艺流程

2.6.1　涂附磨具原材料

涂附磨具所用原材料可根据所起作用不同分为磨料、浆料、基体、黏结剂四类。

(1) 磨料

各种磨料都可以作为涂附磨具的磨料。现在国内涂附磨具生产主要是普通磨料，超硬磨料的涂附磨具未见生产。金相砂纸以微粉为原料，常用粒度代号为 F230、F240、F280、F320、F360、F400、F500、F600、F800、F1000、F1200。其他各种涂附磨具按粒度分为 P8、P10、P12、P14、P16、P20、P24、P30、P40、P50、P60、P70、P80、P100、P120、P150、P180、P220、P240、P280、P320、P360、P400、P500、P600、P800、P1000、P1200。

涂附磨具所用磨料形状多用片状形和剑状形。片状形是磨粒高（h）、长（L）和宽（b）的比值为 $h:L:b=1:1:1/3$；高、长、宽比值为 $h:L:b=1:1/3:1/3$，称为剑状形；$h:L:b=1:1:1$ 为等体积形，用于固结磨具。磨料的亲水性（也称浸润性）对涂附磨具的磨料是十分重要的。亲水性好，浸润能力大，磨料和黏结剂之间黏结能力强，磨具黏结性能好。为提高亲水性，需对磨料进行煅烧处理或涂覆处理。

磨料处理的目的是要提高涂附磨具的磨削效率和耐用度，改善磨料形状，提高韧性和黏结能力。磨料的处理包括机械处理、热处理和化学处理方法，采用筛砂、整形、煅烧处理、化学处理、涂层处理及使用空心球形磨料。煅烧对刚玉磨料效果明显，显微硬度提高 10% 左右，亲水性提高 3.5 倍，砂纸耐用度提高 30%～50%，煅烧温度在 800～1300℃，时间 2～4h。涂层处理是在磨料表面上涂附一层薄薄的物质以增强磨粒与黏结剂的结合能力，涂附物质有金属盐类、陶瓷类、树脂类、有机硅化合物类。金属盐类有硝酸镍、硝酸镍-硼砂、硝酸钴等，加入量为 0.1%～1.0%，涂附后经 600～1200℃ 煅烧，制成的砂布比普通砂布效率提高 4～6 倍。陶瓷类有长石、石灰石和黏土混合涂料。将涂料与磨料混匀，经煅烧再经松散过筛。树脂类涂层有热固性酚醛树脂液、热塑性树脂。还可适量加入一些氧化钛、氧化铁、氧化锆等难熔金属氧化物，提高黏结能力和亲水性。空心球磨料是在空心的塑性树脂球壳上用黏结剂将磨料黏结在球壳上。球壳平均直径在 0.5～1.0mm，球壳与磨料层平均直径之比为 (6～20):1。空心球、黏结剂与磨料之间质量比为 1:10:100。

(2) 浆料及其配制

在涂附磨具制造过程中，对基体（布、纸等）的正面或背面涂附一层化学胶黏物质称为基体处理剂，习惯上称为浆料。浆料分为天然浆料、半合成浆料及合成浆料三类。淀粉是天然浆的代表，动物胶也是天然浆料。半合成浆料主要是纤维素与淀粉的衍生物，常用海藻酸钠、羟甲基纤维素钠等。合成浆料主要有聚乙烯、聚乙烯醇、聚丙烯、醇酸树脂、聚乙烯醇、合成橡胶等。生产耐水产品时，基体处理采用醇酸树脂。

浆料由黏结剂和辅料组成。黏结剂是浆料主体，起黏结、附着、成膜作用。在浆料中没有黏性的辅助成分，称为辅料（或助剂）。辅料可促进黏结剂发挥作用，用于改善和提高浆膜的工艺性能。常用辅料有柔软剂、浸透剂、吸湿剂、防腐剂、消泡剂、防静电剂、着色剂及减摩剂等。

① 淀粉　对棉布具有较好的黏结性、良好的成膜性。在非耐水砂布处理中广泛应用。常用淀粉有玉米淀粉、甘薯淀粉、小麦淀粉、木薯淀粉、橡子淀粉等。淀粉品种不同，其形状、粒子大小、色泽也不同。玉米淀粉为多角形，洁白，粒子大小为 5～25μm；小麦淀粉为圆形，洁白，粒子大小为 2～35μm。淀粉的膨润和糊化是一个重要性质。淀粉在使用中先吸水而膨胀，体积增大，而黏度不增加，在加热至 65℃ 左右，淀粉迅速膨胀，大量吸收水分；当达到极限时，淀粉粒子即破裂，淀粉流出而成浆，黏度急剧上升，淀粉粒子吸收水

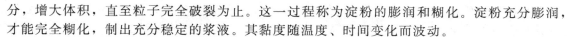

分，增大体积，直至粒子完全破裂为止。这一过程称为淀粉的膨润和糊化。淀粉充分膨润，才能完全糊化，制出充分稳定的浆液。其黏度随温度、时间变化而波动。

② 褐藻酸钠（海藻酸钠）　它是半合成浆料，以海藻中的褐藻为原料，经化学处理，提取褐藻酸，与碳酸钠中和而成。褐藻类主要用海带和马尼藻。褐藻酸钠亲水性强，溶于水成半透明、均匀黏稠的胶状溶液。其黏度在 20℃时为 0.3～0.5Pa·s。

③ 羧甲基纤维素钠　简称羧纤钠，它是以废棉、短绒为主料，用 NaOH 进行碱化处理成为碱纤维素，之后添加氯乙酸制得。羧纤钠的黏度为 0.12Pa·s。黏着力比淀粉浆好，成膜性好，形成浆膜光滑坚韧，浆膜强度、弯曲断裂强度均超过淀粉浆。

④ 聚乙烯醇　它是合成浆料，由醋酸乙烯缩聚（皂化）而制得。聚乙烯醇是非离子型线型高聚物，结构稳定，水溶液透明，具有良好的成膜性，浆膜坚韧。

（3）基体及其处理

涂附磨具基体有纸、布、钢纸、布-纸复合、无纺布、聚氨酯纤维及尼龙。作为基体材料应具有较强的黏结能力，具有一定的可挠曲性及强度，较少的伸长率，基体表面应平整均匀。

① 原纸　以纸为基体的涂附磨具占有相当的比例。原纸定量是一项重要的物理性能指标，原纸定量是每平方米原纸的质量（g/m²）。涂附磨具按纸定量分为 A、C、D、E、F、防水 A、防水 C。A 型最轻，F 型最重。细粒度磨具采用轻型纸，柔软性好。粗粒度和强力磨削采用重型纸。我国涂附砂纸用原纸定量为 120g/m²±4%，防水砂纸定量为 130g/m²，厚度为 0.15～0.2mm，纵向拉力为 11×9.8N，横向拉力为 5×9.8N，耐折度大于 1000 次。在生产涂附磨具中需要先对原纸进行处理。原纸处理分为非耐水处理和耐水处理。原纸处理的作用是堵孔和提高防水防潮能力。堵孔是避免涂胶时胶液大量渗入纸内，造成粘砂不牢。原纸处理的方法主要是浸渍，分单面和双面浸渍。耐水砂纸浸渍料选用醇酸树脂或清漆。浸渍后在循环热空气加热炉中悬挂干燥。

② 棉布　是涂附磨具最重要的基体，包括棉布、麻布、人造纤维布、合成纤维布等。

涂附磨具砂带所用棉布的纱线支数和号数是表达棉布规格和品种的标志。公制支数用每克纱线的长度来表示，如 32 支纱表示此纱线每克长 32m（32S）。号数是以单位长度的纱线质量表示，如 28 号纱表示此种纱线为 28g/km。支数越大，纱线越细，号数越大，纱线越短。股线是由两根或两根以上的单纱并合加捻而成的。两根单纱并合加捻的称为双股线，三根单纱并合加捻的称为三根线。如两根单纱只并不加捻的称为双纱。股线的表示如 42#/2、21#/3，分别表示两根 42 支单纱并合加捻的股线、3 根 21 支单纱并合加捻的股线。棉布的组织分为平纹、斜纹、缎纹组织。平纹是经纬纱采取一浮一沉即经纬纱各一根上下相互交叉而成（用 1/1 表示）。斜纹组织需要经纬纱各三根组成一个完全组织，采用两浮一沉（2/1）、两浮两沉（2/2）及三浮一沉（3/1）、四浮一沉（4/1）、三浮两沉（3/2）多种形式而成。这种组织的特点是交织点连续而成斜向纹路，手感紧密厚实，表面光泽和柔软性好。斜纹布、哔叽布、华达呢、卡其布都属于这种组织。缎纹组织至少需要经纬纱各五根才组成一个完整组织。其特点是交织点不相连接，在织物上形成一个单独的、不相连接的经纬交织点，相互间距离较远而均匀，常用于丝织物。涂附磨具一般采用斜纹组织的棉布。斜纹布一般分为：重斜纹布，用于重磨削砂带；斜纹布，用于一般砂带；轻斜纹布，用于抛光砂带。

人造纤维是涂附磨具基体材料新发展。人造纤维主要有尼龙、聚酯、玻璃丝等。尼龙布强度高，用于制造砂带，聚酯类主要用于制造重负荷砂带。

棉布选定之后，要进行原布处理。原布处理的目的是提高棉布正面与胶砂层的附着力，即填堵布孔，防止底胶和复胶渗入基体；要保证涂胶植砂均匀，使基体定型，软硬性能适中，减少弹性与延伸，提高抗拉强度；要使基体具有一定的耐油、耐水性能，并提高基体外观质量。棉布处理包括原布检验，对原布进行刮毛、烧毛，去除布面绒毛，对原布进行退浆染色、上浆、压光等工序。上浆是原布处理的关键工序。上浆分为刮浆和浸渍两种方式。

（4）黏结剂

黏结剂又称胶黏剂、黏合剂。用于涂附磨具的黏结剂分为天然、人造和合成三类。天然黏结剂包括动物胶、虫胶等动物性胶和淀粉、松香等植物性物质。人造黏结剂是用天然高分子化合物，经化学法改性而成。合成黏结剂主要有酚醛树脂、环氧树脂。涂附磨具所使用的黏结剂有动物胶、酚醛树脂、脲醛树脂、醇酸树脂等。

黏结剂由胶料、溶剂、固化剂、填充剂、增韧剂、防腐剂、着色剂等组成。胶料是黏结剂中最主要、最基本的构成成分，用量占黏结剂总量的50%以上，它决定黏结剂化学性能和物理性能。溶剂是胶料的稀释和溶解剂，如水、丙酮、二甲苯、乙醇等。

① 动物胶　它是以牛、猪等大型动物的皮、骨、肌腱等结缔组织经加工、熬制而成的胶的总称。动物胶可分为皮胶、骨胶。从皮胶制取过程中提取的质量好的部分称为明胶。明胶根据用途可分为照相明胶、食用明胶、工业明胶。涂附磨具行业主要选用工业明胶、皮胶及骨胶。

纯净的明胶为无色透明，工业用皮胶、骨胶多呈淡黄或棕黄色，系半透明的非晶态固体。外形有块状、片状、粒状或粉状。明胶相对密度为1.368（含水15%），无水时为1.412。明胶无味、无臭、无挥发性、不溶于有机溶剂和稀碱、稀酸，但在冷水中充分吸水而膨胀，可形成一种富有弹性的胶冻，经加热至30~34℃，胶冻会立刻熔化成很黏的胶液。胶液遇冷，又变成胶冻，称为胶凝。明胶是高分子蛋白质物质，蛋白质分子量很大，明胶的分子量最小为17500，最大为450000，上等明胶为100000~150000，明胶质量越好，分子量越大，其结构极为复杂。组成明胶蛋白质的元素有C、H、O、N、S、P等。涂附磨具所用工业明胶的黏度≥6°E，水分<18%，灰分<1.5%，油脂含量<1.5%，pH值为7，发泡量≤23mL，水解性良好。皮胶的黏度≥4°E，水分<18%，灰分<2%。骨胶的黏度≥3°E，其他指标同皮胶。

② 聚酯酸乙烯乳液　简称白乳胶，是由醋酸乙烯单体经聚合反应而成的一种热塑性高分子黏结剂，可用来生产金相砂纸及干磨砂布带的接头胶。

③ 脲醛树脂　是尿素与甲醛在碱性或酸性催化剂作用下反应缩聚而成的缩合物。脲醛树脂可作为涂附磨具的处理剂与黏结剂。采用这种黏结剂的磨具广泛用于木材加工、刨花板、胶合板的抛光、木质家具的细抛光等。

④ 酚醛树脂　水溶性酚醛树脂是涂附磨具最主要的黏结剂之一，可用于生产半树脂涂附磨具、耐水涂附磨具。使涂附磨具产品质量有很大的提高。按形态分为溶液状（水溶性与醇溶性树脂）、粉状和薄膜状。按固化温度分为：高温固化型酚醛树脂，固化温度为130~150℃；中温固化型酚醛树脂，固化温度为105~110℃；常温固化型酚醛树脂。最适合于涂附磨具用黏结剂的是中温与常温固化的溶液型酚醛树脂。水溶性酚醛树脂分为三类：第一类是甲醛对苯酚比例高，pH值约等于8，水溶性好，固体含量为50%~70%，黏度为0.5~18Pa·s，可在80~110℃固化；第二类是甲醛对苯酚比例低，pH值高于8，水溶性差，固体含量为75%~87%，黏度为0.8~80Pa·s，可在110~130℃固化；第三类是苯酚与甲醛比例相等，pH值在6~8之间，可在120~145℃固化，属高温固化。

⑤ 醇酸树脂　它是由多元醇、多元酸与脂肪酸经化学反应缩聚而成的一种树脂，是涂料的主要原料。可作为耐水砂纸的黏结剂，纸基基体的处理剂与增塑剂。耐水砂纸黏结剂主要经过改性的半干性油醇酸树脂，如389-6#树脂与747#树脂，油含量为50%~60%，有较好的黏着力，弹性与干率好，流平性较好，柔软性好，价格低廉，胶膜不坚硬。

⑥ 环氧树脂　常用双酚 A 环氧树脂，主要用于全树脂型涂附磨具黏结剂、砂带接头、叶轮和砂圈的制作。涂附磨具行业选用低分子量环氧树脂，如环氧 6101、环氧 634 等作黏结剂。环氧树脂在固化剂操纵下交联固化后才具有各种优异的力学性能。常用固化剂有三类：胺类固化剂、酸酐类固化剂、合成树脂类固化剂。胺类固化剂有乙二胺、脂环胺。酸酐类固化剂在黏结剂中用得较少。合成树脂类固化剂常用酚醛树脂、氨基树脂、醇酸树脂、聚酰胺树脂。酚醛树脂与环氧树脂混合作为黏结剂，具有胶合强度高、耐热性能较好等特点。

（5）辅料

辅料是黏结剂中除胶料之外的其他所有添加剂的总种，有固化剂、填充剂（填料）、增韧剂、着色剂、溶剂等。填充剂采用无机化合物，如碳酸钙、氧化铁、氟硅酸盐等，溶剂种类繁多，在涂附磨具中主要应用的溶剂有水、丙酮、乙醇、松香水、乙醚、乙醇等。

2.6.2　黏结机理与黏结剂配方

在涂附磨具制造中黏结剂对磨料和基体的黏结机理的研究认识上曾提出多种理论观点，尚未统一。主要黏结机理有物理吸附理论、机械结合理论、扩散理论、静电理论、化学键理论。常用物理吸附理论来解释磨料黏结在基体上的原因。根据物质结构理论，物质在聚集状态中原子-分子之间存在化学键的主价力及较弱的范德瓦尔斯力（含氢键力、偶极力、诱导偶极力和色散力）。固体表面由范德瓦尔斯力的作用而吸附液体和气体。这种作用称为物理吸附。由于物理吸附作用，黏结剂在固化之前完全浸润被粘物表面，彼此分子间足够接近，则分子间的范德瓦尔斯力就有很高的黏附强度。由于磨粒表面粗糙，毛细管作用大，亲水性好，有利于增强吸附。纸、布基基体材料表面疏松，多微小孔及绒毛，经基体预处理后，浸润性良好，在涂附黏结剂中极易被基体吸附。黏结剂结构存在极性基团，黏结剂与磨料基体产生氢键、偶极力，促成黏结力增大。但生产实际中，理论计算的范德瓦尔斯力远小于实际黏结力。因此，物理吸附理论并不能完全解释涂附磨具的黏结机理。其他黏结理论从不同侧面揭示了黏结剂与被粘物之间的实质。

涂附磨具黏结剂配方与固结磨具不同之处在于：涉及基体处理剂、底胶和复胶的组成；处理剂、底胶、复胶三者之间搭配和比例；黏结剂与磨料、基体之间的搭配。所以，涂附磨具黏结剂配方较复杂。其配方的一般编制原则是根据磨削使用的不同要求而确定。可根据不同的磨削对象、不同的磨削方式、不同的磨削条件、不同的磨削加工质量要求、不同的基体而确定配方。

涂附磨具所用底胶、复胶有如下四种黏结方式。

① 动物胶黏结　底胶和复胶均用动物胶，基体为纸与布，可制成页状、卷状、带状和盘状涂附磨具。用于磨削力不大，利用率不高的场合。

② 半树脂胶黏结　这种黏结方式底胶用动物胶，复胶用合成树脂，可制作页状、卷状、带状产品。这种产品耐热性、耐潮性、耐磨性等均优于动物胶黏结，适宜于木材加工及成形表面加工。

③ 全树脂胶黏结　这种黏结方式，底胶、复胶均采用合成树脂制作纸、布、钢纸的砂带，盘状、卷状产品，磨削加工机电产品零件。

④ 耐水黏结　适用于水溶性冷却液磨削加工所需要的以布为基体的砂带，可加工钢材、玻璃、陶瓷、石材、塑料等材质的零件。纸基制品主要用来进行精密仪器零件的抛光。耐水黏结剂主要使用水溶性酚醛树脂。

黏结剂配方编制就是确定黏结剂中主料、辅料的百分含量及胶液黏度。百分含量法配方准确，配料简单。胶液黏度要随主料（胶料）黏度不同和温度不同而变更。表 2-7 所列是根据被加工表面粗糙度的要求不同及磨削状况不同的配方。

表 2-7　加工表面粗糙度及磨削状况决定的配方

工件	粗糙度值大————→粗糙度值小		高速磨削————→低速磨削	
磨料种类	锆刚玉、刚玉、碳化硅、石榴石、天然金刚砂		锆刚玉、刚玉、碳化硅、石榴石、天然金刚砂	
磨料粒度	粗————————→细		细————————→粗	
植砂方法	疏————————→密		密————————→疏	
黏结剂	树脂——→树脂/动物胶——→动物胶		树脂——→树脂/动物胶——→动物胶	
基体	重厚型————————→轻薄型		钢纸——→布——→纸	
柔曲	一次柔曲——→二次柔曲——→三次柔曲		三次柔曲——→二次柔曲——→一次柔曲	
冷却液	干磨——→水——→水乳化液——→油剂——→研磨膏脂		水——→乳化液——→油剂——→干磨	

2.6.3　胶的涂附

黏结剂涂层分为底胶、复胶、超涂层三部分。底胶又称头胶，是植砂前的涂层。当磨料磨粒依重力或静电力作用，落到底胶层表面后，通过毛细管作用，磨粒黏附在基体上，形成均匀的砂面。底胶涂层的均匀平整决定涂附磨具表面的均匀，决定磨粒的黏结强度。复胶又称补胶、蒙胶或二胶。在植砂以后经预干燥，使底胶处于半固化或半干燥状况，再涂一层黏结剂，此时，黏结剂把磨粒紧紧包围住，从而加强了磨粒与基体的黏结强度，再经干燥与固化，从而保证了磨粒在磨削过程中能经受磨削力的挤压和撞击而不易脱落。超涂层是在复胶后再涂一层具有特殊功能的黏结剂，是专门为改进涂附磨具的某种使用性能有针对性增加一些辅料，如为防止静电吸附作用，而在胶液中增加石墨或金属粉末。超涂层的使用要视具体磨削情况而定。

胶液涂附方法有辊涂法、刮涂法、喷涂法、淋涂法、气涂法。常用辊涂法与刮涂法。辊涂法有双辊涂胶及三辊涂胶（图 2-21）。双辊涂胶使用普遍。双辊涂胶可涂底胶及复胶。涂胶辊是由耐油橡胶或普通橡胶包覆在钢心辊上。胸辊是由精度较高的钢辊或硬质橡胶制成。胶层厚度由调节涂胶辊与胸辊的间隙大小来控制。胶层厚度是以每平方米面积上的胶量克数表示（g/m²），根据生产经验，用胶量应以保证磨粒埋入胶层中的深度为磨粒平均粒径的 1/2 为宜。多以此数据来推算用胶量。因此磨料粒度不同，涂胶层厚度不同。粒度粗，涂胶层厚度应厚；粒度细，则胶层厚度薄。

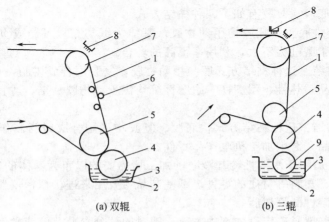

(a) 双辊　　　　　(b) 三辊

图 2-21　涂胶示意

1—基体；2—胶槽；3—胶液；4—涂胶辊；5—胸辊；
6—均匀辊；7—导辊；8—毛刺；9—带胶辊

2.6.4　植砂

涂附磨具基体经涂胶后，应立即进行植砂（上砂或撒砂），植砂有重力植砂法与静电植砂法。

(1) 重力植砂法

重力植砂是磨料自由下落，在重力作用下插到胶层，形成均匀砂层。重力植砂的磨料运动杂乱无章，磨粒并不按轴线方向插入胶层，而是大部分以"倒伏"状态插入胶层，如图 2-22(a) 所示。故磨具表面磨粒锋刃性较差，磨削效率较低。主要用于最粗的 F8 直至细的 W40 的纸及布基的动物胶及树脂胶涂附磨具。特别对 P46，以粗的磨料的植砂仍保持其优势。重力植砂法分为薄流式重力植砂、压入式重力植砂、平拉式重力植砂，如图 2-23 所示。

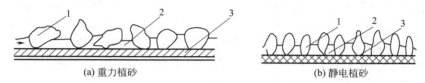

(a) 重力植砂　　　　(b) 静电植砂

图 2-22　重力与静电植砂状态
1—磨粒；2—胶层；3—基体

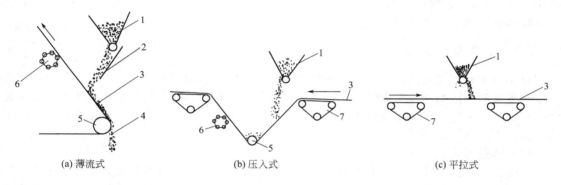

(a) 薄流式　　　　　　(b) 压入式　　　　　　(c) 平拉式

图 2-23　重力植砂示意
1—砂箱；2—挡砂板；3—基体；4—余砂；5—胸辊；6—打砂辊；7—吸风牵引

(2) 静电植砂法

静电植砂 [图 2-22(b)] 原理如图 2-24 所示。

磨料具有电介质特性，使它所带正、负电荷在电场力作用下，电荷中心产生相对位移形成一个偶极子，磨粒表面发生电位移，正、负电荷分别向磨粒长轴方向的两个尖端（锐端）集中，两端电荷密度 σ 的大小由下式决定：

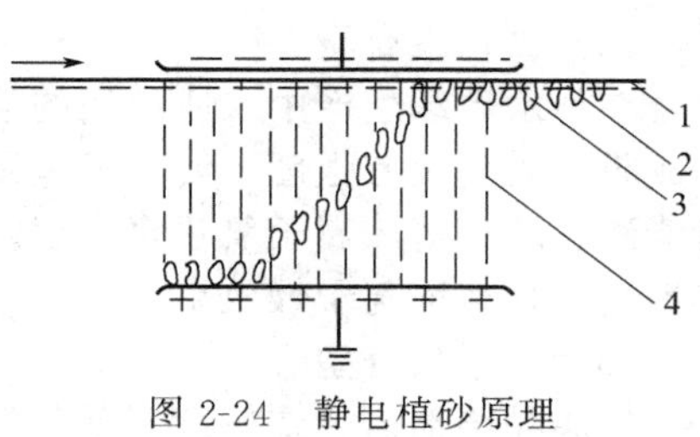

$$\sigma = \frac{\varepsilon - 1}{4\pi} E$$

式中　ε——磨粒介电常数；

　　　E——外加电场强度。

图 2-24　静电植砂原理
1—基体；2—黏结剂；3—磨粒；
4—电力线

磨粒两端电荷密度的大小与磨料介电常数和外加电场强度 E 成正比。平行极板间电场强度 E 为

$$E = \frac{U}{d}$$

式中　U——外加电压，V；

　　　d——极板间距离，mm。

　　静电植砂工艺包括高压静电场的组成及静电高压发生器产生高压静电。高压静电场常用两平行电极板，两平行电极板必须严格平行。电极板材料常用铝合金板材。两平行极板分别接在高压静电发生器正极与负极。高压静电发生器有直流、高频、交流三种。直流高压发生器电压峰值为 140kV，高压端输出电流为 $10\sim20$mA。交流高压发生器具有低频与方波特性，频率为 $3\sim30$Hz，电压范围为 $0\sim60$kV。现常用低频波交流高压静电发生器。

　　平行极板的上极板（阴极）对正电荷有吸引力，下极板（阳极）对负电荷有吸引力。当电场电压升高，静电场中的磨料表面电荷密度增加，磨粒表面电荷与下极板间发生放电现象，使磨粒呈现为一个带电体，磨粒被吸向上极板。当电场电压继续升高，磨粒被上吸的力量增大。静电植砂不仅要使磨粒上吸，而且要使磨粒以相当大的力量上吸，才能使磨粒克服胶层黏滞阻力深深扎入胶层。涂附磨具上磨料分布的疏密程度称为植砂密度，以基体单位面积上磨料的覆盖率表示，分为疏、中、密三类。以输送砂带的输砂量 M（g/min）及基体运行速度 v（m/min）计算所得到的植砂密度 $\rho_{砂}$（g/m²）为

　　　则
$$\rho_{砂}=\frac{M}{vb}$$

式中　b——植砂宽度。

　　基体移动速度增加，植砂密度下降。

2.6.5　干燥与固化

　　黏结剂干燥和固化过程，就是胶膜形成过程，即将磨粒固定在基体上。干燥是指将湿物料中水分及其他溶剂经传热去除的物理过程。固化（硬化）是指物料经加热或烘烤，发生化学变化而使其固化，形成坚硬胶膜。干燥与固化按特点分为溶剂挥发型、氧化聚合型、烘干聚合型、固化剂固化型。

　　（1）溶剂挥发型

　　此类黏结剂的干燥，主要由溶剂的挥发实现，黏结剂的浓度逐渐增加，由流动变成不流动而固化成膜。胶料不起化学作用。此类黏结剂主要有动物胶、聚醋酸乙烯乳液、硝基清漆等，表面干燥快，黏结剂中溶剂易挥发。溶剂有乙醇、丙酮、甲苯、二甲苯等，它们均比水挥发快。溶剂挥发快慢与外界温度、湿度有关，也与黏结剂的黏度、胶层厚度有关，黏度小，溶剂挥发快；胶层厚，溶剂分子扩散慢。

　　（2）氧化聚合型

　　在耐水砂纸生产中，所使用的清漆、磁漆的黏结剂在干燥过程中，溶剂挥发后，表面并不成膜，表面没有强度，要形成坚硬的漆膜，主要依靠成膜高分子聚合物氧化聚合作用。酚醛清漆、醇酸清漆属于氧化聚合型。常在黏结剂中加入一定量的 200 号溶剂汽油与松节油，来提高干燥速度与干燥效果。

　　（3）烘干聚合型

　　树脂黏结剂需要在较高湿度条件下分子间形成交联，达到固化。烘干聚合型黏结剂中树脂分子结构含有大量羟基、羧基及活性氢等活化基团，其反应能力较强，在较高温度条件下发生交联反应，形成黏结剂固化。

　　（4）固化剂固化型

　　环氧树脂黏结剂的固化，必须加入固化剂，固化剂分子与黏结剂高分子发生交联作用，形成网状结构，胶层被固化。环氧树脂黏结剂的固化剂有胺类、酸酐类。胺类固化剂能常温固化，工艺简单，副作用少。酸酐类固化剂需要加温固化，固化后环氧树脂有较高的机械强

度、较好的耐热耐磨性。

(5) 干燥方法

黏结剂工作方法分为蒸汽干燥、电热干燥、远红外线干燥、微波干燥、烟道气干燥等。

2.6.6 涂附磨具产品转换工序

涂附磨具在制造过程中经干燥固化后卷成半成品大卷，需经过一系列加工处理，才能制成不同形状、尺寸的各种涂附磨具产品，如页状、带状、圆片状等。转换工序主要工作如图 2-25 所示。

$$砂布砂纸卷\begin{cases}裁条→切块→页状品裁条→卷状产品\\柔曲→裁条→横切→磨边→接头→砂带产品\\柔曲→冲切→盘状产品\\裁条→横切→黏结页轮或砂圈\end{cases}$$

图 2-25　转换工序主要工作

(1) 机械柔曲

对重负荷磨削、高速磨削所使用的砂带，其黏结剂黏结能力强，耐冲击力强，砂带表面硬度大。为适应涂附磨具在不断柔曲状态下进行工作，对砂带在转换工序中进行软化处理工艺——机械柔曲，将坚硬的表面胶层用机械方法，使其产生连续的微细裂纹，而获得柔软效果，并保持产品表面有较好的机械强度。

机械柔曲分经向柔曲、纬向柔曲两个 45°柔曲。图 2-26 所示是三辊式柔曲方法。

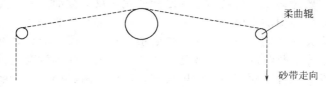

图 2-26　三辊式柔曲法

(2) 裁切

裁切分纵向裁切与横向裁切。常用圆片刀及双圆刀纵切，纵切后立即进行横切。使用纵横裁切机在同一台设备上进行，同时裁切出若干张页状砂布（纸）。

(3) 砂带的制作

无头砂带是采用圆筒布为基体，经过基体浸渍、涂胶、植砂、预干燥、复胶、分条等工艺过程制作而成。

接头砂带用砂布（纸）半成品，经过裁切、磨边、接头等工艺制作而成。砂带接头形式有搭接法、对接法（斜对接、S 形对接）、嵌接法。砂带接头的黏结强度要好，柔韧性要适当，耐热性要好。接头胶常根据实验选择配方。砂带接头已有专用设备——砂带压头机可供使用。

2.7　磨具的选择和使用

磨料、磨具是推动磨削加工技术发展的一个极为活跃而又十分关键的因素。正确选择和使用磨具对提高磨削加工效果至关重要。现对各类磨具的选择原则作简要叙述。

2.7.1 普通磨具的选择与使用

磨削过程就是磨具中的磨粒对工件的切削过程。选择磨具就是要充分利用磨粒的切削能力去克服工件材料的物理力学性能产生的抗力。由于磨具品种、规格繁多，而每一种磨具都不是万能的切削工具，只有一定的适用范围，因此对每一种磨削工作，都必须适当选择磨具的特性参数，才能达到良好的磨削效果。磨具特性主要包括磨料、粒度、硬度、结合剂、组织、形状和尺寸。这里从磨具特性方面来叙述选择磨具的一般原则。

(1) 磨料的选择

磨料种类很多，其选择原则与被加工工件材料物理力学性能有直接关系。

一般来说，磨削抗拉强度较高的工件材料时，选择韧性较大的刚玉类磨料为宜；磨削抗拉强度低的工件材料，则以选择脆性较大而硬度较高的碳化硅类磨料为宜。部分材料的抗拉强度与选用的磨料见表 2-8。

表 2-8　磨料的选用

工件材料名称	抗拉强度 σ_b/MPa	选用材料	工件材料名称	抗拉强度 σ_b/MPa	选用材料
铅	1.8×9.8	黑 SiC	橡胶	$(30 \sim 60) \times 9.8$	黑 SiC
锡	2×9.8	黑 SiC	镁合金	$(21 \sim 26) \times 9.8$	黑 SiC
铝	8×9.8	黑 SiC	优质钢	$(60 \sim 105) \times 9.8$	白刚玉、棕刚玉
锌	15×9.8	黑 SiC	各种合金钢	$(80 \sim 150) \times 9.8$	白刚玉、棕刚玉
铜	18×9.8	黑 SiC	镍	$(50 \sim 70) \times 9.8$	白刚玉、棕刚玉
铁及铸铁	$(25 \sim 40) \times 9.8$	黑 SiC			

在选择磨料时，要考虑工件材料与磨料之间的化学反应性能。磨料与工件材料之间的化学反应是磨料产生化学磨损的主要原因。若用碳化硅磨料磨钢时，会产生强烈的化学磨损。刚玉类磨料磨削时则无此反应，不会发生化学磨损。相反，刚玉磨料磨削玻璃时，特别是有水冷却时，会产生强烈的化学反应，而碳化硅磨料磨削玻璃时则没有这种反应。因此，刚玉类磨料可用来磨削钢类工件，而不适于磨削玻璃，碳化硅磨料则不适于磨削钢材。

磨料和工件材料之间的化学亲和作用也要给予重视，尤其是某些难加工材料与磨料的亲和作用很明显。例如，碳化硅磨料磨削耐热合金时，由于碳化硅能与铁发生自化学反应且在磨削区高温作用下，碳化硅能发生分解，并与工件材料中的某些金属成分（如 Co、Ni、Cr、W 等）形成化合物，使碳化硅砂轮发生较严重的磨损，而用单晶刚玉磨削耐热合金时，则能取得较好的磨削效果。此外，选择磨料时，还要考虑磨料的红硬性。

下面介绍各种磨料的性能及适用范围。

① 棕刚玉（A）　磨料的韧性大，硬度高，颗粒锋锐。因此，它适合于磨削抗拉强度较高的材料，如碳素钢、普通合金钢、可锻铸铁、硬青铜等。棕刚玉价格便宜，应用十分广泛，被视为通用磨料。棕刚玉的二级品，可作为磨修砂轮、砂瓦、砂布、砂纸用磨料及制作树脂切断砂轮。

② 白刚玉（WA）　磨料的硬度略高于棕刚玉，但其韧性差一些。硬的磨料容易切入工件，可以减少工件的变形和磨削热量。白刚玉磨料最适于精磨、刀具的刃磨、螺纹的磨削及磨削容易变形及烧伤的工件，但价格高于棕刚玉。

③ 单晶刚玉（SA）　磨料具有良好的多棱切削刃，并有较高的硬度及韧性。这种磨料在磨削时不易破碎，切削能力强、寿命长，适于加工较硬的金属材料，如高钒高速钢、耐热合金钢及钴基、镍基合金钢与不锈钢等材料。尤其是含钒 2%～3% 的高钒钢，其可磨性能很差，用一般磨料很难磨削，而用单晶刚玉磨料则能适用。单晶刚玉磨料磨削淬火钢、工具钢及其他合金钢时，均能获得良好的磨削效果。单晶刚玉磨料生产量较小，只推荐用于耐热合金及难磨金属材料的磨削。

④ 微晶刚玉（MA） 外观、色泽、化学成分均与棕刚玉相似，所不同的是它的颗粒是由许多微小晶体集合组成。它具有强度高、韧性大、自锐性良好的特点，磨削过程中不易成大颗粒地脱落。由它制成的磨具磨损小，适于不锈钢、碳素钢、轴承钢、特种球墨铸铁等材料的磨削，还用于重负荷磨削和精密磨削。

⑤ 铬刚玉（PA） 磨料的硬度与白刚玉相近，韧性比白刚玉稍高，切削性能较好且有较高的强度和足够的脆性，因此磨削工件的表面不易烧伤和产生裂纹，并能提高生产率。用它制成的磨具现状保持性好，因而适用于成形磨削。铬刚玉比白刚玉具有更好的磨削性能，能使被加工表面降低表面粗糙度值。铬刚玉广泛于淬火钢、合金钢刀具、螺纹的磨削加工、量具及仪表零件的精密磨削。

⑥ 锆刚玉（ZA） 是 Al_2O_3 和 ZrO_2 的复合氧化物，韧性较好，适合于重负荷磨削及耐热合金钢、钛合金、奥氏体不锈钢的磨削。

⑦ 黑刚玉（BA） 磨料外观呈黑色，具有一定的韧性，硬度比棕刚玉低，多用于自由研磨，如电镀前、抛光的打磨或粗磨，用于喷砂，制作粗砂轮、砂布、砂纸等。

⑧ 黑碳化硅（C） 硬度比刚玉类磨料高，切刃锐锋，但性脆。导热性良好，散热快，自锐性能优于刚玉磨料。适宜加工抗拉强度较低的材料，如灰口铸铁、白口铸铁、青铜、黄铜、矿石、耐火材料、骨材、玻璃、陶瓷、皮革、橡胶等，还适于磨削热敏性材料，可用于干磨。黑碳化硅磨料可用于自由研磨，广泛用于珠宝、玉器、玛瑙制品的切割和整形等作业。

⑨ 绿碳化硅（GC） 磨料性质比黑碳化硅硬而脆，较锋利，具有尖锐的切削微刃，很容易切入被加工工件，但韧性不高。绿碳化硅除具有与黑碳化硅相同的用途外，主要适用于硬质合金刀具和工件磨削、螺纹磨削及其工具的精磨，还可磨削玛瑙、钟表宝石轴承、高级珠宝玉器、贵重金属（如锗）的切割和自由研磨。其价格高于黑色碳化硅，除磨削硬质合金材料和技术要求较高的一些工件加工外，应尽量选用黑碳化硅磨料。

⑩ 立方碳化硅（SC） 性脆而锋锐。用它制成的油石和小砂轮对微型轴承进行超精研磨和沟道磨削时有较强的磨削能力，并能降低微型轴承的表面粗糙度值。

⑪ 碳化硼（BC） 磨料呈黑色，颗粒比金刚石更易于破碎而形成新的锋锐的切削刃，切削性能保持性较好。但因工业生产规模较小，生产的碳化硼的粒度只有 $100^\#$ 及更细的粒度，加之碳化硼磨料热稳定性差，不能承受高温作用，所以多将其制成研磨膏或拌入油剂用于自由研磨，适宜于硬质合金、宝石、陶瓷、模具、精密元件加工和抛光。

（2）磨料粒度的选择

磨料粒度的选择主要考虑磨削效率和工件表面粗糙度的要求。一般可根据以下各点选取。

① 工件加工精度要求较高，表面粗糙度值较低时，应选取磨料粒度细的磨具。磨料越小，同时参与切削的磨料越多，工件表面上残留的磨粒切削痕迹越小，表面粗糙度值就越低。但是，磨料粒度的选择还必须和所采用的磨削条件结合起来考虑。若所选用的磨削用量小，砂轮修整精细，则选用磨料粒度粗一些也可获得较低的工件表面粗糙度值。

② 磨具和工件表面接触面积比较大，或者磨削深度也较大时，应选用粒度粗的磨料。粒度粗的磨料和工件表面的摩擦较少，发热量也较少。因此，用砂轮端面磨平面时，所选用的磨料粒度比用砂轮的周边磨平面时可以粗一些。

通常，平面磨削采用 $36^\# \sim 46^\#$ 粒度的砂轮，工件表面粗糙度值 Ra 可达 $0.8 \sim 0.4\mu m$。若提高砂轮速度 v_s，减少磨削深度 a_p，工件表面粗糙度值 Ra 可达 $0.4 \sim 0.2\mu m$，精磨时，采用 $150^\# \sim 240^\#$ 粒度的磨料进行磨削，工件表面粗糙度值 Ra 达 $0.2\mu m$ 或更低。在进行镜面磨削时，选用微粉 $W10 \sim W7$ 粒度的树脂结合剂的石墨砂轮，工件表面粗糙度 Ra 可达 $0.012\mu m$。

③ 粗磨时，加工余量和采用的磨削深度都比较大，磨料的粒度应比精磨时粗，这样才能提高生产效率。

④ 切断和开沟工序,应采用粗粒度、松组织且硬度较高的磨料。

⑤ 磨削韧性金属和软金属时,如黄铜、紫铜、软青铜等,磨具表面易被切屑堵塞,所以应该选用粒度粗的磨料。

⑥ 磨削硬度高的材料,如淬火钢、合金钢等,应选用粗粒度的磨料。磨削硬质合金时,由于材料的导热性较差,容易产生烧伤、龟裂,因而应选用粒度粗一些的磨料为宜。对于薄形及薄壁形工件的磨削,也因其容易发热变形而应选用粒度粗些的磨料。

⑦ 对于切削余量小,或者磨具与工件接触面不大的工件,可以选用粒度细一些的磨料。湿磨与干磨用的磨具相比,其磨料粒度可以细一些。

⑧ 在刚性好的磨床上加工时,可选用粒度粗一些的磨料。

⑨ 成形磨削时,希望砂轮工作面的形状保持性要好,因而磨料选用较细的粒度为宜。

⑩ 高速磨削时,为了提高磨削效率,磨料的粒度反而要比普通磨削时偏细 1～2 个粒度号。因为粒度细的磨粒比较尖锐,容易切入工件。同时,砂轮单位工作面积上的工作磨粒要多,每颗磨粒上承受的力反而要小些,因而不易磨钝。另外,即使个别磨粒脱落,对砂轮磨损的不均匀性的影响也不如粗粒度的大,因此有利于保持磨削过程的平稳性。但高速磨削时的砂轮粒度也不能过细,否则排屑条件变坏,反而不利于提高磨削效率。

一般来说,中等粒度的磨料应用最普遍。细粒度磨料通常只在精磨、研磨和抛光时使用。成批生产时,在满足工件粗糙度要求的前提下,应尽量选用粒度粗一些的磨料,以提高生产效率。而在小批量或单件生产时,一般着重考虑工件的加工质量,所以选用一些细粒度的磨料比较有利。不同粒度的磨料应用范围参见表 2-9。

表 2-9   不同粒度的磨料应用范围

磨料粒度	应 用 范 围
14# 以前	用于荒磨或重负荷磨钢锭、磨皮革、磨盐、磨地板、喷砂除锈
14#～30#	用于磨钢锭、铸件打毛刺、切断钢坯钢管、粗磨平面、磨大理石及耐火材料
30#～60#	一般用于平磨、外圆磨、无心磨、工具磨等磨床上粗磨淬火或未淬火钢件、黄铜等金属及硬质合金
60#～100#	用于精磨、刀具刃磨和齿轮磨等
100#～240#	用于各种刀具的刃磨、粗研磨、精磨、珩磨、螺纹磨
150#～W20#	用于精磨、珩磨、螺纹磨仪器仪表零件及齿轮精磨
W28 及更细	用于超精磨、镜面磨、精研磨与抛光

(3) 磨具硬度的选择

合理选择磨具的硬度,是获得良好磨削效果的关键。

选择磨具硬度时,最基本的原则是:保证磨具在磨削过程中有适当的自锐性,避免磨具过大的磨损;保证磨削时不产生过高的磨削温度。

前已述及,磨具硬度的高低与结合剂数量的多少有关,磨具的硬度越高,结合剂数量就要多,结合剂桥越粗壮,结合剂对磨粒的把持力越大,使磨粒能承受较大的磨削力而不破碎或脱落。反之,磨具硬度低时,则结合剂对磨粒的把持力小,磨粒容易碎裂或脱落。因此,如果磨具的硬度选得过高,不仅使磨钝的磨粒不易破碎或脱落而失去其切削能力,而且也增加了磨具与工件之间的摩擦力,工件表面容易发热而出现烧伤。为了及时除去磨钝的磨粒,就必须频繁地修整磨具,造成磨具的大量磨耗。如果磨具的硬度选得过软,则磨粒还在锋锐的时候就会脱落,从而造成不必要的磨损。同时,磨具磨损太快,其工作表面磨损极不均匀,还会影响工件的加工精度。

综上所述,只有正确选择磨具的硬度,才能保持其正常的磨削状态,满足加工的需要。

特别是刃磨某些工具时，磨具硬度即使偏差一小级，都会影响刃磨质量，可见磨具硬度的影响是十分重要的。

选择磨具硬度时，最基本的方法是：工件硬度高，磨具的硬度就要低；工件硬度低，磨具的硬度就要高。因为工件硬度较低时，磨具上的磨粒切入工件所承受的压力就相应较小，磨粒不易磨钝，为使磨粒不会在变钝前就产生破碎或脱落，故选用硬度高一些的磨具比较合适；反之，工件硬度高时，磨粒切入工件所承受的压力相应较大而容易变钝，选用硬度较软的磨具可及时产生自锐，保持磨具的磨削性能。但是，工件材料更软而且韧性又大时（如软青铜、黄铜等），由于切下的金属切屑容易堵塞磨具，所以应选用粒度较粗而硬度较软的磨具来加工为宜。

磨具的硬度也是影响磨削区域温度高低的重要因素。磨削热导率低的工件（如合金钢）时，由于工件表面温度相对较高，因此往往容易产生烧伤、裂纹，此时就应选择硬度较低、组织较松的砂轮，同时还要加强冷却，这样才能有效避免工件的烧伤。同样，磨削薄形工件时，也需采用组织较松、硬度较低的砂轮。当磨削薄壁空心工件的外圆时，砂轮的硬度应较之磨实心工件时低些，这也是为了防止磨削温度升高而引起工件变形之故。

选择磨具硬度时，一般还要考虑以下一些情况。

① 磨具与工件接触面积大时，磨具的硬度应选得低一些，以免工件发热过高而影响磨削质量。例如，立轴平磨所用的磨具硬度较低；平面磨削和内圆磨削所用的砂轮硬度比外圆磨削用的砂轮硬度低。但在磨细而长的内孔时，由于砂轮速度低，砂轮容易磨损而使工件产生锥度（喇叭口），因而砂轮的硬度又要比一般内圆磨时高些。同样，磨小孔径的工件可采用较硬的砂轮，磨大孔径的工件则应采用较软的砂轮。

② 磨断续的表面和铸件打毛刺时，应该选硬级或超硬级的砂轮；重负荷磨钢坯时，也应选硬级或超硬级的砂轮，以免砂轮磨损太快。

③ 修整用的代金刚石磨具（砂轮或油石），由于修整时的压力较大，需要较高的硬度，因此常采用超硬级的磨具。

④ 重型磨床和刚性较好的磨床，由于它们在磨削时的振动小，磨粒不容易被破坏，因此可用硬度较低的砂轮。

⑤ 外圆切入磨削时，为避免工件烧伤，砂轮硬度应比轴向进给时低些。

⑥ 自动走刀的磨床可以比手动走刀的磨床用较软的砂轮。

⑦ 加工表面要求粗糙度值越小，工件尺寸要求越精确时，应该选择硬度越低的砂轮，以免磨削时发热过多，工件表层组织变坏。例如，用超软级镜面磨削树脂结合剂砂轮，可以磨出粗糙度 R_z 为 $0.05\mu m$ 的表面。但是，对于一般精磨用砂轮，硬度又要高些，否则会由于砂轮工作表面产生不均匀磨损而影响工件的加工精度。

⑧ 工件表面出现的划痕，常与磨具硬度选择不当有关。当磨具硬度太低时，磨粒容易脱落，于是由于挤压或摩擦的作用，脱落的磨粒会划伤工件表面，因而此时要适当提高磨具的硬度。

⑨ 干磨时工件容易发热，应比湿磨时选用软 1～2 小级的砂轮。

⑩ 生产效率要求较高时，可以选用软一些的砂轮，以利于砂轮的自锐，减少修整次数。但砂轮的磨损会相应增加，因而在技术经济指标上要进行全面的分析比较。

⑪ 高速磨削时，当进给速度不变，则磨粒切下的切屑变薄，磨粒承受的切削力相应减小，砂轮的磨损也就慢些。此时为了改善砂轮的自锐情况，其硬度就要比普通磨削时软 1～2 小级，这是高速精磨时的情况。同样，对于一些不平衡的工件（如曲轴等），由于磨削时的工件速度不能太高，因此砂轮的硬度也要选得低一些，以免烧伤工件。以提高切削效率为主要目的高速磨削，切入进给量要加大，此时磨粒上承受的磨削力增加。为了保证磨粒不过

早脱落，砂轮的硬度就应比普通磨削时高 1～2 小级。

⑫ 磨钢球（滚珠）时，应选超硬级的砂轮；一般切断工件，砂轮的硬度应选中至中硬级。

⑬ 刃磨硬质合金和高速钢刀具时，应选择 J～G 硬度的砂轮。

⑭ 成形磨削时，为了保持工件的正确几何形状，砂轮的磨损不应太大，因此砂轮的硬度应高一些。

（4）结合剂的选择

磨具中结合剂的性能，影响它与磨粒的反应能力及其强度。结合剂与磨粒之间的反应能力好，结合剂与磨粒的结合力就强，磨粒就不容易碎裂或脱落。结合剂的强度高，磨粒不仅能承受较高的磨削力，而且还可使砂轮具有较高的回转强度而不容易破裂。此外，结合剂与磨粒的反应能力较好时，对于同样硬度的磨具来说，所用的结合剂数量就可以少些，因而磨具的组织更为疏松，有利于磨削工作的进行。

磨具结合剂的选择主要与加工方法、使用速度及工件表面加工要求等有关。每种结合剂都有它本身的优点和缺点，应该结合磨削时的条件来选择磨具结合剂的种类。

① 陶瓷结合剂（V）　这种结合剂的应用范围最广，能制成各种粒度、硬度、组织、形状和不同大小的磨具。陶瓷结合剂在磨削时性能稳定，耐水、耐酸、耐碱、耐油且不受天气、温度变化的影响，能在多种磨削液条件下进行磨削，也可用于干磨。与其他结合剂相比，陶瓷结合剂可制成不同气孔尺寸的磨具，如大气孔砂轮、松组织砂轮等，磨削时不易受切屑堵塞，因而磨削效率高。

在磨料、粒度、硬度相同并在同样条件加工同样工件时，陶瓷结合剂磨具的磨损也比其他结合剂要小，因而它的使用寿命较长。

通常，陶瓷结合剂砂轮的使用速度在 35m/s 以下，但也可制成高于 35m/s 的高速砂轮，如 50m/s、60m/s、80m/s 乃至 120m/s 的高速砂轮。

陶瓷结合剂砂轮在磨削过程中能较好地保持外形，所以适合于成形磨削，如磨螺纹、磨齿轮、样板磨削及其他成形磨削等。

含硼的陶瓷结合剂又比其他类型陶瓷结合剂的磨削性能好，因为它的结合剂用量少，可以相应增大磨具的气孔率，使磨粒的切削刃更锋芒外露。

② 树脂结合剂（B）　其使用范围仅次于陶瓷结合剂。它具有一定的弹性和足够的强度，并具有抛光性能，粗、精、细磨均可采用。一般适用于以下几个方面。

由于树脂结合剂在高温下容易烧毁，自锐性好，在一般或高速的荒磨工序上应用很广，如铸件打毛刺、磨钢坯、防止发热的平面磨削等。

树脂结合剂还常用于切割金属材料或切割非金属材料，如薄片砂轮及切矿石砂轮等。

树脂结合剂还可以制成高厚度砂轮，用于无心磨削的导轮和主轴平面磨床用的筒形砂轮。

树脂结合剂具有较好的抛光性能，用它制成的细粒度砂轮可用作镜面磨削，加工工件表面粗糙度值可达 $Ra\ 0.012\mu m$。

树脂结合剂砂轮的制作工艺比较灵活，可以加入玻璃纤维网，以增加砂轮的强度，由它制成 60～80m/s 的高速磨片、高速切割片等，可用于打焊缝或切断。

这种结合剂还可加入石墨材料或铜粉制成导电砂轮，在电化学磨削中获得良好效果。

③ 橡胶结合剂（R）　比树脂结合剂更富有弹性，可制成 0.2mm 及更薄的薄片砂轮，用于切断弹簧卡头及钢笔尖开沟。橡胶结合剂在高温作用下易产生塑性变形，磨削后的工件表面粗糙度值较低，故适用于超精磨削或镜面磨削。

橡胶结合剂砂轮也常用来磨削轴承内、外沟道。用它制成的柔性抛光砂轮可用于钻头沟槽抛光、丝锥、板牙抛光及飞机发动机叶片抛光等工序。

橡胶结合剂砂轮对工件的摩擦力较大，无心磨床上使用的导轮几乎都采用此种结合剂制成。

橡胶结合剂砂轮的组织比较紧密，不适合进行粗磨。但它能较好地保持外形轮廓，因此也可用来磨削成形表面。

④ 菱苦土结合剂（Mg）　这种结合剂制作的砂轮，其结合强度虽较差，但因容易产生新的锋利磨粒，因而在某些磨削工序上的效果反倒优于其他结合剂。这种结合剂容易起水解作用，一般不适于在湿磨条件下工作，所以应用范围不广，一般用于磨保安刀片、农用刀具、切纸刀具及磨粮食谷物、磨地板、磨胶体材料（如牙膏、石油）等。使用时，砂轮速度一般在20m/s以内。

⑤ 其他结合剂　如金属结合剂多用于制造金刚石磨具。

（5）磨具组织的选择

磨具的组织对磨削性能的影响很大。不同组织的砂轮，其孔隙不一样，磨粒的密度也不同。因此，即使磨具硬度相同但组织不同，砂轮的磨削性能也有差别。磨具的组织疏松时，磨削效率高，但磨具的磨损快，寿命短；组织太紧密时，因难以容纳切屑而容易烧伤工件。

磨削硬度低而韧性大的材料时，磨具易被磨屑堵塞，需要采用组织松一些的磨具。组织松的磨具可以使磨料颗粒最大限度地切入工件，并将较厚的磨屑带走。用大气孔碳化硅砂轮磨橡胶皮辊和皮革，磨陶瓷或磨无线电陶瓷元件的坯体时，既可避免工件发热，又可提高磨削效率，获得较好效果。采用缓进给大切深的磨削工艺磨削内燃机叶片根槽时，选用微气孔超软砂轮也可获得良好的磨削效果。

成形磨削和精密磨削时，砂轮的组织应选择紧密一些，以利于保持砂轮工作型面的成形性和获得较高的精度。当砂轮与工件接触面积大，或加工黏性难磨材料时，排屑比较困难，冷却条件也不好，为避免磨削区域过热，宜采用松组织砂轮。

在高速重负荷磨钢坯时，为了保证砂轮具有足够强度和较长的寿命，一般均采用组织最紧密的砂轮。为保证钢球的几何形状，磨钢球时也采用组织紧密的砂轮。

（6）磨具形状和尺寸的选择

磨具的形状应根据磨床的条件及工件的形状而定。

砂轮的形状很多，各种形状尺寸的砂轮用途如下。平形系列砂轮的直径在3~16000mm范围内，内圆、外圆、平面、无心、工具及螺纹等磨床均可应用：通常外径150mm以内、厚度10~100mm的平形砂轮多用于内圆磨床；外径75~200mm的多用在工具磨床上；外径250~500mm、厚度20~100mm的平形砂轮在卧轴平面磨床上用得较多；外径250~400mm、厚度32~50mm的平形砂轮多用在中等尺寸的外圆磨床上；外径600~900mm、厚度63~75mm的平形砂轮常用来磨轧辊或用于其他外圆磨床；外径750~1100mm、厚度28~100mm的砂轮用于磨曲轴；外径1200~1600mm、厚度80~120mm的砂轮主要用来磨大型曲轴；外径350~750mm、厚度125~550mm的砂轮，大部分用于无心磨床的磨削轮，用来磨削轴承内、外套圈的外圆和圆锥、圆柱滚子外圆还来磨削，纺织机锭杆、汽车拖拉机上的活塞销及其他大批量生产的工件外圆等；外径250~500mm、厚度8~63mm的平形砂轮，其边缘修整成尖角后，用在螺纹磨床上磨削单线或多线外螺纹工件；外径80~250mm、厚度6~10mm的平形砂轮，经修整成尖角后用来磨削内螺纹工件；外径150~600mm、厚度13~75mm的平形砂轮用在台式、落地式或悬挂式砂轮机上；外径50~250mm、厚度10~25mm的平形砂轮用在手提式砂轮机上。

弧形砂轮用于磨削轴承的沟道。

（7）按各种磨削条件选择普通磨具

各种磨削条件下普通磨具选择见表2-10。

表 2-10 各种磨削条件下普通磨具选择

磨削条件	粗	细	软	硬	松	紧	V	B	R
磨削效率高	●								
接触面积大	●					●			
磨削软金属	●		●		●				
韧性延展性大	●					●		●	
硬脆材料		●	●						
磨削薄壁工件	●		●		●			●	
外圆磨削				●			●		
内圆磨削			●				●		
平面磨削			●				●		
无心磨削			●				●		
双端面磨削	●		●					●	
磨削热敏性材料	●				●				
工件开槽			●			●	●	●	
磨削压力大			●						
磨削拉刀			●						
荒磨、去毛刺	●							●	
精密磨削		●		●	●		●		
高精密磨削		●		●	●		●		
超精密磨削		●		●	●			●	
镜面磨削	●	●		●				●	
摇摆式磨削轴承沟槽									●
无心磨导轨									●
钻头沟槽抛光									●
钻头沟槽成形磨								●	
干磨			●		●				
切削液腐蚀性								●	
湿磨			●	●	●				
成形磨削			●				●		
精磨低粗糙度表面		●		●			●		
高速磨削						●	●		
缓进给深切磨削	●		●		●		●		
工件速度高					●		●		
刀具刃磨				●			●		
端面砂轮磨削导轨	●		●			●			
钢材切断	●			●		●		●	●
铜铝合金、黄铜	●			●		●		●	
石墨基体渗铝青铜		●		●					
橡胶制品及纸辊	●					●		●	

（8）按磨料对被磨削材料的适应性选择磨具

按磨料对被磨削材料的适应性选择磨具见表 2-11。

表 2-11 按磨料对被磨削材料的适应性选择磨具

磨料	按材料性能							按材料种类										
	硬度/HRC			延展性		抗拉强度/MPa		碳素钢	碳素工具钢	淬火结构钢	合金钢	轴承钢	高速钢	不锈钢	铸铁	球墨铸铁	有色金属	硬质合金
	<25	25~55	>55	大	小	>700	≤700											
棕刚玉	△			△	△		△	△	△		△					△	△	
白刚玉		△	△	△		△		△	△	△	△	△	△	△				
单晶刚玉			△	△		△				△		△	△	△				
微晶刚玉	△	△		△		△		△	△	△	△	△						
铬刚玉		△		△		△				△		△		△				
锆刚玉		△		△		△		△			△							
镨钕刚玉		△	△	△		△				△		△	△	△				
矾土烧结刚玉	△			△			△	△			△							
黑碳化硅	△				△		△								△		△	
绿碳化硅					△		△											△
碳化硼					△		△											△

（9） 磨具的安全使用

绝大多数磨削工作均由高速回转的砂轮进行切削，而砂轮（磨具）又是一种脆性物体，在其制造、运输和使用过程的各个环节中，有许多因素影响其强度，从而影响使用时的安全性。图 2-27 列出了影响磨具安全使用的各种因素。

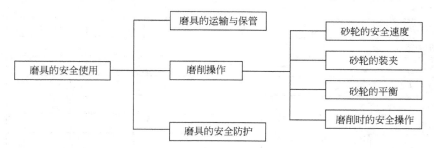

图 2-27　影响磨具安全使用的因素

① 磨具的运输与保管　为避免磨具在运输和保管过程中受到损伤，必须注意以下事项。

a. 长途运输时要用木箱或柳条筐妥善包装，并用稻草或锯末等软质物质将磨具分隔开。搬运时要防止碰撞和冲击，堆放要稳当。

b. 陶瓷磨具不要放在潮湿或冰冻的地方；橡胶磨具不宜与油接触；树脂磨具不能与碱接触，否则会降低磨具的强度及其磨削能力。

c. 磨具应存放在干燥的地方，室温不应低于 5℃。

d. 磨具应按规格分开放置，存放处应设有标志，以免出现混乱和差错。

e. 放置位置和设置方法应视磨具形状和大小而定。较大直径或较厚的砂轮采用直立或稍倾斜地摆放，较薄和较小的砂轮应平叠摆放，但叠放高度不要超过 500～600mm。橡胶或树脂薄片砂轮的叠放高度要在 200mm 以下，并在其上下各放一块平整的铁板，可防止砂轮变形或破裂。小直径砂轮（50mm 以下者）可用绳索串起来保管。碗形、杯形和碟形等异形砂轮应将其底朝下一个一个地叠放，但放置高度不要太高。

f. 橡胶和树脂都有"老化"现象，所以这两类结合剂的磨具存放期一般不能超过一年。超过存放期的磨具，必须重新检查后才能使用。

g. 经过改制后的砂轮，必须重新经过回转检验后才能使用。

② 砂轮的安全速度　为了不致造成差错，砂轮上均印有安全工作速度的标志，特别是高速砂轮，更应有醒目的特殊标志。必须按砂轮上标志的工作速度使用。普通磨具的最高工作速度见表 2-12。

表 2-12　普通磨具的最高工作速度（摘自 GB2494—1995）

序号	磨具名称	形状代号	最高工作速度/m·s⁻¹				
			陶瓷结合剂	树脂结合剂	橡胶结合剂	菱苦土结合剂	增强树脂结合剂
1	平形砂轮	1	35	40	35	—	—
2	丝锥板牙抛光砂轮	1	—	—	20	—	—
3	石墨抛光砂轮	1	—	30	—	—	—
4	镜面磨砂轮	1	—	25	—	—	—
5	柔性抛光砂轮	1	—	—	23	—	—
6	磨螺纹砂轮	1	50	50	—	—	—
7	树脂重负荷钢坯修磨砂轮	1	—	50～60	—	—	—
8	筒形砂轮	2	25	30	—	—	—

续表

序号	磨具 名称	形状代号	最高工作速度/m·s⁻¹				
			陶瓷结合剂	树脂结合剂	橡胶结合剂	菱苦土结合剂	增强树脂结合剂
9	单斜边砂轮	3	35	40	—	—	—
10	双斜边砂轮	4	35	40	—	—	—
11	单面凹砂轮	5	35	40	35	—	—
12	杯形砂轮	6	30	35	—	—	—
13	双面凹一号砂轮	7	35	40	35	—	—
14	双面凹二号砂轮	8	30	30	—	—	—
15	碗形砂轮	11	30	35	—	—	—
16	碟形砂轮	12a 12b	30	35	—	—	—
17	单面凹带锥砂轮	23	35	40	—	—	—
18	双面凹带锥砂轮	26	35	40	—	—	—
19	钹形砂轮	27	—	—	—	—	60~80
20	砂瓦	31	30	30	—	—	—
21	螺栓紧固平形砂轮	36		35	—	—	—
22	单面凸砂轮	38	35		—	—	—
23	薄片砂轮	41	35	50	50	—	—
24	磨转子槽砂轮	41	35	35	—	—	60~80
25	碾米砂轮	JM1-7	20	20	—	—	—
26	菱苦土砂轮	—	—	—	—	20~30	—
27	磨保安刀片砂轮	JD1-3	—	25	—	25	—
28	高速砂轮	—	50~60	50~60	—	—	—
29	磨头	52 53	25	25	—	—	—
30	棕刚玉 30# 及更粗及更硬砂轮	—	40	40	—	—	—
31	缓进给强力磨砂轮			35	—	—	—
32	小砂轮	—	35	35	35	—	—

注：特殊最高速度的磨具，应按用户要求制造，但必须有醒目标志。

③ 砂轮的装夹

a. 砂轮安装前，必须校对其安全工作速度。标志不清或无标志的砂轮，必须重新进行回转检验。

b. 安装砂轮前，要用木槌轻敲砂轮，如发现砂轮（特别是陶瓷砂轮）有哑声时，说明砂轮内部可能存在裂纹，这种砂轮不能使用。

c. 夹在砂轮两边的法兰盘，其形状、大小要相同。法兰盘的直径一般为砂轮直径的一半，内侧面要有凹槽。在砂轮端面与法兰盘之间，要垫上一块厚度为 1~2mm 的弹性纸板或皮革、耐油橡胶垫片，垫片的直径应稍大于法兰盘的外径。图 2-28（a）、（b）所示为正确安装，图 2-28(c) 所示为错误安装。

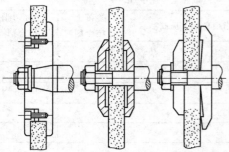

(a) 砂轮装在法兰盘上　(b) 砂轮直接装在主轴上　(c) 错误安装

图 2-28　砂轮的安装

d. 应依次对称地拧紧法兰盘螺钉，使夹紧力分布均匀。但不得用力过大，以免压裂砂轮。

e. 砂轮装好后，应经过一次静平衡才能装到磨床上去。如果采用图 2-28(b) 所示安装法，或者装在没有平衡块的小法兰盘上，则应检查砂轮的径向偏摆。偏摆过大时，要重新安装砂轮。

④ 砂轮的平衡　引起砂轮不平衡的原因很多：砂轮的几何形状不对称，两端面不平行，外圆与孔不同心，砂轮各部分的组织不均匀，装夹时砂轮偏心和磨削过程中砂轮的不均匀磨损等，都是造成砂轮不平衡的重要原因。

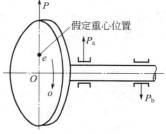

图 2-29　旋转体的不平衡

砂轮不平衡质量的存在使砂轮的重心偏离回转曲线。砂轮旋转时，便产生一个离心力 P（图 2-29）。此力的大小与砂轮的转速有直接关系。例如，一个外径为 400mm 的砂轮，其重量（W）约为 110N，假设偏心 $e=1$mm，当砂轮转速 $n_s=1670$r/min 时，其离心力为

$$P=\frac{W}{g}e\omega^2=\frac{110\times1}{9800}\left(\frac{3.14\times1670}{30}\right)^2=343\text{N}$$

如果是高速磨削，则砂轮转速 $n_s=3000$r/min，此时离心力可高达 1107N。

这样大的离心力不仅使轴承受到方向不断变化的径向力 P_a 和 P_b 的作用而加速磨损，砂轮主轴也因此而产生强迫振动，影响被加工工件的表面质量，甚至可能导致砂轮破裂。因此，为使砂轮能平稳而安全地工作以获得良好的磨削效果，对于直径大于 250mm 的砂轮，都需要进行仔细的平衡。

砂轮的平衡方法有三种：静平衡、动平衡、自动平衡。

a. 砂轮的静平衡。砂轮的静平衡如图 2-30 所示。平衡架由两个立柱 2 和底座 1 组成，每个立柱上均有一个圆柱支承 3（或棱形刀口）。圆柱支承经过淬火和精磨，并严格校正至水平位置。需要平衡的砂轮装夹在法兰盘上，并套在平衡心轴 4 上，然后放到圆柱支承上进行平衡。下面介绍两种静平衡方法。

重心平衡法：这种方法是首先找出重心位置，然后装上平衡块进行平衡。

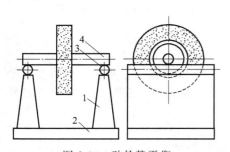

图 2-30　砂轮静平衡

1—底座；2—立柱；3—圆柱支承；4—平衡心轴

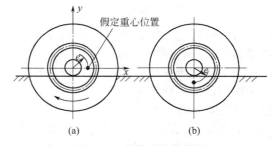

图 2-31　砂轮重心的找正

找重心的方法：将砂轮套入平衡心轴，放到平衡架圆柱支承上轻轻滚动。如果砂轮重心与旋转轴心重合，砂轮无论滚到什么角度都可停下静止不动；如果不重合，则因偏心 e ［图 2-31(a)］而产生对轴线 x 的转动力矩 M_x，$M_x=We$（W 为砂轮重量），使砂轮在圆柱支承上来回摆动，摆动停止时，其重心必处于通过轴心的垂线下方位置 ［图 2-31(b)］。

重心找到以后，在重心相反的方向、半径为 R 的卡盘圆槽中紧固一个重量为 W_0 的第

一块平衡块 n_1 [图 2-32(a)]；如果 $We=W_0R$，则砂轮达到平衡。但有时用一块平衡块很难达到要求，因此必须在对称于平衡块 n_1 处紧固另外的两块或多块重量相等的平衡块 n_2 和 n_3 [图 2-32(b)]，同时沿圆槽对称地移动此平衡块，直到使砂轮达到平衡为止。

三点平衡法：将重量相等的三块平衡块 n_1、n_2、n_3 等分固定在砂轮法兰盘的圆槽上 [图 2-33(a)]，先取任意一块（如 n_1）放在垂直方向的上方，如果砂轮重心与回转中心重合或者重心与回转中心在同一垂线上时，砂轮都将静止不动，再将另外两块平衡块 n_2 和 n_3 分别转到垂线的上方，若砂轮仍然不动，说明砂轮是平衡的，如果砂轮顺时针方向转动，说明重心在右边的某一位置，需将平衡块 n_1 向左移动 e_1 的距离 [图 2-33(b)]，使砂轮处于暂时的平衡，此时各平衡块和砂轮重心所产生的转动力矩将满足下述平衡方程的要求：

$$W_0e_1+W_0e_2=W_0e_3+We$$

式中　　W_0——平衡块重量；

e_1，e_2，e_3——各平衡块与通过砂轮回转中心垂线的距离；

e——砂轮重心与通过砂轮回转中心垂线的距离。

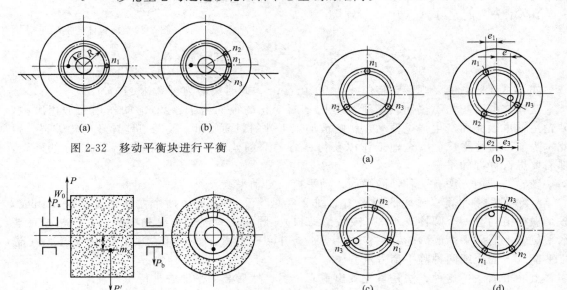

图 2-32　移动平衡块进行平衡

图 2-34　砂轮的动态不平衡

图 2-33　用三点平衡法平衡砂轮

将砂轮转过 120°，使平衡块 n_2 转到垂线的上方，此时砂轮又可能处于不平衡状态，需将平衡块 n_2 向右移动 [图 2-33(c)]，使砂轮再次平衡。

用上述方法移动平衡块 n_3，使砂轮又处于平衡状态 [图 2-33(d)]。通过一次调整三块平衡块的位置，砂轮往往还不能在任何角度都达平衡，而只是逐渐趋于平衡。反复调整数次，砂轮即可达到平衡。

b. 砂轮的动平衡。经静平衡后的砂轮，一般可以满足一定的使用要求。但是，由于受平衡架导轨的水平精度、平衡心轴的圆度及滚动摩擦等因素的影响，静平衡的精度仍不太高。对于大直径砂轮，由于重量很大，静平衡时不仅劳动强度很大，费时较多，同时由于过大的重量会使平衡架和平衡心轴产生变形，因而会影响静平衡精度。此外，用静平衡法平衡宽砂轮时只能达到静态平衡，当砂轮高速旋转时，又可能产生动态不平衡。如图 2-34 所示，在砂轮上有一不平衡量 m_x，距砂轮回转中心的距离为 r_x，则转动力矩为 m_xr_x。此时可以用静平衡法在砂轮的左端或者右端的法兰盘圆槽上固定一定重量的平衡块，使砂轮达到平衡。但当整个组件高速旋转时，便会产生两个数值相等、方向相反的离心力 P' 和 P，从而产生力矩，此力矩有使整个组件沿其作用方向转动的趋势，并给每个轴承座一定的支反力 P_a 和 P_b。当轴旋转时，作用于轴承座上的支反力的方向不断变化而引起振动。因此，对于高精度磨床和大砂轮、宽砂轮磨床，要采用动平衡方法，方能达到较好的平衡效果。

砂轮的动平衡可用 HYQ022A 动平衡仪（上海机床厂生产）进行。HYQ022A 动平衡仪由传感器、电子仪器和闪光灯组成。砂轮组件的不平衡所引起的振动，由传感器接收转换成电信号，经放大器放大，一方面在仪器上指示出不平衡量的大小，另一方面通过闪光灯发出的同步闪光信号显示出砂轮组件重心偏移的方位，找出砂轮组件的不平衡重量和方位后，通过加平衡块或移动平衡块的位置，便可使砂轮组件达到动平衡。

c. 砂轮的自动平衡。经过静平衡或动平衡的砂轮，由于使用过程中的多次修整和对磨削液吸附的差异，以及磨削过程中的不均匀磨损等，会使砂轮产生新的动态不平衡。因此，在高精度磨削和高速磨削时，常采用砂轮自动平衡装置，对砂轮的不平衡情况随时进行检测，并加以自动补偿，使砂轮在磨削过程中始终保持良好的平衡状态。

我国已研制出多种砂轮自动平衡装置，均可获得较好的平衡精度，具有一定的实用价值。

2.7.2 超硬磨具的选择与使用

（1）超硬磨料的选择

鉴于金刚石和立方氮化硼磨料性能上有差异，其使用范围也不同。金刚石磨料的硬度、强度、研磨能力、热导率和线胀系数均优于立方氮化硼，因此适于加工硬而脆的材料，如硬质合金、陶瓷、玛瑙、光学玻璃、石材、混凝土、半导体材料等。但由于金刚石是碳的同素异形体，在较高温度下易与钢中的铁族金属产生化学反应，形成碳化物，造成严重的化学磨损，影响磨具的磨削性能且加工效果也不好，因此金刚石不适宜用来加工铁族金属材料。与金刚石相比，立方氮化硼磨料的热稳定性、化学惰性均较优，不易和铁族金属及其他元素发生化学反应，因此尽管其硬度等物理力学性能比金刚石稍差一些，但用它来加工硬而脆的金属材料，如磨削工具钢、模具钢、不锈钢、耐热合金、高钒高速钢等黑色金属，具有独特的优点，是理想的磨料。

金刚石磨料有天然和人造两大类。它们的化学成分和晶体结构完全一样，因而磨削性能基本相同，但因它们的生成方法不同，故在磨料的外形和物理力学性能方面又有差异。天然金刚石表面光滑、韧性好；人造金刚石是由石墨在高温高压条件下转化生长而成的，表面粗糙，脆性较大。在受冲击载荷条件下，采用天然金刚石有利。在一般磨削场合，则采用人造金刚石磨具。金刚石磨粒的晶体形状和抗压能力对磨削性能有很大影响，所以应根据不同的磨削要求予以适当选择，以充分发挥磨料的切削作用。

天然金刚石以 NC 为代号，人造金刚石分为 RVD、MBD、SCD、SMD、DMD、M-SD 六个牌号；立方氮化硼有 CBN、M-CBN 两个牌号。其相应的适用范围参见表 2-13。

表 2-13 超硬磨料粒度与加工表面粗糙度的关系

粒度号	树脂结合剂砂轮的 $Ra/\mu m$	金属结合剂砂轮的 $Ra/\mu m$
80#～100#	—	1.6～0.8
100#～150#	0.4～0.2	0.8～0.4
130#～240#	0.2～0.1	0.4～0.2
280#～W20	0.1～0.05	—
W14～W7	0.05～0.025	—
W7～W3.5	0.025～0.0125	—

（2）超硬磨料的粒度选择

超硬磨料的粒度选择，一般是根据被加工工件的表面粗糙度和加工效率的要求而决定的。金刚石磨具与立方氮化硼磨具选择原则基本相同，与普通磨具比较，如要达到相同的表面粗糙度要求，选用磨料粒度应细 1～2 个粒度；同时，在满足表面粗糙度要求的前提下，还要考虑能达到较高的加工效率，取得满意的加工效果，应尽量选取尽可能粗的粒度。超硬磨料粒度与加工表面粗糙度的关系见表 2-13。

选择超硬磨料磨具的粒度还应考虑结合剂黏结能力的强弱影响。对于一定的结合剂，工件材料的磨除量随磨粒尺寸的加大而加大，磨削比随之增加，但如磨粒粒度过粗，则将急剧增大磨具磨损，磨削比反而下降，对黏结能力较弱的树脂结合剂尤为显著。反之，如粒度过细，则磨削能减弱，且易于堵塞磨具工作面，引起磨削温度升高，磨削质量变坏，磨具磨损增加且磨具堵塞后需进行修整，造成磨具不必要的非工作损耗。对树脂结合剂超硬磨料磨具来说，磨具工作表面过热还会造成结合剂的热分解，促使磨具磨损急剧增加。所以，对于确定的结合剂磨具来说，均存在一种最佳的磨料粒度范围。在此范围内，磨具的磨削效率和磨损状况最佳。通常，树脂结合剂超硬磨料磨具选用 $100^\#$ 以内粒度号；陶瓷结合剂磨具选用 $100^\#$～$180^\#$ 的粒度；金属结合剂磨具可在 $80^\#$～$240^\#$ 范围内选择。

不同磨削工序的磨具粒度选择应针对加工条件和加工要求及最佳粒度范围综合考虑。磨削加工各工序中推荐选择的粒度号如下：粗磨选用 $80^\#$～$120^\#$；半精磨选用 $120^\#$～$180^\#$；精磨选用 $180^\#$～W40；研磨抛光选用 W40～W1。

对于特殊要求的磨削加工，可选用更粗或更细粒度的磨具。如成形磨削时，为提高磨具的成形性所选用的粒度号比一般磨削使用的粒度要细。

（3）超硬磨料磨具结合剂的选择

金刚石磨具与立方氮化硼磨具常用的结合剂有树脂结合剂、陶瓷结合剂、金属结合剂和电镀金属结合剂四类。金属结合剂有青铜结合剂、铸铁结合剂及铸铁短纤维结合剂。其性能与应用范围有所不同，按黏结能力及耐磨性排序如下。

$$\underset{\text{黏结能力及耐磨性}}{\overline{\text{树脂、陶瓷、金属、电镀金属}}} \longrightarrow 渐强$$

① 树脂结合剂（代号 B）　它是以热塑性酚醛树脂为结合剂主要材料，也有的用环氧树脂、聚酰亚胺树脂为主要材料，添加一定量的填料，如氧化铬、氧化铁、氧化锌、铜粉、石墨、刚玉磨料、碳化硅磨料等，与超硬磨料按一定浓度充分混合后，在模具内加热、加压成形。在超硬磨料磨具中，采用树脂结合剂所占比例约超过半数。

树脂结合剂对磨料的黏结强度较弱，因此磨削时自锐性好，不易堵塞，磨削效率高，磨削力小，磨削温度低，结合剂自身有一定弹性，则有一定的抛光作用，被加工表面质量好，所以树脂结合剂超硬磨料磨具应用范围较广。主要用于要求磨削效率高，表面粗糙度值较低的场合。其缺点是耐磨性较差，磨具的磨损较大，不适用于重负荷磨削。树脂结合剂金刚石砂轮，常用于硬质合金及非金属材料的半精磨及精磨。树脂立方氮化硼磨具主要用于高钒高速钢、工具钢、磨具钢、不锈钢、耐热合金等材料的半精磨、精磨。

② 陶瓷结合剂（代号 V）　陶瓷结合剂超硬磨料磨具耐磨性及黏结能力优于树脂结合剂超硬磨料磨具切削锋利，磨削效率高，磨削过程中不易发热及堵塞、热膨胀量小，容易控制加工精度，修整较容易。一般用于粗磨、半精磨及接触面较大的成形磨削，其缺点是磨削表面粗糙度值较大，制造较困难。陶瓷结合剂 CBN 砂轮在滚珠丝杠、导轨、齿轮、轴承、曲轴、凸轮轴、钛合金磨削上的应用日益扩大。

③ 金属结合剂（代号 M）　包括青铜、铸铁等结合剂。

青铜结合剂强度较高、耐磨性好、磨损少，磨具寿命长、保持形状好、磨削成本低，能承受较大的负荷，但自锐性较差，易堵塞、发热，修整较困难。青铜结合剂金刚石磨具主要用于玻璃、陶瓷、石材、混凝土、半导体材料等非金属硬脆材料的粗、精磨及其各工序。青铜结合剂立方氮化硼磨具多用于珩磨合金钢工件材料，效果显著。

为改善青铜结合剂超硬磨料磨具的自锐性，有的采用增加锡的含量，减少铜的含量；有的在青铜结合剂中加入一定量的陶瓷一起烧结，以增加一些结合剂的脆性，这种结合剂也称为金属陶瓷结合剂。在青铜结合剂中加入一定量的导电性能好的材料如银粉，专门用于电解磨削。有的青铜结合剂中除加银外，还添加聚四氟乙烯等化学合成物，以防止磨屑黏附在超硬磨料上，以改善磨削效果。

④ 电镀金属结合剂　是以金属镍、银等为材料，将 $80^{\sharp} \sim W40$ 粒度的超硬磨料单层或多层地用电镀方法镀在金属基体上制成。国内试制 200m/s 电镀 CBN 超高速砂轮的电镀工艺过程为：基体与磨料的准备、镀液调制、粗砂和电镀（预镀加厚镀）、镀后处理。电镀液以瓦特镍为本液加含钴离子的溶液配制而成。其电镀液组成如下：

$NaSO_4 \cdot NaCl \cdot 7H_2O$	$20 \sim 220$ g/L
H_3BO_3	$30 \sim 40$ g/L
$CoSO_4 \cdot 7H_2O$	$25 \sim 35$ g/L
NaCl	$10 \sim 20$ g/L
十二烷基硫酸钠	0.1g/L

其操作条件为：电镀液 pH 值为 $4.0 \sim 4.5$；温度为 $45 \sim 60$℃；电流密度为 $1 \sim 4$A/dm^2。

电镀金属结合剂超硬磨料磨具表面的磨粒密度高，磨粒基本上均裸露出结合剂表面，因此磨具的工作表面上磨粒微刃锋利，磨削效率高。电镀金属结合剂立方氮化硼磨具应用于加工各类钢类零件的小孔，其磨削效率高、经济性好，能获得良好的加工效果。

金刚石与立方氮化硼在钢基轮盘上镀覆单层金属而成的砂轮不仅是适应超高速磨削的唯一磨具，而且是解决高精度复杂形状成形磨削的有效途径。

（4）浓度的选择

浓度是超硬磨料磨具的重要特性之一，它对磨削效率和加工成本有很大影响：浓度过低，磨削效率不高，满足不了生产要求；浓度过高，很多磨粒过早脱落，造成浪费。

超硬磨料磨具浓度选择主要根据磨具结合剂的种类、磨料的粒度和形状要求，以及加工工序的具体情况和加工要求等因素来决定。

不同种类结合剂对磨粒的黏结力不同，因此对每一种结合剂都有其最佳浓度范围。树脂结合剂超硬磨料磨具的浓度范围为 $50\% \sim 75\%$；陶瓷结合剂磨具的浓度为 $75\% \sim 100\%$；金属结合剂磨具的浓度为 $100\% \sim 150\%$。结合剂对磨粒的黏结强度越高，最佳浓度范围也越高。

CBN 磨具主要加工韧性较大的钢材工件，比金刚石磨具所加工的工件材料硬度低，且 CBN 磨粒多刃、自锐性好，对同一种结合剂来说，CBN 磨具的浓度可略高于金刚石磨具。树脂结合剂 CBN 砂轮的浓度常采用 100%。

磨具浓度的选择还要考虑磨具形状和加工方式。对于工作面宽的磨具，特别是保持形状精度的成形面磨削及端面、沟槽的磨削等，应选择较高浓度的磨具。

从工件的加工要求和加工工序状况方面考虑。对粗磨工序，主要要求磨具的磨削能力强、磨削效率高，一般选择磨料粒度粗、浓度较高的磨具，浓度高，磨具工作面上单位面积内磨粒数多，有利于满足粗磨时提高磨削效率的要求。对半精磨、精磨工序，要满足表面粗糙度及磨削能力方面的要求，一般采用中等程度的浓度较好。对于抛光和低表面粗糙度值的磨削，常选用细粒度树脂结合剂磨具，一般采用低浓度为佳，个别其至可选用低达 25% 的浓度，有利于降低表面粗糙度值。

(5) 超硬磨料磨具形状和尺寸的选择

超硬磨料磨具形状的选择，主要根据磨床和工件加工表面形状对磨具的要求来决定，如平形砂轮（1A1）主要用于外圆、平面、工具刃磨及砂轮机上的磨削；平形小砂轮（1A8）主要用于内圆磨削；单面凹砂轮（6A2）主要用于工具刃磨和平面磨削等；碗形砂轮（11A2）主要用于刀具刃磨和平面磨削。

超硬磨料磨具尺寸的选择根据磨床的规格、型号及加工工件形状大小来决定。可参考磨床说明书上对磨具的要求予以选择。

超硬磨料磨具即金刚石或立方氮化硼磨具的形状和尺寸依据 GB/T 6409.2—1996 选取。

(6) 超硬磨料磨具的使用

① 超硬磨料磨具的应用状况

a. 人造金刚石砂轮的应用。人造金刚石磨具应用已较为广泛，其应用领域几乎渗透各部门。硬质合金制品及一些特殊刀具材料已普遍采用金刚石磨具加工。一些难加工材料如各种金属的铁氧体、铸造永磁合金、钢结硬质合金、热喷涂（焊）材料等，使用金刚石磨具加工取得了满意效果。光学玻璃的加工，在全工序上从套料、切割、铣、磨、磨边倒角、精磨所用的金刚石磨具已经系列化，得到了普遍应用。对于工程陶瓷、石材、玉石、宝石、半导体材料、电气绝缘材料、橡胶传送带等非金属材料的加工，人造金刚石磨具是理想的磨削加工工具，应用逐步增加。对发动机缸体、汽缸的珩磨及油泵油嘴、轴承套圈沟道的超精研磨，人造金刚石磨具也是良好的加工工具，不断得到应用。

人造金刚石磨具虽得到较广泛应用，但主要是低中档的金刚石，生产高中档品质金刚石的生产能力小。从超硬材料市场走向看，不断发展金刚石制品的品种、规格、粗颗粒、大的单晶及复合片，提高金刚石晶体质量，增大晶体粒度仍是超硬磨料的重点课题。

b. 聚晶金刚石（多晶金刚石）的应用。我国 1972 年成功地将无硬质合金衬底的金刚石聚晶（PCD）用于地质钻探。1980 年研制成功硬质合金复合材料——PDC（即带硬质合金衬底的 PCD），基本解决了非金属及有色金属中难加工材料的加工问题，并已推广应用于石油及地质钻头、工程钻头、砂轮修整工具及耐磨器件。

c. CBN 磨具的应用。CBN 磨料的牌号有 CBN 及 M-CBN 两种。在加工 9Cr18 合金钢衬套内孔、Cr4Mo4V、W9Cr4V2Mo 高温轴承钢套圈、超硬高速钢刀具等方面取得良好的加工效果。当前，陶瓷结合剂 CBN 磨具的应用发展较快。这主要是由于陶瓷结合剂 CBN 磨具的修整相对于树脂结合剂、金属结合剂磨具要容易些。陶瓷结合剂 CBN 砂轮在磨削滚珠丝杠、导轨、齿轮、轴承、曲轴、凸轮轴、钛合金工件等的磨削方面扩大了应用范围。电镀金属结合剂 CBN 砂轮在磨削液压件转子槽时达到的尺寸精度为 (1.4 ± 0.01)mm，形状精度达 0.003mm。金属结合剂 CBN 砂轮磨削活塞环槽达到较高的加工精度。但我国 CBN 品种少，不能适应多种材料和不同磨削方式的需要。美国 GE 公司的 CBN 磨料有 8 个牌号。CBN 磨具具有优异特性。为防止 CBN 磨料的脱落，需要结合剂对 CBN 晶体有良好的把持性。而镀覆则是提高对 CBN 晶体把持性的有效手段。但国内尚未有正式的 CBN 镀覆品种的牌号。加上国内现有磨床的刚度低、转速低及未有适用磨削液，限制了 CBN 磨具的推广应用。

② CBN 磨具对磨床的要求　高速、超高速磨削加工，CBN 磨具是最适用的磨削工具。CBN 磨具对磨床有较高的要求，磨床应具有高的刚性及良好的抗振性、热稳定性，砂轮主轴需要有高的回转速度，砂轮主轴轴向窜动小于 0.005mm，径向跳动小于 0.01mm，且要有精密的进给、修整机构等。为保证均匀准确进给，应有小于 0.005mm/次以下的进给机构，才能充分发挥 CBN 的优异性能。研制开发 CBN 磨具磨削专用磨床已成为世界磨床行业的主要发展方向，我国尚属空白，但已开始起步。

使用 CBN 磨具进行加工，所使用的磨床刚度比普通磨削机床的刚度要高 50%。试验表明，磨床刚度低使 CBN 砂轮处于振动状态下工作，使 CBN 砂轮磨损增大，且磨损不均匀。磨床刚度低则不能充分发挥 CBN 磨具高的磨削效率，使磨削比降低，磨削比降低意味磨削加工成本大幅度提高。磨床刚度低易产生严重的粘屑，而使 CBN 磨具不能进行正常磨削，而需进行修整后，才能再进行磨削工作。磨床刚度低易发生振动，尤其是磨屑黏附时，振动会更加严重，对加工表面产生振纹和烧伤，使表面粗糙度值急剧增加，工件表面质量严重恶化。

③ 使用超硬磨料磨具时磨削液的选择　使用超硬磨料磨具磨削时，选用适当的磨削液可减少磨具的磨损，改善加工质量，降低表面粗糙度值，防止磨具表面被堵塞，延长磨具使用寿命。由于超硬磨料热导率高，传入磨具中的热量比普通磨料磨具多，使磨具温度升高，不利于磨削过程正常进行。当使用树脂结合剂磨具进行磨削时，采用磨削液能降低磨削温度，减少磨粒附近的结合剂热分解，从而减少磨具的磨损，提高磨削工序的生产率及经济效益。用超硬磨料磨具进行磨削加工，在有条件的情况下，应尽量选用合适的磨削液。

所选用的磨削液应无腐蚀、无公害、无污染，具有良好的润滑性、冷却性及洗涤性。对于超硬磨料磨具来说，因其组织细密，气孔极少或无气孔，在磨削过程中易被磨屑堵塞。为了保证磨削过程正常进行，应及时冲掉粘在磨具工作表面上的磨屑，带走磨削过程中所产生的热量，所选用的磨削液还应具有低黏度及良好的浸润性、清洗性。

用金刚石磨具加工硬质合金、钢结硬质合金，应选用有轻质矿物油的煤油、低牌号全损耗系统用油、汽油、轻柴油、煤油的混合油等磨削液。也可选用苏打水（不适用于树脂结合剂的超硬磨料磨具）、硼砂、三乙醇胺、亚硝酸钠、聚乙二醇的混合水溶液等水溶性磨削液。尤以煤油、轻柴油和水溶性磨削液效果最好。磨削非金属材料时常用水作为磨削液。

使用 CBN 磨具时，磨料在高温下和水发生化学反应：

$$BN + 3H_2O \longrightarrow H_3BO_3 + NH_3 \uparrow$$

反应结果生成硼酸和气体氨。这种反应称为水解作用。随着温度升高，水解作用加剧，这就加剧了磨具的磨损。所以用 CBN 磨具时，不选用水溶性磨削液，而选用轻质矿物油——煤油、轻柴油以获得良好的磨削效果。若必须用水溶性磨削液，应加极压添加剂，以减弱水解作用。例如，用电镀金属结合剂的 CBN 磨具磨削孔时，采用不同的磨削液，则 CBN 磨具的寿命差别很大。采用矿物油时，砂轮寿命最高，采用水溶性磨削液，砂轮寿命比干磨时还低。

选择磨削液时，还应考虑工件材料的性能。工件材料强度高，要求磨削液在工件表面上形成的薄膜强度应高。因此，增加磨削液中的表面活性物质，可提高砂轮耐用度和总的磨除量。工件材料导热性越差，则要求磨削液应有较高的耐热强度。有时为了避免工件材料对磨粒的化学磨损，需在磨削液中加入其他添加剂，以抑制磨料和工件材料之间的化学亲和作用及化学磨损。

在 CBN 磨具的磨削过程中使用挥发性的煤油作磨削液，CBN 砂轮的磨削效率比采用表面活性剂溶液高 8～20 倍，不会出现水解。但煤油易燃、污染环境、散热性较差，且有臭味、刺激皮肤，不适于生产中使用。目前替代煤油的代用品尚未解决。适用于 CBN 砂轮磨削的磨削液尚需研究。没有适用的磨削液是制约 CBN 磨具推广应用的一个关键技术问题。

④ 超硬磨料磨具的修整与整形　超硬磨料磨具的修整与整形，请参阅第 4 章的内容。

⑤ 使用超硬磨料磨具时的注意事项

a. 为减少超硬磨料磨具的修整消耗，每片磨具应配备专用法兰，法兰自磨具开始使用至用完不再拆下。每加工一批工件，仅需将磨具连同法兰装上机床并稍作修整即可进行磨削，节约了装卸磨具的时间，节约砂轮非磨削消耗，提高磨具使用的经济性。

b. 超硬磨料磨具装上法兰时，应尽可能地对中，一般使砂轮径向跳动小于 0.03mm，可减少修整消耗。

c. 超硬磨料磨具的平衡十分重要，磨具在出厂前及使用时均应进行静平衡或动平衡试验，以保证磨具在加工中运转平稳。

d. 树脂结合剂超硬磨料磨具存在老化问题，因此保存时间不宜过长。

e. 搬运、存放超硬磨料磨具时，不允许碰撞，不允许接触腐蚀性气体、液体及高温，以避免损坏。

(7) 超硬磨料磨具的磨削用量选择

① 金刚石砂轮磨削用量选择

a. 磨削速度。人造金刚石砂轮一般采用较低磨削速度。砂轮速度 v_s 提高，可获得较低的表面粗糙度值，但磨削温度也随之提高，促使砂轮磨损加剧。砂轮速度 v_s 太低，单颗磨粒的切屑厚度过大，既使表面粗糙度值增加，又加剧了砂轮磨损。国产金刚石砂轮推荐采用的砂轮速度如下。

青铜结合剂：干磨 v_s＝12～18m/s；湿磨 v_s＝15～22m/s。

树脂结合剂：干磨 v_s＝15～20m/s；湿磨 v_s＝18～25m/s。

不同磨削方式推荐的金刚石砂轮速度 v_s 如下。

平面磨削：v_s＝25～30m/s。

外圆磨削：v_s＝20～25m/s。

内圆磨削：v_s＝12～15m/s。

工具磨削：v_s＝12～20m/s。

b. 磨削深度。磨削深度 a_p 增大，磨削力和磨削热均增大。磨削深度 a_p 的选择可按磨料粒度及结合剂选择或按磨削方式选择。

按超硬磨料磨具的磨料粒度及结合剂推荐选用的磨削深度 a_p 的范围见表 2-14。

按磨削方式选择磨削深度 a_p 见表 2-15。

表 2-14　磨削深度 a_p 的取值范围　　　　　　　　单位：mm

金刚石粒度	树脂结合剂	青铜结合剂	金刚石粒度	树脂结合剂	青铜结合剂
70/80～120/140	0.01～0.015	0.01～0.025	270/325 及以下	0.002～0.005	0.002～0.005
140/170～230/270	0.005～0.01	0.01～0.015			

表 2-15　按磨削方式选择磨削深度 a_p　　　　　　　　单位：mm

平面磨削	a_p＝0.005～0.015	内圆磨削	a_p＝0.002～0.01
外圆磨削	a_p＝0.005～0.015	刃磨	a_p＝0.01～0.03

c. 工件速度。工件速度 v_w 一般在 10～20m/min 范围内选取。内圆磨削和细粒度砂轮，可适当提高工件转速。但不宜过高，否则砂轮的磨损增大、振动加剧，出现噪声。

d. 进给速度。进给速度 v_f 增大，砂轮磨耗增加，表面粗糙度值增加，特别是树脂结合剂更为严重。一般 v_f 的选用范围见表 2-16。

表 2-16　v_f 的选用范围

内、外圆磨削纵向进给	v_f＝0.5～1m/min	横向进给	v_f＝0.5～1mm/行程
平面磨削纵向进给	v_f＝10～15m/min	刃磨纵向进给	v_f＝1～2m/min

② CBN 砂轮磨削用量选择

a. CBN 砂轮速度。CBN 砂轮可比金刚石砂轮磨削速度高，以充分发挥 CBN 砂轮的切削能力。在较高的砂轮速度下，可以提高金属切除率，降低磨削力，减少功率消耗，在同一工件表面粗糙度下，可以提高磨削效率。提高 CBN 砂轮的速度，工件表面粗糙度得到改善，砂轮速度越高，工件表面粗糙度越好，使切向和法向磨削力均下降，这样就减少了单个磨粒上承受的力，因而砂轮磨损减少，磨削热降低。CBN 砂轮较高的磨削比就是采用高的砂轮速度来获得的。如将 CBN 砂轮速度 v_s 由 35m/s，分别提高到 50m/s、60m/s 时，不仅使砂轮的极限进给速度由 20m/s 分别提高到 35m/s 及 40m/s，磨削效率分别提高到 369% 及 647%，而且使磨削比由 361，分别提高到 1331 与 2337。所以采用高的砂轮速度，不仅能显著提高 CBN 砂轮的磨削效率，提高磨削比，而且能降低磨削力，减少功率消耗，改善工件磨削表面粗糙度。现在 CBN 砂轮速度已由 60m/s 的高速磨削提高到 80m/s、120m/s、160m/s、200m/s。在国外 240m/s 的 CBN 砂轮 CNC 磨床已用于工业生产。在国内，用 CBN 砂轮磨削汽车凸轮轴，用 φ600mm 大直径的陶瓷结合剂的 CBN 砂轮，成功地实现了 CBN 砂轮速度 50m/s 及 60m/s 的磨削。目前国内尚未有 CBN 砂轮统一的磨削规范。在 20 世纪 80 年代所推荐的 CBN 砂轮的磨削速度为 15～35m/s 范围。这主要是受机床的限制所致。

b. 工件速度与进给速度选择。由于工件速度对磨削效果影响较小，一般可在 10～20m/min 范围选择。采用细粒度 CBN 砂轮进行精磨时，可适当提高工件速度。

轴向进给速度或轴向进给量的选择原则与普通砂轮相同，可参考普通砂轮磨削选取。一般在 0.45～1.8m/min 范围。粗磨时选大值，精磨时选小值。精密磨削时应使用较小的进给量。

c. 磨削深度选择。由于 CBN 砂轮磨粒比较锋利，砂轮自锐性好，所以磨削深度可略大于金刚石砂轮，可参考金刚石砂轮所推荐的数据。

2.7.3　涂附磨具的选择与使用

正确合理地选择涂附磨具，不仅是为了获得良好的磨削加工效率，而且是为了使涂附磨具本身发挥最大的工作效能。

选择磨具主要依据：一方面从磨削加工的条件来考虑磨床结构、磨削工件的物理力学性能、磨削参数的选择、工件形状特点和加工要求等；另一方面必须从磨具本身的特性来确定。

下面着重从涂附磨具的三要素——磨料、基体和黏结剂来简单介绍一下选择的一般原则。

（1）磨料的选择

① 磨料的选择　制造涂附磨具的磨料主要有两大类，即人造磨料与天然磨料。人造磨料主要是棕刚玉、白刚玉、锆刚玉和黑碳化硅，也有少量产品用绿碳化硅。人造磨料的化学组成比较稳定，因而硬度基本一致，晶形比较稳定。对磨料的选择主要依据被加工工件的要求来决定。固结砂轮对磨料的选择原则也适用于涂附磨具。棕刚玉适宜加工各种碳素钢、合金钢、可锻铸铁、有色金属、硬青铜等。工件硬度小于 55HRC，抗拉强度小于 700MPa。白刚玉适宜加工淬火钢、高碳钢、不锈钢及各种硬度较高的合金钢、有色金属等。工件硬度可大于 55HRC。铬刚玉适宜加工不锈钢、高钼钢、耐热合金钢、钛合金、黄铜、青铜、灰铸铁、镍-铬合金、铬-钴合金、钨-钴合金等。黑碳化硅适宜加工抗拉强度低、韧性大的金属、非金属材料，如玻璃、玻璃纤维、陶瓷、木器、刨花板、纤维板等。绿碳化硅适宜加工硬而脆的材料，如硬质合金、玻璃、玉器、单晶硅、工程陶瓷、高级罩面漆、钢琴面板漆、缝纫机头漆等。

② 磨料粒度的选择　涂附磨具磨料粒度的选择应考虑以下几个因素。

a. 工件加工余量大，要求磨削效率高的应选粗粒度。工件加工余量小，要求表面粗糙度值低的应选细粒度。例如，船体钢板除锈、金属件打毛刺、磨焊缝等均选用 P16～P24 磨具。不锈钢表面抛光 Ra0.8～0.2 则选 P60～P100 即可。而不锈钢薄板轧钢辊的表面抛光（Ra 为 0.025）则选用 W20 磨具。一般情况下，加工同类工件时，砂带的磨削效率高于砂轮的磨削效率。也就是说，一方面砂带磨粒对工件表面嵌入的深度比砂轮大；另一方面，在砂带表层整齐排列的磨粒几乎全部可以起磨削作用。因此，若工件表面粗糙度要求相同时，砂带磨料粒度比砂轮磨料粒度应细一号。例如，平面磨床使用 P36～P46 砂轮，若改用砂带，则选用 P46～P60 即可。同样，外圆砂轮磨具使用 P60～P80 粒度，粗糙度 Ra 值一般可达 0.8～0.4μm。若改用砂带，则宜选用 P80～P100。当然，选择磨具粒度还应与磨床的稳定性及操作技能结合起来才能取得好的效果。

b. 工件粗糙度要求相同的情况下，砂带线速度高的宜用细粒度；线速度低的宜用稍粗的粒度。例如，胶合板表面砂光，包辊式砂光机表面速度只有 15～20m/s，磨料粒度为 P36～P46；而改用宽带砂光机时，砂带线速度达 32m/s，磨料粒度就用 P60。

c. 加工金属材料与非金属材料时，若两者的表面质量要求相似时，则加工金属工件用细粒度；加工非金属工件选用偏粗的粒度。

d. 加工同种工件时，干磨加工时选用偏粗的磨料粒度；湿磨加工时选用偏细的粒度。若用润滑油作为冷却液，则选用的磨具粒度应更细一些。

e. 砂带与被磨工件加工时接触面积大的应选用偏粗的粒度；反之，则宜选偏细的粒度。例如，平面磨削的接触面一般都大于外圆磨削的接触面。所以，加工同材质工件时，平面磨削砂带的粒度应略粗于外圆磨削砂带。

f. 应根据加工工件的材质来选择粒度。加工韧性较大或性能较软的金属，如黄铜、紫铜、软青铜、铝及铝合金、铅及铅合金时，砂带磨料易被磨屑堵塞，故宜选用偏粗的粒度；而加工硬度较高的钢材时，则可选用偏细的粒度。

根据涂附磨具的特点，常用磨料粒度选择见表 2-17。

表 2-17　磨料粒度的选择

磨削对象	磨削方式	粗磨	中磨	精磨
一般	一般	24#～60#	80#～150#	180#～400#
钢铁	砂带	24#～60#	80#～120#	150#～400#
	砂盘	16#～40#	50#～80#	100#～240#
	滚筒	—	—	—
有色金属	砂带	24#～60#	80#～150#	180#～320#
	砂盘	14#～36#	40#～80#	100#～180#
	滚筒	—	—	—
木材	砂带	36#～80#	100#～150#	180#～240#
	砂盘	14#～36#	40#～60#	80#～120#
	滚筒	40#～80#	100#～150#	180#～240#
玻璃	砂带	40#～80#	100#～150#	180#～400#
	砂盘	80#～100#	120#～180#	220#～800#
	滚筒	—	—	—
涂料	砂带	80#～150#	180#～240#	280#～800#
	砂盘			
	滚筒			

续表

磨削对象	磨削方式	粗磨	中磨	精磨
皮革	砂带	$40^\#\sim60^\#$	$80^\#\sim150^\#$	$180^\#\sim500^\#$
	砂盘	$40^\#\sim60^\#$	—	—
	滚筒	$80^\#\sim120^\#$	$150^\#\sim180^\#$	$220^\#\sim500^\#$
橡胶	砂带	$16^\#\sim40^\#$	$50^\#\sim120^\#$	$150^\#\sim400^\#$
	砂盘	—	—	$150^\#\sim500^\#$
	滚筒	—	—	—
塑料	砂带	$36^\#\sim80^\#$	$100^\#\sim150^\#$	$180^\#\sim400^\#$
	砂盘	$80^\#\sim120^\#$	$150^\#\sim180^\#$	$220^\#\sim800^\#$
	滚筒	$60^\#\sim120^\#$	$120^\#\sim180^\#$	$220^\#\sim500^\#$
陶瓷	砂带	$36^\#\sim80^\#$	$100^\#\sim150^\#$	$180^\#\sim400^\#$
	砂盘	$36^\#\sim60^\#$	$80^\#\sim120^\#$	$180^\#\sim800^\#$
	滚筒			
石材	砂带	$36^\#\sim80^\#$	$100^\#\sim150^\#$	$180^\#\sim400^\#$
	砂盘	$36^\#\sim60^\#$	$80^\#\sim150^\#$	$180^\#\sim800^\#$
	滚筒			

③ 植砂密度的选择　在加工易堵塞材料时，一条完好砂带的使用寿命往往很短，其磨粒并没有严重的磨损与脱落，而仅仅是因为磨屑的堵塞使其丧失了继续磨削加工的能力。过去，解决的方法是使用大量的冷却液或用压缩空气吹，甚至用毛刷刷。显然，以上方法并不完善，有些材料加工根本不宜用冷却液，如软木制品、高级漆面的木质器具等；有些金属加工虽然可以用冷却液，但工作场所容易被污染。为了解决工件堵塞的问题，好的办法是采用稀植砂型的砂布、砂纸。

稀植砂磨具主要用于机磨，即制成各种规格的砂带或将砂布纸粘贴、包辊、压附在一些特定的机床上进行磨削加工，如加工软木材、含松脂量高的木材、橡胶制品、铝及铝合金制品及一些皮革等。

除了用稀植砂的方法解决堵塞问题外，在磨具的磨料层上，还可以涂一层特殊的化学物，以解决一些特殊工件的加工问题。例如，加工高级清漆的木质面板（钢琴面板等）、钛合金等仅用稀植砂磨具还是不能解决堵塞问题，而是采用超涂层，即在磨料面上涂一层特殊防堵塞物质。

(2) 黏结剂的选择

制造涂附磨具的黏结剂大体上可分为两大类，即干磨系黏结剂与耐水系黏结剂。用干磨系黏结剂制造的涂附磨具原则上只适用于干磨。用耐水系黏结剂制造的涂附磨具既可湿磨也可干磨，但更适于湿磨，因为干磨与湿磨，无论是磨削方式、加工对象及涂附磨具本身都有很大不同。若用干磨系列磨具在有水或极潮湿的条件下作业，就不可能达到预期的加工效果；反之，若用耐水系列涂附磨具在干燥条件下加工，也往往达不到完满的加工效果。这样，在挑选涂附磨具前，对其黏结剂进行选择就尤其必要。

① 动物胶黏结剂（以 G/G 表示）　到目前为止，仍然是国内涂附磨具的主要黏结剂，其产品占涂附磨具总量的 70% 以上。这类产品大体有以下三类：张页式干磨砂布、木砂纸；卷状干磨砂布；低负荷轻型砂带。页状砂布、砂纸只适用于手工打磨除锈、抛光，多数用于木器家具油漆之前的表面砂光，一般机械行业对机器零件的砂光，也有少量用于手提式振动抛光机，对漆面、设备台架、钢结构件进行抛光等。用动物胶制的砂带大量用于一般木器加工，其砂带线速度不高于 20m/s，承受的负荷也较小，一般用手压。速度太高，负荷太大都会引起严重脱砂甚至断裂。这类产品一般均在干燥情况下使用，遇潮湿天气时，产品会吸

潮、发黏，只有临时稍加烘干才可再用。动物胶产品虽然黏结强度较低，产品易吸潮，保管不善时易生霉变质等，但其价格低廉，柔软。在相同粒度条件下，其加工工件的表面粗糙度比树脂性产品要好，因此直到目前，动物胶产品仍在广泛地使用，特别是对于木器家具及细木工的加工行业。

② 半树脂胶黏结剂（以 R/G 表示）　这类产品是在动物胶产品基础上改进、提高后的产物。其底胶用动物胶，复胶用人造树脂。因而一方面仍保持其价格低廉和柔软的特点，另一方面又提高了其抗潮湿和耐磨的性能，主要用于卷辊式的机械磨加工，更多是制成各种规格的砂带，用于胶合板、刨花板、纤维板、皮革、塑料、橡胶等非金属材料的砂光、精磨及抛光。这类产品也可以加工成页轮、圆片、砂圈等各种异型产品以适合于不同场合的加工需要。

R/G 系列产品特别适合于多雨、潮湿的南方地区。

③ 全树脂黏结剂（以 R/R 表示）　这类产品的底胶与复胶黏结剂全是用人造树脂，因而胶黏强度很高，产品锋利、耐磨，是制造砂带、砂盘、页轮等机用磨具的主要品种之一。这里要特别指出，此类产品虽然采用人造树脂，但产品仍然只能干磨，或者是油磨，即磨削加工时用某些润滑油作冷却液（某些动物胶产品与半树脂胶产品也可以在有润滑油的情况下作业）。这是因为，这种产品的黏结剂一般都是耐水的，但基体材料都没有经过特殊的防水处理，因此，一旦长时间在有水的条件下作业，基体就会吸水膨胀、变形而导致产品性能下降。当然，R/R 产品终究与 G/G 产品或 R/G 产品有很大的区别，它虽然不是耐水产品，但其抗水性、抗潮性比 G/G、R/G 产品要好得多。

④ 耐水湿磨系列胶黏剂（WP）　"水磨"是指在以水或水乳化液为冷却液的条件下进行的磨削加工。因此，耐水涂附磨具又称为水磨磨具。耐水砂纸是以耐水纸作基体，用清漆作黏结剂而制成的产品，它可以在浸水条件下使用，主要用于金属漆面，如缝纫机机头、风扇轮叶及金属外壳、汽车驾驶室、客车外壳等漆面的磨光、修磨；也用于木器漆面的修磨，如钢琴面板、木质家具漆面等。这部分产品主要用于手工作业或手提式振动（往复式）抛光机作业。

耐水砂布、耐水砂带都是以布为基体，以人造树脂作黏结剂而制成的。基体经过特殊的耐水处理，因而在有水的条件下作业时，可以保证基体的稳定性，基体、黏结剂都不会吸水而变形。水磨加工有许多好处，如可以降低工件加工时的发热量，避免烧伤；可以改善工件的表面质量，降低表面粗糙度值；可以冲洗掉磨屑，避免砂带表面堵塞；可以延长砂带的使用寿命，提高工效。因此，许多机加工，如飞机发动机叶片、汽轮机叶片的型面加工；食品工业、化工、制药工业所用的不锈钢装置、容器；厨房设备；医疗设备、不锈钢餐具以及许多耐热合金零件等都已采用水磨加工。

⑤ 基体的选择　目前，制造涂附磨具的基体有五类，即布、纸、复合基体、钢纸和无纺布。不同基体涂附磨具的性能、使用方法和加工对象都是不同的。因此，选择基体同样是非常重要的。如手工磨削用，则要求基体应有很好的挠性，特别是加工弯曲及型面复杂的工件，则更要求基体柔软。而作为高速磨削的机加工砂带，则不只是要求砂带基体要有很高的抗拉强度，还要能经受交变负荷、摩擦负荷和膨胀负荷。基体选择的大致范围见表2-18。

表 2-18　基体选择范围

名　称	特　性	用　途	适用范围
纸　轻型纸 65～100g/m² （单层）	轻薄、柔软，抗拉强度低，成本低	制造页状砂纸，多用于细磨或中磨，适合于手工使用或振动抛光机用	复杂型面工件抛光，曲面木器砂光，金属与木器面漆的磨光，精密仪器、仪表修磨等

续表

名　称		特　性	用　途	适 用 范 围
纸	中型纸 110～130g/m² （多层）	较厚实,柔性好,抗拉强度比轻型纸高	手工用或手持式抛光机用;制造页状、卷状砂纸	金属工件的除锈、磨光,木器家具的砂光,底漆腻子的抛光,漆面机抛光,表壳、仪表修磨
	重型纸 160～230g/m² （多层）	厚实,富柔曲性,抗拉强度高,伸长率小,韧性高	制造砂纸带,机加工用	适用于滚筒式砂光机、宽带砂光及砂带磨床,胶合板、刨花板、纤维板、皮带及木器加工
布	轻型布(斜纹)	很柔软,轻薄,抗拉强度适中	手工用或低负荷机用	金属工件打磨除锈、磨光抛光,滚筒式砂光机加工板材,轻负荷砂带
	中型布(粗斜纹)	柔曲性好,厚实,抗拉强度高	机用	机用砂带及重负荷砂带;用于家具、工具、电熨斗、硅钢片、发动机叶片型磨加工
	重型布(缎纹)	厚实,纬向强度高于经向强度	机用,适合于重负荷磨削	适用于多接头宽砂带,用于加工大面积板材
复合基体		特别厚实,强度高,抗皱,抗拉,抗破	机用	重负荷砂带、砂盘,特别适于胶合板、刨花板、纤维板及镶嵌地板的磨加工
钢纸		特别厚实,强度很高,伸长率小,耐热性好	机用	制作砂盘,打焊缝、除锈、除金属表皮及氧化层

第3章

磨削原理

磨削时，磨床上相应的机构控制砂轮，使它与工件接触，逐渐切除工件与砂轮相互干涉的部分，形成被磨表面。影响磨削加工过程的因素很多，使得对磨削机理的研究比对切削机理的研究变得更加困难和复杂。为了实现磨削过程的最优控制，就必须研究磨削加工中输入参数和输出参数之间的相互关系，也就是必须研究磨削加工过程的物理规律——磨削原理。

为了描述磨削机理，必须找出一些能明确表征输入或输出条件的主要参数。表征输入条件的参数有磨刃几何参数、有效磨粒（刃）数、切削厚度、切削宽度、接触弧长和砂轮当量直径等。表征输出的主要参数有材料切除率、砂轮耗损率、磨削比、磨削力、功率消耗和磨削比能、加工精度及表面完整性指标等。其中，磨刃几何参数、有效磨刃数、切削厚度、切削宽度和磨削比等比较重要，称为磨削基本参数。

3.1 磨削过程的特点及切屑形成

3.1.1 磨削的切削刃形状与分布

由于制造砂轮用的磨粒晶体生长机理不同或制粒过程的破碎方法不同，磨粒的形状一般是很不规则的。从宏观上看，磨粒的形状近似于多棱锥体形状，可以分别用长（l）、宽（b）、高（h）和楔角（θ）表示，如图 3-1（a）所示。在磨粒切削刃的几何特征研究中，常根据刀具切削部分的几何参数定义，来确定磨粒切削刃的几何参数。几何参数包括磨刃的前角 γ_g、后角 α_g、顶锥角 2θ 和磨刃钝圆半径 r_g ［图 3-1（b）］及容屑槽（磨粒和结合剂的孔隙）的结构参数。它们影响砂轮的锋锐程度、切削能力和容屑能力。

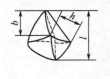

(a)   (b)

图 3-1 磨粒的形状

事实上，磨削时每颗磨粒有多个顶尖，因而会出现多个顶锥角。按统计规律可知，顶锥角 2θ 在 80°~145°之间变动。若顶锥角 2θ 小于 90°的磨粒尖角所占比例增多，表示以正前角切削的磨粒概率增大。所以，顶锥角 2θ 的比例是非常重要的。它关系到磨粒的切削性能。研究表明，顶锥角 2θ 的比例及磨刃钝圆半径 r_g 的大小均与磨粒的尺寸有关，如图 3-2 所示。可见，2θ 随磨粒宽度 b 及 r_g 增大而略有增大。在 $b=20$~$70\mu m$ 范围内，2θ 从 90°增至 100°；在 $b=70$~$420\mu m$ 范围内，2θ 从 100°增至 110°；r_g 随磨粒尺寸 b 及 2θ 增大而增大，在 $b=30$~$420\mu m$ 范围内，r_g 几乎是线性地从 $3\mu m$ 增至 $28\mu m$。由统计规律可知：一般情况下刚玉磨粒的顶锥角 2θ 和磨刃钝圆半径 r_g 比碳化硅磨粒大些，且随磨粒尺寸的变化具有相同的变化规律。磨粒在砂轮中的分布是随机的，这主要是由于砂轮的结构及制造工艺方面的原因所决定。磨粒在砂轮工作表面的空间分布

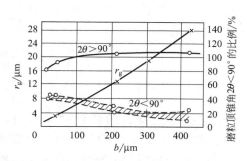

图 3-2 氧化铝磨粒的 2θ、r_g 及 $2\theta < 90°$ 的百分比与磨粒尺寸的关系

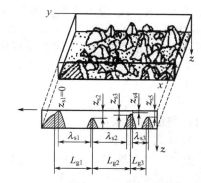

图 3-3 砂轮工作表面磨粒空间分布

状态如图 3-3 所示，x-y 坐标平面即砂轮外层工作表面，沿平行于 y-z 坐标平面所截取的磨粒轮廓图即为砂轮的工作表面形貌图（也称为砂轮的地貌）。由图 3-3 可以看出，磨粒有效磨刃间距 λ_s 和磨粒切削刃尖端距砂轮表面的距离 z_s 不一定相等，因而在磨削过程中有的切削刃是有效的，而有的切削刃是无效的。即使是有效切削刃，其切削截面积的大小也不会相同。

由于磨粒的特殊形状、尺寸以及在砂轮工作表面分布的随机特征等，造成了磨削过程与一般切削过程的不同。

3.1.2 磨削的特点

(1) 砂轮表面上同时参加切削的有效磨粒数不确定

砂轮工作表面的磨粒数很多，相当于一把密齿刀具。据统计规律，不同粒度和硬度的砂轮，磨粒数为 60～1400 颗/cm²。但是，在磨削过程中，仅有一部分磨粒起切削作用。另一部分磨粒只在工作表面刻划出沟痕，还有一部分磨粒仅与工件表面滑擦。根据砂轮的特性及工作条件不同，有效磨粒约占砂轮表面总磨粒数的 10%～50%。

(2) 磨刃的前角多是负前角

一般前角 $\gamma_g = -15° \sim -60°$。由研究可知，刚玉砂轮经修整后的平均磨刃前角 $\overline{\alpha_g} = -80°$。用刚玉砂轮磨削，当单位时间、单位砂轮宽度金属磨除率 Z'_w 达 500mm³/(min·mm) 后，再测量其前角，可发现前角发生了变化，如图 3-4 所示，此时 $\gamma_g = -85°$ 且随着 Z'_w 的增加，负前角数值的分散范围变小。

(3) 一颗磨粒切下的磨屑体积很小

磨削层厚度为 $10^{-4} \sim 10^{-2}$ mm，切下的体积不大于 $10^{-3} \sim 10^{-5}$ mm³，约为铣削时每个刀齿所切下体积的 1/4000～1/5000。根据尺寸效应原理（详见第 4 章），在磨粒磨削层厚度非常小时，单位

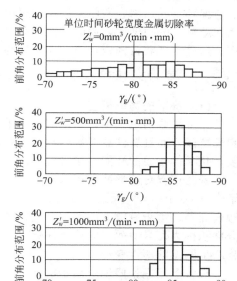

图 3-4 砂轮表面磨粒切刃前角的分布范围及变化

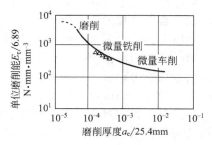

图 3-5 单位磨削能 E_τ 与磨削厚度 a_e 的关系（15Mn 合金钢）

磨削力很大。由实验得出磨削、微量铣削及微量车削条件下的磨削厚度 a_e 与单位磨削能 E_τ（磨削层内部剪切所需的能量）的关系如图 3-5 所示。磨削厚度越小，单位磨削能越大。单位磨削能 E_τ 与磨削厚度 a_e 的关系可用式(3-1) 表示：

$$E_\tau = \frac{k}{a_e} \tag{3-1}$$

式中 k——常数。

(4) 磨削速度很高

一般砂轮线速度 $v_s = 15 \sim 80\text{m/s}$。因此，磨粒与被加工材料的接触时间极短，为 $10^{-4} \sim 10^{-6}\text{s}$。在极短时间内产生大量磨削热使磨削区产生高温（$400 \sim 1000\,^\circ\text{C}$），因而磨削淬火钢工件易烧伤，产生残余应力及裂纹。此外，磨削区的高温也会使磨粒本身发生物理化学变化，造成氧化磨损和扩散磨损等，减弱了磨粒的切削性能。

(5) 磨削加工的力比值（法向磨削力 F_n 与切向磨削力 F_t 之比）**较大**

一般 $F_n/F_t = 3 \sim 14$，而车削力比值只有 0.5 左右。

(6) 砂轮有自锐作用

在切削加工中，如果刀具磨损，切削就无法正常地进行下去，必须重新刃磨刀具。磨削的情况则不同，因为砂轮上的切削刃由硬质材料的磨粒尖端形成。当磨粒的微刃变钝时，作用在磨粒上的力增大，使磨料局部被压碎形成新的微刃或整粒脱落露出新的磨粒微刃来工作。这种重新获得锋锐切刃的作用称为自锐作用。

3.1.3 磨粒的切削作用与磨削过程

(1) 磨削的物理模型

在金属磨削过程中，摩擦起极为重要的作用。分析摩擦时，不仅要考虑摩擦因数的常规物理特征，而且要注意摩擦因数受下列因素的影响：砂轮与工件表面的性质、接触表面的冶金及化学等方面的性能、接触温度、载荷类型、应变速度和磨削液等。

普兰德曾对圆形冲头压入金属体的情况进行了分析，并绘制了滑移线场。随后，汤姆莱诺夫（Tomlenov）又进一步进行了数学分析。图 3-6 所示为滑移线场。在冲头与工件的接触表面处，由于有较大的摩擦（用摩擦角 α 表示），故在黑色阴影部分没有塑性流动。这部分面积称为死区。死区的边界线代表了切向速度的不连续。实际上，可以认为这些边界线上将产生剧烈的塑性变形。

现将上述理论假说应用于磨削过程，如图 3-7 所示。简单弹簧缓冲系统代表磨削过程中各物体的弹性变形，定位于系统一端的磨粒绕着系统另一端的固定中心旋转。由机床磨削用量决定的实际切削刃与整体磨粒不同，是由已知微小半径的圆球来代表（早已有人指出：切削刃的一般形状相对于磨削深度来说，可以近似地看成一个球形），而且每个磨粒可能有几个切削刃。一般切削刃廓形的曲率半径受修整条件的限制，但对于某一给定的砂轮，其曲率半径可以测定出来。这就是磨削过程的物理模型。

(2) 磨削过程的三个阶段

根据上述模型可以看到磨削过程存在三个阶段。

第一阶段为滑擦阶段，该阶段内切削刃与工件表面开始接触，工件系统仅仅发生弹性变形。随着切削刃切过工件表面，进一步发生变形，因而法向力稳定上升，摩擦力及切向力也同时稳定增加，即该阶段内，磨粒微刃不起切削作用，只是在工件表面滑擦。

第二阶段为耕犁阶段，在滑擦阶段，摩擦逐渐加剧，越来越多的能量转变为热。当金属被加热到临界点，逐步增加的法向应力超过了随温度上升而下降的材料屈服应力时，切削刃就被压入塑性基体中。经塑性变形的金属被推向磨粒的侧面及前方，最终导致表面的隆起。这就是磨削中的耕犁作用，这种耕犁作用构成了磨削过程的第二阶段。

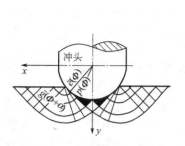

图 3-6 摩擦滑移线场及相应的横剖面

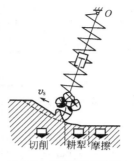

图 3-7 磨削过程示意

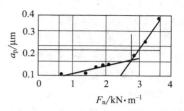

图 3-8 单位磨削宽度法向磨削力 F_n' 与磨削深度 a_p 的关系

内圆磨、横磨、平磨中碳铬钼钢，53～55HRC，$d_e=53.09\text{mm}$，WA80M8V，$v_s=39\text{m/s}$，$v_w=2.74\text{m/min}$

磨削过程的第三阶段即切屑形成阶段。在滑擦和耕犁阶段中，并不产生磨屑。由此可见，要切下金属，存在一个临界磨削深度。此外，还可以看到，磨粒切削刃推动与金属材料的流动，使前方隆起，两侧面形成沟壁，随后将有磨屑沿切削刃前面滑出。

为了验证磨粒磨削过程的三个阶段，R. S. Hahn 和 R. P. Lindsay 曾通过单位磨削宽度法向磨削力 F_n'（$F_n'=F_n/b$，b 为切削宽度）与切入进给量的关系进行了实验，从力的角度也清楚地说明了滑擦、耕犁和磨屑形成过程，如图 3-8 所示。

由图 3-8 可知，当 $F_n'<0.6\text{kN/m}$ 时，磨粒切刃只产生滑擦，并不切除金属。当 $F_n'=0.6\sim2.6\text{kN/m}$ 时，磨粒起耕犁作用，使工件材料向磨粒两侧和前端隆起；当 $F_n'>2.6\text{kN/m}$ 时，开始形成切屑。实验同时还表明，当磨料与工件材料改变时，上述临界单位磨削宽度法向磨削力也随着改变。

实验与前述的理论研究完全相同，即由图 3-8 还可以看出，磨削过程的三个阶段与磨削时的磨削厚度有关，即磨粒的磨削厚度在临界磨削厚度 $a_{\min}$ 以下时，磨粒只在工件表面滑擦，不产生切屑。临界磨削厚度是指能够产生切削作用的最小切入量，它与磨削速度、工件材料、磨刃状态等有关，而与磨粒种类无关。临界磨削厚度 $a_{\min}$ 可参见表 3-1。

表 3-1 磨粒的临界磨削厚度 $a_{\min}$

工件材料	r_g/mm	$a_{\min}$/mm	$k_s=a_{\min}/r_g$	工件材料	r_g/mm	$a_{\min}$/mm	$k_s=a_{\min}/r_g$
淬硬碳钢	6	1.5	0.25	硅铝合金	6	5	0.83
青铜	6	2	0.30	铜	6	5	0.83
铸铁	6	3	0.50	黄铜	6	7	1.17
退火碳钢	6	4	0.67				

由表 3-1 可见，材料韧性越大，$a_{\min}$ 越大，表征材料生成切屑能力的 k_s 值越大。显然 k_s 值越小越好。磨削速度增高，k_s 值减小。也就是说，即便磨粒微刃钝圆半径 r_g 值较大的钝磨粒也能在高速下生成磨屑。

3.1.4 磨屑的形成

(1) 确定磨屑形成的技术

近年来，用快速急停装置使砂轮和工件在 5ms 之内进行分离，对于许多磨削状态来说，在工件表面留下比较满意的切屑根。从切屑根的总数，可以近似得到有效切削刃的数目，从切屑根部所占的宽度，可以测出砂轮与工件的接触长度，切屑根部的形态表明切屑形成的过程。

（2）磨屑的形态

除重负荷磨削外，磨粒一般切下的切屑非常细小。根据不同的磨削条件，磨屑的形态一般可分为三种：带状切屑、碎片状切屑和熔融的球状切屑。也有分为五种的，即带状形、剪切形、挤裂形、积屑瘤形及熔球形。

事实上，在复杂、无规则、多刃性的砂轮条件下，确定磨屑形态是相当困难的。为了探索这方面问题，只能用单颗磨粒作为近似模型。

（3）单颗粒磨削实验

单颗粒磨削的实验方法是，将磨粒用电镀镍或树脂黏结的方法固定在小杆上。然后装在金属盘上作为模拟砂轮。考虑到磨粒在砂轮上的弹性安装问题，因此用一小块砂轮来代替单颗磨粒，注意在这一小块砂轮上选定一颗磨粒，把它周围的磨粒用细金刚石油石修低，但不能损伤被选定磨粒周围的结合剂。

实验表明，在磨屑形成过程中，磨粒倾角对一定金属存在一定的临界值。若倾角为正时，则得到带状切屑；若倾角为负时，仅得到一些断裂的碎切屑。这同单刃刀具的正、负前角所产生的效果一致。一定金属的磨粒倾角临界值，随着金属的发热量和切削液的使用不同而改变。

对比用单刃刀具和碳化硅磨粒加工铝时，倾角为 20°、0°、−20°、−60° 所观察到的切屑形态表明：当单刃刀具倾角大于 0° 时产生切屑，小于 0° 时只是犁出沟槽，而磨粒在同样的刀刃倾角下，其切屑形态与 V 形刀具产生的十分相似。

必须指出，单磨粒磨削状态与多磨粒砂轮的实际工作状态有着许多差异，上述模拟只是一种近似。要想真实地观察和分析磨削过程，应该有更先进的手段。例如，在扫描电镜室里，动态观察砂轮磨削的实际情况，将会得出更可信的结论。但迄今仍未见到有关报道，主要有几个难题尚待解决：一是扫描电镜室中的样品室不够大，容不下整个磨削装置；二是在磨削过程中磨粒的碎裂与粉尘，将会破坏样品室的真空度和洁净。

3.1.5 砂轮的有效磨刃数

磨粒在砂轮工作表面上的分布不均匀，且高低参差不齐。另外，由于磨削运动的关系，使埋入一定深度的磨刃不会参加磨削工作，因而实际参加磨削工作的磨刃数将少于砂轮表面的磨刃数。磨削时砂轮的有效磨刃数可分为静态有效磨刃数及动态有效磨刃数两类：静态有效磨刃数是在砂轮与工件间无相对运动的条件下测量的；动态有效磨刃数则是在砂轮与工件相对运动的条件下测量的。

（1）单位长度静态有效磨刃数 N_t

在砂轮的工作表面上，磨粒参差不齐。若沿砂轮径向确定磨削深度 a_p，则可以认为包括在该深度范围内的磨粒是参加磨削工作的磨粒。图 3-9 给出了沿砂轮表面接触线上的磨粒分布状况。

单位长度上静态有效磨刃数 N_t 的计算式为

$$N_t = C_1 k_s a_p^p \tag{3-2}$$

式中 C_1——与磨刃密度有关的系数；

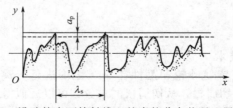

图 3-9 沿砂轮表面接触线上的磨粒分布状况（展开图）

k_s——与磨粒形状有关的系数；

p——指数，$p \approx 2$；

a_p——磨削深度。

$$k_s = \frac{\varphi_p}{\varphi_i} = \frac{W_p}{W_i}$$

式中　φ_p——磨粒实际尺寸；

φ_i——近似规则的几何尺寸；

W_p——磨粒实际质量；

W_i——与磨粒材料相同的球质量。

单位长度静态有效磨刃数 N_t 与砂轮切入加工表面的磨削深度 a_p 之间的关系如图 3-10 所示。

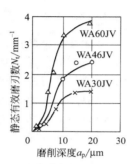 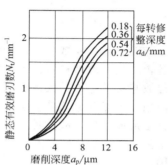

(a) 不同粒度磨削深度a_p与静态
有效磨刃数N_t的关系
(条件：金刚石修整器修整进
给量 f_d=0.1mm/r；修整深度
a_d=0.03mm)

(b) 不同修整深度下磨削深度a_p
与静态有效磨刃数N_t的关系
(条件：砂轮1WA60HV；修整
滚轮转速 n_d=5000r/min)

图 3-10　单位长度静态有效磨刃数 N_t 与砂轮粒度及修整状况的关系

砂轮磨削深度 a_p 增大，静态有效磨刃数 N_t 增多。当 a_p 增大到一定程度，N_t 不再增加。单位长度静态有效磨刃数 N_t 与砂轮粒度有关，也与砂轮修整状况有关。一般来说，砂轮粒度号越大，N_t 越多；修整时每转修整深度 a_d 越大，N_t 越少。

(2) 单位面积静态有效磨刃数 N_s

单位面积静态有效磨刃数 N_s 也与砂轮磨削深度 a_p 有关，a_p 增大，N_s 增多。同样，当 a_p 增大到一定程度，N_s 不再增加。

$$N_s = C_1 a_p^q \tag{3-3}$$

式中　q——指数，$q \approx 1$。

显然，N_s 的多少是由有效磨刃间距 λ_s 及砂轮磨削深度 a_p 确定的（图 3-9）。

(3) 动态有效磨刃数 N_d

动态有效磨刃数 N_d 为沿砂轮与工件接触弧上测得的单位有效磨刃数。由图 3-11 可以看出，EF 为磨粒微刃 E 在磨削时的运动轨迹，也就是在工件表面上形成的刻痕。显然在 EF 线段下面的磨粒不可能接触工件，不会参加切削，而磨粒 F 将切去厚度为 a_e 的磨削层。EF 线段的形状和尺寸与砂轮速度 v_s、工件速度 v_w、磨削深度 a_p 和砂轮尺寸有关，它们的变化将使参加实际工作的有效磨粒数产生改变，因而称之为动态的。如图 3-11 所示，实际参加工作的有效磨粒的间距为 λ_d，它是在一定的径向切深条件下形成的，称之为动态磨刃间距。于是可以通过计算 λ_d 的数值导出动态有效磨刃数的计算公式，即

$$N_d = K \left(\frac{2C_1^{p/q}}{K_s} \right) \left(\frac{v_w}{v_s} \right) \left(\frac{a_p}{d_{se}} \right)^{\frac{a}{2}} \tag{3-4}$$

式中 K——与静态值的比例系数；

$\quad a_p$——磨削深度，mm；

$\quad d_{se}$——砂轮当量直径，mm，$d_{se}=d_w d_s/(d_w \pm d_s)$；

$\quad v_w$——工件线速度，m/s；

$\quad v_s$——砂轮线速度，m/s；

C_1，K_s——与砂轮上磨粒分布的密度和形状有关的系数；

p，q，a——指数，与磨削条件有关，且 $a=q/(1+q)$。

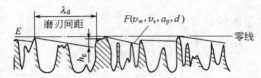

图 3-11　砂轮表面与工件接触弧线上的切刃分布

　　讨论砂轮参加工作的有效磨粒数时，由于同一磨粒上常有多个微刃，究竟哪些锋刃参加工作，有效磨刃数是否就是有效磨粒数，不少学者持有不同见解，近年来 CIRP 组织统一了认识，指出有效磨粒数与有效磨刃数大体相同。因为实际磨削时每一个参加工作的磨粒上只有一个锋刃真正起作用。虽然一个磨粒上常有几个锋刃，但由于各锋刃间的空穴很少，不能容纳切下的切屑即无法形成切屑，故这种无容屑空间的锋刃不起切削作用。只是在精密加工中，由于切削主要是去除工件表面微量平面度误差形成的余量，这时同一磨粒上不同的微刃起极微量的切削作用。

3.2　表征磨削过程的磨削要素

3.2.1　接触弧长和磨削长度

(1) 砂轮与工件的接触弧长

　　砂轮与工件磨削时的接触弧长度，是磨削过程中极其重要的基本参数之一，它几乎与所有磨削参数有关系，尤其是它对磨削区的磨削温度、磨削力、砂轮与工件接触时的弹塑性变形以及被磨工件的表面完整性均有重要影响。关于砂轮与工件的接触弧长是按几何接触长度、运动接触长度及真实接触长度来定义的。

　　① 几何接触弧长度 l_g　是指几何磨削弧的长度，如图 3-12 所示。几何接触弧长度的定义是人们在早期对砂轮与工件接触弧研究时提出的。该模型是将砂轮和工件视为两个绝对刚性体，由其接触模型通过几何计算法可推出砂轮与工件的接触弧长度，故称为几何接触弧长度，并用 l_g 表示，即

$$l_g=\sqrt{a_p d_{se}} \tag{3-5}$$

式中 l_g——几何接触弧长度，mm；

$\quad a_p$——磨削深度，mm；

$\quad d_{se}$——砂轮当量直径，mm。

　　② 运动接触弧长度 l_k　随着对磨削接触问题研究的深入，人们逐步认识到运动参数对磨削时工件与砂轮的接触弧长度有影响，其接触弧长度要比几何计算的 l_g 长，故考虑运动条件提出了运动接触弧长度的定义：运动接触弧长度 l_k 是指运动磨削弧的长度。

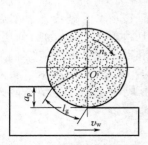

图 3-12　几何接触弧长度

③ 真实接触弧长度 l_c 多年以来的研究使人们看到，发生在磨削区的现象十分复杂，砂轮和工件在磨削区的弹性变形、塑性变形、热变形以及砂轮表面的磨粒分布的随机性等因素都对磨削时砂轮与工件的接触弧长度产生影响，这些影响可使实际得到的接触弧长度比几何接触弧长度 l_g 大 1.15～2 倍，而比仅考虑运动条件的运动接触弧长度 l_k 亦要大许多，因此为了准确表述磨削机理和参数，提出了砂轮与工件真实接触弧长度 l_c 的定义。

真实接触弧长度 l_c 是指考虑真实磨削条件下真实磨削弧的长度。1982 年，E. Salje 在 CIRP 上提出了砂轮与工件最大接触面积的概念，即砂轮与工件的最大接触面积 A_{max} 为磨削最大接触长度 l_{max} 与工件磨削宽度的乘积。1992 年，我国湖南大学周志雄等在此基础上进一步开展了对磨削接触弧长的理论分析与试验研究，根据磨削的实际状况，建立了图 3-13 所示的磨削接触模型。

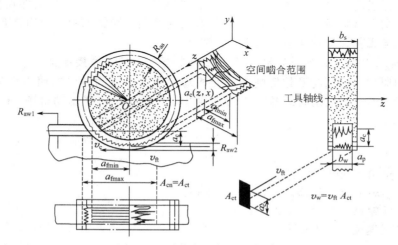

图 3-13 砂轮与工件的啮合模型

该模型首先假设砂轮和工件为两个粗糙的物体，此外，在砂轮和工件接触时，由于是两粗糙表面接触，故可将两个物体（砂轮和工件）上的粗糙接触假设为具有一定齿厚和齿高的齿间啮合，砂轮上的齿高可认为是 $Z_s = (d_{smax} - d_{smin})/2$。

上述模型和假设可以认为是符合实际情况的，砂轮与工件啮合的极限位置可以用几何方法确定。此外，接触面的两个极限位置表明了理论接触长度与实际接触长度是有明显差异的，尤其是对于具有较大粗糙度值的砂轮和工件以及较小的齿厚（相当于较小的磨粒）来说，理论接触长度和实际接触长度的差别会变得更大。这个模型说明了砂轮与工件真实接触弧长度比几何接触弧长度大两倍的一些原因。事实上，几何接触弧长度和真实接触弧长度的差异还不仅仅受砂轮表面有效磨粒的几何分布和尺寸大小的影响，还受到其他因素（如弹塑性变形、热变形等）的影响。这一系列因素可能引起砂轮上每一个有效磨粒与工件的接触长度不是恒定的。也正是由于在磨削宽度方向上接触长度不是定值的原因，以往的研究在讨论真实接触长度时多用平均真实接触长度来代替。

显然这在概念上是不准确的。图 3-14 表明了磨削过程中在磨削宽度方向上某一瞬间被磨工件表面的磨削划痕轮廓图。

理论模型分析和图 3-14 所示测试可见，同一次磨削中磨削区内试件宽度上各点与砂轮的接触弧长度是不相等的，为方便起见，将此分为最大接触弧长度 l_{max} 和任意接触弧长度 l_a。

最大接触弧长度 l_{max} 是指在整个磨削区砂轮外圆周表面上的磨粒与工件的最大干涉长度。

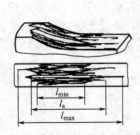

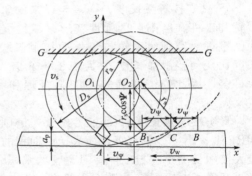

图 3-14 磨削时工件表面的划痕　　　　　　图 3-15 平面磨削时磨粒的运动轨迹

任意接触弧长度 l_a 是指在整个磨削区砂轮外圆周表面上的磨粒和工件在任一点的干涉长度。可见，两种接触弧长度 l_{max} 和 l_a 尽管都是在真实接触状态中，但均具有各自的含义。

(2) 砂轮与工件运动接触弧长度 l_k 的计算

图 3-15 所示为平面磨削时单磨粒切削工件的情况。AC 为接触弧，r_a 为创成圆半径。根据相对运动原理，磨削时磨粒切削工件的相对运动可转化为砂轮按照半径为 $r_a(r_a < r_s)$ 的创成圆沿导轨 GG 纯滚动时的磨粒 A 相对静止工件的运动，其运动轨迹 AC 为延长摆线，轨迹方程为

$$\begin{cases} x = r_s \sin\Psi \pm v_\Psi \\ y = r_s(1 - \cos\Psi) \end{cases} \tag{3-6}$$

式中　Ψ——点 A 角位移；

　　　v_Ψ——砂轮的直线位移，$v_\Psi = \Psi v_0/(2\pi)$；

　　　v_0——砂轮每转相对于工件的位移量。

根据工件线速度 v_w 可求得 v_0，于是有

$$v_\Psi = \frac{v_w}{60 N_s \times 2\pi} \times \frac{r_s}{r_a}\Psi = \frac{r_s}{60} \times \frac{v_w}{v_s}\Psi$$

将 v_Ψ 代入式(3-6) 得

$$\begin{cases} x = r_s\left(\sin\Psi \pm \frac{v_w}{60 v_s}\Psi\right) \\ y = r_s(1 - \cos\Psi) \end{cases} \tag{3-7}$$

逆磨（实线箭头方向）取"+"；顺磨（虚线箭头方向）取"−"。

式(3-7) 经微分得

$$\begin{cases} dx = r_s\left(\cos\Psi \pm \frac{v_w}{60 v_s}\Psi\right) d\Psi \\ dy = r_s\sin\Psi\, d\Psi \end{cases} \tag{3-8}$$

由式(3-8) 可计算运动接触弧长度 l_k 的微分值为

$$dl_k = \sqrt{dx^2 + dy^2} = \left[r_s^2\left(\cos\Psi \pm \frac{v_w}{60 v_s}\Psi\right)^2 + r_s^2(\sin\Psi)^2\right]^{\frac{1}{2}} d\Psi$$

$$= r_s\left[1 \pm 2\frac{v_w}{60 v_s}\cos\Psi + \left(\frac{v_w}{60 v_s}\right)^2\right]^{\frac{1}{2}} d\Psi$$

一般情况下，a_p 很小，故 Ψ 很小，可取 $\cos\Psi \approx 1$，所以

$$dl_k = r_s\left(1 \pm \frac{v_w}{60 v_s}\right) d\Psi \tag{3-9}$$

式(3-9) 积分得接触弧长度 l_k 为

$$l_k = r_s\left(1 \pm \frac{v_w}{60v_s}\right)\int_0^\Psi \mathrm{d}\Psi = r_s\left(1 \pm \frac{v_w}{60v_s}\right)\Psi$$

同样，由于 Ψ 很小，故有 $\sin\Psi \approx \Psi$，则

$$\Psi = \sqrt{1-\cos^2\Psi} = \left[1-\left(\frac{r_s-a_p}{r_s}\right)^2\right]^{\frac{1}{2}} = 2\left[\frac{a_p}{d_s}-\left(\frac{a_p}{d_s}\right)^2\right]^{\frac{1}{2}} \approx 2\sqrt{\frac{a_p}{d_s}} \qquad (3\text{-}10)$$

将值代入得

$$l_k = 2r_s\left(1 \pm \frac{v_w}{60v_s}\right)\left(\frac{a_p}{d_s}\right)^{\frac{1}{2}} = \left(1 \pm \frac{v_w}{60v_s}\right)(a_p d_s)^{\frac{1}{2}} \qquad (3\text{-}11)$$

式中，$(\pm v_w/v_s)$ 反映了由于工件进给速度而引起的接触弧长度 l_k 的变动。若不考虑工件进给速度的影响（即令 $v_w=0$），则运动接触弧长度 l_k 就成为砂轮与工件的几何接触弧长度 l_g，即

$$l_k = (a_p d_s)^{\frac{1}{2}} = l_g \qquad (3\text{-}12)$$

实际上磨削时，v_w 与 v_s 之值相比很小，由 l_g 代替 l_k 仅有 2% 的误差，故为计算方便，有时用 l_g 代替 l_k。

按照同样的方法可以推导出外圆磨削与内圆磨削运动接触弧长度的计算公式。

对于外圆磨削

$$l_k = \left[\left(1 \pm \frac{v_w}{60v_s}\right)^2 + \left(\frac{f_a v_w}{60v_s}\right)^2\right]^{\frac{1}{2}}\left(\frac{d_s d_w a_p}{d_w+d_s}\right)^{\frac{1}{2}} \qquad (3\text{-}13)$$

对于外圆切入磨削

$$l_k = \left(1 \pm \frac{v_w}{60v_s}\right)\left(\frac{d_s d_w a_p}{d_w+d_s}\right)^{\frac{1}{2}} \qquad (3\text{-}14)$$

对于内圆磨削

$$l_k = \left[\left(1 \pm \frac{v_w}{60v_s}\right)^2 + \left(\frac{f_a v_w}{60v_s}\right)^2\right]^{\frac{1}{2}}\left(\frac{d_s d_w a_p}{d_w-d_s}\right)^{\frac{1}{2}} \qquad (3\text{-}15)$$

对于内圆切入磨削

$$l_k = \left(1 \pm \frac{v_w}{60v_s}\right)\left(\frac{d_s d_w a_p}{d_w-d_s}\right)^{\frac{1}{2}} \qquad (3\text{-}16)$$

同样，若不考虑工件运动速度对接触弧长的影响，即在式中，令 $v_w=0$，即得四种磨削方式下砂轮与工件的几何接触长度。

对于外圆磨削

$$l_g = \left(\frac{d_s d_w a_p}{d_w+d_s}\right)^{\frac{1}{2}} \qquad (3\text{-}17)$$

对于内圆磨削

$$l_g = \left(\frac{d_s d_w a_p}{d_w-d_s}\right)^{\frac{1}{2}} \qquad (3\text{-}18)$$

式中　l_k——运动接触弧长度，mm；

　　　l_g——几何接触弧长度，mm；

　　　f_a——轴向进给速度，mm/min。

3.2.2 磨粒磨削的磨屑厚度

磨削时的未变形磨屑形状可看成如图 3-16 所示的曲边三角形鱼状体。磨粒擦过工件表面时，在工件表面上划出了形状尺寸各不相同或相互错开或相互重叠的许多细小刻痕，由于刻痕深度不一，所以未变形磨屑的厚度和大小不同。用磨刃间距为 λ_s 的砂轮，以砂轮线速度 v_s、工件线速度 v_w 的参数磨削时，沿工件运动速度方向的未变形磨屑长度为 $\lambda_s v_w/v_s$，

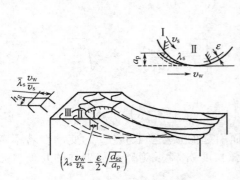

图 3-16   磨削时的未变形磨屑形状

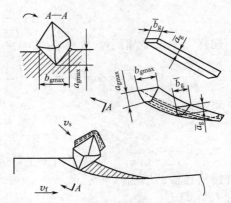

图 3-17   磨削时磨屑体积的换算

未变形磨屑的平均宽度为 $\overline{b_g}$。

未变形磨屑厚度对磨削过程有较大影响，它不仅影响作用在磨粒上力的大小，同时也影响到磨削比能（单位剪切能）的大小及磨削区的温度，从而造成对砂轮的磨损以及对加工表面完整性的影响。

未变形的磨屑厚度取决于连续磨削微刃间距 λ_s 和磨削条件等参数，是磨削状态和砂轮表面几何形状的一个非常复杂的函数。根据研究目的的不同，通常采用最大磨屑厚度、平均磨屑厚度和当量磨削层厚度三个参数来评价磨削厚度。

（1）最大磨屑厚度 a_{gmax}

关于最大磨屑厚度的计算，多年来不少学者一直致力于研究并推荐了不少计算公式，然而，由于磨削过程的复杂性，这些公式直接用于生产解决实际问题仍存在较大差距。这主要是多数计算公式中包括有效磨刃数及两个有效磨刃间距这两个极难确定的参数。但该类计算公式对于磨削理论研究有极其重要的价值。下面介绍两种比较典型的研究结果。

① M. C. Shaw 推荐的磨屑厚度计算公式   对于平面磨削，未变形磨屑的最大厚度计算公式为

$$a_{gmax} = 4\frac{v_w}{v_s N_s C}\sqrt{\frac{a_p}{d_s}} \tag{3-19}$$

对于外圆切入磨削，则最大磨屑厚度为

$$a_{gmax} = 4\frac{v_w}{v_s N_s C}\sqrt{\frac{d_s + d_w}{d_s d_w}a_p} \tag{3-20}$$

式中 N_s——砂轮单位面积有效磨刃数；

C——磨屑宽度与厚度之比，即 $C = b_g/a_g$。

以上公式是根据体积不变原则推导出来的，如图 3-17 所示，以相似矩形六面体代替鱼状体的磨屑，则

$$V_0 = \frac{V_w}{N_s} \tag{3-21}$$

式中 V_0——每一颗磨粒的体积；

V_w——磨除的工件材料的体积。

式（3-21）可写为

$$\overline{b_g}\,\overline{a_g}\,l_c = \frac{v_w b a_p}{v_s B N_s} \tag{3-22}$$

式中 b——磨削宽度；

B——砂轮宽度；

$\overline{b_g}$——平均磨屑宽度，$\overline{b_g} = C\overline{a_g}$（$C$ 为比例系数，与磨粒顶锥角有关）；

$\overline{a_g}$——平均磨屑厚度，$\overline{a_g} = \frac{1}{2}a_{gmax}$；

l_c——未变形磨屑长度，其数值可按几何接触长度公式求得，即 $l_c = (a_p d_{se})^{\frac{1}{2}}$。

由式（3-22）可导出

$$\overline{a_g} = \left(\frac{v_w}{v_s}a_p\right)^{\frac{1}{2}}(N_s l_c \overline{b_g})^{-1} = \frac{1}{N_s l_c C}\left(\frac{v_w}{v_s}a_p\right)^{\frac{1}{2}} \tag{3-23}$$

或

$$a_{gmax} = 4\frac{v_w}{v_s N_s C}\left(\frac{a_p}{d_{se}}\right)^{\frac{1}{2}} \tag{3-24}$$

式中　d_{se}——砂轮当量直径，$d_{se} = \dfrac{d_w d_s}{d_w \pm d_s}$。

② H.Opitz 磨屑厚度计算公式　H.Opitz 等人同样根据切屑体积不变的原则，采取未变形切屑厚度的平均断面积来导出磨屑厚度计算公式，即以砂轮表面单位切削宽度上圆周长度范围内参加工作的动态磨刃数所切除的断面积的总和来导出磨屑厚度计算公式。

切屑层的平均断面积等于单位切削宽度上砂轮切下磨削层断面积的总和与单位磨削宽度的砂轮接触表面上参加工作的动态磨刃数之比，即

$$\overline{b_g}\,\overline{a_g} = \frac{V'_w}{v_s}^{\frac{1}{2}}\left(N_d l_c \frac{1}{\overline{b_g}}\right)^{-1} \tag{3-25}$$

$$\overline{a_g} = \frac{V'_w}{v_s}^{\frac{1}{2}}(N_d l_c)^{-1} \tag{3-26}$$

式中　N_d——砂轮表面圆周上的动态磨刃数，其计算公式见式（3-4）；

V'_w——单位砂轮宽度单位时间内砂轮的材料磨除体积，$mm^3/(mm \cdot s)$。

$$V_w' = v_w a_p$$

将 V'_w 代入式（3-26），整理后得

$$\overline{a_g} = \frac{v_w}{v_s}a_p^{\frac{1}{2}}(N_d l_c)^{-1} \tag{3-27}$$

或

$$a_{gmax} = \frac{2}{N_d l_c}\left(\frac{v_w}{v_s}a_p\right)^{\frac{1}{2}} \tag{3-28}$$

注意到 $l_c = (a_p d_{se})^{\frac{1}{2}}$，并将式（3-4）代入式（3-28）得

$$a_{gmax} = \frac{1}{C_p}\left(\frac{2}{C_1 K_s}\right)^{\frac{1}{p+1}}\left(\frac{v_w}{v_s}\right)^{\frac{1}{p+1}}\left(\frac{a_p}{d_{se}}\right)^{\frac{1}{p+1}} \tag{3-29}$$

一般取系数 $C_p = 1.2$，指数 $p \approx 2$，C_1 是与磨刃密度有关的系数。

比较式（3-29）和式（3-24）可以看出，式（3-29）的形式比较复杂。其实，两式都含有 $a_p v_w / v_s$ 部分，说明了磨削运动关系对磨屑厚度的影响。两式的差异主要因为与砂轮特性有关的因素 N_s 和 N_d 的不同所引起。由式（3-23）和式（3-27）可以看出，若取 $N_d = N_s \overline{b_g}$，则两式就完全一样。这进一步说明了研究者所采用的不同方法求得不同有效磨刃数使 N_d 和 $N_s \overline{b_g}$ 有差异，这样就导出了不同的磨屑厚度计算公式。

（2）平均磨屑厚度 $\overline{a_g}$

磨削时，工件上被磨除的体积应该等于砂轮所磨除的体积，则

$$v_w b a_p = (\overline{b_g}\,\overline{a_g}\,l_c)(v_s N_d B) \tag{3-30}$$

式（3-30）中右端第一个括号表示每个磨刃切除的平均体积，第二个括号表示单位时

间中实际参加切削的有效磨刃数（动态磨刃数）。左端为单位时间内从工件切除材料的体积。由式（3-29）可得出平均磨屑厚度为

$$\overline{a_\mathrm{g}} = \frac{v_\mathrm{w}}{v_\mathrm{s}} a_\mathrm{p}^{\frac{1}{2}} (N_\mathrm{d} l_\mathrm{c} \overline{b}_\mathrm{g})^{-1} = C \left(a_\mathrm{p} \frac{v_\mathrm{w}}{v_\mathrm{s}} \right)^{\frac{1}{2}} \tag{3-31}$$

式（3-31）中的 C 为无量纲系数，取决于砂轮表面上磨削刃的密度、磨削的平均长度和宽度。系数 C 实际上包含下列因素的影响：磨屑形状、磨粒尺寸、修整方法、磨削过程中磨粒形状的变化、砂轮与工件相对运动的几何关系及弹性变形、振动特征等。

上述因素按目前技术条件尚难全部确定。但是实验表明，其与一些磨削结果（力和表面粗糙度等）存在相当良好的相关性，因此常用这一参数来讨论这类问题。

（3）当量磨削层厚度 a_eq

几十年来，人们一直在努力寻求一个能全面说明磨削过程的基本参数，通过它可以表征磨削力、表面粗糙度与磨削条件之间的关系，从而掌握磨削加工过程的内在规律。早在1914 年，美国的 G. I. Alden 就曾按铣削的概念研究磨削过程，推导出了每一磨粒切下的切屑公式，企图通过切削要素（切削宽度和厚度）对磨削过程的影响，来掌握磨削加工的规律，后来也有不少人先后推出了其他公式。但是由于砂轮磨粒随机分布的特殊性，给欲将切削厚度作为基础参数来研究磨削过程的工作带来了较大困难。近几十年来，有人提出过用"综合相对进给率"、"切削厚度参数"、"当量磨削厚度"、"连续型切削厚度"等代替"未变形切屑厚度"，作为描述磨削过程的基础参数，都未能取得一致意见。国际生产工程研究会研究小组提出，将参数 $a_\mathrm{p}\dfrac{v_\mathrm{w}}{v_\mathrm{s}}$ 作为磨削过程的参数，称之为"当量磨削层厚度"（Equivalent Grinding Thickness），并用 a_eq 表示，如图 3-18 所示。

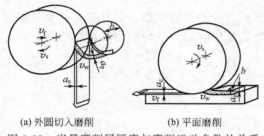

(a) 外圆切入磨削　　　　(b) 平面磨削

图 3-18　当量磨削层厚度与磨削运动参数的关系

当量磨削层厚度 a_eq 不是某一个磨刃切下的磨削层厚度，它是一个假想尺寸，是将单位宽度砂轮磨除的金属量，沿砂轮速度方向摊成同一单位宽度、长度为 L 的假想长带形磨屑层的厚度。L 为切除金属量的同时，砂轮工作表面上磨刃所走过的路程长度。a_eq 可用式（3-32）表示，即

$$a_\mathrm{eq} = a_\mathrm{p} \frac{v_\mathrm{w}}{v_\mathrm{s}} = \frac{Z'_\mathrm{w}}{v_\mathrm{s}} \tag{3-32}$$

式中　Z'_w——单位时间单位砂轮宽度的金属磨除率。

当量磨屑层厚度将 $\left(a_\mathrm{p}\dfrac{v_\mathrm{w}}{v_\mathrm{s}} \right)$ 作为一个参数来看，有如下意义。

① 反映了磨削运动参数对切屑的影响。虽然是一个假想尺寸，但它可用图形图 3-18 表示出来。

② 当量磨削层厚度 a_eq 是假想带状切屑的断面厚度。通过外圆切入磨削的试验表明，当量磨削层厚度与磨削力、加工表面粗糙度及金属磨除率之间呈良好的线性关系。在一定的工艺系统刚度条件下，它与砂轮寿命和磨削比（以体积计的单位时间内金属切除量与砂轮磨耗量之比）之间也呈线性关系，因此这就证明了当量磨削层厚度作为基本参数

的实际意义。

但是用当量磨削层厚度作为基础参数也有以下几点局限性。

① 当量磨削层厚度只反映了运动参数 v_s、v_w 和 a_p 的影响，并没有包括与砂轮切削性能有关的参数，如磨削中的砂轮堵塞、砂轮磨损钝化、磨粒切削刃的顶面积的变化等，这些均会对磨削过程产生很大影响。

② 当量磨削层厚度没有包括工作材料磨削性能方面的参数，如材料的硬度、韧性、强度、热导率、硬化率与亲和性等。因为在易磨材料的磨削且砂轮又保持锋利时，磨削力以切屑变形力为主；在磨削难加工材料时，砂轮易堵塞、磨损，磨削力以摩擦力为主，而磨屑变形力只占很小比例，这时当量磨削层厚度则远不足以决定磨削力的数值。

③ 当量磨削层厚度与磨削温度之间没有简明的线性关系，而磨削温度是磨削过程中一个很重要的物理参数，它对磨削表面完整性、磨屑形状和砂轮堵塞、磨损都有重要影响。

因此，今后还应该继续寻求其他基础参数，以期能概括对磨削质量和砂轮切削性能等各方面的影响。

3.2.3　砂轮的当量直径

砂轮的当量直径是一个抽象的参数。引入该参数的目的是使外圆、内圆和平面通过这一参数联系起来，以便对这几种常用磨削方式的一些研究结果进行相互对比。应用这个参数，能够使某些磨削参数（如接触弧长度）的关系简化，可以用一个关系式来概括上述三种磨削的情况。

当量砂轮直径的定义为

$$d_{se}=\frac{d_w d_s}{d_w \pm d_s} \qquad (3\text{-}33)$$

式中，"＋"用于外圆磨削；"－"用于内圆磨削。平面磨削时，$d_w=\infty$，因此有 $d_{se}=d_s$。换句话说，当量直径就是把外圆和内圆磨削化为平面磨削时相当的砂轮直径。除平面磨削外，d_{se} 和 d_s 的数值存在重大差别。举例如下（图3-19）。

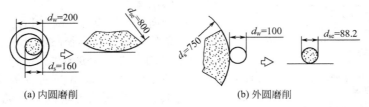

(a) 内圆磨削　　　　　　　　(b) 外圆磨削

图 3-19　砂轮的当量直径

对于外圆磨削，设 $d_w=100\text{mm}$，$d_s=750\text{mm}$，则有

$$d_{se}=\frac{d_w d_s}{d_w+d_s}=\frac{100\times750}{100+750}=88.2\text{mm}$$

$$\frac{d_{se}}{d_s}=\frac{88.2}{750}=0.12$$

对于内圆磨削，设 $d_w=200\text{mm}$，$d_s=160\text{mm}$，则有

$$d_{se}=\frac{d_w d_s}{d_w-d_s}=\frac{200\times160}{200-160}=800\text{mm}$$

$$\frac{d_{se}}{d_s}=\frac{800}{160}=5$$

从图 3-19 所示可以明显看出，外圆和内圆磨削时的 d_{se} 和 d_s 相差很大。

3.2.4　磨削比

磨削比 G（Grinding Ratio）是表征可磨削性的重要参数，是选择砂轮及磨削用量的主要依据，与切削加工中的可切削性一样，评价磨削加工也采用可磨性（Grindability）这个术语。可磨性的内容包括以下几点。

① 磨削加工表面完整性好（表面粗糙度值小，加工变质层不严重，残留应力小等）。

② 在规定的砂轮磨损范围内磨除工件材料的体积大。

③ 砂轮磨损小、耐用度高。

④ 消耗磨削功率小。

由于磨削加工的复杂性，要求全面评价可磨性是困难的。在实际生产中常用第一项和第三项来评价工程材料的可磨性。但是，由于目前砂轮耐用度判断标准方面仍存在不少问题，因而目前常用第二项来得出简单评价，即采用磨削比 G（可磨性指数，Grindability Index）作为大致的判定标准。

磨削比 G 是指同一磨削条件下砂轮耗损与去除的工件材料的体积比值关系，即

$$G=\frac{V'_w}{V'_s} \tag{3-34}$$

式中　V'_w——单位宽度单位时间金属磨除体积，$mm^3/(mm \cdot s)$；

　　　V'_s——单位宽度单位时间砂轮耗损体积，$mm^3/(mm \cdot s)$。

对于外圆磨削

$$V'_w=\pi d_w L v_f \tag{3-35}$$

$$V'_s=\pi d_s B \Delta r_s \tag{3-36}$$

对于平面磨削

$$V'_w=bl_c v_f \tag{3-37}$$

$$V'_s=\pi d_s b \Delta r_s \tag{3-38}$$

式中　L——工件长度，mm；

　　　B——砂轮宽度，mm；

　　　b——磨削宽度，mm；

　　　v_f——径向切入速度，mm/min；

　　　Δr_s——单位时间砂轮半径减小量，mm。

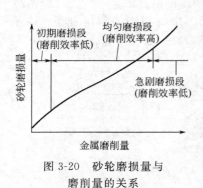

图 3-20　砂轮磨损量与磨削量的关系

一般在砂轮自锐性较好的情况下，砂轮磨损主要由磨粒脱落引起，其砂轮磨损量与磨削量的关系如图 3-20 所示。用刚修整过的砂轮进行磨削时，砂轮的初期磨损量较大，经过均匀磨损段后进入急剧磨损段。在计算磨削比时，对均匀磨损较合适。表 3-2 列举了一些材料在一定的磨削条件下的 G 值，供参考。

表 3-2　一些材料的磨削比

工件材料	高速钢			特殊工具钢		Ni-Cr 钢	碳素工具钢				
砂轮硬度	D	E	F	G	H	J	K	L	M	N	P
G	2.5	2.28	1.7	11.4	14.6	22.8	18	21	26.3	25.4	35.1

注：条件为 $\phi230 \times 12W80LV$ 砂轮，外圆磨，$a_p=10\mu m$，$f=10mm/r$，$v_s=1665m/min$，$v_w=1m/min$，水基磨削液，磨削时间 0.5min。

3.2.5　被磨材料的磨除参数

评价工件材料的难磨程度及效率可用被磨材料的磨除参数 Δ_w 表示。它的物理意义是单

位法向力在单位时间内磨除金属的体积，即

$$\Delta_{w} = \frac{v_{w}}{v_{s}} \tag{3-39}$$

Δ_{w} 值越高，说明可磨性越好。对于一般金属材料的磨削，Lindsag 进行了实验研究，得出了计算金属磨除参数 Δ_{w} 的计算公式为

$$\Delta_{w} = \frac{0.793 \times 10^{-6} \left(\dfrac{v_{w}}{v_{s}}\right)\left(1 + \dfrac{4a_{d}}{3f_{d}}\right) f_{d}^{0.58} v_{s}}{d_{se}^{0.14} Q_{b}^{0.47} d_{g}^{0.13} HRC^{1.42}} \tag{3-40}$$

式中　　a_{d}——修整深度，m；

　　　　f_{d}——修整进给量，m/r；

　　　　d_{g}——磨粒直径，m；

　　　　Q_{b}——砂轮中结合剂所占体积分数，$Q_{b} = 1.33H_{n} + 2.2S_{n} - 8$；

　　　　S_{n}——砂轮组织号；

　　　　H_{n}——按砂轮硬度号换算得的硬度号，参见表 3-3；

　　　　HRC——工件材料的洛氏硬度（C 刻度）；

　　　　d_{se}——当量砂轮直径，m。

表 3-3　砂轮硬度号数

砂轮硬度	H	J	K	L	M
砂轮硬度号数 H_{n}	0	1	2	3	4

按式（3-40）估算的结果与实际情况相差约在±20%之内。

从式（3-40）可看出，影响磨除参数 Δ_{w} 的因素是：砂轮速度 v_{s}、工件硬度和砂轮修整条件。显然，砂轮速度越高，工件硬度越低或砂轮修整进给量越大，都会使 Δ_{w} 值增大，说明材料易于磨削。另外，图 3-21 说明了砂轮修整用量对磨除参数的重要影响，增大 a_{d}/f_{d} 的比值可使 Δ_{w} 明显增大。

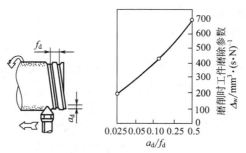

工件材料为 20 钢，$v_{w} = 4.1\text{m/s}$

图 3-21　砂轮修整用量对切除参数的影响

工具钢、高速合金钢及硬质合金等均属难磨材料，其磨除参数 Δ_{w} 一般较低。表 3-4 给出了实验研究得到的一些难磨材料的切除参数 Δ_{w} 的近似值。

表 3-4　难磨材料的切除参数 Δ_{w}

工件名称及牌号	磨除参数 $\Delta_{w}/10^{-2}\text{m}^{3} \cdot (\text{s} \cdot \text{N})^{-1}$	工件名称及牌号	磨除参数 $\Delta_{w}/10^{-2}\text{m}^{3} \cdot (\text{s} \cdot \text{N})^{-1}$
钨高速钢（T-15）	9～90	钼高速钢（M-4）	12～120
钼高速钢（M-2）	25～70	钼高速钢（M-50）	120～280
镍合金钢（Inconel）	37～150		

注：若宽度上的法向磨削力小，则 Δ_{w} 取较低数值。

3.3 磨削力

3.3.1 磨削力的意义

磨削力起源于工件与砂轮接触后引起的弹性变形、塑性变性、切屑形成以及磨粒和结合剂与工件表面之间的摩擦作用。研究磨削力的目的，在于搞清楚磨削过程的一些基本情况，它不仅是磨床设计的基础，也是磨削研究中的主要问题，磨削力几乎与所有的磨削有关系。

为便于分析问题，磨削力可分为相互垂直的三个分力，即沿砂轮切向的切向磨削力 F_t，沿砂轮径向的法向磨削力 F_n 及沿砂轮轴向的轴向磨削力 F_a。一般磨削中，轴向力 F_a 较小，可以不计。由于砂轮磨粒具有较大的负前角，所以法向磨削力 F_n 大于切向磨削力 F_t，通常 F_n/F_t 在 1.5～3 范围内（称 F_n/F_t 为磨削力比）。需要指出的是，磨削力比不仅与砂轮的锐利程度有关且随被磨材料的特性不同而不同。例如，磨削普通钢料时，$F_n/F_t=$1.6～1.8；磨削淬硬钢时，$F_n/F_t=$1.9～2.6；磨削铸铁时，$F_n/F_t=$2.7～3.2；磨削工程陶瓷时，$F_n/F_t=$3.5～22。可见材料越硬越脆，F_n/F_t 比值越大。此外，F_n/F_t 的数值还与磨削方式等有关。

磨削力与砂轮耐用度、磨削表面粗糙度、磨削比能等均有直接关系。实践中，由于磨削力比较容易测量与控制，因此常用磨削力来诊断磨削状态，将此作为适应控制的评定参数之一。

3.3.2 磨削力的理论公式

磨削力的计算在实际工作中很重要，无论是机床设计还是工艺改进都需要知道磨削力。磨削力一般是用计算公式来估算，或者用实验方法来测定，用实验方法测定时，工作量较大，成本高。因此，多年来研究者一直试想通过建立理论模型找出准确的计算公式来解决工程中的问题。现有磨削力计算公式大体上可分为三类，一类是根据因次解析法建立的磨削力计算公式；另一类是根据实验数据建立的磨削力计算公式；还有一类是根据因次解析和实验研究相结合的方法建立的通用磨削力计算公式。

(1) 单位磨削力的计算公式

单位磨削力是磨削工件时作用在单位切削面积上的主切削力（即切向切削力），以 F_p 表示，单位为 N/mm²。

当磨粒开始接触工件时，受到工件的抗力作用。图 3-22所示为磨粒以磨削深度 a_p 切入工件表面时的受力情况。在不考虑摩擦作用的情况下，切削力 dF_x 垂直作用于磨粒锥面上，其分布范围如图 3-22(c) 中虚线范围所示。由图 3-22(a) 可以看出，dF_x 作用力分解为法向推力 dF_{nx} 和侧向推力 dF_{tx}。两侧的推力 dF_{tx} 相互抵消，而法向推力则叠加起来使整个磨粒所受的法向力明显增大，所以无论是滑擦、耕犁或切削状态下磨粒所受法向力都大于切向磨削力。这种情况也说明了磨削与切削的特征区别，一般切削加工则是切向力比法向力大得多。

根据图 3-22，在 $X—X$ 截面内作用在磨粒上的切削力 dF_x 可按式(3-41) 求得，即

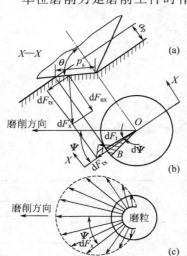

图 3-22 磨粒上的作用力

$$dF_x = F_p dA \cos\theta \cos\Psi \qquad (3-41)$$

式中　F_p——单位磨削力；

　　　$\mathrm{d}A$——砂轮接触面积，mm^2；

　　　　θ——磨粒半顶锥角；

　　　Ψ——切削力方向与 x 方向的夹角。

$\mathrm{d}F_x$ 的分布如图 3-22(c) 中虚线范围所示，设图中磨粒为具有一定锥角的圆锥，中心线指向砂轮的半径，且圆锥母线长度为 ρ，则接触面积为

$$\mathrm{d}A = \frac{1}{2}\rho^2 \sin\theta \mathrm{d}\Psi \tag{3-42}$$

将式(3-42) 代入式(3-41) 得

$$\mathrm{d}F_x = \frac{1}{2}\rho^2 F_p \sin\theta \cos\theta \cos\Psi \mathrm{d}\Psi \tag{3-43}$$

因为

$$\begin{cases} \mathrm{d}F_t = \mathrm{d}F_x \cos\theta \\ \mathrm{d}F_n = \mathrm{d}F_x \sin\theta \end{cases} \tag{3-44}$$

将式(3-43) 代入式(3-44) 得

$$\begin{cases} \mathrm{d}F_t = \frac{1}{2}\rho^2 F_p \sin\theta \cos^2\theta \cos\Psi \mathrm{d}\Psi \\ \mathrm{d}F_n = \frac{1}{2}\rho^2 F_p \sin^2\theta \cos\theta \cos\Psi \mathrm{d}\Psi \end{cases} \tag{3-45}$$

因此，可求得作用于磨粒上的磨削力

$$\begin{cases} F_{tg} = \int_{-\frac{\pi}{2}}^{\frac{\pi}{2}} \frac{\mathrm{d}F_t}{\mathrm{d}\Psi}\mathrm{d}\Psi = \frac{\pi}{4}\rho^2 F_p \sin\theta \cos^2\theta = \frac{\pi}{4}F_p \overline{a_g^2}\sin\theta \\ F_{ng} = \int_{-\frac{\pi}{2}}^{\frac{\pi}{2}} \frac{\mathrm{d}F_n}{\mathrm{d}\Psi}\mathrm{d}\Psi = \rho^2 F_p \sin^2\theta \cos\theta = F_p \overline{a_g^2}\sin\theta\tan\theta \end{cases} \tag{3-46}$$

于是，可得磨削力的计算公式为

$$\begin{cases} F_t = N_d F_{tg} = \frac{\pi}{4}N_d F_p \overline{a_g^2}\sin\theta \\ F_n = N_d F_{ng} = N_d F_p \overline{a_g^2}\sin\theta\tan\theta \end{cases} \tag{3-47}$$

由此可得单位磨削力

$$F_p = \frac{1}{2N_d \overline{a_g^2}\sin\theta}\left(\frac{4F_t}{\pi} + \frac{F_n}{\tan\theta}\right) \tag{3-48}$$

式中的 N_d 为动态有效磨刃数，$N_d = N_t l_c b$，N_t 为砂轮表面上的单位长度静态有效磨刃数，l_c 为砂轮与工件的接触弧长度，b 为磨削宽度。

显然，由式(3-47) 和式(3-48) 可知，若实测得 F_t 和 F_n 之值，就可求得一定磨削条件下的单位磨削力值。反之，若知道一定磨削条件下的单位磨削力值，就可估算出磨削力值。

(2) 砂轮接触面上的动态有效磨刃数的磨削力计算公式

关于磨削力计算公式的建立，目前国内外有不少论述，这里重点介绍 G. Wender 等建立的磨削力计算公式。该公式考虑了磨削力与磨削过程的动态参数关系。

建立磨削力计算公式时，需知以下两项参数：一是单位砂轮表面上参与工作的磨刃数；二是砂轮与工件相对接触长度内的平均切削面积 A。知道这两项参数，即可推导出单位磨削力公式。

由 G. Wender 等人的计算，单位接触面上的动态磨刃数公式为

$$N_d = A_n C_e^\beta \left(\frac{v_w}{v_s}\right)^\alpha \left(\frac{a_p}{d_{se}}\right)^{\frac{\alpha}{2}} \tag{3-49}$$

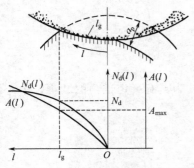

图 3-23 动态磨削刃与平均切屑
横截面对接触弧长的影响

式中 A_n——与静态磨刃数有关的比例系数，一般
取 1.2；

C_e——磨刃密度，为砂轮与工件接触面积上
磨粒分布密度和形状有关的系数。

如图 3-23 所示，对于任意接触弧线长度范围内的动
态磨刃数 $N_d(l)$ 为

$$N_d(l) = N_d\left(\frac{l}{l_c}\right)^\alpha = A_n C_e^\beta \left(\frac{v_w}{v_s}\right)^\alpha \left(\frac{a_p}{d_{se}}\right)^{\frac{\alpha}{2}} \left(\frac{l}{l_c}\right)^\alpha \tag{3-50}$$

l_c 为砂轮与工件的接触弧长，且有

$$l_c = (a_p d_{se})^{\frac{1}{2}} \tag{3-51}$$

接触弧区中变量 l 处的磨屑面积 $A(l)$ 为

$$A(l) = A_{max}\left(\frac{l}{l_g}\right)^{1-\alpha} \tag{3-52}$$

A_{max} 为最大的磨屑横断面积，且

$$A_{max} = \frac{2}{A_n} C_e^{-\beta} \left(\frac{v_w}{v_s}\right)^{1-\alpha} \left(\frac{a_p}{d_{se}}\right)^{\frac{1-\alpha}{2}} \tag{3-53}$$

故

$$A(l) = A_{max}\left(\frac{l}{l_g}\right)^{1-\alpha} = \frac{2}{A_n} C_e^{-\beta} \left(\frac{v_w}{v_s}\right)^{1-\alpha} \left(\frac{a_p}{d_{se}}\right)^{\frac{1-\alpha}{2}} \left(\frac{l}{l_g}\right)^{1-\alpha} \tag{3-54}$$

上述各式中，指数 α 和 β 取决于切刃形状及分布情况。

$$\alpha = \frac{p-m}{p+1} \quad \text{且} \quad \alpha > 0 （实际上 0 < \alpha < \frac{2}{3}）;$$

$$\beta = \frac{p}{p+1} \quad \text{且} \quad \beta > 0 （实际上 \frac{1}{2} < \beta < \frac{2}{3}）$$

p 为单位长度上静态有效磨刃数 N_t 和砂轮磨削深度 a_p 之间关系曲线的指数，如图 3-24 所示。m 则为反映磨刃数的指数，如图 3-25 所示。它们的取值范围分别为 $1 < p < 2$ 和 $0 < m < 1$。

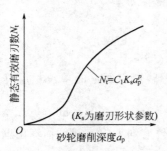

图 3-24 指数 p 的意义

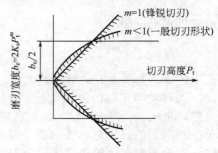

图 3-25 指数 m 的意义

对于某任意接触弧长度，单位面积上的法向磨削力为

$$F_n'(l) = F_p[A(l)]^n N_d(l) \tag{3-55}$$

那么，在整个接触弧长度上的法向磨削力大小为 $F_n'(l)$ 从 $l=0$ 至 $l=l_g$ 的积分，即

$$F_n'(l) = F_p \int_0^{l_g} [A(l)]^n N_d(l) dl \tag{3-56}$$

将式(3-51)和式(3-54)代入式(3-56)整理后得

$$F_n' = F_p C_e^\gamma \left(\frac{v_w}{v_s}\right)^{2\varepsilon - 1} a_p^\varepsilon d_{se}^{1-\varepsilon} \tag{3-57}$$

其中

$$\varepsilon = \frac{1}{2}[(1+n)+\alpha(1-n)]; \quad \gamma = \beta(1-n)$$

根据理论分析得出 ε 和 γ 的数值范围分别为 $0.5 \leqslant \varepsilon \leqslant 1$ 和 $0 \leqslant \gamma \leqslant 1$。磨削力主要由切削变形力和摩擦力两部分组成。上述计算磨削力的公式(3-57)能较直观地反映出切削变形和摩擦对磨削力的影响。现分析如下。

当单颗磨粒的磨削力与磨屑横断面积近似于正比时，可认为 $n=1$，这时 $\varepsilon \to 1$，$\gamma \to 0$，式(3-57)可写成

$$F_n' = F_p \left(\frac{v_w}{v_s} \right) a_p \tag{3-58}$$

由式(3-58)可以明显地看出，F_n' 与工件材料和磨削厚度有关，或者说与切削变形有关，而与摩擦无关。因为 $n \to 1$ 时，说明 α 对 ε 的影响很小，也就是说 v_s、v_w、a_p 和 d_{se} 对磨削力的影响和磨削刃的分布特性无关。同时，当 $n \to 1$ 时，$\gamma \to 0$，表示砂轮圆周上磨刃密度的值 C_e 对磨削力没有什么影响，也说明在这种情况下磨削力主要是磨削变形力。

若 $n=0$，$\alpha=0$，则 $0.5 \leqslant \varepsilon \leqslant 1$，$0.5 \leqslant \gamma \leqslant 1$。于是当 $\varepsilon=0.5$，$\gamma=0.5$ 时，式(3-57)变为

$$F_n' = F_p C_e^{\frac{1}{2}} (a_p d_{se})^{\frac{1}{2}} \tag{3-59}$$

式(3-59)中，$C_e^{\frac{1}{2}}$ 为砂轮上磨刃的分布情况，$(a_p d_{se})^{\frac{1}{2}}$ 为砂轮与工件的接触弧长度，说明磨削力与该两项成正比，磨削力完全来源于摩擦，而与磨削变形无关。

实际磨削中，不可能会出现单纯摩擦和完全切削的情况。磨削力由摩擦和切削变形两部分组成，哪一部分占主导地位，取决于砂轮、工件和磨削条件的综合情况。概括多次实验结果，指数的实际值处于下列范围：$0.5 < \varepsilon < 0.95$，$0.1 < \gamma < 0.8$。

根据以上分析，可将式(3-57)写为

$$F_n' = C_e^{\gamma} (F_p \sqrt{a_p d_{se}})^{\rho} \left[F_p \left(\frac{v_w}{v_s} \right) a_p \right]^{1-\rho} = F_p C_e^{\gamma} \left(\frac{v_w}{v_s} \right)^{1-\rho} a_p^{1-\frac{\rho}{2}} d_{se}^{\frac{\rho}{2}} \tag{3-60}$$

由式(3-60)可以明显地看出 F_n' 与摩擦有关的部分是 $C_e^{\gamma} (F_p \sqrt{a_p d_{se}})^{\rho}$，与磨削有关的部分是 $\left[F_p \left(\frac{v_w}{v_s} \right) a_p \right]^{1-\rho}$。当 $\rho=1$，可视为纯摩擦的情况；当 $\rho=0$ 时，可视为纯切削的情况。

式(3-57)所表达的磨削力数学模型，也可用当量磨削厚度及砂轮与工件的速度比 q ($q = \frac{v_w}{v_s}$) 来表达，所以

$$a_p = a_{eq} \frac{v_w}{v_s} = a_{eq} q$$

则可得出用当量磨削厚度 a_{eq} 与速度比 q 表示的磨削力学数学模型，即

$$F_n' = F_p C_e^{\gamma} q^{1-\varepsilon} a_{eq}^{\varepsilon} d_{se}^{1-\varepsilon} \tag{3-61}$$

上述磨削力数学模型包括了切削变形力与摩擦力，但没有从物理意义上清楚地区分磨削变形力和摩擦力，没有清楚地表达磨削变形力与摩擦力对磨削力的影响程度，更不能说明磨削过程中磨削力随砂轮钝化而急剧变化的情况。为此，可直观地将 F_n'、F_t' 划分为由磨削变形力及摩擦力两项组成，即

$$\begin{cases} F_n' = F_{nc}' + F_{ns}' = F_p \sum A_{ls} + N \mu \delta \overline{p} \\ F_t' = F_{tc}' + F_{ts}' = \varphi F_p \sum A_{ls} + N \mu \delta \overline{p} \end{cases} \tag{3-62}$$

式中　F_{nc}'——由磨削变形引起的法向力；

　　　F_{ns}'——由摩擦引起的法向力；

　　　F_{tc}'——由磨削变形引起的切向力；

F'_{ts}——由摩擦引起的切向力；

δ——单颗工作磨粒顶面积，即工件与工作磨粒的实际接触面积；

$\overline{p}$——磨粒实际磨损表面与工件间的平均接触压强；

μ——摩擦因数。

$$\overline{p} = \frac{\mathrm{d}F_n}{\mathrm{d}\delta}$$

$$\sum A_{ls} = \frac{v_w}{v_s} a_p$$

$$N = \int_0^l N_d(l)\,\mathrm{d}l'_s = \frac{F_p}{1+\alpha} C_e^\beta \left(\frac{v_w}{v_s}\right)^\alpha a_p^{\frac{1+\alpha}{2}} d_{se}^{\frac{1-\alpha}{2}}$$

$$\varphi = \frac{\pi}{4\tan\theta}$$

式中　θ——磨粒顶圆锥半角。

因此，可得单位宽度法向磨削力 F'_n 和单位宽度切向磨削力 F'_t，即

$$F'_n = F_p \left(\frac{v_w}{v_s}\right) a_p + \frac{\mu\delta\,\overline{p}A_n}{1+\alpha} C_e^\beta \left(\frac{v_w}{v_s}\right)^\alpha a_p^{\frac{1+\alpha}{2}} d_{se}^{\frac{1-\alpha}{2}} \tag{3-63}$$

$$F'_t = \frac{\pi F_p}{4\tan\theta} \left(\frac{v_w}{v_s}\right) a_p + \frac{\mu\delta\,\overline{p}A_n}{1+\alpha} C_e^\beta \left(\frac{v_w}{v_s}\right)^\alpha a_p^{\frac{1+\alpha}{2}} d_{se}^{\frac{1-\alpha}{2}} \tag{3-64}$$

比较式(3-57)、式(3-63)、式(3-64) 可知：当 $n=1$，即纯剪切变形时，$\varepsilon=1$，$\gamma=0$，则式(3-57) 变为 $F'_n = F_p \left(\dfrac{v_w}{v_s}\right) a_p$，即式(3-63) 中右边第一项，即磨削变形力引起的磨削力；当 $n=0$，即纯摩擦时，$\varepsilon=(1+\alpha)/2$，$\gamma=\beta$，则式(3-57) 变为

$$F'_n = F_p C_e^\beta \left(\frac{v_w}{v_s}\right)^\alpha a_p^{\frac{1+\alpha}{2}} d_{se}^{\frac{1-\alpha}{2}}$$

式(3-63)、式(3-64) 直观地反映了磨削力随砂轮磨损而变化的特性。

3.3.3　磨削力的尺寸效应

磨削力的尺寸效应最早是由 Milton. C. Shaw 和他的学生提出来的。磨削过程中的尺寸效应（size-effect）是指磨粒切深及平均磨削面积的越小，单位磨削力或磨削比能越大。也就是说，随着切深的减小，切除单位体积材料需要更多的能量。图 3-26 给出了磨削钢时磨削比能与磨削深度的尺寸效应关系。

目前，解释尺寸效应生成的理论有三种：其一是 Pashlty 等人提出的从工件的加工硬化理论解释尺寸效应；其二是 Milton. C. Shaw 从金属物理学观点分析材料中裂纹（缺陷）与尺寸效应的关系；其三是用断裂力学原理对尺寸效应解释的观点。

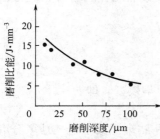

图 3-26　磨削钢时磨削比能与
磨削深度的尺寸效应关系

(1) 用加工硬化理论解释磨削力尺寸效应

用磨削中工件材料的加工硬化解释尺寸效应的产生机理，是在研究磨削变形和比能时得出的。

磨削时被磨削层比切削时的变形大得多，其主要原因是磨削时磨粒的钝圆半径与磨削层厚度比值较切削加工时大得多的缘故。另外，磨粒切刃有较大的负前角及磨削时的挤压作用，加上磨粒在砂轮表面的随机分布，使被切削层经受过多次反复挤压变形后才被切离。通过观察搜集磨屑和磨削后工件表面的变质层，并通过测量磨削力的大小与计算出的磨削比能的情况可知，磨削时，磨削比能比车削时大得多（表 3-5）。

表 3-5　磨削和车削比能　　　　　　　　　　　　　　　J/mm³

类　型	比　能	类　型	比　能
车削	1～10	普通磨削	20～60
磨削	20～200	精细磨削	60～200
切割磨削	10～30	砂带磨削	10～30

磨削变形时，单位磨削力 F_p 与磨粒切深或磨屑横断面积有关，图 3-27 表示了单位磨削力与切削层断面积的关系。

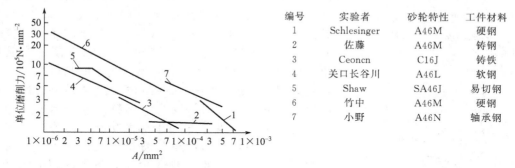

编号	实验者	砂轮特性	工件材料
1	Schlesinger	A46M	硬钢
2	佐藤	A46M	铸钢
3	Ceoncn	C16J	铸铁
4	关口长谷川	A46L	软钢
5	Shaw	SA46J	易切钢
6	竹中	A46M	硬钢
7	小野	A46N	轴承钢

图 3-27　单位磨削力与切削层断面积的关系

根据单位切削力的定义，可以将单个磨刃切向力 F_{gt} 用单位磨削力 F_p 与单个磨刃平均磨削层面积 $\overline{A_g}$ 之积表示，即

$$F_{gt} = F_p \overline{A_g} \qquad (3\text{-}65)$$

则磨削切向力可表达为

$$F_t = N_s F_{gt} \qquad (3\text{-}66)$$

其中

$$\overline{A_g} = \overline{\lambda_s^2} \frac{v_w}{v_s} \times \frac{a_p}{l_s}, \quad N_s = \frac{l_s b}{\overline{\lambda_s^2}}$$

所以

$$F_t = \frac{l_s b}{\overline{\lambda_s^2}} F_p \frac{\overline{\lambda_s^2} v_w a_p}{v_s l_s} = F_p \frac{v_w}{v_s} b a_p$$

则得

$$F_p = \frac{F_t v_s}{b a_p v_w} = \frac{F_t v_s}{\overline{A_c} A_w} = \frac{F_t q}{\overline{A_c}}$$

令 $\overline{A_c} = b a_p$ （平均磨削层面积），$\sigma_0 = F_t q$ （单位磨削力常数），所以

$$F_p = \sigma_0 \overline{A_c}^{-1} \qquad (3\text{-}67)$$

式（3-67）表达了单位磨削力 F_p 与平均磨削层面积 $\overline{A_c}$ 之间的关系。在实际使用中将指数加以修正，改写为

$$F_p = \sigma_0 \overline{A_c}^{-\varepsilon} \qquad (0.5 < \varepsilon < 0.95) \qquad (3\text{-}68)$$

式（3-68）说明了平均磨削层面积越小，磨削力越大，这种现象即为磨削力的尺寸效应。表 3-6 列出了单位磨削力常数 σ_0 值（砂轮 A60）。

表 3-6　单位磨削力常数 σ_0 值

材料	轴承钢	0.6%钢	0.8%钢	1.2%钢	9.6%钢	0.2%钢	铸铁
热处理	淬火	淬火	淬火	淬火	退火	退火	退火
维氏硬度/HV	8633	6180	4316	2698	1962	1079	1275
σ_0	2051	1962	2001	1619	1668	1423	1275

（2）用材料的裂纹（缺陷）解释磨削力的尺寸效应原理

美国的 M. C. Shaw 等在研究比能时，测量出磨削力并计算出磨削比能，结果示于图

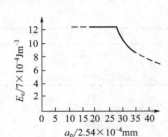

图 3-28　单位磨削比能与
磨削深度 a_p 的关系

（材料为轴承钢，砂轮为 SA46L7VA，
$D=203\text{mm}$，$n_s=3000\text{r/min}$，$v_w=$
1.2m/min，$b=12.7\text{mm}$，干磨削）

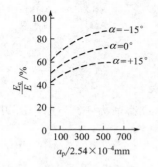

图 3-29　微量铣削时 E_e/E
和 a_p 的关系

（Q235A 钢，硬质合金铣刀，$D=$
152.4mm，切削转速 3400r/min，
进给速度 12m/min，干磨削）

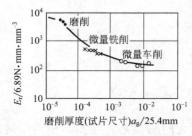

图 3-30　单位剪切能 E_r 与磨削
厚度 a_g 的关系（15Mn 钢）

3-28 中。在磨削深度 $a_p<0.7\mu\text{m}$ 时，磨削比能 E_e 便减小。M.C.Shaw 进一步采用微量铣削去模拟磨削状态进行了试验，其结果如图 3-29 所示。当磨削深度 $a_p\leqslant 0.7\text{mm}$ 时，其切应力 $\tau=1.3\text{MPa}$。

通过用 X 射线干涉仪及电子显微镜对钢材缺陷间隔的观察研究表明，$0.7\mu\text{m}$ 的数值刚好相当于钢材中缺陷的平均间隔值。而在 $a_p\leqslant 0.7\text{mm}$ 下得到的切应力数值，基本上与钢材无缺陷下的理想值一致。所以，就出现了图 3-30 中 $a_p\leqslant 0.7\text{mm}$ 部分的等值线域。M.C.Shaw 还将磨削、微量铣削和微量车削的实验结果整理得出图 3-30 所示的组合曲线，由此得出以下结论：磨削中的尺寸效应主要是由于金属材料内部的缺陷所引起的，当磨削深度小于材料内部缺陷的平均间隔值 $0.7\mu\text{m}$ 时，磨削相当于在无缺陷的理想材料中进行，此时切削切应力和单位剪切能量保持不变；当磨削深度大于 $0.7\mu\text{m}$ 时，由于金属材料内部的缺陷（如裂纹等）使切削时产生应力集中，因此随磨削深度的增大，单位切应力和单位剪切能量减小，即磨削比能减小，这就是尺寸效应。

（3）用金属物理学观点解释尺寸效应

尺寸效应可以用金属物理学原理来加以说明。因为金属的破坏是由其晶格滑移所致。一般来说，克服原子间的作用力，产生滑移所需的切应力

$$\tau=\frac{G}{\gamma} \tag{3-69}$$

式中　G——材料的切变模量；

　　　γ——切应变。

由此可得晶格排列无缺陷理想材料的强度，如结构钢 $\tau=12.21\text{MPa}$。可是实际的软钢屈服切应力仅为 $0.288\sim0.38\text{MPa}$，之所以有如此大的差别是因为多晶体材料中，常因晶格排列不整齐，存在相当于微裂缝的空隙和杂质的缘故。这些晶格缺陷在承受载荷时发生应力集中现象，在这些地方发生大量位错，所以塑性变形在比理论切应力 τ 小得多的切应力条件下进行。材料试验时，所选用的试片尺寸越小，试片中存在的晶格缺陷数越小，试片的平均切应力就增大，并越接近理论值 $\tau=G/\gamma$，这就是尺寸效应。

（4）用断裂力学原理分析尺寸效应产生的机理

浙江大学从材料被去除时所受的力、切削层的塑性变形、裂纹扩展到断裂这一过程，应用断裂力学理论分析了尺寸效应的形成。

由断裂力学可知，材料的断裂与材料中的裂纹有关，材料强度的降低是由于材料中存在细微裂纹造成的。因此，材料的断裂过程实际上就是裂纹的扩张过程。材料的裂纹尺寸与材料所能承受的正应力 σ 之间有下列关系，即

$$\sigma=\sqrt{\frac{8E\gamma}{\pi\alpha}} \tag{3-70}$$

式中 α——裂纹长度尺寸；

　　E——弹性模量；

　　γ——切应变。

试验证明，式(3-70)对理想的脆性材料是有效的，因为在脆性材料中塑性变形是有限的，使材料断裂的仅为表面能，表面能和断裂能相差不大。但对塑性材料来说，材料断裂的表面能要比断裂能小几个数量级。因此，对塑性材料来说，式(3-70)应该修正，使之包含断裂过程的塑性变形能，即

$$\sigma = \sqrt{\frac{2E(\gamma_s + \gamma_p)}{\pi\alpha}} \tag{3-71}$$

式中 γ_p——塑性变形切应变；

　　γ_s——表面能。

式(3-71)可以简写为

$$\sigma = K\sqrt{\frac{1}{\alpha}} \tag{3-72}$$

式中 K——传递系数，是与材料有关的系数。

式(3-72)建立了材料裂纹与应力的关系。从这个关系出发，将磨削过程看成是材料局部的断裂过程，用断裂力学原理来解释尺寸效应产生的机理。研究者认为，在磨削中磨粒对工件材料切削时，其切削过程可以认为是磨粒磨刃对工件材料的剪切过程，也就是工件材料沿磨削深度平面的断裂过程，因此由工件表面至磨削深度 a_p 处材料被剪断所产生裂纹的大小与磨削深度几乎相同。图3-31给出了磨削时工件上裂纹的产生与发展的模型。值得注意的是，此裂纹不是材料内部原有的，而是在切削过程中形成的。

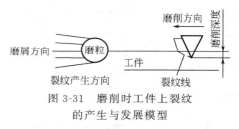

图 3-31　磨削时工件上裂纹
的产生与发展模型

从以上分析可知，单位磨削力 F_p 与磨削深度 a_p 之间应该存在类似式(3-72)的关系，即

$$F_p = K\sqrt{\frac{1}{a_p}} \tag{3-73}$$

式(3-73)与式(3-72)不同，原因在于式(3-72)是静态意义上的，式中的值均为材料本身特性所决定。式(3-73)则是对磨削过程中力的描述，是动态的。在磨削过程中裂纹必须以很高的速度扩展，材料才能被去除。因此 K 值的大小不仅与材料本身的特性有关，而且与磨削参数有关。K 值的大小反映磨粒磨除材料的难易程度，K 值越大，单位磨削力越大。此外，由于磨削是在很高的速度下进行的，磨粒与工件间的摩擦消耗了一部分能量，同样磨削深度时需要更大的磨削力，而反映在式(3-73)中的指数将有所减小。因此对式(3-73)进行以下修正，即

$$F_p = K\left(\frac{1}{a_p}\right)^\delta \tag{3-74}$$

取 $0 < \delta < 0.5$（此时不包括磨粒摩擦与磨损）。当 $\delta = 0.5$ 时，可以认为此时磨削能量全部消耗在工件上磨削深度 a_p 处材料的断裂所做的功，相当于静态力作用于工件上；当 $\delta = 0$ 时，则意味单位磨削力不随磨削深度的改变而改变，没有尺寸效应产生，能量全部消耗于工件间产生的摩擦热上。实际上，不可能出现完全切削和单纯摩擦这类极限情况，因此 δ 值应在 $0 \sim 0.5$ 之间。

表3-7给出了在平面磨床上用CBN砂轮磨削钛合金时，不同磨削深度下的磨削力测量

值。条件为：砂轮线速度 $v_s = 24\text{m/s}$，工件线速度 $v_w = 9\text{m/min}$ 和 18m/min。

表 3-7 F_t 及 F_p 数值

$v_w/\text{m} \cdot \text{min}^{-1}$	a_p/mm	$F_t/\text{N} \cdot \text{mm}^{-2}$	$F_p/\text{N} \cdot \text{mm}^{-2}$
9	0.001	0.554	554.6
	0.002	0.643	321.7
	0.003	0.911	303.6
	0.004	1.039	259.8
	0.005	1.188	237.6
	0.006	1.353	225.4
	0.008	1.454	181.6
18	0.001	0.901	900.7
	0.002	1.266	633.3
	0.003	1.610	536.7
	0.004	1.829	457.3
	0.005	2.083	416.8
	0.006	2.047	363.3
	0.008	2.740	342.5
	0.010	3.192	319.2
	0.015	4.194	279.6

注：砂轮线速度不改变。

图 3-32 给出了单位磨削力与磨削深度的关系，从图中可以看出，磨削深度越小，尺寸效应越显著，而且尺寸效应随工件速度的增加而增加。

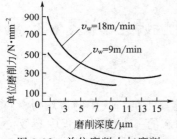

图 3-32 单位磨削力与磨削深度的关系

在两种工件速度下分别对试验数据进行回归可得以下方程：

$v_w = 9\text{m/min}$ 时　　$F_p = 18.02 a_p^{-0.474}$

$v_w = 18\text{m/min}$ 时　　$F_p = 41.38 a_p^{-0.440}$

从两个方程可以看出：单位磨削力与磨削深度之间的关系和式（3-73）基本类似，表明了单位磨削力与磨削深度之间存在类似于应力与材料裂纹间的关系，方程中 a_p 的指数比式（3-73）中的指数 -0.5 要大。其原因是在磨削中，一部分能量消耗在工件的发热上，使指数值略有增大。此外，工件的速度越大 a_p 的指数越大。产生这种现象的原因是由于工件速度高，磨削力增大，磨削热也增大，更多的能量消耗在磨削热上，使 a_p 的指数有增加的趋势。还可以看出，K 值随工件速度的增加而增加，这与磨削力随工件速度增大的现象是一致的。

通过以上分析可得出以下结论：磨削力的尺寸效应可以根据裂纹的产生与扩展过程来解释，即磨削中的单位磨削力与磨削深度间的关系完全类似于断裂力学中应力与裂纹间的关系。

3.3.4　磨削力的测量与经验公式

磨削力的理论公式对磨削过程的定性分析和大致估算具有很大作用。但是，由于磨削加工情况的复杂性，建立在一定加工条件和假设条件之上的理论公式，在条件改变后就导致其使用受到极大限制。迄今为止，还没有一种可适用于各种磨削条件下的严密磨削力理论公式。对于磨削过程的详细研究，目前仍然需依靠实验测试及在该实验条件下的经验公式来进行。

磨削力的实验确定需借助测力仪进行。目前，用得较多的是在弹性元件上粘贴应变片的电阻式测力仪，也可利用压电晶体的压电效应原理以及各种传感器配置计算机进行测量。

(1) 磨削力的测量

① 平面磨削的磨削力测量 图 3-33 所示为平面磨削的磨削力测量装置，该装置属于一种电阻应变片式测力仪，电阻应变片按图示位置贴在八角环弹性元件上，电阻应变片 R_1、R_2、R_3、R_4 接成电桥可测量法向磨削力 F_n，把电阻应变片 R_5、R_6、R_7、R_8 接成电桥可测量切向磨削力 F_t。这种方法能同时测出法向磨削力及切向磨削力。由于电桥输出的电流很微弱，因而需经动态电阻应变仪放大，再用光线示波器记录。使用测力仪前，应先对测力仪进行标定，通过标定得到光线示波器光点偏移距离与磨削力间的关系。

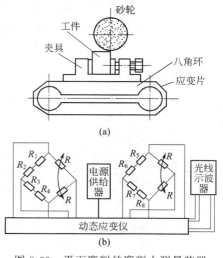

图 3-34 所示为另一种平面磨削的磨削力测量装置，由于该装置利用压电晶体的压电效应来测量，故称为压电晶体测量仪。该装置共采用三个石英晶体传感器，其中压电晶体传感器 A 用来测量切向力 F_t，传感器 B 和 C 用来测量法向力 F_n，使用时应注意安装石英晶体传感器的本体与基座的连接刚性应尽可能大。淬硬定位板用环氧树脂黏结在基座上。为了补偿制造误差，应在黏结剂固化之前，将传感器组装在一起。

图 3-33 平面磨削的磨削力测量装置

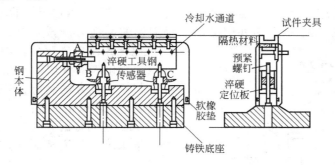

图 3-34 压电晶体测力装置

为了避免在切向力 F_t 作用下剪切力对传感器的影响和减少传感器的相互干扰，各传感器的上、下面均应制成刀口形，如图 3-35 所示。刀口夹角为 170°，这样可使传感器承受最小的剪切力，而且没有弯矩。压电晶体材料一般使用钛酸钡为宜。

② 外圆磨削的磨削力测量 图 3-36 所示为外圆磨削的磨削力测量装置。磨削时磨削力使测力顶尖弯曲，其所承受的磨削力可通过粘贴在顶尖侧面的应变片测得。切向磨削力 F_t 使顶尖向下弯曲，使用电阻应变片 R_1、R_2、R_3、R_4 测量，法向磨削力 F_n 使顶尖向后弯曲，用电阻应变片 R_5、R_6、R_7、R_8 测量。使用这种测力仪时，应注意排除由于拨动零件转动的拨杆所引起的反作用力矩对电桥输出的周期干扰。为避免这种干扰，可使用双拨杆双测力顶尖全桥法来测量磨削力，如图 3-37 所示。同样，在使用这种测力仪之前，也需要对测力仪进行标定。

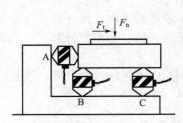

图 3-35　传感器的刀口接触

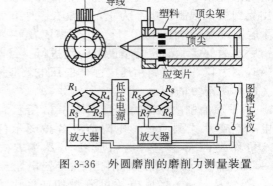

图 3-36　外圆磨削的磨削力测量装置

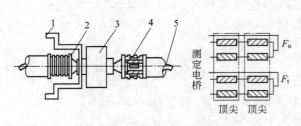

图 3-37　由两顶尖上的电阻应变片组成的测力仪
1—鸡心夹头；2—测量用顶尖；3—工件；
4—电阻应变片；5—导线

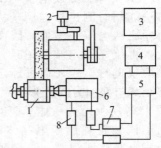

图 3-38　外圆磨削工程陶瓷的磨削力测量系统
1—陶瓷工件；2—步进电机；3—电控装置；
4—X-Y 记录仪；5—Y6D-3A 型电阻应
变仪；6—静压尾座；7—电桥盒；
8—CYG-1 型压差传感器

除了采用电阻应变片对外圆磨削力测量之外，利用传感器进行力的测量也是生产和实验中常用的方法。图 3-38 所示为外圆磨削工程陶瓷的磨削力测量系统。测量时，通过两个 CYG-1 型电感式压差传感器，测量静压尾座两相对油腔油压的变化来反映切向与法向磨削力的大小和记录仪的位移。该方法具有良好的线性关系，可使测试误差减小，测试精度提高。

③ 内圆磨削的磨削力测量　图 3-39 给出了内圆磨削力测量系统。其测试原理是：当磨杆受到磨削力作用时，将产生一个位移信号，该位移信号通过安装在磨杆切向和法向的电涡流式传感器转变为电压信号输入位移振幅测量仪，然后信号经低通滤波器变为纯直流信号输入波形储存器或磁带机，同时可采用同步示波器进行监测，最后将信号输入计算

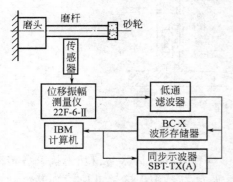

图 3-39　工程陶瓷内圆磨削力测量系统

机进行现场数据分析和处理。为了提高测试精度，避免法向力、切向力的相互影响，同样需要进行误差补偿，在标定时进行。需要说明的是，该系统标定不仅需要标定力与位移关系，还需要标定力与微机读数的关系。经实验测试及精度验证，该系统十分有效，测试精度足够高。

（2）磨削力的经验公式

在实际的工程计算中，当前仍以采用经验公式为主。多年来，各国学者都作出了许多研究，发表了大量数据，并且详细讨论了各种磨削条件对磨削力的影响，提出了各种各样的磨

削力实验公式，这些公式几乎都是以磨削条件的幂指数函数形式表示的，形式如下：

$$F_t = F_p a_p^\alpha v_s^{-\beta} v_w^\gamma b^\delta \tag{3-75}$$

式中　　　F_p——单位磨削力；

　　　　　b——磨削加工宽度；

$\alpha,\ \beta,\ \gamma,\ \delta$——指数。

式（3-75）中的指数实验数值参见表 3-8。

表 3-8　磨削力计算公式中的指数

研究者	α	β	γ	δ	备注
[前联邦德国]E. Sacje	0.45	0.45	0.45	0.45	
	0.4	0.4	0.4	0.4	
	0.43	0.43	0.43	0.43	
[前苏联]E. N. Marslon	0.6	—	0.7	0.7	
[美]NORTON 公司	0.5	0.5	0.5	0.5	
[日]渡边	0.88	0.76	0.76	0.62	
[日]竹中	0.84	—	—	—	淬火钢
	0.87	1.03	0.48		硬钢
	0.84	0.78	0.45		软钢
	0.87	—	0.61		铸铁
	0.87	—	0.60		黄铜

由表 3-8 可以看出，由于各研究者使用的仪器水平和试验材料不同，磨削力公式不统一，按不同公式的幂指数值计算出的结果差别可能很大。同时，实验公式中研究者常常由于保密等原因，切削比例常数 K 值均不给出，故导致生产中应用这些实验公式也比较困难。

为了生产中迅速得出这些关键的指数并使公式实用化，1992 年，北京工业大学提出了一种磨削力实验公式中系数和指数的新求法，该实验采用回归法。下面分别介绍内、外圆及平面磨削力公式的求法。

① 外圆磨削力实验公式的求法　已知磨削外圆时磨削力公式的数学模型为

$$F_t = F_p a_p^x f_a^y v_w^z \tag{3-76}$$

取对数可得回归方程为

$$\ln F_t = \ln F_p + x \ln a_p + y \ln f_a + z \ln v_w$$
$$y = b_0 + b_1 x_1 + b_2 x_2 + b_3 x_3 \tag{3-77}$$

然后对磨削用量进行水平编码，大值为 +1，小值为 -1，并对磨削力的实验值取自然对数，如表 3-9 所示。

表 3-9　外圆磨削力的实验数据

序号	磨削用量			水平编码				切向磨削力的实测值	
	a_p/mm	$f_a/\text{m}\cdot\text{min}^{-1}$	$v_w/\text{m}\cdot\text{min}^{-1}$	b_0	b_1	b_2	b_3	F_t/N	$\ln F_t$
1	0.005	2.5	12	+1	-1	+1	-1	46	$y_1 = 3.82$
2	0.005	1.0	48	+1	-1	-1	+1	75	$y_2 = 4.31$
3	0.020	1.0	12	+1	+1	-1	-1	89	$y_3 = 4.49$
4	0.020	2.5	48	+1	+1	+1	+1	454	$y_4 = 6.12$

注：实验条件为 MQ1350 外圆磨床，砂轮 A60GV，45 钢正火 190～229HB，乳化液冷却。

根据表 3-9 中实验数据求回归方程式（3-77）的四个系数：$b_0 = 4.685$；$b_1 = 0.620$；$b_2 = 285$；$b_3 = 0.530$，然后求回归方程式（3-77）中的三个变量值：

$$x_1 = \frac{2(\ln a_p - \ln 0.020)}{\ln 0.020 - \ln 0.005} + 1 = 1.45 \ln a_p + 6.67$$

设 $A = 1.45$，$a = 6.67$，可得

$$x_1 = A \ln a_p + a$$

$$x_2 = \frac{2(\ln f_a - \ln 2.5)}{\ln 2.5 - \ln 1.0} + 1 = 2.18 \ln f_a - 0.99$$

设 $R = 2.18$，$r = -0.99$，可得

$$x_2 = R \ln f_a + r$$

$$x_3 = \frac{2(\ln v_w - \ln 48)}{\ln 48 - \ln 12} + 1 = 1.44 \ln v_w - 4.57$$

设 $T = 1.44$，$t = -4.57$，可得

$$x_3 = T \ln v_w + t$$

将 x_1、x_2、x_3 代入回归方程式(3-77)中得

$$y = b_0 + b_1(A \ln a_p + a) + b_2(R \ln f_a + r) + b_3(T \ln v_w + t)$$
$$= (b_0 + b_1 a + b_2 r + b_3 t) + b_1 A \ln a_p + b_2 R \ln f_a + b_3 T \ln v_w$$

取反自然对数后可得

$$F_t = e^{(b_0 + b_1 a + b_2 r + b_3 t)} a_p^{b_1 A} f_a^{b_2 R} v_w^{b_3 T}$$

最后可将 b_0、b_1、b_2、b_3 和 A、R、T 及 a、r、t 值代入下列四个方程，可求得切削比例常数 C_F（$\approx F_p$）和指数 x、y、z 值为

$$C_F = e^{(b_0 + b_1 a + b_2 r + b_3 t)} = e^{6.116} = 453$$
$$x = b_1 A = 0.62 \times 1.45 = 0.90$$
$$y = b_2 R = 0.285 \times 2.18 = 0.62$$
$$z = b_3 T = 0.53 \times 1.44 = 0.76$$

将 C_F、x、y、z 值代入式(3-76)，得外圆磨削力实验公式为

$$F_t = 453 a_p^{0.90} f_a^{0.62} v_w^{0.76} \tag{3-78}$$

三个指数值 0.90、0.62、0.76 与表 3-8 所列国外研究结果 $\alpha = 0.88$，$\delta = 0.62$，$\gamma = 0.76$ 基本相同。

② 平面磨削力实验公式的求法　平面磨削力公式的数学模型为

$$F_t = F_p a_p^x v_s^y v_w^z \tag{3-79}$$

经回归后可得回归方程为

$$y = b_0 + b_1 x + b_2 y + b_3 z \tag{3-80}$$

同样，对磨削用量进行水平编码，大值为 +1，小值为 −1，并对磨削力的实验值取自然对数，如表 3-10 所示。试验条件：M7120 平面磨床，砂轮 A60KV，45 钢正火 250HB，乳化液冷却。

同外圆磨削求法步骤相同，根据表 3-10 所示实验数据求回归方程式(3-80)的四个系数：$b_0 = 3.6425$；$b_1 = 0.5925$；$b_2 = -0.00825$；$b_3 = 0.2425$。

表 3-10　平面磨削力的实验数据

序号	磨削用量			水平编码				切向磨削力的实测值	
	a_p/mm	v_s/m·min^{-1}	v_w/m·min^{-1}	b_0	b_1	b_2	b_3	F_t/N	$\ln F_t$
1	0.005	30	6	+1	−1	−1	−1	18	$y_1 = 2.89$
2	0.005	35	18	+1	−1	+1	+1	25	$y_2 = 3.21$
3	0.020	30	18	+1	+1	−1	+1	96	$y_3 = 4.56$
4	0.020	35	6	+1	+1	+1	−1	50	$y_4 = 3.91$

然后，求回归方程式(3-79) 中的变量值得

$$F_p = e^{10.25} = 28282$$
$$x = 0.86, y = -1.06, z = 0.44$$

最后得平面磨削力公式

$$F_t = 28282a_p^{0.86}v_s^{-1.06}v_w^{0.44} \tag{3-81}$$

③ 内圆磨削力实验公式的求法　磨削力公式的数学模型为

$$F_t = F_p f_\tau^x f_a^y v_w^z \tag{3-82}$$

式中　F_p, x, y, z——待定系数；

f_τ——径向进给量，mm；

f_a——轴向进给速度，m/min；

v_w——工件速度，m/min。

取对数可得回归方程为

$$\ln F_t = \ln F_p + x\ln f_\tau + y\ln f_a + z\ln v_w$$
$$y = b_0 x_0 + b_1 x_1 + b_2 x_2 + b_3 x_3 \tag{3-83}$$

$y = \ln F_t$；b_0、b_1、b_2、b_3 为待定系数；x_0、x_1、x_2、x_3 为 F_p、f_τ、f_a、v_w 的水平编码，以表 3-11 所示的数据代入式(3-83) 可得以下方程：

$$\begin{cases} 4.33 = b_0 - b_1 + b_2 - b_3 \\ 4.83 = b_0 - b_1 - b_2 + b_3 \\ 4.58 = b_0 + b_1 - b_2 - b_3 \\ 5.44 = b_0 + b_1 + b_2 + b_3 \end{cases}$$

表 3-11　内圆磨削力的实验数据

序号	磨削用量			水平编码				切向磨削力的实测值	
	f_τ/mm	f_a/m·min^{-1}	v_w/m·min^{-1}	b_0	b_1	b_2	b_3	F_t/N	$\ln F_t$
1	0.005	3	18	+1	-1	+1	-1	76	$y_1 = 4.33$
2	0.005	2	48	+1	-1	-1	+1	126	$y_2 = 4.83$
3	0.010	2	18	+1	+1	-1	-1	98	$y_3 = 4.58$
4	0.010	2	48	+1	+1	+1	+1	232	$y_4 = 5.44$

注：实验条件为 $v_s = 30$m/s，$v_w = 120650$m/min；45 钢正火 190～229HB；$\phi 48$mm 内孔磨床；乳化液冷却。

解之得：$b_0 = 4.795$；$b_1 = 0.215$；$b_2 = 0.090$；$b_3 = 0.340$。

当取值在大值与小值之间时，x_1、x_2、x_3 的表达式为

$$x_1 = 2.89\ln f_\tau = -14.29$$
$$x_2 = 4.93\ln f_a - 4.42$$
$$x_3 = 2.04\ln v_w - 6.89$$

将 b_0、b_1、b_2、b_3 及 x_0、x_1、x_2、x_3 的表达式代入式(3-83)，并整理得

$$y = 5.127 + 0.62\ln f_\tau + 0.44\ln f_a + 0.69\ln v_w$$

取反自然对数后可得

$$F_t = 169 f_\tau^{0.62} f_a^{0.44} v_w^{0.69} \tag{3-84}$$

实验公式的准确度验证：将表 3-11 所示的试验序号 1、2、3、4 的磨削条件代入式(3-84) 得 $F_{t1} = 75$N；$F_{t2} = 124$N；$F_{t3} = 96$N；$F_{t4} = 228$N。

与表 3-11 中对应的实验值对比，可得各实验序号磨削力的相对误差为

$$\Delta_1 = 1.3\%；\Delta_2 = 1.5\%；\Delta_3 = 2.0\%；\Delta_4 = 1.7\%$$

同样，磨削力平均相对准确度为

$$\Delta = \frac{\Delta_1 + \Delta_2 + \Delta_3 + \Delta_4}{4} = 1.6\%$$

3.4　磨削温度

　　金属切削时所做的功几乎全部转化为热能，这些热传散在切屑、刀具和工件上。对于车削和铣削等加工方式，有 70%～90% 的热量聚集在切屑上流走，传入工件的占 10%～20%，传入刀具的则不到 5%。但是磨削加工与切削加工不同，由于被切削的金属层比较薄，有 60%～95% 的热量被传入工件，仅有不到 10% 的热量被磨屑带走。这些传入工件的热量在磨削过程中常来不及穿入工件深处，而聚集在表面层里形成局部高温。工件表面温度常可高达 1000℃ 以上。在表面形成极大的温度梯度（可达 600～1000℃/mm）。所以磨削的热效应对工件表面质量和使用性能影响极大。特别是当温度在界面上超过某一临界值时，就会引起表面的热损伤（表面的氧化、烧伤、残余应力和裂纹），其结果将会导致零件的抗磨损性能降低、应力锈蚀的灵敏性增加、抗疲劳性变差，从而降低了零件的使用寿命和工作可靠性。此外，磨削周期中工件的累积温升，也常导致工件产生尺寸精度和形状精度误差。

　　另一方面，磨削区的磨削热，不仅影响到工件，也影响到砂轮的使用寿命。因此，研究磨削区的温度在工件上的分布状况，研究磨削时砂轮在磨削区的有效磨粒的温度，研究磨削烧伤前后磨削温度的分布特征等，是研究磨削机理和提高被磨削零件的表面完整性的重要问题。

3.4.1　磨削热的产生与传散

　　磨削热来源于磨削功率的消耗。磨削加工时，磨除单位体积（或质量）金属所消耗的能量称为磨削比能 E_e，单位为 N·m/mm³ 或 J/mm³，用式(3-85) 表示，即

$$E_e = \frac{(v_s \pm v_w)F_t}{v_w a_p b} = \frac{v_s F_t}{v_w a_p f_a} \tag{3-85}$$

公式中逆磨取 "+" 号，顺磨取 "-"。

　　磨削能量除了极少部分消耗于新生面形成所需的表面能、残留于表层和磨屑中的应变能和使磨屑流走的动能外，绝大部分消耗在加热工件、砂轮和磨屑及辐射散逸。普通磨削与切割磨削时磨削热的传热分别如图 3-40 和图 3-41 所示，图中箭头表示了热的传导方向和工件表面层下温度分布的等温线。

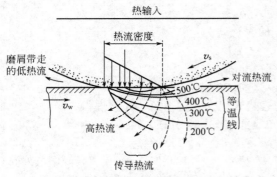

图 3-40　普通磨削时的热传散

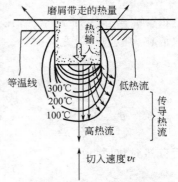

图 3-41　切割磨削时的热传散

　　一般来说，普通磨削磨削比能为 20～60J/mm³，而切割磨削磨削比能则为 10～30J/mm³。显然普通磨削的热量较大，切割磨削时，由于磨屑厚度较大，耗于磨屑形成的比能较小，传到工件上的热量也就相应减少了。但是从热传散的模型来看，切割磨削的热集中在砂轮的前方，在接触处温度最高，如果切割磨削的切入进给速度选择不当，将会有大量的热传入工

件。当进给速度太低时，磨削热向工件深处的传热速度将超过砂轮的切入速度，工件温度将会迅速提高。当进给速度选择适当时，大部分预热的材料将会迅速切去，可以避免热向工件内部传递，这也就是切割磨削可以取很高的切除率而工件并不烧伤的原因。

在热传导模型中，所标注的温度是指工件的平均温度。工件平均温度如何计算，磨削区温度分布具有什么规律，磨削磨粒点温度如何，磨削温度如何测量等问题，均是磨削机理研究的主要问题。

3.4.2　磨削区温度分布的理论解析

（1）磨削区的热模型

为了估计磨削区的温度分布情况及讨论有关磨削参数对磨削温度影响的规律，必须建立一种可以用数学计算而又模拟磨削实况的理论模型。

磨削时由于切削深度较小（与工件尺寸相比则更小），接触弧长也很小（与磨削宽度相比也很小），因此可以将磨削的热问题视为带状热源在半无限体表面上移动的情况来考虑。图 3-42 即为 J. C. Jaeger 于 1942 年提出的磨削运动热源的理论模型（简称矩形热源模型）。一般文献中，理论研究所用的热源模型常采用矩形热源，但是从磨削区的切削和摩擦情况来看，磨粒上所受的力，由切入处向切出处逐渐变大，故有些讨论也常采用图 3-42 右下角所示的三角形热源模型。实验表明，由三角形热源计算出的温度分布情况，更接近实际测定的情况。下面分别介绍矩形热源和三角形热源在工件上的理论温度分布情况。

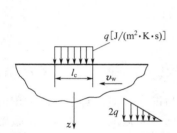
图 3-42　运动热源的理论模型

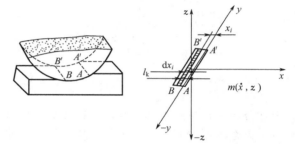
图 3-43　磨削区面热源及其运动面热源的坐标系统

（2）带状运动热源引起温度分布的理论解释

图 3-43 所示为干磨削条件下磨削区面热源及其运动面热源的坐标系统。

设磨削接触弧区 $AA'B'B$ 为带状（矩形）热源，其 y 方向可视为无限长，热源强度为 q $[J/(m^2 \cdot K \cdot s)]$；其接触弧长 l_c 与砂轮直径和磨削深度有关，$l_c = \sqrt{a_p d_{se}}$，热源 $AA'B'B$ 可视为无数线热源 dx_i 的综合。取某一线热源 dx_i 进行考察，其热源强度为 q，并沿 x 方向以速度 v 运动。运动线热源在半无限大导热体中的温度场温度 θ_m 可用式（3-86）计算，即

$$\theta_m = \frac{q}{\pi\lambda} \exp\left(\frac{-x_m v}{2a}\right) k_0\left(\frac{v}{2a}\sqrt{x_m^2 + z_m^2}\right) \tag{3-86}$$

式中　θ_m——任意点 $m(x, z)$ 处的温度，℃；

　　　k_0——零阶二类修正贝塞尔函数；

　　　x_m——m 点在 x 坐标方向上离开热源的距离，cm；

　　　z_m——m 点在 z 坐标方向上离开热源的距离，cm；

　　　v——线热源运动速度，cm/s；

　　　q——热源强度，$J/(m^2 \cdot K \cdot s)$；

　　　λ——热导率，$W/(m \cdot K)$；

　　　a——热扩散率，m^2/s，$a = \lambda/(\rho c_p)$；

c_p——比定压热容，J/(kg·K)。

因此，图 3-43 中线热源 dx_i 对 m 点影响所导致的温升为

$$d\theta_m = \frac{q}{\pi\lambda}\exp\left[-\frac{(x-x_i)v}{2a}\right]k_0\left[\frac{v}{2a}\sqrt{(x-x_i)^2+z_m^2}\right]dx_i \tag{3-87}$$

整个带状热源对 m 点造成的温度则为 x_i 从 $0\sim l$ 对 $d\theta_m$ 的积分，即

$$\theta_m = \int_0^l \frac{q}{\pi\lambda}\exp\left[-\frac{(x-x_i)v}{2a}\right]k_0\left[\frac{v}{2a}\sqrt{(x-x_i)^2+z_m^2}\right]dx_i \tag{3-88}$$

式（3-88）需用数值积分求解，可令

$$f(x_i) = \exp\left[-\frac{(x-x_i)v}{2a}\right]k_0\left[\frac{v}{2a}\sqrt{(x-x_i)^2+z_m^2}\right] \tag{3-89}$$

求解时，先算出不同 x_i 的 $f(x_i)$ 值，然后，用数值积分法求 $\int_0^l f(x_i)dx_i$ 的值，最后再乘以 $q/(\pi\lambda)$ 即可得到 θ_m 的值。

显然，若令 $z_m=0$，即可得到工件表面温度分布的公式为

$$\theta_m = \frac{q}{\pi\lambda}\int_0^l \exp\left[-\frac{(x-x_i)v}{2a}\right]k_0\left[\frac{v}{2a}\sqrt{(x-x_i)^2+z_m^2}\right]dx_i \tag{3-90}$$

利用积分代换，令

$$u = \frac{(x-x_i)v}{2a}$$

则

$$k_0(u) = k_0\left[\frac{(x-x_i)v}{2a}\right]$$

得

$$\theta_m = \frac{q}{\pi\lambda}\int_{\frac{ux}{2a}}^{\frac{(x-l)v}{2a}} e^{-u}k_0(u)\left(-\frac{2a}{v}\right)du = \frac{2aq}{\pi\lambda v}\int_{\frac{(x-l)v}{2a}}^{\frac{ux}{2a}} e^{-u}k_0 u\,du \tag{3-91}$$

在上述分析中，将磨削热源看成是连续的，也是符合实际情况的。因为对于一般粒度的砂轮，每平方毫米至少有一颗以上的工作磨粒，因而，在极高的砂轮速度下，在极小的接触区内总有密度很高的磨粒进行切削，故热源接近连续性。此外，在磨削过程中，砂轮表面上最突出的磨粒与结合剂承受法向力最大，因而弹性变形量大，由此引起位置较深的磨粒与工件表面接触，造成与工件接触的磨粒数显著增加，其中有些磨粒虽仅在工件表面上滑擦，但引起的热量是大量的。从热源的观点来看，磨削热是摩擦热与切削热综合叠加的结果。因此，在描述磨削过程的温度模型时，采用连续的热源是符合实际的。

（3）三角形分布热源引起的温度分布理论解析

在三角形热源分布的情况下，可将整个磨削区的热源看成无限个不断增大的、热源强度为 q 的线热源从 $x_i=0$ 到 $x_i=q$ 形成的，如图 3-44 所示。显然，在按三角形热源分布来计算磨削温度场时，其热量 Q_m 可表达为

$$Q_m = q(x_i)dx_i = 2q\frac{x_i}{l}dx_i$$

q 是磨削区传入工件的热源强度。故式（3-90）可改写为

$$\theta_m = \frac{2q}{\pi\lambda l}\int_0^l x_i\exp\left[-\frac{(x-x_i)v}{2a}\right]k_0\left[\frac{v}{2a}\sqrt{(x-x_i)^2+z_m^2}\right]dx_i \tag{3-92}$$

在工件表面上有 $z_m=0$，则

$$\theta_m = \frac{2q}{\pi\lambda l}\int_0^l x_i\exp\left[-\frac{(x-x_i)v}{2a}\right]k_0\left[\frac{v}{2a}\sqrt{(x-x_i)^2}\right]dx_i \tag{3-93}$$

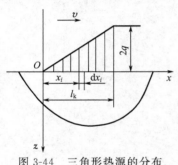

图 3-44 三角形热源的分布

同样，利用数值解法可解式(3-93)得

$$\theta_m = \frac{4q}{\pi c_p v}\left[e^{-(A-L)}k_0(A-L)^2\left(\frac{A-L}{3L}-\frac{x}{l}\right) - e^{-(A-L)}k_1(A-L)^2\left(\frac{A-L+1}{3L}-\frac{x}{l}\right) - \right.$$

$$\left. e^{-A}k_0(A)A\left(\frac{A}{3L}-\frac{x}{l}\right) + e^{-A}k_1(A)A\left(\frac{A+1}{3L}-\frac{x}{l}\right) \right] \tag{3-94}$$

式(3-94) 即为工件表面温度的计算公式。

令 $\dfrac{\mathrm{d}\theta_m}{\mathrm{d}x}=0$，则得

$$\frac{x}{l} = 1 + \frac{k_0(A-L)}{k_1(A-L)} + \frac{k_1(A)-k_0(A)}{e^L k_1(A-L)}$$

在单向导热计算中，出现在 $\dfrac{x}{l}$ 处，在双向导热计算中，结果相差不大，因此又将上式中近似地令 $A=l/2$，则

$$\frac{x}{l} = 1 + \frac{k_0\left(\frac{l}{2}\right)}{k_1\left(\frac{l}{2}\right)} + \frac{1}{e^L}\left[\frac{k_1\left(\frac{l}{2}\right)-k_0\left(\frac{l}{2}\right)}{k_1\left(\frac{l}{2}\right)} \right]$$

最后一项显然可以忽略，故

$$\frac{x}{l} = 1 + \frac{k_0\left(\frac{l}{2}\right)}{k_1\left(\frac{l}{2}\right)} \tag{3-95}$$

利用贝塞尔函数渐近展开式取前两项

$$k_0(s) = \sqrt{\frac{\pi}{2s}}\, e^{-s}\left(1-\frac{1}{8s}\right)$$

$$k_1(s) = \sqrt{\frac{\pi}{2s}}\, e^{-s}\left(1+\frac{3}{8s}\right)$$

代入式(3-95)得

$$\frac{x}{l} = 1 + \frac{4L-1}{4L+3} \tag{3-96}$$

根据式(3-94)，按不同的 $\dfrac{x}{l}$ 及 L 值进行计算，其结果见表 3-12。

表 3-12　不同的 $\dfrac{x}{l}$ 及 L 值时的 $\dfrac{\theta_m \pi c_p v}{4q}$ 值

$\dfrac{x}{l}$ / L	1.5	1.25	1.1	1.02	1.01	1	0.99	0.98	0.875	0.75	0.65	0.624
40	0	0	0	0.1052	0.2838	0.9917	1.9445	2.3782	5.2370	6.6524	—	7.2996
20	0	0	0.0067	0.3173	0.4853	0.9833	1.5647	1.8649	3.7660	4.7436	—	5.1723
10	0	0.0022	0.0635	0.4723	0.6467	0.9667	1.3445	1.5686	2.1798	3.3832	—	3.6648
5	0.0021	0.0340	0.1550	0.6750	0.7755	0.9333	1.1719	1.2665	2.0213	2.4271	—	2.5980
2	0.0519	0.1757	0.3988	0.6825	0.7245	0.8350	0.9254	0.9896	1.3648	1.5505	—	1.6149
1	0.1383	0.2768	0.4431	0.6140	0.6478	0.6961	0.7434	0.7778	0.9623	1.0673	1.0862	1.0848

$\dfrac{x}{l}$ / L	0.6	0.55	0.525	0.51	0.5	0.375	0.25	0.125	0	−0.125	−0.25	−0.5
40	—	—	—	—	7.4721	7.3120	6.8351	6.1427	5.2432	4.6479	4.2631	3.7268
20	—	—	—	5.2817	5.2808	5.1456	4.8111	4.3108	3.6807	3.2714	3.0045	2.6272
10	—	—	3.7300	—	3.7227	3.6161	3.3737	3.0353	2.5716	2.2930	2.1065	1.8483
5	—	2.6244	—	—	2.6161	2.5197	2.3308	2.0696	1.7799	1.5962	1.4696	1.2832
2	1.6170	—	—	—	1.5957	1.5161	1.3869	1.2240	1.0723	0.9652	0.8986	0.7954
1	—	—	—	—	1.0551	0.9940	0.9078	0.8148	0.7148	0.6636	0.6085	0.5430

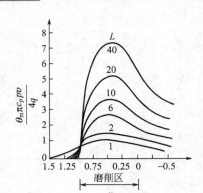

图 3-45 按双向导热计算
的工件表面温度分布

图 3-45 给出了按双向导热计算的工件表面温度分布的情况。

从表 3-12 和图 3-45 可见,按双向导热计算时最大磨削温度 θ_{max} 位置不是绝对不变的,而是随着 L 值的减少逐渐向磨削区开始端略微移动。但通常磨削时 L 值一般不会太小,因此 θ_{max} 位置的移动不会太多。L 值越大,磨削温度越高,而 L 值与工作台速度 v 及接触长度 l_c 有关,故工作台运动速度越高,接触弧长越大,则磨削区的温度将越高。

(4) 工件表面的平均温度及其简化计算

将 Jaeger 模型进行线形化处理,用该方法计算所得结果与经典解误差仅有 6%,这是工程估算磨削温度的一种比较实用的方法。

① Jaeger 模型分析 图 3-46 所示为 Jaeger 对精磨中建立的二维热源移动模型,图中表示一个理想绝热体,在底面具有一个均匀热流密度 q、长度为 l 的棒状热源,以速度 v 在具有热导率 λ 和体积比热容为 $c_{pi}\rho$ 的半无限大的静止物体上匀速运动。图 3-47 给出了沿滑动体单位宽度上当佩克莱特数 L (L 无量纲)取不同数值时温度 θ 的变化,图中 $L = vl/a$,$a = \lambda/(c_p\rho)$。

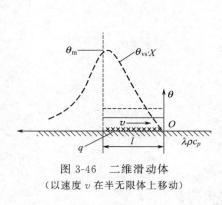

图 3-46 二维滑动体
(以速度 v 在半无限体上移动)

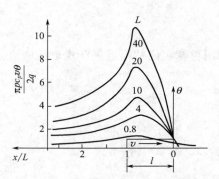

图 3-47 不同佩克莱特数 L 下二维滑动的温度分布
$(L = vl\rho c_p/a)$

对图 3-47 所示温度分布的研究表明:当 $L > 20$ 时,沿着滑动体的温度变化可近似为线性。磨削表面的平均温度 $\overline{\theta}$ 可近似表达为

$$\overline{\theta} = 0.754\frac{ql}{\lambda L^{0.5}} \tag{3-97}$$

假如滑动体也是一个导热体,那么消失在界面上的热只有一部分 R(R 为流入静止的半无限大体的热量百分比)流入静止的半无限大体,而 $1-R$ 部分将流入滑动体。因此,为了获得平均表面温度,式(3-97)中的 q 应用 Rq 来代替,即

$$\overline{\theta} = 0.754\frac{Rql}{\lambda L^{0.5}} \tag{3-98}$$

对于图 3-48 所示的平面磨削,热源强度 q_0 可表示为

$$q_0 = \frac{E_e v_w la}{l_c b} \tag{3-99}$$

式中 E_e——磨削比能;

      v_w——工件速度;

      b——磨削宽度;

l_c——接触弧长度。

若所有热能都传入工件，即 $R=1$，则在式（3-97）中，砂轮与工件接触的单位宽度上的平均表面温度 $\overline{\theta}$ 为

$$\overline{\theta}=\frac{E_e v_w a}{\sqrt{v_w l (\lambda \rho c_p)_w}} \tag{3-100}$$

对于工件来说，式（3-100）中与热特性有关的参数是 $(\lambda \rho c_p)^{0.5}$，该参数是一个尚未命名的热特性参数，由于它表示了 λ 和 ρc_p 的几何平均，故称为几何平均热特性（GMTP）。

② Jaeger 模型的线性化　在计算传入砂轮的热量时，采用被线性化的 Jaeger 模型很方便。图 3-48 给出了对于 $L>20$ 时，滑动体被线性化的模型。当佩克莱特数 $L>20$ 时，可以认为沿着滑动体的温度分布是线性的，如图 3-48（a）中的虚线所示。图 3-48（b）表明了在表层 $\overline{y}$ 下面滑动体后部温度随深度变化的情况，图中实线表示包括误

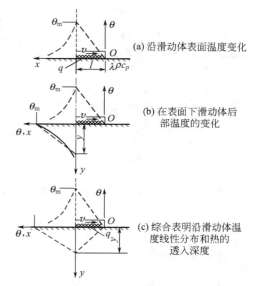

(a) 沿滑动体表面温度变化

(b) 在表面下滑动体后部温度的变化

(c) 综合表明沿滑动体温度线性分布和热的透入深度

图 3-48　当 $L>20$ 时滑动体的线性化模型

差函数在内的经典非稳态传热解，虚线表示线性化的等效解，即虚线和实线所含的面积是相等的。其意思是流入两种面积的热量是相同的。对于环境温度为零时表面层下的温度 θ 随深度 y 的变化可用式（3-101）表示，即

$$\frac{\theta}{\theta_m}=1-\operatorname{erf}\left[\frac{y}{2(at)^{0.5}}\right] \tag{3-101}$$

式中　t——热流入的时间，$t=l_c/v$；

erf——误差函数符号，$\operatorname{erf}(p)=\dfrac{2}{\sqrt{\pi}}\displaystyle\int_0^p e^{-u^2}\,\mathrm{d}u$。

由图 3-48（c）中的线性化模型传入的热量和吸收的热量是相等时（即传入、吸热过程中没有能量损失），则全部热量 Q 可用式（3-102）表示，即

$$Q=qlb=\lambda lb\frac{\theta_m}{y}=c_p \overline{\theta} b y v \tag{3-102}$$

由于任一点温度有以下关系

$$\theta_m=2\overline{\theta}$$

且

$$\overline{y}=\left[2\left(\frac{l}{v}\right)\left(\frac{\lambda}{\rho c_p}\right)\right]^{\frac{1}{2}} \tag{3-103}$$

将式（3-103）代入式（3-102）得

$$\overline{\theta}=0.707\frac{ql}{\lambda L^{0.5}} \tag{3-104}$$

比较式（3-104）和式（3-97）可知，用线性化模型计算出的工件表面平均温度和经典解得平均温度除系数不同外，其余均相同，计算误差仅在 6% 以内，由线性化模型计算出的工件表面平均温度比经典解略高 6%。

由公式（3-104）可类比得到 Jaeger 模型的线性等效方程为

$$\overline{\theta}=0.707\frac{U_G v_w a_p}{[v_w l (\lambda \rho c_p)_w]^{\frac{1}{2}}} \tag{3-105}$$

③ 能量比例系数 R　利用线性化模型可以方便地计算出流入砂轮与工件内的热量值，

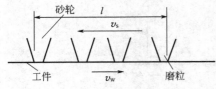

图 3-49 砂轮与工件的接触
（砂轮以 v_s 运动 $A_R/A \ll 1$,
工件以 v_w 运动 $A_R/A = 1$)

假如进入工件的热量占总热量的比例为 R，不考虑对流散失的热量，不考虑由切屑带走的热量（磨削时，该部分热量很小，可忽略），则进入砂轮的热量比值可近似为 $1-R$。图 3-49 表明了砂轮与工件的接触状态。设砂轮与工件的名义接触面积为 A，实际接触面积为 A_R；则对工件来说 $A_R/A = 1$。由线性化模型，可得出单位时间内由于热对流传入工件的能量 E_w 部分为

$$E_w = (c_p)_w \left(\frac{\theta_m}{2}\right)(v_w b \overline{y})_w = \frac{1}{2}(\theta_m b)[2v_w l(\lambda \rho c_p)_w]^{\frac{1}{2}} \tag{3-106}$$

单位时间内由于热对流传入砂轮的热量为

$$E_s = (c_p)_s \left(\frac{\theta_m}{2}\right)\left(v_s \frac{A_R}{A} b \overline{y}\right)_w = \frac{1}{2}(\theta_m b)\left[2v_s \frac{A_R}{A} l(\lambda \rho c_p)_s\right]^{\frac{1}{2}} \tag{3-107}$$

由能量比例系数定义，则

$$R = \frac{E_w}{E_w + E_s} = \frac{1}{\left[1 + \frac{(\lambda \rho c_p)_s}{(\lambda \rho c_p)_w} \times \frac{v_s}{v_w}\left(\frac{A_R}{A}\right)_s\right]^{\frac{1}{2}}} \tag{3-108}$$

对于平面磨削，在上述条件下砂轮与工件的速比接近 100，如上述 $(A_R/A)_s$ 的平均比值约为 0.01，因此参数 $(v_s/v_w)(A_R/A)_s \approx 1$，故平面磨削条件下的能量比例系数 R 为

$$R = \frac{1}{\left[1 + \frac{(\lambda \rho c_p)_s}{(\lambda \rho c_p)_w}\right]^{\frac{1}{2}}}$$

对于湿磨条件下磨削来说，由于磨削时喷入切削液，则在砂轮与工件接触之间，磨削液将会使能量比例系数 R 产生变化。热量此时会流入砂轮表面的磨粒中，而且也会传入磨削液的液膜中。假如在砂轮表面存在一层液膜，则接触面积的比值对磨粒来说 $(A_R/A)_s \ll 1$，而对液膜来说，$(A_R/A)_s = 1$，即存在液膜条件下，传入砂轮的能量应为传入磨粒能量和传入砂轮表面上液膜能量之和，即

$$E_s = \frac{1}{2}(\theta_m b)\left[2v_s\left(\frac{A_R}{A}\right)_s l(\lambda \rho c_p)_s\right]^{\frac{1}{2}} + \frac{1}{2}(\theta_m b)[2v_s l(\lambda \rho c_p)_c]^{\frac{1}{2}} \tag{3-109}$$

由于将磨削液的影响视为在砂轮表面形成一完整的液膜，故传入工件的能量仍可由式 (3-106) 来求得，即

$$E_w = \frac{1}{2}(\theta_m b)[2v_s l(\lambda \rho c_p)_s]^{\frac{1}{2}}$$

故能量比例系数 R 为

$$R = \frac{R_w}{R_w + R_s} = \frac{E_w}{E_w + E_s} = \frac{1}{1 + \sqrt{\frac{(\lambda \rho c_p)_s}{(\lambda \rho c_p)_w} \times \frac{v_s}{v_w}\left(\frac{A_R}{A}\right)_s} + \sqrt{\frac{(\lambda \rho c_p)_c}{(\lambda \rho c_p)_w} \times \frac{v_s}{v_w}}} \tag{3-110}$$

式中　R_w——传入工件的热量比例；

　　　R_s——传入砂轮的热量比例；

$(\lambda \rho c_p)_c$——与磨削液有关；

$(\lambda \rho c_p)_s$——与砂轮表面上的磨粒有关。

对于平面磨削，$v_s/v_w = 100$，磨削液为水时，式 (3-110) 中分母的上界接近于 1，因此，水冷时能量比例系数 R 为

$$R=\cfrac{1}{2+\sqrt{\cfrac{(\lambda\rho c_p)_s}{(\lambda\rho c_p)_w}}} \tag{3-111}$$

由上述分析，工件表面的平均温度可近似表示为

$$\bar{\theta}\approx\frac{RU_Gv_wa_p}{[v_wl(\lambda\rho c_p)_w]^{\frac{1}{2}}} \tag{3-112}$$

其中

$$R=\cfrac{1}{1+\sqrt{\cfrac{(\lambda\rho c_p)_s}{(\lambda\rho c_p)_w}\times\cfrac{v_s}{v_w}\left(\cfrac{A_R}{A}\right)_s}+\sqrt{\cfrac{(\lambda\rho c_p)_c}{(\lambda\rho c_p)_w}\times\cfrac{v_s}{v_w}}}$$

显然，工件表面的平均磨削温度与直接传入工件的热量比例系数 $R(R_w)$、磨削比能 E_e、单位宽度砂轮的磨除率的平方根 $(v_wa_p)^{\frac{1}{2}}$ 以及比值 a_p/l 的平方根成正比，而与工件的几何平均热性能 $(\lambda\rho c_p)_w^{\frac{1}{2}}$ 成反比。

（5）磨削磨粒点的平均温度和最高温度

① 磨削磨粒点的平均温度　可以通过磨削条件与传热理论进行以下解析。为了分析问题方便，根据磨削情况进行以下假设。

a. 假设砂轮为一直径为 d_s、宽度为 b_s 的盘状铣刀，在铣刀上分布和砂轮磨粒数相等的切削刃。

b. 切削刃等间隔分布在刀具的外圆周上。

根据切削原理，单个磨粒切刃切出的最大未变形磨屑厚度 a_{gmax} 和磨屑长度 l_c 可由下面公式计算：

$$a_{gmax}=2\lambda_g\frac{v_w}{v_s}\sqrt{\frac{a_p}{d_s}}=\frac{2}{N_t}\times\frac{v_w}{v_s}\sqrt{\frac{a_p}{d_s}}$$

式中　d_s——砂轮直径；

N_t——单位长度上的有效磨刃数，$N_t=1/\lambda_g$；

λ_g——切削刃有效磨刃间距。

单颗磨屑的体积可由式（3-113）计算

$$\nabla_c=\frac{1}{2}a_{gmax}l_cb_s=\frac{1}{N_t}\times\frac{v_w}{v_s}a_pb_s \tag{3-113}$$

这里产生一磨屑所需的能量 E 为

$$E=E_e\overline{V}_c \tag{3-114}$$

其中

$$E_e=\frac{v_sF_t}{v_wa_pb} \tag{3-115}$$

式中　b——磨削宽度。

将式（3-113）和式（3-115）代入式（3-114）得

$$E_e=\frac{F_tb_s}{N_tb} \tag{3-116}$$

假如磨削热传入磨粒的比例系数不随温度变化而变化，那么传入磨粒的热可看成与能量成正比，由此可得出磨粒磨削的平均温度为

$$\bar{\theta}=C\frac{F_tB}{N_tb} \tag{3-117}$$

由式（3-117）可见，磨削磨粒点的平均温度与切向磨削力 F_t 和磨削砂轮宽度 B 成正比，与单位长度上的有效磨刃数和工件的宽度成反比，似乎与磨削条件的 v_s、v_w、a_p 无

关，但是，由于 F_t 和 N_t 是 v_s、v_w、a_p 的函数，据 3.3 节中的 F_t 和 N_t 计算公式，可以从理论上得到 F_t 和 N_t 的解析值。实际上，由于磨削过程的复杂性，由理论解析式所得到的计算值与实测值相差很大，因此本书中的 F_t 和 N_t 采用实验方法来选取。

由 T. Ueda 等研究者的大量实验可知：一般情况下，当磨削深度 a_p 和工件速度 v_w 增加时，磨削状况将变得恶劣，导致 F_t 和 N_t 同时增大。另一方面 v_s 的增加，将会导致工件单位时间内通过的切削磨粒数的增加，故作用在切削磨粒上的力效应减少，使 F_t 降低。同时单位长度上的静态有效磨刃数 N_t 也随着砂轮的速度增加而下降。根据实验结果（图 3-50），F_t 和 N_t 与磨削条件的关系可表达如下：

$$\left. \begin{array}{lll} N_t \propto a_p^{0.76} & N_t \propto v_w^{0.58} & N_t \propto v_s^{-0.64} \\ F_t \propto a_p^{0.78} & F_t \propto v_w^{0.49} & F_t \propto v_s^{-0.97} \end{array} \right\} \tag{3-118}$$

对式(3-118)的小数圆整，并用分数表示可得

$$\left. \begin{array}{l} N_t = C_1 a_p^{\frac{3}{4}} v_w^{\frac{1}{2}} v_s^{-\frac{3}{4}} \\ F_t = C_2 a_p^{\frac{3}{4}} v_w^{\frac{1}{2}} v_s^{-1} \end{array} \right\} \tag{3-119}$$

C_1 和 C_2 为常数。

将式(3-119)代入式(3-117)得

$$\overline{\theta} = C_3 v_s^{-\frac{1}{4}} b^{-1} b_s \tag{3-120}$$

$C_3 = C C_2 / C_1$，为一常数，与砂轮和工件的材料特性有关。

若仅考虑磨粒磨削区和热传导问题，可令式(3-120)中的 $b = b_s$，即工件磨削宽度等于砂轮宽度。则有

$$\overline{\theta} = C_3 v_s^{-\frac{1}{4}} \tag{3-121}$$

式(3-121)即为磨粒磨削点平均温度计算公式。

由式(3-121)可见，磨粒磨削点的平均磨削温度仅取决于砂轮的速度 v_s 及砂轮和工件材料的特性 C_3，而与工件速度 v_w 和磨削深度 a_p 关系不大。图 3-51 给出了用 Al_2O_3 砂轮磨削 55 钢时磨粒点的平均温度实测值与理论计算 [式(3-121)] 值的比较。可以看出，按式(3-121)求出的结果与实验值是相当吻合的。

图 3-52 给出了用白刚玉、立方氮化硼和金刚石砂轮磨削 55 钢时的磨粒点的平均温度分布。由图 3-52 可见：磨削磨粒点的平均温度随着磨削深度的增加变化很小。用白刚玉砂轮磨削平均温度约 900℃，金刚石约 600℃，立方氮化硼介于两者之间。同时可见，磨削点的平均温度与砂轮磨料的关系。

需要说明的是，上述有关磨粒平均温度的最新研究结论与以往由 M. C. Shaw 等的研究结果是不同的。该问题从理论上如何解释并形成统一看法，有待于进一步研究。

② 磨削磨粒点的最高温度　通过实验研究可以求得（关于理论解析，由于磨削过程十分复杂，使之推证比较困难）。1993 年 T. Ueda 等用三种不同的砂轮（白刚玉、立方氮化硼、金刚石）对三种不同材料的实验结论指出，磨削点切削磨粒的最高温度大约等于磨削钢质工件材料熔点的温度。图 3-53 所示为磨削时磨粒上的温度与频率数的关系。

由图 3-53 并结合图 3-40 和图 3-41 可以看出：磨削磨粒点最高温度与磨削参数的关系和平均温度的变化大致相同，最高磨削温度随磨削深度增加略呈现增大趋势。在 $a_p = 0.04$mm 时 θ_{max} 达到 1300℃ 以上。考虑到所采用的测量方法（图 3-72），测点与磨削点的时间滞后性（约几毫秒）所带来的温度误差，通过对其补偿可知，磨粒磨削点的实际磨削温度可达到 1500℃ 左右。这种温度相当接近钢的熔点温度 1520℃。因此可以认为磨削磨粒点最高温度的极限是工件材料的熔点温度。从最高温度与工件速度的关系可以看出，随着 v_w 的增加，θ_{max} 几乎不变，而随着 v_s 的增加 θ_{max} 减少。这种规律同平均温度的计算也几乎是一致的。

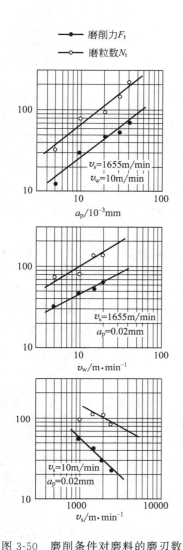

图 3-50 磨削条件对磨料的磨刃数
N_t 和磨削力 F_t 的影响

（磨削条件：$v_s = 1000 \sim 2500 \mathrm{m/min}$；$v_w = 5 \sim 20 \mathrm{m/min}$；$a_p = 0.005 \sim 0.07 \mathrm{mm}$；干磨
削砂轮 Al_2O_3，$d_s = 280 \mathrm{mm}$；工件材
料 55 钢，硬度 200HV；工件长度
50mm，宽度 $b_w = 6 \mathrm{mm}$）

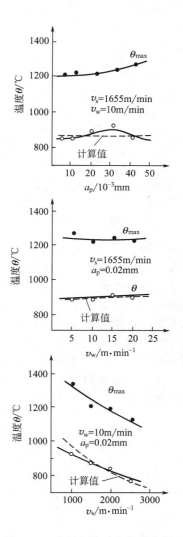

图 3-51 磨削条件对磨粒的磨削
温度影响
（条件同图 3-50）

关于磨削磨粒点的最高温度接近于被磨材料的熔点温度这一事实，在 1984 年 Shaw 等也做出了同样证实。

这样，从 v_w、θ_{max} 和 $\overline{\theta}$ 的关系可得出重要结论，即采用高速磨削比低速磨削对砂轮的磨削特性更有利。

3.4.3 断续磨削时工件表面层温度解析

关于连续磨削时温度场的解析问题在上一节中已经进行了较详细的讨论，并给出了其理论解析的一些公式。在机械制造中，为了解决磨削烧伤问题，提出了许多新的磨削方法和措施，其中镶块砂轮和开槽砂轮就是方法之一。大量实验证明，镶块砂轮和开槽砂轮由于其间

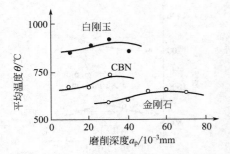

图 3-52 磨削磨粒的平均温度与磨削深度关系
（条件：砂轮白刚玉、CBN、金刚石，磨削 55 钢，
$v_s = 1660\text{m/min}$, $v_w = 10\text{m/min}$）

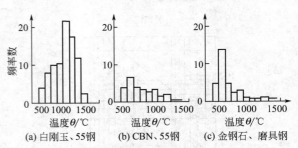

(a) 白刚玉、55钢　　(b) CBN、55钢　　(c) 金钢石、磨具钢

图 3-53 磨削磨粒上的温度分布
（条件：$v_s = 1660\text{m/min}$, $v_w = 10\text{m/min}$,
$a_p = 0.03\text{mm}$）

断磨削的特性，可以在相同磨削用量下比使用普通砂轮大幅度降低磨削温度，有效地减轻和避免工件表层的热损伤，在相同的温度下可以大大提高磨削用量，获得更高的生产效率。因此近年来，断续磨削一直在磨削领域中深受重视。1989 年我国学者提出了断续磨削温度场的计算理论，在此基础上，南京航空航天大学通过对周期变化的移动热源模型的建立，引用卷积的概念，详细地推证了计算断续磨削时工件表层非稳态脉动温度场的理论公式。该公式不仅可包容连续磨削温度场的解析理论且可以计算任意时刻的瞬态温度分布问题。由于两者所采用的方法不同，以下分别叙述以供读者在研究中参考。

（1）关于断续磨削温度场的理论解析方法之一

在断续磨削中，由于砂轮工作表面的间断，导致磨削升温的规律如图 3-54 所示（曲线Ⅱ）。显然，欲求磨削可能达到的最高温度 $\theta_{\max}$，首先必须求得各段的磨削温度升温规律及间断冷却规律，然后依砂轮沟槽几何参数确定 t_0、t_1、t_2 等，进而解得 $\theta_{\max}$。为简化问题，先进行以下几点假设。

① 砂轮凸出部进入磨削区的温升符合 J. C. Jaeger 的移动热源理论。

② 开始磨削时，总是认为砂轮凸出部前沿首先进入磨削区，即在 $\tau = 0$ 时，砂轮某一凸出部前沿正好位于 $x' = -l$ 处。

③ 砂轮每个凸出部的长度均相等，同样每个沟槽的长度也均相等。

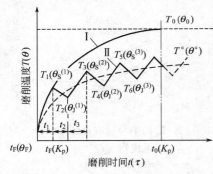

图 3-54 断续磨削升温模型

a. 磨削温升公式。取 t_1 为开槽砂轮凸出部经过磨削区所需要的时间，b_1 为砂轮凸出部轴向长度，根据移动热源理论，砂轮凸出部经过磨削区时，工件上任一点 $M(x,y,z)$ 的温度 T_s 为

$$T_s = \int_{-l}^{l} \mathrm{d}x' \int_0^{t_1} \mathrm{d}t \int_{-\frac{b_1}{2}}^{\frac{b_1}{2}} \frac{2q_c}{c_p b(4\pi at)^{\frac{3}{2}}} \mathrm{e}^{-\frac{(x-x'+vt)^2+(y-y')^2+z^2}{4at}} \mathrm{d}y' \tag{3-122}$$

因为感兴趣的是可能出现的最高温度，故令 $y=0$，对 x' 和 y' 积分，经整理得

$$T_s = \frac{q_0}{2\pi\lambda} \int_l^t \sqrt{\frac{\pi a}{t}} \exp\left(-\frac{z^2}{4at}\right) \left[\mathrm{erf}\left(\frac{x+l+vt}{2\sqrt{at}}\right) - \mathrm{erf}\left(\frac{x-l+yt}{2\sqrt{at}}\right)\right] \mathrm{erf}\left(\frac{b_1}{4\sqrt{at}}\right) \mathrm{d}t \tag{3-123}$$

关于 b_1 对磨削温度的影响，研究表明，当 $\frac{b_1}{4\sqrt{at}} \geqslant 2.7$ 时，有 $\mathrm{erf}\left(\frac{b_1}{4\sqrt{at}}\right) \geqslant 0.9999$，若取 $a = 1.47 \times 10^{-5}\,\mathrm{m^2/s}$（普通碳钢），则在 $t_1 \leqslant t \leqslant 10^{-3}\,\mathrm{s}$ 时，有临界宽度 $b_{1cr} = 1.32\text{mm}$。

在一般情况下总有 $b_1 > b_{1cr}$，$t_1 > 10s$，所以令 $\mathrm{erf}\left(\dfrac{b_1}{4\sqrt{at}}\right)=1$ 具有足够精度。这样上式可简化为

$$T_s = \frac{q_0}{2\pi\lambda}\int_l^{t_1}\sqrt{\frac{\pi a}{t}}\exp\left(-\frac{z^2}{4at}\right)\left[\mathrm{erf}\left(\frac{x+l+vt}{2\sqrt{at}}\right)-\mathrm{erf}\left(\frac{x-l+yt}{2\sqrt{at}}\right)\right]\mathrm{d}t \tag{3-124}$$

或写成无量纲数群

$$T_s = \int_0^{K_1}\sqrt{\pi}\exp\left(-\frac{Z^2}{4\tau^2}\right)\left[\mathrm{erf}\left(\frac{X+L}{2\tau}+\tau\right)-\mathrm{erf}\left(\frac{X-L}{2\tau}+\tau\right)\right]\mathrm{d}t \tag{3-125}$$

其中无量纲数群为

$$K_1 = \sqrt{\frac{v^2 t_1}{2a}}, \quad \tau = \sqrt{\frac{v^2 t}{2a}}$$

$$X = \frac{vx}{2a}, \quad Z = \frac{vz}{2a}, \quad L = \frac{vl}{2a}$$

上式为干磨削条件下连续磨削温度解析式。若考虑磨削液的影响，则参照 DesRuisseaux 的模型，经推导得出在冷却条件下断续磨削的温升公式为

$$\theta_s = \sqrt{\pi}\int_0^{K_1}\mathrm{d}\tau\left[\exp\left(-\frac{Z^2}{4\tau^2}\right)-\sqrt{\pi}H\tau\exp\left(HZ+H^2\tau^2\right)\mathrm{erf}\left(\frac{Z}{2\tau}+H\tau\right)\right]$$
$$\left[\mathrm{erf}\left(\frac{X+L}{2\tau}+\tau\right)-\mathrm{erf}\left(\frac{X-L}{2\tau}+\tau\right)\right] \tag{3-126}$$

式中　H——无量纲系数，$H = 2ah/(\lambda v)$；

　　　h——表面传热系数，$\mathrm{W/(m \cdot K)}$。

b. 理论与试验对比。为验证上述理论的正确性，在表 3-13 和表 3-14 所列的条件下用开槽砂轮进行了断续磨削试验，采用半人工热电偶法测量。

表 3-13　试验条件

机　床	外圆磨床，功率 13kW
砂轮	5 号砂轮
试件	45 钢，淬火
工艺参数	$v_s=52\mathrm{m/s}$，$v_w=15\mathrm{m/min}$，$v_f=0.2\sim0.8\mathrm{mm/min}$
砂轮最终修整量	$f_d=0.15\mathrm{mm/r}$，$\Delta_d=0.02\times2\times1\mathrm{mm}$
磨削液	CMY-2 磨削液，流量 $q_v=100\mathrm{L/min}$

表 3-14　砂轮开槽参数

砂轮代号	b_1/mm	b_2/mm	$\beta/(°)$	η
0	无槽		—	1.00
1	6.5	2.5	49.0	0.72
2	4.5	2.0	76.6	0.69
3	2.3	1.7	77.6	0.58
4	5.0	4.0	49.0	0.56
5	4.3	3.7	77.6	0.54
6	2.6	3.9	76.6	0.40

试验选取 5 号砂轮对其断续磨削温升规律进行实测与计算，在系数 $H=0.1\sim0.3$ 时，理论与试验结果十分相似。

需要指出的是，断续磨削不仅在干磨条件下可有效降低磨削温度，对于湿磨时，由于沟槽的存在，可将更多的切削液带入磨削区，从而可以更有效地减轻磨削烧伤。

（2）关于断续磨削工件表层温度场的解析方法之二

对断续磨削工件表面温度场的另一种研究方法是通过建立周期变化移动热源模型，运用卷积概念，推导出可以包容连续磨削和任意时刻瞬态温度分布的断续磨削条件下工件表层温度场的理论解析。

① 热源模型与温度卷积原理　在考虑用热源法解析断续磨削温度场时，首先需要构造热源模型且要求所构造的热源模型能够准确地反映断续磨削时工件的实际受热情况，图3-55（a）所示为所构造的断续磨削时弧区工件表层受热的模型，即表层受热情况可用其热流密度在时域上以断续频率周期变化的无限长带状热源，沿半无限体表面以速度 v_w 移动加速的情况进行模拟，至于热源沿弧长的温度分布则可分为均匀和三角形分布两种情况来考虑，图中只画出均布情况。

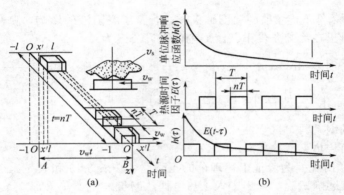

图 3-55　热源模型与温度卷积原理

容易看出，该热源模型可综合描述如下：

$$\begin{cases} q(x,t)=q(x')E(t) \\ E(t)=\begin{cases} 0 & nT<t\leqslant(n+1-\eta)T \\ 1 & (n+1-\eta)T<t\leqslant(n+1)T \end{cases} \quad n=0,1,2,\cdots \\ \left.\begin{aligned} q(x')&=q \\ q(x)&=\left(1+\dfrac{x'}{l}\right) \end{aligned}\right\}|x'|\leqslant l \quad \begin{aligned} &均布模型 \\ &三角形分布模型 \end{aligned} \end{cases} \tag{3-127}$$

式中　T——断续周期，s；

η——断续比，即砂轮齿部长度所占相对比例；

q——轮齿部磨削时弧形区的平均热流密度；

l——接触弧长度。

上述模型不仅适用于断续磨削，该模型还适用于任意时间函数的热源类情况。采用传统的热源法来解有很大困难，但引入温度信号卷积的概念，就使问题变得简单明了且物理概念也十分清楚。

② 断续磨削在均匀分布热源模型下的解析　设想由式（3-127）表达的热源如图 3-55 所示，在 $t=0$ 时自半无限体表面上某初始位置 A 点开始作业，同时以恒速 v_w 沿 x 方向移动并经过时间 t 后达到图中 B 点位置，则上述问题就归结为求解在时刻 t 热源位置 B 附近点 (x,z,t) 的温升。

根据固体热传导理论，半无限体表面上无限长单位瞬时线热源在某时刻作用经过时间 t 后所引起的温升可用以下函数表示，即

$$\theta = \frac{1}{2\pi\lambda t}\exp\left(-\frac{r^2}{4at}\right) \tag{3-128}$$

式中 r ——观察点离开线热源的距离。

于是可写出初始位置在点 $(x'-v_w t,0)$ ，并在 $t=0$ 作用的单位瞬时线热源经过时间 t 后，在点 (x,z) 上的温升为

$$\theta(x,z,t) = \frac{1}{2\pi\lambda t}\exp\left[-\frac{(x-x'+v_w t)^2+z^2}{4at}\right] \tag{3-129}$$

这里，只要将式(3-128)定义的函数视为瞬时线热源输入激励下温度的脉冲响应函数，则初始位置在点 $(x'-v_w t,0)$ ，并在时域 $[0,t]$ 上持续作用的周期变化，移动热源在点 $[x,z]$ 上所引起的温升，便可用卷积综合表示为

$$\mathrm{d}\theta(x,z,t) = \frac{q_0\,\mathrm{d}x'}{2\pi\lambda}\int_0^t E(t-\tau)\frac{1}{\tau}\exp\left[-\frac{(x-x'+v_w t)^2+z^2}{4a\tau}\right]\mathrm{d}\tau \tag{3-130}$$

如图 3-55(b) 所示，再将分布在 $[-l,l]$ 上的无穷多个这样的热源温升叠加起来，显然就是整个热源引起的温升。

$$\theta(x,z,t) = \frac{q_0}{2\pi\lambda}\int_{-l}^l \mathrm{d}x'\int_0^t E(t-\tau)\frac{1}{\tau}\exp\left[-\frac{(x-x'+v_w t)^2+z^2}{4a\tau}\right]\mathrm{d}\tau \tag{3-131}$$

式(3-131)经过积分运算及必要简化后，最终即可获得均布模型下断续磨削温度场的计算公式。

$$\frac{\pi\lambda v_w}{2aq}\theta(X,Z,S) = \sqrt{\pi}\int_0^{S_t} E(S_t-S)\mathrm{e}^{-\frac{z^2}{4S^2}}\left[\mathrm{erf}\left(\frac{X+L+2S^2}{2S}\right)-\mathrm{erf}\left(\frac{X-L+2S^2}{2S}\right)\right]\mathrm{d}S \tag{3-132}$$

式(3-132)中数群为

$$X = \frac{v_w x}{2a},\quad Z = \frac{v_w z}{2a},\quad L = \frac{v_w l}{2a}$$

$$S = \sqrt{\frac{v_w^2\tau}{4a}},\quad S_t = \sqrt{\frac{v_w^2 l}{4a}}$$

式中 q ——磨削时弧形区平均热流密度， $q = \dfrac{R_w F_t t_s}{2Jlb}$ ；

  J ， R_w ——热功当量、热量流入工件的比例系数；

  b ——切削宽度。

③ 断续磨削在三角形分布热源模型下的解析 三角形分布热源模型，类似式(3-131)，有以下公式：

$$\theta(x,z,t) = \frac{q}{2\pi\lambda}\int_{-l}^l\left(1+\frac{x'}{l}\right)\mathrm{d}x'\int_0^t E(t-\tau)\frac{1}{\tau}\exp\left[-\frac{(x-x'+v_w t)^2+z^2}{4a\tau}\right]\mathrm{d}\tau \tag{3-133}$$

对式(3-133)通过与式(3-131)类似的积分运算和简化处理，最终得到三角形分布热源模型断续磨削温度场的计算公式为

$$\frac{\pi\lambda v_w}{2aq}\theta(X,Z,S) = \int_0^{S_t} E(S_t-S)\mathrm{e}^{-\frac{z^2}{4S^2}}\left\{\sqrt{\pi}\left(\frac{X+L+2S^2}{L}\right)\left[\mathrm{erf}\left(\frac{X+L+2S^2}{2S}\right)-\mathrm{erf}\left(\frac{X-L+2S^2}{2S}\right)\right]+\right.$$

$$\left.\frac{2S}{L}\left[\mathrm{e}\left(-\frac{X+L+2S^2}{2S}\right)-\mathrm{e}\left(\frac{X-L+2S^2}{2S}\right)\right]\right\}\mathrm{d}S \tag{3-134}$$

④ 理论公式的应用与断续磨削温度场的分析

a. 断续磨削时工件表层二维温度分布。前面已经说明断续磨削时的温度场是随时间脉动的，即使时间趋于无穷大时也仍将是一个脉动的温度场，只不过其脉动幅度和范围都趋于稳定而已。在利用式(3-132)或式(3-134)计算温度场时取 $t=nT$ ，可算得脉动场的峰值温度分布。若取 $t=(n+1-\eta)T$ 则算得的便是脉动场的谷值温度分布，实际的温度分布将在

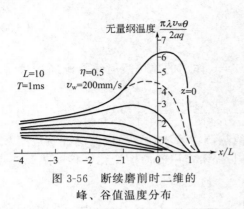

图 3-56 断续磨削时二维的
峰、谷值温度分布

算得的峰值和谷值之间以磨削的断续频率脉动。图3-56便是当 n 亦即 t 取足够大温度脉动幅值趋于恒定时，按式(3-134)求得的断续磨削二维谷值和峰值温度分布的一个算例。其中虚线表示谷值分布，实线为峰值分布。显然，断续磨削时间足够长以后，温度的脉动情况，事实上仅发生在弧区内接近工件的表面处，弧区以外及弧区内距表面一定深度处的温度分布均是恒定的。另外还需指出的是，工件表面脉动的峰值温度虽高，但它类似于磨粒磨削点的温度，持续时间很短，很可能对工件表面烧伤不发生直接影响。换言之，在断续磨削温度场研究中应该重视的是它的谷值温度。当然这一点还有待进一步实验验证。

b. 断续比（开槽因子）对工件表面温度分布的影响及开槽砂轮的降温效果。图3-57是按式(3-134)计算得到的不同断续比下工件表面最终的峰、谷值温度分布曲线，其中虚线表示谷值温度，将峰、谷值温度分布曲线上的极值温度与对应的值点连成曲线，便得到如该图左上角的图形。由此可知峰谷温度的极值均随断续比的减小而直线下降，且若不考虑两端点附近的情况，两者下降的斜率也相同。通常不致明显影响砂轮的型面保持特性，断续比多取0.6左右。此时按照理论计算，峰、谷温度的最大值，相当于连续磨削的最高温度下降的百分比分别约为32%和48%。由于很可能只有谷值温度才影响工件表层的变质和烧伤，因此理论解析结果无疑证明断续磨削在防止工件烧伤的效果上确实是十分显著的。

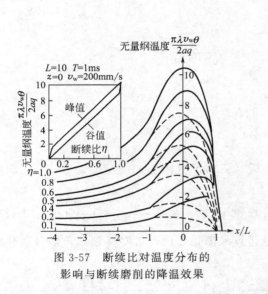

图 3-57 断续比对温度分布的
影响与断续磨削的降温效果

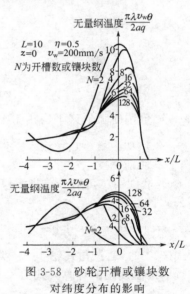

图 3-58 砂轮开槽或镶块数
对纬度分布的影响

c. 断续周期 T 对工件表面温度分布的影响。考虑镶块或开槽数 N 为 2、4、8、16、32、64、128，当砂轮转速为 1250r/min 时，相应的断续周期分别为 24ms、12ms、6ms、3ms、1.5ms、0.75ms、0.375ms。利用式(3-134)分别计算不同的断续周期下工件表面最终的峰、谷值温度分布曲线，如图3-58所示。从总体上看，峰值温度分布随开槽数 N 的增加而下降，谷值温度分布则相反呈上升趋势。$N<8$ 时温度脉动幅度很大，$N>16$ 时脉动幅值趋小，且其变化也渐趋平缓，故仅从温度考虑，若是开槽砂轮，则 N 取在 16～128 之间似乎均可，因为 $N=128$ 时，相对于连续磨削其谷值温度的降低仍分别保持为 43%和54%。但若是镶块砂轮，则从结构考虑，N 取在 16～32 之间为宜。

以上是由理论公式对具体砂轮计算的情况分析，图 3-59 所示为在 MM7125 平面磨床上用开槽砂轮所得到的实验曲线。实验条件为：干磨、砂轮 WA46EVP300mm×15mm×127mm，开槽因子断续比 $\eta=0.5$，工件材料 45 钢，磨削用量为 $v_s=20\text{m/s}$，$v_w=90\text{mm/s}$，$a_p=0.03\text{mm}$。

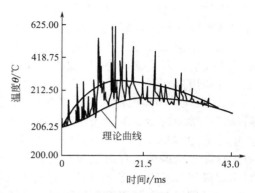

图 3-59　理论公式的实验校核

可见，温度曲线上十分规律地叠加有几乎是等间隔的脉动成分，测量这些脉动间隔均在 1.3ms 上下，与用砂轮开槽数所计算出的断续磨削的周期 1.3ms 相当。显然，它们是由断续磨削周期性脉动所引起的。如果不计反映磨粒磨削点温度的频率更高的小尖峰，则这些脉动的峰、谷值点的各自包络线显然就应该是断续磨削时工件表面实际峰谷值温度的分布曲线。

图 3-59 中的两条实线是在实验条件为断续周期 $T=\dfrac{300\pi}{36}/v_s=1.3\text{ms}$，$\eta=0.5$，接触弧区长度 $2l=\sqrt{300a_p}=3\text{mm}$ 和 45 钢热扩散率 $a=11.2\text{mm}^2/\text{s}$，无量纲量 $L=v_w l/(2a)=6$，利用理论公式(3-134)计算出的结果。从计算结果可见，若不计反映磨粒磨削点的温度很大的尖脉冲，理论曲线给出的峰谷温度分布曲线已理想地包络了实验曲线上几乎所有的以断续频率脉动的峰值和谷值点，且分布形态吻合得十分理想，无疑证明了理论解析结果是符合实际磨削情况的。

3.4.4　缓进给强力磨削的温度分布特征

缓进给强力磨削本身具有巨大潜力，但是由于缓磨机理的研究尚无法圆满解决生产中提出的涉及加工质量和效率的若干根本性问题，因而其潜力难以得到充分发挥，其中最明显的是关于缓进给磨削工件表面烧伤问题。由于这种烧伤往往可以在看似正常的缓磨过程中突然发生，因而是生产现场最棘手的问题之一，深入研究缓进给磨削中的工件表面温度特性，对于烧伤的控制是十分必要的。

(1) 正常缓进给磨削时弧区工件表面的平均温度分布

图 3-60 中的曲线为用新修整的砂轮在一次缓进给磨削行程中所测量的温度-时间曲线，图中夹丝热电偶的夹丝面（测温的方法）未进入弧区时信号零线光滑平直，意味各种干扰信号已被理想排除，夹丝面进入弧区后曲线上出现的密集排列的尖脉冲是磨粒磨削点温度的反映，缓进给磨削工件表面的平均温度相当于磨削磨粒点处尖脉冲下的包络线，图中记录曲线上尖脉冲的起讫位置表明了磨削时弧区的范围。因而，此曲线下包络线实际就是磨削弧区前后工件表面的平均温度。

由图 3-60 所示容易看出温度分布的以下特点。

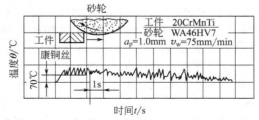

图 3-60　正常缓磨时弧区工件表面的典型温度分布

（实验条件：MM7125 平面磨床；切入式逆磨直槽，槽宽 $b=12\text{mm}$；
棕刚玉砂轮，粒度代号 46；砂轮速度 $v_s=19\text{m/s}$）

① 平均温度分布曲线光滑连续，峰点位置靠近弧区高端且峰点附近曲线变化平稳，故可以认为缓进给磨削时热流密度沿弧长的分布也是连续的且更接近三角形分布的热源模型。

② 弧区工件表面平均温度数值很低，弧区低端温度更低，这说明正常缓进给磨削时已加工表面的实际生成的温度是很低的，这也正是在前面所提到的缓进给磨削容易实现无应力加工的原因所在。

③ 相对于平均温度而言，磨粒磨削点上的温度虽然高一些，但高得并不多，这似乎也揭示了正常缓进给磨削时磨削热中的大部分确实未进入工件。在一定范围内改变磨削用量条件重复上述实验表明，所测得的平均温度只是有相应的比例变化，但均未超过130℃。这说明正常缓进给磨削工件时表面平均温度低这一点是可以确认无疑的。有些文献中认为缓进深磨削时温度肯定高于普通往复磨削实质上是一种误解。

(2) 使用与不使用磨削液时弧区温度的对比

图 3-61 给出了使用与不使用磨削液时弧区工件表面温度的情况。图 3-61 中下部曲线①是使用磨削液时记录到的弧区温度分布。由于用量小，平均峰值温度约 40℃。上部曲线②是不使用磨削液的记录情况。由图 3-61 可知，在同样的磨削用量条件下，不使用磨削液时，弧区工件表面温度一开始便陡增至 1000℃上下。该现象足以说明缓进给磨削时磨削液在弧区换热中所起的主导作用，它也证实了以往文献中所提出的磨削液换热理论的正确性。值得指出的是，实验是在使用刚玉砂轮及常压磨削液的条件下进行，这就说明缓进给磨削低温并不只是大气孔超软砂轮与高压喷注磨削液综合作用的结果，而是缓进给磨削本身具有的现象。

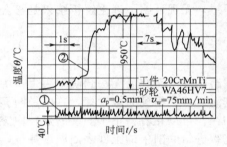

图 3-61　是否使用磨削液时弧区工件表面的温度分布比较

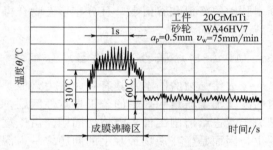

图 3-62　有局部高温的弧区温度分布

(3) 烧伤前兆——弧区温度分布的特征变化

为了解释在正常缓磨温度很低情况下常产生的突发烧伤现象，以往的研究曾认为是由于磨削液在弧区成膜沸腾导致工件瞬间产生烧伤，亦即认为当缓磨条件决定的热流密度不超过磨削液的临界热流密度时，弧区工件表面可稳定维持正常低温，但只要磨削热流密度超过临界值，则由于弧区磨削液出现成膜沸腾引起两相流换热曲线上热平衡点的跃迁，工件表面温度即由正常低温跃升到新热平衡点的温度，从而导致工件突发烧伤。近年来的研究认为：上述磨削液成膜沸腾导致瞬间突发烧伤的思想，明显地忽略了工件烧伤时必须存在一个过程的客观事实，这种忽略导致了缓进给磨削烧伤无法控制的假想。为了清楚地研究缓进给磨削中磨削液成膜沸腾存在的事实及成膜沸腾而导致工件发生烧伤的实际演变过程，研究者采用了接近钝化的砂轮以图 3-62 所示的磨削条件进行了缓进给磨削实验，并得到了图中所示的典型温度分布曲线。由图 3-62 可以看出以下特点。

① 在约占接触弧长 1/10 的相当局限的区段上出现了明显高于正常缓进给磨削低温的高温区，且高、低温区截然分开，几乎不存在中间过渡。考虑到连续分布的热源不可能给出这种接近阶跃式的温度分布，因此唯一可能的合理解释就是弧区内存在有因磨削液成膜沸腾所引起的边界换热条件的突变，亦即在发生成膜的区段内，由于换热系数的陡降，绝大部分磨削热直接进入工件，从而导致了工件表面温度的剧增，而在与此相邻的尚未成膜的区段上，则因

磨削液具有接近最佳的换热效果，因而工件表面仍可保持正常的低温特征。由此可见，所记录的温度分布出现的这种变化特征确实说明了在缓进给磨削时磨削液确有成膜沸腾发生。

② 成膜的高温段出现在弧区高端，这与通常认为的磨削热源呈三角形分布的假设相吻合，这也提示了烧伤的先发部位一定在弧区高端。

③ 成膜高温区温度虽高，但也仅只有 310℃，远低于材料烧伤温度。在此条件下对工件进行腐蚀试验和磨片检查也证明了该条件下确无烧伤发生。因此，缓进给磨削时弧区磨削液确实沸腾但工件并不产生烧伤。

（4）烧伤的过程——烧伤前后温度的时空分布

为了观察烧伤演变的全过程，采用一个特长形多块组合夹丝测温试件，使之能在一次断续缓磨中等间隔地观察到不同阶段的弧区工件表面的平均温度分布。图 3-63 所示为烧伤前后的弧区温度时空分布的实验结果。由图 3-63 可知：弧区工件表面温度的时空分布清楚地表明了弧区磨削液成膜沸腾本身有逐步扩展的过程，它总是首先出现在弧区的高端，然后逐渐向低端扩展。与此同时，成膜区内工件表面的温度也有一个自低至高逐步增长的过程，一直到成膜区扩展到足够大，成膜区内温度也达到或超过工件材料的烧伤温度时，烧伤才真正发生。由此可见，自弧区高端刚出现成膜沸腾到成膜区内温度达到烧伤温度，其间经历了足够长的时间，显然，新的研究是对传统假设理论的明确否定，它确证了缓进给磨削烧伤不是瞬时产生，而是一个有明显前兆的典型缓变过程。这一结论对解决生产中的缓磨烧伤控制预报有较大意义。

（5）弧区工件表面固定点上温度的瞬变特性

图 3-64 是按图 3-63 绘制的弧区各固定点上的温度-时间曲线。由此可知，就弧区工件表面上某一点而言，其温度在其进入成膜区前后是有突变的，特别是当该点距弧区高端足够远时，其温度完全有可能自正常低温瞬时跃升至烧伤温度以上，这是因为当成膜区扩展到该点时，成膜区内温度已经达到或超过烧伤温度的缘故。需要指出的是，固定点上温度的瞬变现象，其本质上反映的只是范围在不断扩展的成膜区边界点两侧温度的阶跃突变，两者是一致的。因此如只是按测到的反映固定点上温度的瞬变曲线便武断地推定烧伤也是瞬变突发的，将会在概念上铸成大错，事实上这也是以往某些文献的问题所在。

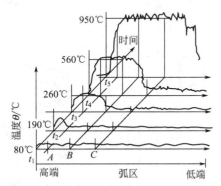

图 3-63　烧伤前、后弧区温度的时空分布
（工件 20CrMnTi，砂轮 WA46HV10，
$a_p = 2.5\text{mm}$，$v_w = 75\text{mm/min}$）

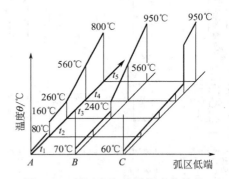

图 3-64　弧区各点的瞬间变化特性

3.4.5　磨削温度的测量

研究磨削区的温度分布，除了采用解析法外，采用实验方法能得到更加准确的结论，迄今为止，磨削温度的测量已出现了许多方法，新方法的不断产生，为磨削温度研究提供了有效的手段。是在所有实验测量方法中，最基本的方法是用热电偶直接测量法。

(1) 热电偶测量法

① 测温试件的结构　利用热电偶原理测量磨削温度的试件有夹式及顶式两种。图 3-65 所示为夹式测温试件的几种结构，它们的共同点是在两试件本体间夹入热电偶丝材或箔材，热电偶丝（箔片）与本体间由绝缘材料相隔，开合连接方式均采用环氧树脂黏结。

图 3-65 中结构（a）、（b）、（c）的对合面上双边或单边刻出半圆槽。结构（a）、（b）夹入漆包康铜丝或套有玻璃管的裸丝康铜丝。结构（c）一槽夹入套有玻璃管的镍铬丝，另一槽夹入套有玻璃管的镍铝丝，保证热电偶丝与本体间可靠绝缘。所用康铜丝直径有 0.07mm、0.11mm、0.15mm 三种，镍铬丝直径为 0.15mm。试件本体上所刻半圆槽的半径尺寸比漆包线的半径或玻璃管的半径大 0.01～0.015mm，半圆槽的深度，双边刻槽对漆包线或玻璃管的外半径大 0.015～0.02mm，单边刻槽时比它们的外半径大 0.02mm，玻璃管内径尺寸比热电偶丝外径大 0.01～0.03mm，玻璃管厚度为 0.015mm。结构（d）夹入的是厚 0.35mm、宽 2～6mm 的康铜箔片，绝缘采用厚度不大于 0.02mm 的云母片。试件在最后粘合时胶层厚度不大于 0.01mm。

夹式测温试件一经磨削，由于切削过程中的塑性变形及高的磨削温度的作用，试件本体与热电偶丝（箔片）在顶部互相搭接或焊在一起形成热电偶结点。制作夹式测温试件时，应严格控制试件本体和热电偶丝间尽可能小的间隔，这是保证每次磨削中可靠地形成并保持热电偶结点和稳定输出磨削热电势的关键。

夹式测温试件用于测量磨削表面温度。它可以连续磨削测量，故又称为可磨式测温试件。如果把它装得与磨削件同样高度而一起磨削，就可以方便地测量出磨削温度随磨削过程（时间）的变化情况。

由漆包层绝缘的夹式试件宜用于湿磨测温，玻璃管、云母片绝缘的宜用于湿磨或干磨测温。

测温时的磨削方向，对于图 3-65(a)、(b) 所示的两种结构，沿试件长、宽方向均可磨削。沿长度方向磨削时，胶层对试件正常热传导作用的影响较小。对于图 3-65(c)、(d) 所示的两种结构，磨削方向只能沿长度方向，而此时试件的热传导情况与整体磨削件的热传导情况有较大不同。

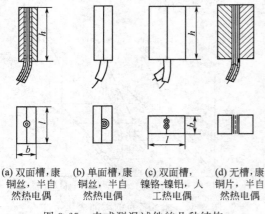

(a) 双面槽，康
铜丝，半自
然热热电偶　　(b) 单面槽，康
铜丝，半自
然热热电偶　　(c) 双面槽，
镍铬-镍铝，人
工热热电偶　　(d) 无槽，康
铜片，半自
然热热电偶

图 3-65　夹式测温试件的几种结构

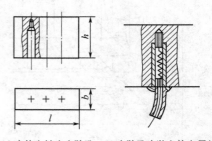

(a) 本体上钻出台阶孔　(b) 台阶孔中装入热电偶丝

图 3-66　顶式测温试件结构

图 3-66 所示为一种顶式测温试件结构。试件本体上钻出一个或几个台阶孔（为了一个试件做几次测温用），孔径根据工艺可尽量小些，特别是顶部小孔。小孔的长度则应尽量长些。各个孔距顶面的距离逐个加大，如 0.8mm、1.6mm、2.4mm、3.2mm 等，其实际的距离应精确地测量出来，试件的高度 h 也应精确测出。热电偶丝端头打磨成尖形，并绕出一小段成螺旋弹簧状，套以适当粗细的绝缘套管，装入台阶中。端头顶到孔底，并使弹簧部分受到一定压缩，最后在孔口用室温固化硅橡胶粘封。

　　热电偶丝端头与孔底接触之处就是半自然热电偶的结点。在磨削过程中，孔与顶面的距离在改变，因而每次磨削所输出的热电势反映磨削表面下不同深度处的温度。磨削后孔与顶面的距离可根据试件本体高度 h 的改变量来确定。从理论上讲，当孔底刚好磨穿时的热电势反映的温度则是磨削表面的温度。

　　夹式和顶式两种测温试件有共同缺陷，它们都破坏了试件整体性，造成传热有异于实体件的传热情况，影响测得温度的真实性。此外，夹式试件所形成的热电偶结点总是有一定厚度，即绝缘层的破坏总是有一定深度，所以它反映的不是真正的表面温度。顶式试件，在顶丝将磨透时，顶部金属很薄、刚性差，也影响磨削温度的真实性。因此要提高测温精度，还应在改进试件结构上下点工夫。对于夹式试件，探求和应用更合适的致密、强韧、耐高温的绝缘材料，使磨削中绝缘层的破坏深度极小而稳定，或许是提高测温精度的途径。

　　② 热电偶测温法　图 3-67 所示为利用热电偶法测量外圆磨削接触区温度的一种装置。该装置的心轴 3 安装在磨床顶尖上。心轴上套有两个同一材料制成的圆环试件 1 与 2，其间夹入被绝缘的热电偶 10（可以是人工热电偶或是半人工热电偶），圆环形试件固紧在心轴 3 上，圆环试件 2 是可装卸的，它被螺母 4 夹紧，热电偶通过集流盘 6（它和套筒 5、隔套 7 均相互绝缘），接通显示记录装置。

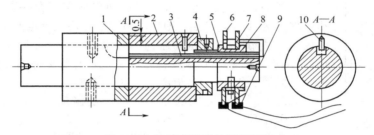

图 3-67　外圆磨削用的测温装置

1，2—圆环试件；3—心轴；4—螺母；5—套筒；6—集流盘；7—隔套；8—衬套；9—引线槽；10—热电偶

　　平面磨削时可采用的测温装置种类很多，图 3-68 所示为其中一种装置。热电偶由铜-康铜丝（0.05mm）组成。嵌在槽中的热电偶，其热接端焊牢于被测部位，连接焊点的热电偶丝的全长沿等温线压在试样中。磨削时试件表面每次被磨去 0.06mm，一层层磨下去，热接端的位置就从离表面较远的点逐渐向表面接近，分别测得的温度即为离表面不同深度处的温度。

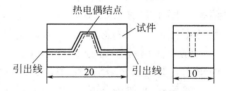

图 3-68　平面磨削用的测温装置

　　③ 热电偶的标定　可在高温硅碳棒管状电炉中进行，标定装置原理如图 3-69 所示。待标定的热电偶 10 由工件材料和康铜丝 3 组成。康铜丝夹持在两块材料相同的钢板 4 中间，用两片薄的云母片 2 作为绝缘层，尾部用瓷管 1 隔开，头部 1mm 左右的长度上制有凸台，使康铜丝与钢板紧密接触，在标定时形成热结点。为了保证标定精度，将补偿导线 7、8 浸在水槽里，以降低和保持冷端温度。待标定的热电偶 10 与标准热电偶 12 的端部应尽量接近，两者同置于管式炉 11 中。所需标定的温度由温度自动控制器 13（与标准热电偶匹配）加以控制，由于待标定热电偶的热容量比标准热电偶大，故在标定温度时需保温 15min，使待标定热电偶的温度与标准热电偶温度一致。

　　这种标定方法是传统管式炉法，虽可标定出相对稳定的结果，但仍属静态标定法的范围。虽然有些文献介绍过一些快速标定方法，但往往保证不了必要的标定精度，有的误差甚至超过 30％以上。也有利用铂电热丝进行快速标定，但最终仍需长达 10h 的缓慢冷却过程，基本上属于静态标定。国外也设法在减少热惯性的差异上进行试验，在不太高的升温速度下保证了一些标定精度，但由于热惯性的原因仍无法保证降温曲线的重合一致性。国内在高精度快速标定方

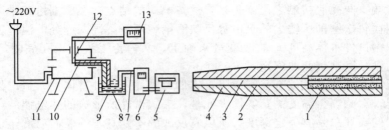

图 3-69 热电偶标定原理

1—瓷管；2—云母片；3—康铜丝；4—钢板；5,6—记录仪；7,8—补偿导线；9—水箱；
10—待标定热电偶；11—管式炉；12—标准热电偶；13—控制器

面进行了一些研究，采用单接点快速标定方法进行标定，其原理如图 3-70 所示。

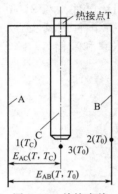

图 3-70 单接点快
速标定原理

将待标定试件 C 的头部做成厚度极薄的肋片，然后将直径为 0.8mm 的标准镍铬（A）-镍铝（B）热电偶丝的端部磨尖，让两根热电极丝以一定的压力从肋片的两对面对准顶紧在薄膜肋片的同一位置上。由于薄膜肋片厚度极小（一般＜0.5mm），磨尖的热电极丝又是对准顶紧的，故可认为三种材料是理想地交汇在一点上，该点为两个热电偶的公共热接点 T，即热电极 A、B 构成标准热电偶 AB，同时热电极 A 又与试件 C 构成待标定的热电偶 AC。因两对热电偶都从同一点 T 引出，无论点 T 温度变化快慢，它们反正都感受同一温度，有效消除了因感受温度不同所造成的标定误差。

总之，利用热电偶测量工件的磨削温度，简单方便，造价低廉，无论是采用顶式和夹式测温，只要其精度要求不是足够高，均是可行的一种方法。当然对于一些要求非接触式温度测量的场合，就需要采用其他方法进行。

（2）红外辐射测温法

近年来，利用红外辐射测量磨削温度的方法取得了很大进展。红外辐射是由构成物质的各种原子及亚原子的旋转和振动产生的。这些粒子是经常运动的，因此物质也就经常发射出频率与振子共振常数相对应的红外辐射。由于存在形形色色的粒子，它们发射出的辐射频率也各不相同，这些频率所覆盖的范围就是大家熟知的红外光谱。

红外光谱范围可分为近红外、中红外和远红外三个区。亚原子粒子的"跳动"形成近红外辐射，原子的运动产生中红外辐射，分子的振动和转动则产生远红外辐射。

温度是由热流形成，热是一种能量，它构成物质基本粒子（分子、原子、亚原子粒子）的功能。温度表示这些粒子骚动程度，骚动越大，产生的电磁场的波动也越大，即温度越高，由辐射发出的能量也越大，这就是红外测温的主要依据。

过去曾有研究者利用小目标红外测温仪通过砂轮上特别的槽口来进行磨削温度的测量，但由于粒子的辐射在磨削温度测量前就有部分被周围的空气、雾气、磨屑等介质和杂物吸收和遮挡，因此无法获得准确的测量温度。采用透镜对焦的方法收集红外辐射，测量磨削温度的方法也不理想。目前采用光导纤维测量红外辐射的方法，对磨削区温度进行测量，可以获得比较满意的效果。

① 红外辐射测温原理 图 3-71 所示为用光导纤维传输红外信号测量温度的原理简图。磨削区的高温使工件上开着的测量底孔部相应发热，产生较强的红外辐射，红外信号通过光导纤维传输到接在电桥中的 PS 传感元件上，产生微弱的电压信号。这些信号经调制放大器放大后送入光线示波器或其他记录仪记录。

光导纤维红外测温装置与一般红外测温仪相比的不同之处在于，应用光导纤维的导光束

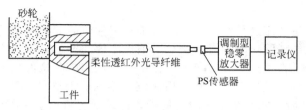

图 3-71 光线红外测温原理简图

取代透镜类光导件，应用集成运放电信号的斩波调制代替机械调制系统。

应用光导纤维接收红外辐射具有许多优点，它可以将复杂构件内部的辐射传导出来，使测点变小；而且也是一种抗干扰的有效手段，可以有效地克服红外测温中烟气、灰尘、介质及其他物质辐射的干扰。此外，还可以使红外探测器远离高温环境，有利于保持其性能的稳定。

图 3-72 所示为一种利用红外辐射高温计与光导纤维测量有效磨粒的磨削温度的新方法和测试系统。

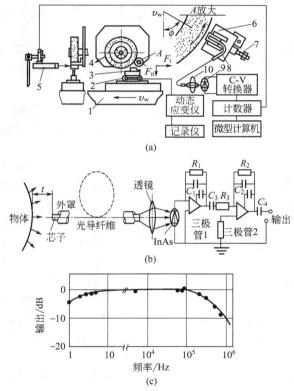

图 3-72 红外辐射高温计与光导纤维测量砂轮有效磨粒磨削温度系统
1—工作台；2—测力仪；3—工件；4—砂轮；5—拍摄触发器；6—纤维保持架；7—测微计；
8—光导纤维；9—InAs 电池；10—透镜；ϕ—纤维安装角

由图 3-72 可见，光导纤维插在纤维孔内，纤维孔套装在砂轮边缘，其位置与磨削点成45°夹角，显然磨削位置与测量位置存在时间滞后（约几毫秒），所测得的磨粒温度是磨削若干毫秒后的温度。在这期间，冷却效应会使被测温度比实际温度有所下降，故必须采取一定的补偿措施，其补偿方法在文献中可以获取，这里不再叙述。

测量时，通过光导纤维切平面的磨粒上辐射的红外能量由光导纤维接收和传递（注意，这里光导纤维仅能接收从切平面辐射的红外线），通过透镜输入发光二极管（InAs 电池）进入测试仪。在这里红外能量被转变为电压信号，经放大后被输入到数字储存器，最后通过微型计算机进行分析。

上述两例，一个是利用红外测温和光导纤维对工件上磨削区温度的测量，另一个是利用红外辐射高温计和光导纤维对砂轮有效磨粒磨削点温度的测量，这种方法是目前可获得满意效果的比较新的方法。在生产实际和研究工作中，常遇到被测试件是绝缘性高及导电导热性低的材料，尤其是那些在试件上打孔和开槽比较困难的（如磨削工程陶瓷等），要测量其温度，采用上述图 3-72 所示的方法是比较方便的。此外，也可以采用红外热像仪进行测量。

图 3-73 给出了利用红外热像仪测量陶瓷材料磨削时的测温系统。该系统主要由红外探测器和图像处理/监视器组成。红外探测器的扫描镜头接收被测物体的红外辐射信号，经检测、放大成电信号，再通过 A/D 转换器传输到图像处理器，由监视器显示图像并具备储存图像的功能。此外，电信号也可直接送到发光二极管进行现场观察。

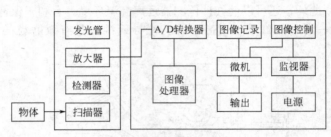

图 3-73　红外热像仪系统框图

美国休斯顿公司生产的 Probeye4500 型红外热像仪的主要性能参数如下：测温范围为 $-20 \sim 1500℃$；测温分辨率为 $0.1℃$；最短采样时间为 $0.05s$；操作温度为 $10 \sim 40℃$；并备有各种型号的镜头。

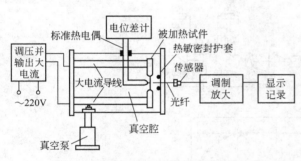

图 3-74　红外辐射测温装置的标定

② 红外辐射测温装置的标定　常采用相对标定法，因为它比较简单，其方法是对被测试件用标准热电偶及红外测温装置同时进行测量，从而得到温度与辐射强度之间的对应关系。与绝对标定法相比，它不需要制作"黑体"及较复杂的比较系统，而且取得的是相对值，不需要具体了解 $\varepsilon(\lambda)$、$F(\lambda)$、$G(\lambda)$（ε 为发射率，F 为光纤透过率，G 为 PS 元件的相对灵敏度）数值，避免了取 $\varepsilon(\lambda)$ 值带来的误差，应用方便。相对标定装置如图 3-74 所示。

标定原理如下：标定时，试件是采用大电流来加热的；装置中设有调压变压器可以控制电流的大小，从而调节试件的温度；为了避免高温时试件表面产生严重氧化（氧化的结果会导致值 ε 大幅变化使测量与实际状态不符），试件是放在真空腔内加热的，真空度为 $(1.33 \sim 4) \times 10^3 Pa$；热电偶的结点由弹簧始终压在试件发热区上，在缓慢加热过程中能与试件保持等温；试件是均质截面的薄片，发热基本是均匀的，在试件发热区的一面，光纤垂直地对着试件，并与另一面的热电偶保持同轴。

3.5　磨削液

磨削时，在磨削区由于磨粒的高速切削和滑擦，产生极高的温度，该温度往往造成工件表面的烧伤并导致砂轮的严重磨损，结果使被加工零件的精度和表面完整性恶化。因此，磨削时必须把磨削液注入磨削区以降低磨削温度。由于磨削液所具有的润滑、冷却和洗涤作用，故对改善砂轮的磨损、堵塞及磨削质量十分有益。随着科学技术的进步，新材料的广泛应用，对零件的表面完整性提出了更高要求，因此对于磨削液的研究，更加引起了各国学者的重视，目前不仅新开发出许多种类的磨削液，而且也使其性能有了极大的改善和提高。

3.5.1　磨削液的性能和效果

(1) 磨削液的特性

① 润滑特性　润滑特性是指磨削液渗入磨粒-工件及磨粒-切屑之间形成润滑膜。由于这层润滑膜的存在，使得这些界面的摩擦减轻，防止磨粒切削刃摩擦磨耗和切削黏附，从而使砂轮的耐用度得以延长，其结果使砂轮维持正常的磨削，减小磨削力、磨削热和砂轮损耗量，防止工件的表面状态特别是已加工表面粗糙度恶化。对于这些效用，油基磨削液比水基磨削液优越。此外，若添加油性剂、极压剂等，其效果还可进一步提高。

② 冷却特性　冷却特性首先是磨削液能迅速吸收磨削加工时产生的热，使工件温度下降，维持工件的尺寸精度，防止加工表面完整性恶化，其次是使磨削点处的高温磨粒产生急冷，给予热冲击的效果，以促进磨粒的自锐作用。冷却作用的强弱与磨削液的比热容有关，水的比热容约为矿物油的两倍，故水的冷却能力是油的两倍。表 3-15 给出了各种磨削液的比热容。

表 3-15　各种磨削液的比热容

种　　类	比热容/J·kg^{-1}·K^{-1}	种　　类	比热容/J·kg^{-1}·K^{-1}
低黏度油基磨削液	0.489	水	1.00
高黏度油基磨削液	0.556	石蜡油	0.476
表面活性剂水溶液	0.872	60$^{\#}$锭子油	0.459
含碳酸钠 4% 的水溶液	0.923	20$^{\#}$机械油	0.444

磨削液的冷却特性不仅与磨削液的种类有关，且与磨削液流量有关。一般来说，水基磨削液的冷却性比油基磨削液好，磨削液的流量越大，冷却能力越强，工件表面温升越小。

③ 渗透与清洗特性　渗透与清洗特性是指磨削液使用时浸透到磨粒-工件、磨粒-切屑的界面间，助长这些界面的润滑作用，特别是冲洗掉堆积在气孔中的切屑和脱落的磨粒，防止砂轮被堵塞。但这种渗透与清洗特性是非常含糊的语言，还没有确切表示这种特性的方法。对于油基磨削液，用它与黏度的关系来表示，黏度越低，渗透性越容易，清洗切屑等能力越强。这种情况，从十分重视清除切屑的珩磨加工使用低黏度的油基磨削液这一点来看也是不难理解的。对于水基磨削液，一般可以认为表面活性剂含量越多的水基磨削液，这种作用就越强，过去关于这种渗透与清洗性能，常用与表面张力之间的关系来表示，但表面张力与渗透性之间未必可以认为有相关关系。现在，与金属的接触角和表面活性剂的渗透力试验（Roller Cloth 法）、铁粉沉降试验等以及其他种种试验方法都正在探索研究之中。此外，在日常生活中用水和表面活性剂洗衣服时，用表面活性剂洗涤的衣服会更干净些，由此也就能够理解表面活性剂的渗透和洗净效果。事实上，与不加入表面活性剂的水基磨削液或水相比较，表面活性剂含量大者（可溶性水基磨削液，关于磨削液种类的详细说明将在 3.5.2 节中叙述）砂轮表面的污染（堵塞）程度轻，这使得砂轮的耐用度得以延长。

④ 防锈特性　防锈特性是指磨削液浸到工件和机床上时，应保证两者不产生锈蚀的特性。因此，在磨削液中应加入适量防锈剂，如加入亚硝酸钠、苯甲酸钠、三乙醇胺、石油磺酸钡（钠）、十二烯基丁二酸或苯甲三氮唑等，就可以起防锈作用。要求磨削液具有防锈特性，一般是针对水基磨削液而言。对于油基磨削液，一般不会产生锈蚀问题。

磨削液除应具有上述四项主要特性外，还应具有对人体无害、无刺激性、不发臭、不发霉、易消泡和便于储存、原料来源丰富、使用方便及价格便宜等优点。

（2）磨削液的效果

磨削液的特性虽然目前尚有不清楚之处，但是应当认识到，在上述各种特性的综合作用下，其效果能够增强。在使用过程中，仅考虑某一项特性是不可取的。油基磨削液的主要特征是润滑性，而水基磨削液的主要特征是冷却性。表 3-16 给出了磨削液的特性与各种磨削液的相互联系方式，即大致定性的作用和当今一般认为希望得到的磨削效果。

表 3-16　磨削液种类及可能获得的磨削效果

项　目		添加剂情况	磨削液的三个作用			磨削性能						
			润滑作用	冷却作用	渗透清洗作用	增大磨除量	减小砂轮损耗	减小磨削力	改善表面粗糙度	保持尺寸精度	防止表面状态恶化	防止砂轮堵塞
油基磨削液	混合油	无添加剂	A～B	D	B	B	B	B	B	B	B	B
	不活性极压油	含添加剂	A	D	B	A	A	A	A	A	A	B
	活性极压油	硫系极压添加剂	A	D	B	A	A	A	A	A	A	B
水基磨削液	乳化液	—	B	C	C	C	C	B	B	C	B	D
	可溶液	—	B	B	B	B	B	B	B	B	B	B
	溶解液	—	D	A	B	B	D	D	D	C	D	A

注：A 为作用非常大；B 为作用大；C 为有一定作用；D 为几乎无效。

由表 3-16 可知，油基磨削液由于其润滑特性，能防止磨粒切削刃的磨耗磨损，可以维持较长时间磨削。因此，对于工件磨除量、砂轮损耗量、磨削力、加工表面粗糙度、工件的表面状态（烧伤、裂纹、残余应力）等都有优异效果。对于水基磨削液来说，虽然在改善磨削性能的效果上不如油基磨削液，但在水基磨削液中，具有一定润滑性且渗透清洗作用优越的可溶性磨削液，仍然有比较优异的性能。原因是，可溶性磨削液具有一定的润滑性，能够在一定程度上防止磨粒变钝，同时，渗入砂轮气孔或磨粒裂缝内的磨削液在防止砂轮堵塞等方面有着良好效果。

下面来具体讨论有关磨削液对磨削效果的影响。

① 磨削液对零件表面完整性的影响

a. 磨削液对表面粗糙度的影响　图 3-75 所示为磨削液与被加工零件的表面粗糙度关系。由图 3-75 可知，润滑性能较好的油性磨削液磨削效果较好，加工表面粗糙度要比水基磨削液有所改善。在水基磨削液中，乳化液和可溶液的效果大致相当，可得到较小的表面粗糙度。由图 3-75 同时可以看出，随着磨削深度的增加，表面粗糙度恶化。

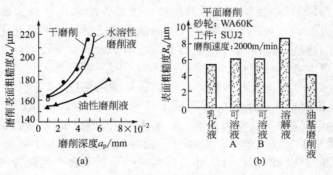

图 3-75　磨削液对表面粗糙度的影响

b. 磨削液对加工表面显微硬度及硬化层深度的影响　图 3-76 给出了用 WA46LV 砂轮磨削 T7A 碳素工具钢时,不同磨削液对零件表面显微硬度及硬化层深度的影响。由图 3-76 可知,用不同磨削液磨削的零件,其表面显微硬度相差并不大,但硬化层深度却有较大不同,获得硬化层深度最小的磨削液是水溶液,乳化液次之,干磨削最深。用 WA60KV 砂轮磨削 W18Cr4V 高速钢时,磨削液对加工表面显微硬度及硬化层深度的影响与磨削正火碳素工具钢不同。由于二次淬火的原因,在离被加工表面大约 $2\mu m$ 处硬度提高。当采用干磨削时,由于冷却速度小,表面层产生退火现象,出现较低硬度。

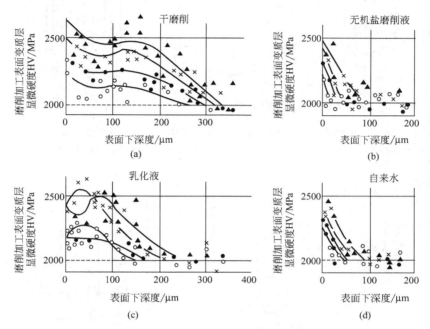

图 3-76　磨削液对加工表面显微硬度及硬化层深度的影响

($v_s = 32\mathrm{m/s}$,　$v_w = 6\mathrm{m/min}$)

○ $a_p=0.01\mathrm{mm}$;　● $a_p=0.02\mathrm{mm}$;　× $a_p=0.03\mathrm{mm}$;　▲ $a_p=0.04\mathrm{mm}$

c. 磨削液对残余应力的影响　磨削过程中,由于磨削热而产生的热应力为零件残余应力的主要部分,所以零件表面温度是至关重要的。图 3-77 所示为不同磨削液对零件表面温度和残余应力的影响。由图 3-77 可知,加极压添加剂的油性磨削液工件表面温度最低且表面残余应力也较小。但磨削轴承钢时的实验表明,并非在所有磨削情况下都具有图 3-77 所示的规律,对磨削轴承钢 (59HRC) 来说,当磨削深度在 $a_p=0.025\mu m$ 时,使用油基磨削液可得到很好的磨削效果,表面呈压应力状态,在较大磨削深度 $a_p=0.05\mu m$ 的条件下,油性磨削液并不利,其原因是大磨削深度下磨削热高,油基润滑液冷却性能较差,磨削表面不仅温度高,且残余应力大多呈拉应力状态。

d. 磨削液对磨削表面烧伤的影响　图 3-78 给出了磨削轴承钢时不同磨削液对磨削烧伤及烧伤前工件可磨次数的影响。由图 3-78(a) 可知,用干磨削、水及乳化液磨削时,发生烧伤的极限深度不同:干磨削产生烧伤的极限磨削深度最小,用乳化液磨削时产生烧伤的极限磨削深度最大,而水居中。同时可以看出,湿磨时的极限磨削深度几乎提高两倍。三种磨削条件下,乳化液的磨削效果最好。由图 3-78(b) 所示的磨削液对烧伤前可磨次数的影响可见,五种磨削液中,用油基磨削液的可磨次数最多,溶解液的可磨次数最少。同时在可溶液中,加有极压添加剂的比未加的磨削液对减轻磨削烧伤更有利。表 3-17 给出了各种磨削液成分与磨削烧伤的关系。

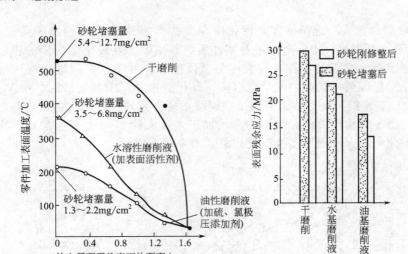

图 3-77 磨削液的种类与零件表面温度和残余应力的关系

（砂轮 WA46KV；工件 20 钢，74～76HRB；工件尺寸 $\phi15mm\times30mm$；磨削液流量 $Q=3.6L/min$）

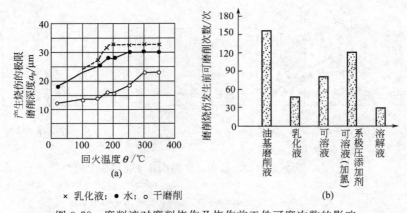

× 乳化液；● 水；○ 干磨削

图 3-78 磨削液对磨削烧伤及烧伤前工件可磨次数的影响

表 3-17 磨削液成分与磨削烧伤的关系

磨削液	性　能			成分/%					实验结果 （有无磨削烧伤）	备注 （研究项目）
	黏度 （30℃） /mm²· s⁻¹	闪点 /℃	活性 程度	矿物油 含量	油脂 含量	氯 含量	硫 含量	磷 含量		
A	30	152	1 级 （不活性）	90	10	—	—	—	严重烧伤	黏度
B	50	162	1 级	90	10	—	—	—	严重烧伤	黏度
C	70	174	1 级	88	10	2	—	—	严重烧伤	黏度
D	50	154	1 级	78	20	2	—	—	轻微烧伤	油脂 氯化物
E	30	152	1 级	84.85	10	5	—	0.15	轻微烧伤	磷化物 氯化物
F	30	152	4 级 （活性）	87	10	2	1	—	不发生烧伤	硫化物

由表 3-17 可见，在磨削液中，含有硫等极压添加剂的活性磨削液显示出了最优越效果。

据分析，这主要是由于硫系极压添加剂与工件材料反应，形成了抗剪切强度较低的硫化铁膜，从而减轻了磨粒切削刃尖端的磨损，维持了正常磨削。

e. 磨削液对磨削裂纹的影响 由图 3-79 可见，回火温度对磨削裂纹的影响较显著，当被磨工件在 100℃ 以下回火时，产生裂纹的极限磨深为 0.005mm 左右，而当回火温度在 300℃ 时，产生裂纹的极限磨深为 0.035mm，因此磨削前工件的热处理状态对磨削裂纹有至关重要的影响。相比较来看，水基磨削液的种类对磨削裂纹的影响不十分显著。据报道，在防止磨削裂纹方面，油基磨削液是有效的。

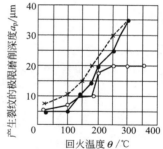

图 3-79 磨削液对磨削裂纹的影响
（磨削条件：WA80KV 砂轮；工件 GCr15 调质轴承钢；$v_s = 25\text{m/s}$，$v_w = 10\text{m/min}$）
×乳化液；○ 干磨削；● 水

② 磨削液对砂轮磨削性能的影响

a. 磨削液对工件磨除量、砂轮损耗量、磨削比的影响 对于工件的磨除量、砂轮损耗量和磨削比，都是油基磨削液最有效，而水基磨削液效果较差。在水基磨削液间相互比较时，其效果可依次排为可溶液、乳化液、溶解液，其中可溶液的效果最显著。

b. 磨削液对磨削力的影响 不同类型的磨削液对磨削力的影响规律是，润滑性能好的油基磨削液的磨削力最小，在水基磨削液之间，可溶液和乳化液大致相当，润滑性能差的溶解液的磨削力大。

3.5.2 磨削液的种类和组成

(1) 磨削液的种类

磨削液通常分为油基磨削液和水基磨削液。油基磨削液按其添加物的不同分为矿物油和极压油两种。水基磨削液又可分为乳化液、化学合成液及无机盐磨削液。磨削液的分类见表 3-18。一般来说，油基磨削液的润滑性好，冷却性差；而水基磨削液的润滑性较差，冷却效果好。在水基磨削液中，化学合成液的润滑性与乳化液相接近，冷却效果比乳化液好，无机盐磨削液也有较好的冷却性，但润滑性最差。

表 3-18 磨削液分类

种类		成分
油基磨削液	矿物油	低黏度及中黏度轻质矿物油＋油溶性防锈添加剂＋极性添加剂
	极压油	低黏度及中黏度轻质矿物油＋极压添加剂
水基磨削液	乳化液极压乳化液	①水＋矿物油＋乳化液＋防锈添加剂 ②乳化油＋极压添加剂
	化学合成液	①水＋表面活性剂（非离子型、阴离子型或皂类） ②水＋表面活性剂＋防锈添加剂＋极压添加剂
	无机盐磨削液	①水＋无机盐类 ②水＋无机盐类＋表面活性剂

(2) 磨削液的组成

① 油基磨削液的组成 油基磨削液的基本成分是矿物油、活性剂和极压添加剂的混合物，根据需要加入防锈剂、防氧化剂等添加剂，其组成及成分如图 3-80 所示。

a. 矿物油 这种磨削液以轻质矿物油为主要成分，加入适量的油溶性防锈添加剂及极压添加剂等组成。轻质矿物油为 N10～N32 全损耗系统用油以及轻质柴油、煤油或锭子油等。油溶性防锈剂为石油磺酸钡（钠）、十二烯基丁二酸等。由于矿物油是非极性物质，不能在表面形成坚固的润滑膜，所以还需加入极性添加剂（如脂肪酸）。脂肪酸能与金属表面形成皂层，可减轻摩擦。

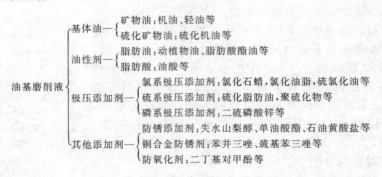

图 3-80   油基磨削液的组成

b. 极压油   磨削时，为了在金属表面形成牢固的润滑膜，在矿物油中加入了含硫、氯、磷等化学元素的极压添加剂，形成了极压油。常见的极压添加剂有氧化石蜡、氯化脂肪酸、硫化棉籽油、硫化鲸鱼油、硫酸酯、烷基硫化磷酸酯等。由于氯化物的摩擦因数低于硫化物的摩擦因数，所以含氯的极压添加剂的润滑性较好。含氯的极压添加剂在 200～300℃ 即与金属表面起化学反应，而含硫的极压添加剂在 700～800℃ 起化学反应，生成的硫化膜在高温下不易破坏。所以，前者用于温度不高的磨削场合，而后者用于磨削温度较高的场合。如果在磨削液中同时加入含氯、含硫的极压添加剂，则该磨削液将在较宽的温度范围内取得良好的润滑效果。

油基磨削液可用于齿轮磨削、螺纹和成形磨削以及珩磨和精密磨削。极压油则可用于表面粗糙度要求较低的重要磨削工序和难加工材料的磨削，如钛合金等。

由于磨削液密度小、易雾化，因而污染环境，使用时需有相应的设备。

② 水基磨削液的组成

a. 乳化液和极压乳化液   乳化液由水、矿物油、乳化剂和防锈添加剂等组成。一般先制出乳化油，然后用水稀释成乳化液。乳化液的作用是使油和水混溶成乳状的溶液，其用量在 10% 以上，低于某一百分比时，就不会产生乳化现象，习惯上把该比例称为临界乳化率。常用的乳化剂有油酸三乙醇胺、油酸钠皂、磺酸钠聚氯乙烯脂肪醇醚和环烷酸钠等。为了使乳化剂在长期放置中不会分离成水层与油层，必须在乳化液中掺入三乙醇胺，它是一种乳化稳定剂。

为了提高乳化液的润滑性能，可在乳化液中添加氯、硫、磷等极压添加剂，稀释后就成为极压乳化剂。这种极压乳化剂可用来磨削不锈钢、钛合金及纯铁等难磨的材料。

b. 化学合成液   是以表面活性物质为主要成分，加入水稀释成半透明或透明的水溶性磨削液，常用的表面活性物质有非离子表面活性剂（聚氯乙烯基化合物、醇、醚及司苯、吐苯等）、阴离子型表面活性剂（石油磺酸钠、烷基苯磺酸钠、蓖麻油正丁酯磺酸钠及丁基萘磺酸钠等）和皂类（油酸皂、松香皂、硫酸化蓖麻油皂等）。

与乳化液相比，化学合成液的浸润性及冷却性较好，并因其透明而易于磨削加工，所以是一种广泛采用且发展较快的磨削液。在这种磨削液中，可加入亚硝酸钠，以提高防锈性能；也可加入极压添加剂，以提高其润滑性。化学合成液适用于高效磨削。

c. 无机盐磨削液   是以无机盐（无水碳酸钠、亚硝酸钠、磷酸三钠等）为主要成分，在水中稀释后成为透明水溶液，它是一种电解质的水溶液。无机盐在水中电离成带正、负电荷的离子，在砂轮与工件表面形成吸附层，从而起防锈及一定的润滑作用。无机盐的添加量随电解质、加工材料及磨削条件不同而不同，一般为 0.25%～1%。

亚硝酸钠是一种低毒性物质，与有机胺能生成亚硝胺，对人体十分不利，因此要严格避

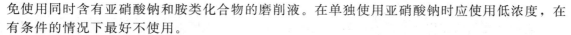

免使用同时含有亚硝酸钠和胺类化合物的磨削液。在单独使用亚硝酸钠时应使用低浓度，在有条件的情况下最好不使用。

无机盐磨削液的冷却效果好，且由于表面张力大，无机盐离子有吸附作用，因而不易使砂轮堵塞，但无机盐磨削液也有一些缺点，如导电性强，能降低接线和电机的绝缘性能；剥蚀磨床涂料；与润滑油混合后会降低润滑效果等。

磨削液的品种很多，目前我国有关磨削液的标准还不够完善，使用中除无机盐磨削液需自行配制外，其他类型磨削液均可外购。

3.5.3　添加剂的种类和作用

磨削液中常用的添加剂主要有三种，即极压添加剂、表面活性剂和无机盐类。

（1）极压添加剂

磨削液中的极压添加剂分为三类，即硫系、氯系、磷系。

① 硫系极压添加剂　在磨削液中引入硫元素有两种方式：一是用元素硫直接硫化的矿物油，称为硫化磨削油；二是在矿物油中加入含硫的添加剂，如硫化动植物油、硫化烯烃、硫及氯化动植物油等，制成极压磨削油。硫化磨削油对铜及铜合金有腐蚀作用，加工时气味大，已逐渐被极压切削油所代替。含硫的极压磨削油在金属切削过程中和金属起化学反应，生成硫化铁。硫化铁没有像氯化铁那样的层状结构，比氯化铁摩擦因数大，但熔点高（硫化铁熔点在 1193℃，二硫化铁熔点在 1171℃），硫化膜在高温下不易破坏，故切削钢件时，能在 1000℃ 左右的高温下保持其润滑性能。

② 氯系极压添加剂　一般使用的氯系极压添加剂是氯化石蜡和氯化脂肪酸酯。氯化石蜡是将低分子量的矿物油氯化而得到的物质，含氯量为 40%～50%，多者可达 70%。因此，制成含氯最高的磨削油比制成含硫最高的磨削油容易。氯的化学性能活泼，在 200～300℃时即能与金属表面起化学反应。氯化物的摩擦因数低于硫化物，故含氯极压添加剂具有良好的润滑性能。含氯极压添加剂的磨削液可耐 600℃ 左右高温，特别适合于切削合金钢、高强度钢、铝以及其他难加工材料。由于氯系极添加剂有时在高温下脱氯，对钢产生腐蚀作用使工件表面生锈，因此往往在含氯量多的切削油中少量加入游离盐酸中和剂与油溶性防锈添加剂。

使氯化硫磺在脂肪油中反应就制成在同一分子内含有氯和硫的添加剂，称为硫氯化油。它曾被广泛使用过，但因其与氯化石蜡、氯化脂肪酸相比，更容易脱盐酸，腐蚀性强，故目前已几乎不再使用。制造同时含硫氯切削油的方法目前多采用将各种添加剂进行混合而成。为了同硫氯化油区别，称之为硫化氯化油。

四氯化碳、三氯乙烯等有机氯化物含氯量多，因其在许多切削实验中显示出优异效果，故在难加工材料的加工中单独或添加在一般磨削液中使用的例子都曾有过。但因为在高温时挥发出的有害气体及在劳动卫生和环境污染方面的问题，现在也几乎不用。

③ 磷系极压添加剂　磷系极压添加剂中常用的是有机磷酸酯或硫化磷酸锌。在防止腐蚀方面被广泛应用于一般润滑油中，这类添加剂有中等的极压性能，与钢铁接触时被吸附，并起化学反应，生成磷酸铁化学润滑膜，降低摩擦、减少磨损的效果比含硫、氯的极压添加剂更为优良。此外，磷系极压添加剂即使应用于非铁金属也少有生成污斑，故在非铁金属加工中应用，又因它有防止氧化的效果，有时也作为防氧化添加剂使用。只是在切削液中作为极压添加剂，由于其抑制积屑瘤的效果不明显，故未受到像氯、硫系添加剂一样程度的重视。

当然为了得到效果较好的磨削液，往往在一种磨削液中加入上述的两种或三种添加剂复合使用，以使磨削液迅速进入高温切削区，形成较好的化学润滑膜，使之在磨削过程中收到显著效果。

（2）表面活性剂

表面活性剂的作用因磨削液种类不同而各异，在水溶性磨削液中，作为乳化剂、湿润剂和洗涤剂。在乳化液中可使用阴离子型表面活性剂或非离子型表面活性剂，其主要目的是乳化基础油。在无机盐磨削液及化学合成液中，使用表面活性剂的目的是为了降低水的表面张力，提高润滑性能。油性磨削液中一般不用表面活性剂，但有时也可使用油溶性表面活性剂。

表面活性剂也有不良影响，如易使磨削液老化、防腐性降低、发泡等。

通常称为表面活性剂的物质是分子结构 CH 呈长链状排列的有机化合物，这种有机化合物容易与其他分子吸引结合。表面活性剂的分子由水溶端（活性端）及非水溶端（CH 链末端）组成。对于分子整体而言，水溶性或非水溶性取决于 CH 链的长短及水溶端的性质。CH 链越长，则非水溶性越强。水溶端的水溶性按—OH（羟基）、—COOH（羧基）、—NH$_2$（胺基）的顺序渐增。

作为表面活性剂的乳化剂、湿润剂、洗涤剂，在磨削液中均有各自的功能，现分述如下。

① 乳化剂的功能　主要是使油的颗粒在水中分散而乳化。图 3-81 给出了乳化过程示意。开始时 ［图 3-81（a）］ 油和水分为两层。在边界上形成油水的接触界面。当在加入少量表面活性剂——乳化剂时，它将排列在界面上并将水油连接在一起 ［图 3-81（b）］；搅拌后，乳化剂的非水溶端吸附在油颗粒上；而水溶端溶于水；因此乳化剂形成外壳将油包围起来，使油形成小颗粒分散在水中，呈白浊液状，形成乳化液 ［图 3-81（c）］。这时，即使静置，也很难分层，这就是乳化。

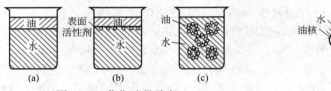

图 3-81　乳化过程示意

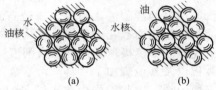

图 3-82　两种乳化类型

乳化分为两种形式。一种是水包油型，如图 3-82（a）所示，用 O/W 表示，这是以冷却为主的磨削液。另一种是油包水型，如图 3-82（b）所示，用 W/O 表示，这是一种润滑性较好的不燃性磨削液。

② 湿润剂的功能　湿润剂能使磨削液密集分布于金属表面上。根据湿润剂的分子结构，其水溶端吸附于金属表面上，非水溶端捕捉液体分子，其结果使液体密布于金属表面层上。在磨削液中添加微量湿润剂就非常有效，一般为 0.1％左右。

③ 洗涤剂的功能　洗涤剂的作用主要用来增强磨削液的清洗能力。洗涤剂的非水溶端吸附黄油、润滑脂及尘埃等。水溶端和水分子结合，构成洗涤状态，使清洗能力增强。

（3）无机盐类

在磨削过程中，亚硝酸钠、铬酸钠等无机盐类靠离子吸附作用吸附到工件和砂轮表面，从而防止砂轮堵塞与黏附。

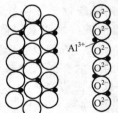

图 3-83　离子吸附状态模型

刚玉砂轮的磨粒 Al$_2$O$_3$ 的结构如图 3-83 所示，因铝离子比氧离子小得多，故可以认为表面排列的是氧离子，而铝离子则埋在氧离子之间。若采用含有与氧离子结合作用很强的盐类（如 Na 盐）磨削液，则在砂轮表面上形成了阳离子吸附膜，这样就可以防止 Al$_2$O$_3$ 磨粒与工件的阳离子结合，从而防止砂轮堵塞。

（4）磨削液中的添加剂对磨削效果的影响

图 3-84 给出了水基磨削液中极压添加剂对磨削比、表面粗糙度
和磨削力的影响。由图 3-84 可知，在水基磨削液中，极压添加剂类系对磨削效果有显著影响。
硫系添加剂不仅可以降低磨削力和磨削比，而且可获得较好的表面粗糙度。

图 3-85 给出了极压添加剂的浓度与磨削比的关系。由图 3-85 可知，硫系和氯系添加剂
在乳化液中含量相同时，硫系的磨削比高于氯系且随着浓度增加，硫系的磨削比比氯系增大
得要快。这说明在实验条件下乳化液中硫系极压添加剂比氯系有较好的磨削效果。

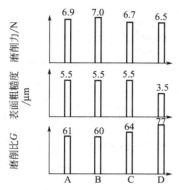

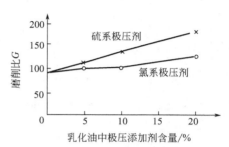

图 3-84　水基磨削液中不同类型的极压
添加剂对磨削效果的影响
（A、B、C、D 为实验用不同极压添加剂代号）

图 3-85　水基磨削液中的极压
添加剂对磨削比的影响

图 3-86 所示为表面活性剂浓度对金属切除体积、砂轮损耗体积及磨削比的影响。由
图 3-86 可知，表面活性剂浓度增大时，磨削的润滑性能变好，砂轮的磨粒破碎减少使磨
损量减少，磨削比提高；同时，切入压力越大，则达到最大金属切除量的表面活性剂浓
度应越高。

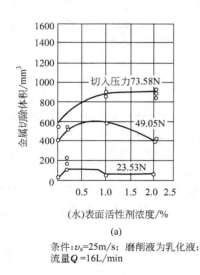

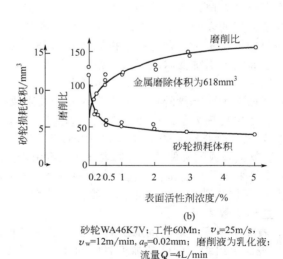

(a)

条件：v_s=25m/s；磨削液为乳化液；
流量 Q =16L/min

(b)

砂轮WA46K7V；工件60Mn；　v_s=25m/s，
v_w=12m/min，a_p=0.02mm；磨削液为乳化液；
流量 Q =4L/min

图 3-86　表面活性剂浓度对金属切除体积、砂轮损耗体积及磨削比的影响

图 3-87 给出几种无机盐的阳离子大小和 Al_2O_3 表面氧离子大小与磨削比的情况，由图
3-87 可见，钾（K^+）与钠（Na^+）磨削效果较好，磨削比较高。由于铯（Cs^+）的离子尺

寸太大，其磨削效果比钾差些。其他元素如钙（Ca^{2+}）、锶（Sr^{2+}）及钡（Ba^{2+}）等，磨削效果最好的是钡（Ba^{2+}），磨削比最高。钡之所以比钾的效果优良，主要原因是钡有两个电荷，但钡有毒，因此规定不允许使用。当所具有的电荷数进一步增高时，如镧（La^{3+}），磨削比又降了下来。因此，可以看出无机盐的种类与磨削比有一定关系，不仅与离子大小有关，而且与电荷数目有关。

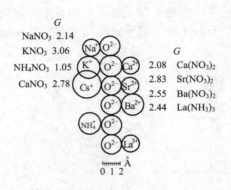

图 3-87   几种无机盐的阳离子大小与磨削比的情况
($1\text{Å}=1\times10^{-10}\,\text{m}$)

3.6   磨削加工零件的表面完整性

3.6.1   磨削加工质量的含义及其对使用性能的影响

磨削加工一般作为终工序，其任务就是要保证产品零件能达到图样上所要求的精度和表面质量。任何机械加工方法都不能获得理想表面，它总会存在一定程度的微观不平度、加工中冷作硬化及表层残留应力和金相组织变化，实现零件高精度、低表面粗糙度值、低残余应力、低硬化层的表面高质量要求，这是现代磨削技术的重要发展趋势。

磨削加工质量所包含的技术指标如图 3-88 所示。

关于磨削加工精度取决于磨床精度、磨削工艺系统受力变形、热变形等因素，可参阅有关机械制造工艺学教科书，本书不再述及。

磨削加工表面质量的含义可用表面完整性来概括，磨削表面质量指标主要包含表面纹理指标与表面层物理力学性能指标两类。每类所分的小类如下所述。

① 表面纹理指标   表面纹理主要用来定义几何表面平面度，即表示偏离构成表面轮廓基准面的重复偏差或随机偏差。几何表面平面度由表面纹理高度、宽度、方向及非几何的随机的表面瑕疵等来表示。表面纹理包括表面粗糙度、表面波度、表面纹理方向及表面瑕疵四部分。

② 表面层物理力学性能指标   表面层特性主要影响表面层物理力学性能。表面层特性用下面指标参数表示。

a. 表面层硬度，即磨削加工后表层冷作硬化所引起的弹塑性变形。

b. 表面层组织，即磨削加工表面的金相组织变化，如再结晶、相变。

c. 表面层残余应力，即表面残余应力大小及分布状态、表面的宏观及微观裂纹等。

综上所述，从加工质量观点来看，表面质量是指表面粗糙度、表面波度和表面层的硬度、组织和残余应力。

零件的精度与表面粗糙度有密切关系：一定的精度应有相应的表面粗糙度，即一定的尺

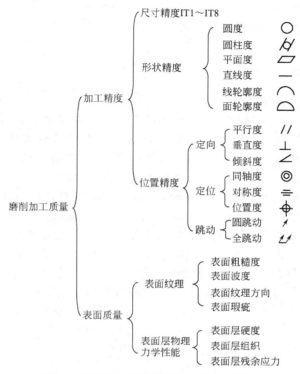

图 3-88 磨削加工质量所包含的技术指标

寸公差要有相应的表面粗糙度。高精度的零件一定要求表面粗糙度值较小，而表面粗糙度小的零件不一定要求高精度。一般情况下，对尺寸要进行有效控制，表面粗糙度 Ra 值应不超过尺寸公差的 1/8。表面质量对零件使用性能有以下影响。

① 对耐磨性的影响　表面粗糙度值小，可以增加零件之间接触面积，减少表面接触压强，降低磨损。一般磨削表面接触面积达 30%～50%。精密磨削其表面有效接触面积可达85%～90%，超精密磨削则有效接触面积更高。在一定条件下，表面粗糙度值越小则磨损越小。

表面冷作硬化后，硬度增加，可提高耐磨性。磨削加工表面冷作硬化程度较其他切削加工方法小。磨削表面烧伤及裂纹较其他切削加工方法严重，表面烧伤及裂纹降低零件耐磨性。

② 对耐疲劳性的影响　工件的疲劳破坏主要是受到反复载荷作用时，由于工件表面有裂纹、缺口等缺陷而产生。因此，工件表面粗糙度值越小，表面缺陷越少，则耐疲劳性越高；Ra 值由 $6.3\mu m$ 减小到 $0.04\mu m$ 时，疲劳强度可提高 25% 左右。经精密磨削加工后的表面，其耐疲劳性能更好。

表面层冷作硬化，有利于提高耐疲劳强度。残余压应力与裂纹对耐疲劳强度影响较大。表面残余应力可提高耐疲劳强度，表面残余拉应力存在时则降低耐疲劳强度。磨削表面烧伤及裂纹可使耐疲劳强度明显下降。

③ 对耐腐蚀性的影响　工件表面耐腐蚀性在很大程度上决定于表面粗糙度。表面粗糙度值小，其表面粗糙度波谷较小，不易积聚腐蚀物质，可减轻腐蚀。所以，进行精密、超精密磨削是提高零件表面耐腐蚀性能的有效措施。但磨削加工中出现的烧伤及裂纹等缺陷均对耐腐蚀性不利。由于磨削加工中产生的烧伤而导致的残余拉应力可降低耐腐蚀性。

④ 对配合精度和配合性质的影响　表面粗糙度值大，在与实际零件相配合时，会改变

配合的过盈量与间隙量，降低其配合精度及改变配合性质。

工件表面残余应力的存在易引起变形，使工件几何形状和尺寸改变，从而影响配合精度与配合性质。

3.6.2　磨削表面纹理

(1) 磨削表面的创成机理

磨削加工表面尺寸创成过程在第 3 章中已有论述，在尺寸生成过程终了时，表面纹理

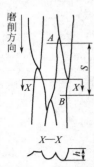

图 3-89　磨削表面上的切削沟痕

也被创成。在最终的磨削表面上，由于砂轮表面上分布众多切削微刃而使工件产生切削沟痕，根据磨削表面沟痕的构成来考察表面粗糙度的创成机理。从磨削表面上方观察，众多的切削沟痕的棱线和磨削方向倾斜 $2\sqrt{\rho R_s}$（ρ 为磨粒切削刃圆弧半径，R_s 为砂轮半径）。令砂轮速度为 v_s，工件速度为 v_w。砂轮工作表面每单位面积上切削刃数为 C_e，则残余在磨削表面上每单位面积上的切削沟痕的个数为 $C_e v_s / v_w$。沿磨削方向上切削沟痕的间隔为 S，如图 3-89 所示。相隔两个切削沟痕的时间为 S/v_w，一般为数微秒（μs）。这种切削沟痕的形状可以认为是以切削刃圆弧半径 ρ 为半径的圆弧且与磨削方向成直角，可近似看成以砂轮半径 R_s 为半径的圆弧，因此切削沟痕的长度和宽度可由几何关系求得：

$$l = 2\sqrt{2R_s h}$$
$$b = 2\sqrt{2\rho h}$$

式中　h——菱形切削沟痕模型的深度。

这种菱形切削沟痕模型的投影面积为 $lb/2$，和从磨削表面上方看一个切削沟痕的投影面积相等 $v_s C_e / v_w$，则菱形切削沟痕模型的深度 h 为

$$h = \frac{v_s C_e}{4 v_w \sqrt{\rho R_s}}$$

磨粒切削微刃都在同一高度的情况磨削表面创成后，可以切削沟痕深度 h 为基础，确定磨削表面最大粗糙度值。但实际上切削微刃不在同一高度上，其磨削表面的创成生成切削沟痕深度 h 的变化大，则表面粗糙度值增大。

(2) 磨削表面粗糙度的理论分析

① 以磨粒切削刃路径几何学为基础的理论　日本佐藤提出在砂轮作用面上磨粒以一定形状规则地分布和切削工件时磨粒切削刃的运动轨迹保留切削刃轮廓形状的样子。据此可推导出外圆切入磨削表面理论粗糙度的最大值的理论公式为

$$h = \frac{1}{8}\left(\frac{1}{R_s} + \frac{1}{r_w}\right)\left(\frac{v_s}{v_w}\right)^2 a^2 + \frac{1}{8} \times \frac{b^2}{\rho}\left(\frac{B}{f}\right)^2 (\mu\text{m})$$

式中　R_s——砂轮半径；

　　　r_w——工件半径；

　　　a——连续切削刃间隔；

　　　b——残留在磨削表面上平均条痕的宽度；

　　　f——工件每转的进给量；

　　　B——砂轮宽度。

B/f 表示工件上同一点砂轮磨削的次数，也称同一点磨削次数。

上式第一项为沿磨削方向上的粗糙度，第二项为垂直于磨削方向断面中的粗糙度。

② 以菱形切削沟痕模型为基础的理论公式　菱形切削沟痕模型磨削表面粗糙度高度 h，

由前述公式知：

$$h = \frac{v_s C_e}{4 v_w \sqrt{\rho R_s}}$$

磨削表面粗糙度最小高度值 $h_{\min}$ 为

$$h_{\min} = \frac{h_0}{2} \left(1 + \sqrt{1 + \frac{v_s C_e}{v_w h_0^2 \sqrt{\rho R_s}}} \right)$$

磨削表面粗糙度最大高度值 $h_{\max}$ 为
代入上式得

$$h_{\max} = \sqrt{\frac{v_s C_e}{4 v_w \sqrt{\rho R_s}}} + h_0$$

式中　h_0——砂轮作用面上少数微刃并列切削的高度。

实际磨削沟槽谷底的高度处于 $h_{\min} \sim h_{\max}$ 范围内。

（3）影响磨削加工表面粗糙度的因素

影响磨削加工表面粗糙度的因素很多，有工件材料的化学成分、金相组织、工件直径、砂轮特性、修整状况、磨损程度、砂轮直径、砂轮与工件速度、进给速度、无火花磨削次数、磨削深度与磨削液。

① 磨削用量的影响　砂轮速度 v_s 增加，磨削表面粗糙度值减小。这是由于增大砂轮速度会使单颗磨粒未变形磨削厚度减小所致。在 $a_p = 0.01\mu m$ 时，v_s 由 8m/s 提高到 30m/s，Ra 值由 $2.0\mu m$ 降至 $0.5\mu m$。工件速度 v_w 增大，则磨削表面粗糙度值增大。因 v_w 增加，会使单颗磨粒未变形磨削厚度增大。轴向进给量 f_a 增加，表面粗糙度恶化。这主要是 f_a 增加后，砂轮磨粒与工件上任意点的接触次数减少所致。一般 $f_a \leqslant 0.3 B_s$（B_s 为砂轮宽度）。磨削深度 a_p 增大，会使单颗磨粒未变形磨削厚度增大，导致磨削力下降，因而使粗糙度值增加。

② 无火花磨削行程次数　无火花磨削行程次数增加，磨削表面粗糙度值降低。无火花磨削次数越多，砂轮与凸峰接触次数增加，一般需 10～18 次无火花磨削。

③ 砂轮参数的影响　砂轮直径大小对粗糙度影响不大。砂轮修整后所形成的砂轮表面粗糙度，在磨削过程中，将按一定比例复映到工件的磨削表面上。砂轮表面粗糙度取决于砂轮修整情况，可参见砂轮修整一章。

砂轮粒度对表面粗糙度的影响显著。砂轮粒度越细，同时参与切削的磨粒数越多，则磨削表面粗糙度越好。砂轮粒度对砂轮粗糙度也有影响，粒度变粗，砂轮表面粗糙。一般磨削取 $46^\# \sim 80^\#$ 粒度的砂轮，精磨时可选用 $150^\# \sim 240^\#$ 粒度的砂轮，镜面磨削选用 W10～W7 的树脂石墨砂轮。

砂轮硬度越高，砂轮表面有效粗糙度的变化过程越慢。

（4）磨削加工表面粗糙度的经验公式

在考虑磨削条件诸因素之后，提出磨削条件与表面粗糙度 Ra 值间的经验公式，可用指数形式表达，即

$$R_a = \frac{C_{Ra} v_w^x a_p^y f_a^p K_1 K_2 K_3}{v_s^Z d_s^q B_s^n}$$

式中　C_{Ra}——与被磨材料物理力学性能有关的系数；

　　　K_1——与砂轮粒度有关的系数；

　　　K_2——与无火花磨削次数有关的系数；

　　　K_3——与磨削液有关的系数。

在工件材料为 50Mn、砂轮为 A40HV、$v_s = 25$m/s、$a_p = 0.1$mm、$f_a \leqslant 0.3 B_s$、六次

往复行程及 2% 的乳化液条件得到粗糙度值 Ra 经验公式为

$$R_a = \frac{490 v_w^{0.68} a_p^{0.56} f_a^{0.73}}{v_s^{0.97} d_s^{0.15} B_s^{0.15}}$$

3.6.3 磨削表面层物理力学性能

(1) 磨削表面层加工硬化层

① 加工硬化的产生及其指标 磨削加工中被加工工件材料的表面层受到磨削力的作用，产生塑性变形，使晶格扭曲、晶粒被拉长呈纤维化，甚至碎化，这些都使表面层产生加工硬化（或称强化）。产生加工硬化后表面硬度提高，塑性降低。磨削表面一方面受力的作用，另一方面还会产生磨削热。热对塑性变形和加工硬化有很大影响，它会使塑性变形产生恢复和再结晶，失去加工硬化，这种现象称为软化。

磨削加工中同时受到力与热的作用，其最后加工硬化取决于强化速度和软化速度的比率。衡量加工硬化的指标有三项：表面层显微硬度 HV；硬化层深度 h(mm)；硬化程度 N。

$$N = \frac{HV - HV_0}{HV_0} \times 100\%$$

式中 HV_0——金属原来的显微硬度。

② 磨削加工表面层加工硬化的影响因素 磨削加工钢件时表面层加工硬化的情况为：外圆磨硬化层深度一般可达 $30 \sim 60 \mu m$，平面磨达 $16 \sim 35 \mu m$，研磨达 $3 \sim 7 \mu m$。其硬化程度 N：外圆磨达 $40\% \sim 60\%$，平面磨达 50%，研磨达 $12\% \sim 17\%$。

影响加工硬化的因素主要是磨削径向力。磨削力越大，塑性变形越大，硬化程度越大，硬化层深度也越大。若塑性变形速度太快，塑性变形可能跟不上，使塑性变形不充分，导致硬化深度程度减小，在高速磨削中可发生这种情况。磨削温度越高，软化作用增大，使冷硬作用减少，硬化深度和程度都减少。

③ 加工硬化层深度测量方法

a. 金相法 将试件侧面制成金相磨片，腐蚀后放大 $200 \sim 1000$ 倍，对其进行金相组织分析来判断硬化深度及程度。

b. X射线法 将 X 射线照射到金属上，X 射线在晶胞中反射出来，在光谱上得出许多虚线的干涉圈。如果晶粒破碎或晶格扭曲变形，则干涉圈变成实线。如果晶格参数有变化，则干涉圈将产生位移，同时强度减弱，可用胶片记录其结果。

c. 测量显微硬度法 用机械抛光或电抛光逐层去除冷硬层，测量其显微硬度，直到与基体相同为止。从去除的厚度可得到硬化深度。当硬化层很薄时，可在斜切面上测量显微硬度。一般斜切角 ε 为 $0°30' \sim 2°30'$，厚度 $h = L\sin\varepsilon$。斜切方法可用研磨与电加工方法，应尽量避免产生新的加工硬化层。

d. 激光全息摄影法 利用光的干涉原理，将照射到物面的光波与 1m 恒定相位的参考光波发生干涉，将它记录在照相底片上，即成为全息干涉光圈。当试件表层有冷作硬化，可拍摄该面的激光全息照片，将全息照片再现，即可看到变形情况。

(2) 磨削表面金相组织变化——磨削烧伤

① 磨削烧伤的产生与实质 磨削加工时，磨粒起切削、刻划和滑擦作用。大多数磨粒是负前角进行切削，并在高的磨削速度条件下，使得表面层有很高的温度。在磨削淬火钢工件时，在高的磨削温度作用下，会使工件表层的金相组织产生变化，从而使表面层的硬度改变，影响零件的使用性能。同时工件表面呈现氧化膜的颜色，这种现象称为磨削烧伤。磨削烧伤的实质是工件表面层材料的金相组织发生变化，产生的原因是磨削温度过高。磨削区的温度可达 $1500 \sim 1600℃$。工件表面层的温度达 $900℃$ 以上，该温度超出了钢的相变温度

A_{c3}。因此，磨削加工容易产生烧伤问题。

通常，淬火钢组织为马氏体，硬度高。对碳钢来说加热到 $500\sim650℃$ 时，马氏体组织转化为由铁素体和较细的粒状渗碳体所组成的回火索氏体，其硬度、强度较低。当温度在 $350\sim450℃$ 时，马氏体转化为铁素体和极细的粒状渗碳体所组成的回火托氏体，其硬度比马氏体低，比回火索氏体高。温度在 $300℃$ 以下，马氏体转变成黑色片状回火马氏体，硬度与淬火马氏体相近。温度高于 $650℃$，则马氏体将反转变为奥氏体。

在磨削加工中，如果工件表面层温度超过相变温度 A_{c3}（$720℃$），则马氏体转变为奥氏体。不使用磨削液冷却，则工件表面层被退火，硬度急剧下降。这种现象称为退火烧伤，在磨削液急冷条件下，则表面层形成二次淬火马氏体。二次淬火马氏体组织很薄，硬度较回火马氏体高，这种烧伤称为淬火烧伤。磨削加工时，工件表面层温度未超过相变温度 A_{c3}，但超过 $300℃$，这时马氏体转变为硬度较低的回火托氏体。这种烧伤称为回火烧伤。

②　影响磨削烧伤的工艺因素　磨削烧伤的原因是磨削温度高，烧伤与温度有十分密切的关系。因此一切影响温度的因素，都在一定程度上对烧伤有影响。

a. 磨削用量　根据理论分析和假设条件的计算，可求得工件表面层的温度 t_a 为

$$t_a = C v_w^{0.2} a_p^{0.35} f^{-0.3} v_s^{0.25}$$

式中　C——热容。

从此式中可以看出磨削用量对 t_a 的影响。其中以磨削深度影响最大，砂轮速度次之。磨削深度 a_p 增加，t_a 增加，工件表层下温度场增加，故 a_p 不能选得过大，否则容易产生烧伤。进给量 f 增加，t_a 和表层下温度场下降，故可减轻烧伤。所以，要减轻烧伤，要用大进给量。v_s 增加，t_a 增加，但程度不及 a_p。v_w 越大，表层下各深度的温度差越大，说明 v_w 越大热量越不易传入工件内层。v_w 越大，烧伤层越薄，既减轻表面烧伤，又提高了生产率；v_w 增加，表面粗糙度值增大。砂轮速度增大，使 t_a 增加，在提高 v_s 的同时可提高工件速度 v_w。

b. 被加工材料　传热性能比较差的材料在磨削时易产生烧伤，如耐热钢、不锈钢和轴承钢等。

c. 砂轮参数的影响　砂轮硬度高时，自锐性不好，使磨削力增大、温度升高，容易产生烧伤。因此，使用软砂轮可以减轻烧伤。一般选用粗粒度砂轮不易烧伤，但表面粗糙度值较大。在砂轮上开槽，可实现间断磨削，工件受热时间短，改善了散热条件，对防止烧伤有一定效果。

d. 磨削液　磨削时充分冷却后对防止烧伤和裂纹有利。

③　表面层磨削烧伤的测定　磨削表面烧伤后，工件表面出现氧化膜，随着温度的变化，氧化膜呈现黄色、褐色、紫色、青色及灰色。氧化膜颜色和膜厚数值为：在铸铁上氧化膜为 Fe_3O_4 时，黄色氧化膜厚度为 $43\mu m$，褐色为 $60\mu m$，紫色为 $69\mu m$，青色为 $115\mu m$，灰色为 $150\mu m$，钢上为 Fe_3O_4 氧化膜时，黄色为 $38\mu m$、褐色为 $39\mu m$、紫色为 $45\mu m$、青色为 $74\mu m$、灰色为 $96\mu m$；磨削高速钢呈现 Fe_3O_4 氧化膜时，黄色为 $44\mu m$、褐色为 $46\mu m$、紫色为 $76\mu m$、青色为 $88\mu m$、灰色为 $103\mu m$。

④　磨削表层烧伤的测量方法　常用的测量方法有氧化膜预算法、显微硬度法、金相组织法和酸洗法等。

（3）表面层残余应力

①　表面层残余应力的产生　残余应力是指在没有外力作用情况下，在物体内部保持平衡而存在的应力。有残余压应力与拉应力之分。

第一种残余应力又称宏观残余应力。它是整个工件内互相平衡的残余应力。产生的原因

是力、热、材料成分和性能的不一致性，而使工件内各部分受力、受热作用产生塑性变形不均匀而引起的。这种残余应力会造成零件变形，变形严重时将产生裂纹。

第二种残余应力是晶粒范围内平衡的残余应力，又称为晶体残余应力，只存在于多晶体金属中，是由于各晶粒变形程度不同而产生的。这种残余应力只要加热就可减少，当加热到再结晶温度时即可消失。它属于微观残余应力，会使工件产生微观裂纹。

第三种残余应力是在原始晶胞内平衡的残余应力。它是工件受到冷作硬化所产生的，因此又称为硬化残余应力，也属于微观残余应力，它可使工件产生微裂纹。

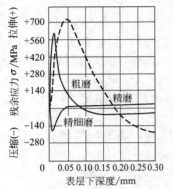

图 3-90　磨削表面层
残余应力分布

表面层残余应力的产生可归纳为下列三种原因。

a. 冷态塑性变形　工件进行磨削加工时，表面层受到磨削力作用，产生冷态塑性变形。其原因主要是力作用的结果。磨削表面层残余应力分布如图 3-90 所示。

b. 热态塑性变形　在磨削过程中，温度很高，工件表面层热膨胀，而里层温度较低，因此表面层的热膨胀受到里层阻碍而产生热压缩应力。如果表层的温度超过材料的弹性变形范围，则表层产生热塑性变形而相对缩短。磨削结束后，冷却则表层收缩。随温度下降到弹性变形范围，将受到里层的阻碍而产生残余拉应力。里层产生平衡的压应力。如果表层的温度未超过弹性变形范围，则表层受压应力。磨削完毕，温度冷却至常温，则工件表层没有残余应力。从图 3-90 中看出，粗磨、精磨、精细磨加工表面层残余应力分布的情况。粗磨时表层温度高于精磨，其热态塑性变形较大，则表面层产生的拉应力就大。热态塑性变形主要是热的作用，它使表面层产生残余拉应力。

c. 金相组织变化　不同的金相组织有不同密度，密度不同，比体积不同，密度小时比体积大，密度大时比体积小。金属的金相组织密度不同，则其体积也不同。当工件表面层在磨削时，温度超过相变温度 A_{c3} 时，如体积膨胀，则受到里层限制，而产生残余压应力；如体积缩小，则产生残余拉应力。加工淬火钢时，当表层温度超过 A_{c3} 且冷却充分，则表层成为马氏体，体积膨胀，产生残余压应力；如温度超过 A_{c3}，不急速冷却，则马氏体转变为索氏体或托氏体，其体积缩小，产生残余拉应力。

综上所述，磨削加工后表面层的残余应力是冷态塑性变形、热态塑性变形和金相组织变化这三者的综合结果。

② 磨削裂纹及其影响因素　磨削加工后，表面层的残余应力是冷塑性变形、热塑性变形及金相组织这三者综合的结果。因此，残余应力比较复杂，一般磨削加工，热塑性变形占主导地位，所以表面层产生残余拉应力。当发生淬火烧伤，出现二次淬火马氏体，则表层产生残余压应力。精细磨削时，冷塑性变形占主导作用，因此表面层产生残余压应力。但总体来说，磨削中起主导作用的是热，热主要引起残余拉应力；表面烧伤、裂纹是一个棘手的问题。当残余拉应力超过材料强度极限，材料表面就会出现裂纹；残余压应力超过材料强度极限时，也会在工件表层内产生裂纹，而拉应力造成的裂纹更为严重。裂纹的产生将使工件承受交变应力的能力减小一半。

影响磨削产生裂纹的因素很多，主要围绕着"热"来分析其影响因素。

• 磨削用量　提高工件速度 v_w 可以减少残余拉应力，消除烧伤与裂纹；减少磨削深度 a_p，可以减少残余应力。当 a_p 减少到一定程度时，可以得到很低的残余应力。降低砂轮速度 v_s，可以得到残余压应力，对消除烧伤、裂纹都有好处，但对生产率影响较大。一般在提高砂轮速度 v_s 的同时，提高工件速度 v_w 可以得到良好的表面质量。

- 被加工材料　导热性能差的材料（如高强度合金钢、不锈钢等），在磨削加工中表面易产生裂纹，磨削脆性大的材料时，因其抗拉强度低、导热性不好，因此易产生裂纹，用金刚石砂轮就好得多。磨削碳钢时，钢中含碳量越高，晶界脆弱，越易产生裂纹。含碳量小于$0.6\%\sim0.7\%$时，磨削加工几乎不产生裂纹。

- 热处理　磨削裂纹与热处理关系比较密切，磨削淬火钢易产生裂纹。渗碳钢和渗氮钢受温度影响易在晶界面析出脆性碳化物和氧化物，故在磨削时易出现网状裂纹。

③ 改善磨削表层残余应力的措施

- 无火花磨削，借助于工艺系统弹性恢复去除微小的余量，对松弛表面应力有良好的效果。

- 对被磨表面进行滚光加工，表面层产生微小塑性变形以获得残余压应力，也可改变残余拉应力的性能。

- 使用珩磨工艺可以增大残余压应力。

- 低应力磨削，选择合适的磨削参数，尽量减小磨削热，以降低残余应力。低应力磨削可使工件表面层产生极低的残余应力，主要靠减少磨削比能来消除烧伤、变形和裂纹。低应力磨削是靠使用较软的砂轮（并经常修整）、减小磨削深度和降低砂轮速度来实现的，但生产率较低。

④ 残余应力与裂纹的测量

- 物理化学法　将有残余应力的试件放入腐蚀剂中，其表面产生裂纹。从裂纹的方向可以判别残余应力的性质，纵向裂纹是由切向应力引起的，横向裂纹是由轴向应力引起的，裂纹出现越快，残余应力越大。可进行定性分析。

- X 射线法　在试件上放一张银箔，并进行 X 射线照射，可照下 X 射线光谱图，得到一系列虚线干涉圈，将它作为比较干涉线位移、亮度、粗细标准。试件上若出现第一种残余应力，干涉线由虚线变为实线；出现第二种残余应力，则干涉线被冲散，线条变粗；第三种残余应力存在使干涉线变暗。如干涉线变暗、变宽而且旁边有点，则表示三种残余应力均存在。X 射线法是生产和科研中常用的方法。

- 机械法　这种方法的原理是测量出试件变形量，用弹性理论计算残余应力。只能测量第一种残余应力。为测出不同深度层的残余应力，必须采用腐蚀或电解抛光方法剥层，测出不同深度的试件变形量。一般试件做成直径为 D 与宽度为 B 的圆环。当 $D/B>5$ 时，忽略轴向应力，测量切向应力，逐步剥层，测出各深度层变形量，之后算出相应的残余应力。

裂纹的测量可采用显微分析法、磁粉探伤法、涡流探伤法、超声波探伤法和声反射检测等方法。

3.6.4　磨削表面完整性参数综合影响及改善措施

(1) 磨削表面缺陷

① 微裂纹　磨削加工淬火钢、工具钢、马氏体不锈钢、镍基高温合金和钛合金等材料时，如果磨削参数选择不当，则在表面层产生裂纹及显微裂纹。裂纹的存在影响零件的使用性能，有可能造成零件断裂。

磨削裂纹在磨削表面上表现为微裂纹，呈不规则的网状或大体上与磨削方向垂直，可达表面层相当深处，有时达 0.5mm；有时在形成严重裂纹之前，在表面内部已形成裂纹成核，在残余应力作用下，裂纹逐步扩大。

磨削裂纹除由残余应力形成外，还与热处理引起内应力有关。

② 表面层污染　在磨削钢时，由于磨削热作用下，除发生烧伤与裂纹外，还会产生氧

化膜。热作用时间越长，氧化膜厚度越大。

③ 表面划伤　在光磨时由于磨粒脱落、尘埃等原因，容易出现表面划伤。一般是随机的，应注意防止。

④ 金相组织变化　前已述及，此处不再重复。

(2) 磨削表面完整性参数间的关系

磨削表面完整性是由表面粗糙度、波度、加工硬化、残余应力、金相组织相变、烧伤与裂纹各因素参数组成的，各因素之间有一定关系：表面粗糙度增大，硬化层深度及程度均增大；裂纹增加，残余应力增大。

残余应力与加工硬化层之间也有一定联系。如磨削淬火钢，在出现二次淬火马氏体时，产生残余压应力；而回火组织中分布是残余拉应力。组织不同，其硬度不同。硬度最低时，应力最大。在不产生烧伤的情况下，其残余应力和硬度的变化主要由机械因素造成，较大的塑性变形将使表面硬化增加，比体积增加，零件表面呈压应力状态。出现烧伤时，由于热作用和相变的结果，表面层出现拉应力；而硬度下降，表面层具有大的拉应力，则导致微裂纹；表面污染、烧伤严重时，则表面氧化严重。因此，必须通过控制磨削条件来提高磨削零件表面完整性。

(3) 改善磨削加工零件表面完整性的措施

热效应是影响各种材料磨削表面完整性的主要因素。根据零件使用的场合、成本及精度的要求，来确定合适的零件表面完整性。提高表面完整性的主要措施如下。

① 采用低应力磨削，减少变形和表面损伤，产生低应力表面。

② 提高工件速度 v_w，有助于提高表面完整性与生产率；较低的砂轮速度 v_s 有利于提高表面完整性。一般要合理选择 v_w/v_s 之比。

③ 经常保持砂轮间隙和锋利，可以降低砂轮与工件接触区的磨削温度，减少磨削表面的损伤。

④ 供给充分的磨削液，降低磨削区的温度，减少烧伤并注意磨削液与工件材料的化学反应。

⑤ 注意修整砂轮，保持磨具的锋利性，注意解决砂轮的自动修整与补偿。

⑥ 选择合理的磨削条件，注意操作规范。

上述特征已成为在解决实际颤振时区别再生颤振和其他种类颤振的判别工具，是抑制和消除颤振的有效途径。

3.6.5　超高速磨削的动态分析

(1) 磨床动态性能

机床上产生的振动大部分都是强迫（受迫）振动和再生颤振（自激振动），对于磨床而言，不管是强迫振动还是自激振动，都会使砂轮与工件产生相对振动，反映在加工表面则是波纹度误差。而对于高速、超高速磨床要实现超高速磨削技术优异的加工性能，则必须使磨床自身性能条件达到超高速加工的要求。其中，磨床的动态特性是最重要的性能指标。

机床动态特性是指机床系统在振动状态下的特性，即磨床在一定激振力下振动的振幅和相位随激振频率变化的特性。磨床的动态性能主要指抵抗振动的能力和稳定性。磨床动态分析是分析、研究机床抵抗动态作用力的能力，包括抗振性和磨削稳定性。抗振性是磨床抵抗强迫振动的能力，与磨床本身结构刚度、阻尼特性及主要零部件的固有频率有关，一般以采用产生单位振动量的激振力表示。在激振力作用下，磨床产生的振动越小，其振性越好。磨床的磨削质量在相当大程度上取决于磨床本身所产生的振动，尤其是在高速超高速磨削加工条件下，振动的影响更为明显。机床振动就成为磨床动态性能的首要内容。

振动评价的主要指标有：固有频率，在机床同类结构中，固有频率越高，其抗振性能越好；振幅，振幅越大，振动越强烈；振型，即机械振动的形态，通常用振动频率、振幅及振动方向三个参数来描述振动。

在振型的节线上振型曲线斜率最大，该处即为结构的薄弱环节。若要克服振动带来的问题，重点在于针对振动特性采取措施以提高机床的抗振性能。尽量使砂轮与工件同相位振动，以利于控制工件表面磨削振纹的形成，具体到磨床结构上，一是提高机床结构自身刚度；二是消除或减弱磨床优势振型。提高磨床结构动刚度的措施有：提高磨床构件的静刚度和固有频率；改善磨床结构的阻尼特性；变更振型的振动方向。

（2）高速磨床动态特性分析方法

磨床动态性能的研究方法有动态测试试验以及用数学方法进行理论建模分析与综合分析方法。以上方法的本质都是通过对实际磨床或模型进行激振，根据输入信号的方式不同，采用不同的分析测试方法，研究磨床的动态性能，以找到影响磨床动态性能的薄弱环节，提出改进方案，通过合理改进结构或安装有效的减振装置，达到提高磨床动态性能的目的。

进行磨床动态性能分析的关键是建立准确合理的动力学模型。动力学建模的方法一，是通过动态试验进行系统识别；方法二是通过解析法或数值法进行理论建模。根据磨床图纸或实际磨床结构，可建立不同形式的动力学模型。最常见的模型有集中参数模型、分布质量梁模型和有限元模型三种。

① 集中参数模型　对于复杂的磨床来说，其惯性（质量和转动惯量）、弹性、阻尼都是复杂的，必须进行简化才能建立可供实用的动力学模型。最方便的简化办法是：结构的质量用分散在有限个适当点上的集中质量来置换；结构的弹性用一些没有质量的当量弹性梁来置换；结构的阻尼假设为迟滞型结构阻尼；结合部简化为集中的等效弹性元件和阻尼元件。这样整个机床结构就可简化为一系列集中的惯性元件。弹性元件和阻尼元件组成的动力学模型，简称为集中参数模型。

② 分部质量梁模型　集中参数模型模拟实际结构的精度较低。增加集中参数模型的子结构的数目，并改进子结构质量的简化方式，可提高模型的模拟精度。将子结构简化为质量均匀分布的等截面梁，这是一种更加接近实际，计算比较简单的做法。

③ 有限元模型　它是模拟实际结构的精度最高的一种理论模型。有限元法的基本思想，是在力学模型上将一个原来连续的物体离散成有限个具有一定大小的单元，这些单元仅在有限个节点上相连接，并在节点上引进等效力来代替实际作用于单元上的外力。对于每个单元，根据分块近似的思想，选择一种简单的函数来表示单元内位移的分布规律，并按弹性理论的能量原理和变分原理，建立单元节点力和节点位移之间的关系，最后把所有单元的这种关系式集合起来，得到一组以节点位移为未知量的代数方程组，求解即得物体上有限个离散节点上的位移。有限元法已用于求解线性和非线性问题。有限元法十分有效，通用性强，应用广泛。

（3）动态特性分析算法

动态特性分析的基本算法有静力分析、动态性能测试法、模态分析法、有限元法。

① 静力分析　结构静力分析主要用来求解结构在静力载荷（如集中静力、分布静力、惯性力、强制位移、温度载荷等）作用下的响应，并得出所需的节点位移、节点力、约束（反）力、单元内力、单元应力和应变能等，同时提供结构重量和重心的数据及机床的静刚度。

② 动态性能测试法　在磨床实际磨削条件下，或仅对磨床模型施加一定方向和激振力，借助振动测量和分析仪器，采用位移或加速度传感器测量磨床上参考点的动态变形量、波形和频率等之后进行分析计算得到磨床的振动模态。针对机床固有的特性进行动态测量有多种方法。一般可采用单点激励多点采集的测试方法，也称瞬态激振试验法。该方法有快速正弦扫频、阶跃激振和脉冲激振。常使用锤击法。锤击法是采用激振器加阻扰头或用力锤单点激

励，力锤上装有力传感器，直接送入电荷放大器。锤击法具有测试效率高、测试设备少的优点，适用于零件部件及轻型、小型机械结构的激振测试。

③ 模态分析法　它是以线性振动理论为基础，以识别系统模态参数为目标的分析方法，统称为模态分析。模态分析是研究系统物理参数模型，模态参数模型和非参数模型之间的关系。它分为理论模态分析与试验模态分析。理论模态分析的理论过程是指以线性振动理论，有限元理论及方法为基础，以 CAE（计算机辅助工程）为手段，建立研究对象物理参数及求解其动态特性为目标的研究激励、系统、响应三者之间关系的模态分析。试验模态分析（EMA）又称为模态分析试验过程。它是理论模态分析的逆过程，是综合应用线性振动理论、动态测试技术、数字信号分析处理及系统辨识、参数识别等理论、方法和手段，以建立研究对象模态参数模型及求解其动态特性为目标，进行系统识别的过程。

考察结构在载荷作用下的响应，若存在一些函数空间，应以那些函数空间向量为基，无论何种载荷激起的结构相应都能通过线性叠加来表示，则函数空间就是常称的模态。模态是为了求响应的前提，是求响应的一种途径。模态的存在前提是结构系统线性，能够满足叠加原理。模态是物理意义上的定义。对应在数学上，反映为非齐次问题的特征值问题。连续模型是偏微分方程的特征值问题。模态分析或振动模态试验主要考察结构的固有频率和振型、模态质量、模态刚度及传递函数导。不管做什么结构的模态分析，基本上就是知道结构的固有频率、模态阻尼和振型。了解结构的固有频率和振型是求解动力学问题的基础，分析结构是否会发生共振破坏、工作时间的振动有多大、在动载荷之下的动力响应的大小等，都需要首先求出结构的固有频率和振型。

④ 有限元法　有限元法的分析步骤如下。

• 步骤 1 剖分　将待解结构区域进行分割，离散成有限个元素的集合，元素（单元）的形状原则上是任意的。二维问题采用三角形单元或矩形单元；三维问题可采用四面体或多面体。每个单元的顶点称为节点（或结点）。

• 步骤 2 单元分析　进行分片插值，即将分割单元中任意的未知函数用该分割单元进行形状函数及离散网格上的函数值展开，即建立一个线性插值函数。

• 步骤 3 求解近似变分方程　用有限个单元将连续体离散化，通过对有限个单元进行分片插值求解各种力学、物理问题的一种数值方法。

⑤ 机床动态性能测试方法　针对磨床固有特性进行动态测试有多种方法，常用锤击法。动态测试设备的硬件部分包括一台 AZ-802A 分析仪、一台 AZ-216 信道 DSP 采集箱和一台计算机。软件为 CRAV6-1 振动与动态信号采集分析系统软件。测试采用脉冲锤激振法。具体测量方法是用一个带有力传感器的金属小锤，瞬间击打机床零部件。机床零部件上布置的加速度传感器和力传感器受激励后，其响应信号由振动与动态测试系统等通道同时采集，振动信号经振动与动态测试系统放大、滤波、采集后，保存于计算机中。

通过理论与试验相结合的模态分析把机械结构有限元理论模态分析的正过程和试验模态分析的逆过程有机地结合起来，根据实际需要交替反复应用，从而实现了机械结构的动力参数修改至动态优化设计的全过程，以求得系统最优的数学模型及其最优的动态特性的模态分析。该方法提高了工程应用的效果，已成为目前的发展方向。

第4章

砂轮的磨损与修整

4.1 砂轮的堵塞

磨削加工中，不仅磨粒的尺寸、形状和分布对加工过程有影响，而且砂轮的气孔状况也起着重要的作用，往往在加工韧性金属时，出现砂轮的急剧堵塞，导致砂轮寿命过早结束。要避免砂轮的堵塞和由此产生的不利因素，对产生堵塞的机理、过程及应采取的工艺措施进行讨论是十分必要的。

4.1.1 砂轮堵塞的形貌

（1）影响砂轮堵塞的因素

砂轮的堵塞是磨削加工中的普遍现象，无论加工条件选择得如何合理，要完全防止堵塞是不可能的，其差别只是程度上的不同。影响堵塞的因素如图4-1所示，图中所列出的诸因素影响程度不同。砂轮种类和加工条件对砂轮堵塞有较大影响，但最主要的则是被加工材料的物理力学性能及有无磨削液。

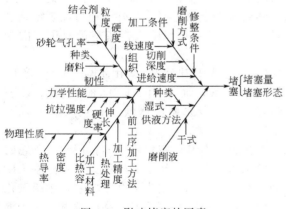

图 4-1 影响堵塞的因素

图 4-2 砂轮堵塞种类示意

（2）砂轮堵塞的类型

砂轮堵塞的种类很多，不同的工件材料和加工条件所产生的堵塞状态各异，分类方法也不同，如图4-2所示。磨屑嵌塞在砂轮工作面空隙处的堵塞状态，称嵌入型堵塞。磨屑熔结在磨粒及结合剂上的堵塞状态称为粘着型堵塞。砂轮工作面及空隙处，既有嵌入型堵塞又有粘着型堵塞时，这种堵塞状态称为混合型堵塞。

（3）砂轮堵塞的形貌

通常用同一砂轮磨削不同的材料时，砂轮的磨削性能和寿命是不一样的。其原因是工件材料的物理力学性能不同，促使磨料微刃钝化速度不同，磨屑的形态也不一样。由于不同材料的磨削性能和磨屑形状的差异，砂轮堵塞量和堵塞形态也不一样（表 4-1）。

表 4-1　不同砂轮磨削不同材料的堵塞量

加工材料	砂轮 WA60L 堵塞量/mg·cm^{-2}		砂轮 GC60K 堵塞量/mg·cm^{-2}	
	X_R	X_S	X_R	X_S
退火轴承钢	0.4～0.5	0.7～0.9	1.1～9.0	1.5～1.7
淬火轴承钢	0.4～2.1	1.0～1.3		
不锈钢	0.2～1.9	0.5～0.8		
铸铁	0.1～1.2	0.4～0.6	0.2～0.9	0.2～0.4
黄钢	0.2～3.8	0.3～2.4	0.2～1.4	0.4～0.8
铝材			0.3～9.4	0.6～3.6

注：X_R 为砂轮工作面上最大和最小的堵塞量范围；X_S 为砂轮工作面上平均堵塞量。

从表 4-1 中可以看出，不同的工件材料其堵塞量相差是很大的。当用扫描电镜观察白刚玉砂轮磨退火轴承钢时，可以看到主要是长磨屑嵌塞在砂轮较大的气孔内；当磨削淬火轴承钢时，砂轮工作面上几乎全部空隙里都嵌入了细磨屑，还看到有磨屑熔结在一部分磨粒和结合剂上。磨削不锈钢（1Cr18Ni9Ti）时，可看到磨屑熔结在一部分磨粒和结合剂上，其表面有清晰的磨削挤压过的痕迹，成层状的磨屑已将磨粒完全包住。此外，也可以看到长的磨屑嵌在比较大的空隙中。磨削高温合金时其堵塞状态几乎同不锈钢，只不过粘着现象比不锈钢更严重。从电镜观察中可以看到，在所有磨粒的尖峰处都粘有磨屑。磨削钛合金时则完全是粘着型堵塞。成片状的磨屑黏附在磨粒上，在有的部位呈磨屑紧包磨料的状态。磨削铸铁时，堵塞量较小，磨屑非常细，近似于粉末状，磨屑存在于砂轮空隙部分。磨削黄铜时，可以看到有侵嵌在空隙里的磨屑和黏结在工作磨粒和结合剂上的磨屑。此外，还可以观察到磨屑的熔结物。堵塞状态在砂轮工作面内分布不均匀，量值变化范围大，堵塞量变化范围为 0.2～3.8mg/cm^2。

近年来，作者在工程陶瓷的磨削实验中也从电镜中观察到，用金刚石砂轮磨削 ZrO_2（氧化锆）的堵塞现象比 Al_2O_3（氧化铝）严重，而磨削 Al_2O_3 的堵塞比磨削 Si_3N_4（氮化硅）陶瓷严重，ZrO_2 的磨屑呈圆球状，不仅黏附在磨粒上，且大部分紧紧包容了磨粒。

由上述各种实验可见，用不同砂轮磨削同一工件材料，其堵塞程度不同；用同一砂轮磨削不同工件材料，其堵塞程度更不同。因此砂轮的堵塞形态，如果以砂轮种类分：白刚玉砂轮磨削轴承钢和铸铁，主要是嵌入型堵塞，磨削不锈钢和黄铜时则为混合型堵塞；用绿碳化硅砂轮磨削轴承钢和铸铁，主要是嵌入型堵塞，磨削铝材是粘着型堵塞，磨削黄铜则属于混合型堵塞。如果以工件材料来分，碳素钢、合金钢易发生嵌入型堵塞；高速钢、不锈钢、高温合金易发生混合型堵塞；铝和钛合金主要产生粘着型堵塞。

4.1.2　砂轮堵塞的形成机理

嵌入型堵塞主要是磨屑机械地侵嵌在砂轮空隙里，其中磨屑与磨粒之间并无化学黏着作用发生。关于黏着型堵塞的形成过程是，首先在磨屑和磨粒之间产生化学黏合，然后磨屑之间在机械黏力和压力作用下相互熔焊，形成了黏着型堵塞。

　　为什么磨屑与磨粒之间能产生化学黏合，这个问题比较复杂。不同磨料与不同的工件材料之间有不同的化学粘合机理。

　　在磨削碳钢时，当磨粒在金属表面上摩擦或磨削时，磨粒的磨损就开始，即磨粒的锋利边沿开始被磨去，这就在磨粒上形成若干个平面。该平面变得越来越大，甚至于作用在磨粒上的摩擦力大得足以引起砂轮表面砂粒脱落或断裂，从而露出新的磨削刃。这时砂轮的堵塞是磨屑嵌塞在空隙处而形成嵌入型堵塞。

　　磨削钛合金时，磨屑很快地黏附在磨粒的尖峰上。随着这种黏附物迅速发展、长大，使工作磨粒、结合剂以及空隙处的表面都被黏附物封包起来。这时磨削条件迅速恶化，磨削力和磨削热剧增，工件表面质量也明显恶化，当继续磨下去，磨削力大到一定程度时，粘着的磨屑与磨粒一起脱落，露出了新的磨粒，而黏附又在新的磨粒上开始。在这个过程中，磨粒的切削刃几乎没有什么磨损的痕迹就被磨屑封包住。在这种堵塞钝化的情况下，为使磨削进行下去，无论是修整砂轮，还是硬挤掉表层砂粒，都将加速砂轮的损耗。这就是钛合金磨削时磨削比低的原因。

　　为了探索这种急剧黏附的机理以及磨粒与磨屑表面上的变化，将磨削钛合金的砂轮表面经酸洗清除掉磨屑后，在扫描电镜下观察分析。从观察中可以清晰地看到，清除磨粒黏附物后磨粒表面残留有明显化学反应的痕迹，虽然磨粒本身并没有磨平其峰部，但经过这种剧烈化学反应的磨粒，已完全丧失了切削性能。从砂粒的微观形貌来看：一是砂粒表面形成了新的晶体，既不是磨屑，又不是砂粒本来的形貌；二是砂粒在新的晶体下面出现了许多皱折和微孔。

　　对于这些残留物是何成分，用电子探针显微分析仪检测结果表明，它们是钛与氧、铝的复杂化合物，其中以钛和氧的化合物为主，也有一部分游离的铝。由此可见，在磨粒与磨屑之间发生了化学反应：

$$3Ti + 2Al_2O_3 \longrightarrow 3TiO_2 + 4Al$$

　　为了进一步证明这种化学亲和作用是造成黏着型堵塞的起始原因，曾用立方氮化硼砂轮对钛合金反复磨削试验，结果比用白刚玉砂轮的磨削比提高了几十倍。其主要原因是立方氮化硼磨料热稳定性好，与铁族元素的化学惰性大，不易与工件材料发生化学亲和作用。磨削碳钢时不发生这种化学反应，这是因为磨削普通碳钢时，被磨的碳钢在空气中与氧生成一层很薄的、能阻止碳钢与磨粒间产生化学亲和作用的氧化膜。曾有人做过这样的实验，将碳钢置于充有氮气保护的环境中进行磨削，这时由于失去了氧化膜的保护，结果立即发生了类似钛合金磨削的情况，磨削力增大 25 倍，砂轮堵塞严重，磨损剧增。应用俄歇电子能谱仪（AES）和 X 射线光电子能谱仪检测可知，钛合金磨削时，在磨削界面上是由 TiO_2 和 Ti_2O_3 组成的氧化物。

　　通过以上检测分析可知，磨削钛合金时砂轮堵塞的机理主要有以下几点。

　　① 钛合金在磨削过程中，由于磨削温度的作用，易生成 TiO_2 和 Ti_2O_3，这种氧化物硬度与刚玉砂轮基本相当，这种硬度一致的材料在高温、高压下易产生黏合现象。

　　② 氧化物 Ti_2O_3 和刚玉 Al_2O_3 晶体结构相同，点阵参数相近，所以 Al_2O_3 和 Ti_2O_3 之间有很好的亲和力。

　　③ Ti 元素化学活性大，易和碳、氮、氧生成化合物，这种化合物又易与刚玉形成一种钛酸铝的固溶体 $Al_2O_3 \cdot Ti_2O_3$，使钛与刚玉有了较强结合，形成了新的化合物。

　　④ 钛的氧化物和刚玉的热膨胀率很接近，更提高了对刚玉黏附的可靠性。

　　由于以上原因，使钛合金在磨削时，砂粒与磨屑之间极易产生化学黏合现象，造成砂轮堵塞。当磨粒刃口被第一层化学黏附层包住后，大大减小了磨削能力。以后的磨削是在黏附的磨屑与待加工表面间的滑动和挤压过程中进行的，磨削力和摩擦热都剧增。这种高温、高压、高摩擦力的状态，促成了磨屑与磨屑之间的压焊过程，这种多个单元磨屑多次的相互压焊，形成了砂轮的堵塞。这就是黏着型堵塞的形成机理。

4.1.3　影响砂轮堵塞的因素分析

影响砂轮堵塞的因素主要有以下几种。

(1) 磨料种类

不同的砂轮其堵塞程度差别很大，从减少堵塞程度、改善磨削效果来看，不同的工件材料，应该选用不同的磨料种类。如果所选用的磨料不能适应工件材料的磨削性能，就易产生急剧堵塞，使加工无法正常进行。

(2) 磨料粒度

磨料粒度对砂轮堵塞有一定影响。一般来说细粒度比粗粒度容易产生堵塞现象。用 WA46ZR1 的砂轮与 WA60K1 的砂轮比较，在同样条件下，后者堵塞量大。但是用 WA20M 和 WA60M 的砂轮比较，到一定的切入次数（125 次）后，后者的堵塞量反而减少。因为细粒度砂轮的孔隙容积和磨屑截面积都小，细粒度砂轮的切刃数增加，切屑也多，再加上磨削温度升高等原因，因此在切入次数较小的范围内，细粒度砂轮在孔隙内，磨粒和结合剂上的切屑以及切屑熔结物的数量就大。随着切入次数增多，粗粒度砂轮与细粒度砂轮相比，切入深度要大，磨粒切刃磨损量就大，且磨削温度上升，在孔隙里的切屑熔结物就增多。到一定次数后，粗粒度砂轮的堵塞量反而要超过细粒度砂轮的堵塞量。

(3) 砂轮的硬度

砂轮的硬度对堵塞量影响较大，一般来说，砂轮越硬，堵塞量越大。一般情况下，砂轮硬度选用 G～H，在一些难加工材料中，也常采用 D～Q 的硬度。

(4) 砂轮组织

砂轮组织越密，工作的磨粒数越多，切削刃间距离变短，越容易堵塞。含有 45% 磨粒的砂轮比含 49.2% 磨粒的砂轮平均堵塞量要少一半；含有 53% 磨粒的砂轮比含 49.2% 磨粒的砂轮平均堵塞量要高两倍。在磨削易产生堵塞的难加工材料时，一般选用 7～8 级组织，大气孔砂轮磨削效果较好。

(5) 砂轮线速度

砂轮线速度的影响比较复杂，当砂轮线速度从 28.8m/s 提高到 33.6m/s 时，提高了 16%，而堵塞量增加了 3 倍。因为砂轮线速度的增加使磨粒的最大切深减小，切屑截面积减小，同时切削次数和磨削热增加，这两个因素均使堵塞量增加，但是当砂轮线速度高达一定程度时（如达 50m/s 以上），砂轮的堵塞量反而大大下降。

生产实践表明：在磨削不锈钢、高温合金时速度为 55m/s 的砂轮比 30m/s 砂轮的堵塞量减少 30%～100%。因此，在磨削难磨材料时，要么采用低于 20m/s 的速度，要么采用高于 50m/s 的速度，选在其之间的磨削速度对砂轮的堵塞是很不利的。当然，对于各种工件材料来说，各有一定的堵塞量最小的临界砂轮速度值。

(6) 径向切入量

径向切入量对砂轮堵塞的影响呈驼峰趋势，当径向切入量较小时（$a_p < 0.01mm$），产生堵塞现象，随着切入量的增加，平均堵塞量也增加。当切入量增大到一定程度（$a_p = 0.03mm$）时，堵塞量又呈减少趋势，之后随着切入量的继续增加（达 $a_p = 0.04mm$），堵塞量又急剧上升。

在磨削难磨材料时，控制和掌握最后一次径向切入量，对于提高工件的表面质量和精度至关重要。现场磨削常碰到这样的问题，当用 0.005mm 的切入量进行最后一次磨不锈钢时，往往是砂轮在工件表面打滑而始终达不到要求，继续磨削就会造成"啃伤"工件，甚至造成报废。而最后一次磨削采用 0.02mm 的径向进给量，工件表面的粗糙度、精度往往能达到要求。其主要原因就是径向切入量对砂轮有较大影响之故。

（7）工作台速度

工作台速度从 1.2m/min 降低至 0.5m/min 时，砂轮堵塞量增大 5 倍；在 0.5m/min 条件下，产生细小切屑，大部分侵嵌在孔隙里；当速度为 1.2m/min 时，产生长屑，只嵌压在大气孔内。因此，在同样的总磨量下，工作台速度对砂轮堵塞的影响是：工作台速度越慢，磨粒磨削工件的次数就越多，从而被磨表面的温度就越高，堵塞量增加。

（8）砂轮修整速度

修整砂轮的目的是排除钝化的磨粒，露出新的磨粒，同时也出现新的空隙部分。砂轮修整速度对堵塞也有明显影响。例如，砂轮用 0.3m/min 的修整速度比 0.6m/min 时的砂轮磨削堵塞量增加了 2 倍，用 0.6m/min 的修整速度比 1.22m/min 时的堵塞量增加了 10 倍。这是因为砂轮修整速度低时，砂轮工作面平坦，单位面积内有效磨刀数增加，使切屑的截面积变小，切屑数量增多，故易产生堵塞。当砂轮修整速度高时，砂轮工作面变粗，有效磨粒数减少，在砂轮表面出现凹部，起到孔隙作用；切屑易被冲走，熔结物容易脱落。因此，各种砂轮修整时均有一最佳的速度范围。

（9）工件速度

工件的速度对砂轮堵塞程度的影响，与切削条件中其他因素有密切关系。在所给的实验条件下，工件线速度提高一倍，砂轮堵塞量增加三倍。这是因为工件速度越高，磨粒切入深度就越浅，切屑截面积变小，相当于砂轮特性变硬，故容易引起砂轮堵塞。

（10）磨削液

不同的磨削液对磨削效果影响很大，目前通用的乳化液含有大量矿物油和油性添加剂，稀释后呈水包油乳白色液体，它的比热容和热导率小，在剧烈摩擦过程中很容易造成砂轮与工件之间的黏附磨损和扩散性磨损，使砂轮堵塞，磨削力增加，最后引起磨粒过早破碎和脱落，使磨削比降低。因此，选用优良的磨削液对改善磨削性能有重要作用。近些年来，针对不同的磨削材料研究出了一些新的磨削液（见第 5 章）。即使如此，优良的磨削液对今后的磨削研究来说仍是一个主要的研究方向。

（11）磨削方式

一般来说，切入磨削比纵向磨削堵塞严重。由于切入磨削时，砂轮与工件间接触面积大，磨粒切削刃在同一条磨痕上要擦过几次，加上磨削液进入磨削区困难，故磨削时热量高，易造成堵塞的条件。纵磨时，首先接触工件材料的是砂轮一侧缘，接触面积小，磨削液容易进入磨削区，磨粒磨损只是发生在最先接触的一侧缘。当磨损面增大到一定程度时，在磨削力作用下磨粒破碎、断裂，实现自锐。大多数磨粒能处于锋利状态下工作，使磨削力和磨削热相对来说较低。同时，受磨削力和磨削热影响区的相当一部分可以顺纵磨方向排出到工件之外，故降低了发生化学黏附的可能性。上述因素的综合影响使纵磨比切入磨的砂轮堵塞程度低一些。

4.2 砂轮的磨损

砂轮的磨损比切削刀具的磨损要复杂得多，这是因为磨粒在砂轮表面上的分布是随机的，且在磨削过程中会产生破碎使磨粒切削刃自锐。此外，砂轮结合剂的破碎，也使磨粒产生脱落。况且，在磨削过程中的磨粒破碎和脱落是连续不断进行又是随机的，因此砂轮磨损问题的研究是一个十分复杂的问题。

4.2.1 砂轮磨损的形态与原因

(1) 砂轮磨损的形态

砂轮磨粒的磨损可分为磨耗磨损和破碎磨损两种形式。图 4-3 绘出了砂轮磨削中的磨损形态。图 4-3 中 A 代表了磨耗磨损。磨耗磨损是指磨粒的尖端在磨削中逐渐磨钝，最后形成磨损小平面。这种小平面垂直于砂轮半径，由于它出现在磨粒的后面（相当于车刀的后面），故也称为后面磨损。破碎磨损是指当磨粒切刃处的内应力超过它的断裂强度时，就会产生磨粒的局部破碎。随着磨粒切刃所受负载（热负荷和压力）大小和磨粒切刃处晶体结构的不同，有时在磨粒切刃附近发生微破碎（microchipping）

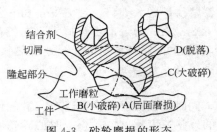

结合剂
切屑
隆起部分
工作磨粒
工件
D(脱落)
C(大破碎)
B(小破碎) A(后面磨损)

图 4-3 砂轮磨损的形态

形成新的锋刃；有时则在磨粒深部发生破裂（splitting）形成较大的破碎。图 4-3 中 B 和 C 代表了破碎磨损的情况。磨粒的脱落是指当作用于磨粒上的法向力大于磨粒结合桥所能承受的极限时所产生的整颗磨粒的脱落（结合桥是指磨粒与结合剂的连接带），如图 4-3 中 D 所示。

(2) 砂轮磨损的原因

砂轮磨损的原因主要有以下几种。

① 磨耗磨损 在工件材料中，往往含有多种高硬度的质点，在磨粒与工件相对滑擦过程中，会使磨料发生机械磨损。某些难磨材料（如高碳钢、高钒钢和高速钢等）在磨削时，这种磨料磨损的现象非常严重。因此有人称之为反磨削，即工件中的硬质点把砂轮上的磨粒磨去。

比较常见的例子是用刚玉砂轮磨削某些铸铁的情况。铸铁固化时，会沉积出奥氏体-渗碳体。在低硅铸铁中，渗碳体与硅独立存在。如果含硅量增加，SiC 会逐渐取代 FeC 形成共溶体。而 SiC 的硬度高于刚玉，因此用刚玉砂轮磨这种铸铁时，就会很快钝化而使磨粒丧失切削性能。尤其是在径向进给量很小的精磨时，这种现象格外明显。在各种合金钢中，最常见的硬质点是合金元素碳化物。

各种合金元素与碳的亲和力按照形成碳化物的难易程度，由易到难排列如下：铁、锆、钒、铌、钽、钨、铝、铬、锰、铁、钴。各种碳化物的晶体结构及其特征见表 4-2。

表 4-2 金属碳化物的晶体结构及其特征

碳化物类型	点阵类型	熔点/℃	显微硬度/MPa	形成碳化物的主要元素	常见形态
MC	面心立方晶格	>3000	>23500	Ti、Zr、V、Nb、Ta、W	无规则
M_3C	正斜立方晶格	1650	11800～15700	Fe	无规则
$M_{23}C_6$	面心立方晶格	1500	13200～17600	Cr	晶内点状晶界点层状
M_6C	面心立方晶格	1400	5700～22500	W、Mo	晶内点状晶界点层状

碳化物的尺寸可达 $15\mu m$，数量最多的为 $3\sim6\mu m$ 的质点。

除碳化物外，工件材料中还可能含有各种硼化物和氮化物。常见的一些化合物及其硬度见表 4-3。表 4-3 中许多化合物的硬度超过了刚玉和碳化硅。含有大量这类化合物的材料，就需采用硬磨料来加工。此外，在钢中除固有的成分外，还可能在熔炼和浇注过程中混入各种外来的夹杂物，往往是耐火材料的组成物混入在液态钢中，也包括出钢和浇注时形成的多种氧化物等。

表 4-3 工件中常见的一些化合物及其硬度

名称	符号	努氏硬度/MPa	名称	符号	努氏硬度/MPa
碳化硼	B_4C	27400	硼化钼	MoB	23000
碳化钛	TiC	31400	硼化钛	TiB_2	33300
碳化钒	VC	27400	硼化钨	WB	25500
碳化钨	W_2C, WC	29400,23500	硼化锆	ZrB_2	22500
碳化锆	ZrC	25500	氮化钛	TiN	17300

有些金属磨削时，表面形成的氧化物硬度很高，影响其磨削性能。例如，钛合金干磨削，表面形成的 TiO_2，其硬度与刚玉相当，这也是其难磨的原因之一。

在磨耗磨损的研究中，往往有一种错误的概念，认为磨损率应该与摩擦偶件中各自的硬度成比例。应该看到，通常使用的各种硬度计的测试方法，只能表明材料对表面应变阻力的相对值，而不能说明其耐磨性。事实上，各种磨粒的相对磨损率应该与磨粒晶体的内聚能密度（E_c/V）成比例，其中 E_c 为内聚能（或称点阵能），就是晶体相对它的离子无限分离的能，V 为摩尔体积。

表 4-4 中列出一些常用磨料的 E_c/V 值，为了便于比较，表中还相应列出硬度值。从中可以看出各种磨料的 E_c/V 值的比例关系，如果以刚玉为1，则碳化硅为 2.23，立方碳化硼为 3.38，金刚石为 9.20。这个比值比努氏硬度的比值大得多，比较符合各种磨料的实际磨损比例情况。

表 4-4 常用磨料的内聚能密度和硬度

磨料	结构	V/cm^3	$E_c/kJ \cdot mol^{-1}$	$E_c V^{-1}/kJ \cdot mol^{-1} \cdot cm^{-3}$	努氏硬度/MPa
金刚石	I型金刚石	6.9	39348	5701	68600
立方氮化硼	闪锌矿结构	10.8	22604	2093	46100
碳化硅	纤锌矿结构	12.7	17581	1381	23500
刚玉	$\alpha\text{-}Al_2O_3$	24.5	15070	619.5	20600

② 氧化磨损 空气中的氧化对磨削起促进作用。据以往的研究报道，在 $10^{-1} \sim 10^{-5}$ Pa 的真空腔中所进行的磨削实验，发现刚玉砂轮磨削低碳钢时比在空气中困难得多。这是由于空气的对流使磨削温度降低且空气中的氧使工件新生成的表面迅速氧化，形成一层氧化膜。氧化膜的存在减少了磨屑粘着的可能性。对于某些磨料，其表面会在高温下发生氧化作用，使其逐渐消耗，这种情况为氧化磨损。

常用磨料有氧化物（Al_2O_3、Cr_2O_2、ZrO_2、VO_2、TiO_2）、碳化物（SiC、B_4C 等）、金刚石和氮化物（CBN）。氧化物在空气中稳定。其余磨料则按其热稳定性的不同，均可能在一定温度下氧化。下面介绍一些磨料氧化磨损的情况。

a. 碳化硅。其热稳定性保持在 $1300 \sim 1400℃$ 以下，超过此温度，就可能与大气中氧气产生下列反应：

$$SiC(s) + 2O_2(g) \longrightarrow SiO_2(s) + CO_2(g)$$

此反应是一种强的放热反应。这种反应所生成的 SiO_2 膜很坚韧，硬度也较高（努氏硬度 8000MPa），熔点为 1728℃，不溶于水，因此能防止 SiC 进一步氧化，但当摩擦作用破坏这层薄膜时，新的表面又会氧化。

　　b. 金刚石。按其晶体发育的完善程度以及所含的微量元素不同，其强度和热稳定性有相当大的差别。在缺氧的情况下，加热到 $500\sim800℃$，金刚石表面开始石墨化，此过程的 ΔG 值为 $-7.53kJ/mol$。空气中的氧能促进石墨化过程并使其表层氧化。其 ΔG 值为 $-370.83kJ/mol$。

$$2C(金刚石)+\frac{1}{2}O_2 \longrightarrow C(石墨)+CO$$

磨钢时，也可能发生向铁扩散而形成 Fe_3C 而后氧化形成石墨：

$$C(金刚石)+3Fe \longrightarrow Fe_3C$$
$$Fe_3C+2O_2 \longrightarrow C(石墨)+Fe_3O_4$$

　　这两种反应的 ΔG 相应为 $-29.3kJ/mol$ 和 $485.57kJ/mol$。这是金刚石砂轮磨削钢时，磨耗较大的主要原因。

　　c. 立方氮化硼。其硬度仅次于金刚石，通常称这两种磨料为超硬磨料，由于其抗机械磨损的性能很优越，因此化学磨损就显得格外重要，应该掌握其规律。

　　在温度低于 $2000℃$ 时，立方氮化硼是稳定的，到 $2500℃$ 时将转化为六方氮化硼，硬度降低。在高温下，晶粒的表面会氧化而转变成玻璃状的氧化硼。由于大气中氮的存在，这种氧化过程是局部可逆的反应。相比较而言，立方氮化硼热稳定性比金刚石好得多，在通常的磨削条件下，磨粒切削点的温度不会超过其热稳定的极限温度（$2000℃$）（一般磨粒磨削点的最高温度近似为被磨材料的熔化温度）。但是，在水蒸气中，当温度超过 $1000℃$ 时，立方氮化硼将出现水解作用；到 $1200℃$ 时，晶粒表面光泽消失，并出现裂纹和侵蚀斑点，其反应为：

$$BN+3H_2O \longrightarrow H_3BO_3+NH_3\uparrow$$

　　实验表明，水蒸气对立方氮化硼起催化作用，会促使其磨损加快，因此这种磨料适宜采用干磨削或用油基磨削液。金刚石与立方氮化硼的硬度都很高，而且比一般磨料锐利。因此，磨料温度比一般磨料低，对于减少氧化磨损有利。

　　③ 扩散磨损　这种磨损是指磨粒与被磨材料在磨削高温下接触时，元素相互扩散，造成磨粒表层弱化而产生的磨损。两紧密接触的金属材料，在高温高压下，经过一定时间，在其接触表面处就会出现扩散现象且扩散是相互的。两材料间原子的相互扩散与材料的化学元素密切相关。对于不同的磨料与工件材料的组合，其扩散速度不同，金属间扩散公式如下：

$$D=D_0 e^{\frac{A}{RT}}$$

式中　D——扩散系数，m^2/s；

　　　D_0——扩散常数，m^2/s；

　　　A——扩散物质（化学元素）的亲和势，J/mol；

　　　R——摩尔气体常数，$J/(mol\cdot K)$；

　　　T——绝对温度，K。

　　溶质在溶剂中的扩散厚度 y 与溶质的扩散系数 D 及接触时间 t 之间有以下关系：

$$y^2=2Dt$$

　　由以上两式可知：温度越高，扩散系数越大，溶质在溶剂中的扩散厚度越厚，扩散磨损加剧。此外，扩散物质的亲和势 A 越大，D 越小，则扩散磨损减弱。物质的亲和势 A 是指原子脱离平衡位置所给予的能量，与其本身的物理化学性质有关。

　　碳化硅磨料高速滑擦钴基合金表面后，用俄歇电子能谱仪（AES）探测被磨表面，发现被磨表面含 Si 的浓度增加。这说明磨料中的化学元素 Si 已扩散到零件表面中去，其扩散厚度大约为 $10nm$。Si 与钴基合金中的 Co、W、Ni 及 Cr 等元素形成了脆性的金属硅化物。

　　比较图 4-4 及图 4-5 可知，碳化硅砂轮磨削钛合金时，被磨表面的碳原子浓度增加，未

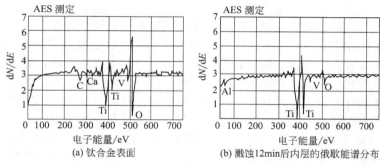

图 4-4 未经磨削钛合金 TC4（Ti6A14V）表面

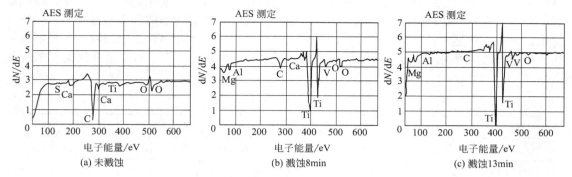

图 4-5 被磨表面俄歇能谱分析

发现硅的扩散，碳的扩散在被磨表面上形成了钛的碳化物并达到一定的表面层深度。碳浓度很低，溅蚀表面的各个元素原子浓度与钛合金基体元素的浓度一致。

　　用金刚石砂轮磨削碳钢时，金刚石也扩散了碳元素，它们之间的接触表面出现了石墨层，随着钢中碳含量的减少，金刚石的颗粒磨损增加。

　　扩散磨损与化学磨损一样，与磨料及工件材料有关，也与磨削的环境和用量有关。针对某一种材料，欲减少扩散磨损，除了选择合适的砂轮外，还要选择最佳的磨削用量和磨削条件。

　　④ 塑性磨损　在磨削高温作用下，磨粒也会因塑性变形而磨损。塑性磨损取决于工件材料的热硬度。磨削时，磨粒接触区的温度较高，接近被磨材料的熔点。若切削层在剪切面上的热硬度 H_x 大于磨粒接触区的热硬度 H_t，则磨粒接触区将产生较大的塑性变形而磨损。图 4-6 绘出了各种磨料的硬度与温度的关系。

　　由图 4-6 可知，各种磨料与硬质合金相比，在高温下均具有较高硬度，即具有较大的抗塑性磨损能力。刚玉磨削钢、铸铁及其他 1000℃ 以下才软化的材料不会出现塑性破坏，但是刚玉和碳化硅却不适合于磨削高温合金，如钼合金和镍合金等。因为磨削这种材料时 H_t/H_x 的比值将小于 1。从塑性磨损的角度来看，立方氮化硼的应用范围较广，可用来磨削钛合金、钒高速钢、高温合金和陶瓷等。金刚石虽然具有很大的塑性强度，但磨削钨、钼等难熔金属（熔点为 2500～3000℃）时，仍不能得到满意结果。因为金刚石在此

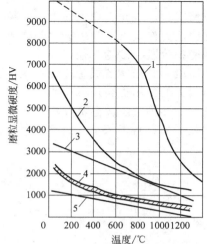

图 4-6 各种磨料的硬度与温度的关系
1—金刚石；2—立方氮化硼；3—碳化硅；4—各种刚玉；5—硬质合金（92％WC，8％Co）

温度的受力条件下也可能产生塑性流动。

应该指出，在进行磨削实验时，磨粒表面上观察到的塑性流动并不一定是其本身的塑性变形。例如，刚玉磨钢时，由于界面的化学作用，会在磨粒表面形成尖晶石（$FeO\text{-}Al_2O_3$），这是一种全塑性变形而迅速磨损的化合物。这种尖晶石是立方对称的，有三个滑动系来获得容积变形。在高剪切应力和高温度的情况下，尖晶石迅速塑性化，而从磨粒表面脱离。这类磨损过程也具有塑性磨损的特征和形态，但不是磨粒本身的塑性流动，其质量转移率取决于尖晶石形成速度。在这种情况下，实际观察到的塑性磨损往往大于理论值。

⑤ 热应力破碎磨损 在磨削过程中，磨粒的工作表面在万分之几秒的时间内升到 $1000\sim2000℃$ 高温，又在磨削液的作用下激冷。这种冷热循环的频率与砂轮转速相同。依据磨削的形式不同，其频率可达每分钟数万次。磨粒表面在交变的热和力的作用下形成很大的热应力，使磨粒表面疲劳开裂甚至破碎。热应力破碎主要取决于磨粒的热导率大小、线胀系数的大小及磨削冷却液性能的好坏。热导率越小，磨粒表面到内部的温度梯度越大，热应力越大；线胀系数越大，热应力越大。这些均会使磨料受到巨大冲击而开裂破碎。各种磨料导热性能好坏的顺序为：金刚石、立方氮化硼、碳化硅、刚玉。表 4-5 给出了常用磨料的线胀系数。

表 4-5 常用磨料的线胀系数

磨料	温度范围/℃	线胀系数均值/℃$^{-1}$	磨料	温度范围/℃	线胀系数均值/℃$^{-1}$
刚玉（$\alpha\text{-}Al_2O_3$）	$0\sim1000$	8.4×10^{-6}	立方氮化硼	$0\sim400$	3.5×10^{-6}
碳化硅（$\beta\text{-}SiC$）	$25\sim1200$	5.94×10^{-6}	金刚石	1200	$3.3\times10^{-7}\sim4.8\times10^{-6}$

以上主要的五种磨损形式是砂轮磨削条件下磨损的主要原因。

4.2.2 砂轮磨损的特征

在磨削过程中，随着被磨材料磨除体积的增加，砂轮的磨损逐渐增大；对砂轮的磨损与金属材料磨除体积之间的关系，以已往大量研究表明的规律如图 4-7 所示。

由图 4-7 可见，在金属材料的磨削中，砂轮的磨损过程可分为三个阶段。第一阶段为初期磨损阶段，该阶段的砂轮磨损主要是磨粒的破损和整体脱落。其原因是该阶段由于砂轮刚刚修整过，砂轮工作表面上的磨粒受修整工具的冲击而产生裂纹，甚至整个磨粒都已松动。在磨削力作用下，产生裂纹的磨粒会出现大块碎裂，而松动的磨粒则会整体脱落。因此在初期磨损阶段，砂轮半径磨损较大，表现为曲线上升较陡。随着磨削过程的继续进行，进入第二阶段，即正常磨损阶段。在该阶段中，虽然上个阶段受修整影响的磨粒已经碎裂或脱落，然而力的作用仍会还有一些磨粒破碎，但主要的却是磨粒经历长时间磨削而使磨粒切削刃的钝化，即第二阶段主要为磨耗磨损。该阶段磨粒切削刃较稳定的切削使砂轮的磨损曲线变得比较平稳，斜率较小。到第三个阶段，即急剧磨损阶段，由于磨粒切削刃的进一步钝化，作

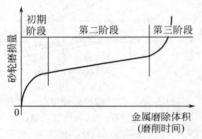

图 4-7 砂轮磨削金属材料的磨损过程

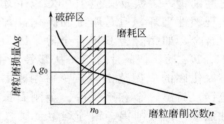

图 4-8 金刚石砂轮磨削 Si_3N_4 陶瓷的磨损规律

用在磨粒上的力急剧增大，这又导致磨粒产生的大块碎裂、结合剂破碎以及整个磨粒脱落。此时，砂轮的半径磨损量剧增，曲线上升很陡，砂轮不能正常工作，一般磨削在达到该阶段之前，砂轮就需要重新修整。

图 4-8 所示为采用金刚石砂轮磨削 Si_3N_4 陶瓷时的磨损规律。

图 4-9 所示为不同品级的金刚石磨粒的磨损曲线。由图 4-9 可以看出，超硬磨料金刚石砂轮在磨削超硬材料工程陶瓷时，砂轮的磨损也存在破碎区和磨耗磨损区。在破碎区磨削的切入深度随磨削次数 n 的增大而下降迅速。研究表明，产生这种现象的原因是开始磨削时，磨粒切削深度较大，以较高的速度切削高硬度的材料时产生的冲击力较大，加之金刚石磨粒本身所存在的一定缺陷，在冲击力作用下，金刚石磨粒发生破碎和微破碎，使磨粒的实际切深迅速下降。当磨粒的切削深度下降至一定程度时，磨粒所受的作用力减小，此时磨粒的划痕深度随磨削次数的增加呈线性递减，即磨削进入磨耗磨损阶段。同时在破碎区和磨耗区之间有一个转换区，该区内磨粒的主要磨损形式由破碎和微破碎向磨耗磨损过渡。由研究表明的显微照片可知，金刚石磨料磨削超硬材料中的微破碎及磨耗磨损现象极为明显。当磨粒发生破碎或微破碎时，陶瓷表面的划痕突然变短，或者由一条划痕变成两条甚至多条微细的划痕；而当磨粒发生磨耗磨损时，陶瓷表面的划痕长度逐渐减小，磨粒顶部出现微小磨损平面。

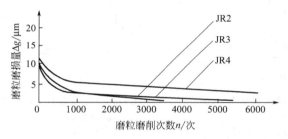

图 4-9　不同品级的金刚石磨粒的磨损曲线

另外，从磨削功率角度对 CBN 砂轮磨削淬火 M2 高速工具钢的研究表明，在磨削初期，CBN 砂轮随磨削行程次数的增加，磨削功率也略有增加，以后较长时间内一直保持在相近的水平上，如图 4-10 所示。

与普通磨料相比，超硬磨料砂轮的磨损特性从理论上具有相近规律，即存在破碎磨损阶段、磨耗磨损阶段及剧烈磨损阶段。

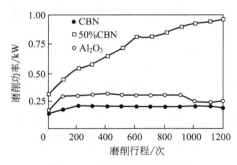

图 4-10　磨削钼系高速工具钢时的磨削功率与磨削行程的关系

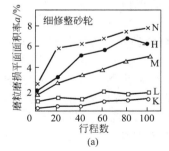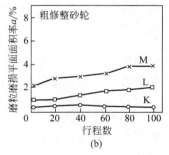

图 4-11　磨损平面面积率与行程数的关系
$v_s = 31.8\text{m/s}$，$v_w = 2.44\text{m/min}$，$a_p = 0.0254\text{mm}$

（1）磨耗磨损的特性

磨耗磨损是以砂轮表面上单位面积的磨粒磨损面积表示的，即可用磨损面积率 $a(\%)$ 来度量。在磨削过程中，随着磨削行程次数的增多，单位砂轮面积的磨粒磨损平面面积逐渐增大。

图 4-11 给出了在平面磨床上磨削 20 钢时磨损面积率与行程数的关系。

由图 4-11 可见，砂轮越硬，则磨粒磨损平面面积率越高。

当磨削一般钢料（易磨材料）时，磨削力随磨损面积率的增大而线性增大且磨损面积率达到某一临界值时，磨削力突增，如图 4-12 所示。图 4-12 中磨削力的急剧转变点为砂轮磨粒磨损面积率的 3.5% 处。对于不同硬度等级的砂轮或不同修整方法，所得的数据差不多都在不同斜率的两直线附近。在磨削镍、钛、钴、青铜和铝时，则出现切削使砂轮堵塞状况使之丧失切削能力，得不到造成磨削力突增的磨损面积率临界值。

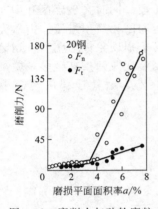

图 4-12 磨削力与砂轮磨粒
磨损平面面积率的关系
（$v_s=31.8m/s$, $v_w=2.44m/min$, $a_p=0.0254mm$）

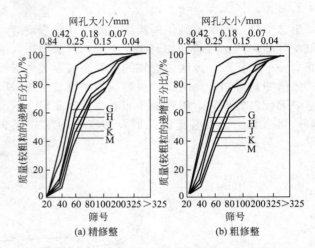

图 4-13 磨损颗粒及制造砂轮的磨粒尺寸分布
（20 钢磨削行程数 100 次, $v_s=31.8m/s$,
$v_w=2.44m/min$, $a_p=0.0254mm$）

（2）破碎磨损特征

砂轮的破碎磨损可以认为是磨粒破碎及结合剂破碎之和。当产生破碎磨损时，磨耗磨损是微不足道的。这时，砂轮的磨损可根据给定行程数条件下所产生的砂轮磨损颗粒的质量确定。当确定砂轮磨损颗粒的质量时，预先制作一箱形收集器，使之能封闭磨削区并尽可能收集所有的磨损颗粒。容器内用白凡士林油脂覆盖，以黏附磨粒颗粒及碎屑。磨削后，将油脂刮下，在沸腾的三氯乙烯溶液中去掉油脂，并在不腐蚀氧化铝的王水溶液中去掉金属屑，将磨损颗粒分离出来，然后将磨损颗粒过筛，并在电子天平上称量，即可确定总磨损量及颗粒尺寸分布。

图 4-13 给出了用粗、精两种修整方法修整不同硬度等级的砂轮磨削 20 钢时所得到的砂轮磨损颗粒尺寸分布。为了便于比较，图 4-13 中也给出了制造砂轮时，不同颗粒尺寸的分布曲线。这些分布曲线是依据从大颗粒向小颗粒渐增的规律画出的，曲线斜率较大者相当于破碎的碎粒较少，颗粒较大。可以看出，在使用软砂轮时会得到较大的颗粒，而破碎的碎粒较少。从图 4-13 中还可以看出，从砂轮上脱落的磨损颗粒并不比制造砂轮的磨粒小很多，这说明破碎磨损主要是结合剂破碎。当然磨粒的破碎也存在，而磨耗磨损所占比例则较少。

结合剂破碎占总磨损量的百分比称为结合剂破碎百分数，它与砂轮硬度等级的关系如图 4-14 所示。该图是以图 4-13 所示的磨损颗粒分布为依据的。由图 4-14 可见，用硬度 G、H 的砂轮磨削 20 钢时，约 85% 的总磨损量为结合剂破碎，而用 J 级砂轮磨削 20 钢时，结合剂破碎降到 65%。这时磨粒破碎所占比例相应增多，其原因在于硬砂轮的磨粒脱落较难，在磨粒脱落前已经破碎。

从图 4-13 所示的磨损磨粒尺寸分布可见，在砂轮总磨损中，磨耗磨损仅占一小部分，通过计算可知仅占磨耗总量的 4.3％左右。虽然磨耗磨损所占比例很少，但是，它直接影响磨削力，影响工件烧伤和磨削振动，进而影响砂轮的破碎磨损。

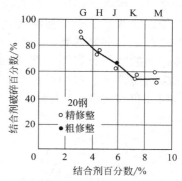

图 4-14 磨损颗粒中结合剂破碎百分数与结合剂百分数的关系

（3）黏附磨损的特征

磨削钛合金和不锈钢等难磨材料时，砂轮会发生黏附磨损，砂轮的黏附分为小面积和大面积黏附。在小面积黏附时，砂轮的磨损过程与前面讨论的基本一样；出现大面积黏附时，砂轮的磨损过程则具有不同特点。

黏附造成砂轮磨损的第一个原因是磨粒随黏附团一起脱落。通过实验发现，在砂轮及其修整方法一定的条件下，黏附面积的大小与黏附面积数量是一定的，因而由于黏附团黏结与脱落造成的砂轮磨损也是一定的。依据上述关系可得砂轮磨损率与黏附团的寿命成反比。设黏附团的寿命由磨削行程数 N 表示，而 N 与其他磨削参数的关系可用式（4-1）表示，即

$$N=\frac{v_\mathrm{s}\pi N_\mathrm{s}d_\mathrm{s}}{l_\mathrm{c}a_\mathrm{p}} \tag{4-1}$$

由式（4-1）可以推论，砂轮磨损率与实际磨削深度 a_p 成正比，与砂轮速度 v_s 成反比，与工件速度 v_w 无关。

黏附磨损的另一个原因是，随着黏附团的脱落，砂轮在黏附团附近的磨粒受到损伤，这些损伤的磨粒比较容易脱落，其脱落取决于每颗磨粒磨削力的大小。由于只有当黏附团脱落时才会造成邻近磨粒的脱落，因而邻近磨粒的脱落也与黏附团的寿命 N 成反比。

经过 N 个行程次数的磨削后，有 n_ε 个黏附团被剥落，被剥落的一个黏附团的表面积为 A_δ，且单位砂轮表面上有 N_ε 个有效磨粒，则脱落的有效磨粒数为 $n_\varepsilon A_\delta N_\varepsilon$。因此，由于第一原因直接导致的有效磨粒的失去率 $\eta_1=n_\varepsilon A_\delta N_\varepsilon/N$。另外，设 n_ε 是因黏附团剥落而失去的邻近磨粒数，它是单颗粒磨削力的函数，亦即 $n_\varepsilon=f(v_\mathrm{w}\sqrt{a_\mathrm{p}})$，因此在经过 N 个行程次数的磨削后，由于第二原因所脱落的磨粒数为 $n_\varepsilon=f(v_\mathrm{w}\sqrt{a_\mathrm{p}})$，其磨粒失去率 $\eta_2=n_\varepsilon f(v_\mathrm{w}\sqrt{a_\mathrm{p}})/N$。砂轮总的磨粒失去率 η 应是上述两个原因所造成的失去率之和，即

$$\eta=\frac{n_\varepsilon}{N}\left[N_\varepsilon A_\delta+f(v_\mathrm{w}\sqrt{a_\mathrm{p}})\right] \tag{4-2}$$

4.3 砂轮磨损的检测

砂轮形貌的检测方法很多，按检测状态的不同，可分为砂轮磨损的静态检测与动态检测。按检测时的接触状态不同，可分为接触式检测和非接触式检测；按检测的参数不同，可分为直接检测和间接检测；按机床的状态不同，可分为在线检测（工作状态）及停机检测（非工作状态）等。下面介绍几种主要的检测方法。

4.3.1 滚动复印法

普通滚印法（图 4-15）是在弹性支承辊与砂轮之间放入复印纸与玻璃板，一面缓慢转动砂轮，一面移动复印纸与玻璃板，则玻璃板上将复印出磨粒的平面分布图。通过采用点算法（PCM）可以求得磨料分布密度 M_g 及磨损棱面的百分比 G_A。如果采用锥形滚印法，就

可获得三维空间的磨粒分布状态，如图 4-16 所示。钢环套在滚动轴承的外圈上，在钢环之外，又紧套了一个塑料环，塑料环两端带有 ±1° 的锥度。在砂轮与塑料环之间插入复印纸与白纸，调好两者压力后，用手缓慢转动砂轮经滚印后的白纸上，即可复印出砂轮锥形截面的磨粒分布图。图 4-16 显示不同高度磨粒的分布状况，可用显微镜观察或测出磨粒尖端磨钝（形成小平面）的情况。该测量方法简单方便，但仅能粗略了解磨粒切刃的形状分布和密度。

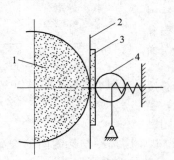

图 4-15　普通滚印法

1—砂轮；2—复印纸；
3—玻璃板；4—支承辊

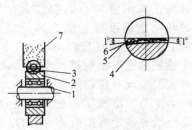

图 4-16　锥形滚印法

1—滚动轴承；2—钢环；3,4—塑料环；
5—白纸；6—复印纸；7—砂轮

4.3.2　触针法

触针法测量砂轮的磨损类似于表面粗糙度的测量方法。由测头直接测出砂轮表面形状变化，测量部分的结构也多种多样。图 4-17 所示是其中的一种类型，测量原理如下：在差动式电感传感器的前端安装好金刚石触针，测量中触针上下移动，使传感器中的电感产生相应变化，该变化量通过测微电路被转变为电压变化信号并进行放大与相敏整流，最后输入记录仪记录，即得到砂轮磨损后的形貌廓形。

电感传感器以紧固螺钉固定于基准套之中，而基准套又通过板簧与固定杆相连。因此，固定传感器壳体的基准套是浮动的。以浮动的基准套作为触针计量的零点，可以排除砂轮偏心及表面波度对触针读数的影响。砂轮由微型电机或步进电机经减速器减速，最后经橡胶轮通过摩擦带动，缓慢旋转。橡胶轮与砂轮间的接触压力为 0.15N，砂轮速度为 0.5m/s。

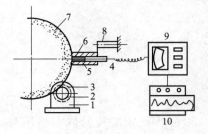

图 4-17　触针描迹法

1—减速器；2—橡胶轮；3—微型电机；4—差动式电
压传感器；5—基准套；6—金刚石触针；7—砂轮；
8—固定杆；9—测微斗；10—记录仪

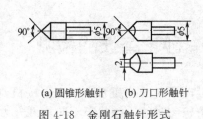

(a) 圆锥形触针　　(b) 刀口形触针

图 4-18　金刚石触针形式

金刚石触针一般有两种形式：一种为圆锥形；另一种为刀口形，如图 4-18 所示。圆锥形触针可获得砂轮某一剖面内磨削前后的实际廓形，如图 4-19 所示的 AB 廓形。其中所记录的部分廓形可能是由磨粒侧面描划出来的，虽有凸峰的形貌，并非真实磨粒切刃，成为虚假信息，由此获得的单位长度上切刃数将大于实际切刃数。

刀口形触针可获得刀口宽度范围内的综合廓形，如图 4-19 所示的 CD 廓形，能检测出刀口宽度范围内的磨粒切刃数。但由于在宽度范围内的磨粒切刃有高有低，用刀口形触针描划时，将与高刃接触，使一些低刃信息从中丢失，所以检测的磨粒切刃密度将小于实际密度，考虑到在砂轮磨削过程中，表层深度超过 $20\mu m$ 的磨粒切刃很少与工件接触，不产生磨损，因此在检测砂轮切刃数和磨损状态时，采用刀口形触针比较合理。

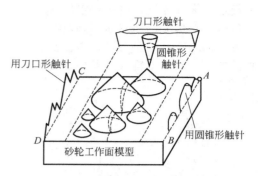

图 4-19　触针形式对检测的影响

在采用触针法检测时，触针顶角、触针圆角半径、触针与砂轮的接触压力、仪表动态特性、触针导向部分刚度等均影响到检测结果的可靠性。一般触针圆角半径：圆锥形取 $10\sim20\mu m$；刀口形取 $0.4\mu m$。圆角半径产生的检测误差可通过数据处理予以修正。圆锥形触针顶角对廓形的检测影响较大，一般取 $50°\sim90°$：顶角大，触针强度高，但扫描廓形将产生较大畸变；反之，顶角小，触针易憋死于沟槽之中。触针描迹法可获得砂轮工作面磨削前后形貌的廓形，可检测出磨粒切刃的磨损形状以及磨刃分布及容屑空间等，但不能识别磨粒、结合剂及堵塞物。

4.3.3　光截法

图 4-20 所示为应用光截法测量砂轮磨损的装置，而且利用该装置还可以测出磨削前后磨粒的形状、切刃分布和切刃密度等多项参数。在图 4-20(a) 中，将砂轮 3 连同法兰盘一起从磨床上取下，重新安装在与砂轮轴有相同锥度的心轴 4 上，支承于两顶尖之间。左端的顶尖与光学分度头相连，利用其精确分度测出砂轮表面各磨粒切刃在圆周上的位置。测量时，光源 6 中的光线，经过透镜及光栅，以矩形光束照射于砂轮表面，与圆柱砂轮相截，形成宽 0.02mm、长 0.3mm 的矩形测定带，测定带的长轴与砂轮轴线平行 [图 4-20(c)]，但观察用的显微镜 2 与砂轮圆周相切 [图 4-20(b)]，这样就能观察与拍摄磨粒切刃的形态。磨粒切刃的轴向位置及长度尺寸可通过显微镜 2 中的目镜进行测量。

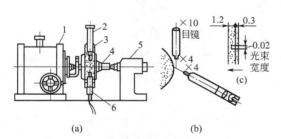

图 4-20　用光截法测量砂轮磨损的装置
1—光学分度头；2—显微镜；3—砂轮；
4—心轴；5—尾架；6—光源

连续检测砂轮圆周不同位置的磨粒形状及数量，可以确定磨粒形状的种类、组成及分布状态。在磨削过程中定期地检测砂轮同一位置的磨粒形状及其变动情况，可以研究磨粒磨耗破碎、脱落及新磨粒的出现等规律。

4.3.4　光电自动测量法

光电自动测量法属于一种动态测量砂轮磨损的方法。该方法能随时观测砂轮工作面的变化规律，并能将所得数据通过记录仪记录后送计算机进行处理。这样就可以得到砂轮磨损的全过程，对于全面研究砂轮的磨损机理十分有益，该测量方法的工作原理如图 4-21 所示。

从显微镜光源射出的光照射到具有一定转速的砂轮工作面上，只有被磨损的磨粒表面才产生强的反射光，该反射光通过窄缝传到光电倍增管上，于是，磨粒上被磨平部分的扩大像 C_j，当其穿过窄缝的窗口（$a\times\delta$）后，便通过光电倍增管得到对应的光电输出波形。该波形经过放大和滤波，将一定电压（x-y）以上的振幅波形由限幅器限幅后变成待检测的矩形波信号，矩形波的间隔 S_j 与砂轮的连续磨粒切刃磨损面的长度 b_j 相对应。该值可分别由间隔测量器及宽度测量器进行连续测量，并用数字表示输入到数据采集装置进行存储，最后将存储器记录的数据输入计算机进行处理。

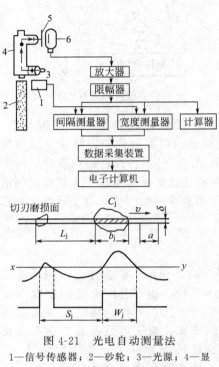

图 4-21　光电自动测量法
1—信号传感器；2—砂轮；3—光源；4—显
微镜；5—窄缝；6—光电倍增管

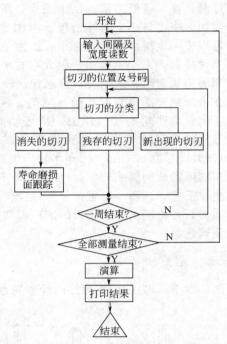

图 4-22　对磨粒切刃进行跟踪
演算的流程框图

为了确定砂轮圆周侧面的测量基点，在砂轮的端点安装了一个信号传感器，当砂轮端面上的基点信号旋转到基点传感器时，信号经传感器引起微处理机中触发器动作，能使上述检测过程自动开始或停止。如果将磨削过程中不同阶段获得的检测数据一一送入存储器存储起来或通过打印机打印出来，然后将各次检测的矩形波加以比较，就可以掌握磨粒磨损、钝化、破碎、脱落以及新磨粒出现等变动情况，从而实现对砂轮工作面或磨粒的跟踪检测。

图 4-22 所示为应用计算机对磨粒切刃进行跟踪演算的流程框图。输入不同时刻的数据，磨粒切刃的位置则被确定，这时可对前一时刻的检测位置进行比较，将磨粒切刃的残存、消失或重新出现的情况加以判断。若为新出现的磨粒则将其位置记录下来，如为脱落磨粒，则跟踪研究该磨粒的磨削经历，即对刚出现的点位、寿命长度、磨损区长度及变化等情况加以分析和判断。在对砂轮一周的磨粒进行判断以后，将结果送给下一个检测时间的所得数据上，对各检测时间上分类的磨粒切刃数目和比例、寿命长度和残存率、磨损区的长度分布进行综合，对连续磨粒切刃间隔的分布和平均间距，以及圆周方向切刃分布的不均和周期性等进行必要的计算和记录。通过光电自动测量，可以观察到以下结果。

① 在加工过程中，利用磨损面反射光得到的电脉冲时间去判断磨损面的长度是可以实现的。

② 磨削开始后，根据磨粒在圆周方向上依次出现的点位和记录的实态表现，通过计算机的演算处理，可得到磨粒切刃的变化规律。

③ 参加工作的磨粒数随砂轮的切深增大而增多。

④ 在同一磨削条件下，磨粒脱落或出现缺陷的比例往往是一定的，该值随砂轮磨深和工件圆周速度的减小而减小。

必须指出的是，磨粒磨损面在磨削中反复增减，其变动颇无规律，因而各切刃磨损面的大小与切刃寿命的关系不够显著。此外，与磨削条件差别的关系也不够显著。这些也给检测带来了一定困难。

4.3.5 激光功率谱法

激光功率谱法可实现磨削过程中砂轮工作表面磨损状态的在线检测，检测结果经过数据处理，可以获得有关砂轮形貌的特征参数。

图 4-23 所示为激光检测装置，该装置由三部分组成：激光源、光学系统和检测器。其工作原理是：由 He-Ne 激光源（25mW）发出的激光经开口 1 及直角棱镜 2 后改变光线方向，再经过半反射镜 3 和圆柱棱镜 4 投射到砂轮工作表面 6 上，形成直径为 3mm 的光点，由砂轮工作表面的反射光线再经过圆柱棱镜及半反射镜改变方向，然后进一步通过傅里叶变换镜 5，就能在焦点面上形成功率谱模型的图像，最后用 $\phi1$mm 的光导纤维 7 进行扫描，通过光电倍增管 8 即可获得反映模型强度分布的功率谱，如图 4-24 所示。

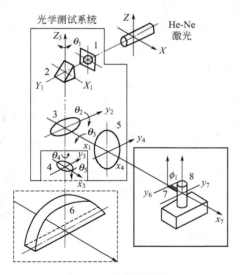

图 4-23　激光检测装置

1—开口；2—直角棱镜；3—半反射镜；4—圆柱棱镜；5—傅里叶变换镜；6—砂轮工作表面；7—光导纤维；8—光电倍增管

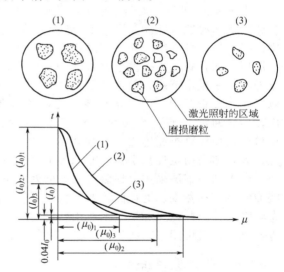

图 4-24　磨粒磨损状态与功率谱的关系

由于功率谱的中心强度 I 同磨粒棱面磨耗面积成正比，强度接近零（$I=0.04I_0$）的位置与棱面磨耗宽度 μ_0 相当，故照射面上的磨耗磨粒切刃数同 I_0/μ_0^2 成正比，如图 4-24 所示。这样，三种磨耗磨损磨粒的分布状态（1）、（2）、（3）就分别与三种功率谱相对应：当棱面磨耗面积大而切刃数少时［曲线（1）］，其功率谱 I_0 大而 μ_0 小；棱面磨耗面积小而切刃数多时［曲线（2）］，其功率谱 I_0 大而 μ_0 也大；棱面磨耗面积小而切刃数又少时［曲线（3）］，其功率谱 I_0 小而 μ_0 大。由此可见，通过检测砂轮工作面的功率谱就可确定磨粒切刃数、磨粒棱面磨耗宽、磨耗面积及磨耗磨粒的分布状态。

具体检测方法如图 4-25 所示，将砂轮圆周划分为 256 等份，再将左右对称的功率谱，在一侧等分为 8 个点。首先将光导纤维放置于功率谱最大强度的位置（0），检测砂轮一周

256 点的强度分布。然后依次移动光导纤维，使之处于强度逐渐减弱的位置（1、2、3、…、7），分别检测获得 8 个系列的强度分布。将这些离散的功率谱样本采用近似的曲线拟合，并应用最小二乘法原理，最后可得一条光滑的功率谱曲线，从而可以推断出砂轮的磨损磨粒分布状态。整个检测系统包括数据处理系统在内，可用图 4-26 表示。

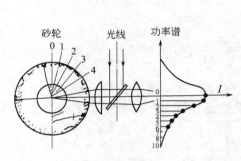

图 4-25　检测功率谱的方法

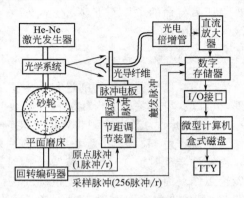

图 4-26　激光功率谱在线检测系统方框图

由图 4-26 可见，安装于磨床电机轴上的回转编码器，每当砂轮回转一周，给节距调节装置发送一次原点脉冲。同时每当砂轮回转 1/256 圈，给数字存储器发送一次取样脉冲。功率谱强度经光导纤维、光电倍增管及直流放大器后，将样本数据存入数字存储器。砂轮回转一周后，回转脉冲再次发生原点脉冲，使节距调节装置发出驱动脉冲（8 个脉冲），光导纤维即移动一规定节距，而达到下一强度装置，并将触发脉冲的指令送入数字存储器。这样检测过程又重新开始。由于光导纤维的移动可在砂轮一转内完成，所以光导纤维只要移动 7 次，砂轮回转 15 圈，即可完成 8×256 个离散数据的检测及存储工作。数字存储器通过 I/O 接口与微型计算机相连接，首先将数字存储器的检测数据输入盒式磁盘，以便进行数据处理，处理结果由电传打字机（TTY）打字及绘图。

激光功率谱法采用上述装置及数据处理系统，可以在线检测砂轮工作面状态，包括磨料棱面磨耗磨损宽度、磨耗面积及磨粒切刃数，还可用图形形式打印出砂轮一周磨耗切刃的分布状态，并由此评定加工线上所用砂轮的耐用度及磨削特性。此法所用装置不太复杂，检测方便迅速，又可用于在线检测，是一种较先进的检测方法，有推广应用于生产的可能。

4.3.6　电镜观察法

采用普通光学显微镜受放大倍数的限制，只能宏观地观察磨粒的磨损部位和状态，而对磨粒的微观磨损状态则难以分辨，借助于电子显微镜（SEM）可清晰地观察到磨粒磨损面的微观形貌。

在用透射电镜观察之前，必须先用光学显微镜确定观测的部位，并拍摄下照片，然后送电镜下对指定的局部位置进行观测。图 4-27 所示为日本武野等人用来确定观测部位的装置。该装置是在砂轮架上安装两个 Olympus 金属显微镜（MC），其中一个用于观测磨粒表面；另一个则瞄准砂轮主轴带轮外圆周上的刻度，用于确定磨粒的位置。观察时，测量砂轮外圆周上 A、B、C 三个位置，拍摄下照片并对所测位置制出供透射电镜观察的复制样件。复制样件采用二次复型技术，制作程序如图 4-28 所示。首先在砂轮表面粘上一层醋酸纤维素薄膜 [图 4-28(a)]，厚度为 0.15~0.375mm，固化后将复印了砂轮形貌的薄膜撕下。在实体显微镜下将待测部分薄膜切下 [图 4-28(b)]，然后用真空蒸镀法在其中沉积一层碳膜 [图 4-28(c)]，最后将第一次复印的薄膜溶去，留下二次复印的碳膜放于网架之上 [图 4-28(d)]，至此即完成制样。

将上述制出的样件放在透射电镜上观察摄影，可获得极为清晰的图像照片及立体轮廓图。从这些图中可分辨出磨粒切刃的修整痕迹、磨损痕迹及加工中产生的小破碎缺陷等情况，图4-29所示为通过电镜得到的磨粒磨损面的变化过程。

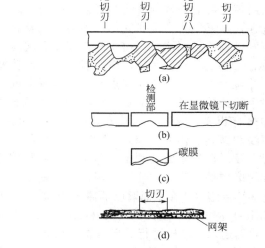

图4-28　电镜二次复印制作过程

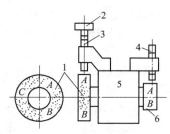

图4-27　确定砂轮观测部位的观测装置

1—砂轮；2—记录用照相机；3—观测用
显微镜；4—定位用显微镜；5—砂
轮架；6—砂轮轴带轮

从图4-29中可以看出，砂轮经修整后，其磨粒表面存在微小的、高低不平的微刃［图4-29(a)］，其中高的部分首先与工件接触并被磨平［图4-29(b)］，这时往往产生小破碎缺陷，其量与磨损相比是非常大的，故出现缺陷的地方则失掉了切刃，于是造成有切刃的地方更加速磨损。上述磨损的不断进行，使整个切刃全部磨损，于是失掉了磨削能力，即达到了寿命的极限［图4-29(c)］。为了恢复磨粒切刃的切削能力，则需重新进行修整［图4-29(d)］。

用电镜观察的另一种方法是应用组合砂轮。将经过磨削、磨损的砂轮块，从可拆卸部分取下，在真空离子蒸镀机上经纯金、纯碳镀膜后，直接将砂轮试样放入扫描电镜下观察拍摄，这样照片较为直观、清晰、立体感强，便于对磨损部位、形式及其机理进行综合性微观研究。

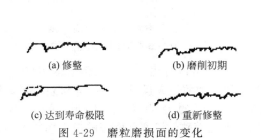

(a) 修整　　　　(b) 磨削初期

(c) 达到寿命极限　　(d) 重新修整

图4-29　磨粒磨损面的变化

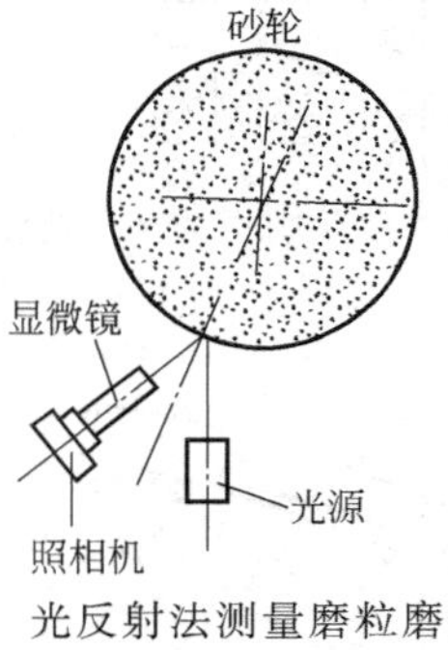

图4-30　光反射法测量磨粒磨损装置

4.3.7　光反射法

光反射法可以对磨粒后面磨损面积的变化加以测量，其测量装置如图4-30所示。测量时在入射光线的正反射位置上放一架显微摄影机，直接拍摄磨粒磨损部分的图像。光亮部分就是磨损小平面,可以求出磨损平面的面积率,这样装置也可以用来测量切削刃的密度。另外,若将从磨粒表面上反射来的光束投入光电二极管就可直接测出磨损面积率。

4.3.8　声发射监测法

利用声发射监测技术在线测量砂轮在磨削过程中的磨损、砂轮与工件的接触及砂轮的修整等过程,是近年来磨削研究的一项最新成就。

声发射现象是固体材料由于结构变化引起应变能的快速释放而产生的弹性波,简称 AE(Acoustic Emission)。目前,声发射技术已成功地用于无损检测。由于声发射不受机床振动影响,并包含直接来自与切削点有关切削现象的丰富信息,因此近年来声发射作为切削加工中的一个特征受到了人们的重视。起初,用声发射技术监测刀具的磨损、破损及识别切屑状态。1984 年以来,该项技术被开始引入磨削研究领域,利用它来监测磨削质量(主要包括磨削裂纹和磨削烧伤的监控)、监测磨削过程(包括光磨阶段、砂轮与工件的接触、砂轮的失效等)及对砂轮参数的测定(包括砂轮修整质量的参数、砂轮的硬度等)。图 4-31 所示为测量砂轮磨损的 AE 监控装置原理,其测量原理如下。

将 AE 传感器装在平面磨床的磁力吸盘上,AE 传感器采用压电陶瓷等材料,从 AE 传感器(2MHz)滤波和主放大器放大(20dB)后,送至鉴别器,再经过高速 A/D 转换,将 AE 信号数字化后送入计算机进行波形分析(或将 AE 信号送入波存器存储然后输入计算机分析)。实验结果由 CRT 显示或用打印机打印出来。AE 信号的功率谱是通过频谱仪来测出的。测量中,AE 传感器采用了两套,其中一套借助夹具安装在砂轮修整器上,另一套安装在磨床工作台的磁性吸盘上。在砂轮修整器上的传感器主要用来检测修整砂轮过程中的 AE 信号,而在磁性吸盘上的传感器主要是用来检测砂轮与工件的接触状态和磨削过程。

随着磨削的进行,砂轮的堵塞和磨损均会逐渐增加,这样就减小了磨粒切削加工的有效性,耕犁和滑擦作用增强,磨削力与温度均升高,从而导致声发射能量的增加。图 4-32 所示是在平面磨床上磨削 45 钢时由 AE 监测装置所得到的声发射信号的平均均方根值 RMS_{AE} 与磨削时间的关系。

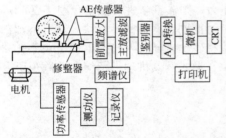

图 4-31　砂轮磨损的 AE 监测装置原理

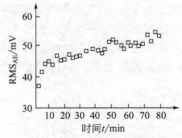

图 4-32　声发射信号的均方根
值与磨削时间的关系

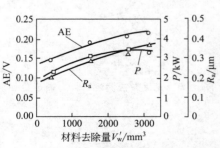

图 4-33　随着磨削时间
增加磨削工况的变化

从图 4-32 中可以看出,声发射信号的 RMS_{AE} 值随磨削时间的增加而增大且增大的趋势与砂轮堵塞和磨损随时间变化的趋势相似。因此,可以认为 RMS_{AE} 实际上是随砂轮堵塞和磨损的增大而增大的。

图 4-33 所示为采用陶瓷结合剂刚玉砂轮磨削轴承钢 GCr15 时,利用 AE 装置所得到的 AE 信号幅值、磨削功率及表面粗糙度随磨削过程不断进行的变化情况。

由图 4-33 可见,随磨削时间的增加,AE 信号幅值、磨削功率 P 及表面粗糙度 Ra 均增加。对刚修整后的锋锐砂轮和磨钝了的砂轮所进行的磨削，分别对其幅频特性进行测量，得知磨钝砂轮的幅度要比锋锐砂轮的幅度明显增大，而且频率分布也有所展宽。通过测量 AE 信号幅值与频率特性即可知道磨削功率及表面粗糙度的变化状况，也就可以预知所用砂轮是否已经严重磨钝，是否需要进行修整。

关于砂轮磨损的测量方法，以上仅就有代表性的几种进行了介绍，此外诸如利用磨削力、磨削热、动态数据测试等方法，读者可参阅有关资料，这里不再赘述。

4.4　普通磨料砂轮的修整

磨削过程中，砂轮工作表面的磨粒会逐渐磨钝，砂轮磨钝后磨削力增大，磨削温度上升，发生颤振与烧伤，使被加工零件的表面完整性受到极大影响。同时，砂轮的磨钝也会使砂轮工作表面丧失正确的几何形状，使加工精度降低。因此，为了使砂轮在使用中能保持正确的形状和锐利性，就需要定期对砂轮进行修整。

修整实质上就是对砂轮进行整形与修锐。对于普通磨料砂轮来说，整形和修锐可以同时进行。而对于超硬磨料砂轮，尤其是对于结合剂密实型的超硬磨料砂轮，整形和修锐一般可分为两个过程进行。

砂轮修整工具和修整条件对砂轮修整质量有显著影响，不仅影响砂轮地貌及磨刃的锐利程度，而且也影响砂轮的磨损、磨削力、磨削温度及被磨零件的表面完整性。

砂轮的修整工具和修整方法近年来发展很快，为便于读者应用，这里将有关砂轮的修整分为普通磨料砂轮的修整、超硬磨料砂轮的修整及修整技术近年来的新进展三部分阐述。由于普通磨料砂轮的修整技术在以往的教科书中介绍比较详细，故本章将重点介绍超硬磨料砂轮的修整方法及修整技术的新进展。

4.4.1　普通磨料砂轮的修整方法与工具

普通磨料砂轮的修整方法主要有车削法、滚压法和磨削法三种。

车削修整法是将修整工具视为车刀，被修砂轮视为工件，对砂轮表面进行修整。使用的修整工具为单粒金刚石笔和用细颗粒金刚石与硬质合金混合烧结成形的片状修整器，如图4-34(a) 所示。

滚压修整法是将滚轮以一定压力与砂轮接触，砂轮以其接触面间的摩擦力带动滚轮旋转而进行修整。滚压修整法可分为切入滚压修整法和纵向滚压修整法，如图4-34(b) 所示。切入滚压修整是指修整工具轴线与砂轮轴线相平行。纵向滚压修整是指两轴线除相平行外，也可以将修整工具相对砂轮轴线倾斜一 α 角度。

磨削修整法是采用磨料圆盘或金刚石滚轮仿效磨削过程来修整砂轮。这种修整方法也可分为切入磨削修整法和纵向磨削修整法，如图4-34(c) 所示。

砂轮修整工具很多，按修整器的几何形状和修整过程中的运动情况不同，可将修整器分为两大类。

(1) 静止砂轮修整器

这类修整工具在修整砂轮时不存在砂轮速度方向的运动，而只有垂直于砂轮表面的切入

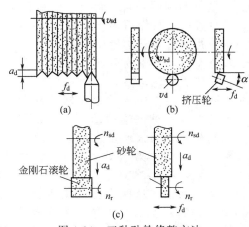

图 4-34　三种砂轮修整方法

运动和平行于修整轮廓的进给运动，如单粒金刚石修整笔和多粒金刚石片修整器。

（2）运动砂轮修整器

这类修整工具在修整砂轮时具有砂轮速度方向的运动，如金刚石滚轮或滚轮组、金刚石修整块和滚压修整器等。

各种修整器的工作原理及修出砂轮的表面特征将在下面分别说明。

4.4.2　单颗粒金刚石笔修整

磨削中使用最广泛的是单颗粒金刚石笔修整砂轮。用金刚石笔修整砂轮时影响修整质量的因素很多，诸如金刚石的刃口形状、金刚石的耐磨性、修整参数（修整进给量 f_d、砂轮修整转数 n_{sd}、修整深度 a_d）、修整装置、砂轮特性（磨料种类、硬度、粒度、组织、结合剂）及磨削液等。这些因素的影响结果，使被修整的砂轮表面的实际廓形和表面粗糙度不同于理论廓形和表面粗糙度。被修整砂轮表面的磨粒将会出现如图 4-35 所示的五种状态。根据修整时的进给量和修整深度的大小不同，砂轮工作表面将发生不同改变。如果以获得低的表面粗糙度值为目标，修整时的修整深度 a_d

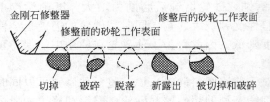

图 4-35　修整后砂轮工作面的磨粒状态

和进给量 f_d 均应取较小值，这样方可使修整出来的新磨粒刃口精细地排列在砂轮表面上。表 4-6 表明了不同修整条件下可得到的不同砂轮表面状态。在修整深度较大时修整砂轮，修整进给量对被修整砂轮磨削所得加工表面粗糙度影响不大；在修整深度较小时，修整进给量表现出明显影响。当一次修整的修整深度在 $40\mu m$ 以下时，其总的修整深度大约为平均磨粒直径的 $1/10 \sim 1/2$，但是它不包括除去砂轮畸变的部分。

表 4-6　砂轮表面上切削刃数的变化

修整类别	修整深度 a_d/mm	进给量 $f_d/mm \cdot r^{-1}$	切削刃数/cm²	切削间隙/mm
普通	20	0.128	235	0.242
精磨	10	0.064	—	—
超精密	2.5	0.023	413	0.190

4.4.3　金刚石滚轮修整

金刚石滚轮是一种新发展起来的修整工具，它用烧结或电镀的方法把金刚石固结在滚轮的金属基体的圆周表面上制成。金刚石滚轮修整砂轮的方法与单粒金刚石笔修整方法相比较，其修整时间要短得多（仅在几秒钟内即可完成），而且很容易修整出各种复杂的成形表面，这仅需将金刚石滚轮相应制成与工件一致的各种复杂成形面；与钢滚轮修整砂轮方法相比，其修整力小，不易造成砂轮表面溃塌且本身不易磨损，从而使型面精度保持性好。因此，自金刚石滚轮修整方法出现以来，在生产中得到了越来越广泛的应用。金刚石滚轮修整砂轮有两种方法，切入式滚轮修整和摆式滚轮修整（也可根据修整进给运动的方式将其分为径向切入式修整和纵磨式修整、切向进给式修整和摆式修整）。在切入式滚轮修整中，如同外圆切入磨削工件一样，滚轮的旋转由电机驱动，滚轮相对砂轮做切入运动，从而进行砂轮修整，其修整原理如图 4-36（b）所示。在摆式滚轮修整中，金刚石滚轮装在摆臂的一端，它由电机带动旋转，摆

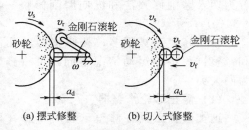

(a) 摆式修整　　(b) 切入式修整

图 4-36　摆式修整与切入式修整示意

臂的旋转运动由液压系统驱动，通过这两种运动对砂轮进行修整，修整原理如图 4-36(a) 所示。下面就金刚石滚轮的修整机理、修整参数对砂轮修整的形貌（也称地貌）及磨削性能的影响进行讨论。

(1) 金刚石滚轮切入式修整

① 表征金刚石滚轮切入式修整砂轮的主要参数　修整速比 q_d 是指滚轮与砂轮在接触点的线速度之比，即 $q_d = v_d/v_s$（v_d 为滚轮线速度，v_s 为砂轮线速度）。当滚轮和砂轮在接触点的速度方向相同时，其比值 q_d 为正，称为顺修。当速度方向相反时，q_d 为负值，称为逆修。

修整进给量 f_d 为滚轮在砂轮转一转时的径向进给值。

光修转数 n 为滚轮停止径向进给后砂轮转过的转数。

② 金刚石滚轮切入修整机理　金刚石滚轮修整砂轮时有两个运动：一个是径向切入修整；另一个是自身的旋转运动。由于滚轮的这两个运动及砂轮的旋转，修整时滚轮上的金刚石颗粒对砂轮上磨料的作用也有两个：其一是由径向切入运动产生的对磨粒的挤压作用；其二是由滚轮和砂轮切向相对运动引起的对磨粒的修磨作用。金刚石滚轮修整过程就是这两种作用的交互作用过程。挤压作用和修磨作用的大小决定了砂轮表面形貌，进而也就决定了砂轮磨削性能。在滚轮修整过程中，若挤压作用占主导地位，则磨粒以破碎为主，而磨粒的破碎会形成尖刃，故这时磨刃顶端锐利，这样修出的砂轮磨削能力也就强；若修整过程中修磨作用占主导地位，磨粒则以"削平"为主，故这时磨刃顶端平整，这样修出砂轮磨削表面粗糙度值就小。在滚轮修整中，提高修整进给量，则挤压作用增大，减小修整速比或提高光修转数，则修磨作用增强。因此，合理控制金刚石滚轮修整时的参数是获取良好修整效果的关键。

③ 修整用量的选择　用金刚石滚轮修整砂轮时，通过改变修整条件可获得适于粗磨和精磨的砂轮表面状态。粗磨时可采用顺向修整法，修整速比可取 0.5 以上；精磨时，为了获得良好的磨削表面粗糙度，可采用逆向修整法。另外，用于粗磨的砂轮可采用粗粒度、低浓度的金刚石滚轮修整，用于精磨的砂轮可用细粒度、高浓度的金刚石滚轮修整。

若采用顺向修整，应根据加工目的首先选取修整速比，然后再选取修整进给量和光修转数。若采用逆向修整，则应首先选取修整进给量，然后选取修整速比和光修转数。在一般情况下，建议采用顺向修整。

若希望砂轮磨削能力强，可选用 0.8 左右的修整速比，再在修整装置刚度允许的条件下选用较大的修整进给量和光修转数；若希望磨削表面粗糙度值小，可选用 0.2～0.8 左右的修整速比，再选用较小的修整进给量和 50r/min 左右的光修转数。当希望砂轮耐用度高，则应采用顺向修整，这时可选用较小的修整速比和较大的修整进给量，或较大的修整速比及较小的修整进给量的搭配，也可按表 4-7 选取。

表 4-7　金刚石滚轮的修整用量

修整速比 q_d	0.4～0.7(顺修)
修整切入进给量 f_d	0.004～0.0013
无进给光修转数 n	0～60r/min

(2) 金刚石滚轮摆式修整

① 表征摆式金刚石滚轮修整砂轮的主要参数　修整速比 q_d（$q_d = v_d/v_s$），即砂轮线速度 v_s 与滚轮线速度 v_d 之比；修摆速度 ω，即修整臂的摆动速度；光修次数，即无修整进给切深时的摆式修整器摆动的次数。

表征被修砂轮表面形貌的参数有砂轮表面单位长度磨刃数、砂轮表面容屑比及砂轮表面粗糙度。

摆式金刚石滚轮修整原理如图 4-37 所示。在径向修整深度 a_d 选定之后，摆臂以修整摆速 ω 由上向下摆动一次，摆完后砂轮快速后退，即完成一次修整。当滚轮摆到图示位置 B 时，砂轮快退称为中修，而摆到图中 $\overarc{AB}$ 之间砂轮快退，称为上修，摆完整个 $\overarc{ABC}$ 后砂轮快退，称为全修。

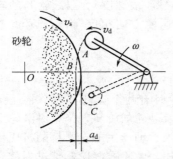

图 4-37 摆式滚轮修整示意

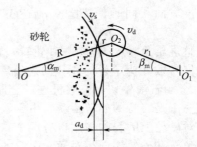

图 4-38 滚轮与砂轮刚接触时的修整摆动角

a. 最大修整摆动角 β_m。修整器的摆臂与摆动中心同砂轮中心连线的夹角称为摆动角。当滚轮与砂轮接触后的摆动角称为修整摆动角。而滚轮刚接触砂轮时的修整摆动角最大设为 β_m，如图 4-38 所示。

由几何关系可以推出

$$\cos\beta_m = 1 - \frac{2(R+r)a_d + a_d^2}{2r_1(R+r+r_1-a_d)} \tag{4-3}$$

式中 R——砂轮半径；

r——滚轮半径；

r_1——摆臂摆动半径（摆臂长度）。

b. 修整切深 a_d。设修整时某一时刻的修整摆动角为 β，砂轮表面已修整深度为 a_d，由几何关系可得到

$$a_d = r_1\left(1 + \frac{r_1}{R+r}\right)(\cos\beta - \cos\beta_m) \quad (0 \leqslant \beta \leqslant \beta_m) \tag{4-4}$$

c. 修整进给速度 v_R。滚轮在砂轮径向上的进给速度为修整进给速度，用 v_R 表示。前面已推出修整进给切深 a_d 的公式(4-4)，将该式对时间微分后即可得修整进给速度 v_R 为

$$v_R = \frac{da_d}{dt} = -r_1\omega\left(1 + \frac{r_1}{R+r}\right)\sin\beta \tag{4-5}$$

式中的"一"号表示修整进给速度为减速。

一般来说，摆动角 β 很小，因此可以认为 $\sin\beta \approx \beta$，式(4-5)可变为

$$v_R = -1000r_1\omega\left(1 + \frac{r_1}{R+r}\right)\beta \quad (0 \leqslant \beta \leqslant \beta_m, \beta \text{ 的单位为 rad}) \tag{4-6}$$

d. 修整进给量 f_d。砂轮每转滚轮沿砂轮径向的进给量为修整进给量。设砂轮每秒转数为 n（由机床给定），则

$$f_d = \frac{|v_R|}{n} = \frac{1000r_1\omega}{n}\left(1 + \frac{r_1}{R+r}\right)\beta \quad (\mu m/r) \quad (0 \leqslant \beta \leqslant \beta_m) \tag{4-7}$$

② 摆式滚轮的修整机理 从摆式滚轮修整运动分析中可知，其修整运动有其独立的特点，它的修整进给速度和修整进给量是随修整摆动角的变化而变化的。从图 4-37 中可见，

在摆动修整弧 $\overset{\frown}{ABC}$ 上，滚轮由 A 到 B 为修整进给，而由 B 到 C 实际上是退出。以下先讨论当滚轮由 A 修到 B 时，砂轮快速退出修整（即中修）的情况。

从修整切深公式（4-4）可知，a_d 是修整摆动角余弦 $\cos\beta$ 的函数；当 β 由 β_m 向零变化时，其修整切深的变化规律如图 4-39 所示，由图可知，在 $\beta=\dfrac{1}{2}\beta_m$，修整切深 a_d 已达到修整深度的 75.3%，在 $\beta=\dfrac{3}{4}\beta_m$ 时已修去修整切深的 94%。由此

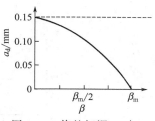

图 4-39 修整切深 a_d 与修整摆动角 β 的关系

可见，随着修整摆动角 β 的变化，修整切深 a_d 开始变化很快，在 β 接近零时，a_d 变化很慢，实际上起着光修作用。

摆式修整的修整进给速度和进给量是变化的，它们与摆动角的关系基本呈线性。由式（4-6）和式（4-7）可以看到，修整摆速 ω 对曲线斜率影响很大，随着 ω 的增大，其斜率成线性增大。

由于砂轮磨粒是脆性材料，在修整过程中，被修磨粒一般会出现两种现象：一是磨粒被削平；二是磨粒破碎或结合剂断裂。修整过程中视修整条件的不同，上述两种现象交织出现。一般认为，滚轮相对砂轮的径向切入运动的主要作用是对磨粒产生挤压，其结果表现为磨粒破碎和结合剂断裂；而滚动相对砂轮的切向运动的主要作用是对磨粒产生修磨，其结果是把磨粒削平。为此，直接考察滚轮相对砂轮径向切入速度 v_R 与砂轮速度 v_s 及滚轮速度 v_d 之和的比值，并定义该比值为修整能力比 M，则

$$M=\frac{v_R}{v_s\pm v_d}\quad(v_s\neq v_d)\tag{4-8}$$

式中的 v_s 与 v_d 方向一致时取"+"；当两者方向相反时取"-"，且式（4-8）需满足 $v_s\neq v_d$ 条件。将式（4-6）代入式（4-8）得

$$M=\frac{\omega}{1-\dfrac{v_d}{v_s}}\times\frac{r_1}{v_s}\left(1+\frac{r_1}{R+r}\right)\beta\tag{4-9}$$

令

$$K=\frac{\omega}{1-\dfrac{v_d}{v_s}}\times\frac{r_1}{v_s}\left(1+\frac{r_1}{R+r}\right)\tag{4-10}$$

并定义 K 为修整能力系数，则

$$M=K\beta\tag{4-11}$$

修整参数确定后，修整能力系数也就随之而定了。从式（4-11）可见，修整过程中修整能力比是修整摆动角 β 的函数，即 M 与 β 呈线性关系。当 $\beta=\beta_m$ 时，M 最大，$\beta=0$ 时，M 也为零。另外，从式（4-7）和式（4-11）还可知道，M 和 f_d 均是 β 的函数：当 $\beta=\beta_m$ 时，不仅 M 最大，且 f_d 也为最大，说明此时挤压最严重。随着 β 的减小，M 和 f_d 均减小，挤压作用减小，修磨开始起主要作用。由此可知：在一次摆式修整过程中，修整能力比 M 的变化反映了修整强烈程度的变化，M 由小到大，修整过程由挤压变为修磨。

在图 4-37 中，如果是采用上修，那么在整个修整过程中，修整能力比 M 的均值较中修时的要大，修整的强烈程度要高，挤压较严重，砂轮表面在上修时也比中修时粗糙。而采用全修时，修整能力比 M 的均值要比中修时为小，即修整过程长，砂轮表面在全修时应没有中修时粗糙。图 4-40 所示是在不同修整区域下修整参数对被修整砂轮表面形貌的影响。

从图 4-40 可见，上修时砂轮表面单位长度磨刃数 N_t 减少，容屑比 K_c 大，粗糙度也大；全修时的砂轮表面单位长度磨刃数多，容屑比小，粗糙度也小；而中修时的情况则介于

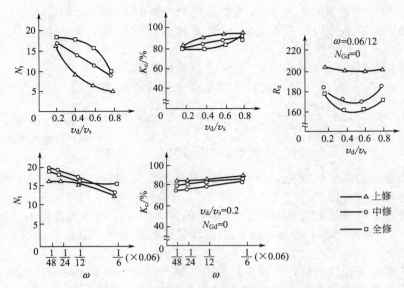

图 4-40　不同修整区域下修整参数对砂轮表面形貌影响的比较

上修与全修之间。

通过对两种修整方法的比较可知：摆式修整时不仅修整参数对砂轮表面形貌与切入式修整规律一致，且修整参数对磨削性能的影响规律也几乎相同。只是在摆式修整中，修整进给速度是变化的，而切入式修整进给速度保持不变。此外，在一次修整中，摆式修整除修整进给作用外，还在最后阶段有光修作用，而切入式修整其磨削性能的改善是通过适当增加光修次数来实现的。这样，为了改善磨削性能，切入式修整就需要在修整过程中增加一道环节，因此其修整效率比摆式修整要低。但是摆式修整的修整进给运动是靠摆臂的摆动来实现，因而修整器结构复杂。相对来说，由于切入式修整器结构简单，故在实际生产中应用较多一些。

4.5　超硬磨料砂轮的修整

超硬磨料砂轮具有优良的磨削性能，抗磨损能力强，不需经常修整，但在初始安装和使用磨钝后修整却比较困难。尤其是近年来，超硬材料在生产工程和科学技术领域的广泛应用，使超硬磨料砂轮的应用急剧增加，砂轮的修整问题变得日益尖锐，成为世界各国研究的重要课题。迄今为止，在以往常规的修整方法基础上，又开发出了许多新的修整方法。

超硬磨料砂轮的修整，通常分为整形和修锐两个工序。整形是对砂轮进行微量切削，使砂轮达到所要求的几何形状精度并使磨料尖端细微破碎，形成锋利磨刃。修锐是去除磨粒间的结合剂，使磨粒间有一定的容屑空间，并使磨刃突出结合剂之外，形成切削刃。对于结合剂疏松型超硬磨料砂轮（如陶瓷结合剂金刚石或 CBN 砂轮），整形和修锐可在一个工序中同时进行；对于结合剂密实型超硬磨料砂轮（如树脂或金属结合剂金刚石砂轮等），则整形和修锐必须分别进行。

4.5.1　超硬磨料砂轮整形法

陶瓷结合剂 CBN（结合剂疏松型）砂轮一般可用单颗粒金刚石或滚轮进行修整，比较容易实现，这里着重介绍几种结合剂密实型的超硬磨料砂轮的整形方法。

（1）金刚石笔整形法

用于修整树脂结合剂超硬磨料砂轮，修整时砂轮应低速旋转；否则修整效果不好，且金刚石笔磨损较快。用这种方法修整的砂轮表面较光滑，磨削性能差，形状及尺寸精度较低，故该方法只在没有其他修整条件的情况下使用。

（2）滚压整形法

所用的整形砂轮为绿碳化硅或白氧化铝陶瓷结合剂砂轮，其粒度应根据超硬磨料砂轮的粒度选择。若超硬磨料砂轮粒度细，则应选较细的修整轮。滚压整形法的修整机理与金刚石笔整形法的修整机理不同。前者主要靠压力使磨粒破碎与脱落，而后者主要靠剪切力。由于滚压整形法修整时需要较大的滚压力，因此磨床的刚性要求要好，否则修整出的砂轮轮廓形状精度较低。

为了提高滚压整形法的修整效果，可采用制动修整装置，如图 4-41(a) 所示。当修整砂轮以一定压力按压 CBN 砂轮时，整形砂轮则随 CBN 砂轮一起转动。另外，整形砂轮还做往复移动，以一定的滚压力进行修整。在整形砂轮轴上安装制动器的目的是为了使整形砂轮与 CBN 砂轮间产生相对速度。图 4-41(b) 所示为制动器示意，制动块因受弹簧力作用压向制动环，依靠摩擦作用降低整形砂轮速度。整形砂轮与 CBN 砂轮的相对速度越大，整形效率越高。

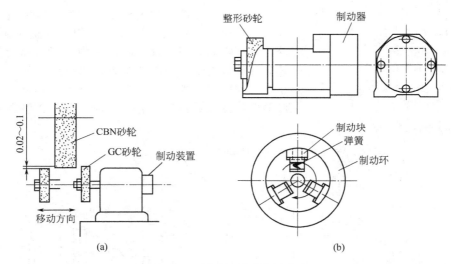

图 4-41　制动控制砂轮整形法

制动控制整形装置适用于直径小于 200mm、$200^\#$ 以下的超硬磨料砂轮整形。对树脂结合剂砂轮，容易过整形，使用时需谨慎。

（3）磨削整形法

这种方法同时也可以用于修锐，是常用的一种修整方法。可用碳化硅、刚玉油石修整超硬砂轮，也可用动力驱动金刚石、碳化硅或刚玉砂轮来修整超硬砂轮。修整金刚石砂轮时，修整轮的特性见表 4-8。修整 CBN 砂轮的修整特性也可参考表 4-8 选取，只是其硬度应取得略低一些。

用普通磨粒砂轮作为修整轮时，整形精度稍差，但被修整砂轮磨削性能好，适用于型面精度要求不高或对磨削能力有要求的砂轮修整。用金刚石砂轮作为修整轮时，整形精度好，但被修砂轮磨削能力差，因此仅用于型面精度要求较高的砂轮修整。为提高磨削能力，可两者兼用，即用金刚石砂轮整形后再用普通磨料砂轮加以修整。

表 4-8 修整金刚石砂轮用的修整轮特性

金刚石砂轮		修整轮			
结合剂	粒度代号	磨料	粒度代号	硬度	结合剂
青铜	40～60	GC	60～80	K～L	V
陶瓷	240 及更细	GC	15～240	K～L	V
树脂	100～180	GC、WA	80～120	J～L	V
	240 及更细	GC、WA	180～240	J～L	V

用金刚石砂轮作为修整工具修整树脂结合剂 CBN 砂轮时，修整效率很高，但被修整砂轮表面显得光滑，单位面积磨粒数少，磨削能力差，只能使用小进给量磨削；否则，初始磨削时容易使工件退火。用刚玉或碳化硅砂轮修整 CBN 砂轮时，虽然修整效率低，但是被修整砂轮的磨削性能好。图 4-42 所示为不同修整工具磨料对修整效果和磨削性能的影响，修整条件 $v_s = 22.4 \text{m/s}$，$v_d = 15.7 \text{m/s}$，每往复行程的 $a_d = 0.02 \text{mm}$。被修砂轮 DL180S100CBN，磨削条件 $v_s = 22.4 \text{m/s}$。

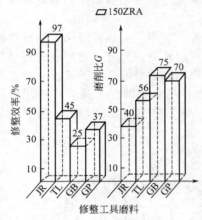

图 4-42 不同修整工具磨料对修整效果和磨削性能的影响

条件和磨削条件同上。

修整轮的硬度和粒度对修整效率、修整效果和磨削性能影响很大。由图 4-43（a）可知，修整轮硬度提高，修整效率提高，但被修砂轮的磨削性能却相应降低，砂轮表面比较光滑，磨削比降低。修整轮的粒度对修整效率及砂轮的磨削性能影响不大。由图 4-43（b）可见，当修整轮粒度接近被修砂轮粒度时，磨削性能较好。修整轮粒度接近被修砂轮粒度时，磨削性能较好。修整

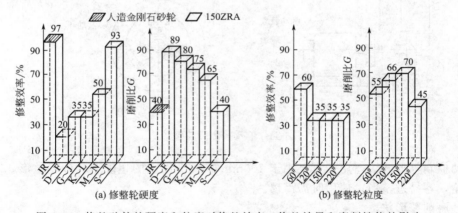

图 4-43 修整砂轮的硬度和粒度对修整效率、修整效果和磨削性能的影响

由以上分析可以看出，采用磨削整形法要适当地选取修整轮的特性参数，否则达不到理想的修整效果。

（4）软钢磨削整形法

利用软钢磨削整形，同时也可以修锐。由于整形时磨粒脱落多，因此不宜用此法来修整型面精度要求较高的砂轮。软钢磨削法有单滚轮法和双滚轮法，其工作原理如图 4-44 所示。双滚轮法是采用两个软钢滚轮，修整时两个滚轮的转向相同，但转速不等。如果被修整砂轮的线速度为 v_{sd}，那么一个软钢滚轮的线速度为 $v_{sd} + v$；另一个为 $v_{sd} - v$。因此，在被修整

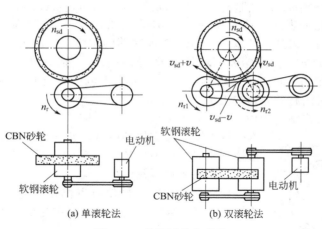

(a) 单滚轮法   (b) 双滚轮法

图 4-44 软钢滚轮修整法

砂轮切线方向上有两个大小相等、方向相反的修整力。这样就使被修整砂轮不会产生附加干扰力矩，能保证整形过程平稳，提高整形质量。

4.5.2 超硬磨料砂轮修锐法

超硬磨料砂轮修锐的方法很多，主要有以下几种。

（1）游离磨粒挤轧修锐法

图 4-45 所示为游离磨粒挤轧修锐装置示意。利用压力将绿碳化硅或刚玉磨粒注射到砂轮与修整轮之间，两者间有一定间隙，约 $60\mu m$。游离磨粒在被修砂轮与修整轮之间滚轧，使砂轮磨粒露出结合剂表面，形成锋利磨刃。

（2）喷射修锐法

用压缩空气把碳化硅、刚玉磨粒或玻璃球喷向转动的超硬砂轮表面，去除磨粒间的结合剂以修锐砂轮。修锐时，喷嘴相对砂轮有一倾角 α。

使用此法时，应恰当选择磨料粒径与喷射压力。如用粒径为 $100\sim150\mu m$ 的玻璃

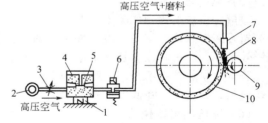

图 4-45 游离磨粒挤轧修锐装置示意

1—振动机；2—气源机；3—流量调整阀；4,8—磨料或玻璃球；5—筛网；6—电磁阀；7—喷嘴；9—修整轮；10—CBN 砂轮

球，其压力应为 $60\sim70$ Pa；用粒径为 $50\mu m$ 的玻璃球，应以 $100\sim140$Pa 的压力喷射到砂轮表面，数分钟后即可获得满意结果。

（3）刚玉块切入修锐法

修锐时，刚玉块在弹性力的作用下以一定的径向切入速度作切入修锐。其修锐过程和修锐原理如下。由于刚玉磨料较硬，可用于切削 CBN 砂轮磨粒之间的树脂结合剂。CBN 磨粒硬度高于刚玉磨粒，两者相遇后，可能出现两种情况：或者刚玉磨粒破碎；或者把 CBN 磨粒从结合剂中剔除。试验表明，主要是前者。修锐过程中，刚玉块的磨粒间空隙中填满了刚玉碎粒，这些碎粒有助于对树脂结合剂的切削作用。但是，刚玉块磨粒间的空隙有限，经过一段时间后，破碎粒就脱落，并从 CBN 磨粒旁擦过，这同样对切削结合剂有利。切削作用下，CBN 磨粒由于失去了结合剂的支持将产生脱落，这样就扩大 CBN 磨粒的间距，刚玉磨粒就可以深入到磨刃空间进一步修锐埋得更深的磨粒。

采用刚玉块切入修锐法，被修砂轮的粗糙度不仅与刚玉块单位宽度磨耗体积 V 有关，

且与刚玉修整块的厚度 h、修整时的径向切入进给速度 v_d 和修锐时间 t_d 均有关系。一般来说 V 越大，被修砂轮的表面粗糙度 R_a 越大，切入进给速度 v_d 也越大，但最终趋于一极限值。产生这种现象的原因是：V 越大，CBN 磨粒脱落的越多，使磨刃数减少。研究还表明，修整刚玉块的厚度 h 与被修砂轮表面粗糙度 R_a 的关系是：修整块厚度 h 增大，R_a 增大。这是因为 h 增大，被修砂轮与刚玉块的接触区增大，接触区单位时间内脱落的刚玉磨粒越多，与砂轮的接触时间越长，形成的 R_a 越大。

在用刚玉块切入修整过程中，为了加速修锐过程，应采用磨床快速行程范围内的切入速度，增大刚玉修整块的厚度，并尽可能降低切入进给速度 v_d。修锐开始时法向力应控制在 250N/mm 以下。

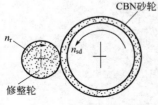

图 4-46 磨削修锐法

（4）磨削修锐法

用碳化硅或刚玉砂轮可以修锐砂轮，图 4-46 所示为磨削修锐法示意。修整轮与超硬磨料砂轮的速度接近，保持一定关系，即

$$v_d = v_s - 1 \qquad (4-12)$$

式中　v_d——修整轮的速度，m/s；

v_s——CBN 砂轮的速度，m/s。

低碳钢磨削法可用于树脂结合剂 CBN 砂轮的整形和修锐，普通磨料的修整轮也可以用来修整结合剂密实型的超硬磨粒砂轮，但由于磨损相当迅速，往往修整轮的表面形状被复映到被修砂轮上造成较大误差。近年来，日本东京大学研制出了一种杯形砂轮修整器，可较好地解决上述问题，由于该法的广泛实用性，有关修整方法、修整机理和修整效果在修整技术的新进展中将进行详细介绍。

（5）电解修锐法

电解修锐法的原理如图 4-47 所示。该法仅适用于金属结合剂超硬磨料砂轮的修整，电解修锐法的设备复杂昂贵，但修锐效果好。修锐时，磨粒基本不脱落。电解修锐法的缺点是：若电解参数控制不当，电解过程中结合剂会局部溶解腐蚀，使黏结力减弱，降低砂轮耐用度。

（6）液压喷射修锐法

液压喷射修锐法的原理如图 4-48 所示。高压泵输出的冷却液流量 $q_V = 20$L/min，压力 $p = 150$Pa。冷却液进入漩

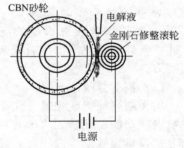

图 4-47 电解修锐法

涡室形成低压，吸入大量空气，修锐介质（碳化硅或刚玉游离磨粒）从侧孔进入，与液体混合后，通过陶瓷喷嘴以速度 v_d 喷射在转动的砂轮表面上。

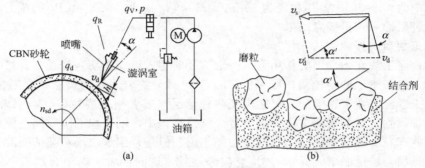

图 4-48 液压喷射修锐法

喷射速度取决于冷却液压力 p、流量 q 以及喷嘴的横剖面积。在安装喷嘴时，应使之与砂轮表面相距 h 并倾斜一安装角 α。

实践证明：喷嘴安装角 α 及运动条件影响砂轮修整时结合剂的去除量。也就是说，修锐效果除与修锐介质种类和喷射量有关外，还与介质相对砂轮表面的喷射方向有关。如图 4-48 所示，若修整介质以速度 v_d 喷射在转动的砂轮表面上，则有效喷射速度 v'_d 是 v_d 和砂轮速度 v_s 的合矢量，即 $\boldsymbol{v'_d} = \boldsymbol{v_d} + \boldsymbol{v_s}$ 或写成

$$v'_d = v_s \cos\alpha' + v_d \sin(\alpha' + \alpha) \tag{4-13}$$

α' 为有效喷射速度 v'_d 和砂轮速度 v_s 的夹角，称为作用角。作用角 α' 是评价修锐效果的一个重要参数，其大小直接影响结合剂去除量，从而影响 CBN 磨粒的凸出高度。作用角 α' 可由式（4-14）计算，即

$$\alpha' = \arctan\left(\frac{\cos\alpha}{\dfrac{v_{sd}}{v_d} \pm \sin\alpha}\right) \tag{4-14}$$

为了使磨粒不至从结合剂中脱落，必须对 α' 的大小加以限制。假定磨粒直径的一半被结合剂包容时，磨粒不会脱落，由此导出的极限作用角 α'_{lim} 如下：

$$\alpha'_{lim} = \arctan\frac{\overline{d}_g}{2\overline{\lambda}_s} \tag{4-15}$$

式中　$\overline{d}_g$——磨粒直径平均值；

　　　$\overline{\lambda}_s$——砂轮磨粒间距平均值。

显然，在选择喷射作用角时应使 $\alpha' < \alpha'_{lim}$。

图 4-49 所示为法向磨削力 F_n 与磨削时间 t 的关系，图中实线是未经修锐的 CBN 砂轮的 F_n-t 关系曲线，由于未经锐化，开始磨削时，F_n 上升很快，约磨削 20s 之后，结合剂被磨掉，CBN 砂轮相当于经过锐化，F_n 下降，图中虚线为经过液压喷射修锐的砂轮磨削情况，修锐时间为 30s，F_n 变化较小。

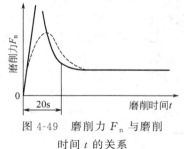

图 4-49　磨削力 F_n 与磨削
时间 t 的关系

液压喷射修锐后，砂轮表面轮廓支承面积 A_B、磨粒突出量 P_t 和砂轮径向磨损 Δ_{rs} 均与修锐时间有关，如图 4-50 所示。由图 4-50 可见，若 CBN 砂轮未经修锐，则 $t_d = 0$，$A_B = A_{B0}$，$P_t = P_{t0}$。在修锐过程中，随着 t_d 的延长，结合剂逐渐去除，A_B 减小，磨粒尖端不断露出，P_t 增大，砂轮径向磨损 Δ_{rs} 也增大。当达到某一修锐时间后，P_t 就达到稳态值，这时应结束修锐。一般情况下，液压喷射修锐时间约为 30s，即 $t_{dlim} = 30s$。修锐时间过长，CBN 磨粒会因结合剂强度削弱过度而脱落。

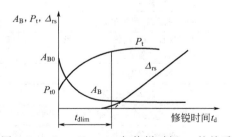

图 4-50　A_B、P_t、Δ_{rs} 与修锐时间 t_d 的关系

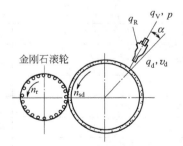

图 4-51　CBN 砂轮的整形与修锐

由试验给出的 CBN 砂轮修锐前后的表面形貌可以看出，经过修锐的 CBN 砂轮，砂轮表面粗糙度值为 $10 \sim 15\mu m$ 且磨粒突出量增大。

为了提高修整效率，也可以把整形与修锐合并在一道工序中进行，这样做不仅可以节约修整时间，也可以减少金刚石滚轮的磨损，如图 4-51 所示。

第5章

固结磨具磨削工艺

用固结磨具进行磨削加工的工艺方法众多，应用广泛，在磨削加工领域占主导地位。按磨削加工机床自动化程度分为普通磨削加工机床、数控磨削加工机床、磨削加工中心、车-磨和铣-磨等复合加工机床等。从磨削加工型面方面可分为外圆磨削、内圆磨削、平面磨削、成形磨削、曲面磨削等。从磨削工艺方法分为传统普通磨削工艺、高速磨削、缓进给磨削、高效深切磨削、精密磨削及超精密磨削、电解磨削、ELID 镜面磨削等诸多磨削工艺新技术。

数字控制（NC）、计算机控制磨床（CNC）及超硬磨料磨具的应用使磨削加工向高速、高效、高精度、低表面粗糙度方向发展。磨削加工技术是先进制造技术中的重要领域，也是制造业中实现精密加工、超精密加工最有效、应用最广的制造技术。

数控磨床种类繁多。按磨床的工艺用途可分为数控外圆磨床、数控平面磨床、数控工具磨床等。按受控磨床的运动轨迹分为点位控制系统、直线控制系统、轮廓控制系统。按伺服系统的控制可分为开环控制、闭环控制、半闭环控制、混合控制等。常见的数控磨床见表 5-1。

表 5-1　常见的数控磨床

类　型		控制方式	用途特点
平面磨床	立轴圆台	点位、直线、轮廓	适合大余量磨削：自动修整砂轮
	卧轴圆台		适合圆离合器等薄形工件，变形小；自动修整砂轮
	立轴矩台		适合大余量磨削：自动修整砂轮
	卧轴矩台		平面磨、精磨，镜面磨削，砂轮修整后成形磨削；自动修整砂轮
内圆磨床		点位、直线、轮廓	内孔端面：自动修整砂轮
外圆磨床		点位、直线、轮廓	外圆端面：横磨、纵磨、成形磨、自动修整砂轮；有主动测量装置
万能磨床		点位、直线、轮廓	内、外圆磨床的组合
无心磨床		点位、直线、轮廓	不需预车直接磨削；无心成形磨削
专用磨床		点位、直线、轮廓	丝杠磨床、花键磨床、曲轴磨床、凸轮轴磨床等
磨削中心		点位、直线、轮廓	在万能磨床的基础上实现自动更换外圆、内圆砂轮（或自动上、下工件）

由于有关普通外圆磨削、内圆磨削、平面磨削、无心磨削及光整加工中超精磨削等传统磨削工艺的书籍较多，本章不再论及，重点介绍数控磨削工艺、各种新型磨削工艺及超声波振动磨削工艺等内容。

5.1 数控磨削加工

外圆磨削加工适用于各种圆柱体、圆锥体、多台阶轴外表面及旋转体外曲面的磨削加工，工件磨削后尺寸精度达 IT5～IT8，表面粗糙度 Ra 值为 $0.8～0.2\mu m$，精磨后 Ra 可达 $0.2～0.01\mu m$。

常用的外圆磨削方式有纵向磨削、切入磨削、深磨削及混合磨削。

用数控外圆磨床加工，纵向往复进给运动及行程量、横向进给运动及吃刀量以及磨削工作循环均按数控程序进行，可以在工件一次装夹下自动磨成多台阶轴表面，或自动磨出旋转体外曲面，如图 5-1 所示。

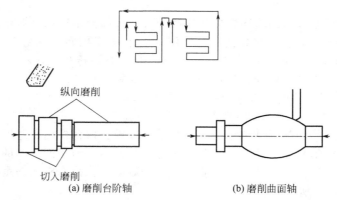

纵向磨削

切入磨削

(a) 磨削台阶轴　　　　　　　　(b) 磨削曲面轴

图 5-1　数控外圆磨床加工

(1) 数控磨床构成与工作原理

数控磨床由数控系统和机床本体两大部分组成。

机床本体由机床机械部件、强电、液压、气动、润滑和冷却系统组成。

数控系统的核心是数控装置。数控系统主要是由程序、输入设备、输出设备、数控装置（包括内置 PLC）、进给伺服系统、主轴伺服系统等部分组成。进给伺服系统由进给驱动单元、进给电动机和位置检测装置组成。主轴伺服系统由主轴驱动单元、主轴电动机和主轴编码器组成。

数控系统控制机床的切削运动和顺序逻辑动作。控制机床的顺序逻辑动作是数控系统通过 PLC（可编程机床逻辑控制器）或称 PMC（可编程机床控制器）（多为内置），经机床制造厂编制机床的顺序逻辑控制程序，使之能执行顺序逻辑动作。另外，机床制造厂还需设置机床的固有参数，使通用的数控系统个性化，实现数控系统与机床的有机结合。

数控系统控制机床对工件的切削运动和特定的顺序动作，是由机床用户编制的零件加工程序实现的。所以，零件加工程序也是数控机床不可缺少的重要组成部分。

数控磨床的组成框图如图 5-2 所示。

对螺纹磨床，主轴上必须安装编码器，以保证在磨削螺纹时主轴与进给轴同步。凸轮磨床必须有 C 轴，以保证角度与向径的几何关系。

数控系统运行零件加工程序，以实现数控机床对零件的加工。

首先，数控系统将零件逐段译码，进行数据处理。数据处理又包括刀心轨迹计算和进给速度处理两部分。

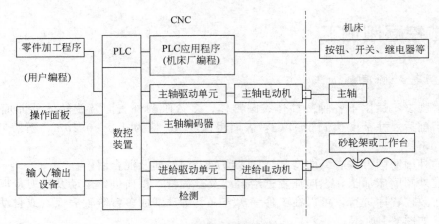

图 5-2   数控磨床组成框图

系统将经过数据处理后的程序数据分成两部分。一部分是机床的顺序逻辑动作。这些数据送往 PLC，经处理后，控制机床的顺序动作。送往 PLC 的数据包括以下内容。

① 辅助控制（功能）控制主轴旋转和停止，冷却液的开和关，以及机床的其他开关动作，如卡盘和尾座的卡紧和松开、量仪的前进和后退等。

② 主轴速度控制（功能）指令控制主轴速度。

③ 刀架选刀（功能）指令使所选刀具到达工作位置。

另一部分是机床的切削运动。程序数据经插补处理、位置控制、速度控制，驱动坐标轴进给电动机，使坐标轴相应运动，带动砂轮进行切削运动。为保证运动的连续性，要求系统要有很强的实时性，以保证零件的加工质量。这是数据系统控制机床的重要部分。数控磨床工作原理框图如图 5-3 所示。

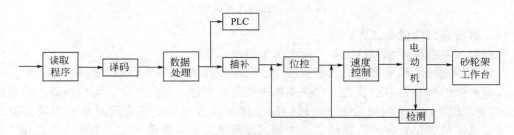

图 5-3   数控磨床工作原理框图

（2）数控磨削程序编制的工艺处理

数控磨床是按程序自动进行加工的，所以操控要求有较宽的知识面。首先，应能熟练操作机床，了解机床的机械、电气、液压系统的工作原理；其次，要清楚机床控制系统的准备功能及辅助功能全部代码的含义，还需懂得机械加工工艺。

在动手编程之前，要仔细分析图样，根据零件的精度要求，考虑机床是否能满足，工件零点选择在什么部位以及如何定位等问题，再根据生产规模是单一品种大批量生产还是多品种小批量生产，制定出加工的整体方案，从而编写相应的加工程序。

① 确定机床和数控系统   根据被加工零件的尺寸和技术要求，考虑各项技术经济指标，合理地选择机床。当有多台机床可供选择时，要根据被加工零件的形状、编程的方便性，选择具有相应功能数控系统的机床。当然，在满足要求的情况下，应尽量选用价格低的数控机床，以降低加工成本。对于重量大且高度小的零件，可选用立式磨床，对长度较大的零件，要选用带尾座的磨床。对加工程序量大的零件，要选用有宏指令功能数控系统的机床，以减

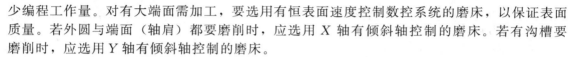

少编程工作量。对有大端面需加工，要选用有恒表面速度控制数控系统的磨床，以保证表面质量。若外圆与端面（轴肩）都要磨削时，应选用 X 轴有倾斜轴控制的磨床。若有沟槽要磨削时，应选用 Y 轴有倾斜轴控制的磨床。

② 工件的安装与夹具的确定　在数控机床上工件定位安装的基本原则与普通机床相同，在确定定位基准与夹紧方案时，还应注意以下几点。

a. 力求设计基准、工艺基准与编程原点统一。

b. 尽量减少装夹次数，尽可能做到一次定位装夹后能完成全部加工。

c. 避免采用占机人工调整方案。

若夹具的使用可以降低对机床的要求并能降低机床的运行成本，仍应考虑使用夹具，并尽可能使用组合夹具；对细长杆零件，要考虑使用跟刀架；为快速装夹工件，可考虑使用自动夹紧拨盘及液压或气动夹具。

③ 编程原点的设定　编程原点是编程员在编制加工程序时设置的基准，也是零件加工时的工件坐标原点。编程原点力求与设计基准和工艺基准相一致，使编程中的数值计算简单。但为了数控加工的安全，编程原点最好设在工件之外，至少应在工件顶面。对于工件回转类磨床，X 轴的编程原点设在零件的回转中心上；外圆及内圆磨床，Z 轴的编程原点应设在零件的右端面；立圆磨床，Z 轴的编程原点应设在零件的顶面；对于工件不回转类磨床，卧式时为 Y 轴、立式时为 Z 轴的编程原点应设在零件的顶面。

④ 砂轮的确定　这里仅说明数控磨床使用的砂轮形状。除了盘形、碗形、圆柱形之外，还可以根据需要修成角形等形状。

砂轮的修整，可用金刚石笔修整；当零件批量较大时，可用金刚石滚轮修整。

⑤ 编写数控加工技术文件　这是数控加工工艺设计的内容之一。这些技术文件既是数控加工和产品验收的依据，也是需要操作者遵守和执行的规程。有的则是加工程序的具体说明或附加说明，使操作者更加明确程序的内容，工件的装夹方式，各加工部位所选用的刀具及其他需要说明的事项，以保证程序的正确运行。

由于磨削加工的零件相对铣削加工的零件较为简单，在实际机床的使用中，往往由操作者自己编程，这样，操作者明了自己所编程序的内容，无需再作介绍。由于数控加工的可重复性，若零件再次生产时，由于人员的更换，保留完整的技术文件对理解加工程序，减少再次编程时间，保证产品质量都是有益的。所以，不应忽视技术文件的编写和存档。

数控加工技术文件目前尚无统一标准，这里仅介绍几种数控加工技术文件，供自行设计时参考。

a. 工序简图：包括工件的装夹方式、所用夹具及编号、编程原点及坐标轴方向，注明工序加工表面及应达到的尺寸和公差。

b. 工序卡：包括工步顺序及内容、加工表面及应达到的尺寸和公差、刀具偏置补偿号、主轴转速及进给速度等。

c. 刀具卡（包括量具卡）：包括砂轮的组成及调整，必要时还要填写刀具调整卡，甚至画出调整图，指明所用的砂轮型号及规格，若是成形砂轮，要画出砂轮的形状，若用金刚石滚轮修整，则要指明金刚石滚轮的代号，还要给出量具的规格与精度。

d. 机床调整卡：机床操作面板各按钮、开关位置和状态，如选择跳段及选择停（M01）开关，在程序运行到哪里时需做何调整等。

e. 加工程序说明：实践证明，仅用加工程序单和工艺规程来进行实际加工还有许多不足之处，由于操作者对程序的内容不够清楚，对编程人员的意图不够理解，经常需要编程人员在现场解释、说明与指导，不利于长期批量生产，应有必要的加工程序说明。

根据实践，一般应说明的主要内容如下。

ⅰ. 所用数控设备型号及数控系统型号。

ⅱ. 对刀点及允许的对刀误差，与编程原点的关系。

ⅲ. 加工原点的位置及坐标方向。

ⅳ. 所用砂轮的规格、型号，必须按砂轮尺寸加大或缩小补偿值的特殊要求，如用同一个程序、同一把刀具（砂轮），用改变刀具半径补偿值进行粗、精加工时。

ⅴ. 整个程序加工内容的安排，相当于工步内容说明与工步顺序，使操作者明了工作顺序。

ⅵ. 子程序的说明，以及主程序与子程序的调用关系，最好能画出树形图。

ⅶ. 其他需要特殊说明的问题，如需在加工中调整夹紧点的计划停机程序段号，中间测量用的计划停机程序段号，允许的最大刀具偏置补偿值，冷却液的使用及开关等。

f. 走刀路线图：在数控加工中，特别要防止刀具在运动中与夹具、工件等发生意外碰撞，为此，必须设法告诉操作者关于程序中的刀具运动路线，如从哪里进刀、退刀或斜进刀等，使操作者在加工前就了解并计划好夹紧位置及控制夹紧元件的尺寸，以避免发生事故，此外，由于工艺性问题，必须在加工中挪动夹紧位置，也需要事先告诉操作者。

以上数控加工技术文件，在实际使用中可根据零件复杂程度进行适当增减。

⑥ 编写零件加工程序 零件加工程序是零件加工的重要依据之一。除了对加工的描述正确无误外，还应便于操作者阅读与理解，便于保存和查阅，因此还应包括以下几项内容。

a. 程序名、程序号以及用于加工零件的工序号，使用的机床及数控系统。因为不同的数控系统其指令是不通用的。这些内容最好放在程序单的前面，使操作者首先能看到这些信息。

b. 由于程序结构的原因，整个程序可能由一个主程序和若干个子程序组成，为不使程序有遗漏，最好在前面画出程序关系的树形图，使其一目了然。

c. 程序要加注释，充分利用好系统给予的注释功能，并画出刀心轨迹图，以辅助程序的阅读和理解。在程序单的书写上要分段，每个工步之间可用顺序号标识，或用程序段结束符（EOB）分隔，以利于阅读。

如果以字母"O"后加 4 位数字表示程序名时，可使数字与零件图、工序号发生某种联系，赋予它一定的含义，便于辨识。

总之，编程员要利用系统给予的一切条件，增加程序的可读性。

程序单写好后，要认真核对，不要有一丝差错。若有更改，要改完整。

程序的数制有常用型小数点和计算器型小数点两种，每个系统甚至每个机床各不相同。如常用型小数点的系统若不写小数点，则为最小输入单位，数值将变为 1/10000，这是十分危险的。为减少差错，建议在书写时都加上小数点。为了醒目，在点的后面添加数字"0"，表明以"0"的格式书写。

程序设计时，尽量提高程序的完整性，不要让操作者在机床调整后添加数据，免得改不完全或下次再生产时还要修改，增加出错概率。程序设计时，要把安全因素考虑进去。在有条件的情况下，在上机床之前，要进行程序的校对与验证，以保证程序的正确性。

当程序输入系统后，可利用系统的校对功能，检查在程序输入（传输）过程中是否有差错，不管是初次使用的程序还是再次使用的程序，都要进行程序的验证与首件试切，绝不可贸然执行。经验证过的程序，要输出存档。尽管现在数控系统内存较大，为安全起见，还是应该输出存档。

(3) 数控外圆磨削方式及编程

数控外圆磨床与普通外圆磨床比较，在磨削范围方面，普通外圆磨床主要用于磨削圆柱面、圆锥面或阶梯轴肩的端面磨削，数控外圆磨床除此而外，还可磨削圆环面（包括凸 R

面和凹 R 面），以及上述各种形式的复杂的组合表面；在进给方面，普通外圆磨床一般采用液压和手轮手动调节进给，且只能横向（径向）进给和纵向（轴向）进给。数控外圆磨床除横向（X 轴）和纵向（Z 轴）进给外，还可以两轴联动，以任意角度进给（切入或退出），以及产生圆弧运动等。这些运动速度完全数字化，因此可以选择最佳的磨削加工工艺参数。此外，数控外圆磨床在磨削量的控制、自动测量控制、修整砂轮和补偿等方面都有独到之处。

数控外圆磨床的工件主轴头和工作台一般可调整一定角度，用于磨削锥面或校正磨削锥度。主轴中心顶尖、尾座中心顶尖及测量头等一般可手动和用 M 代码控制前进和后退。

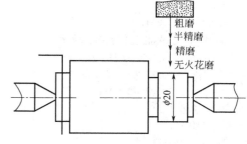

图 5-4 横向磨削

数控外圆磨床砂轮头一般分直形和角形两种形式。直形适合于磨削砂轮两侧需要修整的工件，角形砂轮头一般偏转 30°，适合于磨削砂轮单侧需要修整的工件，因此在机床选型时要考虑其适用范围。

① 一般直轴外圆及轴肩端面的磨削

a. 横向磨削。在需要磨削部分轴向尺寸小于砂轮宽度时，采用横向磨削的方法，一次切入完成粗磨、半精磨和精磨，整个磨削过程只有 X 轴运动，如图 5-4 所示。

其横向磨削部分程序如下。

```
N10 G0       X20.6；               （快速趋近定位）
N20 G1 G99 X20.35 F0.1；         （空磨，F0.1 表示切入速度）
N30          X20.18 F0.01；        （粗磨）
N40          X20.02 F0.006；       （半精磨）
N50          X20.0 F0.002；        （精磨）
N60 G4 U3.0；                      （无进给磨削）
N70 G0       X30.0；               （快速退回）
```

其中 G0 快速趋近定位取值方法如下：公称直径＋磨削余量＋黑皮厚＋0.2～0.3mm。

b. 纵向磨削。在工件需要磨削部分轴向尺寸大于砂轮宽度时，采用 Z 轴移动纵向磨削的方法。

在磨削余量较大的情况下，一般先分几次进行横向切入磨削，以提高磨削效率。

纵向磨削时，在工件两端砂轮不产生干涉时，一般砂轮应走出砂轮厚度的 1/3 左右。在单边发生干涉时，如果工件前一道加工工序未切出空刀槽，采用单边切入纵向磨削效果比较好，利于清除根部，如图 5-5 所示。

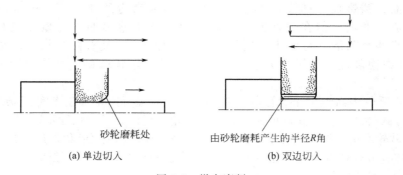

图 5-5 纵向磨削

c. 端面磨削。一般采用角形砂轮，磨削方式一般与横向磨削方式相同。端面与外圆都需要磨削时，可采用 X、Y 轴联动斜向切入的方法，以提高磨削效率。但端面磨削接触面积较大，要注意磨削条件，防止发生烧伤。

图 5-6 所示为一个端面和外圆需要磨削的零件，其外径余量为 0.3mm，端面余量为 0.08mm。磨削程序如下。

```
G1 G98 X20.6 Z0.2 F100;
    G99 X20.35 Z0.1 F0.1;
        X20.02 Z5 F0.005;
        X20.0 Z0 F0.002;
G4 U4.0;
G0 X30.0 Z1.0;
```

使用此程序加工根部 R 较大，欲使根部 R 较小可使用以下程序。

```
G1 G98 X20.6 Z0.2 F100;
    G99 X20.35 Z0.1 F0.1;
        X20.02 F0.008;
G4 U2.0;
    U10;
    Z5 F0.003;
    Z0 F0.0015;
    X20.0 F0.002;
G4 U4.0;
G0 X30.0 Z1.0;
```

前、后两段程序的区别如图 5-7 所示。

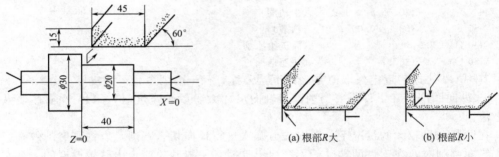

图 5-6　端面磨削　　　　　　　　　　图 5-7　端面磨削

② 复杂外圆型面的磨削　在普通外圆磨床上磨削复杂形状外圆时，一种方法是分别磨削外圆柱面、圆锥面、圆弧面等表面，但这样很难达到同轴度、位置度等要求。另一种方法是成形磨削，但在普通磨床上砂轮要修整出精确的轮廓型面很难。数控外圆磨床既有直线插补功能（可用于磨削圆柱面和圆锥面），又有圆弧插补功能（可磨削圆环面），因此在磨削复杂外圆型面时，数控磨床可充分显示和发挥其功能。其磨削加工方式主要有以下三种。

a. 砂轮沿零件表面走出轮廓形状。图 5-8 所示方式可用来加工各种复杂形状的外圆表面，但这种方式必须使砂轮修得很尖，磨削时砂轮消耗快，尺寸精度不稳定。

b. 成形砂轮磨削。图 5-9 所示方式是将砂轮修出零件轮廓形状，用成形砂轮趋近工件靠磨成形。这种方式适合于小于磨削砂轮宽度的各种形状的外圆表面磨削，砂轮磨削较均匀，各部分精度易于控制。

c. 复合磨削既有成形磨削又有沿零件表面轮廓形状进给的磨削，如图 5-10 所示，该方式适用于形状不一、表面距离大于砂轮宽度时的磨削，要求相邻磨削表面加工时互不干涉。可根据不同精度要求，来选择各部分的磨削方式。

图 5-8　磨削加工

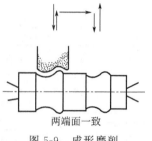

两端面一致

图 5-9　成形磨削

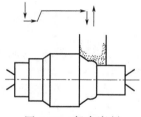

图 5-10　复合磨削

③ 测量磨削　也称定尺寸磨削。它的特点是，考虑编程所设原点与实际磨削原点，通过选定的测量部分直径的坐标值，使每个工件测量部分磨削后的直径基本保持一致，可有效地防止间接测量产生的累积误差。

a. 测量磨削装置。外径测量装置是在磨削过程中对工件的尺寸进行直接测量，并将结果转变为电信号。当达到设定尺寸时，发出电信号来控制砂轮头的退出。在磨削开始前应精确设定外径尺寸到 O 点，并设定好发出信号的尺寸位置。图 5-11 所示为测量磨削过程，1P、2P 信号点为进给率控制点，3P 信号点为 O 点，即精确尺寸点。进给过程线的斜率越大，进给速率越大。

对于测量磨削，编程时所编进给率的转换位置，由测量仪表发出信号控制，所以编程的切深可以不很精确。图 5-12 表示出粗磨、精磨和无火花磨削的切入量和剩余运动量。各测量设定信号，应在各指令切入值的中途发出，这样下一个程序段才能被启动。

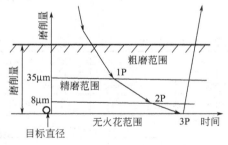

图 5-11　测量磨削

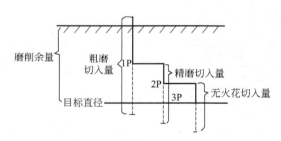

图 5-12　磨削余量与切入量

b. 实际测量磨削程序。一般采用跳越机能（G31）或（/）来编程。测量头在工件氧化皮磨掉后再进到测量位置较好。

（4）数控磨削加工工艺参数

数控磨削加工工艺参数的设定，应从工件形状、硬度、刚性及夹具等工艺系统各部分的因素综合考虑，同时还要注意砂轮、修整器金刚石的选择，以及考虑编程方式、修整条件等。下面给出的是一般磨削加工情况下的参考值，实际加工中的工艺参数要根据具体条件进行设定。

① 外径横向磨削条件设定

a. 间接测量部分，如图 5-13 所示。

$Ra80\sim5$ 粗磨；$Ra3.2\sim2.5$ 半精磨；$Ra0.32\sim0.02$ 精磨。

G98 单位 mm/min；G99 单位 mm/s。

b. 直接测量部分，如图 5-14 所示。

1P：测量设定 1 信号，是 $Ra80\sim5$ 与 $Ra3.2\sim2.5$ 的交换点。

2P：测量设定 2 信号，是 $Ra3.2\sim2.5$ 与 $Ra0.32\sim0.02$ 的交换点。

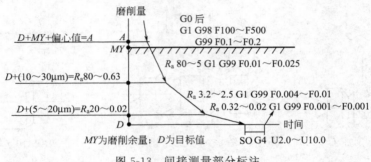

图 5-13　间接测量部分标注

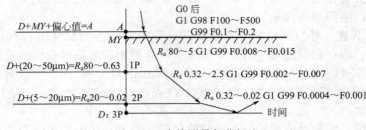

图 5-14　直接测量部分标注

3P：测量设定 3 信号，是磨削的结束点。

② 外径纵向磨削条件设定　纵向磨削余量一般在 0.002～0.03mm，外径纵向磨削条件和切入方式见表 5-2。

表 5-2　外径纵向磨削的磨削条件和切入方式

磨削要求	切入方式	一次切入量	切入速度	暂停/s	纵向磨削速度
$Ra\,80\sim5$	两端切入	$\phi1mm\sim\phi20\mu m$	G1 G99	0.1～2.0	G1 G98
$Ra\,3.2\sim2.5$	单端切入		F0.002～F1	0.1～1.0	F100～F2000
$Ra\,0.32\sim0.02$	无切入	（无进给）			G1 G98 F50～F1500

③ 端面磨削条件设定　端面磨削的磨削条件和切入方式见表 5-3。

磨削条件设定要注意以下两点。

a. 端面磨削与外圆磨削相比，砂轮接触面积大，发热量多，容易产生烧伤，因此切入速度要尽量小些。

b. 斜向切入时，X、Z 轴同时运动达到指令点，因此要注意分配 X、Y 方向的切入量，也就是切入角度要适当。

表 5-3　端面磨削的磨削条件和切入方式

切入方式	磨削要求	磨削量	切入速度
斜向切入	$Ra\,80\sim5$	$100\sim200\mu m$	G1 G99 F0.005～F0.01
	$Ra\,3.2\sim2.5$	$8\sim20\mu m$	G1 G99 F0.002～F0.005
	$Ra\,0.32\sim0.02$	$5\sim10\mu m$	G1 G99 F0.001～F0.003
Z 轴切入	$Ra\,80\sim5$	$100\sim200\mu m$	G1 G99 F0.003～F0.005
	$Ra\,3.2\sim2.5$	$8\sim20\mu m$	G1 G99 F0.002～F0.004
	$Ra\,0.32\sim0.02$	$5\sim10\mu m$	G1 G99 F0.0005～F0.002

④ 工件主轴转速设定　主轴转速 $n=\dfrac{1000v}{\pi d}$，v 为工件线速度，d 为工件直径。

根据上面的公式求出的主轴转速 n，选择适当的 S 代码，随着工件线速度的增加，磨削效率提高，但砂轮磨耗增大，表面粗糙度将变差。

（5）数控外圆磨床典型零件的加工实例

喷嘴阀（图 5-15）是在数控外圆磨床上加工的一个较典型的零件。该零件要磨削圆柱面（$\phi10h5\text{mm}$）、圆锥面（1∶8）和圆弧面（$R2.5\text{mm}$），各处单边磨削余量为 0.1mm。

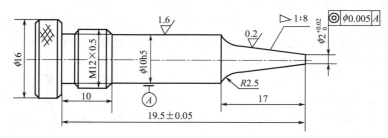

图 5-15　喷嘴阀

① 磨削工件零件图分析　该零件外圆 $[\phi10h5\,(_{-0.006}^{\ \ 0})\text{mm}]$ 和锥面粗糙度（$Ra0.2\mu\text{m}$）及同轴度（$\phi0.005\text{mm}$）等加工要求是磨削加工要首先考虑的重点。

② 选择设备　根据被加工零件的外形和材料等条件，选用 GA5N 型数控外圆磨床。数控系统为 FANUC-10T，并配有自动测量装置。

③ 工件工艺方案的确定　因有同轴度的要求，所以要一次装夹完成外圆与锥面进行磨削。根据喷嘴阀的结构形状，采用 $M12\times0.5\text{mm}$ 螺纹与 $\phi16\text{mm}$ 侧面拧紧定位。磨削方法既可用平砂轮控制磨出圆柱面，再用圆弧、直线插补走出圆弧面及锥面（图 5-16），也可将砂轮修整成喷嘴阀标准轮廓形状，进行成形磨削（图 5-17）。

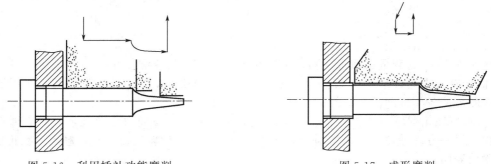

图 5-16　利用插补功能磨削　　　　　　图 5-17　成形磨削

两种方案比较，用平砂轮磨圆弧和锥面，只有尖端磨削，接触面小，砂轮磨损快，锥面精度低，表面粗糙度差，因此不宜采用此方案。由于要磨削部分的长度不大，可以采用成形磨削的方式，各部分同时磨削，效率高且尺寸精度较一致，锥面部分的表面粗糙度值也会小。

④ 磨削程序　该工件可在 GA5N 型数控外圆磨床上加工，数控系统为 FANUC-10T，并配有自动测量装置。

磨削程序如下。

```
N1   G50   X200.0 Z0 T0 ;
N10  G0    Z0.8 M13 S1;
           X30.0 S4;
     G01   G98 X11.0 F300;
           G99 X10.5 Z0.4 F0.2 S5;
```

```
N15           X10.1 Z0 F0.01;
              X9.997 F0.005;
    G04 U5.0 ;(暂停,无火花磨削)
    G98 W2.0 F5;
        W5.0 F100;
    G00 X200.0 M12;
    G40 Z0 T0;
M30;
```

　　这个程序基本上描述了磨削运动过程,但由于砂轮尺寸随着磨削过程不断变化,在批量加工中会产生较大的累积误差,仅仅依靠这个程序还不能保证零件的尺寸公差。无疑,采用直接测量磨削可以解决上述问题。该机床配备了自动测量装置,当被磨削工件测量部分尺寸达到测量仪某设定值时,测量仪发出信号,正在执行的带 G31 的程序段则结束,跳越到下一程序段。因此,可以在程序段中给一个较大的相对值,在该程序段运动指令未执行之前达到设定值,该段剩余运动被忽略,进到执行下一程序段。采用这种方法可以使各零件间的尺寸公差控制在 ±0.001mm 之内。外径横向磨削条件的设定:直接测量部分 $1P=0.04\mu m$,$2P=0.005\mu m$,$3P=0$。则程序从 N15 以下修改为

```
G01 X10.3 Z0.3 F0.02;
    X10.2 Z0   F0.01;
    M21;
G31 U−0.5 F0.005 M24;
G31 U−0.4 F0.008;
G31 U−0.1 F0.0002;
M97;
N20 G50 X9.997 Z0 T0;
N21 G04 P1000;
    G98 W2.0 F5;
        W5.0 F100;
    M95;
N99 G0 U5.0 M23;
```

　　程序中 M21 为测量头前进到测量位置的指令,M24 指令测量开始,M97 是对 G31 输出 3P 点信号检查指令,M95 为修整计数器减 1 指令,M23 指令为测量头退回。使用这个程序,一般可使各零件间的公差控制在 ±0.001mm 之内。

　　⑤ 修整砂轮程序　砂轮在磨削一定数量的零件后,一方面由于磨耗,砂轮表面形状将有变化;另一方面砂轮变钝,切削能力下降,因此需要对砂轮进行修整,修出形状正确、锋利的砂轮表面。

　　根据经验和实际测量情况,在修整计数器中设一值,每磨削一个零件 M95 指令使计数器减 1,计数器值变为 0 时,再循环启动程序,调用修整砂轮程序。

　　修整砂轮形状部分的子程序如下。

```
()1001(DRESS,SUB);
  G00 W−50.0 T1;
  G01 G98 U−10.0 F300;
  G41 W10.0 F150;
      U−1.957 W15.656 F30;
  G02 U−4.995 W2.33 R2.5 F50;
  G01 U−1.16;
  G40 U−0.9;
      U−0.1 F1.5;
```

```
G04 P100；
    U1.2 W0.6 F70；
    W−0.5；
    U−0.2；
G41 W0.3；
    W22.6 F120；
    U2.0 W−1.0；
    U27.0；
G40 W5.0 F300；
G00 U43.112；
    W−5.0 T0；
M1；
M99；
```

该程序的运动指令为砂轮运动。实际情况是，金刚石修整器将砂轮修整成相反的形状，如图 5-18 所示。

⑥ 使用变量编程　在调用修整子程序前，必须首先确定砂轮与金刚石修整器的相对位置。上面提到，修整后的砂轮相对工件的位置发生了变化，因此在程序中使用变量可较容易地解决这一问题。

将磨削原点坐标输入变量♯500、♯501 中，修整原点设在♯505、♯506 中。安装新砂轮时，由砂轮尺寸及修整器两者相对机床坐标系的位置，人为设定其值，在正常加工修整后，自动更改设定。

程序如下。

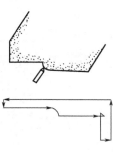

图 5-18　砂轮修整

```
N900(DRESS)；
    G28 U1 T0；
    G28 W1；
    G27 U0 W0；
    G00 W ♯506 M8；(定位到修整原点)
        U♯505；
    M96；(修整计数器复位)
    M1；
    G1 G98 F300 T1；
    ♯510＝0；
    ♯511＝0；
N905 ♯510＝♯510 −0.03；
    ♯511＝♯511−0.01；
N906 U−20 W−7；
N907 U−10 W−3 M98 P1001；
    G1 G98 F300 T0；
    ♯505＝♯5021；
    ♯506＝♯5022；(新的修整原点)
M1；
/M99 P905
G00 U5.0 M9；
    Z0；
    X200.0；
    U♯510♯511
G50 X200.0 Z0；
(M99 P1)；
```

M30；

程序中♯510、♯511用于修整量累加补偿。砂轮修整后回到工件加工原点。如果在M30前加程序段M99 P1，则直接进行磨削加工。

修整砂轮程序的调用有下面两种方式。

a. 选择跳越开关OFF，在程序中有/M99 P900程序段，程序转到N900修整程序。

b. 在磨削程序中加存M95指令，每执行一次磨削程序，修整计数器的值被减1，当该值变为0时，选择跳越机能被忽视，则执行/M99 P900程序段，对砂轮进行修整，在修整程序中有M96指令，使修整器复位（回到原设定位）。

在修整程序中，程序段/M99 P900为当一次修整不理想，要继续进行修整时，将选择跳越开关OFF，直到修整满意，再选择跳越开关ON，结束修整。修整量由♯510和♯511进行累加，可用于显示总修整量和进行补偿量计算。正常加工过程中，选择跳越开关保持ON。恰当地在程序中使用变量，可使程序更加完美。

主程序流程图（图5-19）及主程序如下。

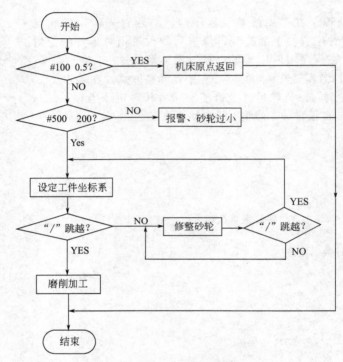

图 5-19　主程序流程图

( )1000；
IF［♯100 LE 0.5］GOTO 200；
IF［♯ 500 GT−200.0 GOTO］；
♯3000＝1（ALARM DISPLAY）；
N01 G50 X200.0 Z0 T0；
/M99 P900；
N10　G00　Z0.8 M13 S1；
　　　　X30.0 S4；
　　　G01 G98 X11.0 F300；
　　　G99 X10.5 Z0.4 F0.2 S5；
/（NO SIZZING）；

```
/X10.1 Z0　F0.01；
/X9.997　F0.005；
/G04 U5.0；
/M1；
/M99 P20；(无测量磨削,用于首件调试)
    X10.3 Z0.3 F0.02；
    X10.2 Z0 F0.01；
    M21；
    G31 U-0.5 F0.005 M24；
    G31 U-0.4 F0.0008 M20；
    G31 U-0.1 F0.0002 M20；
    M97；
N20 G50 X9.997 Z0 T0；
N21 G04 P1000；
    G98 W2.0 F5；
    W5.0 F100；
    M95；
N99 G00 X200.0 M12；
    G40 Z0 T0；
    ；
    #500=#5021；
    #501=#5022；
M30；
    ；
N900(DRESS)；
    G28 U1 T0；
    G28 W1；
    G27 U0 W0；
    G00 W #506 M8；(定位到修整原点)
        U#505；
    M96；(修整计数器复位)
    M1；
    G1 G98 F300 T1；
    ；
    #510=0；
    #511=0；
N905  #510=#510 -0.03；
      #511=#511 -0.01；
N906  U-20 W-7 M98 P1001；
N907  U-10 W-3 M98 P1001；
    G1 G98 F300 T0；
    ；
    #505=#5021；
    #506=#5022；(新的修整原点)
    M1；
/M99 P905；
G00 U5.0 M9；
    Z0；
    X200.0；
```

```
     U#510#511;
G50 X200.0 Z0;
M30;
;
N200 G28 U1 T0;
G28 W1;
G27 U0 W0;
G0 W#501;
U#500;
#100=1;
G50 X200.0 Z0 T0;
M30;
```

N200 以下为自动返回机床原点，再回到加工起点部分的程序，编程时要注意，返回机床原点要先走 X 轴，去加工起点要先走 Z 轴，不要联动；这样可避免砂轮与尾座、修整器或夹具等产生干涉。

5.1.2 数控光学曲线磨削

本节主要介绍国产的 MK902X 系列数控光学曲线磨床及其应用。MK902X 系列数控光学曲线磨床由精密投影仪、多自由度磨头及工作台等组成，适用于加工各种精密复杂的模具、样板、成形刀具、滚轮等。机床采用西班牙 FAGOR 公司的 CNC 四轴控制系统，其中两轴为插补控制轴，分别控制机床工作台的纵、横向进给，另两轴控制磨头滑座的纵、横向进给。砂轮转速、滑板往复速度控制均采用日本富士变频控制系统，可进行无级调速。机床具有直线、圆弧连续轨迹磨削与参数方程曲线连续轨迹磨削及投影检测等功能。

MK9025、MK9020 型数控光学曲线磨床由光学投影系统、机床和计算机控制箱三大部分组成。

① 光学投影系统 该系统由照明部分、放大物镜、反光镜及投影屏三部分组成。采用光学灯源在工件上部，物镜组在工件下部的光路。

a. 照明部分：有反射照明系统和透射照射系统。

b. 放大物镜：有放大倍率分别为 10、20、50、100 等的大小物镜。

c. 反光镜及投影屏：主要用于找正基准线，用放大图检查工件尺寸及成形要求，并进行坐标尺寸定位。

② 机床部分 由床身、坐标磨头架、坐标工作台三部分组成，并有磨削圆柱体回转中心架、砂轮修整器等附件。

a. 坐标磨头架。其上装有磨具，进行上下直线运动，通过蜗杆副，磨具可在 −2°～30° 范围内转动，以磨削刀具的后角，同时可将磨头座在水平面旋转 30°，以磨削刀具侧后角。最下面的是一副十字滑板，用计算机控制的两根轴为 X、Y 坐标轴，对在 X、Y 向平面内的精密圆弧、直线、斜线和不规则曲线，采用插补的方法进行磨削。X、Y 两轴也可通过手轮手动按投影放大图进行磨削操作。用计算机控制时，每个脉冲当量为 $1\mu m$，有效读数为 6 位。

b. 坐标工作台。工作台由上台面、中拖板、拖板座、升降立柱等组成。用手柄旋转丝杠，坐标工作台可在 X、Y 方向运动，其位移尺寸根据磁性尺数显控制，主要用于工件对基准及接刀的位移控制。用手轮可使坐标工作台沿立柱上下移动，以调整工件的焦距，使投影清晰。工作台的磁性尺与投影仪的基线可测量工件的 X、Y 方向尺寸，最小读数值为 $1\mu m$，有效读数为 6 位。工作台的最大行程 X 方向为 200mm，Y 方向为 90mm，并可任意置"0"。

③ 计算机控制箱　即数控装置。该磨床的计算机控制箱是由日本 FANUC 配套的，它可控制三根坐标轴的运动，但只能使两个坐标轴联动，即（X,Y）或（X,B）或（Y,B）。通过计算机输出，使 X、Y 两轴进行坐标移动，以加工直线、斜线、圆弧及各种轮廓曲线，也可使 X、B 或 Y、B 轴联动加工柱面（B 轴控制 360°回转工作台，每 1°由 1000 个脉冲组成，可作任意大于 1°/1000 的角度控制）。

计算机控制箱面板上有操作按钮及数控编程手动输入键盘，并可通过 CRT 屏幕显示、校对程序，加工时可观察磨削运动轨迹。

该计算机采用一般国际上通用的代码指令 ISO、EIA，也采用按机床加工需要的指令，如准备指令（G 代码指令）和辅助指令（M 代码指令）及各种字符代码与加工编程的语言格式。

数控光学曲线磨床数控功能见表 5-4。

表 5-4　数控光学曲线磨床数控功能

1 MDI 和 CRT 字符显示	17 程序检查	33 工时计时器
2 简单输入	18 顺序号检索	34 数据保护
3 程序存储和编辑	19 跳越程序段	35 光屏
4 记忆再现	20 任意停机	36 自动操作
5 中断处理	21 行程极限值存储	37 手摇脉冲发生器
6 图形和数据输入	22 超越行程	38 暂停
7 插补	23 多象限圆弧插补	39 下磨
8 阅读机、穿孔机接口	24 小数点输入	40 单程序段执行
9 子程序	25 自动加速、减速	41 进给量调整
10 砂轮半径补偿	26 自动切断电源	42 EIA/ISO 代码识别
11 砂轮偏置量存储	27 自动停机	43 用户宏指令
12 间距误差补偿存储	28 暂停/再启动	44 四位数进给
13 位置显示	29 吸尘器开关	45 参考点返回
14 存储序数	30 冷却装置开关	46 参考点设定
15 最大指令值	31 偏置程序	47 自动诊断
16 程序编辑	32 时间累加器	

MK9020、MK9025 机床的主要技术参数列于表 5-5 中。

表 5-5　MK9020、MK9025 机床的主要技术参数

型　号		MK9020	MK9025
最大磨削厚度/mm		110	110
分段磨削长度/mm		200	250
最大磨削深度/mm		35	35
最大磨削直径/mm		100	100
最大磨削长度/mm		150	150
一次投影最大区域/mm		$10\times6,25\times15$	$10\times6,25\times15$
工作台	纵向行程/mm	200	250
	横向行程/mm	100	100
	垂直行程/mm	100	100
	台面面积/mm	400×260	360×260

续表

		175	175
砂轮	直径/mm	175	175
	转速/r·min⁻¹	3600～6600	3000～6600
滑板	往复行程/mm	120	120
	往复速度/次·min⁻¹	40～120	30～120
砂轮架	绕纵向水平轴转动量/(°)	−2～30	−2～30
	绕横向水平轴转动量/(°)	±6	±6
	绕垂直轴转动量/(°)	±10	±10
滑座	纵向行程/mm	120	60
	横向行程/mm	100	60
	纵横向进给速度(脉动当量)/mm	0.001、0.004、0.008	0.001、0.004、0.008
光学系统	物镜放大倍数	20 或 50	20 或 50
	投影屏幕面积/mm	500×300	500×300
	照明形式	透射,反射	透射,反射
电机	砂轮主轴/kW	0.35	0.35
	砂轮滑板/kW	0.75	1.1
	吸尘器/kW	0.55/0.75	0.75
机床轮廓尺寸(长×宽×高)/mm		1660×1560×1500	1760×1680×1500
机床毛重/kg		3500	3500

MK902X 系列数控磨床编程是依据计算机中特定的代码指令和需要的数字按照一定的格式来编制程序的过程。

① 指令和代码　MK9020 型磨床的指令代码见表 5-6。

表 5-6　指令代码（地址符号）

功能	地址	意义
程序数	O	1～999
次序数	N	1～9999
准备功能	G	0～99
坐标字	X、Y、Z(B)	±9999.999mm
辅助功能	M	0～99
停留	X,P	0～9999.999s
子程序	P	1～999999
补偿量	H	0～32
进给	F	0～1000mm/min

准备功能指令代码见表 5-7。

辅助功能指令代码（辅助字符）见表 5-8。

② 编程格式　程序由程序段组成，而程序段由一系列指令代码构成。各程序段用"程序段结束"加以区别，本机用";"来表示。

程序段中的一系列指令，规定了操作、坐标值或地址语句。故程序段内一定的字组合，如某一程序的一个单程序段为

N1　G90　G92　X0　Y—10.；

表 5-7　准备功能指令代码（节选）

G 代码	组别	意　义	基本 B/选择 O
G00	01	定位（快速移动）1000mm/min	B
G01		直线插补 5mm/min	B
G02		圆弧插补（顺时针）	B
G03		圆弧插补（逆时针）	B
G04	00	暂停（s,ms）	B
G10		偏置值设定	B
G17	02	XY 平面选择	B
G18		$Z(B)X$ 平面选择	B
G19		$Z(B)Y$ 平面选择	B
G20	06	英寸转换	O
G21		米制转换	O
G27	00	回原点检查	B
G28		回原点	B
G29		从原点回来	B
G30		回第二原点	B
G39	07	转角偏置圆弧插补	B
G40		刀具（砂轮）半径补偿取消	B
G41		刀具（砂轮）半径补偿（左侧）	B
G42		刀具（砂轮）半径补偿（右侧）	B
G43	08	刀具（砂轮）长度偏置（＋）	B
G44		刀具（砂轮）长度偏置（一）	B
G49		刀具（砂轮）长度偏置取消	B
G54	09	工件坐标系 1 选择	O
G55		工件坐标系 2 选择	O
G56		工件坐标系 3 选择	O
G57		工件坐标系 4 选择	O
G58		工件坐标系 5 选择	O
G59		工件坐标系 6 选择	O
G60	00	单方向定位	O
G65		宏命令	O
G66	10	用户宏模态调用	O
G67		用户宏模态调用取消	O
G90	03	绝对值数值编程	B
G91		增量值数值编程	B
G92	00	坐标系统设定	B
G94	05	每分钟进给量	B
G95		未用	O
G98	04	回到原先平面	B
G99		回到 R 点平面	B

　　该程序段由五个字组成，其中 N1 是序号，G90 和 G92 是机床要执行的指令功能（准备功能）。G90 表示采用绝对值坐标，G92 表示坐标系统设定，而 X0 Y－10. 为坐标字，它表示砂轮运动方向和坐标值，即砂轮向前方（靠操作者）移动 10mm。

表 5-8　辅助功能指令代码（辅助字符）

M 代码	功　能	基本 B/选择 O	M 代码	功　能	基本 B/选择 O
M00	程序停止	B	M25	往复运动滑座启动	B
M01	程序开始	B	M27	往复运动滑座停止	B
M02	程序结束	B	M28	机床锁定启动	B
M04	圆弧磨削附件启动（开）	O	M29	机床锁定无效	B
M05	圆弧磨削附件停止（关）	O	M30	纸带结束	B
M17	同步进给（开）	O	M32	X 轴镜像操作启动	B
M18	同步进给（关）	O	M33	Y 轴镜像操作启动	B
M20	往复运动滑动固定点停止	O	M35	所有轴镜像操作取消	B
M23	砂轮主轴启动	B	M98	子程序调用	B
M24	砂轮主轴停止	B	M99	子程序调用结束	B

必须注意字中的数值小数点所具有的特殊含义，如 $Y-20$ 和 $Y-20.$ 两个字有极大的差别，前者表示 $-20\mu m$，而后者则表示 $-20mm$，在数据处理时要注意区分。

该计算机有刀具（砂轮）补偿功能，因此在编写程序时节约了大量的刀具轨迹计算时间，只要按照图样尺寸计算，再加上砂轮运动起点和终点（即回到砂轮起始点）即可。

磨削工件角度型面如图 5-20 所示，所编制的程序带有砂轮补偿，并确定了砂轮加工时的走向。

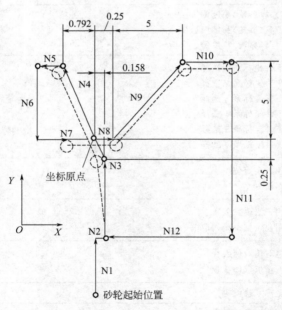

图 5-20　角度型面工件及其磨削程序运动轨迹

磨削角度型面工件程序见表 5-9。

该程序段具有砂轮补偿的斜面程序的格式内容，共由 13 段组成。从起点 N1 快速进给到 N3 磨削斜面，再快速行程至坐标原点磨削直线、45°斜面，然后砂轮按程序段快速退回至起始点。

数控曲线磨削实例：在 MK9020 型数控光学曲线磨床上磨削图 5-21 所示的圆弧样板，编制带有砂轮补偿功能的程序，并确定砂轮加工时的走向。

表 5-9　磨削角度型面工件的程序

程　序	说　明
N1 G90 G40 X0 Y－5.；	编程零点偏置到 $Y=-5$mm
N2 G0 X－0.158；	快速行程到 $X=-0.158$mm 处
N3 G41 G0 Y－1.H01；	将砂轮偏置到 $Y=-1$mm，刀补 1 号位
N4 G41 X－0.792 Y5.；	砂轮半径左侧补偿 $X=-0.792$mm，$Y=5$mm，磨斜面
N5 G40 G0 X10.；	砂轮半径补偿取消快速行程至 $X=10$mm 处
N6 Y0；	横向快速行程
N7 G42 G0 X－0.5 H01；	砂轮偏置，快速行程至 $X=-0.5$mm，刀补 1 号位
N8 G1 X0.25；	磨削进给 5mm/min 使 X 移至 0.25mm，磨直线
N9 G1 X5.025 Y5.；	磨削进给 5mm/min，$X=5.025$mm，$Y=5$mm，磨斜面45°
N10 G40 G0 X10.；	砂轮半径补偿取消快速退至 $X=10$mm
N11 Y－5.；	砂轮退回 $Y=-5$mm 至起始位置 Y 坐标
N12 X0.；	砂轮退回起始位置
N13 M02；	程序结束

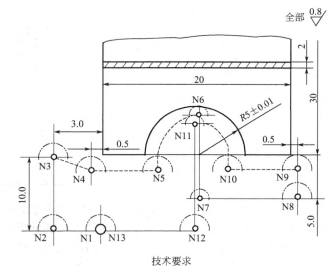

技术要求

材料T10A，热处理淬硬至56HRC

图 5-21　加工圆弧曲线样板坐标

① 图样和技术要求分析　由图 5-21 可知，该样板的主要精度要求为 $R5$mm±0.01mm，圆弧中心与底面两肩在同一直线上。为使圆弧的圆度达到要求，要求编程中采取措施，尽量减少机械加工中的误差。

② 工艺路线

a. 下料（厚 3mm 板料）。

b. 平磨厚度两面至 2.5mm。

c. 钳工划线加工外形，$R5$mm 留余量 0.3～0.4mm，其余留量 0.4～0.5mm。

d. 淬硬。

e. 校平，误差小于 0.03mm。

f. 冰冷处理，消除应力。

g. 磨削厚度至 2mm，平行度误差不大于 0.01mm。磨削四周，与相关平面的平行度、垂直度误差均不大于 0.01mm。尺寸 20mm 磨削至尺寸，尺寸 30mm 磨至 30.2mm，圆弧的对称度误差不大于 0.1mm，表面粗糙度值 Ra 均为 0.8μm。

h. 在数控磨床上装夹，找正 20mm 的两面平行度误差不大于 0.01mm，使 30mm 顶面及 R5mm 的弧面有一定的磨削量，按放大图样修整砂轮。

i. 输入程序，经过粗、精磨达到图样要求。

③ 编程　根据工艺路线安排，最后加工工序为在数控光学曲线磨床上磨削至尺寸要求。磨削前应先编制程序。编制程序前应进行编程计算，并将砂轮修整为 R1.5mm 的圆弧形状，其尺寸精度可用放大图来测量，并将砂轮尺寸输入到计算机内。该工件尺寸精度要求较高，编程时应尽量减少其在机械加工中带来的误差，因此在编程时应采用 $1/4R$（90°）的走向，编制带有刀具补偿功能的程序，所编磨削圆弧样板的程序见表 5-10。

表 5-10　磨削圆弧样板程序

程　序　段	说　　明
N1　G90　G40　X0　Y10. ;	编程零点偏置到 Y＝10mm
N2　G0　X－3. ;	快速行程到 X＝－3mm
N3　Y0;	快速行程到 Y＝0
N4　G42　X－0.5H01;	快速行程到 X＝－0.5mm，刀补 1 号位
N5　G1　X5. ;	磨削进给 5mm/min，使 X＝5mm，磨直线
N6　G2　X10. Y5. R5. ;	磨削进给 5mm/min，X＝10mm，Y＝5mm，磨 R5mm 圆弧（左侧圆弧）
N7　G0　G40　Y－5. ;	砂轮半径补偿取消，快速行程至 Y＝－5mm
N8　X20.5;	快速行程到 X＝20.5mm
N9　G41　Y0　H01;	快速行程到 Y＝0，刀补 1 号位
N10　G1　X15. ;	磨削进给 5mm/min，使 X＝15mm，磨直线
N11　G3　X10. Y5. R5. ;	磨削进给 5mm/min，X＝10mm，Y＝5mm　磨 R5mm 圆弧（右侧圆弧）
N12　G0　G40　Y10. ;	砂轮半径补偿取消，快速行程至 Y＝10mm
N13　X0;	砂轮退回起始位置
N14　M02;	程序结束

④ 注意事项　数控加工是一种先进的机械制造技术，有广阔的发展前景。要掌握这项新技术，除了要能熟练掌握普调机床的操作技能外，还必须了解和掌握数控技术方面的基本知识，特别要熟悉编程的计算和程序内容。必须注意：不同的数控机床可能有不同的指令代码，显然大多数数控装置采用了一般国际上的通用指令，但也有按机床加工需要所设定的指令，需要加以识别，以利于应用。

5.1.3　数控磨床

本节重点介绍斯图特集团的 S41 数控万能外圆磨床和上海机床厂生产的 MGKS1332/H 超高速精密数控外圆磨床。

(1) S41 数控万能外圆磨床

S41 数控万能外圆磨床是一种 CNC 数控万能外圆磨床，能实现完整的复杂磨削加工，S41 磨床采用了世界上最新技术，拥有多项优势技术，如导轨系统、基于直线电机的高精度轴驱动系统，采用超高速 B 轴直接驱动，具有更多选择的砂轮头架配置形式等。S41 磨床可以满足每一种可能的需求，是一种可以用于各种复杂磨削应用的全能磨床。

① S41 磨床主要规格与技术指标

顶尖距	1000mm/1500mm
中心高	225mm/375mm
两顶尖支承最大工件质量	250kg

横向滑板：X 轴

  最大行程   350mm

  分辨率 $0.01\mu m$

  速度范围 $0.001\sim200000mm/min$。

纵向滑板：Z 轴

  最大行程   1150/1750mm

  分辨率 $0.01\mu m$

速度范围/(mm/min)

  速度范围 $0.001\sim20000mm/min$

砂轮头架：B 轴

  回转范围 $-30°\sim225°$

  回转 180°时间 $<3s$

  重复精度 $<1\mu m$

  分辨率 $<0.18\mu m$

外圆磨削

  线速度   50/80m/s

  驱动功率   15kW

砂轮

  直径 500mm×80mm （1005F5）×203mm 50m/s

  直径 500mm×50mm×203mm 配合 80m/s

高速磨削

  线速度   140m/s

  砂轮尺寸（直径×宽度×孔直径） 400mm×40mm×127mm

  驱动功率   30kW

内圆磨削

  主轴直径   120/140mm

  速度范围 $6000\sim120000r/min$

  砂轮直径   127mm

万能工件头架　　ISO 50

  速度范围 $1\sim1000r/min$

  驱动功率   4kW

C 轴用于非圆磨削

电主轴工件头架

  速度范围 $1\sim2000r/min$

  配合锥度/主轴端外径   ISO50/直径 110mm

  主轴孔直径   50mm

  活主轴磨削圆度 $0.1\mu m$

尾座

  配合锥度   莫氏 4 号

  套筒直径   60mm

  圆柱度精密微调范围 $\pm80\mu m$

同步尾座

  配合锥度   莫氏锥度 4 号

  主轴前端直径   70mm

控制系统

　　内置 PC 的 Fanac3Ii-A

机床精度：

　　测量长度 950mm　　　　　　　　　　＜0.003mm

　　测量长度 1550mm　　　　　　　　　　＜0.004mm

　　② S41 数控万能外圆磨床的关键部件特点　主要功能部件包括人造花岗岩床身、纵向及横向滑板的导轨、转塔式砂轮转架及其配置、万能工件头架及其精调装置、直驱式工件头架及非圆成形和螺纹磨削、尾座及同步尾座、砂轮修整装置以及控制和操作系统和 Studer W/N 操作系统。

　　a. 人造花岗岩床身。德国生产的 Granitan® S103 人造花岗岩床身，具有卓越吸振能力和优异热稳定性。该床身的最大振幅约为 0.75μm，发生在 135Hz 的频率处，而铸铁床身的最大振幅约为 1.7μm，其发生在 180Hz 频率处，且频率在 160～200Hz 的区间出现了较大振动峰值的连续波。人造花岗岩床身的最大振幅约为铸铁床身的 44%。由于人造花岗岩床身的卓越吸振力，从而使 S41 磨床具有很好的动态特性，使磨削工件具有良好的表面质量；延长了砂轮的使用寿命，缩短了更换砂轮及修整砂轮的非加工时间。该床身还具有优异的热稳定性及阶段性温度波动的全面补偿功能，可以保证磨床具有很高的精度稳定性。

　　b. Studer Guide® 导轨及纵横滑板。S41 磨床的 X 轴导轨和 Z 轴导轨是直接压铸在床身上，导轨上覆盖一层 Granitan® S200 耐磨材料。这种坚固的结构和免维护设计，使导轨可在全部运行速度范围内保证良好的工作精度和精度稳定性，并具有承受高载荷能力和优异的吸振性。

　　纵向和横向滑板由高质量铸铁铸造而成，经过磨削加工的导轨，具有高精度。滑板在全部运行范围内始终完全处于床身的导轨上，从而为确保在超过 950mm 的可测量长度范围内，获得 0.003mm 的直线精度。

　　滑板顶部的表面在全长上经过磨削，用于支承头架、尾座及其装置和附件。工作台上有一个附加的表面经过磨削的 T 形槽，用于实现对修整装置的优化利用。

　　滑板由直线电机驱动，并配置了分辨率为 10μm 的直接测量系统。两轴的最大运行速度为 20m/min，从而保证了高效、高精度的磨削。导轨系统、直线电机与直接测量系统的完美结合，确保了最高的插补精度。

　　c. 转塔式砂轮架及其灵活配置方式。砂轮架的自动回转部件是实现磨削工序的最重要部件之一。S41 磨床砂轮架需要支撑 4 个或 4 个以上的砂轮自动回转（B 轴），使工件在一次安装中完成全部磨削加工任务，降低辅助时间，保证加工精度和位置精度。

　　B 轴配有直接驱动系统，其走位精度极高且走位迅捷。高精度直接测量系统可以保证 B 轴的重复定位精度小于 1μm。

　　d. 万能工件头架。万能工件头架可以进行活主轴磨削，又可以进行两顶尖磨削。磨床上配有卡盘式工件头架以适应卡盘装夹的工件磨削。工件头架主轴配置滚子轴承，在活主轴磨削时可达到 0.4μm 以内极高精度的圆度。

　　e. 直驱式工件头架。直驱式工件头架主要用于支持完成磨削理念的非圆成形磨削和螺纹磨削，通过 C 轴的定位和速度控制实现非圆成形磨削和螺纹磨削。在驱动电机上配有测量系统的具有标准精度的 C 轴，以适用于螺纹磨削。在工件头架主轴（C 轴）上装有直接测量系统，用于保证最高的非圆成形精度。

　　直驱式工件头架主要用于对重型工件的活主轴磨削和高精度 C 轴磨削。对于成形磨削加工各部位的光谱由直驱系统的设计配置展开，该款工件头架设有固定中心（顶尖）。

　　S41 磨床可以磨削与砂轮中心线平行的传统螺纹，并可进行高精度螺纹的磨削。采用高速非圆磨削功能，可以获得高效率、低成本的性价比，可磨削多边形面、偏心形面、控制凸

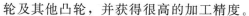

轮及其他凸轮，并获得很高的加工精度。

f. 尾座及同步尾座。尾座套筒的尺寸规格大，采用莫氏锥度 4 号的顶尖，可在尾座中滑动，可按磨削工件的特定精度调整顶尖压力。尾座配有液压驱动套筒伸缩，以便更换工件。

同步尾座主要针对长轴类工件磨削，需要对工件全长上相关特征面进行磨削，或不能采用常规的尾座驱动方式的情况下，选用同步尾座以实现高效率和充分的经济性。

g. 砂轮修整装置及宏程序。S41 磨床具有宽泛、可选择性的砂轮修整装置，该装置为回转式砂轮修整装置，可根据工件、砂轮、修整工具、修整程序等要求进行灵活、合理地协调与配合。尾座后面工作台上放置修整参数的对话屏幕和数据显示窗口，可通过宏程序方便灵活地定义成形修整参数。砂轮参考点（T 参数）是 S41 磨床特点之一。这一特性可直接采用公称尺寸进行编程，可简化磨削工艺的编程工作量，提高编程正确率。

h. 控制和操作系统。S41 磨床配置 Fanuc 3i-A 系统，内置触摸屏，可进行编程和机床操作。

i. Studer WIN 操作系统软件。S41 磨床采用最新的软件技术和图标编程方式，提供了 Studer WIN 操作软件，以保证磨床的利用率和工作的高效性。S41 Studer WIN 将磨削在线测量、加工过程控制、声控监测、砂轮自动平衡、自动上下料系统的控制等功能都集成在操作界面中，从而保证了不同系统下的标准化编程，使驱动元件经过优化后与控制系统具有更好的匹配性。S41 Studer WIN 软件的特点如下。

• 图标编程方式。操作员只需将各个单独的磨削功能图标排列在一起，操作单元将自动生成 ISO 代码。

• 快速对刀设置。通过软件设置砂轮，快速趋近工件，砂轮和工件的设定时间可缩短 90%。

• 辅助功能。提供了多样的典型磨削程序及修整程序，由程序选择组合方式。通过更为优化的磨削程序，提高磨削质量和磨削效率。

• 特殊功能软件。提供了磨削参数计算，修整优化及成形、螺纹、非圆磨削等特殊功能的软件选项，丰富和提高了 S41 磨床的功能及全面性。

• 操作指导手册。操作指导手册可帮助操作者安全、规范、合理、有效地使用机床。

j. 基于砂轮速度的配置。S41 磨床技术指标给出了三档高速外圆磨削砂轮线速度，即 50m/s、80m/s 和 140m/s。50m/s 与 80m/s 归为同一类，基本配置为驱动功率为 15kW。当 v_s＝50m/s 时砂轮直径×宽度＝500mm×50mm，工件主轴驱动功率为 4kW，转速为 1～1000r/min。当 v_s＝140m/s 时的砂轮直径×宽度＝400mm×40mm，工件主轴采用电主轴结构，其驱动功率为 10kW，转速范围为 1～2000r/min。

（2）MGKS1332/H 超高速精密数控外圆磨床

MGKS1332/H 超高速精密数控外圆磨床主要用于脆性、黏性和镀层等难加工材料的高速高质量磨削。

① MGKS1332/H 磨床的主要技术指标

最大磨削工件直径	320mm
最大磨削工件长度	1000mm
最大工件重量	150kg
工件转速范围	6～300r/min
砂轮最大线速度	150m/s
砂轮尺寸（直径×宽度×孔径）	ϕ400mm×22mm×ϕ76mm
机床中心高	200mm
磨削尺寸精度	0.005mm（IT1～IT4 级）

磨削表面粗糙度 $Ra=0.2\mu m$

② MGKS1332/H 磨床主要功能与部件   MGKS1332/H 磨床主要由砂轮主轴、砂轮罩、磨头、砂轮架、工件头架、尾座、移动工件台、砂轮修整器、床身、冷却过滤系统、液压系统、电气控制柜、机床防护等部分组成，如图 5-22 所示。

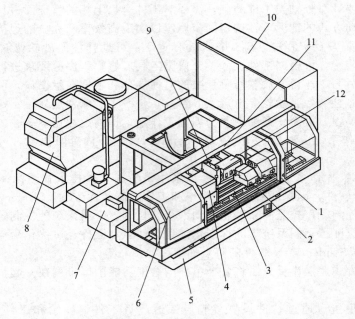

图 5-22   磨床三维布局图

1—尾座；2—砂轮修整器；3—移动工作台；4—工件头架；5—床身；6—机床防护；7—液压系统；
8—冷却过滤系统；9—砂轮罩；10—电气控制柜；11—砂轮架；12—磨头

a. 砂轮主轴   砂轮主轴采用电主轴结构，如图 5-23 所示。主轴中间为内装式电主轴的转子与定子，前后两端采用高速、高精度陶瓷滚珠轴承支撑，后端外侧为编码器，并装有内置式 SBS 动平衡仪，并采用油气润滑轴承和电主轴冷却。根据工件材质不同，分别采用 CBN 及金刚石砂轮，砂轮最高线速度为 150m/s。

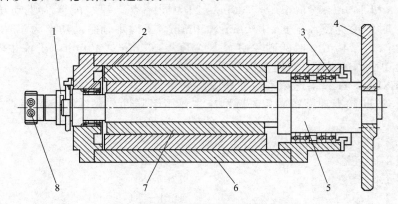

图 5-23   砂轮主轴部件的结构原理

1—内置式 SBS；2—轴承；3—轴承；4—CBN 砂轮；5—主轴；6—体壳；7—电机；8—编码器

b. MGKS1332/H 的砂轮架。砂轮架的横向进给由伺服电机经联轴器，直联驱动小导程刚度丝杆，实现砂轮架的快速进退运动、周期进给、切入进给、微量进给及锥度磨削。

砂轮架导轨副采用闭式矩形静压润滑导轨。此导轨由独立的供油系统提供压力油，为纯液体摩擦，可减少摩擦阻力，提高传统效率，获得良好精度，增加使用寿命。导轨运行时速度的变化对油膜厚度影响较小，工作稳定，低速无爬行且油膜承载能力大，并能保持导轨具有较高的钢性及稳定性。

c. MGKS1332/H 的工件主轴。工件主轴部件分头架及尾座两部分。工件头架采用两个弓形压板固定于工作台左边，采用莫氏 5 号顶尖由伺服电机经减速箱、两级同步带轮带动拨盘绕头架主轴回转，从而使工件获得 3~300r/min 的无级变速，并保证在此范围内恒转矩输出，为工件提供传动动力和支撑定位。

尾座用两个弓形压板固定于上工作台右边，采用莫氏 5 号顶尖，为工件提供回转支撑和定位。尾座顶尖套筒装在尾座体壳内，采用密集滚珠形式，通过液压油缸使套筒伸缩，带着固定式顶尖移动（移动量 60mm）以实现工件的张紧和松开。油缸的进油压力可根据需要进行调节。

d. MGKS1332/H 的工作台。工作台为上下两层的铸铁工作台面，借助定位柱和两端压板定位紧固。当上工作台面需要回转一角度时，先松开两端压板，然后转动位于右侧的六角头。上工作台转过的角度值可由刻度标尺读出。下台面与床身的导轨为低压大流量卸荷导轨。工作台的纵向进给由伺服电机经联轴器直接驱动丝杆。

e. MGKS1332/H 的砂轮修整器。采用金刚石滚轮修整，由内置式电动机组成的电主轴驱动。修整器固定于上工作台，靠近尾座端。纵横向进给由工作台及砂轮架进给实现，通过对砂轮架和工作台的两轴联动控制，完成砂轮外圆不同形状的修整。

③ MGKS1332/H 的动态性能。采用 LMS 振动测试分析仪对 MGKS1332/H 磨床进行动态性能测试分析，提高磨床的动态特性和工作精度，并向高端磨床用户提出进一步的合理化建议和指导。

a. 砂轮主轴部件的模态参数。砂轮主轴部件的动态特性是衡量高速精密磨床的重要指标。由磨床固有结构等决定的动态特性，其模态参数和动柔度值见表 5-11。

表 5-11 MGKS1332/H 砂轮主轴部件的固有频率和动柔度

阶数	固有频率/Hz	阻尼比/%	整体整形	动柔度/[10^{-6}(g/N)]	
				径向	切向
1	298	4.24	沿 X 轴平移＋绕 Y 轴摆动	137	253
2	356	4.80	沿 X 轴平移＋绕 Y 轴摆动	120	140
3	590	2.30	X 轴振动	53.7	26.1
4	725	4.20	X 向前后扭曲摆动	179	81.8
5	842	3.67	沿 X 轴平移＋绕 Y 轴摆动	595	407
6	942	3.29	X 向前后扭曲摆动	412	206
7	1034	1.31	X 向前后扭曲摆动	279	250
8	1106	4.28	X 向前后扭曲摆动	519	204
峰值均值	736.6	3.51		286.8	195.98

分析表中数据，可有如下结论。

- 固有频率。MGKS1332/H 砂轮主轴部件首阶固有频率较高（298Hz），且固有频率间距较大。因此，8 阶模态的平均固有频率很高（736.6Hz）。

- 动柔度。前 4 阶模态固有频率处的径向动动柔度较小，尤其是 3 阶处，切向动柔度值相对比较均匀，故其均值比径向柔度要小得多。

- 由于外圆磨削误差敏感方向是径向方向，因此需要进一步考虑其加速度或振动信号。

b. 砂轮主轴部件的振动信号。了解和控制砂轮主轴部件高速旋转情况下的振动情况很重要。对靠近砂轮主轴砂轮端进行径向、轴向、切向振动信号采样，可以分析各点振动加速度频谱的强弱。

测试参数设置为测试频率 6400Hz，频率分辨率 2Hz。对砂轮主轴转速由 5255r/min（v_s＝110m/s）到 0r/min 进行均匀降速测试，可获得砂轮主轴部件相关测点加速度频谱图和主轴振动自动率谱瀑布图，以分析高速主轴部件的振动结果。

• 通过加速度频谱，可了解和比较不同方向上的振动情况。X 向为砂轮径向，Y 向为轴向，Z 向为切向。X 向的加速度信号最弱。相对而言，误差敏感方向的振动得到最好控制。

• 砂轮主轴部件的相关零件对部分强迫振动具有较大的阻隔作用，即振动或共振对砂轮速度不敏感。砂轮主轴通过高速旋转，产生强迫振动的激振力是加速度与动柔度的综合作用。较大的激振力将进一步加强振动或引发共振。因此，激振力的大小可以综合证明磨床的动态特性。

MGKS1332/H 的加速度：切向 0.11m/s²，径向为 0.11m/s²；动柔度系数均值：径向为 164×10^{-6}g/N，切向为 112×10^{-6}g/N。激振力为径向 68N，切向 100N。

综上所述，MGKS1332/H 高速精密外圆数控磨床的动态性能指标是比较理想的。

④ MGKS1332/H 高速精密数控磨床磨削氧化锆主轴的案例。全陶瓷电主轴产品中的氧化锆主轴，其轴颈直径为 100mm，圆度公差为 0.5μm，表面粗糙度 Ra 为 0.05μm。

磨削工艺方案：氧化锆的临界磨削深度为 0.07～2μm；选用金刚石砂轮，砂轮线速度为 v_s＝84.2m/s（即 4022r/min），工件 v_w＝0.5m/s，v_t＝1μm/r；磨削结果：v_s＝82.4m/s，圆（柱）度误差 0.62（1.02）μm，Ra＝0.112～0.125μm。

采用 v_s＝84.2m/s 时，圆（柱）度误差为 0.37（0.77）μm，Ra＝0.037～0.048μm。

采用 v_s＝86.0m/s 时，圆（柱）度误差 0.77（1.78）μm，Ra 稍有振纹。

结论：当砂轮 v_s＝84.2m/s 时进行磨削，则达到氧化锆主轴的技术要求。

5.2   高速外圆磨削

高速磨削是通过提高砂轮线速度来达到提高磨削去除率和磨削质量的工艺方法。一般砂轮线速度 v_s＞45m/s 时就属高速磨削，德国居林自动化公司（Guhring Automation）已推出140～160m/s 的 CBN 磨床。阿享（Aachen）工科大学磨削 16Mn5Cr 材料将砂轮速度由 180m/s 提高到 340m/s，单位时间磨削截面积（效率）由 1800mm²/min 提高到 54000mm²/min，并用居林自动化公司研制的主轴转速 30000～40000r/min 和电机功率 30kW 的磨床，进行以500m/s 为目标的超高速磨削试验，对砂轮和磨床进行综合研究。

高速磨削有以下优点。

① 磨粒的未变形切削厚度减小，磨削力下降。

② 砂轮磨损减少，提高砂轮寿命。

③ 在磨粒最大未变形切削厚度不变条件下，可加大磨削深度或工件速度，提高磨削效率。

④ 切削变形程度小，磨粒残留切痕深度减小，磨削厚度变薄，可以改善表面质量及减小尺寸和形状误差。

高速磨削的离心力大，易导致砂轮破裂，需要开发高强度砂轮。要求机床有足够功率、刚度及精度和安全防护措施。

(1) 高速磨削原理

① 高速磨削在下列三种情况下应用。

a. CBN 砂轮的要求。为充分发挥 CBN 砂轮的磨削性能，提高磨削速度，延长砂轮修整时间间隔（CBN 砂轮使用寿命长，磨削耐用性是普通砂轮的 500～1000 倍），达到高效率化

（为普通砂轮的 1000 倍）。铝基体 CBN 砂轮线速度可达 300m/s，树脂和金属结合剂 CBN 砂轮线速度可达 229～279m/s，为高速磨削创造了条件。阿享工业大学采用重量轻、刚度很高的 FRP（Fiberglass Reinforced Plastics）玻璃纤维加强塑料制作砂轮基体，用熔射法将 CBN 熔射到基体上，制作线速度 500m/s 试验用砂轮。

b. 在单位宽度上金属磨除率 $Z'_w[\mathrm{mm^3/(mm \cdot s)}]$ 一定的条件下，即磨削深度 a_p 及工件速度 v_w 一定的条件下，砂轮速度 v_s 提高意味着增加单位时间内通过磨削区的磨粒数，导致单颗磨粒的切深减少，切屑变薄，切屑截面积减少。因此，有效磨粒的磨削力随之降低（包括法向磨削力 F_n、切向磨削力 F_t），磨料磨损速度下降，提高了砂轮的耐用度，磨削层厚度变薄，减少了磨削表面微观不平度，提高了磨削表面质量。

c. 在不改变磨削表面粗糙度的条件下，提高砂轮速度 v_s，加大磨削深度 a_p 及工件速度 v_w，提高单位宽度金属磨除率 Z'_w。在逆磨中，由于磨削速度是砂轮速度与工件速度之和，所以提高工件速度，则磨削速度增加。这种情况也称高速强力磨削。

② 高速磨削是提高磨削精度、表面质量的有效方法，又是增加磨削效率的有效方法。下面对高速磨削过程中的基本问题进行讨论。

a. 未变形磨削层厚度及切削长度。在外圆切入磨削时，单颗磨粒未变形切削长度 l_s 及未变形切削的平均厚度 $\overline{a_g}$ 的计算公式为

$$l_s = \frac{\overline{\lambda_s} v_w}{v_s} + \sqrt{a_p \frac{d_w d_s}{d_w + d_s}}$$

$$\overline{a_g} = a_p \frac{v_w}{v_s} \times \frac{\overline{\lambda_s}}{l_s} = \frac{v_\tau d_w \pi}{v_s} \times \frac{\overline{\lambda_s}}{l_s}$$

式中　$\overline{\lambda_s}$——磨粒平均间距；

　　　v_w——工件速度；

　　　v_s——砂轮速度；

　　　v_τ——切入进给速度；

　　　d_w——工件直径；

　　　d_s——砂轮直径。

从上述两式中可知，v_w 增加，l_s、$\overline{a_g}$ 均增加（因 v_w 小，所以影响程度不大），v_s 增加，l_s、$\overline{a_g}$ 均下降。但 v_s 增加对 l_s 影响不大。在去除一定工件体积时，增加 v_s，单位时间内通过磨削区的磨粒数增加，所以 $\overline{a_g}$ 减小。

b. 磨削力。砂轮速度 v_s 及单位宽度金属磨除率 Z'_w 对单位磨削宽度上磨削力（F'_n、F'_t）的影响如图 5-24 所示。在 Z'_w 一定时，v_s 提高，F'_n、F'_t 均下降，系统变形减少，光磨时间缩短。v_s、Z'_w、F'_n 对变形量的影响如图 5-25 所示。在 F'_n、Z'_w 一定的情况下，F'_n 降低，变形量降低，无火花磨削时间 t 缩短，零件形状和尺寸误差降低。

c. 磨削速比 $q(q = v_s/v_w)$。因 $v_s \gg v_w$，故砂轮速度主要取决于 v_s，所以高速磨削可以认为是提高砂轮速度 v_s 的方法。采用高速磨削，无论是提高加工质量还是增大磨削效率，或两者同时得以提高，都取决于在增大 v_s 的同时，如何选定 v_w，这可由砂轮速度与工件速度的比值，即速度比 q 值决定，l_s 及 $\overline{a_g}$ 均与 v_s/v_w 有关。在一定 Z'_w 时，v_s 提高，$\overline{a_g}$ 减小，F_n 下降，变形量小，尺寸、形状精度高，表明质量好。单位宽度金属磨除率 Z'_w 随 v_w 增加而增加。高效率、高精度磨削时，确定 v_s、v_w 的模式如图 5-26 所示。给出 P 点，使 v_s、v_w 和 q 变化时，随着 v_w、v_s 的增减，可决定 q 的增减。把速度范围分成四个象限。在第 I 象限，v_s、v_w 同时增加，有一 $v_s = v_w$ 等值线，把第 I 象限分成 I$_a$、I$_b$ 两部分，同理，第 III 象限也存在 $v_s = v_w$，分成 III$_a$、III$_b$ 两部分。在 I$_a$、III$_b$ 部分，q 增加，在 I$_b$、III$_a$ 部分 q 减少，第 II 象限 v_s 增加，v_w 减少，则 q 减少；第 IV 象限 v_s

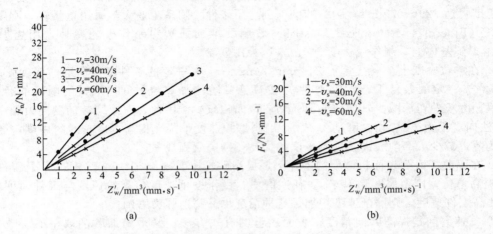

图 5-24 磨削力与砂轮速度 v_s、单位宽度金属磨除率 Z'_w 的关系

减少，v_w 增加，则 q 增加，由于高速磨削必须提高砂轮速度 v_s，所以高速磨削的速度范围必须在第 Ⅰ、Ⅲ象限内。

当 v_s 一定，增加 v_w，磨削效率增加，但 v_w 增加引起 q 减少，切屑形状加大，从而加工质量恶化。若 v_w 一定，增加 v_s，则磨削效率几乎不发生变化，q 增加，切屑形状变小，则加工精度提高。根据这一分析，为保证效率，提高精度，则高速磨削速度应选在第 Ⅰ象限内，特别是沿着第 Ⅰ象限的等速度比线选择，即速度比一定，v_s、v_w 都增加，保持切削厚度一定，加工质量一定，加工精度不会恶化，加工效率又得到提高，这是使用高速磨削的原则。

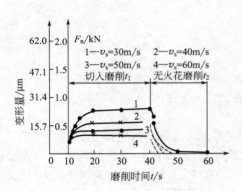

图 5-25 磨削力与零件变形关系

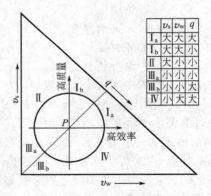

图 5-26 确定 v_s、v_w 的模式图

d. 磨削热。在磨削中工件受磨削热影响，最高温度发生在工件表面上。工件表面上最高温度的近似计算公式如下：

$$\theta_{max} = \frac{AC_w q_m}{\lambda} \sqrt{\frac{v_s v_f}{v_w}} a$$

式中　A——受热面积，cm^2；

C_w——传入工件的热分配比，$C_w = 0.70 \sim 9$；

q_m——单位时间单位面积的热量，$J/(cm^2 \cdot s)$；

λ——热导率，$W/(m \cdot ℃)$；

v_f——切入进给速度，$mm/$次；

a——热扩散率，$a = \dfrac{\lambda}{\rho c_p}$，$\mathrm{m^2/s}$；

ρ——密度，$\mathrm{kg/m^3}$；

c_p——定压比热容，$\mathrm{J/(kg \cdot ℃)}$。

由上式可知，砂轮速度 v_s 增大，工件表面温度上升。对于一定工件材质及给定速度比 q，则温升是金属磨除率的函数。不管砂轮速度增加多少，只要速度比 q 一定，则高的金属磨除率必定造成高温。当金属磨除率增大，则传入工件的热分配比 C_w 略有减少。图 5-27 给出了工件速度 v_w、砂轮速度 v_s 对工件表面温度的影响。v_w 在 40m/min 前，增大 v_w，工件表面温度显著下降，超过 40m/min 后，再增大 v_w，工件表面温度几乎不变。v_s 增大，其工件表面温度变化不大。但在 $v_w > 40\mathrm{m/min}$ 时，再增大 v_s 时，未变形磨屑层厚度增大，因而使磨削力增大，则砂轮磨粒破碎，脱落会变得严重起来，砂轮磨损加剧，导致工件表面粗糙度恶化。综上所述，可以认为存在工件速度

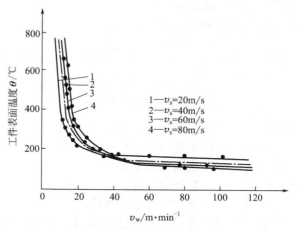

砂轮 WA80J7V，工件 45 钢，干磨

图 5-27　v_s、v_w 对工件表面温度的影响

的临界速度。其原因是：当 $q < 80$ 时，砂轮处于磨粒的破碎与脱落的范围，使总磨削能减少；当 $q > 120$ 时，砂轮自锐作用较差，因而使磨削温度上升。但有的研究认为，在高速磨削机理研究中发现存在跳过引起工件热损伤的临界速度范围。可以参考后面高效切深磨削 HEDG 关于 v_s、v_w 对工件温度的影响。

e. 砂轮磨损与表面粗糙度。在普通磨削中砂轮磨损的主要原因是磨粒磨耗磨损及磨粒的破损与脱落。高速磨削中，由于未变形磨屑层厚度较小，磨粒不易破损与脱落，砂轮耐用度增加，磨削力下降。在一定金属切除率条件下，v_s 增加，砂轮径向磨损量降低，切屑变薄，则工件表面上磨痕深度变小，表面上残留凸峰变小，表面粗糙度得到改善。

(2) 高速磨削砂轮

① 高速磨削砂轮应力分析　磨削中在砂轮上的作用力有磨削力、热应力、夹紧力和离心力。高速磨削中造成砂轮破损的主要原因是砂轮自身的离心力。离心力与砂轮速度 v_s 的平方成正比。受离心力影响，砂轮受到很大应力。在砂轮任意半径 r 处的应力可分解为切向应力 σ_t 与径向应力 σ_r，图 5-28(a) 所示为砂轮离心力所产生的应力，从砂轮中取一单元体，

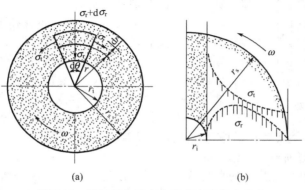

(a)　　　　　　　　　　　(b)

图 5-28　砂轮离心力产生的应力及应力分布

根据力平衡原则得

$$\sigma_t - \sigma_r - r\frac{d\sigma_r}{dr} - \frac{\rho_s \omega^2 r^2}{g} = 0$$

式中　ρ_s——砂轮密度；

　　　g——重力加速度；

　　　ω——砂轮角速度。

设应力边界条件为 $[\sigma_r=0]_{r=r_s}$，并将应力、应变关系代入，则得应力 σ_t、σ_r 分别为

$$\sigma_r = \frac{\rho_s \omega^2}{g} \times \frac{3+\gamma_s}{8} r_s^2 \left[1 + K^2 - \left(\frac{r}{r_s}\right)^2 - \left(\frac{r_i}{r}\right)^2\right]$$

$$\sigma_t = \frac{\rho_s \omega^2}{g} \times \frac{3+\gamma_s}{8} r_s^2 \left[1 + K^2 - \frac{1+3\gamma_s}{3+\gamma_s}\left(\frac{r}{r_s}\right)^2 + \left(\frac{r_i}{r}\right)^2\right]$$

式中　γ_s——砂轮泊松比，陶瓷结合剂砂轮为 $0.20\sim0.25$；

　　　K——砂轮孔半径与外圆半径之比，即 $K = r_i/r_s$；

　　　r_i——砂轮内孔半径；

　　　r_s——砂轮外圆半径。

一般高速砂轮宽度与砂轮半径之比 $b_s/r_s \leqslant 0.5$，可用以上两式计算 σ_t 和 σ_r。

图 5-28(b) 给出了砂轮应力分布。可以看出 $\sigma_t > \sigma_r$，对于砂轮因离心力破坏而言，切向应力 σ_t 的大小是非常重要的。

不同的 K 值，砂轮应力分布不同，经研究应力分布有以下特点：无孔砂轮，在砂轮中心处，$\sigma_t = \sigma_r$；在 $r_i \neq 0$ 时，切向应力 σ_t 总是大于径向应力 σ_r，σ_t 的最大值在砂轮孔壁处；在相同的任意半径处，K 值越大的砂轮，其径向应力越大，应尽量采用 K 值小的砂轮。

经过上述分析可知，离心力引起砂轮破坏，应主要考虑切向应力 σ_t，砂轮孔壁处应有较大强度，所以可据此采取补强剂（如树脂），以增强砂轮孔壁处的强度，以经受切向应力 σ_t 的作用。最大切向应力达到砂轮的单向抗拉强度时，砂轮即破裂。

为防止砂轮破坏，应预先验算砂轮强度。砂轮强度的计算，可根据最大应力理论或平均应力理论进行。在 $r=r_i$ 时，求得最大切向应力 $(\sigma_t)_{max}$ 为

$$(\sigma_t)_{max} = \frac{\rho_s \omega^2}{g} \times \frac{3+\gamma_s}{4} r_s^2 \left(1 + \frac{1-\gamma_s}{3+\gamma_s} K^2\right)$$

② 提高高速砂轮强度的途径　主要途径是提高砂轮结合剂强度，以提高砂轮的抗拉强度，以及减小砂轮孔径，对砂轮孔壁处进行补强。

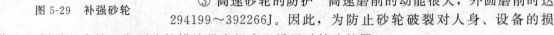

图 5-29　补强砂轮

a. 提高砂轮结合剂强度。在陶瓷结合剂中加入硼、锂、钡、钙等可使结合剂强度提高。

b. 补强砂轮。图 5-29 所示为各种补强砂轮，图 5-29(a) 是砂轮内部增加金属丝或玻璃纤维网，图 5-29(b) 是增加砂轮孔壁的厚度，图 5-29(c) 是孔区使用细粒磨削，图 5-29(d) 是砂轮孔区浸渍树脂，图 5-29(e) 是孔区镶嵌金属环。

③ 高速砂轮的防护　高速磨削的动能很大，外圆磨削时达 $294199\sim392266J$。因此，为防止砂轮破裂对人身、设备的损伤，必须予以防护。主要防护措施是在机床上设置砂轮防护罩。

④ 高速磨削的磨削液及供给方式

a. 磨削液。常用水基及油基磨削液。在同一砂轮速度下，油基磨削液的金属去除率高于水基磨削液。砂轮速度越高，油基的效果越好。但油基磨削液冷却性差，在高速磨削中易

产生油雾及着火，从工件温升角度考虑，应避免与防止工件表面烧伤。因此，工件表面温度应低，要求磨削液的冷却作用要足够。一般将油与水混合，采用水包油或油包水两种形式。水包油形式是以水为分散相，油为连续相；油包水是以油为分散相，水为连续相。通常将 26％ 的水混入油中即可形成油包水的乳化液。油包水的磨削液磨削比高，表面粗糙度得到改善。

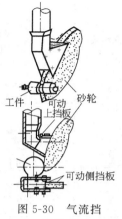

图 5-30 气流挡板示意

b. 供给方式。高速磨削时，砂轮回转表面生成较强气流。经测试，砂轮两端气流压力最大。砂轮速度提高 1 倍，则气流压力将提高 2.5～3 倍。较强的气流不能使磨削液进入磨削区。解决这一问题可采用气流挡板、高压磨削液及加大磨削液流量等办法。气流挡板示意如图 5-30 所示，将其安装在喷油嘴上方，使气流经挡板改变流动方向，破坏气流流入磨削区。气流挡板的上挡板及两侧挡板均可调。用加大磨削液压力的方法，可以加大磨削液的流速，冲破磨削区砂轮表面的气膜，达到冷却润滑作用。加大磨削液压力，可提高金属磨除率及磨削比，工件表面温升降低。磨削液流量增大后，使磨削区温度降低，可提高金属磨除率及磨削比，改善磨削质量，但随磨削液流量增大，砂轮与工件之间产生的楔形压力增加，使磨削功率增大。

5.3 缓进给磨削

缓进给磨削是一种高效的磨削加工工艺方法，它是采用增大磨削深度、降低进给速度、使砂轮与工件有较多的接触面积 A_s（$A_s = l_s a_p$）及高的速度比 q（$q = v_s / v_w$），达到高的金属磨除率 Z_w' 及高精度、低粗糙度值要求的目的。缓进给磨削也称深切缓进给强力磨削或蠕动磨削。在平面磨削中占有主导地位。外圆磨削的深切缓进给磨削也得到应用。其与普通磨削的区别在于磨削深度 a_p 大（$a_p = 1～30\text{mm}$）和工件的低速进给 f_a（$f_a = 5～300\text{mm/min}$）。

缓进给磨削适宜韧性材料（如镍基合金）和淬硬材料的加工，加工各种型面及沟槽。可部分取代车削与铣削的加工。

由于缓进给的大切深、缓进给速度，使切屑形状、磨削力、磨削热及加工表面完整性等方面均与普通磨削不同。连续修整深切缓进给磨削与其他磨削比较见表 5-12。

表 5-12　连续修整深切缓进给磨削与其他磨削比较

磨削方式	工件简图	横向进给速度 v_t/mm·min^{-1}	切削距离 l_s/mm	切入与超出距离 $l_a + l_b$/mm	工作台移动距离 $L = l_s + l_a + l_b$/mm	径向进给量 f_t/mm	每走刀一次切削时间/s	走刀次数	每件切削时间/s	砂轮修整总量/mm
连续修整深切缓进给磨削	一次加工 12 件	1270	575	60	635	4（一次切全深）	30	1	2.5	0.28

深切缓进给磨削 一次加工 3 件	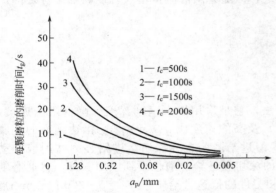	粗磨300 精磨1200	125	60	185	粗磨3.4 精磨0.6	粗磨37 精磨10	粗磨1 精磨1	16	0.32
普通往复式磨削 一次加工 12 件	φ500	15000	575	330	905	粗磨0.03 精磨0.015		粗磨120 精磨26 无火花4	45	0.64

注：磨槽工序，工件材料 W6Mo5Cr4V2Al，硬度 66～68HRC，$v_s=30\sim35\text{m/s}$，砂轮 WA60HV。

① 砂轮与工件接触弧长度及接触时间

图 5-31　平面磨削单颗磨粒接触工件时间与 a_p 的关系

缓进给磨削速比大，单颗磨粒切下切屑薄而长，砂轮与工件接触弧长度 l_c 大，普通磨削接触弧长仅几毫米，缓进给磨削砂轮与工件接触弧长 l_c 达几厘米。接触弧长 l_c 大，消耗较大的磨削能，缓进给磨削所需要的能量约是普通磨削的 8 倍。

当缓进给磨削选用与普通磨削相同的砂轮直径与砂轮速度时，缓进给磨削砂轮转一周中每颗磨粒与工件接触长度大，延续的时间较长。单颗磨粒接触工件的延续时间与磨削深度 a_p 是函数关系，如图 5-31 所示，从图中可知，缓进给磨削与普通磨削有相同的金属切除率时，在砂轮旋转一周的过程中，两者砂轮上单颗磨粒所切除的金属体积应是相同的。如平面缓进给磨削深度 $a_p=1.28\text{mm}$ 时，单颗磨粒切除一定金属体积所需时间 $t_c=2000\text{s}$。普通平面磨削深度 $a_p=0.02\text{mm}$ 时，切除相同体积的金属所需的时间要短得多。缓进给磨削单颗磨粒的 t_c 约为普通磨削所需时间的 7 倍，即普通磨削单颗磨粒所切除的金属量比缓进给磨削单颗磨料的切除量大 7 倍，所以普通磨削中作用在单颗磨粒上的磨削力增大，磨耗磨损随之增大。

② 磨削力　G. Werner 的研究所建立的缓进给磨削力数学模型为

$$F_n=K_n'\left(\frac{Z_w'}{v_s}\right)^{2\varepsilon-1}(a_pd_{se})^{1-\varepsilon}$$

式中　K_n'——与工件、砂轮规格和磨粒微刃分布特性、冷却润滑条件等有关的系数；

Z_w'——单位时间单位砂轮宽度金属磨除率；

v_s——砂轮速度；

d_{se}——砂轮当量直径；

ε——指数，与砂轮工件材料有关。

试验表明，指数 ε 仅在 $0.5\leqslant\varepsilon\leqslant1$ 范围内变化，增大 v_s，磨削力减小；增大磨削深度 a_p 及砂轮当量直径时，磨削力均增大；随工件速度 v_w 减小而减小。缓进给法向磨削力约为普通磨削的 2~4 倍。在缓进给磨削中，磨削深度 a_p 对磨削力影响程度大于普通磨削。

③ 磨削深度　在普通磨削中，随着切深增大，工件进给速度减小，磨削温度明显上升；而在缓进给磨削中，随磨削深度增大，进给速度减少，磨削温度有明显下降。由于缓进给磨削中工件速度 v_w 很小（$v_w \leqslant 10\text{mm/s}$），接触弧长度 l_c 很大（$l_c >$ 20mm），进入工件热量为稳定热流量，在较长的持续时间过程中，以较低的速度向工件流动。工件表面的温度随 a_p 增大及 v_w 减小而逐渐降低，并向工件深层扩展，磨削热被磨屑带走的热量较多。

④ 砂轮磨损　这是由机械应力与热应力造成的，缓进给磨削中，由于磨粒受到的磨削力小，砂轮型面的径向磨损比普通磨损要小得多，砂轮边棱磨损也较小，有利于保证工件成形面的精度。

⑤ 表面完整性

a. 表面粗糙度。缓进给磨削砂轮与工件接触弧长度 l_c 大，速度比大，单颗磨粒承受的磨削力小，随磨削时间 t_a 延长，砂轮磨损不严重，砂轮地貌变化小，因而零件表面粗糙度变化较缓慢，图 5-32 给出了缓进给磨削表面粗糙度与速度比 q 的关系。初磨状态取决于砂轮修整状况，速比增大，表面粗糙度下降。

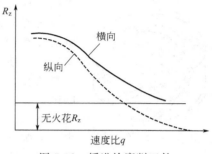

图 5-32　缓进给磨削工件

b. 磨削表面烧伤。缓进给磨削的磨削温度虽不高，但因磨削深度 a_p 大，砂轮与工件接触面积大，当磨削液的注入压力及流量不足、冲洗压力低及砂轮选择不当时，也会在接触区发生不同程度的烧伤。C. R. Shaft 研究认为发生烧伤时，法向磨削力增大，切向磨削力减少。这种现象的产生是由于磨削液由核状沸腾向薄膜沸腾跃迁所致。磨削液在较高温度下成核状沸腾时，气泡增长，热量向气泡表面散发，磨削液散热系数急剧增大。在薄膜沸腾时，热传递至磨削液只能经过薄膜按传导、对流及辐射方式进行，导热能力急剧下降。因缓进给磨削的磨削能大，热流量增大。增大的热流量将传递给磨削液及工件。初期，热流传给磨削液的部分远比传入工件的部分多。当磨削比能显著增大时，在接触弧中某一点的温度急剧上升，就可使接触区的磨削液从核状沸腾转变为薄膜沸腾，该点的热流传给磨削液的量急剧减少，使工件上该点温度达到烧伤温度，导致工件出现烧伤点。另外，温度急速上升时，形成的热膨胀会明显增大。热膨胀量增大，当大于有效磨削深度时，则使磨削力增大。工件上某点温度一旦超过烧伤温度，热膨胀就会对磨削力有显著影响。在缓进给磨削中，即使磨削比能及传入工件的热量不变，在磨削液减少的情况下，也可出现烧伤，磨削温度急剧升高，法向磨削力增大。

Y. ParuKawa 等认为在发生烧伤后，缓进给磨削的法向力呈现三种形式，如图 5-33(a)所示为发生烧伤后，法向磨削力 F_n 有所增大，但由于材料软化，F_n 又减少，因热

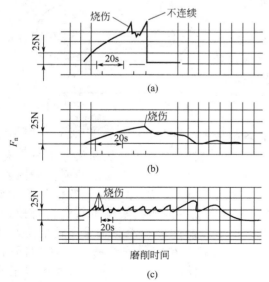

图 5-33　缓进给磨削中发生烧伤的
法向力 F_n 的变化形式

膨胀，又使 F_n 急剧增加。图 5-33(b) 所示为烧伤后，F_n 持续减少，其原因主要是材料软化与材料膨胀相比占主导作用。图 5-33(c) 所示为由于材料软化与膨胀反复进行，造成 F_n 波动。

c. 残余应力。缓进给磨削所形成的工件表面残余应力是挤光效应、压粗效应、热效应及比体积变化效应等综合作用的结果。挤光效应占主导，残余应力主要是塑性变形引起的，基本上是压应力。增大磨削深度 a_p 及工件速度 v_w，均使单颗磨粒的磨削厚度增加，加剧压粗效应大于挤光效应，同时热效应也增加。a_p 的影响显著，a_p、v_w 增加，都使残余应力增大。

⑥ 缓进给磨削中温升控制　控制缓进给磨削中的温升，可采用大流量磨削液进行冷却、采用超软大气孔组织砂轮、采用高压磨削液冲洗砂轮及采用开槽砂

轮改善冷却条件等措施。超软大气孔砂轮使砂轮与工件的实际接触面积减少，可大大降低摩擦热，超软砂轮可保持磨粒处于锐利状态，也使磨削热降低。用高压大流量磨削液冲洗大气孔砂轮，通过气孔将磨削液带入磨削区，并且离心力作用也使磨削液进入磨削区，进行热交换后，磨削液又被气孔带出磨削区，使磨削区温度下降。开槽砂轮如图 5-34 所示，开槽砂轮与工件接触面积减

图 5-34　开槽砂轮

少，磨削液通过槽压入磨削区，并改变磨削液流动方向，提高冷却效果，降低磨削温度。还可以在砂轮端面上开环形槽，再打孔通过圆柱面上的螺旋槽，使磨削液直接进入磨削区。在离心力作用下，磨削区可得到压力较大的磨削液。日本在 $\phi205mm \times 5mm$ 电镀陶瓷结合剂砂轮上开出 2mm 宽的槽，槽数 120 条，开槽率达 37%，其磨削性能良好，尤其在大切深磨削氮化硅陶瓷时效果更佳。砂轮开槽较多，磨削力下降，砂轮寿命提高。在缓进给磨削中也可安装挡板来改变砂轮回转时的气流状态，改善磨削区的冷却润滑，从而降低温度，抑制温升。也有采用超声波清洗砂轮气孔的方法来抑制温升。

⑦ 缓进给磨削过程中砂轮连续修整　砂轮连续修整是 20 世纪 80 年代缓进给磨削中最大的一项技术进步。连续修整是指边进行磨削边将砂轮再成形和修整的方法。修整时金刚石修整滚轮始终与砂轮接触。使砂轮始终处于锐利状态，有利于提高磨削精度。它是采用专门的连续修整磨床，其原理如图 5-35 所示。磨削时，由于工件尺寸逐渐减小，需砂轮相应地切入工件，修整滚轮也应改变切入速度对砂轮进行修整，这样使修整滚轮相对砂轮的位置发生了变化，由修整磨床实现其位置调整。

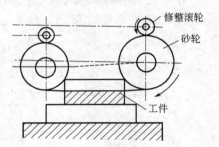

图 5-35　砂轮连续修整原理

连续修整砂轮，节省了修整时间，提高了磨削效率；磨削比能几乎保持不变，磨粒锐利程度几乎不变，对保持工件形状和尺寸十分有利，尤其对长形工件磨削，不再受砂轮磨损的影响，使工件的磨削长度不受砂轮磨损的限制。同时，修整的砂轮在单位时间内去除量大，对工件热影响小，工件精度一致性好。其磨削力也会降低，使磨削过程趋于稳定，从而可避免烧伤工件。连续修整也有它自身缺点，如金刚石滚轮成本高，占用 CNC 装置的一个坐标用于控制并监视滚轮进给，使磨头功率增加及滚轮、砂轮损耗增大，为克服砂轮损耗大的问题，在完善连续修整方法的同时，研究间断修整方法，能有效地减少砂轮与金刚石滚轮的磨损。间断修整对表面粗糙度和加工精度有一定影响，但对粗磨来讲间断修磨是一种行之有效的方法。修整用量见表 5-13。

表 5-13　连续修整深切缓进给磨削修整用量

工 艺 参 数	修整用量	工 艺 参 数	修整用量
砂轮速度/m·s^{-1}	$30\sim35$	修整量/mm·r^{-1}	0.35×10^{-4}
工件进给速度（断续修整）v_f/mm·min^{-1}	<1500	修整速度比 q_d	$0.8\sim0.9$
工件进给速度（连续修整）v_f/mm·min^{-1}	$\geqslant1000$		

注：断续修整时，$v_f<1500$mm/min，否则砂轮磨损加快，尺寸精度及表面粗糙度不易保证。

5.4　超声波振动珩磨

　　对于超声波振动加工技术，日本是研究最早的国家，迄今有许多方面已比较成熟并付诸实践。但是，由于磨削加工的复杂性，对超声波磨削加工的许多机理还不十分明了，进一步的加工应用技术还在研究之中。鉴于这种加工方法在切削领域和已应用的磨削加工领域中所体现的一系列独特优点，诸如低切削力、低磨削温度、低的表面粗糙度值和高精度，以及被加工零件良好的耐磨性、耐腐蚀性，特别是同等加工条件下只需很小的机床动力等，使世界各国目前均在重点开发和研究超声波振动在磨削加工领域的高技术和应用课题；也鉴于这些优良特性，国际生产工程学会在第 42 届 CIRP 大会上，将超声波振动加工综合应用于磨削加工视为下一代精密加工的发展方向之一。本节介绍的超声波振动珩磨也只是其在磨削加工方面应用的一个特例。为了便于读者了解超声波振动加工在磨削加工领域深受关注的原因，先来介绍一下超声波振动加工的工艺效果以及在磨削加工中的表现。通过对振动珩磨原理的介绍以了解超声波振动珩磨的加工方法，最后介绍工装设计要点。

5.4.1　超声波振动加工的工艺效果

　　超声波振动切削和磨削加工均属于一种脉冲切削的方法。在切削过程中，刀具（或磨刃）周期性地离开和接触工件，其运动速度的大小和方向在不断变化：当切削工具（或磨削工具）的振动频率在 16000Hz 以上时的加工被称为超声波振动加工；当振动频率在 16～16000Hz 之间的加工被称为低频振动加工。这种分类方法实际上是以人耳所能听到的声频范围划分的。关于超声波振动加工的工艺效果主要有以下几个方面。

　　(1) 切（磨）削力小的效果

　　超声波振动加工时，切削速度的大小和方向产生周期性变化，这种变化改变了整个工艺系统的受力情况。用切削速度 $v=0.1$m/min，振动频率 $f=20$kHz，振幅 $A=15\mu$m 进行振动磨削时，切刃在每一个振动周期内纯切削时间 t_e 是非常短暂的，约只有 10^{-6}s。在该纯切削时间内，切刃沿切削法向切削长度 $l_t=8\times10^{-5}$mm。可见，超声波振动切削是一个在极短时间内完成的微量切削过程。在一个切削循环过程中，切刃在很小的位移上可获得很大的瞬时切削速度和切削加速度，在局部产生很高的能量。例如，以振动频率 $f=20$kHz，振幅 $A=20\mu$m 进行振动切削时切刃的最大速度可达 2.5m/s，加速度可达 3.2×10^4g（g 是重力加速度），即切刃运动的加速度为重力加速度的 3 万多倍。因此可以想象，这时被加工材料在局部微小体积内必将发生重大变化。在振动影响下，摩擦因数大大下降，只有普通切削的 1/10 左右（表 5-14），使超声波振动切削力下降到普通切削的 1/2～1/10（磨削下降到1/3）。对一些塑性大的材料下降程度更大。这样的加工效果对精密加工或对刚度低、功率小的精密机床来说将有重要价值。近年来，国外把超声波振动应用在磨床上，收到了很好的效果。例如，用金刚石砂轮径向超声波振动磨削时，其水平分力可降低 30%～40%（磨石英玻璃）或 60%～70%（磨 1Cr18Ni9Ti）。这种工艺效果为降低切削热、简化机床设计和保证加工质量创造了有利条件。

表 5-14   超声波振动摩擦因数的下降特性

工件材料	摩擦因数	
	超声振动	无振动
铝	0.02	0.18
黄铜	0.03	0.25
碳素钢	0.02	0.22

大幅度降低磨削力正是磨削工作者多年来追求的目标，超声波振动磨削加工为这一目标提供了有效的手段。

（2）切（磨）削低温效果

振动切（磨）削时，被加工材料的弹塑性变形和切刃各接触表面的摩擦因数大幅度下降，且加工中的力和热都以脉冲形式出现，使切（磨）削热的平均值大幅度下降。

（3）低的表面粗糙度和高加工精度的效果

超声波振动切削由于脉冲力作用破坏了产生积屑瘤的条件，又由于切削力小，切削温度低，使被加工表面粗糙度值大大降低，表面几何精度大幅度提高。在振动磨削中，切刃虽在振动，但在切刃和工件接触并产生切屑的瞬间，切刃所处的位置在加工过程中总保持不变。由于工件也不随时间发生变动，从而为提高加工精度创造了条件，被认为是圆度误差、圆柱度误差、平面度误差和平行度误差近似为零的一种精密和超精密加工的方法。

（4）提高了切削液的使用效果

振动磨削时，珩磨过程断续发生，当磨刃与工件分离时，珩磨液可以顺利进入磨削区，包围磨粒进行冷却润滑。在磨粒切入时，切削液被强力挤压，形成瞬时高压，使切削液直接渗入磨刃与切屑的接触表面，充分起到冷却作用。此外，超声波振动所形成的空化作用，一方面可使珩磨液均匀浮化；另一方面，切削液更容易渗透到材料的微裂纹内，进一步提高了珩磨液的使用效果。

5.4.2   超声波振动珩磨的磨削机理

（1）轴向超声波振动珩磨的磨粒运动模型

超声波复合珩磨加工是指将不同频率的超声波分别施加轴向振动及径向振动于珩磨工具上，然后与普通珩磨方法相复合对被加工工件进行加工。为叙述方便起见，将这种加工方式称为混叠式轴向超声波振动珩磨，简称轴向超声珩磨。其实质是将超声波振动与普通珩磨相复合的一种加工方法。由于两种实际运动在一定条件下有可叠加性，因此在进行理论分析和建模时可运用叠加原理。

为简化模型，先提出以下假设。

① 对于所研究的金属材料，假设材料是均匀且各向同性的。

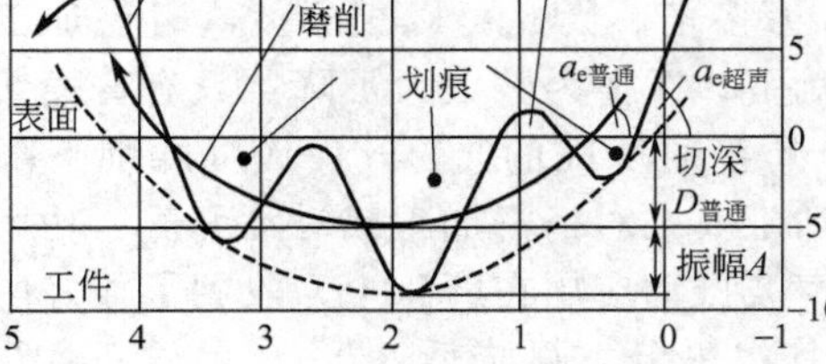

② 对于非金属材料假设材料是各向异性的。

③ 假设珩磨工具是绝对刚性的，珩磨中的进给切深与实际切削深度相等。

④ 由于试验采用新研制的振速稳定装置，因此可以假设加工过程中振幅保持不变。

由以上假设，可建立混叠式轴向超声波振动珩磨时单颗磨粒的切削模型。

在研究氮化硅陶瓷的缓进给磨削时，给出了在珩磨头径向施加超声波振动的单颗金刚石磨粒运动模型，如图 5-36 所示。在对油石径向

图 5-36   径向施加超声波振动的
单颗金刚石磨粒运动模型

施振时，磨粒的运动轨迹是一个磨粒的切削宽度不变（其数值为磨粒切入部分的直径），而磨粒的切削深度在不断变化，其变化范围为宽度等于振幅 A 的一个圆环。即在径向施加超声波振动磨削时，磨粒的实际切削深度为进给切深（普通磨削的切深）与超声振动的振幅幅值的总和。显然，在径向施振磨削时，加工效率可以显著提高的原因之一就是由于在普通珩磨的基础上在切深方向上叠加了一个附加的切深（数值为振幅）。

为了研究在轴向施加超声波振动下砂轮的磨削特征，通过超声珩磨对油石的运动轨迹和磨削表面观察，给出了如图 5-37 所示的模型。

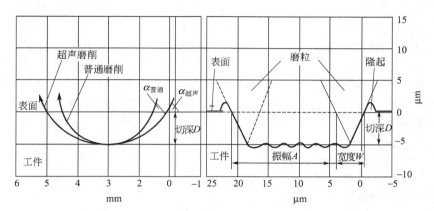

图 5-37　纵向（横向）施加超声波振动的单颗金刚石磨粒运动模型

由图 5-37 分析可以得出，在对油石进行轴向施振时，加工中磨粒不脱离工件表面，与工件表面属于永久性接触，磨粒的运动轨迹是一个切削深度始终不变（等于普通珩磨的切深），而磨痕宽度却由于振动的施加变宽（最大宽度为磨粒切入部分的直径与振幅 A 之和）的一个圆环带。在轴向施振珩磨时，加工效率提高的主要原因之一同样也是单位时间内切削体积增加的缘故，只是径向振动时单位时间内切削体积的增加是由于磨粒切深增加，轴向振动时单位时间内切削体积增加的是由于磨粒的切削宽度增加。此外，在轴向施加超声波振动时，由于磨粒的轴向运动使磨粒的切入角比普通磨削的切入角要大得多，比径向施振的切入角更大，同时，由于磨粒在切入后的高频振动，其磨屑的长度将被大大截短，呈现比普通磨削和径向振动磨削更短的磨屑。这种现象在硬脆材料的延性加工中会表现得十分明显，沟槽底部和两边缘也将出现稍微明显的刻划。由图 5-37 还可以看出，在轴向施振时，尽管磨粒与工件表面不脱离，但由于磨粒的轴向振动，使磨粒在大部分时间内与工件材料只有前面和一个侧面接触，由于接触面的减小将会导致摩擦力和磨削温度比普通磨削大大减少。

（2）混叠式轴向超声波振动珩磨的临界速度

由以上分析可见，径向超声波振动磨削与轴向超声波振动磨削，其主要差别是磨粒与工件接触的状态不同。在径向超声波振动磨削中，磨粒与工件的接触是间断性的，它的临界速度特征符合现有的振动切削理论，即工件的临界速度应满足

$$v_{cl} \leqslant 2\pi A f \tag{5-1}$$

式中　A——超声波振动的振幅，μm；

　　　f——超声波振动的频率，Hz。

为保证良好的振动切削效果，一般选用临界速度为

$$v_c = \frac{1}{3} v_{cl} \tag{5-2}$$

而在轴向超声波振动磨削中，磨粒与工件是永久性接触，不存在速度与工件表面分离的

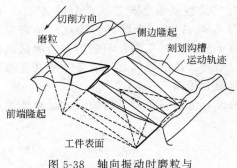

图 5-38 轴向振动时磨粒与
工件材料的接触状态

特点，因此上述公式在轴向超声波振动磨削中是不成立的。

为了给出轴向超声珩磨的临界速度，根据实际加工情况，在超声珩磨时，磨粒轴向振动，当珩磨的往复进给速度较小时，磨粒在 Δt 时间内，在工件表面刻划成一宽度为振幅 A 的沟槽，沟槽的左侧由磨粒前进方向的前刀面形成，而沟槽的右侧由与磨粒前进方向相反的前刀面切屑形成，如图 5-38 所示。

因此，如沿用振动切削的概念，轴向超声波振动珩磨时临界速度的概念定义为：当超声珩磨时的往复进给速度不小于油石的轴向振动速度时，将会出现磨粒在前进方向与磨削沟槽的左右侧不分离的现象，此时振动珩磨将成为普通珩磨。将超声珩磨时往复进给速度等于油石的轴向振动速度时的速度称为临界速度 v_c，即

$$v_c = v_a \leqslant v_z$$

式中　v_z——油石或磨粒的振动速度；

　　　v_a——珩磨头往复进给速度。

在任意时刻内磨粒的振动位移为

$$y = A\sin\omega t \tag{5-3}$$

式中　A——磨粒轴向振动的振幅。

则油石或磨粒的振动速度为

$$v_z = \dot{y} = A\omega\cos\omega t \tag{5-4}$$

所以可得磨粒与沟槽两侧保持始终分离的条件为

$$v_a \leqslant A\omega\cos\omega t \tag{5-5}$$

考虑到工件的圆周速度，式(5-5) 也可表示为

$$v \leqslant \frac{A\omega\cos\omega t}{\sin\dfrac{\theta}{2}} \tag{5-6}$$

式中　v——珩磨头的绝对速度；

　　　θ——珩磨网纹交叉角，(°)。

因此，可得超声珩磨时油石的临界速度为

$$v = \frac{A\omega}{\sin\dfrac{\theta}{2}} \tag{5-7}$$

为了获得良好的珩磨工艺效果，一般要求被磨工件表面的交叉网纹为：粗磨时 $\theta = 45° \sim 70°$，精磨时 $\theta = 15° \sim 70°$。

实际上，在珩磨工艺中，容易控制的参数是珩磨的往复速度、工件速度，因此通过简单的几何关系：$\tan(\theta/2) = v_a/v_t$，v_t 为圆周速度，$v_t = \pi D n_t/1000$，可将上式表示为

$$\begin{cases} v_a \leqslant A\omega \\ n_t = \dfrac{A\omega}{\pi D \tan\dfrac{\theta}{2}} \end{cases} \tag{5-8}$$

(3) 油石径向振动和轴向振动的被磨表面特征

为了验证施加轴向振动工件的被磨表面特征，在新研制的立式超声珩磨机床上，对氧化

铝、氧化锆陶瓷和高强度炮钢进行了粗、精珩磨试验。试验条件见表 5-15。

表 5-15 试验条件

修整砂轮	碳化硅砂轮，粒度 $80^{\#}$；树脂结合剂；$D_o \times B \times D_i: \phi203mm \times 40mm \times \phi120mm$
修整条件	修整砂轮速度 $v_s = 28m/s$；工件转速 $n_w = 37r/min$；工作台往复速度 $v_T = 600mm/min$
工件	ZrO_2（热等静压）$D_o \times D_i \times L: \phi89mm \times \phi74mm \times (24 \sim 90)mm$ Al_2O_3（97 氧化铝）$D_o \times D_i \times L: \phi180mm \times \phi160mm \times (410 \sim 420)mm$
金刚石珩磨油石	粒度 $80^{\#}$、$140^{\#}$、$280^{\#}$、$2500^{\#}$；青铜结合剂；浓度 100% $L \times B \times H: 100mm \times 12mm \times 12mm; 100mm \times 12mm \times 10mm$
珩磨用量	工件转速 $n = 75 \sim 380r/min$；珩磨头往复速度 $v = 1.26m/min$、$8m/min$、$18m/min$ 磨削深度：$a_p = 1\mu m$、$2\mu m$、$3\mu m$、$6\mu m$、$9\mu m$、$12\mu m$；每往复行程进给一次。频率 20kHz，振幅 $10 \sim 12\mu m$
冷却方式	干磨削；乳化液/水/煤油

径向超声波振动磨粒所刻划的表面形成贝壳状破碎，产生这种破碎的原因主要是磨粒在普通磨削的刻划基础上，磨粒周期性的振动对刻划沟槽底部不断冲击，当磨粒的冲击应力超过材料的断裂极限时，磨削沟槽的径向裂纹急剧扩展，在磨粒刻划沟槽的边界横向裂纹不断向材料表面延伸，最终形成材料脱落。当在油石的轴向施加超声波振动时，磨粒的切深并不因振动的施加变大，故在磨粒所刻划沟槽的底部很少能观察到贝壳状的破碎。但是由于磨粒的轴向振动，使磨粒对垂直于其运动方向所隆起的沟槽壁将产生不断冲击，在这种冲击下，磨粒在压入与运动时在沟槽两侧所形成的横向裂纹，将在冲击下急剧扩展并延伸到材料表面，形成材料的破碎与脱落，最终形成较宽的磨削沟槽刻痕，刻痕的宽度几乎是振幅值与普通刻痕之和。此外，在磨削沟槽的底部也可以清晰地观察到与普通磨削相似的微小耕犁痕迹。在延性切削区，轴向施振时，磨粒对磨削沟槽边沿冲击时的痕迹仍可清晰地观察到。

由此分析可以得出，在轴向施振时，被磨表面由于磨粒的切深不变将使粗糙度比横向施振时要好，而由于振动的加入使磨粒在压入时呈动态压入，其切削力要比普通磨削大大减少，这也是粗糙度比普通珩磨优越的原因。超声珩磨的效率比普通珩磨高数倍，这主要是由于轴向施振在同样时间内超声珩磨每颗磨粒的切削宽度比普通珩磨增加一个振幅 A，导致切削体积增加的结果。

(4) 混叠式轴向超声珩磨的材料高效去除模型

① 超声珩磨时单颗磨粒的脉冲切削力 由于超声珩磨声学系统最终将振动传递到珩磨油石上，因此可假设超声珩磨时振动油石的运动方程为

$$x(t) = A\sin\omega t \tag{5-9}$$

式中 A——振幅，$10^{-3}mm$；

ω——角频率，$\omega = 2\pi f$；

f——油石的振动频率，Hz。

则油石的振动速度为

$$\dot{x}(t) = A\omega\cos\omega t \tag{5-10}$$

设油石的等效质量为 M，则油石在振动中产生的脉冲力为

$$F = M\dot{x}(t)/\Delta t = MA\omega\cos\omega t/\Delta t \tag{5-11}$$

式中 Δt——振动时油石与被加工材料的接触时间。

设油石与工件的名义接触面积为 A，实际接触面积为 A_r，则 $A/A_r = C$（C 为常数，一般取 $5 \sim 10$）；设油石上的磨粒分布密度为 λ_d，则其动态有效磨粒数 N_d 为

$$N_d = \lambda_d A_r \tag{5-12}$$

其中

$$\lambda_d = k_1 (6 \nabla_g / \pi)^{2/3} / d_g^2 \tag{5-13}$$

式中　k_1——与磨粒形状、修整条件等因素有关的系数；

∇_g——油石的粒度；

d_g——磨粒的平均直径。

注意到 $A = NBL$，N 为珩磨油石的数量，B 为油石的长度，L 为油石的宽度，则

$$N_d = K_1 NBL \nabla_g^{2/3} / d_g^2 \tag{5-14}$$

式中　K_1——系数。

$$K_1 = k_1 (6/\pi)^{2/3} / C$$

因此，单颗磨粒在振动时产生的脉冲力为

$$F_{gd} = \frac{F}{N_d} = \frac{MA\omega\cos\omega t}{\Delta t} \times \frac{d_g^2}{K_1 NBL} \times \frac{1}{\nabla_g^{2/3}} \tag{5-15}$$

同时可得，单颗磨粒的最大脉冲切削力为

$$F_{gdmax} = \frac{MA\omega d_g^2}{\Delta t K_1 NBL \nabla_g^{2/3}} \tag{5-16}$$

② 普通珩磨单颗磨粒上的切削力　在普通珩磨和超声珩磨切削用量相同的条件下，假设普通珩磨作用在油石上的切削负荷为 W，将作用于单颗磨粒上的切削力记为 F_{gs}，则单颗磨粒上作用的切削力为

$$F_{gs} = W / N_d \tag{5-17}$$

将式(5-14)代入式(5-17)得普通珩磨时单颗磨粒上作用的磨削力为

$$F_{gs} = \frac{W d_g^2}{K_1 NBL \nabla_g^{2/3}} \tag{5-18}$$

③ 超声珩磨时单颗磨粒上的合力　当超声珩磨时，作用在单颗磨粒上的力 F_{gdh} 为 F_{gd} 和 F_{gs} 的叠加，即

$$F_{gdh} = F_{gd} + F_{gs} = \frac{MA\omega d_g^2}{\Delta t K_1 NBL \nabla_g^{2/3}}\cos\omega t + \frac{W d_g^2}{K_1 NBL \nabla_g^{2/3}} = \frac{d_g^2}{K_1 NBL \nabla_g^{2/3}}\left(\frac{MA\omega}{\Delta t}\cos\omega t + W\right) \tag{5-19}$$

显然，单颗磨粒上的最大磨削力为

$$F_{gdhmax} = \frac{d_g^2}{K_1 NBL \nabla_g^{2/3}}\left(\frac{MA\omega}{\Delta t} + W\right) \tag{5-20}$$

④ 超声珩磨材料的理论去除率　在超声珩磨时，为去除材料，必须使单颗磨粒、单位面积上作用的最大磨削力等于材料的屈服极限应力，即

$$F_{gdhmax} \geqslant \sigma_f \tag{5-21}$$

式中　F_{gdhmax}——单颗磨粒单位面积上作用的最大磨削力，MPa；

σ_f——材料的屈服极限应力，MPa。

$$\sigma_f = K_2 \sigma_Y^3 d_g^2 \left(\frac{1}{E_1} + \frac{1}{E_2}\right) \tag{5-22}$$

式中　K_2——常数；

E_1——工件材料的弹性模量，MPa；

E_2——超声油石结合剂的弹性模量，MPa；

σ_Y——两种不同类型材料的屈服极限强度，MPa，对塑性材料 $\sigma_Y = \sigma_s$（σ_s 为材料的

屈服强度），对脆性材料 $\sigma_Y = \sigma_k$（σ_k 为材料的断裂强度）。

$$\sigma_k = \left(\frac{K_{IC}}{Y_{IC}}\right)^{1/2} \tag{5-23}$$

式中　K_{IC}——脆性材料的断裂韧性；

　　　Y_{IC}——常数，由裂纹的几何特性和取向决定。

考虑到超声珩磨时材料的去除率（定义为单位时间、单位面积上的材料去除体积）与作用在磨粒上的最大单位面积力值与材料去除的极限应力的差值成比例，同时考虑到材料的去除率 Z_w 与参与切削的磨粒数 N_d、被磨削工件或工具转动的线速度 v_1 等的比例关系，则超声珩磨时材料的去除率可表达为

$$Z_w \propto (F_{gdhmax} - \sigma_f) N_d v_1 \tag{5-24}$$

式（5-24）还可表达为

$$Z_w = K(F_{gdhmax} - \sigma_f) N_d v_1 \tag{5-25}$$

式中，K 为比例系数。

在超声珩磨中，磨粒切削的效果与工件的临界速度 v_c 有关，当往复运动速度 $v_2 \leqslant v_c = \theta \omega A \cos\omega t$ 时，振动切削效果显著；当 $v_2 \geqslant v_c = \theta \omega A \cos\omega t$ 时，振动切削效果减弱，此时材料的去除呈指数级减小，故总的材料去除率 Z 与 v_2 的关系可表示为

$$Z = Z_w[1 - \exp(-K_3 v_2)] \tag{5-26}$$

将式（5-25）代入式（5-26）得

$$Z = K(F_{gdhmax} - \sigma_f) N_d v_1 [1 - \exp(-K_3 v_2)] \tag{5-27}$$

将式（5-20）、式（5-22）代入式（5-27）并整理可得超声波珩磨时材料的总去除率为

$$Z = K(F_{gdhmax} - \sigma_f) N_d v_1 [1 - \exp(-K_3 v_2)]$$
$$= K\left[\frac{d_g^2}{K_1 NBL \nabla_g^{2/3}}\left(\frac{MA\omega}{\Delta t} + W\right) - K_2 \sigma_Y^3 d_g^2\left(\frac{1}{E_1} + \frac{1}{E_2}\right)\right] N_d v_1 [1 - \exp(-K_3 v_2)] \tag{5-28}$$

（5）超声波振动珩磨装置结构

超声波振动珩磨的工作原理是将超声波发生器产生的超声频电振荡通过换能器转换为超声频轴向机械振动或弯曲振动，在珩磨头的自转运动与往复运动的重叠情况下进行加工所使用的珩磨头结构如图 5-39 所示。

在图 5-39(a) 所示的挠性杆 4 一端连接在弯曲振动圆盘 3 的振动腹上，另一端同油石座 5 相连，圆盘是在振动放大杆（简称变幅杆）2 的推动下产生弯曲振动的，通过挠性杆把轴向换能器 1 的振动能量传递到各个油石座上，使油石沿轴向进行振动，并与其自转运动及直线往复运动叠加在一起进行振动珩磨加工。

在图 5-39(b) 中，在圆盘的外圆附近，等距离地固定着挠性杆 4，各小段油石分别粘接在油石座上，滑套 5、6、7 套在圆杆 8 上，在圆杆振动节处固定，通过锥套上的斜面和弹簧，给工件施加一定大小的珩磨压力。这样，珩磨运动加在振动节支持圆筒上进行珩磨加工。

把回转运动叠加到直线往复运动上，能提高表面微细沟槽自成机理的加工速度。

图 5-40 所示为焦作工学院研制的一种新型

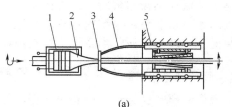

(a)

1—轴向换能器；2—变幅杆；3—弯曲振动圆盘；4—挠性杆；5—油石座

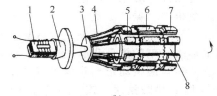

(b)

1—扭转振动换能器；2—变幅杆；3—扭转振动圆盘；4—挠性杆；5~7—滑套；8—圆杆

图 5-39　振动珩磨头

旋转超声珩磨装置。该装置采用新的结构并利用局部共振原理进行设计,获得了极好的应用。

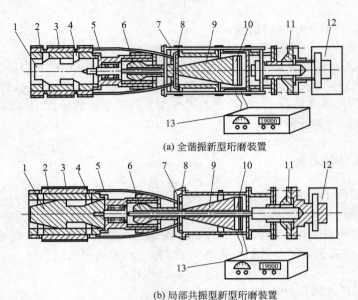

(a) 全谐振新型珩磨装置

(b) 局部共振型新型珩磨装置

图 5-40 超声珩磨装置传声系统新结构

1—心轴;2—珩磨头本体;3—油石;4—销子;5—挠性杆;6—浮动球杆;
7—法兰盘;8—振动圆盘;9—变幅杆;10—换能器;11—张紧机构;
12—旋转机构;13—超声波发生器

由图 5-40 可见,新型传声系统为:超声波发生器 13 激励压电晶体换能器 10 产生机械振动,然后输入变幅杆 9 放大至所要求的振幅,由变幅杆传给振动圆盘 8,再由振动圆盘传输给挠性杆 5,最后通过挠性杆将振动传递给珩磨油石 3,珩磨油石借助于来自传声系统的振幅实现超声振动珩磨。显然,新的超声珩磨传声系统采用了振动圆盘与挠性杆直接连接,将来自振动圆盘的全部声能通过挠性杆传递到珩磨油石,由于将珩磨杆(图中浮动球杆 6)与密闭振动圆盘的法兰盘 7 连接,法兰盘与珩磨装置后部的固定套筒连接,从而巧妙、有效地避免了振动圆盘与珩磨杆连接处超声能量的大量损失问题,解决了国外迄今为止仍然没有解决的超声珩磨传声系统能量有效传递的关键问题。在传声系统其他环节采用有效的连接方式情况下,理论上该传声系统不存在声能损失问题。

5.4.3 超声波振动珩磨声学系统的局部共振设计原理

大量的研究已经证实,超声波振动复合加工硬脆工程材料、新型复合材料、高强度钢等是极其有效的方法。然而,由于超声加工工装在设计和制造方面的困难,使得这种优良的工艺方法难以推广应用。在超声波加工新技术研究与推广应用中,经研究发现在超声珩磨装置的传声系统中,振动圆盘-挠性杆-油石座子系统不仅存在振幅增幅现象,同时也存在局部共振问题。采用新的局部共振论设计超声珩磨复杂声学系统,可以大大简化安全谐振设计后再采用试凑法修正的繁琐步骤,取得了良好的效果。

(1) 超声波振动珩磨声学系统的局部共振现象试验

① 局部共振原理 该原理是在研究超声振动钻削的简单声振系统时提出的。研究中发现不采用按半波长整数倍设计的细长钻头,在钻头的长度因磨损等原因发生较大变化时,仅需改变超声波发生器的频率就可以始终使钻头保持良好的加工效果。这种发现使得细长钻头的设计摆脱了按半波长整数倍叠加的观念,使得振动系统的谐调工作方式不限于常用的全谐

振方式。钻头能作为一个单独的体系独立共振，它和变幅杆的连接处振动极小。这个发现称为局部共振原理。

② 超声波振动珩磨传声系统中的局部共振现象　其测试系统原理如图 5-41 所示。试验时发现，当超声珩磨的声学系统在改变油石座长度、截面和激振频率时存在以下现象。

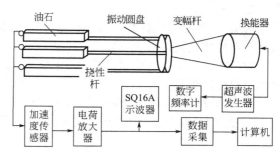

图 5-41　超声珩磨声学系统局部
共振原理测试框图

a. 当换能器-变幅杆-振动圆盘声学子系统的谐振频率和挠性杆-油石座振动子系统的谐振频率不同时，组合两个子系统，调整超声波发生器的激励频率，挠性杆-油石座同样可获得良好的振动效果。

b. 采用同一换能器、变幅杆和挠性杆，当油石座的长短尺寸在一定范围内改变时（不按半波长及其整数倍进行设计），调整发生器的频率，系统仍处于良好的振动状态，振幅不仅比按全谐振方式设计的振幅还大且存在增幅特性。

c. 为了确保超声珩磨系统的局部共振，试验对油石的截面尺寸同时进行改变并测量此时引起子系统本身振动的频率，试验结果同样存在当截面尺寸改变时，通过改变发生器的激振频率，油石座系统仍然在 $19 \sim 19.25 \mathrm{kHz}$ 范围内处于良好的共振状态。

d. 当超声系统在给定载荷下珩磨时，原空载下的局部共振频率产生漂移，表现为频率升高，振幅降低。但通过调整发生器的频率，系统在一定的频率下仍能处于良好的谐振状态。该现象说明挠性杆-油石座振动子系统是多自由度系统。换能器-变幅杆-振动圆盘子系统的频率，在调整发生器产生不同的激振频率下，可以激发挠性杆-油石座子系统以不同频率进行局部共振。

e. 在挠性杆两端点处几乎听不到啸叫声，而其他部位的啸叫声十分强烈。这种现象说明，在挠性杆的两端点处的振幅比油石座、挠性杆和其他部位振幅小得多。

由上述试验中的五种现象可知：在超声波振动珩磨的传声系统中，同样存在局部共振现象，即挠性杆-油石座振动子系统在换能器-变幅杆-振动圆盘振动子系统的激励下可以以自身的固有频率（与激励频率不同）产生共振，亦即挠性杆-油石座声学子系统设计时可以作为一个单独的振动体系进行考虑。

③ 超声珩磨声学系统产生的局部共振条件

a. 油石座截面积比变化时的局部共振条件。图 5-42 所示为保持挠性杆和油石座长度不变，挠性杆与油石座的截面积比 J（J＝挠性杆截面积/油石座截面积）从 3% 至 20% 变化时所获得的油石座前端局部共振的振幅。

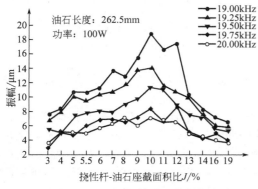

图 5-42　挠性杆与油石座的截
面积比 J 对共振效果的影响

由图 5-42 可以看出，当 J 的数值从 3% 变化到 20% 时，在截面积比 J 在 7%～13% 范围内，油石前端的振幅最大且在不同频率下局部共振的振幅不同，在挠性杆-油石座的振动频率为 $19 \mathrm{kHz}$ 时，局部共振的振幅达到 $18 \mu\mathrm{m}$ 左右，在振动频率为 $19.25 \mathrm{kHz}$ 时，局部共振的振幅达到 $14 \mu\mathrm{m}$ 左右；而当调整发生器使油石座前端的振动频率大于 $19.25 \mathrm{kHz}$ 时，油石的振幅逐渐降低。特别是当振动的频率调整在按挠性杆-油石座单独设计的计算频率 $20 \mathrm{kHz}$ 左右时，几乎在所试验的范围内振动振幅最小。

由图 5-42 还可以看出，无论振动频率在何种状态下，随着截面积比 J 的变化，振动的幅值产生变化，同样频率下幅值最大差别可达到 $12\mu m$ 左右。在进行超声珩磨声学系统设计时，为了获取较大生产率，必须选用较大振幅，而获取较大的振幅必须考虑挠性杆和油石座的截面积比这个重要参数。在该试验条件下，截面积比选取在 10%，局部共振频率调整在 $19\sim19.25\mathrm{kHz}$，可以获得最好的振动效果。

b. 挠性杆-油石座长度变化对振动效果的影响。在保持 $J=7\%\sim13\%$ 条件下仅改变油石座的长度尺寸参数考察油石座长度对局部共振效果的影响。图 5-43 给出了油石座长度参数变化对振幅、频率的影响。从图 5-43 可以看出，当油石座长度由 $161.25\mathrm{mm}$ 逐渐减小时，在所试验的频率范围内振幅开始减小随后又明显增加；当长度减小到某一范围时，振幅取最大值。在所试验的条件下，振动频率为 $19\mathrm{kHz}$、油石座长度为 $110\mathrm{mm}$ 时，油石座的振幅最大，达到 $21.5\mu m$。而 $19.25\mathrm{kHz}$ 振动频率，振幅取最大值（$13\sim14\mu m$）的油石座长度范围为 $100\sim126\mathrm{mm}$。当频率继续增加，在 $19.5\mathrm{kHz}$ 范围内油石座的振幅均不大于 $10\mu m$。从图 5-43 还可以看出，在超声珩磨声学系统中，油石座的局部共振频率不是唯一的。

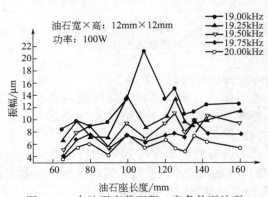

图 5-43　在油石座截面积一定条件下油石座长度变化对振幅、频率的影响

（2）油石座的长度参数变化对节点位置的影响

为了在局部共振条件下能合理确定油石座支撑的位置，经试验图 5-44 给出了油石座长度变化对节点位移的影响。

根据声学理论，当声波在金属材料中传播时，其波长相对不同的材料数值不同。对所选用的 45 钢调质材料，声的波长为 $262.5\mathrm{mm}$。在超声珩磨声学系统的设计中，为了使油石在前端获得最大振幅，总是将换能器-变幅杆-振动圆盘子系统在圆盘的端面振幅设定为最大，之后选取挠性杆长度为材料半波长的整数倍，最后设计超声油石的参数。按全谐振理论，当超声珩磨油石长度选取为材料本身半波长的 2 倍即一个波长时，在油石座与挠性杆的连接处振幅理论上应为最大，而在大约

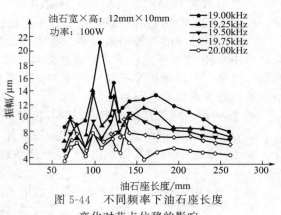

图 5-44　不同频率下油石座长度变化对节点位移的影响

$65.5\mathrm{mm}$ 和 $131.25\mathrm{mm}$ 处，理论上振幅为最小。振幅最小的点称为油石座的节点，也就是油石座设计时应选取的支撑点位置。

由图 5-44 可知，当油石座的长度为一个波长时，随着油石局部共振的振动频率改变，油石座的节点位置随之变化，从宏观上看，随着振动频率的改变，节点的位移向着与挠性杆连接的方向移动。当采用油石座的长度小于一个波长，如油石的长度为 $140\mathrm{mm}$，振动的幅值较小，节点位置大约在油石座的两端设计支撑位置，并注意到支撑销与油石座的预留间隙和尽量减小销子支撑面与油石底面的接触面积，完全可以满足超声珩磨加工的要求。

在超声珩磨的应用中，当油石座的长度尺寸确定后，产生变化的主要参数是珩磨油石的

截面积。正如前述，设计时只要保证挠性杆和油石座的截面积比 J 在 $7\%\sim13\%$ 之间，适当调整发生器的频率（生产时可采用新研制的频率自动跟踪发生器），对局部共振效果就影响不大。因此，在按局部共振理论设计挠性杆-油石座振动子系统时，可采用如下方法：根据生产中所需要的珩磨油石长度尺寸，在保证挠性杆-油石座截面积之比为 $7\%\sim13\%$ 的条件下，根据试振使其产生局部共振，在最大的振幅下确定其应用频率和节点，设计出挠性杆和油石座的长度，将支撑位置选在油石的两端（注意保证挠性杆-油石座的截面积比在 $7\%\sim13\%$），在给定的销与孔的配合间隙下，通过调整发生器的频率使之产生局部共振以获得相应频率下的最大振幅。

（3）超声波振动珩磨系统的局部共振机理

图 5-41 所示的超声珩磨声学系统可以分解为变幅杆、弯曲圆盘和挠性杆-油石座电子系统，下面根据传输矩阵理论分别给出传输矩阵方程。

对于一维变截面纵振杆（也称变幅杆），假设忽略其损耗，两端的力和速度间的关系可由一传输矩阵表示，其矩阵系数由组成杆的材料、几何尺寸确定，对于锥形截面杆如图5-45所示，设两端的力和振动位移分别为 F_1、Y_1、F_2、Y_2，则有

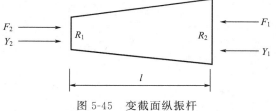

图 5-45　变截面纵振杆

$$\begin{bmatrix} F_2 \\ Y_2 \end{bmatrix}_h = \boldsymbol{T}_h \begin{bmatrix} F_1 \\ Y_1 \end{bmatrix}_h = \begin{bmatrix} a & b \\ c & d \end{bmatrix} \begin{bmatrix} F_1 \\ Y_1 \end{bmatrix}_h \tag{5-29}$$

式中　$\boldsymbol{T}_h$——变幅杆的传输矩阵。

其中

$$a = \frac{R_2 - R_1}{R_2 kl} \sin kl + \frac{R_1}{R_2} \cos kl$$

$$b = -kES_1 \left\{ \left[\left(\frac{R_2 - R_1}{R_1 kl} \right)^2 + \frac{R_2}{R_1} \right] \sin kl - \frac{(R_2 - R_1)^2}{R_1^2} \times \frac{\cos kl}{kl} \right\}$$

$$c = \frac{R_2 \sin kl}{R_1 kES_2}$$

$$d = \frac{R_2}{R_1} \cos kl - \frac{R_2 - R_1}{R_1} \times \frac{\sin kl}{kl}$$

式中　k——圆波数；

　　　E——弹性模量；

S_1，S_2——端面积。

下面给出弯曲圆盘的传输矩阵方程。

对于中间带孔的弯曲振动圆盘，设 Y 为弯曲振动圆盘上某一点的位移，根据弹性力学理论，它的自由振动微分方程为

$$\nabla^4 Y + \frac{\overline{m}}{D} \times \frac{\partial^2 Y}{\partial t^2} = 0 \tag{5-30}$$

式中　$\overline{m}$——圆盘的面密度；

　　　D——弯曲振动圆盘的弯曲刚度，$D = \dfrac{Et^3}{12(1-\mu^2)}$；

　　　E——弹性模量；

　　　μ——泊松比；

　　　t——圆盘厚度。

式(5-30) 经过一系列简化后其解可以简化为以下形式：

$$Y(r) \approx C_1 \sqrt{\frac{2}{\pi \gamma r}} \cos\left(\gamma r - \frac{\pi}{4}\right) \tag{5-31}$$

式中 r——振动点到中心的距离；

C_1——待定常数。

由于振动圆盘用螺栓被直接紧固在变幅杆的小端，如忽略连接损耗，则弯曲振动圆盘内孔的位移与变幅杆小端的位移可视为相同。假设圆盘的内孔边缘和外侧分别作用的外力为 F_1 和 F_2，则圆盘边界条件为

$$Y(a) \approx C_1 \sqrt{\frac{2}{\pi \gamma r}} \cos\left(\gamma a - \frac{\pi}{4}\right)$$

$$Y(b) \approx C_1 \sqrt{\frac{2}{\pi \gamma r}} \cos\left(\gamma b - \frac{\pi}{4}\right) \tag{5-32}$$

$$Q_a = -D \left\{ \frac{\partial}{\partial r}\left(\frac{\partial^2 Y}{\partial r^2} + \frac{1}{r} \times \frac{\partial Y}{\partial r}\right) \right\}_{r=a} = F_1$$

$$Q_b = -D \left\{ \frac{\partial}{\partial r}\left(\frac{\partial^2 Y}{\partial r^2} + \frac{1}{r} \times \frac{\partial Y}{\partial r}\right) \right\}_{r=b} = F_2$$

类似公式(5-29) 的方法，根据弯曲振动圆盘的力学简化模型（图 5-46），可以得到弯曲振动圆盘的传输矩阵方程为

$$\begin{bmatrix} F_2 \\ Y_2 \end{bmatrix} = \boldsymbol{T}_d \begin{bmatrix} F_1 \\ Y_1 \end{bmatrix}_d = \frac{1}{\cos\left(\gamma a - \frac{\pi}{4}\right)} \begin{bmatrix} 0 & c \\ 0 & d \end{bmatrix} \begin{bmatrix} F_1 \\ Y_1 \end{bmatrix}_d \tag{5-33}$$

式中 $\boldsymbol{T}_d$——弯曲圆盘的传输矩阵。

$$c = -D\sqrt{a} \left[\left(-\frac{5}{8}b^{-\frac{7}{2}} + \frac{1}{2}\gamma^2 b^{-\frac{3}{2}} \right)\cos\left(\gamma b - \frac{\pi}{4}\right) - \left(\frac{1}{4}b^{-\frac{5}{2}}\gamma - \gamma^3 b^{\frac{1}{2}} \right)\sin\left(\gamma b - \frac{\pi}{4}\right) \right]$$

$$d = \cos\left(\gamma b - \frac{\pi}{4}\right)\sqrt{\frac{a}{b}}$$

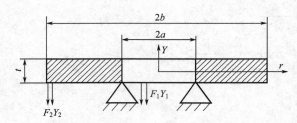

图 5-46 振动圆盘的力学简化模型

下面给出等截面挠性杆和油石座的传输矩阵。

事实上，只要令式(5-29) 中的 $R_1 = R_2$，即可得到挠性杆和油石座的传输矩阵 $\boldsymbol{T}_f$、$\boldsymbol{T}_0$ 为

$$\boldsymbol{T}_f = \begin{bmatrix} \cos k l_f & -kES_f \sin k l_f \\ \sin k l_f / kES_f & \cos k l_f \end{bmatrix} \tag{5-34}$$

$$\boldsymbol{T}_0 = \begin{bmatrix} \cos k l_0 & -kES_0 \sin k l_0 \\ \sin k l_0 / kES_0 & \cos k l_0 \end{bmatrix} \tag{5-35}$$

式中 l_f，S_f，l_0，S_0——挠性杆和变幅杆的长度和截面积。

先单独考虑变幅杆和弯曲圆盘组成的子系统（习惯上称为驱动子系统）。由于变幅杆和

弯曲圆盘在连接点处的力和位移连续，即

$$\begin{bmatrix} F_1 \\ Y_1 \end{bmatrix}_d = \begin{bmatrix} F_2 \\ Y_2 \end{bmatrix}_h \tag{5-36}$$

则

$$\begin{bmatrix} F_2 \\ Y_2 \end{bmatrix}_d = \boldsymbol{T}_d \cdot \boldsymbol{T}_h \begin{bmatrix} F_1 \\ Y_1 \end{bmatrix}_h = \begin{bmatrix} T_{11} & T_{12} \\ T_{21} & T_{22} \end{bmatrix} \begin{bmatrix} F_1 \\ Y_1 \end{bmatrix}_h \tag{5-37}$$

在考虑组合系统的固有频率时，一般均考虑空载的情形，即 $F_2^d = F_1^h$，由式（5-37）可得系统的共振条件为 $T_{12} = 0$。

当变幅杆和振动圆盘的材料均为 45 钢，设计共振频率为 $f_1 = 20\text{kHz}$，几何尺寸如下。

变幅杆：小端直径 $\phi 20\text{mm}$，长度 140mm。

弯曲振动圆盘：厚度 10mm，外径为 53mm，内孔 10mm。

可得到传输矩阵元素 T_{12} 相对频率 F 变化的图形 $T_{12}\text{-}F$ 如图 5-47 所示。可以看出，系统在 20kHz、11.5kHz、9.5kHz 时满足共振条件 $T_{12} = 0$，即上述频率为两组合系统的固有频率。

挠性杆和油石座由于振动形式相似，且与弯曲圆盘的截面积差别较大，故可将其作为一个子系统（即工具子系统）。挠性杆和弯曲圆盘在连接点处力和位移连续，同理可得

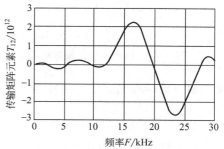

图 5-47 驱动子系统传输函数图形

$$\begin{bmatrix} F_2 \\ Y_2 \end{bmatrix}_0 = \boldsymbol{T}_0 \begin{bmatrix} F_1 \\ Y_1 \end{bmatrix}_0 = \boldsymbol{T}_0 \cdot \boldsymbol{T}_f \begin{bmatrix} F_1 \\ Y_1 \end{bmatrix}_f$$
$$= \begin{bmatrix} U_{11} & U_{12} \\ U_{21} & U_{22} \end{bmatrix} \begin{bmatrix} F_1 \\ Y_1 \end{bmatrix}_f \tag{5-38}$$

假设工具系统两端自由，即 $F_2^0 = F_1^f = 0$，则系统的共振条件为 $U_{12} = 0$，取油石座的长度为 110mm，挠性杆的尺寸按一个波长（直径为 4.8mm，长度 262.5mm，材料 45 钢调质），同样可作出工具子系统的传输矩阵元素 U_{12} 相对频率 F 变化的图形 $U_{12}\text{-}F$，如图 5-48 所示。可见 F 为 5.4kHz、14.6kHz、22.4kHz 时，$U_{12} = 0$，这和试验得到的工具系统共振频率相距甚远。因为此时油石座不是按 20kHz 全谐振设计的，所以得出上述结果是必然的。

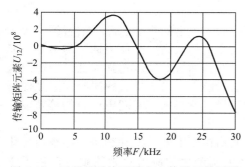

图 5-48 工具子系统两端自由传递函数图形

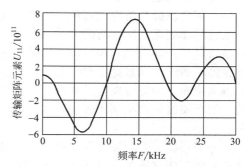

图 5-49 工具子系统固定-自由传递函数的图形

假设工具系统为固定-自由，即处于局部共振，此时 $F_2^0 = F_1^f = 0$，可以推得系统的共振条件为 $U_{11} = 0$，取结构尺寸和两端自由状态时一样，同样作出 U_{11} 和频率 F 的曲线 $U_{11}\text{-}F$，如图 5-49 所示。可见此时满足 $U_{11} = 0$ 的频率为 1.6kHz、10kHz、19.15kHz，与试验得到的系统共振频率 19kHz 很接近，可见此时工具系统处于局部共振状态。

下面将驱动子系统和工具子系统进行组合，研究组合系统的传输矩阵。同样根据连续点

处力和位移的连续条件：

$$\begin{bmatrix} 5F_2 \\ Y_2 \end{bmatrix}_0 = \boldsymbol{T}_0 \cdot \boldsymbol{T}_f \cdot \boldsymbol{T}_d \cdot \boldsymbol{T}_h \begin{bmatrix} F_1 \\ Y_1 \end{bmatrix}_h = \boldsymbol{V} \begin{bmatrix} F_1 \\ Y_1 \end{bmatrix}_h \tag{5-39}$$

式中 $\boldsymbol{V}$——整体超声珩磨声学系统的传输矩阵。

超声珩磨系统的固有频率，可令超声珩磨声学系统的传输矩阵 V 中的元素 $U_{12} = 0$，通过该方程图解得到，图 5-50 所示为 U_{12}-F 的关系图。

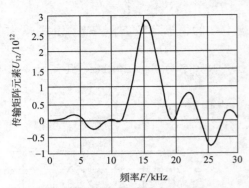

图 5-50 超声珩磨系统整体传输矩阵图

由图 5-50 可见，组合系统在 5.5kHz、9.5kHz、10.0kHz、11.55kHz、19.15kHz、19.8kHz 附近可使 $U_{12} = 0$，这和试验中得出的油石座长度为 110mm 时，系统在 19kHz 附近达到最大振幅的结果很接近，说明该理论和试验结果符合得很好。

最后的问题是解释在挠性杆和弯曲振动圆盘的连接点以及挠性杆和油石座连接点处的振幅极小的问题。

考察挠性杆和弯曲振动圆盘的连接点振幅和油石前端振幅之比，在式(5-37) 中令 $F_1 = 0$ 可得

$$\begin{bmatrix} 0 \\ Y_2 \end{bmatrix}_0 = \begin{bmatrix} U_{11} & U_{12} \\ U_{21} & U_{22} \end{bmatrix} \begin{bmatrix} F_1 \\ Y_1 \end{bmatrix}_f \tag{5-40}$$

解式(5-40) 的矩阵方程可得

$$\frac{Y_2}{Y_1} = U_{22} - \frac{U_{12}U_{21}}{U_{11}} \tag{5-41}$$

代入组合系统的共振频率 $F = 19.15\text{kHz}$，得

$$\frac{Y_2}{Y_1} = -160.14$$

可见此时油石前端的振幅远远大于挠性杆和弯曲振动圆盘的连接处的振幅，即挠性杆和弯曲振动圆盘连接处振幅相对很小，而成为节点。这和试验中所观察到的现象一致。

至此，复杂超声珩磨声学系统试验中各种现象得到解释。

(4) 超声波振动珩磨油石的等效硬度特性

油石的硬度是反映在珩磨力作用下，磨粒从油石表面上脱落的难易程度；油石硬，表示磨粒难以脱落；油石软，表示磨粒容易脱落。若油石硬度选得太高，会使磨钝了的磨粒不能及时脱落，而产生大量磨削热，造成工件表面热损伤。但若油石的硬度选择太低，会使磨粒脱落得太快而不能充分发挥其切削作用。在超声波振动珩磨中，由于极大的瞬时加速度使得对超声油石硬度选择不同于普通珩磨，为做到合适的选择，就必须了解超声油石的等效硬度特性。

超声油石的等效硬度特性是指油石的硬度在超声振动作用下随其振动频率和振幅而变化的特性。硬度变化的实质是由于油石内部在高频振动下所产生的应力对砂轮硬度产生了影响，其原因解释如下。

图 5-59 所示的挠性杆-油石座振动子系统进行轴向超声振动。在距油石中心线节点为 x 的点的位移 U 可用下式表示：

$$U = A \cos\left(\frac{2\pi f}{c}\right) \sin(2\pi ft) \tag{5-42}$$

式中 A——油石的振幅，m；

f——振动的频率，Hz；

t——振动的周期，s；

c——声波在油石材料中的传播速度，m/s，$c=\sqrt{E/\rho}$；

ρ——油石密度，kg/m^3；

E——油石的弹性模量，Pa。

其应变为

$$\varepsilon=A\,\frac{2\pi f}{c}\sin\left(\frac{2\pi f}{c}\right)\sin(2\pi ft) \tag{5-43}$$

对于树脂结合剂油石，取 $\rho=2.4\times10^3\,\text{kg/m}^3$，由于油石与油石座连接成一体，因此取 $c=5\times10^3\,\text{m/s}$，则 $E=6\times10^{10}\,\text{Pa}$。油石的振动应力 σ 为

$$\sigma=\varepsilon E=AE\,\frac{2\pi f}{c}\sin\left(\frac{2\pi f}{c}\right)\sin(2\pi ft) \tag{5-44}$$

令

$$\begin{cases} \dfrac{2\pi f}{c}x=\dfrac{\pi}{2} \\ 2\pi ft=\dfrac{\pi}{2}+k\pi \end{cases} \quad (k=0,1,2\cdots) \tag{5-45}$$

则

$$\begin{cases} x=\dfrac{1}{4}\times\dfrac{c}{f}=\dfrac{1}{4}\lambda \\ t=\dfrac{1}{2f}\left(\dfrac{1}{2}+k\right) \end{cases} \tag{5-46}$$

此时最大应力 $\sigma_{\max}$ 为

$$\sigma_{\max}=AE\,\frac{2\pi f}{c}=AE\,\frac{2\pi}{\lambda} \tag{5-47}$$

式中 λ——波长，m，$\lambda=c/f$。

若取 $f=20\text{kHz}$，$A=8\mu\text{m}$，则

$$x=\frac{1}{4}\times\frac{5\times10^3}{2\times10^4}=0.0625\text{m}$$

$$\sigma_{\max}=\frac{2\pi\times8\times10^{-6}\times6\times10^{10}\times2\times10^4}{5\times10^3}=1.21\times10^7\,\text{Pa}=12.1\text{MPa}$$

即在超声波振动下，油石内部的应力为 12.1MPa，若将该应力与油石在静态下的拉伸应力 $\sigma_{\max}=18\text{MPa}$ 相比较，可看出在超声波振动作用下，油石内部的拉伸应力可达静态下的 67.2%。显然，由于振动已使油石的硬度特性发生了根本性的改变。

由式(5-47)可以计算出临界振幅 a_c 为

$$a_\text{c}=\frac{\lambda\sigma_0}{2\pi E} \tag{5-48}$$

式(5-48)表明为保证油石在超声波振动条件下不致断裂，必须保证实际振幅小于临界振幅。

由于振动频率达到了很高的超声频率范围，在油石的内部产生振动应力，而该应力对于与金属材料相比破坏程度很小的油石来说会产生一定影响。这种应力抵消油石内部应力后所保持的应力，就是该状态下的油石硬度。也就是说，油石的硬度是随振动应力而发生变化的。其硬度随振动频率和振幅而变化的特性，称为油石的硬度特性。

油石的等效硬度 G_eg 与振幅之间的关系可用式(5-49)表达，即

$$G_{eg} = G_0 e^{-\alpha a} \tag{5-49}$$

式中　G_0——振幅；

　　　a——油石的硬度；

　　　α——常数。

根据超声珩磨油石和等效硬度特性可知，超声珩磨油石的硬度低于普通珩磨油石的硬度，即表明了磨粒易脱落，即自锐性好，经常可保持磨粒的锋利状态，因而加工中可减小磨削力和磨削热的产生，这一特性也就是使振动珩磨可获得前面所述的优良工艺效果的原因之一。

此外，从等效硬度特性还可以看出，油石粒度细，油石硬度低一些，可使油石不易堵塞。同时，利用超声波振动珩磨由不同材料组成的复合材料时，采用同一块油石，只要改变超声波发生器输出功率以控制油石的振幅，就可以迅速选择适合于磨削不同材料所要求的不同油石硬度；也可以对一种材料在不更换油石的条件下，通过改变振幅来选择适合于粗珩和精珩所需油石的硬度，就可以收到与使用多种油石相同的珩磨效果。

5.4.4 超声波振动珩磨装置的设计要点

超声波振动珩磨装置由以下几部分组成：超声波发生器、超声波振动系统、珩磨头体及冷却循环系统。

(1) 超声波发生器

超声波发生器又称超声频率发生器、超声振动发生器或超声波电源，其作用是将 50Hz 的交流电转变为有一定功率输出的超声波振荡，提供给超声波振动系统使工具进行往复振动。目前使用的超声波发生器频率为 16～25kHz，功率在 20～4000W 范围内。功率在 1000W 以上的超声波发生器多用电子管式，而小功率者多用晶体管实现，近来由于电子技术的进步，大功率超声波发生器的电子管已逐渐被晶体管所取代。

图 5-51 所示为超声波发生器的原理框图。图 5-51(a) 所示为磁致伸缩换能器，图 5-51(b) 所示为电致伸缩换能器，两种发生器不同之处是图 5-51(a) 比图 5-51(b) 多了一个激磁电源，激磁的目的是为了使磁致伸缩换能器具有良好的磁致效应。

超声波发生器的工作原理是，振荡级由三极管连接成电感回馈振荡回路，调节电路中的电容器可以改变输出的频率，振荡级输出经耦合至电压放大级放大，控制

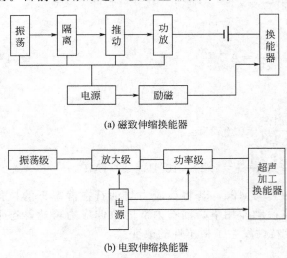

(a) 磁致伸缩换能器

(b) 电致伸缩换能器

图 5-51　超声波发生器的原理框图

电压放大级的增益可以改变超声波发生器的输出功率。放大后的信号利用变压器倒相送至末级功率放大管。功率级常用多管并联推挽输出，经输出变压器输出至超声波换能器。

(2) 超声波振动系统

超声波振动珩磨装置的振动系统主要由换能器、变幅杆（又称振幅放大杆）、弯曲振动圆盘、挠性杆-油石座振动子系统组成。振动珩磨效果的好坏主要取决于振动系统能否将由超声波发生器输出的振动有效地通过各个环节传递到油石座上（并且在传递过程中具有最小的能量损失），并使油石座在珩磨时产生脉冲切削力激发微细沟槽自成作用的活跃程度。因此，各个传振环节的设计成为设计超声波振动珩磨工具的关键。

① 换能器 作用是将高频电振荡转换成机械振动。目前所使用的换能器主要有两种：一种是磁致伸缩换能器；另一种是电致伸缩换能器。

a. 磁致伸缩换能器。它利用某些铁磁体在变化磁场中所产生的磁致伸缩效应而制成。磁致伸缩效应是指将铁磁体置于变化的磁场内，由于磁场的变化导致铁磁体产生长度变化的现象，也称焦耳效应。

图 5-52 所示为几种铁磁体材料随磁场强度变化的相对伸长率，目前制造超声波振动系统的换能器多采用镍。镍除了具有较好的磁致伸缩效应外，用纯镍片叠成封闭磁路的镍换能器（图 5-53）（由于事先处理后的镍片有氧化绝缘膜层）能减少高频涡流损耗，而且这种换能器容易与振动系统的其他零件焊接，工作性能稳定，通常用于大、中功率换能器。最有前途的磁致伸缩材料是铁氧体，这种材料电声转换效率高（＞80％）。

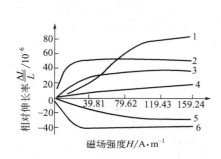

图 5-52 几种铁磁体材料的磁致伸缩曲线
1—75％镍＋25％铁；2—49％钴＋2％钒＋49％镍；
3—6％镍＋94％铁；4—29％镍＋71％铁；
5—退火钴；6—纯镍

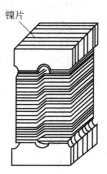

图 5-53 封闭磁路的
镍片式换能器

为了降低换能器的制造成本，应使其尺寸规格化，尽量减少镍片的品种。考虑到振动加工时最常用的工作频率在 20～22kHz 范围，若按单窗口计算，可根据所需功率参照表 5-16 选择换能器的截面尺寸。

表 5-16 磁致伸缩换能器的截面尺寸 单位：mm

换能器材料	功率/kW						
	0.25	0.5	1.0	1.5	2.0	2.5	4.0
镍	30×30	35×35	45×45	55×55	60×60	75×75	85×85
铁钴合金	20×20	25×25	35×35	45×45	55×55	60×60	70×70

注：铁钴合金为 49％钴、2％钒、49％铁的合金。

换能器的宽度不应超过一定频率下的半波长（$\lambda/2$），否则，由于产生横向振动会影响其工作效率。

为了减少能量损失，在换能器的一端要粘上泡沫海绵，并在换能器四角垫上一层保护板，以免边缘处因摩擦振动使耐热乙烯树脂的线圈导线磨断。而后按规定匝数将激振、激励线圈缠好并用布条扎紧以免线圈散开。

磁致伸缩换能器的最大优点是：在工作条件变化很大的情况下，切削力变动以及系统自身的一些变化对工具的振动形态影响比较小。此外，由此组成的工具振动系统使用安全可靠，调整方便，容易掌握，故目前国内外仍较多使用。

b. 电致伸缩换能器。它是利用材料在电场作用下的压电效应制成的。压电效应是指在石英晶体、锆钛酸铅及钛酸钠等物质的两界面上加一定电压后，材料将产生一定的机械伸缩

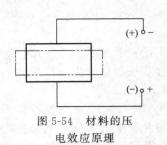

图 5-54 材料的压
电效应原理

效应，这种随所加交变电压材料而伸缩的现象称为压电效应，如图 5-54 所示。

如果在两界面上加有 20kHz 的交变电压，则该物质将产生相应频率的伸缩变形，使周围的介质以超声波频率振动。为了获取最大的超生能量（强度），应使晶体处于共振状态，故晶片的厚度制成声波半波长或其整数倍。

石英晶体的伸缩量很小，钛酸钠的转换率和机械强度低，而锆钛酸铅具有两者优点，适合在小功率振动切削中使用。制作换能器的锆钛酸铅，一般制成圆形薄片，两面镀银，先加高压直流电进行极化，一面为正极；另一面为负极。使用时将两极片叠在一起，正极在中间，负极在两侧，经绝缘后装在变幅杆的圆柱形杆上。各种电致（压电）换能器如图5-55所示。目前，加工中使用的电致伸缩换能器从 10kHz（连续输出功率 200W，最大输出功率 600W）到 75kHz（连续输出功率 17W，最大输出功率 50W）。利用这种换能器可以得到振幅为 4m 左右的振动。这种换能器在风扇等强制空冷条件下工作，与变幅杆之间一般用螺栓相连接。

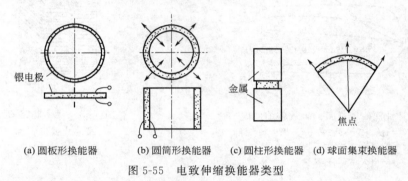

银电极   金属   焦点

(a) 圆板形换能器   (b) 圆筒形换能器   (c) 圆柱形换能器   (d) 球面集束换能器

图 5-55 电致伸缩换能器类型

与磁致伸缩换能器比较，电致伸缩换能器尺寸小，瞬时输出功率达 $35\sim40W/cm^2$，但连续振动时只能达到其 1/5 左右，即 $7.8W/cm^2$；长时间连续工作，由于发热会使其特性明显下降。此外，电致伸缩换能器的机械强度低，工作时所加电压较高，并且因它的声电转换效率高，振动系统的设计、制造和调整精度的要求也高，所能适用的加工条件也相应受到限制。采用这种换能器的工具振动系统，如果与换能器固有频率不能准确一致，超声波发生器的能量就不能传递到刀刃上。同时，换能器与变幅杆之间的接合面以及其他接合面精度、连接螺纹加工精度都对振动参数有影响。

在选择换能器时，需根据加工的具体条件加以分析比较。在国外，从节省镍资源的目标出发，也由于对电致伸缩换能器的研究和应用日益成熟，故多采用电致伸缩换能器。在国内，由于磁致伸缩换能器的优良特性，目前仍较多采用镍磁致伸缩换能器。

② 变幅杆　电致伸缩换能器和磁致伸缩换能器，在高频电振荡作用下的伸缩变形很小，即使在共振情况下其振幅也仅在 $5\sim10\mu m$ 之间，一般为 $4\sim5\mu m$，不能直接用来进行珩磨加工，因此，必须通过变幅杆将振幅加以放大。变幅杆的放大倍数因变幅杆的结构形状不同而不同，一般放大范围在 $10\sim100\mu m$ 之间。

目前，在超声波振动结构中应用的变幅杆主要有圆锥型、指数型、阶梯型和悬链线型等几种，如图 5-56 所示，此外，还有两种以上单一形状组合的组合型，显然各种变幅杆在轴向长度上截面的变化规律不一样，但在杆上每一截面处的振动能量是不变的（不计传播损耗），截面积越小，截面上能量密度越大，振动的振幅也越大，也就导致了各种类型变幅杆放大倍数的不同。

设计变幅杆时，首先要正确选择变幅杆的类型（详见表 5-17），其次为了要获得较大

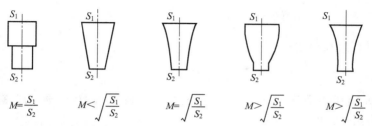

(a)阶梯型放大杆 (b)圆锥型放大杆 (c)指数型放大杆 (d)傅里叶放大杆 (e)悬链线型放大杆

图 5-56 变幅杆的类型及放大倍数

振幅就必须保证变幅杆与换能器处于共振状态。为满足共振要求，必须计算半波共振长度即变幅杆的长度 L_p，并求出其放大倍数及波节点位置。设计步骤如下（以阶梯型变幅杆为例）。

a. 求理论的声波波长 λ：

$$\lambda = \frac{c}{f_p} \tag{5-50}$$

式中　c——纵波声速，m/s;

　　f_p——共振频率，Hz;

　　λ——声波波长，m。

表 5-17　变幅杆的类型

换能器输入功率/W	变幅杆大端直径/mm	工件厚度/mm	加工孔径/mm														
			1	2	3	5	8	10	15	20	25	30	35	40	50	60	70
			变幅杆类型														
50~100	15	0.5	C,E	E	E	E	E	E	E	S	S	S					
		1	C,E	E	E	S	S	S	S	S	S	S					
		5	C,E	E	E,S	S	S	S	S	S	S						
		75	C,E	E	E,S	S	S										
100~500	20	0.5	C,E	E	E	E	E	E	E	E	S	S	S	S			
		1	C,E	E	E	E	E	E	E	S	S	S	S				
		5	C,E	E	E	E,S	S	S	S	S	S	S					
		75	C,E	E	E	E,S	S	S									
	25	0.5	C	C	C	E	E	E	E	E	E	E	S	S	S	S	
		1	C	C	C	E	E	E	E	E	S	S	S	S	S		
		5	C	C	C	E,S	S	S	S	S	S	S					
		75	C	C	C	E,S	S	S	S	S							
500~1000	35	0.5	C	C	C	C	E	E	E	E	E	E	E	S	S	S	S
		1	C	C	C	C	C	E	E	E	E	E	E	S	S	S	S
		5	C	C	C	C	C	E	S	S	S	S	S		S	S	S
		75	C	C	C	C	C	S	S	S					S	S	S
	50	0.5	C	C	C	C	C	E	E	E	E	E	E	E	S	S	S
		1	C	C	C	C	C	C	E	E	E	E	E	S	S	S	S
		5	C	C	C	C	C	C	E	S	S	S	S	S	S	S	S
		75	C	C	C	C	C	S	S	S							

注：C 为圆锥型变幅杆；E 为指数型变幅杆；S 为阶梯型变幅杆。

b. 计算阶梯型变幅杆的理论长度 L：

$$L = \frac{\lambda}{2} \tag{5-51}$$

c. 确定变幅杆的长径比 α：

$$\alpha = \frac{D}{L} \tag{5-52}$$

d. 根据 α 及面积系数 N，在图 5-57 中找出频率降低系数 β，则当共振频率为 f_p 时，阶梯形变幅杆的实际长度 L_1 应为

$$L_1 = \beta\lambda \tag{5-53}$$

此外，为了避免阶梯型变幅杆因截面变化处应力集中而引起断裂，需将阶梯根部采用圆弧过渡。对于外径变化的阶梯型变幅杆，其最佳过渡圆弧 R_{op} 可按下列步骤确定：分别计算出变幅杆的长径比及面积系数 N；由 α 及 N 在图 5-58 所示的曲线中找出对应的 R_{op}/d 的值；由 R_{op}/d 的值算出 R_{op} 的值。

图 5-58 中，参数 α 只给出了 α 值 0.25 及 0.45，在此范围内的其他 α 值可用中间一条线代替，其精度在 0.5% 以内。

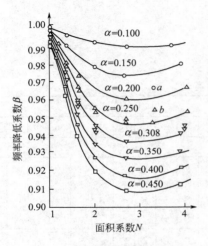

图 5-57 频率降低系数 β 与
面积系数 N 的关系

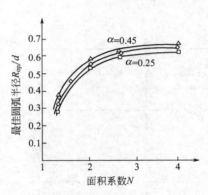

图 5-58 最佳圆弧半径 R_{op}
与 N 的关系

表 5-18 给出了几种单一型变幅杆的设计计算公式。各种变幅杆的优、缺点见表 5-19，表 5-20 给出了不同面积系数 N 下变幅杆的放大倍数。

表 5-18 几种单一型变幅杆的设计计算公式

类型	截面变化规律	半波共振长度 L	振幅放大倍数 M	波节点位置 X_0	备注
阶梯型	$0 \leqslant x \leqslant \dfrac{\lambda}{4}$ $D = D_1$ $\dfrac{\lambda}{4} < x \leqslant \dfrac{\lambda}{2}$ $D = D_2$	$L = \dfrac{\lambda}{2}$	$M = N^2$ $N = \sqrt{\dfrac{S_1}{S_2}} = \dfrac{D_1}{D_2}$	$X_0 = \dfrac{\lambda}{4}$	D 为距变幅杆输入端为 x 处的变幅杆直径，D_1、D_2 为变幅杆输入端和输出端直径；N 为截面系数，$N = \sqrt{\dfrac{S_1}{S_2}}$
圆锥型	$D = D_1(1 - \alpha x)$ $\alpha = \dfrac{N-1}{NL}$	$L = \dfrac{\lambda}{2} \times \dfrac{kL}{\pi} \tan(kL)$ $= \dfrac{kL}{1 + \dfrac{N}{(N-1)^2}(kL)^2}$	$M = \left\| N\left[\cos(kL) - \dfrac{N-1}{N} \times \dfrac{1}{kL}\sin(kL)\right]\right\|$	$X_0 = \dfrac{1}{k}\arctan\dfrac{k}{\alpha}$	

类型	截面变化规律	半波共振长度 L	振幅放大倍数 M	波节点位置 X_0	备注
指数型	$D=D_1 e^{-\beta x}$ $\beta=\dfrac{1}{L}\ln N$ [①]	$L=\dfrac{\dfrac{\lambda}{2}}{\sqrt{1+\left(\dfrac{\ln N}{\pi}\right)^2}}$	$M=N$	$X_0=\dfrac{L}{\pi}\text{arccot}$ $\left(\dfrac{\ln N}{n}\right)$	S_1、S_2 为变幅杆输入端和输出端面积，λ 为平直细杆中声波波长，$\lambda=\dfrac{c}{f}$，c 为声波在杆中的传播速度，f 为声波振动频率
悬链线型	$D=D_2 \text{ch}[\gamma(L-x)]$ $\gamma=\dfrac{\text{arcch}N}{L}$ [②]	$L=\dfrac{\dfrac{\lambda}{2\pi}}{\sqrt{(kL)^2+(\text{arcch}N)^2}}$ $(kL)\tan(kL)=$ $-\sqrt{1-\dfrac{1}{N}}\,\text{arcch}N$	$M=\left|\dfrac{N}{\cos(kL)}\right|$	$X_0=\dfrac{1}{k}\arctan$ $\left[\dfrac{k}{N}\text{cth}(\gamma L)\right]$	

① 限制条件 $\beta<\dfrac{2\pi f}{c}$。

② 限制条件 $\gamma<\dfrac{2\pi f}{c}$。

表 5-19 几种变幅杆优、缺点的比较

变幅杆类型	优　点	缺　点
阶梯型	①计算简单，制造容易 ②当面积系数 $N\left(N=\sqrt{\dfrac{S_1}{S_2}}=\dfrac{D}{d}\right)$ 一定时，振幅放大倍数 M 最大 ③半波共振长度最短	①共振频率范围小 ②受负载后放大倍数小 ③截面变化处应力较大，故不适宜传递较大功率
圆锥型	①制造容易 ②机械强度大	①当面积系数相同时，放大倍数较小 ②半波共振长度最大
指数型	①共振频率范围较宽 ②能传递较大功率 ③受负载后放大倍数变化较小	①制造困难 ②截面变化不能过大，否则振动无法传递
悬链线型	放大倍数大，允许 $M=20\sim 40$	①制造困难 ②当放大倍数过大时，常因应力过大而损坏

表 5-20 不同面积系数 N 下变幅杆的放大倍数

变幅杆类型	$N=2$	$N=3$	$N=4$	$N=5$	$N=6$	$N=8$	$N=10$
圆锥型	2	2.5	3	3.5	3.8	4	4.2
指数型	2	3	4	5	6	8	10
阶梯型	4	9	16	25	36	64	100

由表 5-20 可以看出，阶梯型变幅杆具有较大的放大倍数且制造工艺简单，因而多用。但是阶梯型变幅杆存在较大缺陷，在其放大倍数较大时，容易发生侧振，它对附加端面的负荷较为敏感；在直径较大的地方，由于机械应力大而容易损坏。指数型变幅杆制造较麻烦，但由于目前数控机床的较广泛应用，加工起来也并非难事。指数型变幅杆的最大优点是在大功率、高声强的工作状态时，工作性能稳定，振幅的放大倍数也较大，阻抗容易匹配，因此在超声波振动珩磨时，用得比较多。相对来说，圆锥型用得少些。

声波在变幅杆内的传播是借助于杆内各质点的弹性振动进行的，在杆弹性振动的同时，也会产生变幅杆的温升，因此变幅杆最好选用损耗尽可能小的铝质材料。但是考虑到变幅杆的工作条件是在交变载荷下，因此目前的变幅杆多用 45 钢、65Mn、40Cr 等调质处理的材料。

③ 弯曲振动圆盘 位于指数型变幅杆和珩磨杆之间。它是超声波振动珩磨装置传振的重要零件，该零件设计、制造质量的好坏，直接影响到变幅杆的振动能否通过它传递到挠性杆上，并保证振动时珩磨杆不振动。因此，弯曲振动圆盘设计时必须满足以下条件。

a. 谐振频率接近理想值。

b. 圆盘波腹振幅大于一定数值。

c. 准确地确定圆周节线位置。

d. 使圆盘圆周节线附近的振动传递到珩磨杆上的振幅达到最小，最好是零。

e. 圆盘有足够的刚度和强度。

弯曲振动圆盘相当于中心固定的薄圆盘，其共振（谐振）频率 f_p 可按式（5-54）计算：

$$f_p = 0.045944 \frac{h}{r^2} \times \frac{\beta c}{\sqrt{1-\mu^2}} \tag{5-54}$$

式中 h——圆盘厚度，mm；

        r——圆盘直径，mm；

        μ——泊松比；

        β——频率降低系数；

        c——纵波波速，m/s。

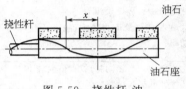

图 5-59 挠性杆-油石座振动子系统

根据式（5-54）计算出来的共振频率 f_p 只是理想值，实际制造使用时，应使用数字频率计测定圆盘的实际共振频率 f_p 并进行修正，以接近理想共振频率。

圆盘圆周节线处不振动，但圆周节线附近肯定有一定振动，由于圆盘与珩磨杆之间的过渡连接套有一定厚度，因此这个过渡连接套不可避免有一定振动，解决不好就会将振动传到珩磨头上去。为了避免这个问题，研究已表明，在圆盘的周围节线处设置 1/4 波长的声绝缘杆，然后将珩磨杆安装在声绝缘杆上，再将珩磨头体与珩磨杆连接在一起，从而使珩磨杆和珩磨杆头体上的振幅最小。

④ 挠性杆-油石座振动子系统 超声波振动珩磨装置（轴向）的挠性杆-油石座振动子系统由两段不同截面的均匀杆组成，如图 5-59 所示，其频率方程为

$$\tan\left\{\frac{\omega}{c_1}L_1 + \arctan\left[\frac{S_2\rho_2 c_2}{S_1\rho_1 c_1}\tan\left(\frac{\omega}{c_2}L_2\right)\right]\right\} = 0 \tag{5-55}$$

在设计挠性杆-油石座振动子系统时，成功的经验是遵循以下八个设计步骤。

a. 首先确定挠性杆的材料，即确定 ρ_1。

b. 根据换能器、变幅杆及弯曲振动圆盘的谐振（共振）状态，测定出它们的谐振频率 f_p 作为挠性杆-油石座振动子系统的谐振频率，由此可求出挠性杆的声波波长 $\lambda_1 = c_1/f_p$。

c. 根据被珩磨孔径的大小和长度来确定挠性杆的长度 L_1

$$L_1 = n\lambda_1/2 \quad (n=1,2,3\cdots) \tag{5-56}$$

d. 根据珩磨材料和珩磨孔的长度来确定油石座的长度 L_2。若 L_2 较大，则选声速大的材料制作油石座；若 L_2 较小，则选声速小的材料制作油石座。由此可确定出油石座的材料密度 ρ_2、油石座声速 c_2 和油石座波长 λ_2。

$$\lambda_2 = c_2/f_p \tag{5-57}$$

考虑到油石座和油石要用弹簧拉紧，故通常油石座长度 L_2 选用一个波长，即

$$L_2 = \lambda_2 \tag{5-58}$$

若 L_2 更大时，则可选取

$$L_2 = 1.5\lambda_2, 2\lambda_2, 2.5\lambda_2 \cdots \tag{5-59}$$

在选用油石座长度 L_2 大小时，不但要考虑超声能量的传递规律，而且还必须考虑油石座的强度、刚度，以确定油石座的厚度 H；否则，在制造和使用油石座的过程中，油石座容易产生弯曲和扭曲变形，影响珩磨过程、加工精度和珩磨质量。

e. 根据珩磨头直径确定油石条数和油石宽度，从而确定油石座宽度 B（同普通珩磨）。

f. 根据油石座厚度 H 和油石座宽度 B，确定油石座截面积 $S_2 = HB$。

g. 由式(5-55)确定出挠性杆截面积 S_1，再由 $S_2 = \frac{1}{4}\pi d^2$，求出挠性杆直径 d。最后将所求 d 值圆整后取相近钢丝规格，再将所取的规格值代入上述频率方程解出 S_2，调整 H 和 B。

h. 若挠性杆和油石座几何尺寸确定得不符合实际要求时，应重复上述步骤，再进行选用、计算，直到满意为止。

⑤ 超声波振动珩磨油石的连接方法　在超声波振动珩磨工具中，油石和油石座的连接方式对超声珩磨的工艺效果有显著影响。珩磨中，油石的振动参数一般为频率 $f = 20\text{kHz}$，振幅 $A = 8\mu\text{m}$，最大振动加速度 $a_{max} = 1.3 \times 10^4 g$，即油石振动的加速度为重力加速度的 1.3 万倍。在这样高的瞬时加速度作用下，欲保证声波能可靠、高效地传输，保证油石不会从油石座上脱落下来，油石与座体的连接方法是不容忽视的。目前两者常用的连接方法有三种：粘接法、热压成形法和银焊法。

第6章

精密及超精密磨削工艺

6.1 精密磨削工艺

磨削加工一般分为普通磨削、精密磨削、高精密磨削和超精密磨削加工。它们各自达到的磨削精度在生产发展的不同历史时期有不同的精密范围。

普通磨削当前大体是指加工表面粗糙度 Ra 为 $0.16\sim1.25\mu m$，加工精度大于 $1\mu m$ 的磨削方法。所用磨具一般为普通磨料砂轮。

精密磨削当前大体是指加工表面粗糙度 Ra 为 $0.04\sim0.16\mu m$，加工精度为 $0.5\sim1\mu m$ 的磨削方法。精密磨削主要靠对砂轮的精细修整，使用金刚石修整工具以极小而又均匀的微进给（$10\sim15mm/min$），获得众多的等高微刃，加工表面磨削痕迹微细，最后采用无火花光磨。由于微切削、滑挤和摩擦等综合作用，达到低表面粗糙度和高精度要求。精密磨削主要靠精密磨床的精度保证。

高精密磨削当前大体是指加工表面粗糙度 Ra 为 $0.01\sim0.04\mu m$，精度为 $0.1\sim0.5\mu m$ 的磨削方法。高精密磨削的切屑很薄，砂轮磨粒承受很高应力，磨粒表面受高温、高压作用，一般使用金刚石和立方氮化硼等高硬度磨料砂轮磨削。高精密磨削除有微切削作用外，还可能有塑性流动和弹性破坏等作用。光磨时的微切削、滑挤和摩擦等综合作用更强。

超精密磨削的特点是高精密、高效率和低成本。超精密加工当前一般是指加工表面粗糙度 Ra 不大于 $0.01\mu m$，加工精度不高于 $0.1\mu m$ 的磨削方法。超精密磨削是当代能达到最低磨削表面粗糙度和最高加工精度的磨削方法。超精密磨削去除量最薄，采用较小修整导程和吃刀量来修整砂轮，是靠超微细磨粒等高微刃磨削作用，并采用较小的磨削用量磨削。超精密磨削要求严格消除振动和恒温及超净的工作环境。超精密磨削的光磨微细摩擦作用带有一定的研抛作用性质。

普通、精密、高精密和超精密磨削的适用范围见表 6-1。

表 6-1 普通、精密、高精密和超精密磨削的适用范围

相对磨削等级	加工精度/μm	表面粗糙度 Ra/μm	适 用 范 围
普通磨削	>1	$0.16\sim1.25$	各种零件的滑动面、曲轴轴颈、凸轮轴轴颈、活塞、普通滚动轴承滚道及平面、内圆、外圆和桃形凸轮，各种刀具的刃磨，一般量具的测量面等
精密磨削	$0.5\sim1$	$0.04\sim0.16$	液压滑阀、液压泵、油嘴、针阀、机床主轴、量规、四棱尺、高精度轴承滚柱、塑料及金属带、压延辊
高精密磨削	$0.1\sim0.5$	$0.01\sim0.04$	高精度滚柱导轨、精密机床主轴、金属线纹尺、标准环、塞规、量杆、半导体硅片、金属带、压延辊

续表

相对磨削等级	加工精度/μm	表面粗糙度 Ra/μm	适 用 范 围
超精密磨削	≤0.1	≤0.01	精密级金属线纹尺、轧制微米级厚度带的压延辊、超光栅、超精密磁头、超精密电子枪、固体电子元件及航天器械、激光光学部件、核融合装置、天体观测装置等零件加工

6.1.1 精密磨削表面形成机理

精密磨削主要是靠砂轮的精细修整，使砂轮表面形成大量等高的磨粒微刃，如图 6-1 所示。磨削时，这些等高微刃参与切削。由于每个微刃的切削厚度很小，所以使表面粗糙度 Ra 值降低。

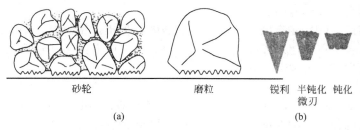

砂轮　　　　　　磨粒　　　　　　锐利　半钝化　钝化
　　　　　　　　　　　　　　　　微刃
(a)　　　　　　　　　　　　　　　　　(b)

图 6-1　磨粒的微刃

(1) 精密磨削时磨削表面的形成

精密磨削时，磨削表面通过下述作用形成。

① 磨粒微刃的切削作用　利用小的修整导程和修整深度精细修整砂轮，使砂轮表面出现大量的微刃实现微量切削，如图 6-1(a) 所示，从而使加工表面的残留高度极小。

② 等高性磨粒微刃的切削作用　随着磨削的进行，磨粒微刃变得平坦，等高性改善，作用在微刃上的压力小，切削作用减弱，摩擦抛光作用逐渐增强。

③ 钝化微刃的摩擦与抛光作用　如图 6-1(b) 所示，由于微刃在磨削表面上摩擦，在磨削区高温下金属软化，钝化微刃，于是锐利磨刃变成半钝化或钝化磨刃，一方面辗平工作表面；另一方面由于滑擦挤压作用而去除金属表面的隆起，使表面粗糙度得到明显改善。

实践证明，用刚修整的砂轮磨削工件，加工表面粗糙度 Ra 值较大，而在磨削几个零件之后，则 Ra 值降低。

(2) 精密磨削时的光磨

光磨是在不进给的条件下，利用工艺系统的弹性退让进行磨削，主要是利用微刃的摩擦抛光作用降低表面粗糙度 Ra 值。切入磨削时，由于磨削力作用，使实际进给量 $f_r(t)$ 小于公称进给量 $f_r(f_r = v_r t)$，形成了弹性退让 y。当停止砂轮进给时，由于磨削系统有弹性让刀量，这就形成了无火花磨削状态，即所谓的光磨。采用粗粒度陶瓷结合剂砂轮精密磨削时，光磨能降低工件表面粗糙度 Ra 值。当光磨次数达到一定值后，表面粗糙度将不再降低。

精密磨削与普通磨削时利用光磨降低 Ra 值的作用原理不完全相同。普通磨削时，砂轮磨刃数较少，因而磨刃在被磨表面上生成交错重叠的磨痕，光磨效果较明显；而精密磨削时，降低 Ra 值的主要原因是摩擦抛光，去除磨削表面上的交错重叠痕迹不是主要的，因而光磨的效果不像普通磨削时那样显著。

6.1.2 精密磨削的磨料与磨具

(1) 磨料选择

a. 应易形成好的微刃。

b. 磨削时不希望砂轮有自励现象。

c. 精密磨削刚料时,宜选用刚玉砂轮,如磨削 15Cr、40Cr、9Mn2V 时,应采用白刚玉(WA);磨削 38CrMoAlA 时,则采用铬刚玉(PA)砂轮,这是因为铬刚玉磨料中含有氧化铬,其韧性比白刚玉高。修整砂轮时,磨粒只产生微细破碎,而不是大颗粒脱落或折断,因而微刃性和微刃等高性均很好。

d. 精密磨削铸铁零件时,与普通磨削不同,也应选刚玉磨料,而不选碳化硅磨料,这是因为碳化硅磨料韧性差,颗粒呈针片状,修整时难以形成等高性好的微刃。另外,磨削时易产生微细破碎,也不易保持微刃性和等高性。

e. 单晶刚玉(SA)是由单一的接近等轴形晶体组成,而且颗粒内部不含杂质,不易破碎,在修整和磨削时,均能形成和保持微刃性和等高性。

微晶刚玉(MA)不宜用于精密磨削和超精磨削。因为修整砂轮及磨削时,在修整力和磨削力作用下容易沿晶体界面破碎。

立方氮化硼(CBN)和金刚石砂轮可用于磨削各种难加工材料,如 CBN 砂轮可用来磨削高温合金、钛合金以及超高强度钢等铁族材料;而金刚石则可用来磨削硬质合金、陶瓷、玻璃、半导体等硬脆性材料。

(2) 粒度

可选粗粒度 $60^\#\sim80^\#$,也可以选细粒度 $240^\#\sim W7$。粗粒度砂轮经精细修整后,主要形成微刃,起切削作用;细粒度砂轮经修整后主要形成半钝态微刃,起摩擦抛光作用。精密磨削时,选用 $60^\#\sim240^\#$ 粒度砂轮,经过精细修整后都能形成良好的等高性微刃,能获得 $R_a=0.01\sim0.04\mu m$ 的表面粗糙度。

(3) 硬度

精密磨削时,不允许磨粒在磨削过程中整颗脱落,以免划伤磨削表面。从这个角度出发,砂轮精度宜略高一些,但精密磨削时磨削力不大,不会使整颗磨粒脱落。另外,硬度高的砂轮弹性差,不易形成等高性好的微刃且会造成磨削烧伤,因此砂轮硬度宜选软(J)至中软(L)。如图 6-2 所示为不同硬度等级的砂轮磨削 8 种不同工件材料时所获得的表面粗糙度 Ra。

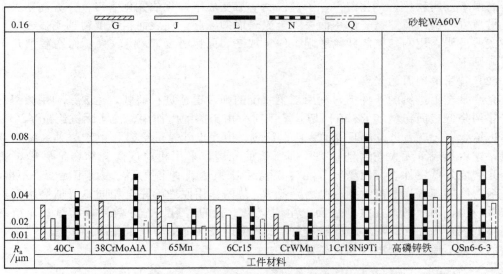

图 6-2 不同砂轮硬度等级对被磨工件表面粗糙度的影响

(4) 结合剂

精密磨削时,宜选用陶瓷结合剂(V),其次是树脂结合剂(B)。前者可获得更小的表

面粗糙度 Ra 值，但树脂结合剂有一定的弹性，可避免磨削烧伤。

（5）砂轮组织

普通磨削时，可选用组织疏松的砂轮，因为这种砂轮的自锐性好，砂轮不易磨钝，可防止烧伤。但是，精密磨削时，不希望砂轮自锐性好，因为这会使工件表面划伤。另外，组织疏松砂轮的有效磨粒数少，在相同磨削用量条件下，组织疏松砂轮表面磨粒的负荷要大一些。如表 6-2 所示为精密磨削用砂轮的选择。

表 6-2　精密磨削用砂轮的选择

砂轮					被加工材料
磨料	粒度	结合剂	组织	硬度	
白刚玉（WA）	粗 46#～80#　细 240#～W7	石墨填料	密	中软（K·L）软（H·J）	淬火钢 15Cr、9Mn2V、40Cr、铸铁
铬刚玉（PA）棕刚玉（A）		环氧树脂	分布均匀		工具钢、38CrMonAl
绿色碳化硅（GC）		酚醛树脂	气孔率小		有色金属

6.1.3　精密磨削的砂轮修整

砂轮修整方法有单粒金刚石修整、金刚石粉末烧结型修整器修整和金刚石超声波修整。一般修整时，修整器安装在低于中心 $1～2mm$ 处，并向上倾斜 $10°～15°$，如图 6-3 所示，使金刚石受力小，使用寿命长。

修整用量包括修整导程 f_d、修整深度 a_d、修整次数和光修次数。修整导程 f_d 与磨粒微刃的数量和微刃的等高性有很大关系，如图 6-4 所示，一般取值为 $0.02～0.04mm/r$。若取值过小，则可能发生磨削烧伤。修整深度 a_d 对表面粗糙度的影响如图 6-5 所示。随

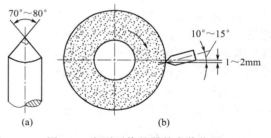

图 6-3　金刚石修整器的安装位置

着 a_d 的减小，工件表面粗糙度 Ra 减小，这是因为 a_d 减小后，修整力减小，使砂轮表面产生数量多、等高性好的微刃，一般 a_d 取为 $2.5\mu m/$ 单行程。

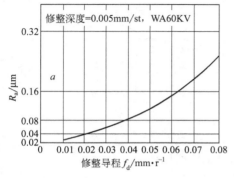

图 6-4　砂轮修整导程 f_d 对 Ra 的影响

（砂轮：WA60KV，$a_d=0.05\mu m/st$）

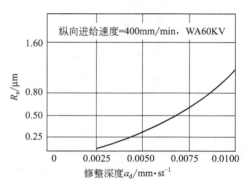

图 6-5　砂轮修整深度 a_d 对 Ra 的影响

（砂轮：WA60KV，$f_d=0.038\mu m/r$）

6.1.4　精密磨削的工艺参数

精密磨削的工艺参数参见表 6-3。

表 6-3　精密磨削的工艺参数

工艺参数	外圆磨削	内圆磨削	平面磨削
砂轮粒度	$46^\#\sim60^\#$	$46^\#\sim60^\#$	$60^\#\sim80^\#$
加工精度/μm	$1\sim0.1$	$1\sim0.1$	$1\sim0.1$
表面粗糙度 $Ra/\mu m$	$0.08\sim0.16$	$0.08\sim0.16$	$0.08\sim0.16$
磨前表面粗糙度 $Ra/\mu m$	0.4	0.4	0.4
砂轮线速度/$m\cdot s^{-1}$			$17\sim35$
工件线速度/$m\cdot min^{-1}$	$10\sim15$	$7\sim9$	
工作台速度/$mm\cdot min^{-1}$	$80\sim200$	$120\sim200$	$15\sim20$
磨削深度/mm	$0.002\sim0.005$	$0.005\sim0.01$	
横向进给量/$mm\cdot st^{-1}$			$0.2\sim0.25$
垂直进给量/mm			$0.003\sim0.005$
磨削此数(单程次)	$1\sim3$	$1\sim4$	
光磨次数(单程次)	$1\sim3$	1	

6.2　超精密磨削工艺

超精密磨削的切屑厚度极小，磨削深度很可能小于材料内部的晶粒，从而在磨削过程中使磨粒切刃切入晶粒内部，所形成的磨削力会超过晶体内部非常大的原子、分子的结合力，使磨粒承受的切应力变得非常大，有可能接近被磨材料的剪切强度极限。同时，磨粒切刃还受到高温的影响，这就要求磨粒应具有很高的高温强度和高温硬度。

超精密磨削时，为了提高磨粒的抗磨损能力以达到高精度和低的表面粗糙度 R_a 值，一般多采用人造金刚石和立方氮化硼（CBN）磨料砂轮。

6.2.1　磨削过程中的切屑形状和超微量切除

关于超精密磨削超微量切除机理及切屑形状可通过单颗粒磨削进行分析。

磨粒在砂轮中的分布是随机的，磨削时磨粒与工件的接触也是无规律的，从工件上切除的微细切屑是超微细粉末。如图 6-6 所示为磨粒切下切屑的部分放大图。

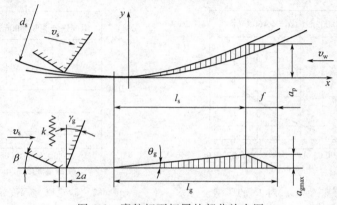

图 6-6　磨粒切下切屑的部分放大图

表征单颗粒磨屑形状的参数有磨屑长度 l_g、磨粒切入角 θ_g 及未变形切屑厚度 a_{gmax}。若按外圆磨削几何学的图形计算一颗磨粒切除的切屑，可将最大未变形切屑厚度以如下公式表示

$$a_{gmax} = 2\lambda_{sl}K_v\sqrt{\frac{K_\Delta}{2}\cdot\frac{1+K_v}{K_v}} \tag{6-1}$$

另外，磨粒切入工件时的角度，即切入角

$$\theta_g = \frac{1+K_r}{K_r}\cdot\frac{K_v}{(1+K_v)^2}\cdot\frac{\lambda_{sl}}{r_s} \tag{6-2}$$

单颗磨粒的切削长度 l_g 可用两种方法计算：一种是按磨粒切削刃的轨迹近似为圆；另一种是按磨粒切削刃的轨迹近似为抛物线。若磨粒切削刃的轨迹近似为圆，则切屑长度为

$$l_g = r_s(1+K_v)\sqrt{2K_\Delta\frac{K_r}{1+K_r}} \tag{6-3}$$

式(6-1)～式(6-3) 中　λ_{sl}——砂轮连续磨刃间距，mm；

　　r_s——砂轮半径，mm；

　　K_v——工件速度 v_w 与砂轮速度 v_s 之比；

　　K_r——工件半径 r_w 与砂轮半径 r_s 之比；

　　K_Δ——a_p/r_s。

根据式（6-1）及式（6-2）可计算出实际磨削条件下的 a_{gmax} 及磨粒切入角 θ_g，如表 6-4 所示。

表 6-4　根据实际磨削条件计算的 a_{gmax} 及 θ_g

项目		轴承内圈直径 $\phi8$mm	轴承外圈直径 $\phi20$mm	外圆磨削直径 $\phi20$mm
砂轮直径 d_s/mm		6	14	300
砂轮转速 n_s/r·min^{-1}		100,000	60,000	2,000
工件转速 n_w/r·min^{-1}		3,000	2,000	800
最大进给转速 f_a/mm·s^{-1}		25	33	12.5
作业周期时间 t/s		7	7	15
砂轮		WA180P	WA100P	WA80N
计算值	θ_s/rad	0.0025	0.0014	0.0032
	θ_{gmax}/μm	0.29	0.33	0.45

由表 6-4 可见，磨削时，磨粒切下的磨屑厚度非常小，而且磨粒切入角 θ_g 也非常小。

磨粒切入角 θ_g 是解释磨削现象的重要参数之一。由式（6-2）可知，θ_g 与磨削条件中的工件半径与砂轮半径之比 K_r、工件速度与砂轮速度之比 K_v 及连续切刃间隔 λ_{se} 等有关，而与磨削深度 a_p 无关。

如图 6-7 所示为 θ_g 与速度比 K_v、半径倒数比 $1/K_r$ 的关系，由该图也可看出，θ_g 是非常小的，一般在 10^{-3} rad 量级；K_v 越大，θ_g 越大；$K_v=1$ 时，θ_g 达到最大值。磨粒切入角 θ_g 与连续磨刃间隔 λ_{se} 成正比例增大。无论是外圆磨削

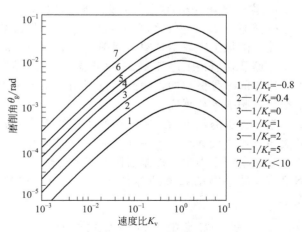

1—$1/K_r$=-0.8
2—$1/K_r$=0.4
3—$1/K_r$=0
4—$1/K_r$=1
5—$1/K_r$=2
6—$1/K_r$=5
7—$1/K_r$<10

图 6-7　速度比 K_v 与磨粒切入角 θ_g 的关系
[r_s＝200mm，λ_{se}＝5mm，$1/K_r$>0（圆筒外面），
$1/K_r$＝0（平面），$-1<1/K_r<0$（圆筒内面）]

$(1/K_r > 0)$，还是平面磨削（$K_r = 0$）及内圆磨削（$-1 < 1/K_r < 0$），磨粒切入角 θ_g 都随 $1/K_r$ 增大而增大。

6.2.2　超精密磨削机理

现以单颗磨粒的磨削加工过程为例解释超精密磨削机理。

如图6-8所示为单颗磨粒的切入模型。由该模型可见磨粒以切入速度 v_g、切入角 θ_g 切入平面状工件。理想的磨削轨迹是从接触始点开始至接触终点结束。但是，由于磨削系统刚性的影响，实际磨削轨迹变短，磨削深度减小。由该模型可以看出以下特征。

① 磨粒是一颗具有弹性支撑和大负前角切削刃的弹性体。弹性支撑是结合剂。磨粒虽有相当的硬度，本身受力变形极小，但实际上仍可视为弹性体。

② 磨粒切刃的切入深度从零开始逐渐增大，到达最大值后再逐渐减小，最后到零，其切屑形状如图6-9所示，有以下几种。

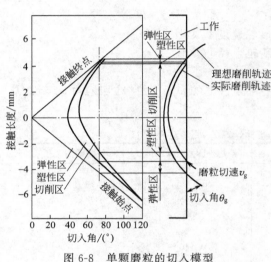

图6-8　单颗磨粒的切入模型

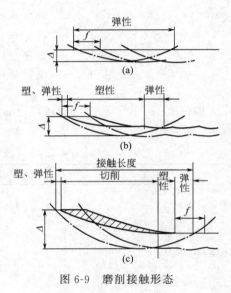

图6-9　磨削接触形态

a. 接触全程是弹性接触，如图6-9(a) 所示。

b. 弹性区域→塑性区域→塑、弹性区域，如图6-9(b) 所示。

c. 弹性区域→塑性区域→切削→塑、弹性区域，如图6-9(c) 所示。

在磨削加工中，不希望出现图6-9(a)、图6-9(b) 两种接触形态。但是，在实际磨削加工中，磨及切屑最大厚度 a_{gmax} 的可能性是很小的，而且从磨削系统的刚性来看，产生超微弹性位移的力是极小的，因此磨粒不切入工件而产生打滑。为了获得图6-9(c) 接触形态，必须提高磨削系统刚度。

想要克服磨粒不切入工件而产生打滑这种缺陷，参看图6-7速度比 K_v 与磨粒切入角 θ_g 的关系，可增大磨粒切入角 θ_g，或者使速度比 K_v 增大。

在超精密磨削中，控制磨削系统的弹性让刀量十分重要。因此，应尽量采用高刚度超精密磨床，减小磨削系统的弹性变形。另外，砂轮的修锐质量要好，使形成切屑的磨削深度小。

6.2.3　超精密磨削的磨削工艺参数

影响超精密磨削质量的因素很多，如超精密机床、砂轮及其修整、工件的定位与夹紧、检测与误差补偿、环境条件与控制技术等。

目前，国内的超精密磨削工艺参数可参见表 6-5 选用。

表 6-5　国内的超精密磨削工艺参数

工艺参数	外圆磨削	内圆磨削			平面磨削
砂轮粒度	$60^\#\sim80^\#$			$46^\#\sim60^\#$	$60^\#\sim80^\#$
加工精度/μm	<0.1	<0.1	<0.1	<0.1	<0.1
表面粗糙度 $Ra/\mu m$	$0.02\sim0.04$	$0.02\sim0.04$	$0.02\sim0.04$	$0.02\sim0.04$	$0.02\sim0.04$
磨前表面粗糙度 $Ra/\mu m$	0.32	0.16	0.16		0.32
砂轮线速度/$m\cdot s^{-1}$					$15\sim20$
工件线速度/$m\cdot s^{-1}$	$10\sim15$	$10\sim15$	$7\sim9$		

6.3　镜面磨削工艺

6.3.1　镜面磨削表面形成机理

使表面粗糙度 R_z 在 $0.1\sim0.5\mu m$ 或 $Ra\leqslant0.01\mu m$，表面光泽如镜面的磨削方法，称为镜面磨削。

（1）镜面磨削原理

镜面磨削是利用砂轮上等高微刃进行精密加工。大量微刃同时参加磨削，形成光滑表面，这是形成镜面的首要因素；其次是微刃在切除切屑后，由于磨损而变钝，在工件表面上产生摩擦、挤压、压光和抛光作用，这是形成镜面的第二个因素；第三个因素是进行无火花磨削。

镜面形成过程是反复进行无火花磨削除去加工表面上切削残留余量的过程。镜面表面层组织和硬度分布可分为四层，如图 6-10 所示：第一层为气体吸附薄膜层，厚度为 $0.2\sim0.3nm$；第二层为氧化物、氮化物、金属组成的松软变形层，厚度为 $0.2\sim3nm$；第三层为金属及在灼热的高温下分解的自由渗碳体，厚度为 $500nm$ 左右；第四层为未变形金属基体。镜面特性可用电子显微镜、电子衍射等手段来观察研究。

图 6-10　镜面表层组织特性

为了达到 $R_a\leqslant0.01\mu m$ 的镜面，应选用细粒度含石墨填充剂的树脂砂轮，或使用 PVA（聚乙烯醇）砂轮。与陶瓷结合剂砂轮相比，这种树脂砂轮的最大特点是弹性好，含有润滑性能好的石墨。磨削时，镜面磨削表面通过以下作用形成。

① 砂轮表面等高性好的切削微刃进行切削作用　等高性好的微刃来自于精细修整砂轮。由于砂轮弹性好，在磨削力作用下，这些微刃有伸缩余地。正因为如此，使微刃等高性好。

另外，由于砂轮中含有弹性物质结合剂，也可以进一步保证磨粒微刃等高性。如图 6-11（a）所示为砂轮无弹性变化时，磨痕深度几乎与磨粒外露高度 h 相等；磨削时，在磨削力作用下，磨粒微刃被压向砂轮体内，如图 6-11（b）所示，不但磨削痕迹的深度减小为 $h'=h-$

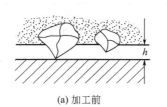

(a) 加工前

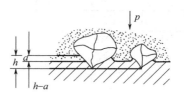

(b) 加工时

图 6-11　砂轮表面等高性好的切削微刃进行切削加工机理

a（a 为与结合剂有关的伸缩量），而且可得到磨粒微刃的等高性。

② 砂轮与工件间的摩擦抛光作用和碾平作用 形成摩擦抛光的主要原因是磨粒磨损后，变得平坦和半钝化，于是在磨削液的作用下产生摩擦抛光作用。另外，形成摩擦抛光作用的辅助原因如下。

a. 在摩擦抛光作用下，砂轮表面可能嵌入一些细微粉屑，形成致密的工作表面与工件表面摩擦抛光，使加工表面变得更加光滑。

b. 在摩擦抛光过程中，工件表面突出点会产生大量热量，磨削热使其软化流动，这些软化点将已被半钝化的磨刃碾平，使加工表面变得光滑平整。

（2）达到镜面的两种途径

① 根据普通磨削和研磨的经验，砂轮上磨粒或自由磨粒粒度越细，可得到越低的粗糙度表面。磨削主要是磨粒微刃去除工件表面余量，另外对工件表面还有摩擦、压光作用。因此，在实现镜面磨削时，可采取两种措施：一是采用细磨料的砂轮；二是采用橡胶结合剂的弹性砂轮（加石墨作填充料）进行挤压抛光，而达到镜面。常使用的砂轮为 WA800H7B。砂轮磨粒为 $600^{\#}\sim800^{\#}$ 或 W20～W7。这种镜面磨削途径的特点是粗磨、半精磨、精磨、超精磨和镜面磨削 5 个过程，要更换 5 次砂轮（5 道工序），才达到镜面加工效果。

② 用粗砂轮经精细修整。如用 WA 64HV 砂轮，经慢速修整，把磨料切刃修成平整。修整砂轮时，工作台移动速度很缓慢，小于 1mm/min。因此，工作台爬行问题要解决好。修整速度越慢，砂轮表面修整得越平，磨削后粗糙度值也越低。用这种途径达到镜面的主要原因是微刃的切除作用，用这种途径加工镜面要注意把脱落的磨粒和粉末从磨削液中分离出来。

在实际工作中，常将两种途径综合运用。粗砂轮精修后，磨削到 $Ra0.025\mu m$，用树脂结合剂加石墨填料的细砂轮（$M_{14}\sim M_5$）修整后在适当压力下进行磨削，再反复进行无火花磨削，实现镜面加工。

6.3.2 实现镜面磨削的技术关键及工艺

（1）实现镜面磨削的技术关键

实现镜面磨削的技术关键是选择细粒度的树脂砂轮或石墨砂轮，如选用 W10 以下的砂轮，同时加入石墨填料，就会增强砂轮对表面的摩擦抛光作用。树脂砂轮可增强缓冲性并吸收一部分能量，从而可减少或消除工作表面上的波纹等缺陷。用 PVA 砂轮磨削时，可使表面粗糙度值为一般砂轮的 1/3～2/5。镜面磨削的另一技术关键是砂轮修整。其修整倒数 f_d 应比超精密磨削小些，可取 $f_d=0.008\sim0.012$ mm/r，修整深度 $a_d=0.025$ mm/单行程。

镜面磨削主要是靠摩擦抛光实现光滑表面加工，所以加工余量很小，一般只有 2～3μm。磨削时，一般只需一次进刀就能进行光磨，不能像一般磨削那样采用多次进刀；否则，表面粗糙度会恶化。为了达到镜面，需要较长时间的光磨，通常需光磨 20～30 次才能达到 $R_a\leqslant0.01\mu m$ 的表面。

（2）镜面磨削的磨削工艺参数

目前，国内镜面磨削的工艺参数可参见表 6-6 选用。

表 6-6 镜面磨削的工艺参数

工艺参数	外圆磨削	内圆磨削	平面磨削
砂轮粒度	W5～W0.5～更细	W5～W0.5～更细	W5～W10
砂轮种类	石墨砂轮	石墨砂轮	石墨砂轮
加工精度/μm	$<0.1\sim1\mu m$	$<0.1\sim1\mu m$	$<0.1\sim1\mu m$
表面粗糙度/μm	<0.01	<0.01	<0.01
磨前表面粗糙度/μm	<0.16	<0.04	<0.32
砂轮线速度/$m\cdot s^{-1}$			15～20

续表

工艺参数	外圆磨削	内圆磨削	平面磨削
工件线速度/m·min^{-1}	<10	7～9	
工作台速度/m·min^{-1}	50～100	60～100	12～14
磨削深度/μm	<0.025～0.004～0.007,根据砂轮特性	0.002～0.003,根据砂轮特性	
横向进给量/mm·st^{-1}			0.05～0.1
垂直进给量/mm			0.004～0.006
光磨次数(单程次)	20～30	15～25	3～4

(3) 实现镜面加工的工艺条件

① 砂轮修整　修整砂轮使用金刚石笔,要锋利,顶角为 70°～80°;安装时要倾斜 10°～15°,且略低于中心 1～2mm。可避免修整力的变动而损坏砂轮表面。

② 镜面磨削用量　砂轮速度 $v_s=15\sim20\text{m/s}$,工件速度 $v_w=10\sim15\text{mm/min}$。加工镜面时,工件速度 v_w 最好选用 10mm/min 以下。工作台纵向进给量 $f_a=50\sim150\text{mm/min}$,径向进给量 $f_r<2\mu\text{m}$。

磨削终了要进行无火花磨削,表面粗糙度值要求越低,无火花磨削次数越多,达到镜面要进行 20～30 次无火花磨削。

(4) 镜面磨削对机床的要求

① 提高砂轮与工件主轴回转精度,回转精度应小于 1μm。砂轮要进行高精度平衡。主轴要采用高精度轴承,一般采用静压空气轴承。

② 机床振动要小,砂轮头架相对于工作台振动的振幅要小于 1μm,要采用良好的隔振措施。

③ 工作台要求低速且进给平稳性好,具有灵敏的微进给机构。

④ 加工环境条件要净化,磨削液纯净度要高。

(5) 注意的问题

超精密磨削及镜面磨削易产生波纹、振纹、划伤、拉毛、表面不光亮等质量缺陷,要针对具体质量问题,从工艺条件上采取措施。

6.3.3 在线电解修锐法

在线电解修锐法简称 ELID 法 (Electrolytic In-Process Dressing)。ELID 法是近年来金属结合剂类超硬磨料修整技术的一项新成就,由日本理化研究所大森 (H. Ohmori) 教授研制成功的。利用 ELID 法在线修锐金刚石砂轮磨削硅片陶瓷或其他超硬材料,目前已可达到镜面加工水平。

(1) 在线电解修锐原理

在线电解修锐超硬磨料砂轮的原理如图 6-12 所示。由图 6-12 可知,在电解修锐开始时,由于电解液作用,铸铁结合剂砂轮的结合剂部位将被电解,产生铁离子。铁离子在磨削液中将由于化学作用形成氢氧化铁及氧化铁等生成物。铁的氢氧化物易脱水形成铁的氧化物,这种新生成的物质被堆积在砂轮表面,逐渐形成了一层具有绝缘性质的氧化物薄膜。薄膜的存在使得作用在结合剂上的电解电流逐渐降低,这即为初期修整。随着磨削过程的进行,砂轮磨粒顶面逐渐磨损,此时磨屑及工件表面的摩擦和挤压将使原磨粒的氧化膜逐渐剥落,砂轮导电性又开始恢复,继续开始砂轮表面的电解过程,周而复始,利用在线电解作用连续修整砂轮来获得恒定的磨粒凸出高度,并借助砂轮表面氧化物生成的绝缘层的动态平衡,来实现可自适应控制的最佳的磨削过程。

(2) 在线电解修锐法磨削的特点

① 磨削过程具有良好的稳定性。借助 ELID 磨削修锐的作用,砂轮表面可以在磨削过

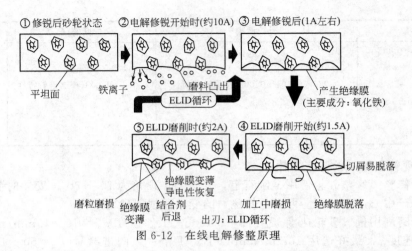

图 6-12 在线电解修整原理

程中始终保持最佳的显微起伏形貌。在线电解修锐不仅可以在砂轮表面形成容纳冷却液和切屑的空间，而且可以及时地去除黏附在砂轮表层的切屑。因此，ELID 法使砂轮具有良好、稳定的磨削性能。测力的数据表明 ELID 磨削中，磨削力基本恒定，仅为普通磨削的 1/2～1/10，工件的表面质量也十分稳定。

② ELID 法使金刚石砂轮不会过快磨耗，提高了贵重磨料的利用率。在电解修锐中，绝缘层生成的厚度和非线性电解的修锐作用处于一种动态平衡，既保持了金刚石砂轮表面的最佳切削状态，又限制了金属结合剂的过度电解。同时，电解修锐对金刚石等超硬磨料不起作用（不导电），因而避免了砂轮的过快磨耗。

③ ELID 法使磨削过程具有良好的可控性。在电解修锐和磨削中，砂轮的修锐和磨削可以通过合理选择电源电参数和电解液的种类来控制，从而可实现磨削修整过程的最优化。

④ 采用 ELID 法磨削，可容易实现镜面磨削并可大幅度减少超硬材料被磨零件的残留裂纹。ELID 法磨削采用在线电解修锐，解决了超细粒度金刚石砂轮的修锐问题，消除了难以保证磨粒凸出高度及砂轮容易堵塞等超细粒度砂轮使用中的障碍，使砂轮始终处于良好的切削状态，从而有效实现了超精密镜面磨削且由于该方法磨削力小，磨削热少，故大大减小了硬材料加工表面的微观裂纹。

（3）ELID 磨削的必备装置

实现 ELID 磨削的必备装置主要有砂轮、电源装置（包括正、负电极）、电解液（磨削液）等。

ELID 磨削对砂轮提出了特殊要求：首先砂轮结合剂应具有良好的导电性和电解性能。此外，砂轮结合剂元素的氧化物或氢氧化物不导电。目前采用 ELID 法常用的砂轮有铸铁纤维结合剂（CIFB）、铸铁结合剂（CIB）或铁粉结合剂（IB）的金刚石砂轮。

ELID 磨削和修整砂轮的电源，可以采用直流电源、交流电源或各种波形的脉冲电源及有直流基量的脉冲电源。根据研究资料，具有直流基量的脉动电源修整砂轮效果最佳。

ELID 修整砂轮和磨削时使用的磨削液，不仅能用来降低磨削区的温度，减少砂轮磨损，冲刷磨屑，同时也作为电解修整的电解液，因而它对磨削效果和砂轮磨损的影响有双重性。

我国哈尔滨工业大学关于 ELID 磨削电解液的研究，已取得显著成效，迄今已研制出适于镜面磨削的 HD-MY-10 型的 ELID 磨削液。据研究报告，该磨削液具有较高的导电性及流动性；阳离子不能在电极表面电解附着。该电解磨削液能在砂轮表面形成适当的非溶性钝化生成物且腐蚀性小，无毒性作用，具有液体组成稳定、价格低廉等特点。采用该电解液在平面磨床上对工程陶瓷、GCr15 淬火钢等材料的 ELID 磨削试验表明：该磨削液适用于超细粒度砂轮的超精密镜面磨削。例如，采用粒度为 1500[#]、结合剂为铸铁纤维结合剂 (CIFB) 的金刚石砂轮磨削 GCr15 钢，磨削表面粗糙度 Ra 值达 $0.013\mu m$；用粒度为 6000[#]、结合剂为铸铁结合剂 (CIB) 的立方氮化硼砂轮 (CBN 砂轮)，磨削 GCr15 材料，表面粗糙度值 Ra 值达 $0.1\mu m$。图 6-13 所示为磨削 GCr15 材料时，用该磨削液的 ELID 过程中工作电源的变化特性。显然，随着电解过程的进行，砂轮表面氧化物薄膜逐渐增厚。由于这层氧化膜具有较大电阻，因此使电解电流降低，与 CBN 砂轮（曲线 2）相比，金刚石砂轮（曲线 1）上氧化膜形成较快，因此电解电流下降较为迅速。CBN 砂轮的磨粒较

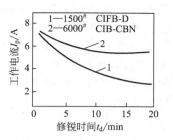

图 6-13　ELID 过程中工作电源的变化特性

细，电解过程中不需要形成较厚的氧化膜。HD-MY-10 型的 ELID 磨削液电解性能很好地满足了这一要求。

从显微镜的观察，也可清楚地看到所形成的均匀致密的氧化膜使磨粒充分露出了结合剂的表面。

ELID 磨削用的砂轮、电源、电解液，日本目前已推出了定型产品，进一步研究是致力于 ELID 磨削专用机的开发。

(4) ELID 的磨削方式

用于 ELID 的磨削方式主要有平面磨削方式、外圆磨削方式、曲面磨削方式及成形磨削方式，如图 6-14 所示。

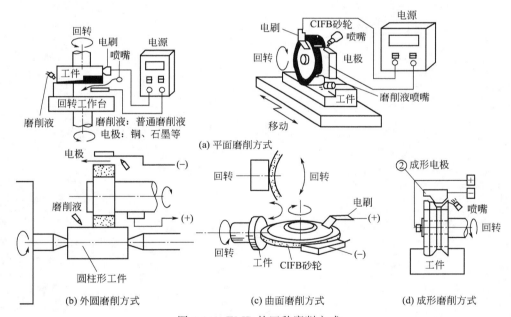

(a) 平面磨削方式

(b) 外圆磨削方式　　　(c) 曲面磨削方式　　　(d) 成形磨削方式

图 6-14　ELID 的四种磨削方式

对 ELID 的平面磨削方式 [图 6-14(a)] 有平磨和立磨两种形式，其工作原理如图 6-14 所示。图 6-14(b) 所示为外圆磨削方式。相对外圆等磨削来说，内圆 ELID 磨削较为困难，主要原因是由于磨削空间的限制，砂轮电解修整存在一定问题，目前仅可以采用 ELID 的断续修整方式。图 6-14(c) 所示为 ELID 曲面磨削方式，包括球体和非球体两种情况。需要注意的是，曲面磨削的实现必须借助数控机床才能进行。关于成形表面的 ELID 磨削，需要用不同的成形砂轮 [图 6-14(d)]，这是成形表面直接实现镜面加工的较好方法。

ELID 磨削与砂轮的在线修锐，成功地实现了稳定性磨削和低磨削力磨削，解决了先

进陶瓷的镜面超精加工和高效加工问题。但是，精细陶瓷的 ELID 磨削机理研究和实用关键技术研究在国内尚属空白。因此，开展 ELID 磨削精细陶瓷等超硬材料的研究具有十分重要的意义。目前我国研究 ELID 磨削精细陶瓷，主要包括以下几项内容：不同磨削方式、ELID 磨削装置的开发；陶瓷 ELID 磨削机理的研究和镜面成形机理的研究；ELID 磨削陶瓷的磨削力的研究；陶瓷 ELID 磨削加工表面质量的研究以及磨削效率和磨削参数优化的研究。

第7章

超高速磨削技术

超高速磨削是当今世界先进制造领域内最引人关注的高效加工技术之一，被誉为"现代磨削技术的最高峰"，是21世纪的主要研究方向之一。超高速磨削技术能极大地提高生产率和产品质量，降低成本，实现难加工材料和复杂型面的精加工，将成为21世纪制造工艺与装备工业中最具代表性和突破性技术之一。高速高效数控磨削装备将以高效率、高精度、低能耗和高自动化等技术优势在制造业的竞争中发挥至关重要的作用。

本章将对超高速磨削技术中的超高速磨削、高效深切磨削、快速点磨、切点跟踪磨削和超高速非圆轮廓磨削这五种方法的关键技术进行论述。

7.1 超高速磨削技术的概念与机理

7.1.1 超高速磨削技术的概念

超高速磨削是通过提高砂轮线速度即磨削速度达到提高金属磨除率和质量的工艺方法，常将磨削速度为普通磨削速度5倍以上（$v_s=150\text{m/s}$）的高速磨削称为超高速磨削（Super High Speed Grinding）。超高速磨削是一种高效而经济地生产出高质量零件的现代加工技术，是应用高效率、高精度、高自动化、高柔性的磨削装备，提高磨削的进给速度，增加单位时间金属比磨除率 Z'_w 和金属磨除率 Z_w，使磨除率大为提高，能达到车削、铣削的金属磨除率甚至更高，是能极大地提高工件加工效率、加工精度和表面加工质量的先进制造技术。

超高速磨削的提出是基于德国萨洛蒙的超高速切削理论，该理论认为：普通切削速度范围内切削温度随切削速度增大，而升高不同切削速度增大至与工件材料的种类有关的某一临界速度后，随着切削速度的增大，切削温度与切削力反而降低。据此，在大于临界切削速度的范围内，则可进行高速切削，大幅度地提高机床的生产率。同样，在高的磨除率条件下，随着砂轮线速度 v_s 增大，磨削力在 $v_s=100\text{m/s}$ 前后的某个区间可能出现陡降（约降低50%），这种趋势随着磨除率的提高而更加明显，且当砂轮达到超高速磨削状态后，工件表面温度出现回落趋势。萨洛蒙曲线描述了超高速磨削概念，如图7-1所示。当磨削速度超过 v_{sb} 后，能大幅度减少加工工时，成倍地提高磨床生产率。

超高速磨削突破了传统磨削概念，有高的金属磨除率，能获得很好的加工表面粗糙度和精度，扩大了磨削工艺的适用范围，成为一种能和车削、铣削等加工方法相竞争的高效加工工艺。实验表明：通过大幅度提高切削速度，就可越过切削过程产生的高温死谷而使刀具在超高速度区进行高速切削，从而大幅度减少切削工时，成倍地提高机床生产率。超高速磨削

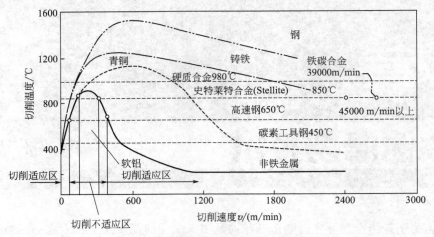

图 7-1　萨洛蒙高速切削加工理论示意

不仅对高塑性和难磨材料具有良好的磨削效果，而且能够高效率地对硬脆材料实现延性磨削。

7.1.2　超高速磨削技术具有的特点

超高速磨削技术具有特点如下。

① 磨粒相对工件的速度已接近于应力波在材料中传播速度的量级，使材料变形区域明显变小，消耗的切削能量更集中于磨屑的形成，磨削力与比磨削能减少，工件变形小。因此，当磨削深度一定时，可以使用更高的磨削工艺参数，使金属磨除率提高。

② 在超高速磨削的速度下，使单颗磨粒受力小、磨损少，则砂轮寿命延长。

③ 磨削表面粗糙度值随砂轮速度的提高而降低，磨削热量主要集中在磨屑中而飞散开来，则工件表面温度低，受力和受热表面变质层将使表面加工质量提高。

④ 在超高速磨削条件下，变形区工件材料应变率高，相当于在高速绝热冲击条件下完成切削，使工件材料更易于磨除，并使难磨材料的磨削性能得到改善，可使硬脆材料实现延性域磨削，也可增加韧性材料在弹性力变形阶段被去除的比率。

超高速磨削以极高的磨削效率，极大的砂轮磨削比和良好的加工表面完整性，与传统磨削方式形成了很大差别。超高速磨削也是一种高效精密的切削加工方法。

7.1.3　超高速磨削技术的主要技术途径

实现超高速磨削的主要技术途径如下。

① 提高砂轮速度（v_s）　提高砂轮速度是实现高速高效磨削的一个基本的先决条件，以提高砂轮速度、减少磨削力、降低比磨削能、改善磨屑的形成。当砂轮速度达到超高速后，即超过某一临界值后，根据"热沟"理论，工件表面温度将随着砂轮速度的提高而降低。

② 提高工件速度（v_w）　提高工件速度或提高金属磨除率，避开临界温度，进入高速高效磨削区，工件表面温度将急剧下降。实现高速高效磨削，提高工件速度是必要的，而且较高地提高工件速度可使工件表面不会出现热破坏温度。更高的工件速度，可使作为热源的砂轮能很快地离开已磨削表面，而使大部分热量进入磨屑和磨屑液中且很快离开磨削区。

③ 合理选择砂轮　CBN 磨料具有高硬度及极大的抗磨损能力、高的热和化学稳定性，故 CBN 是高速高效最理想的磨料；而且 CBN 砂轮浓度大，适于大的金属磨除率。砂轮具有较大浓度就意味着有较多磨料的动态切削微刃参与切削，并形成较薄的磨屑，导致在大的金属磨除率时磨削力减少。CBN 电镀砂轮具有较大的浓度和容屑空间，所以 CBN 电镀砂轮是

高速高效磨削最适合的砂轮。

由于金属磨除率是磨屑平均断面积、磨屑平均长度与单位时间内参与切削的磨粒数三者的乘积，所以要提高磨削效率可采取的技术措施如下。

- 采用提高砂轮进给速度来增加单位时间内参与磨削的磨粒数。
- 采用缓进给深磨、立轴平磨来增大磨屑长度。
- 采用重载荷等强力磨削方式以增大磨屑平均断面积。

7.1.4 超高速磨削机理

在超高速磨削中，通过优化选择各种磨削参数可最大限度地提高材料加工延塑性，减少磨削表面裂纹和损伤。在保持其他参数不变的情况下，随着砂轮速度的大幅度提高，单位时间内磨削区的磨粒增加，每个磨粒切下的磨屑厚度变小，每颗磨粒的切削厚度变薄，则导致每个磨粒承受的磨削力变小，总磨削力也大大降低。由于磨削速度很高，单个磨屑的形成时间极短。在极短时间内完成的磨屑高应变率形成过程，使工件表面的弹性变形层变浅，磨削沟痕两侧因塑性流动而形成的隆起高度变小，磨屑形成过程中的耕犁和滑擦距离变小，工件表面层硬化及残余应力倾向减少。超高速磨削时磨粒在磨削区内的移动速度和工件的进给速度均大大加快，再加上应变率响应温度滞后的影响，使工件表面层磨削温度有所降低，能越过容易发生磨削烧伤的区域，而极大地扩展了磨削工艺参数的应用范围。

超高速磨削技术在实际应用中，还需深入、系统地研究高硬难加工金属材料的高速/超高速的磨削机理，主要研究内容如下。

① 高硬难加工材料的微结构和材料性能分析。
② 超高速磨削条件下高硬难加工材料的微结构和材料性能对去除机理的研究。
③ 超高速磨削状态下，材料去除机理及其对工件加工质量的影响。
④ 超高速磨削工况下的磨削力、磨削热的形成机理和分配。
⑤ 磨屑在磨削力、磨削热的复合作用下的成屑机理及其对工件加工质量的影响。
⑥ 超高速磨削下磨削表面的裂纹和损伤的形成机理。
⑦ 加工条件对破坏层的影响。
⑧ 砂轮、工件及机床的受力及振动对工件加工质量的影响。

应寻求合适的方法以提高超高速磨削的金属磨除率，又不造成工件的热损伤。如果将磨削温度控制在液态成膜沸点以下，就可以提高金属磨除率，就可对磨削过程中热损伤实现自适应控制。

7.2 超高速磨削工艺及装备

7.2.1 超高速磨削工艺

在超高速磨削加工中，通过优化选择各种磨削参数可最大限度地提高材料加工延塑性，从而减少磨削表面裂纹和损伤。砂轮速度的提升可减少磨削力，降低磨削温度，能加大磨削深度和提高工件进给速度，可达到磨削的高效率，主要包括下列工艺实验与工艺分析：磨削力、磨削温度等实验；磨削质量与表面完整性的实验；表面轮廓、表面质量、变质层、残余应力、磨削损伤和工件的烧伤、磨削裂纹等实验；CBN砂轮修整技术的实验；砂轮名义磨削深度和实际磨削深度实验；建立数学模型优化磨削工艺参数；检测工件表面残余应力、显微硬度、加工精度、表面粗糙度、全相组织的变化等。此外，还应进行数据分析与处理、理论模型的验证；可利用计算机对磨削过程进行工艺仿真。使用动态仿真方法，再现磨削过程，用于评估、预测加工过程和产品质量。

7.2.2 超高速磨削装备

超高速精密磨削机床要求如下：磨床具有高的主轴转速和功率；要求磨床工作台有高的进给速度和运动加速度；要求磨床有高的动态精度、高阻尼、高抗振性和热稳定性；有高的自动化和可靠的磨削过程；砂轮架、头架、尾座工作台等支承构件要有良好的静刚度、动刚度及热刚度。磨床驱动部件应具有大功率、高转速和高精度。

(1) 数控超高速外圆磨床

为适应硬脆、高强度难加工材料，如工程陶瓷、硬质合金、钛合金、不锈钢、镍基铁氧体等材料轴类零件精密加工中出现的困难，湖南大学研发了砂轮速度高达 150～250m/s 的超高速数控外圆磨床。

① 磨床的主要技术参数

砂轮最高线速度	150～250m/s
加工工件最大直径×长度	$\phi 200\text{mm} \times 500\text{mm}$
加工工件最大质量	70kg
磨床尺寸范围（长）×（宽）×（高）	3500mm×1800mm×1800mm
磨削工件外圆尺寸精度	≤0.005mm
磨削工件圆度精度	≤0.001mm
磨削表面粗糙度	$Ra \leq 0.16\mu m$
磨削工件圆柱度误差	0.004/200

② 磨床关键部件的设计

• 床身设计　床身采用聚酯矿物复合材料高阻尼整体无腔床身以防止床身共振，减少磨床振幅，有良好的抗振性。

• 砂轮主轴设计　砂轮架主轴系统采用动静压高速精密电主轴，最高转速可达 12000r/min，回转精度小于 $1\mu m$，以满足超高速精密磨削及强力磨削的需要。

• 砂轮设计　采用金属基体陶瓷结合剂 CBN 超高速砂轮。砂轮紧固方式采用砂轮恒压预紧补偿装置或采用无中心锥孔以端面及外圆定位的紧固方式。防止砂轮松动，以适应超高速磨削需要。在砂轮主轴系统安装砂轮在线自动平衡装置，以保持主轴与砂轮的动平衡。

• 导轨设计　砂轮架进给导轨采用静压导轨，具有高精度、高刚性、高灵敏性和优良直线运动，低速性能与变速移动的适应性，有利于消除低速爬行现象，提高磨削质量。

• 砂轮架进给机构设计　采用直线伺服电动机单元，以实现精确定位与快速响应，减少系统跟随误差，提高磨削加工精度。

• 工作台进给机构设计　磨床工作台移动轴（Z 轴）采用交流旋转伺服电动机＋精密滚珠丝杠的结构形式。

• 头架主轴结构设计　工件头架轴的旋转运动采用伺服电动机通过精密弹性联轴器直接驱动主轴的结构形式以避免工件主轴与砂轮进给联动时传动误差对加工精度的影响，并能实现外圆磨床对非规则形状轴类零件的加工。

• 磨床控制系统设计　磨床的数控系统选用高精度全数字化信号数控系统，具有数字式闭环驱动控制功能且具有强大的编程功能，适于复杂零件的加工。在控制系统中还采用高精度光栅作为反馈元件，采用主动在线测量仪控制磨削进程，采用声发射传感器有效地消除磨削空程，防止意外碰撞，提高表面磨削质量，缩短磨削时间。

• 砂轮修整器设计　砂轮修整采用在线电火花整形，在线电解修锐（ELID）方式。

　　该数控超高速磨床使用效果良好，有效地解决了难加工材料的低成本加工问题。超高速磨削材料的应变率可达 $10^{-6}\sim10^{-4}\mathrm{s}^{-1}$，磨屑在绝热剪切状态下形成，材料去除机理发生转变，使传统的难加工材料（脆性或黏性材料）变得容易加工。由于磨削厚度小，则法向磨削力也相应减少，则有利于刚性较差的工件变形减少，使工件的加工精度提高。在超高速磨削时，砂轮上的单颗磨料负荷减少，磨粒的磨削时间相应延长，则提高砂轮的使用寿命。当磨削效率一定时，实验证明磨削速度为 200m/s 时砂轮的寿命是 80m/s 时的 7.8 倍。超高速磨削还提高了磨削表面质量和磨削生产率。超高速磨削使单位时间内作用的磨粒数增加，则材料的比磨除率成倍增加，可达 $2000\mathrm{mm}^3/(\mathrm{mm}\cdot\mathrm{s})$，比普通磨削提高 30%～100%。

（2）数控超高速平面磨床

　　数控 314m/s 超高速平面磨床是我国第一台超高速平面磨床，其技术水平已达现代国际先进水平。其主要技术参数如下。

砂轮线速度	314m/s
砂轮主轴极限转速	24000r/min
砂轮最大规格（外径)×(宽度）	$\phi 350\mathrm{mm}\times60\mathrm{mm}$
工件最大尺寸（长度)×(宽度）	200mm×50mm
最大一次磨削深度	10mm
砂轮主轴功率	40kW
磨削深度方向最小进给量	0.0001～0.001mm
纵向进给速度	0～6000mm/min
磨削比	≥1000（CBN 砂轮）
材料比磨除率	$\geqslant200\mathrm{mm}^3/(\mathrm{mm}\cdot\mathrm{s})$

　　该机床由平面磨床主体、电气柜、数控操作台、冷却过滤净化系统、高压冷却水泵、电主轴冷却用恒温循环供水箱、压缩空气供给及除湿系统、测试仪器仪表工作台及隔离观察室等组成。

　　由于砂轮主轴的高速回转，要求机床要有高刚度、高强度、高回转精度、高平衡性能的主轴系统。因此，在磨床主体结构设计上必须采用相应措施。该机床的砂轮架固定在刚性较好的磨床立柱上，而将工件安装在可进行三维运动的工作台体系中，以工件向砂轮架逼近的方式实现磨削进给，以降低超高速磨削中来自砂轮架主轴的振动。

　　超高速平均磨床的床身是采取榫齿蠕动磨床结构，为整体铸造结构，铸件壁厚25mm。床身四周立面无任何窗口，以增强其动态刚性。床身后部与立柱的结合面高于其纵向导轨平面，使立柱受力状况有较大改善。床身纵向运动导轨采用直线滚动导轨，滚动导轨安装在成封闭结构的导轨支乘面上，相当稳固，受力后变形小。

　　砂轮架及超高速砂轮是磨床的核心。超高速磨床立轴轴承采用陶瓷球轴承或磁悬浮轴承及液体动静压轴承。磨床立轴是采用瑞士厂商 IBAC 公司的 HP230·4D120CFSV 型角接触陶瓷球混合轴承的高速精密电主轴。其最高转速达 24000r/min，连续工作电动机功率为 40kW，峰值功率为 180kW，电主轴结构如图 7-2 所示。

　　电动主轴的高速性能的速度因子 DN 值（D 是轴承内外圈的平均直径，mm；N 是轴承的转速，r/min）为 $180\times10^4\mathrm{mm}\cdot\mathrm{r}/\mathrm{min}$。主轴系统刚度大于 $340\mathrm{N}/\mu\mathrm{m}$，轴向与径向圆跳动量小于 $1\mu\mathrm{m}$，回转精度在 $0.5\mu\mathrm{m}$ 以上。

　　该机床的砂轮自动平衡是采用美国 SBS 公司的 IB-1404-A 型，内装高速非接触式自动平衡器与 SBS-4475 动平衡控制仪。平衡仪最高允许转速为 30000r/min，振幅值灵敏度为 $0.001\mu\mathrm{m}$，平衡能力为 400g·cm，信号输出端固定在主轴后端；信号发射头安装在电主轴体壳的后部，通过电缆连接 SBS-4457 动平衡控制仪上。测试传感器安装在砂轮架上并指向

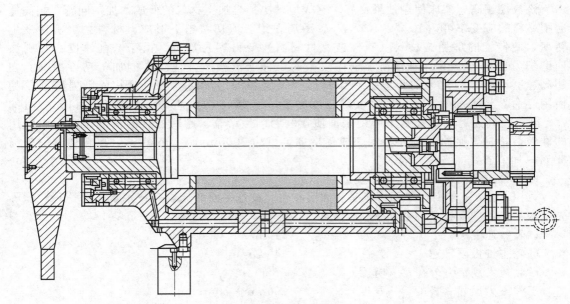

图 7-2 电主轴结构

砂轮轴的位置。该平衡头具有良好的平衡效果。在自动平衡模式下，可将轴承的残余工作振动峰值振幅值平衡至 $0.1\mu m$ 以下。

超高速数控平面磨床的数控系统采用德国西门子公司的 802D 数控系统，分别控制工作台的纵向运动坐标（X 轴）与磨削深度方向进给坐标（Z 轴）。其中 Y 轴坐标伺服电动机的输出经西门子减速器与滚珠丝杠相连，减速比为 1:10，其他轴为伺服电动机与滚珠丝杠相连。砂轮主轴的无级调速是由德国 Rexroth 公司的变频测速器实现的。该 802D 控制系统由主轴调速开关进行控制。数控系统除按指令完成磨削程序外，还对油气润滑系统、高压冷却系统、电主轴恒温冷却系统、压缩空气机和安全防护门等装置的工况进行监视，任一部分工作不正常，均能立刻发出警报并停止磨削工作。

7.3 超高速磨削技术的加工效果

超高速磨削加工经过研究在生产应用取得了以下明显效果。

① 能降低磨削力，提高磨削效率 超高速磨削加工时由于磨屑厚度变薄，在磨削效率不变的条件下，法向磨削力会随着磨削速度 v_s 的提高而显著减少（例如，$v_s=200m/s$ 时法向磨削力仅为 $v_s=80m/s$ 时的 46%），从而使工艺系统变形减少；加之超高速磨削时的激振频率远高于工艺系统的固有频率，不易引起共振。超高速磨削加工的磨削精度和磨削效率也相应提高。采用 CBN 砂轮进行超高速磨削，砂轮线速度 v_s 由 80m/s 提高至 300m/s 时，金属比磨除率由 $50mm^3/(mm \cdot s)$ 提高至 $1000mm^3/(mm \cdot s)$。采用 $v_s=340m/s$ 的超高速磨削，金属比磨除率比采用 180m/s 磨削时提高 200%。

② 砂轮磨损小，提高砂轮使用寿命 提高砂轮线速度，则单位时间内磨削压内的磨粒数增加，在进给量保持不变的情况下，单颗磨粒的磨削厚度变薄，使砂轮-工件系统受力变形减少，磨削力下降，使工件加工精度提高。由于磨粒承受的磨削力减少，可使砂轮磨损降低，可延长砂轮寿命。由于单个磨粒所承受的磨削力大为减少，则降低砂轮的磨损。当磨削力不变时，砂轮线速度由 80m/s 提高至 200m/s，磨削效率提高 2.5 倍，CBN 砂轮的寿命则

延长 1 倍。

③ 降低磨削温度　超高速磨削过程中，磨削较高的应变率使工件表面层硬化现象和残余应力倾向减少，磨粒在磨削压移动速度成倍提高，工件进给速度也相应加快。由于应变率响应的温度滞后，很大一部分热量没有来得及传入工件内部就被砂轮、磨削液及空气流带走，因此，磨削温度降低，能越过容易发生热损伤的区域，极大地扩展了磨削工艺的应用范围，有利于提高磨削加工精度。

④ 提高加工精度　超高速磨削过程中，磨屑厚度变薄，在磨削效率不变时，法向磨削力随磨削速度的增大而大幅度减小，降低磨削过程的工艺系统变形；磨床高速运转，激振频率远离工艺系统的固有频率，降低工艺系统的振动，有利于提高加工精度。如磨削淬火钢活塞，其壁厚为 2mm，直径公差为小于 $4\mu m$，容许圆度 $\leqslant 3\mu m$，表面粗糙度 $Ra < 2\mu m$。当砂轮线速度 υ_s 为 34m/s 时，其磨削结果无法达到规定的尺寸公差。将砂轮线速度提高至 60m/s 时，由于磨削力降低，则磨削结果为工件尺寸在所要求的公差范围内，缩短了加工时间。

⑤ 改善磨削表面完整性　超高速磨削采用大的磨削用量，传入工件的磨削热少，不发生磨削表面热损伤，降低表面残余应力，可获得良好的表面物理性能和力学性能。当 υ_s 提高后，每一单颗磨粒对工件材料的切削过程极短。如砂轮直径为 400mm，磨削深度为 0.1mm 时，以 $\upsilon_s = 30m/s$ 进行磨削，磨屑形成时间为 0.2ms；而当 υ_s 提高到 150m/s 时，则磨屑形成时间仅为 0.04ms。在极短的时间内则磨屑的应变率极高（近似为接近于磨削速度）。工件表面的塑性变形层变浅，磨削的沟痕两侧因塑性流动而形成的隆起高度变低。磨粒对工件的耕犁作用时间变短，则耕犁程度变得缓和，使磨削表面粗糙度值下降。例如，υ_s 分别为 33m/s、100m/s、200m/s 情况下，则测得的 Ra 值分别为 $2.0\mu m$、$1.4\mu m$、$1.1\mu m$。采用 CBN 砂轮粒度为 $80^\sharp$，$a_p = 0.2mm$，$\upsilon_w = 2000mm/min$。当 υ_s 由 90m/s 提高到 210m/s 时，则 Ra 值由 $0.37\mu m$ 下降到 $0.26\mu m$。

⑥ 实现对陶瓷等硬脆材料的延性磨削　超高速磨削时单位时间内参加磨削的磨粒数大大增加，单个磨粒的切削厚度极薄，陶瓷等硬脆材料不再以脆性断裂的形式产生磨屑，而是以塑性变形形式产生磨屑，从而大大提高磨削表面质量和磨削效率。

⑦ 对耐热合金有良好表现　在超高速磨削条件下，由于磨屑形成时间极短，工件材料的应变率已接近塑性变形应力波的传播速度，相当于材料的塑性减少，使材料的磨削加工变得容易。对于镍基耐热合金、钛合金、铝及铝合金等磨削性较差的材料，在超高速磨削条件下则有良好的加工效果。

7.4　高效深切磨削

7.4.1　概述

高效深切磨削 HEDG 工艺是德国居林公司在 20 世纪 80 年代初期研制开发成功的，是高速磨削与缓进给磨削的进一步发展，认为是现代磨削技术的高峰。HEDG 在切深 $a_p = 0.1\sim30mm$，工件速度 $\upsilon_w = 0.5\sim10m/min$，砂轮速度 $\upsilon_s = 80\sim200m/s$ 的条件下进行磨削，其工艺特征是砂轮速度高、工件快速进给及磨削深度大，既能达到高的金属切除率，又能达到加工表面高质量。

用高效深切磨削工艺加工出的工件，其表面粗糙度可与普通磨削相当，而其磨除率比普通磨削高 $100\sim1000$ 倍；因此，在许多场合可以替代铣削、拉削、车削等加工技术。往复磨削、缓进给磨削、高效深切磨削方法工艺参数的对比列于表 7-1 中。

表 7-1　往复磨削、缓进给磨削、高效深切磨削方法工艺参数对比

参　　数	往复磨削	缓进给磨削	高效深切磨削
垂直进给量/mm	0.001～0.05	0.1～30	0.1～30
工件线速度 v_w/mm·min^{-1}	1～30	0.05～0.5	0.5～10
砂轮线速度 v_s/mm·min^{-1}	20～60	20～60	80～200
金属切除率 Z'_w/mm^3·(mm·s)$^{-1}$	0.1～10	0.1～10	50～2000
砂轮①	WA60HV	WA60HV	WA60HV
磨削液	水基磨削液	油溶性磨削液②	水基磨削液

① 有条件最好采用金属或树脂结合剂 CBN 砂轮。
② 磨削时工件和砂轮完全浸泡在压力油中。

　　高效深磨工艺一举打破了传统磨削的概念，比磨除率达到 60～1000mm^3/(mm·s) 甚至更多，磨削比 G 一般在 20000 以上。这种工艺可以将铸铁毛坯件直接加工出成品，集粗精加工于一身，同普通车削、铣削相比，加工工时缩短了 90%；同普通磨削相比，加工工时可以缩短 98%。因此，HEDG 工艺才真正使磨削实现了优质与高效的结合，被誉为磨削技术发展的高峰，越来越多地受到工业发达国家的重视。

　　高效深磨磨除率极高，特别适合于进行沟槽零件的全磨削深度单行程磨削。高效深磨以不降低工件速度（0.5～10m/min）的条件进行磨削，既能实现高的磨除率，又能达到高的加工表面质量。

　　因高效深磨技术的高磨除率和很小的磨削加工痕迹，应用 HEDG 工艺的机床在美国已较普遍，这类机床中砂轮采用 CBN 磨料，机床的刚度高，砂轮速度和工作台速度高，以使生产率最大化。例如，有一台采用电镀 CBN 砂轮及直接油基磨削液的 HEDG 机床，磨削 Icone1718（因康镍基合金），砂轮线速度 160m/s，比磨除率可达 75mm^2/(mm·s)，砂轮无需修整，寿命长，表面粗糙度 Ra 平均值为 1～2μm，径向形状精度可保持在 0.1～0.5mm，可达到的尺寸公差为 ±13μm。有关磨床制造商致力于将电镀 CBN 砂轮应用于小型机床，使用可修整的陶瓷结合剂 CBN 砂轮减少旋转误差，提高表面质量。使用水基磨削液（可改善砂轮孔隙率），尺寸公差为 ±(2.5～5)μm，Ra=0.8μm，v_s 对于直径为 200mm 的砂轮限制在 60m/s；而对于大的直径为 400mm 的砂轮，v_s 可达到 150～200m/s。

7.4.2　高效深切磨削原理

　　在蠕动微进给磨削中，工件进给速度低，生产效率较低，能量转换得慢，接触弧长，磨粒所经历的时间长，能量的一部分缓慢地传导给工件，易引起工件表面烧伤。

　　高效深切磨削与缓进给磨削相反，其加工中的能量在短时间内转化为热被传散，为降低传给加工零件的热能量，工作台快速进给（即工件进给速度快）。砂轮高速转动，工件快速进给，砂轮很快与磨削区脱离，热量主要传散到切屑与磨削液中。图 7-3 所示为 HEDG 磨削的金属磨除率 Z'_w、工件进给速度 v_w 与接触区温度的关系，在三种磨削深度 a_p（3mm、6mm、9mm）情况下，金属磨除率 Z'_w[mm^3/(mm·s)]增加，即工件速度增加，温度下降，磨削比能增加，接触区温度则下降。随磨削深度 a_p 的增加，温度有一定上升倾向，工件表面温度增加，但总的趋势是随 v_w、Z'_w 增加，磨削工件表面温度下降。CBN 砂轮磨削温度较 Al$_2$O$_3$ 砂轮磨削温度低得多。

　　砂轮速度 v_s 增大是 HEDG 的必要前提条件。砂轮速度 v_s 与工件表面的温度关系如图 7-4 所示，该图为 Al$_2$O$_3$、电镀 CBN 两种砂轮在不同砂轮速度 v_s 下，工件表层温度变化情况。伴随砂轮速度 v_s 达到 100m/s，工件表面温度上升。CBN 砂轮 v_s 增大到 100m/s，工件表面温度下降。Al$_2$O$_3$ 砂轮约在 120m/s，工件表面温度下降。其原因是砂轮速度 v_s 增加

的初期，摩擦力增加，所以工件温度增加，砂轮速度再增加，未变形切削厚度减小，磨粒微刃与工件接触频率增加，其摩擦力增加，工件表面温度持续上升，v_s 再继续增加，则工件表面温度下降。CBN 砂轮磨削温度较 Al_2O_3 砂轮磨削温度低得多。

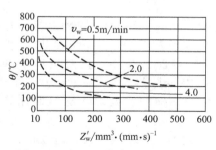

图 7-3　Z'_w、v_w 与磨削温度的关系

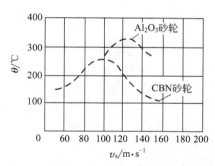

图 7-4　砂轮速度 v_s 与磨削温度的关系

砂轮速度 v_s 增加接触面温度下降的原因，可用接触层的理论说明。为了说明这一问题，首先要理解温度平衡的概念。磨粒微刃和工件开始接触，微刃切入工件，所产生的切屑温度和表面温度都伴随磨粒微刃接触弧长度的增加而增加。磨粒微刃接触部的温度达到切屑平衡温度的最大值。图 7-5 所示为接触层温度随砂轮速度变化的曲线，接触层的温度达到平衡温度，接触区就达到最高温度。砂轮与工件接触面的表层称为接触层。切屑的厚度与接触层厚度相同，这一层温度可达 $1000\sim1800℃$，这是由于 HEDG 磨削砂轮速度 v_s 增加，在给定的时间内，磨粒微刃接触数量与切削刃的运动量成正比，这就使得 HEDG 产生较长的切削轨迹和较紧密的磨削轨迹。砂轮接触的有效磨粒刃数多，产生热量多，所以磨粒接触微刃部快速产生高温。研究证明，磨粒微刃产生的热向接触层扩散的热量，多于直接进入工件内的热量。图 7-6 所示为从工件表面向内部热传递的等温曲线。这是用高频电子束将钢制零件表面加热到熔点，接触面积为直径 1mm 的圆，用 $200W/mm^2$ 能量，经 $11.1ms$ 的加热结果，热扩散到接触面上的热量多于进入工件本体内的热量，这一模拟结果可适用于 HEDG。加工中热源相当于高频电子束热源。可以想象每个磨粒微刃的切削热扩散到接触层上的热量多于进入工件材料内部的热量，同时，热量向水平方向扩散，在利于邻近微粒的切屑形成过程中，导致摩擦力下降。

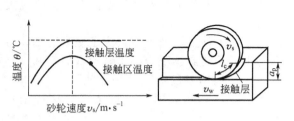

图 7-5　接触层、接触区温度和砂轮速度的关系

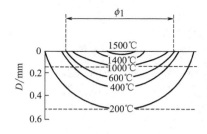

图 7-6　工件表面层等温线

去除接触层所需的时间可用下述公式计算。如平均磨削厚度 $a_p=6mm$，金属磨除率 $Z'_w=100mm^3/(mm \cdot s)$，砂轮线速度 $v_s=100m/s$，砂轮直径 $d_s=400mm$，则接触弧长 l_c 为

$$l_c = \sqrt{a_p d_s} = 49mm$$

接触层当量厚度 a_{gc} 为（即切削当量厚度）

$$a_{gc} = \frac{a_p v_w}{v_s} = \frac{Z'_w}{v_s} = 0.001mm$$

因此 1mm 宽的接触层的体积 V_w 为

$$V_w = l_c a_{gc} = 0.049 \text{mm}^3/\text{mm}$$

则接触层的体积 V_w 与金属磨除率 Z'_w 之比，等于去除某个接触层所需时间 t_c 为

$$t_c = \frac{V_w}{Z'_w} = \frac{0.049 \text{mm}^3/\text{mm}}{100 \text{mm}^3/(\text{mm} \cdot \text{s})} = 0.49 \text{ms}$$

在其他参数一定时，金属磨除率 $Z'_w = 1000 \text{mm}^3/(\text{mm} \cdot \text{s})$ 时，则磨除接触层所需的时间仅为 0.049ms。在高效深切磨削中，切除接触层所需时间较缓进给磨削快 2000～20000 倍，在这样短的时间内热量流向工件的可能性很小，接触层产生的热量主要存留于切屑之中而被带走。通过接触层向工件内传散热量主要决定于两个因素：一是接触层厚度；二是温度。接触层（厚度是变化的）体积、温度和材料的比热容三者之积即为接触层的热量。

砂轮速度增大到某点，接触层的温度达到最高点，这时容易生成切屑。超过此点，砂轮速度再增大，接触层高温切屑形成加快，不再导致摩擦力增加。接触层达到平衡温度（1000～1800℃）后，其热量加速向外扩散。但 v_s 增加，接触层厚度减小，保持了接触层平衡温度不变。接触层厚度越小，伴随高温被加工零件所吸收的能量越小。换句话说，接触层越薄，磨削后接触层下边一层温度越低于平衡温度。接触层下边一层的温度在增大之前，接触层被切除，所以磨削后表面层温度低，避开了烧伤温度。

工件的金属切除率增加，其磨削力和能量的比则不增加。HEDG 比缓进给磨削所消耗的能量减少，不足缓进给磨削消耗量的 10%。其原因是，HEDG 工艺工件进给速度大，未变形切屑变厚，生成切屑所消耗的能量显著减少。

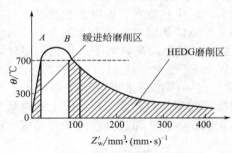

图 7-7 Z'_w 与磨削温度的关系

图 7-7 所示为进给速度 v_w、金属切除率 Z'_w 与工件表面温度的关系。工件表面温度存在一临界温度（A、B 点），小于 A 点时，所对应的 Z'_w、v_w 增大，缓进给磨削工件表面没有烧伤；在 A、B 之间所对应的 Z'_w、v_w，工件表面有最高温度，超过发生烧伤的临界温度，在这个范围内进行缓进给磨削，工件表面易发生烧伤。超过 B 点，增加 Z'_w、v_w，工件表面温度低于烧伤的临界温度，进行磨削，工件表面不发生烧伤。HEDG 的 Z'_w、v_w 大于缓进给磨削，因此工件表面温度低得多，跳过发生烧伤的临界温度。

磨削加工金属切除率提高，大量切屑要停留在砂轮表面上堵塞砂轮。为了正常磨削，应正确选择砂轮浓度及磨削用量，保证砂轮转一周所生成的切屑体积应小于砂轮容屑空间。砂轮堵塞后，使用磨削液迅速清除（冲洗）下来。防止切屑堵塞的措施之一是使用气孔砂轮。气孔率增加，其磨削效率降低，加工表面粗糙度增加，砂轮表面层强度下降，这些是不利的。

7.4.3 高效深切磨削温度

由于磨削的几何区域和运动学上的改变，与平面磨削相比，外圆磨削热传导和磨削液的供给条件都有所不同。在高效深磨条件下，无论是平面磨削，还是外圆磨削，比磨削都能降到很低水平（低至 7.25J/mm³），比磨削能随着磨屑厚度的增加而降低。为了成功地将高效深磨应用于外圆磨削，并取得很高的材料磨除率和高效的热传导条件，经实践证明，从理论上预测磨削温度并加上表面完整性的研究是行之有效的工具。

在大磨削深度磨削状态下，接触区和加工面上的磨削温度都可以通过最新开发的圆弧热

度=源模型来估算，它能计算出传导到或者说转换到磨削区内正处于接触状态的各个元素上的热量，这些元素包括工件、砂轮、磨屑和磨削液。根据磨屑温度从环境温度增加到接近该材料熔点，可以估算出磨屑从磨削区带走的热量。从最新发表的论文中可以找到大磨削深度磨削条件下如何计算磨削温度的具体过程。较高的温度通常会导致被磨工件表面显微结构的改变并使表面残留有拉应力。

(1) 圆弧热源模型

如图 7-8 所示，磨削面热源的作用可看成是半径为 R 的圆弧上的无数条移动线热源作用的总和，先热源线热源位于以速度 v 移动的坐标系中。工件内任意点 $M(x，z)$，受弧长为 l_c 的整个面热源作用，在时间 t 后的温升可表达为

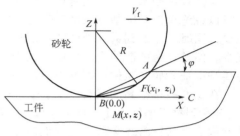

$$\theta=\frac{1}{\pi\lambda}\int_0^{l_c}qe^{-\frac{(x-x_i)v_x+(z-z_i)v_z}{2a}}\lambda_t\left(\frac{v_{r_i}}{2a}\right)dl_i \quad (7-1)$$

其中　$r_i=\sqrt{(x-x_i)^2+(z-z_i)^2}$

式中，λ 为热导率；α 为热扩散率。

函数 $\lambda_t(u)$ 定义为

图 7-8　圆弧热源模型

$$\lambda_t(u)=\frac{1}{2}\int_0^p\exp\left(-w-\frac{u^2}{4w}\right)\frac{dw}{w}$$

而 $p=\dfrac{v^2t}{4a}$，w 为自变量。

对于稳态问题，函数 $\lambda_t(u)$ 变为零阶第二类修正 Bessel 函数 $\lambda_0(u)$，这时可认为 $p=\infty$。

而热流密度 q 为

$$q=\overline{q}(n+1)\left(\frac{l_i}{l_c}\right)^n \quad (7-2)$$

式中，$n=0$ 为均布热流；$n=1$ 为三角形热流；$\overline{q}$ 为在圆弧 AFB 上（图 7-8）的平均热流密度。

令 $x=\dfrac{v_x}{4a}$，$z=\dfrac{v_z}{4a}$，Peclet 数 $L=\dfrac{vl_c}{4a}$，式（7-1）可变为量纲为一的形式，而相应的量纲为一的温度为

$$\overline{\theta}=\frac{\pi\lambda v}{2a\overline{q}}T \quad (7-3)$$

当量纲为一的磨削长度 $Lp=\dfrac{vt}{lc}=\dfrac{p}{L}\geqslant1$ 时，$L=\dfrac{vl_c}{4a}$ 式（7-1）的解接近稳态解。

高效深磨温度的求解一般有基于圆弧移动热源理论的近似解析法和基于离散数学的数值解法，高效深磨中的圆弧热源模型，已被大多数研究者所采用。该模型与实际磨削状况比较吻合。

尽管解析法所得的解能够比较清楚地表示出各种因素对热传导过程或温度分布的影响，但情况稍微复杂，解析解法就很难或不可能求解了，除非对原有问题进行简化。如简化零部件形状、简化导热体表面传热状态等，这在一定程度上影响了求解的准确性。

数值解法以离散数学为基础，以计算机为工具，其理论基础虽不如解析法那样严密，但对实际问题有很大的适应性。不需要像近似解析解法那样要进行许多假设。因而一般稍微复杂的高效深磨温度计算，都是通过数值解法求解，主要的数值解法为有限元法。

可以发现：随着工件速度的增大，磨削热在工件的渗透减小。因此，在高效深磨加工

中，其热渗透层要比缓进给深磨小。比较已加工面和接触面上的平均速度，可知在高效深磨加工中，已加工面的温度比接触面低得多。在高效深磨加工中，磨削热进入工件的深度比缓进给深磨要浅；磨削热集中在砂轮与工件的接触层，而该层在加工中作为磨屑被快速而且连续地去除，从而带走了大量的磨削热。因此，在高磨除率（即高工件速度）条件下，工件的磨削温度较低。高效深磨加工的优点在于：比磨削能和进入工件的磨削热都减小，这样就抵消热流密度的增加，再辅之以有效的磨削液冷却，可见在非常高的材料磨除率条件下，磨削接触区的温度是较低的，从而有效地避免了工件的磨削烧伤。

在高效深磨条件下，随着材料的比磨除率增大，分配给磨屑的磨削热比例 R_{ch} 增大，而且可以说绝大部分磨削热由磨屑带走。随着比磨除率的增加，分配到工件的磨削热比例 R_w 减少；同时，分配到磨削液中的磨削热只占总磨削热中的一小部分，也随比磨除率的增加而减少。但是，磨削液的充分供给有助于降低磨削能，也就是降低磨削热的大小，这时磨削液主要是保证砂轮和工件之间有充分的润滑。

在比磨除率很高的条件下，分配到工件的磨削热 Q_w 值变得与磨屑温度 T_{ch} 有关。当 T_{ch} 升高到材料的熔点 1500℃ 时，Q_w 下降到一个非常小的值；同样，分配到工件的磨削热的比例 R_w 也随比磨除率的增加而减小，最终会小于总磨削热的 10%。由此可见，在非常高的磨削温度下，工件表面的磨削温度会低到不会有磨削烧伤。尽管在高效深磨条件下，磨削热的总量很高，但由于其分配给工件磨削热的比例 R_w 低，再加上工件已加工面的磨削温度要比接触面低得多。所以，工件已加工面的磨削温度会低到可以避免烧伤。

在高效深磨加工中，比磨削能之所以低，部分原因是高的比磨除率 $[100 \sim 300 \mathrm{m}^3/(\mathrm{m} \cdot \mathrm{s})]$，这时磨屑厚度很大，导致了磨粒的自锐作用增强，从而在磨削中磨粒的磨削作用更有效，而其摩擦和耕犁作用大为减弱；同时，另外部分原因是：在磨削剪切区，工件材料受热变软，而这主要是因为非常高的应变率（变形速度）和接近绝热的磨屑剪切工艺过程。

在设计高效深磨工艺时，选择合适的加工工艺参数是一个关键的参数。只要选择一个最优的加工工艺参数，就能在很高的磨削加工材料磨除率条件下，获得好的磨削加工工件表面的完整性。同时，选择一个好的磨削加工条件也能使磨削液的冷却作用充分发挥出来。

当然，砂轮的状态也很重要。砂轮抗磨损性能好、砂轮的自锐性好及砂轮修整效果好等，都对高效深磨工艺有好的影响。

(2) 高效深磨温度的理论公式

英国的 W. B. Rowe 在金属材料的高效深磨方面做了大量研究，提出了在磨削过程中，总的热量主要分配在工件、砂轮、磨屑和磨削液中的理论模型，也对其进行了大量验证，与实际试验结果吻合得很好，是到目前为止考虑各种影响因素最全面的一种。根据他的理论模型和温度的估算公式，可以推导出一个热量分配到工件中的部分占总体热量比例的一个模型。

通过匹配理论接触温度值和沿接触弧长得到的实验数据，又得到了磨削热分配到工件中间去的平均系数。需要指出的是，沿着接触弧长，不同地方分配系数的值还是有些差异的。事实上，很难沿着整个接触弧长匹配所有的温度值，所以，这里的平均系数是通过匹配平均理论接触温度值和沿实验数据的平均值简化得到的，这种方法更加直接一些。高效深磨温度的理论模型简述如下。

磨削时总的热流量 q_t，可以表述为

$$q_t = q_w + q_s + q_{ch} + q_f \qquad (7\text{-}4)$$

这里

$$q_t = \frac{P}{b l_c} = \frac{F_t V_s}{b l_c} \qquad (7\text{-}5)$$

式中，P 为磨削总功率；b 为工件宽度；l_c 为磨削区的接触弧长。

传入工件、砂轮、磨削液和磨屑中的热流密度 q_w、q_s、q_f 和 q_{ch} 都与最大接触温度 T_{max}、磨削液沸腾温度 T_b 和工件材料熔化温度 T_{mp} 有关，即

$$q_w = K_w T_{max} \quad q_s = K_s T_{max}$$
$$q_f = K_f T_{max} \quad q_{ch} = K_{ch} T_{max} \tag{7-6}$$

各个传热系数如下。

① K_w 对于浅磨来说

$$T_{max} = C \frac{q_w}{\beta_w} \sqrt{\frac{l_c}{v_f}} \tag{7-7}$$

从而，可以由式(7-6)、式(7-7) 得出

$$K_w = \frac{\beta_w}{C} \sqrt{\frac{v_f}{l_c}} \tag{7-8}$$

对于高效深磨来说，C 值由接触面的温度所决定，受磨削中的 Peclet 数和砂轮工件接触角的影响，这里接触角由下式推出：$\sin\varphi = \alpha_e / l_e$。已加工表面上最大温度 T_{fin} 可由其与最大接触面温度 T_{con} 的关系表达，其比值随着 Pelect 数和接触角的增大而减小。

② K_s 磨粒的传热系数来自 Hahn 提出的一颗磨粒在工件上滑动的模型。这种分析与热传递给磨屑和磨削液无关，则砂轮和工件子系统的热分配比 R_{ws} 为

$$R_{ws} = \frac{q_w}{q_w + q_s} = \frac{K_w}{K_w + K_s} = \left(1 + \frac{0.97 K_g}{\beta_w \sqrt{r_0 v_s}}\right) \tag{7-9}$$

式中，r_0 为磨粒接触的有效半径；对于锋利的砂轮可取 $r_0 = 10\mu m$，必要时可用显微镜进行检测；K_g 为磨粒的传热系；β_w 为工件的热特性。

一般来说，R_{ws} 对 r_0 的变化不敏感，除了 r_0 很小时。从式(7-9) 可以看出，当磨粒与工件材料一定时 R_{ws} 可以取常数；但考虑到热传递进入磨屑和磨削液时，进入工件的热分配比 R_{ws} 是变化很大的。从式(7-9) 可以导出

$$K_s = K_w \left(\frac{1}{R_{ws}} - 1\right) \tag{7-10}$$

一般情况下，砂轮由磨粒、结合剂和气孔组成，砂轮的结合剂和气孔将会影响其传热系数 K_s。

③ K_{ch} 传递给磨屑的热量可从限制磨削能 e_{ch}（当磨屑接近熔点时）导出。取从室温到熔点（1500℃左右）的比热容平均值，对于含铁类材料，磨屑的限制比磨削能 e_{ch} 大约为 6J/mm³。因此，磨屑传热系数可表述为

$$K_{ch} = \frac{\rho c v_f a_e}{l_c} \left(\frac{1}{R_{ws}} - 1\right) \tag{7-11}$$

④ K_f 对于高效深磨来说，有效的磨削液膜的冷却作用是显而易见的。但磨削液的传热系数 K_f 却是最难估计的，因为在估计磨削液的传热系数时有很多明显的不确定因素。另外，一种估计磨削液冷却效果的方法是利用"水轮"假设，已经有报道说，在磨削液未沸腾状态下，这种方法是特定条件下合理拟合试验的有效途径。在三角形热源模型和水轮模型的假设条件下，系数推导公式可表述为

$$K_f = 0.94 \beta_f \sqrt{\frac{v_s}{l_c}} \tag{7-12}$$

上式显示磨削液的传热系数随着接触弧长的增大而减小。基于与实验结果相吻合，在接近沸腾时，水基乳化磨削液传热系数 $K_f = 290000 W/(m^2 \cdot K)$；而在沸腾时 $K_f = 0$。所以，K_f 可能非常高，远远高于此前报道的一些数据。

在得出以上四个传热系数的基础上，可以得出以下最大接触温度的计算公式，即

$$T_{max} = \frac{q_t - K_{ch}T_{mp}}{\frac{K_w}{R_{ws}} + K_t}\bigg|_{T_{max} \leqslant T_b} \quad 或 \quad T_{max} = \frac{q_t - K_{ch}T_{mp}}{\frac{K_w}{R_{ws}}}\bigg|_{T_{max} \geqslant T_b} \tag{7-13}$$

式中，T_{mp} 为金属材料的熔点。

在得到了最大接触温度的条件下就可以将其代入式(7-6) 去求得传入工件、砂轮、磨削液和磨屑中的热量 q_w、q_s、q_f 和 q_{ch}，也就是可以反推出传入工件的热量占总热量的比例 φ_w 的求解公式

$$\varphi_w = \frac{K_w T_{max}}{q_t} \tag{7-14}$$

W. B. Rowe 认为工件的最高磨削温度还可以用下式描述为

$$\theta_{max} = C \frac{q\varphi_w}{(\lambda\rho c)_w^{0.5}} \sqrt{\frac{l_c}{v_w}} \tag{7-15}$$

式中，C 与前面式(7-7) 中一样，在 $0\sim1.06$ 范围内变化，工程陶瓷磨削中 C 取值范围是 $0.22\sim0.425$。

7.4.4 HEDG 的磨削力及对机床的要求

① 砂轮速度 v_s 对磨削力的影响 图 7-9 所示为用直径 400mm、厚 8mm 的电镀 CBN 砂轮，两种粒度号为 252#、427#，浓度号均为 200；磨削 15MnCr5，170HV，磨削深度 $a_p =$ 10mm，$Z'_w = 50$mm³/(mm·s)，工件速度 $v_w = 5$mm/s，乳化液条件下，砂轮速度对磨削力的影响。随 v_s 的增加，F_n、F_t 均下降。粒度 252# CBN 砂轮比粒度 427# CBN 砂轮磨削的磨削力显著增加，切向力 F_t 比法向力（径向力）F_n 小。

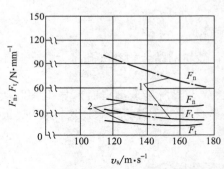

图 7-9 砂轮速度 v_s 与磨削力的关系

1—GYB252N200G 砂轮 $d = 400$m；
2—GYB427N200G 砂轮 $d = 400$m

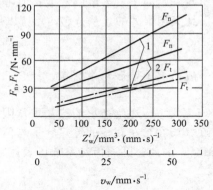

图 7-10 工件速度 v_w、Z'_w 与磨削力的关系

1—颗粒 151#；2—颗粒 252#

② 磨削加工金属磨除率 Z'_w 及工件速度 v_w 对磨削力的影响 采用与图 7-9 所示同样直径，厚 2mm 的砂轮，粒度为 151# 及 252#；乳化液条件下，砂轮速度 $v_s = 120$m/s，$a_p = 6$mm 情况下，考察 Z'_w 与 v_w 对磨削力的影响，结果示于图 7-10 中。磨粒粒度号小的 CBN 砂轮（151#）有较大的磨削法向切削力 F_n 和较小的 F_t。

③ 磨料粒度对磨削力的影响 图 7-11 所示为 CBN 粒度变化对磨削力的影响，在中等粒度 200# 有最小的磨削力；小于或大于 200# 粒度，磨削力均有较大值。只要使用中等粒度便能满足电镀 CBN 砂轮的金属磨除率 Z'_w 与法向磨削力的关系，其表达如下。

使用粒度 252# 的砂轮，其法向磨削力 F_n 为

$$F_n = \frac{K}{0.85}\left(\frac{Z'_w}{v_s}\right)^{0.7}(a_p d_s)^{0.15}$$

使用粒度 151# 的砂轮，其法向磨削力 F_n 为

$$F_n = \frac{K}{0.80}\left(\frac{Z'_w}{v_s}\right)^{0.6}(a_p d_s)^{0.2}$$

式中　K——与单位磨削力 C_e 有关的系数。

随磨除率 Z'_w 增加，F_n、F_t 均增加；磨削深度 a_p 增加，F_n、F_t 也增加。

HEDG 对机床的要求如下。HEDG 加工时间短（一般为 0.1～10s），具有高的磨削力，砂轮高速回转，要求

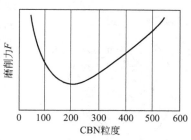

图 7-11　磨料粒度对磨削力的影响

机床具有高的平衡性，控制磨削液向砂轮充分供给，砂轮能自动修整。磨床必须具备下列条件：主轴应有高的转速；主轴应有合适的支承；机床控制要适当；机床应有高的刚度及坚固的结构；磨削液应有合理的供给系统；合理的砂轮修整系统。

磨床满足上述要求，就可以实施 HEDG 工艺：一般 HEDG 要求的机床主轴驱动力大于缓进给磨削的 3～6 倍，如用 ϕ400mm 的砂轮，至少需要 50kW 功率。

7.5　快速点磨削

快速点磨削是采用薄层 CBN 或人造金刚石超硬砂轮，是新一代数控车削与超高速磨削的极佳结合，是目前超高速磨削最先进的技术形式之一，主要用于轴类零件加工。快速点磨削技术规律及关键技术还需进一步研究。

7.5.1　快速点磨削的技术特征

快速点磨削的磨削过程不同于一般意义上的超高速磨削，其技术特征如下。

① 点磨削加工时，砂轮与工件轴线并不是始终处于平行状态，而是在水平和垂直两个方向旋转一定角度，即存在点磨削变量角度，以使砂轮和工件接触面积减小，实现"点磨削"，如图 7-12 所示。Junker 公司的超高速点磨削机床加工圆柱表面时，根据工作台进给方向，在垂直方向砂轮与工件轴线的点磨削变量角 α 为 ±(0.5°～0.6°)，使砂轮周边与工作外圆柱面的线接触变成理论上的点接触；在水平方向砂轮轴线与工件轴线的变量角 β 则根据工件母线特征和曲率大小在

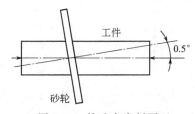

图 7-12　快速点磨削原理

0°～30° 范围内变化。应最大限度减小砂轮与工件接触面积和避免砂轮端面与工件台肩发生干涉。点磨削以单向磨削为主，通过数控系统来控制这两个方向的变量角数值，以及在 x、y 方向采用与 CNC 车削相类似的两轴联动数控进给，以实现不同形状表面的超高速点磨削加工。

② 快速点磨削一般采用金属结合剂超硬磨料（CBN 或人造金刚石）超薄砂轮，直径一般为 300～400mm，宽度为 4～6mm，径向磨料层厚度为 5mm。

Junker 公司快速点磨削机床采用了多项专利技术，如砂轮三点定位安装系统和在线修整系统、砂轮主轴电子平衡自动控制系统等；x 方向采用高精度静压圆柱导轨技术，以增加阻尼和稳定地实现微米级精确切入进给；z 方向（纵向）进给采用带有预负载的滚珠丝杠和平面——V 形涂层导轨。点磨削磨削液采用双喷嘴供给装置。快速点磨削采用"三点定位安装系统"专利技术快速安装，重复定位精度高，并可解决离心力造成的胀孔问题。

砂轮在主轴上的安装采用 Junker 公司专利技术"三点定位安装系统"快速完成，重复

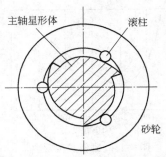

图 7-13　砂轮三点定位安装系统

定位精度高，并可补偿高速离心力作用下的砂轮孔径胀大，如图 7-13 所示。当砂轮主轴相对于砂轮逆时针转动时，主轴星形体上三段均布的摆线轮廓斜面与砂轮内孔均布的三个圆柱紧密接触，实现砂轮对中定位，然后由螺栓将砂轮与主轴法兰端面锁紧。当需要更换砂轮时，只需将砂轮逆时针旋转 30°，即可使砂轮与主轴分离，从而快速更换砂轮，使更换顶尖时间小于 2min，换砂轮时间不小于 20min。为控制由于砂轮高速旋转产生的振动，保证获得高的表面质量，在砂轮修整和更换后都要进行动平衡。Junker 公司的快速点磨削机床通过安装在主轴端部的电子平衡系统自动完成砂轮在线动平衡，砂轮径向圆跳动精度可控制在 0.002mm 以内。由于砂轮极薄，降低了砂轮重量和不平衡度，也使裹覆在高速砂轮周边的气流压力大为降低，减少了高速砂轮的旋转阻力，并且能磨削普通砂轮不能磨削的狭窄型面与断面尺寸变化较大的型面。

③ Junker 公司 Quickpoint5000 型快速点磨机床砂轮直径为 400mm，砂轮厚度为 5mm，装夹工件的两顶尖最大距离为 1200mm，最大磨削长度可达 1000mm，顶尖中心高度为 170mm，最大加工工件质量为 70kg，因此该机床具有较大的加工尺寸范围。

④ 砂轮线速度可达 90～160m/s。为获得高磨除率，同时不使砂轮产生过大的离心力而发生破坏，工件也高速旋转，并与砂轮转向相同，通常在 1000r/min 以上，最高可达 12000r/min。因此，接触点处的实际磨削速度应是砂轮和工件两者线速度的叠加，接近 200m/s，以实现更高应变率下材料的去除。由于车磨工序合并，为保证工件的表面质量，径向磨削深度和沿 X 轴的纵向进给速度一般很小，如点磨削凸轮轴时，纵向进给速度一般在 0.01～2mm/s，径向为 0.002～0.2mm。

⑤ 磨削外圆时材料去除主要靠砂轮侧边完成，而周边仅起光磨作用，如图 7-14 所示。因此，砂轮圆周磨损极慢，使用寿命长（最长可达一年），磨削比可达 16000～6000，一片"快速点磨"砂轮可磨去数吨钢，砂轮修整率低，生产率比普通磨削提高 6 倍。

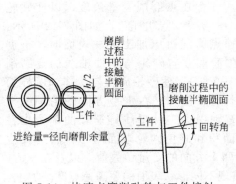

图 7-14　快速点磨削砂轮与工件接触

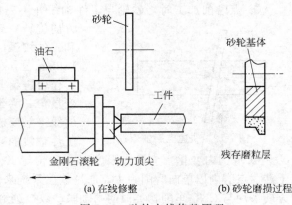

(a) 在线修整　　　(b) 砂轮磨损过程

图 7-15　砂轮在线修整原理

⑥ 与一般磨削方式不同，在磨削外圆时，材料去除主要是靠砂轮侧边磨削边完成，而周边仅起类似车刀副切削刃的光磨作用。因此，砂轮磨损主要是在端面沿横向发生，周边则磨损非常微小。在实际应用中一般根据砂轮寿命（加工工件的数量）或磨损状态（砂轮横向磨损宽度是否达到规定值），通过与工件同轴线安装的金刚石滚轮和油石直接在机床上完成在线修整，如图 7-15(a) 所示。修整时主要是将砂轮在宽度方向磨损后剩余且已经钝化的一层磨粒由金刚石滚轮切除，恢复砂轮圆柱表面形状，然后用油石修锐，如图 7-15(b) 所示，直到砂轮磨粒径向厚度层全部修整去除，砂轮达到使用寿命。

⑦ 砂轮与工件接触面积小，磨削力大大降低，磨削热少，同时砂轮薄，冷却效果好，因此磨削温度大为降低，甚至可以实现"冷态"加工，提高了加工精度和表面质量。

⑧ 由于磨削力极小，靠顶尖摩擦力即能方便夹紧工件，被称为"顶尖磨削"和"削皮磨削"。

⑨ 由于采用 CNC 实现复杂表面磨削，一次安装后可完成外圆、锥面、曲面、螺纹、台肩和沟槽等所有外形加工；还可以使车磨工序合并，进一步提高加工效率。

⑩ 使用高速磨削油喷注进行冷却。由于高速旋转砂轮将磨削油甩成油雾，加工必须在封闭环境中自动进行，并需配有吸排风系统和高效率磨屑分离与油气分离系统。

7.5.2　快速点磨削机理

使用 CBN 磨料模具的超高速磨削技术是先进制造的前沿技术，快速点磨削则是超高速磨削技术的进一步发展。

① 难加工材料的快速点磨削性能分析　在超高速外圆磨削加工中，接触层材料的变形速度取决于磨削速度。单个磨粒加工的特征时间为

$$t = \frac{l}{\upsilon} = \frac{\left(1 \pm \dfrac{\upsilon_w}{\upsilon_s}\right)}{\upsilon_s \pm \upsilon_w}\sqrt{\frac{d_s d_w a_p}{d_s \pm d_w}} \tag{7-16}$$

式中，l 为磨削区动态弧长；υ 为实际速度；a_p 为磨削深度；d_s 和 υ_s 分别为砂轮直径和砂轮线速度；d_w 和 υ_w 分别为工件直径和工件速度；逆磨时取正号；顺磨时取负号。

式(7-16)表明磨粒在整个接触弧长上磨削过程极短。对快速点磨削来说，由于磨削深度和轴向进给量极小（磨削深度一般为 $0.02 \sim 0.2\mu m$），单颗磨粒的磨削厚度及接触弧长更小。考虑速度的合成，实际磨削速度可高达 $200 \sim 250\ m/s$，因此磨粒和磨削层材料碰撞的特征时间更短，一般为 $10^{-6} \sim 10^{-5}\ s$。磨削区接触层某点的应变率可表示成该点应变 ε 对时间 t 的导数。由于点磨削接触弧长极小，接触层平均应变率等于磨削速度除以结构的变形区域尺寸，即可用作用特征时间的倒数进行计算：

$$\varepsilon = \frac{\mathrm{d}\varepsilon}{\mathrm{d}t} = \frac{1}{\mathrm{d}t}\frac{\mathrm{d}i}{l} \approx \frac{\upsilon}{l} \tag{7-17}$$

根据式(7-17)，接触区平均应变率可高于 $10^5\ s^{-1}$。如果忽略接触弧的曲率效应而仅考虑磨粒与材料碰撞点附近的局部变形区域，则磨粒与磨削层的作用特征时间更为短暂，应变率可高达 $10^7 \sim 10^8\ s^{-1}$。根据表 7-2，超高速磨削过程已属冲击或超速冲击载荷的力学行为，因此材料去除机制将发生很大变化。

表 7-2　载荷性质划分

特征时间/s	$10^4 \sim 10^6$	$10^0 \sim 10^2$	10^{-2}	$10^{-5} \sim 10^{-3}$	$10^{-8} \sim 10^{-6}$
应变率/s^{-1}	$10^{-9} \sim 10^{-5}$	$10^{-4} \sim 10^{-1}$	$10^{-1} \sim 10^0$	$10^2 \sim 10^4$	$10^4 \sim 10^8$
载荷性质	蠕变	准静态	动态	冲击	超速冲击

一些高性能硬脆材料在工程中的应用日趋广泛，但改善这类材料的机械加工性能始终是一项技术难题。研究结果表明，脆性材料在超高速磨削条件下可以实现延性域磨削。由于快速点磨削过程中材料极高的应变率，材料变形层将产生高度局部化的绝热剪切和动态微损伤。应变率弱化效应对磨削过程，特别是对磨削力及材料去除机理的影响会更为显著，脆性材料不再完全以脆性断裂的形式产生磨屑，因此可实现对硬脆性材料的"延性"加工，从而大大提高硬脆性材料的磨削质量和加工效率。此外，由于金属活性高、热导率低等因素影响，镍基耐热合金、钛合金和铝合金等一些难磨材料在普通磨削条件下磨削加工性很差。快速点磨削的磨屑行程时间极短，磨屑变形速度已接近静态塑性变形应力波的传播速度。由于

塑性变形的滞后而使犁耕变形减小，材料变形区动态微损伤密度增加，这相当于材料塑性降低，磨屑在弹性状态下去除，从而可实现延性材料的"脆性"加工，并可减小加工硬化倾向，降低表面粗糙度值和残余应力。根据波动方程，材料静态应力波速度可表示为

$$v_p = \sqrt{\frac{1}{\rho}\frac{\partial \sigma}{\partial \varepsilon}} \tag{7-18}$$

式中，ρ 为材料密度；σ 为材料变形层应力；ε 为材料变形层应变。

根据纯铝材料在静态条件下应力和应变关系（σ-ε）曲线，由式(7-18)可求得纯铝材料的静态塑性应力波速约为 200m/s。图 7-16 和图 7-17 分别为超高速磨削纯铝的试验结果。当磨削速度超过 200m/s 时，表面硬化程度和表面粗糙程度值开始减小，工件表面完整性得到改善，因此加载速度提高使得塑性应变点后移，增大了材料在弹性小变形阶段被去除的概率，从而在一定程度上实现了塑性材料的"脆性"加工。因此，塑性材料静态应力波速是实现"脆性"加工的临界点。快速点磨削可以实现更高的磨削工艺参数，对高韧性难磨材料也可获得良好的磨削加工性能。

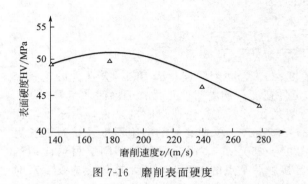

图 7-16　磨削表面硬度　　　　　　　　图 7-17　磨削表面粗糙度

基于以上分析，通过优化磨削工艺参数，快速点磨削可实现对脆性和韧性难磨材料的高质量磨削加工，因此应开展采用快速点磨削工艺磨削这类难加工材料的理论和试验研究，发挥其技术特点，加大快速点磨削加工材料的范围。

② 复杂回转表面点磨削加工　快速点磨削目前主要用于轴类零件圆柱表面及沟槽的磨削加工。如一汽大众汽车有限公司采用快速点磨削工艺磨削 EA113 五气门系列发动机凸轮轴轴颈，大大提高了生产率及加工质量，效益显著。在大批量生产中，复杂回转曲面精密加工的主要方法是砂轮成形磨削，但对砂轮形状精度要求较高，磨削发热量大，加工质量不够稳定，砂轮修整过程复杂，工艺成本较高。根据超高速点磨削的技术特点，通过合理控制超薄砂轮轴线相对于工件轴线在水平方向的点磨削质量角度 β，结合 X、Y 轴的 CNC 联动，利用超薄砂轮能够进入普通砂轮所不能进入的磨削区，可以实现这类复杂回转曲面零件的点磨削加工（图 7-18），从而简化这类零件的加工工艺，取得良好的经济效益。因此，需要进一步开发在这一领域点磨削工艺，充分发挥快速点磨削技术性能，扩大快速点磨削加工几何形面的适用范围。

③ 砂轮磨损机制　快速点磨削砂轮直径一般为 350～400mm，金属基体周边径向磨料层厚度以及砂轮宽度仅有 4～6mm。磨削外圆表面时，由于点磨削变量角的存在，根据磨削几何学关系，砂轮与工件母线理论上为点接触，接触区主要分布在靠近砂轮边缘并与砂轮侧边相重合的近似半椭圆区域。由于形成"后角"，材料的去除主要由砂轮的侧边完成，砂轮周边仅起类似车刀副切削刃的光磨作用。由于磨削区不同半径处砂轮侧边线速度、接触弧长和单颗粒磨削厚度不同（图 7-19），因此砂轮沿横向的磨损表现及砂轮修整方法与常规磨削存在一定区别。

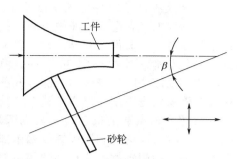

图 7-18　复杂回转曲面点磨削原理

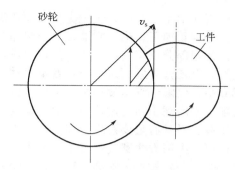

图 7-19　磨削区砂轮速度的变化

　　根据对我国汽车制造企业应用快速点磨削工艺现状的调查结果，由于缺乏对超薄超硬磨料砂轮在快速点磨削条件下磨损机理的认识，砂轮的修整都是根据规定的加工工件数量并按一定的生产周期进行，因此存在因砂轮修整过早而使超硬磨料损耗严重、超薄砂轮寿命降低或因修整过晚而影响加工质量的现象。这是快速点磨削工艺目前存在的一项技术难题。与普通外圆磨削不同，砂轮主要是沿侧边磨损。为减小超硬磨料消耗，保证加工精度及工件尺寸的一致性，应进行合理有效的砂轮修整。因此，需要研究和建立相应的砂轮磨损模型及砂轮侧边损量对磨削性能的影响规律，科学地评价砂轮磨损状态与磨钝标准，并以此为基础研究CBN点磨削超薄砂轮的修整理论和技术方法。

7.5.3　面向绿色制造的快速点磨削技术

　　在机械制造领域，磨削是对环境影响最大的加工技术之一。磨料磨具本身的制造、磨削加工中的微粉污染和磨削加工所造成的能源及材料消耗，以及加工中大量使用的磨削液等都对环境和资源产生严重影响。我国是世界上磨料、磨具产量及消耗量的第一大国，超硬磨料制造成本较高，价格昂贵，因此大幅度提高磨削加工的绿色度意义重大。快速点磨削具有磨削区小、磨削力小、砂轮使用寿命长、磨削温度低、冷却方式简便和可实现少、无磨削液的干式或准干式加工特点，通过对点磨削热、比磨削能、磨削比、砂轮寿命及新型冷却系统等理论研究，以更好地开展面向绿色制造的快速点磨削技术的基础研究。

　　德国目前在这项新技术的研究开发上处于领先地位，已在汽车工业、工具制造业中得到应用，尤其是在汽车零件加工领域，即齿轮轴或凸轮轴等。这些零件大都包括切入、轴颈、轴肩、偏心及螺纹磨削过程（图 7-20）。

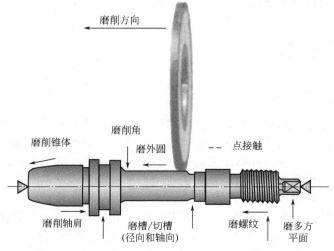

图 7-20　快速点磨削外圆磨床多工序复合磨削示意

应用此项工艺可以通过一次装夹而实现全部加工，大大提高了零件加工精度及生产率。另外，在齿轮加工、机床制造、纺织与印刷机械制造、陶瓷加工和电子工业中也有广阔应用前景。我国部分汽车制造企业目前也引进了几十台工艺设备，并取得了明显效益。我国一汽大众汽车有限公司应用这一技术磨削发动机主轴颈，砂轮修整一次可磨削 3000 件。但应用领域尚小，仅限于汽车发动机轴类似零件的加工。因此，跟踪国际先进技术，深入开展快速点磨削技术的理论与应用研究，对于在我国推广和发展该项先进技术、提高制造工艺技术和装备制造水平具有重要意义。国内东北大学已开始进行超高速点磨削机理研究及机床开发。采用快速点磨削方法磨削传动轴，装夹一次可完成外圆、轴肩、沟槽和紧固螺纹四个部位的磨削；磨削凸轮轴，一次装夹可磨削凸轮轴面、主轴轴颈、两端轴颈、止推轴颈侧肩面和凸轮修整座面外径，尺寸精度达 IT6，$Ra \leqslant 0.8\mu m$，周期时间 150s。与传统工艺比较，大大节约了成本（表 7-3）。

表 7-3　磨削凸轮轴的工艺对比

指标	传统工艺（刚玉砂轮）	快速点磨工艺（CBN 砂轮）
磨床台数	11	7
投资	100%	80%
运行成本	100%	23%

数控快速点磨削也是使用半永久工具进行数控磨削的发展方向。由于磨削温度低，磨料及能源消耗少，快速点磨削技术也符合绿色制造要求，可以预计这项新能源技术具有极大的发展潜力。德国 Junker 公司 Quickpoint3000 超高速点磨削机床的数据如下。

- 中心高度　最大 150mm
- 加紧长度　最大 500mm
- 磨削长度　最大 500mm
- 工件质量　最大 10kg
- 砂轮直径　350mm
- 通过一次装夹完成的整体加工实现了最高精度
- 灵活多样的操作，使用多达 3 个砂轮轴
- 加工工件的表面质量好

高度柔性和高生产率的传动轴精度整体磨削是 Junker 公司的一项关键技术。在 2007 年中国国际机床展览会上 Junker 公司展出 Quickpoint3000 型磨床。该磨床可以通过一次装夹高速磨削，完成传动轴的全部磨削任务：磨外圆、磨轴肩、磨锥体、磨倒角和切槽。

7.6　切点跟踪磨削

7.6.1　切点跟踪磨削原理

切点跟踪磨削也称为随动磨削。切点跟踪磨削是随着磨削技术和数控技术（特别是伺服驱动和控制技术）的发展而出现的一种新型的工序集中式磨削加工方法，其工作原理是通过控制工件的旋转运动（C 轴）和砂轮横向进给运动（X 轴），使砂轮外圆与工件被加工表面轮廓始终相切，并使磨削厚度相同，从而实现偏心圆和非圆表面的加工。切点跟踪磨削法主要用于曲轴零件盒凸轮轴零件的加工。

用切点跟踪磨削法磨削曲轴时，主轴颈的磨削方式相同。磨削曲轴连杆颈时，根据曲轴旋转运动（C 轴），控制砂轮横向进给运动（X 轴），使之始终与连杆颈相切，曲轴旋转一周，砂轮与连杆颈的切点（即磨削点）也绕连杆颈运动一周，从而实现对连杆颈的磨削。图

7-21是用切点跟踪法磨削曲轴连杆颈时示意。

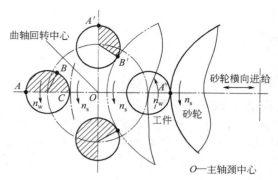

图 7-21　切点跟踪法磨削曲轴连杆颈时的示意

在磨削凸轮轴时，通过头架旋转运动（C 轴）和砂轮横向进给运动（X 轴）的联动完成凸轮桃形轮廓的磨削。由于在磨削过程中，数控插补所控制的轴（X 轴和 C 轴）的运动轨迹是连续的，因此有文献把这种磨削方法称为曲轴连续轨迹数控磨削。又因为磨削曲轴或凸轮轴时，砂轮架的运动为往复摆动，Junker 公司称其为摆动式磨床。

切点跟踪磨削法克服了现有曲轴类零件磨削方式的缺点。在一台磨床上，一次装夹就能依次完成曲轴主轴颈和各连杆颈的磨削，排除了因两次装夹而产生的定位误差，更容易保证加工精度，大大减少辅助时间，对设备和厂房的投资也大大减少。对不同型号的曲轴，不必设计专用的偏心夹具，只需要重新设定相应的几何参数，由切点跟踪磨削法的数学模型生成相应的数控加工代码，便可实现磨削的柔性加工。切点跟踪磨削法具有精度高、高柔性和高效率的特点，是曲轴和凸轮轴磨削加工方法的发展方向。下面对切点跟踪磨削曲轴和凸轮轴的磨削原理进行进一步分析介绍。

7.6.2　切点跟踪磨削曲轴

切点跟踪磨削法以主轴颈定位，以主轴颈中心线为旋转中心，一次装夹依次完成曲轴的主轴颈和连杆颈的磨削加工，克服了传统曲轴磨削加工存在的缺陷。

（1）切点跟踪曲轴连杆颈磨削运动数学模型及运动误差分析

采用切点跟踪磨削法磨削曲轴的连杆轴颈，首先要建立恰当的磨削加工运动的数学模型，通过数学模型控制砂轮相对于连杆颈的"跟踪＋进给"运动，从而保证磨削精度和表面质量，达到曲轴磨削的高精度和高柔性加工要求。

通过对切点跟踪磨削运动特点的分析，得出了磨削时应使曲轴进行变转速运动的结论，由此建立了恒磨除率磨削条件下连杆颈磨削的数控两轴联动的数学模型，并通过坐标变换的方法把切点跟踪磨削转换成按普通外圆磨削进行分析，从运动学的角度探讨了切点跟踪磨削法对加工误差的影响规律，给出了运动误差的数控补偿方法和修正后的运动数学模型。切点跟踪磨削曲轴运动特点分析如下。

① 磨削点的运动轨迹　图 7-22 为切点跟踪磨削的运动示意。曲轴绕主轴颈中心 O 旋转，砂轮沿 X 轴往复移动以磨削连杆颈，图 7-22 中 φ 为磨削点磨削连杆颈对应的角度；θ 为曲轴工件转过的角度；O 为主轴颈中心；O′ 为砂轮中心位置；O″ 为连杆颈中心位置；x 为砂轮中心位置的 X 坐标；r_s 为砂轮半径；

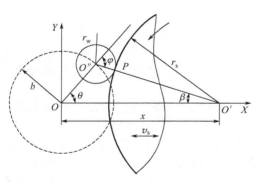

图 7-22　切点跟踪磨削的运动示意

r_w 为曲轴连杆颈半径；v_s 为砂轮跟踪移动速度；b 为曲轴连杆颈中心线至主轴颈中心线的偏距。

由图 7-22 可以得出，在建立的相应 OXY 坐标系中，曲轴转角为 θ 时对应的切点 P 的坐标（x_p，y_p）为

$$\begin{cases} x_p = b\cos\theta + r_w\cos\beta \\ y_p = b\sin\theta - r_w\sin\beta \\ \beta = \arcsin\dfrac{b\sin\theta}{r_w + r_s} \end{cases} \tag{7-19}$$

曲轴的尺寸参数取值如下：$b = 20\text{mm}$，$r_w = 20\text{mm}$，$r_s = 300\text{mm}$（下面分析时若无特别说明，则参数的取值同该组数值），则可以计算出磨削过程中切点的运动轨迹。磨削时在工件每转一圈的过程中，砂轮与工件的切点（即磨削点）都是在不断变化的，这种情况将会影响到工件的尺寸、表面粗糙度、波纹度、形状精度和磨削力等。

② 连杆颈速度变量 K　在图 7-22 所示的坐标系中，由运动关系，则有

$$\varphi = \theta + \arcsin\frac{b\sin\theta}{r_w + r_s} \qquad 0 \leqslant \theta \leqslant 2\pi \tag{7-20}$$

由式（7-20）得

$$\frac{\mathrm{d}\varphi}{\mathrm{d}t} = \left(1 + \frac{b\cos\theta}{\sqrt{(r_w + r_s)^2 - (b\sin\theta)^2}}\right)\frac{\mathrm{d}\theta}{\mathrm{d}t} \tag{7-21}$$

令

$$K_v = \frac{b\cos\theta}{\sqrt{(r_w + r_s)^2 - (b\sin\theta)^2}} \tag{7-22}$$

式中，K_v 为连杆颈速度变量，是量纲为一的量。

则式（7-21）变为

$$\frac{\mathrm{d}\varphi}{\mathrm{d}t} = (1 + K_v)\frac{\mathrm{d}\theta}{\mathrm{d}t} \tag{7-23}$$

由式（7-22）可得

当 $\theta = 0$ 时　$K_{v\max} = \dfrac{b}{r_w + r_s}$

当 $\theta = \pi$ 时　$K_{v\min} = -\dfrac{b}{r_w + r_s}$

取曲轴旋转一周来考察，则

当 $0 \leqslant \theta < \pi/2$ 或 $3\pi/2 \leqslant \theta < 2\pi$ 时，$K_v > 0$，$\dfrac{\mathrm{d}\varphi}{\mathrm{d}t} > \dfrac{\mathrm{d}\theta}{\mathrm{d}t}$

当 $\theta = \pi/2$ 或 $3\pi/2$ 时，$K_v = 0$，$\dfrac{\mathrm{d}\varphi}{\mathrm{d}t} > \dfrac{\mathrm{d}\theta}{\mathrm{d}t}$

当 $\pi/2 \leqslant \theta < 3\pi/2$ 时，$K_v = 0$，$\dfrac{\mathrm{d}\varphi}{\mathrm{d}t} > \dfrac{\mathrm{d}\theta}{\mathrm{d}t}$

所以当曲轴做匀速转动时，连杆颈上任一磨削点的转动角速度是变化的，也就是说磨削时连杆颈上单位时间的磨除率是变化的。

可以看出，尽管曲轴做匀速转动，但连杆颈上的磨削点的角速度是在不断变化的。当 $K_v = 0$ 时，称连杆颈上磨削点的角速度为平均角速度。当 $0 \leqslant \theta < \pi/2$ 时，$0 \leqslant K_v < 0.11406$，连杆颈上磨削点的角速度大于平均角速度，则砂轮在连杆颈表面磨过的弧段大于 1/4 圈；当 $\pi \leqslant \theta < 3\pi/2$ 时，$0.11406 \leqslant K_v \leqslant 0$，连杆颈上磨削点的角速度小于平均角速度，砂轮在连杆颈表面磨过的弧段也小于 1/4 圈；当 $3\pi/2 \leqslant \theta < 2\pi$ 时，$0 \leqslant K_v < 0.11406$ 时，连杆颈上磨削点的角速度大于平均角速度，则砂轮在连杆颈表面磨过的弧段又大于 1/4 圈。由此可见，在曲轴匀速转动条件下，曲轴连杆轴颈表面各点的磨除率均不相等。因此，单位时间的磨除率在各点也不相等，这对连杆颈的尺寸精度、表面粗糙度及波纹度等均有较大影响。

（2）曲轴恒转速磨削的数学模型及其问题

对于曲轴恒转速运动的切点跟踪磨削，由相切几何关系可以得出相应的几何模型。

① 由图 7-22 不难看出，砂轮中心位置的坐标值 x（在 XOY 坐标系中）与曲轴转角 θ 的关系为

$$x = b\cos\theta + \arcsin\frac{b\sin\theta}{r_{\mathrm{w}}+r_{\mathrm{s}}} \qquad 0 < \theta < 2\pi$$

$$x = b\cos\theta + \sqrt{(r_{\mathrm{w}}+r_{\mathrm{s}})^2 - (b\sin\theta)^2} \tag{7-24a}$$

设磨削时以连杆颈转角 θ 为 180°时的砂轮中心为坐标零点，则任意转角 θ 对应的砂轮中心位移 x 为

$$x = b\cos\theta + \sqrt{(r_{\mathrm{w}}+r_{\mathrm{s}})^2 - (b\sin\theta)^2} + b + r_{\mathrm{w}} + r_{\mathrm{s}} \tag{7-24b}$$

所以任意时刻砂轮沿 X 轴往复移动的速度 v_{x} 为

$$x = b\cos\theta + \sqrt{(r_{\mathrm{w}}+r_{\mathrm{s}})^2 - (b\sin\theta)^2} + b + r_{\mathrm{w}} + r_{\mathrm{s}}$$

$$v_{\mathrm{x}} = \frac{\mathrm{d}x}{\mathrm{d}t} = \left(b\sin\theta + \frac{b\sin\theta\cos\theta}{\sqrt{(r_{\mathrm{w}}+r_{\mathrm{s}})^2 - (b\sin\theta)^2}}\right)\sqrt{(r_{\mathrm{w}}+r_{\mathrm{s}})^2 - (b\sin\theta)^2}\,\frac{\mathrm{d}\theta}{\mathrm{d}t} \tag{7-25}$$

② 曲轴转动角速度。

$$\omega(\theta) = 2\pi n_{\mathrm{w}} \tag{7-26}$$

式中，n_{w} 对应于曲轴平均角速度的平均转速。

取曲轴转速为 $n_{\mathrm{w}}=60\mathrm{r/min}$，则砂轮中心（以曲轴主轴颈中心为原点）的跟踪曲线为一复杂周期曲线。

由前面的分析可以得出：磨削时曲轴的恒转速转动会使磨削时连杆颈上的磨削点的角速度变化，导致连杆轴表面各点的磨削速度不等，从而影响磨削的精度和表面质量。具体地说，恒转磨削时会出现下述问题。

• 连杆颈上各点（磨削点）的磨削时间不同。砂轮在连杆颈上各切点（磨削点）处的磨削时间是不同的，砂轮直径越小，则各磨削点磨削时间的变化越大。

• 连杆颈上各点（磨削点）的相对磨削速度不同。曲轴转角处于 0°时，连杆颈上磨削点的速度与砂轮上磨削点的速度方向相反；曲轴转角处于 180°时，连杆颈上磨削点的速度与砂轮上磨削点的速度方向相同；曲轴处于其他转角时，连杆颈上磨削点的速度与砂轮上磨削点的速度方向成一定角度。由此可见，在整个磨削过程中，各磨削点的相对磨削速度是不相等的。

• 曲轴位于不同转角时，磨削点处磨削速度的大小和方向均不一样，所以磨削力也不一样。

• 曲轴位于不同转角时，磨削力的方向和曲轴的受力状态均是变化的，加工工艺系统的刚度也是变化的，因此，在磨削力的作用下曲轴在不同转角处产生的弹性变形量也不一样。

连杆颈表面上各点磨削速度与受力状态的不同，导致了各点实际切入深度的不同，从而对曲轴的加工精度、表面粗糙度与壁温度等加工表面质量会产生一定影响。

所以，要得到较高的磨削精度和磨削表面质量，就要在磨削时按照其运动规律使曲轴变速转动，这是跟踪磨削的一个重要条件。

(3) 恒磨除率磨削条件下的数学模型

为了得到高精度的连杆表面圆度及良好的表面质量，应使磨削过程中单位时间的磨削量相等，即采用恒磨削率控制。在加工中近似处理为恒线速控制，使磨削点处相对磨削速度基本保持不变，也就是说磨削连杆曲轴颈时磨削点沿着连杆颈表面匀速运动。

由此建立切点跟踪运动的数学模型如下，如图 7-22 所示。

① 砂轮中心位置坐标 x（在坐标系 XOY 中）与曲线转角 θ 的关系为

$$x = b\cos\theta + \sqrt{(r_{\mathrm{w}}+r_{\mathrm{s}})^2 - (b\sin\theta)^2} \tag{7-27}$$

设磨削时以连杆颈转角 θ 为 180°时的砂轮中心为坐标零点，则任意转角 θ 对应的中心位

移 x 为

$$x = b\cos\theta + \sqrt{(r_w + r_s)^2 - (b\sin\theta)^2} + b + r_w + r_s \tag{7-28}$$

所以，任意时刻砂轮沿 X 轴往复移动的速度 v_x 为

$$v_x = \frac{\mathrm{d}x}{\mathrm{d}t} = \left(b\sin\theta + \frac{b\sin\theta\cos\theta}{\sqrt{(r_w + r_s)^2 - (b\sin\theta)^2}}\right)\sqrt{(r_w + r_s)^2 - (b\sin\theta)^2}\frac{\mathrm{d}\theta}{\mathrm{d}t} = b\sin\theta\frac{\mathrm{d}\varphi}{\mathrm{d}t} \tag{7-29}$$

② 曲轴变速运动的运动规律 当曲轴转一周时，砂轮也在连杆颈磨削一圈，从恒磨除率磨削来考虑，则要求磨削点在连杆颈表面移动的角速度恒定，故磨削点在连杆颈表面上移动的角速度为 $2\pi n/60$ ［曲轴平均转速为 n （r/min）］，因此

$$\varphi = \frac{2\pi n_w t}{60} \tag{7-30}$$

如图 7-22 所示，在三角形 $OO'O''$ 中，由余弦定理得

$$x = b\cos\theta + \sqrt{(r_w + r_s)^2 - (b\sin\theta)^2} + b + r_w + r_s$$

$$oo' = \sqrt{b^2 + (r_w + r_s)^2 - 2b(r_w + r_s)\cos(\pi - \theta)} \tag{7-31}$$

由正弦定理得

$$\frac{oo'}{\sin(\pi - \varphi)} = \frac{(r_w + r_s)}{\sin\theta} \tag{7-32}$$

由此可得出：在 $0 \leqslant \varphi < 2\pi$ 时，即 $0 \leqslant \theta < 2\pi$ 时

$$\sin\theta = \frac{(r_w + r_s)\sin\varphi}{\sqrt{b^2 + (r_w + r_s)^2 + 2b(r_w + r_s)\cos\varphi}} \tag{7-33}$$

所以，磨削过程中，在曲线旋转的一圈内，曲轴转角的转动规律可表示为

$$\theta = \begin{cases} \arcsin\dfrac{(r_w + r_s)\sin\varphi}{\sqrt{b^2 + (r_w + r_s)^2 + 2b(r_w + r_s)\cos\varphi}} \\ \quad 0 \leqslant \varphi \leqslant \arccos\dfrac{-b}{r_w + r_s} \\ \pi - \arcsin\dfrac{(r_w + r_s)\sin\varphi}{\sqrt{b^2 + (r_w + r_s)^2 + 2b(r_w + r_s)\cos\varphi}} \\ \quad \arccos\dfrac{-b}{r_w + r_s} \leqslant \varphi \leqslant 2\pi - \arccos\dfrac{-b}{r_w + r_s} \\ 2\pi + \arcsin\dfrac{(r_w + r_s)\sin\varphi}{\sqrt{b^2 + (r_w + r_s)^2 + 2b(r_w + r_s)\cos\varphi}} \\ \quad 2\pi - \arccos\dfrac{-b}{r_w + r_s} \leqslant \varphi \leqslant 2\pi \end{cases} \tag{7-34}$$

联立式(7-30) 和式(7-34)，便可得出曲轴在旋转一周内转角 θ 与时间 t 的关系。由式(7-22) 和式(7-29) 得曲轴在转角为 θ 时的角速度为

$$\omega(\theta) = \frac{\mathrm{d}\theta}{\mathrm{d}t} = \frac{1}{(1 + K_v)}\frac{\mathrm{d}\varphi}{\mathrm{d}t} = \frac{\pi n_w}{30\left(1 + \dfrac{b\cos\theta}{\sqrt{(r_w + r_s)^2 - (b\sin\theta)^2}}\right)} \tag{7-35}$$

从式(7-29) 可以看出，当曲轴以式(7-34) 和式(7-35) 的运转规律旋转时，砂轮往复运动速度是一关于转角 θ 的正弦函数的运动形式，所以砂轮的跟踪速度既没有速度突变，也无加速度突变，满足工程实际要求。

（4）数控插补逼近误差的分析方法

采用切点法跟踪磨削法磨削曲轴连杆颈，除了要建立 2 轴联动的数学模型外，更有必要研究采取什么样的控制策略，如何设计伺服系统等来减少跟踪误差，达到加工精度，获得良好的表面质量。下面仅就数控插补逼近所带来的误差进行分析和计算，为设计插补算法和控制提供理论依据。

闭环控制数控机床其 2 坐标 2 轴联动的直线和圆弧插补运算采用时间分割的插补方法。上述建立的数学模型是按磨削点在连杆颈表面匀速运动的原则，通过 X 轴和 C 轴 2 轴联动来加工实现的，所以对每个插补周期，磨削点在连杆颈上的理论磨削弧段均相等。由时间分割方法的圆弧插补原理可知，对应于每一插补中断时间内，磨削连杆颈的弧段与其弦的弓高误差即为连杆颈插补逼近的最大误差，用公式表示为

$$\varepsilon = r_{\mathrm{w}}\left[1 - \cos\left(\frac{\Delta\theta}{2}\right)\right]$$

$$\Delta\theta = \frac{2\pi nt}{60 \times 100} \tag{7-36}$$

式中，ε 为插补误差；t 为插补中断时间；n 为曲轴旋转平均速度。

由式（7-36）可知，定时插补中断时间（一般为几个毫秒）越长，工件转速越大，曲轴连杆半径越大，插补逼近误差就越大。

（5）砂轮半径变化对曲轴连杆加工误差的影响

在切点跟踪磨削时，实际砂轮半径常常因为修整等原因而与计算砂轮中心位移的标准砂轮半径不同，这将带来连杆颈尺寸误差，其影响原理如图 7-23 所示。

图 7-23 中，O_1 为标准砂轮中心；O_2 为实际砂轮中心；r_{s}' 为标准砂轮半径，r_{s} 为实际砂轮半径；Δh 为加工误差；A 为连杆颈中心。磨削新零件时，要先"对刀"，即让砂轮在曲轴转角 θ 时与曲轴连杆颈表面刚好接触。考虑到曲轴转角 $0\sim\pi$ 和 $0\sim2\pi$ 时，砂轮中心的位移对称，砂轮半径变化对连杆颈加工精度的影响也一样。为了计算方便起见，以曲轴转角在 $0\sim\pi$ 的情况来分析砂轮半径变化对精度的影响规律。

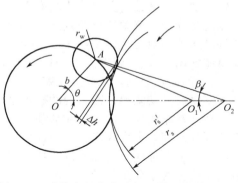

图 7-23 砂轮半径变化对加工误差的影响原理

在 $\triangle O_1AO_2$ 中，β 为砂轮中心与连杆颈中心线与 OX 方向的夹角（锐角），有

$$O_1O_2 = r_{\mathrm{s}} - r_{\mathrm{s}}'$$

$$O_2A = r_{\mathrm{w}} + \Delta h + r_{\mathrm{s}}'$$

$$O_2A = r_{\mathrm{w}} + r$$

故

$$\cos\beta = \frac{\sqrt{(r_{\mathrm{w}}+r_{\mathrm{s}})^2 - (b\sin\theta)^2}}{r_{\mathrm{w}}+r_{\mathrm{s}}}$$

余弦定理，得

$$r_{\mathrm{w}} + \Delta h + r_{\mathrm{s}}' = \sqrt{(r_{\mathrm{s}}-r_{\mathrm{s}}')^2 + (r_{\mathrm{w}}+r_{\mathrm{s}})^2 - 2(r_{\mathrm{s}}-r_{\mathrm{s}}')\sqrt{(r_{\mathrm{w}}+r_{\mathrm{s}})^2 - (b\sin\theta)^2}} \tag{7-37}$$

在 r_{w}、r_{s} 和 $r_{\mathrm{s}}-r_{\mathrm{s}}'$ 一定的条件下，当 $\sin\theta = 1$ 时，即 $\theta = \pi$ 或 $\theta = 3\pi/2$ 时，由砂轮半径变化引起的最大加工误差为

$$\Delta h_{\max} = \sqrt{(r_{\mathrm{s}}-r_{\mathrm{s}}')^2 + (r_{\mathrm{w}}+r_{\mathrm{s}})^2 - 2(r_{\mathrm{s}}-r_{\mathrm{s}}')\sqrt{(r_{\mathrm{w}}+r_{\mathrm{s}})^2 - (b\sin\theta)^2}} - r_{\mathrm{w}} - r_{\mathrm{s}}' \tag{7-38}$$

设加工允许的有砂轮半径变化影响产生的最大加工误差为 e，则应有

$$\Delta h_{\max} \leqslant e \tag{7-39}$$

由式(7-35)和式(7-36)，可以得出

$$\Delta r = r_s - r' \leqslant \frac{(r_w + r_s + e)^2 - (r_w + r_s)^2}{2(r_w + r_s + e) - 2\sqrt{(r_w + r_s)^2 - b^2}} \tag{7-40}$$

由以上分析可知，但曲轴转角 θ 为 $\pi/2$ 和 $3\pi/2$ 时，砂轮半径变化尺寸对精度的影响最大。当给出砂轮半径变化引起的最大允许加工误差 e 和工件尺寸时，在砂轮半径的变化满足式(7-40)情况下，可以达到加工要求；当砂轮半径大小变化不能满足式(7-40)时，就要用新的砂轮半径重新计算或采取一定的补偿措施。

总之，采取切点跟踪磨削法磨削曲轴的连杆颈时，要获得良好的加工精度，首先应保证"磨削杆在连杆颈上匀速运动"；同时通过数控补偿，让曲轴在任意转角处的当量磨削厚度尽可能相等。若能满足这两点，则可获得与普通外圆磨削状态相近的磨削精度。

按磨削点在连杆颈上匀速运动的原则，建立切点跟踪磨削法运动的数学模型，通过对运动模型的分析，探讨该模型对加工误差的影响，并提出相应的补偿方，据此可确定数控加工时曲轴的旋转运动规律和砂轮横向进给运动规律，这样便可消除运动学问题对切点跟踪磨削法加工误差的影响。

(6) 切点跟踪磨削曲轴工艺

曲轴是发动机的关键件之一，零件结构复杂，生产批量大（在中、小批量生产中需进行多品种轮番生产），精度要求高（连杆颈的尺寸精度 IT6～IT7，圆度 $\leqslant 0.005$mm，表面粗糙度 $Ra = 0.2 \sim 0.4\mu m$）。目前，曲轴的终加工，仍普遍采用磨削工艺。为满足曲轴日益提高的加工要求，对曲轴磨床提出了很高要求。现代曲轴磨床除了有很高的静态、动态刚度和很高的加工精度外，还要求有很高的磨削效率和更多的柔性。近年来，更要求曲轴磨床具有稳定的加工精度，为此，对曲轴磨床的工序能力系数规定了 $C_p = 1.67$，这意味着要求曲轴磨床的实际加工公差要比曲轴给定的公差小一半。CBN 砂轮可以采用很高的磨削速度，在曲轴磨床上一般可采用高达 $125 \sim 140$m/s 的磨削速度，有的甚至可更高些。例如，在磨削球墨铸铁 GGG70、硬度为 35HRC、磨削余量为 0.25mm 的曲轴时，采用砂轮线速度高达 165m/s 的高速磨削，从而大大缩短了磨削加工的基本时间。这种线速度实际上已达到了铣削加工材料的切除率，而常规的砂轮是不可能达到这样的加工效率。这特别对于有着较高轴肩的载货汽车的大型曲轴，在磨削时需要较大的切入行程，而采用 CBN 砂轮可以显著减少工艺循环时间，大大提高了生产效率。

磨削实验证明，对曲轴进行切点跟踪磨削，加工后的连杆颈表面质量好，无明显波纹和表面烧伤。为了让工件的转速和砂轮线速度之间的比例不要相差太大，由此避免造成磨削烧伤。工件必须尽可能保持较高的转速，这就意味着磨头在以往复摆动进行跟踪磨削时，磨头需要有较高的往复摆动速度，而采用常规的滚珠丝杠传动是难以实现的，需要采用直线电机。

磨削时，磨头以往复摆动对连杆颈的跟踪精度要依靠对磨运动轴计算、控制和监控来保证，这就要求机床控制系统具有很高的的计算效率和与机床的快速链接，为此，特别要求通过过程监控来实现。为对连杆颈的尺寸和椭圆精度进行监控，在磨床上通常采用安装在 V 形体上的测量头测量正待磨削和已磨削的连杆颈直径。

在中、小批量生产中，为进行曲轴不同品种的轮番生产，要求磨床具有更多的柔性。而采用切点跟踪磨削工艺就能十分容易地实现曲轴类不同型号曲轴的磨削加工：在相同轴颈宽度的条件下，可以通过不同的冲程高度来实现对以 180°、72°、120° 分布的 4、5 和 6 缸曲轴不同数量的连杆进行磨削加工，而不需要进行任何机械调整。不同的夹紧长度可以通过 NC 工件头架和可移动的尾座来达到，连杆颈的分度和冲程高度所改变的运动联系只需通过调用存储在 CNC 系统里的相应程序参数来实现。因此，对曲轴类不同品种间的轮番生产，磨床所需的调整时间很短，只需 $1 \sim 5$min。而对于传统的曲轴磨床，曲轴是通过偏心夹具进

行加紧，待加工的连杆颈绕其轴线回转进行磨削，在进行不同品种的磨削时机床的调整时间就较长，往往需要1个多小时。而修整CBN砂轮必须采用涂有多层金刚石颗粒的驱动式成型滚轮，通过NC轴以2～5mm的修整进给量将砂轮修整到所要求的形状。

由于切点跟踪磨削工艺具有高效、高精度和柔性等优点，目前已成为连杆颈磨削加工的主要工艺方法，并在曲轴生产中获得越来越多的应用。

7.6.3 切点跟踪磨削凸轮轴

凸轮轴的切点跟踪磨削加工方法是利用计算机数控技术，按照凸轮轮廓形状编制相应的数控程序控制砂轮的横向跟踪进给（X轴）和工件回转（C轴）运动的联动，来加工形成凸轮的外形轮廓（图7-24）。这种全数控型的凸轮轴磨削加工方法可以在凸轮产品换型时仅改变数控程序就可以实现产品的迅速加工，克服了传统的机械靠模仿性加工方法存在的靠模易磨损、精度难以保证和由于凸轮线改变带来的更换靠模困难、生产周期长等一系列缺陷，具有高精度和高效率的优点，并且精度不受靠模制造精度的影响，具有高精度、高效率的优点，代表了凸轮轴磨削加工的发展方向。本节在

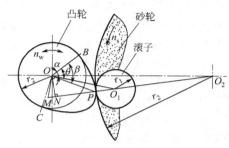

图7-24 凸轮轮廓的磨制

对凸轮轴切点跟踪磨削方法进行分析的基础上，总结出了其中一些关键问题，为如何选择适当的加工策略磨削凸轮轴零件，以获得较高的轮廓精度和良好的表面质量提供了有效的方法。

在工程实践中，凸轮轴的磨制，是基于磨削点恒线速度运动原则和凸轮轮廓形状建立运动方程，控制砂轮的横向进给运动（X轴）和头架（工件）的变速回转运动（C轴）以实现凸轮廓的磨削加工。

通常，凸轮轮廓形状由升程表达式给出，其原始数据中包括测量角度θ、升程H以及凸轮对应的挺杆形式。对于由升程表给出的离散数据，要根据挺杆运动规律，将其用升程表达式统一表示，升程表达式形式为：$H = H(\theta)$，并且要求该表达式是连续的，如图7-25所示。

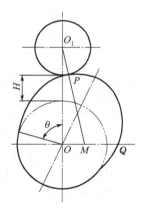

图7-25 凸轮运动关系

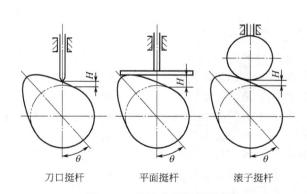

刀口挺杆　　　平面挺杆　　　滚子挺杆

图7-26 凸轮升程测量原理

根据从动件的不同，凸轮对应的挺杆分为三种不同形式：刀口挺杆、平面挺杆和滚子（含球面）挺杆。对应于不同形式的挺杆，测量出的凸轮升程H的含义不同，其原理如图7-26所示。虽然这三种挺杆形式对应的凸轮升程含义不同，但是刀口挺杆和平面挺杆形式都

可以看成是滚子挺杆形式的特例。刀口挺杆可以看成是滚子挺杆的滚子半径为 0 时的情况，而平面挺杆则可以看成是当滚子半径为无穷大时的滚子挺杆。所以，只要求出了滚子挺杆形式下的砂轮中心位移的数学模型，就不难得出其他两种挺杆形式下的砂轮中心位移。

7.6.4　凸轮磨削实例

湖南大学针对高速精密数控凸轮磨床的关键技术，深入系统地研究了非圆轮廓的高速磨削、强力磨削和精密磨削新工艺，解决了合金冷激铸铁凸轮的加工难题，并提出弓箭轮廓表面恒线速度磨削方法，建立高速磨床整机的动力学模型和高精度离散凸轮轮廓，开发了全数控非圆轮廓高速磨削软件，实现在加工工艺和方法上的重大突破，曾获有关国家专利 6 项。研制成功的 CNC8312 数控高速凸轮轴磨床，取得了具有自主知识产权的创新成果，其加工范围达到 $\phi120\text{mm} \times 100\text{mm}$，CBN 砂轮最高磨削速度 120m/s，加工轮廓精度达到0.02mm，加工表面粗糙度 $Ra \leqslant 0.32$，加工效率为 2.5min/根。该机床采用了可调间隙节流的静压主轴系，使用完型金刚石滚轮修整、单片样板自动分度和自动分度和自动跟踪中心架，可实现强力、精度和切点跟踪磨削工艺等，整体技术达到了国内领先水平。

表 7-4 是传统凸轮轴磨床与 CNC8312 数控高速凸轮轴磨床主要技术性能指标对比。CNC8312 数控高速凸轮轴磨床已在多家企业获得了应用，用 CNC8312 数控高速凸轮轴磨床对潍坊 495 凸轮轴进行磨削加工。检测结果表明，凸轮全升程最大型线误差为 0.0083mm，加工精度大大提高。

表 7-4　传统凸轮轴磨床与 CNC8312 数控高速凸轮轴磨床主要性能指标对比

技术性能项目	传统凸轮轴磨床	CNC8312 数控高速凸轮轴磨床
基圆直径尺寸误差/mm	$\leqslant \pm 0.01$	$\leqslant \pm 0.01$
基圆跳动误差/mm	$\leqslant 0.02$	$\leqslant 0.004$
凸轮全升程型线误差/mm	$\leqslant 0.025$	$\leqslant 0.01$
凸轮升程误差相邻差/[mm/(°)]	$\leqslant 0.004$	$\leqslant 0.003$
凸轮相位角偏差/(°)	$\leqslant \pm 0.01$	$\leqslant \pm 3$
磨削表面粗糙度 Ra/μm	$\leqslant 0.4$	$\leqslant 0.2$

7.7　非轮廓的高度精密磨削

7.7.1　概述

许多零件都有非圆截面轮廓存在。例如，内燃机活塞轮廓、抽水泵的轴、冲模、凸轮轴、凸轮、非圆轴承内轮等。尽管这些零件均可以通过仿形加工、磨削加工的工艺方法获取零件轮廓。但是，随着产品市场的全球化，企业面临着越来越大的产品竞争压力，这就需要产品生产企业不但要生产出高质量产品，而且产品的更新换代时间、设计制造周期也要进一步缩短，以快速响应市场的变化，满足客户需求，并且还需要大大提高其生产效率。所以，为了适应这种科学技术的进步以满足企业参与竞争的要求，对非圆界面零件加工不但需要实现生产制造的高精度，而且还需要实现生产制造的高效率，从而对非圆截面零件的加工工艺也提出了更高要求。

7.7.2　非圆零件加工的工艺特点

(1) 工艺差

大部分非圆零件均属细长轴类零件，本身刚性较差，磨削时容易产生弯曲变形，并产生磨削振动，影响加工零件的尺寸一致性和磨削表面的质量，加工工艺性较差。

（2）轮廓型面复杂

非圆零件轮廓型面一般具有多段高次曲线型面，它的升程转角与砂轮半径之间存在非线性关系，如图 7-27 所示，如汽车凸轮轴是由基圆段 1、缓冲段 2、加（减）速段 3（4）、顶圆段 5 等部分组成。在基圆段，其磨削条件与普通外圆磨削基本相同，但在其他区段，磨削时的情况与普通外圆磨削就有很大差异。由于凸轮轮廓曲线形状的特殊性，它在磨削时各磨削点移动速度有很大变化，尤其是在加（减）速段，磨削速度可达到磨削基圆时的几倍，甚至几十倍。随着汽车对废气排放要求的提高，出现了一些轮廓更特殊的凸轮轴，如带有二次升程的凸轮轴和在外凸轮廓中带一小段内凹轮廓的凸轮轴，都出现在新近开发的汽车发动机中。这种异形轮廓对传统机床提出了极大挑战，促使人们去研究、开发高柔性的数控凸轮轴磨床。

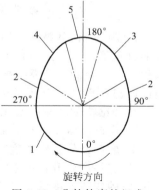

图 7-27　凸轮轮廓的组成

（3）表面不同的曲线段一般硬度分布不一致

目前大量轿车发动机凸轮轴采用合金冷激铸铁材质。合金冷激铸铁凸轮轴由于在铸坯时已采取了局部冷激工艺，因此，凸轮型面各段已具有各不相同的硬质层，不再需要热处理就能达到零件表面所需的硬度与强度。一般来说，在凸轮顶端，要求的硬度最高；在挺杆上升段与下降段，硬度次之；在基圆段，硬度要求较低。这种硬度结构改善了凸轮轴综合力学性能，有效地降低了凸轮轴与挺杆之间的摩擦因数。但是，这种非均质的硬度结构也给磨削工艺带来了一定难度。

（4）表面容易产生波纹

由于凸轮轴属细长轴类零件，变化的磨削力容易引起磨削振动，加上凸轮轴本身刚性差则会使这种情况愈加严重，其后果则是在磨削表面产生直线纹理，甚至达到肉眼可以发现的程度。

（5）加工精度要求越来越高

随着汽车工业的迅速发展，节能和环保日益成为人们关注的焦点，新的凸轮轴设计标准对加工设备提出了更高要求，凸轮轴加工精度的高低直接影响发动机的质量、寿命、废气排放和节能。因而，对发动机的关键零件凸轮轴的制造精度要求也越来越高，如解放牌汽车凸轮轴的轮廓精度要求为 ±0.1，改进后的解放牌汽车凸轮轴提高到 ±0.05，而目前引进的汽车发动机凸轮轴精度为 ±0.03，国内很多凸轮轴生产厂家甚至要求产品轮廓精度达到 ±0.02，其几何精度提高几倍。同时，对磨削表面粗糙度，原先要求 Ra 为 $0.63\sim0.8\mu m$，然后采用砂轮带抛光，而现在很多生产线直接要求磨至 Ra 为 $0.2\sim0.4\mu m$，省略抛光工艺。

（6）加工节拍和效率高

汽车发动机生产中为提高加工效率，减少生产线上机床数量，在工艺上将多道程序进行组合，采用高速、超高速磨削取代传统的材料粗加工方法，如车、铣等，实现以磨代车、以磨代铣，从而在加工工艺上实现突破，将多道工序实现成一道工序，以提高生产效率。对单台机床来说，用超高速磨床比普通机床可提高功效 3 倍以上，这一点在汽车凸轮生产线上得到充分体现，砂轮线速度为 140m/s 的凸轮轴磨床加工一根 6 缸汽车发动机凸轮轴，生产节拍仅 1min20s，而用普通机床加工，节拍时间在 6min 以上。

（7）容易发生磨削烧伤

磨削加工时大部分磨粒是以负前角方式进行磨削，对材料的挤压作用明显，随着磨削速度的提高，磨削表面层会有很高的温升，磨削区的瞬时温度有时可达 1000°以上，从而产生磨削烧伤。在凸轮轴磨削时，由于两侧加（减）速段磨削速度提高，材料硬度又最硬且由于该区段加工时凸轮轮廓形状原因导致磨削液不容易进入磨削区，因此最容易发生磨削烧伤，轻微的磨削烧伤经探伤可发现细微裂纹，严重的肉眼就能发现表面颜色变化和产生的开裂现象等，严重影响了零件质量。

7.7.3　机械靠模仿型磨削方法和工艺

传统的凸轮轴磨削采用了机械靠模仿型磨削法。设计人员按凸轮轮廓计算出凸轮上每一点的升程值，工艺人员根据此升程值设计制作标准凸轮，然后利用标准凸轮在凸轮轴磨床上采用反靠法磨制一套靠模样板。通过摇摆架使被加工凸轮和靠模样板同步摆动、同轴旋转，由此磨出和靠模样板升程形状相一致的凸轮轮廓。

这种结构的凸轮轴磨床存在的主要问题如下。

① 生产准备周期长，制造柔性差。

② 磨削凸轮轮廓精度难以保证，产生误差的因素多。

③ 容易产生升程误差，大大缩短了砂轮的使用寿命，零件精度也难以提高。

④ 砂轮线速度低，修正工具和工艺落后，机床生产率低。

7.7.4　四点恒线速度磨削方法和工艺

在普通凸轮轴磨床中凸轮工件是以恒转速旋转，而凸轮上各点的磨削速度相差很大，达几倍甚至几十倍，容易造成许多磨削缺陷如振动、烧伤和轮廓形状误差等。

理论上讲，在数控凸轮轴磨床中，采用交流伺服电动机可以使每一点的磨削速度都保证同一数值，但实际上，由于伺服电动机在升、降转速时也有匀变速过程，难以做到瞬时间达到预定转速；而且试验证明，只要把凸轮基圆、顶圆和两侧敏感点这几处的速度变化控制在一定的范围内，即实现"四点恒线速度"，磨削效果就相当不错。

为了避免复杂的编程过程，使操作者使用起来更方便，把凸轮升程处 90°范围内分成 9 个转速区，分别为 2、3、4、…、10 转速区，而且把基圆外作为 1 转速区，把基圆处角速度定为 W 基，把 2～10 转速区的转速系数（可在 0.1～1.5 范围内选择）一一输入数控系统相应的参数表中，则磨削时各转速区的角速度便可依照操作者的意图相对于 W 基降速或升速，从而达到恒线速度磨削的目的。各转速区交界处的角速度由计算机控制会均匀变速过渡，不会出现角速度突变现象，如图 7-28 所示。

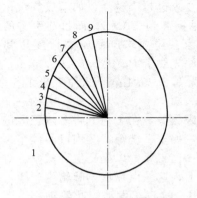

图 7-28　凸轮转速区域分隔

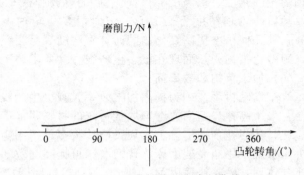

图 7-29　四点恒线速度磨削曲线

从理论上讲，把 5、6 转速区设成 0.1W 基最为理想，但实际上，只要设到 0.3W 基，磨削效果就相当不错。若瞬间速度变化太大，有时反而出现激振。图 7-29 是利用"四点恒线速"磨削法时测得的磨削力曲线图，由图中可看出，经过这种改进，磨削力的突变情况大为改善，磨削质量得以提高。

第8章

涂附磨具磨削工艺

8.1 涂附磨具加工特点及应用范围

涂附磨具品种规格繁多，从使用方法上分为用于手工的品种和用于机械加工的品种。手工使用品种常用的有页状及卷状的砂布、砂纸；用于机械加工的品种主要是砂带、砂盘、页轮和砂圈等。

8.1.1 涂附磨具加工特点

涂附磨具与固结磨具相比，具有以下加工特点。

① 性能柔软　柔软是涂附磨具的最大特点。它可以折叠、弯曲、卷绕和剪裁成为各种形状，满足不同加工需要。

② 磨粒微刃锋利　静电植砂磨粒垂直于基体表面植入胶层，磨粒尖端朝外且分布均匀，形成锋利的微刃，故磨削效率高，磨削表面纹理均匀。

③ 磨粒把持力大　磨粒在静电场中受到持续电场力的作用下，以较大的动能植入胶层较深，胶层固化干燥后，磨粒获得足够的把持力，在磨削中不易脱落。涂附磨具在磨削过程中不存在"自锐"问题，在磨钝后更换新带。

④ 使用方便安全　涂附磨具重量轻，携带方便，更换容易，换带后不需平衡，在使用中不需要修整。

⑤ 设备简单　涂附磨具使用设备简单，易于制造，造价低，易于实现自动化。砂带重量轻且振动小，且由于柔软，对振动不敏感，故对设备刚性要求较低。

⑥ 砂带切削速度稳定　砂带在使用中磨损少，可以长期以稳定的速度进行磨削，这是突出特点。固结磨具加工时大多数金属对砂轮速度变化敏感，特别是加工小曲面及高精度加工时更是如此。砂带稳定的磨削速度适合于高精度的磨削加工。

8.1.2 涂附磨具应用范围

① 大平面磨光：用宽砂带可对各类薄、中、厚板材进行磨光，特别是耐热合金、钛合金、不锈钢及硅钢片等难加工板材的磨削和抛光；刨花板、胶合板、纤维板等木材的磨光与抛光；大张皮革和橡胶制品的表面磨光；各类机械设备中大型平面的磨削与抛光，加工效率高，表面质量好。砂带宽度可以在 $10\text{mm}\sim4.2\text{m}$ 范围选用。

② 加工大、中型回转体内、外表面：用砂带可加工大、中直径的圆柱体、圆锥体的管件，以及容器的内表面、通孔和深孔。

③ 用于大量生产的工件表面磨光与抛光：可用来加工电子工业的印制板、计算机信息

储存磁盘、电熨斗壳体、工业锯条、齿轮箱体压铸件、密封件、玻璃器皿、混凝土构件、大理石、硬塑料、钢琴面板、缝纫机台板、各种金属门框和窗框及木器家具等表面。

④ 加工曲面：各类汽轮机、涡轮机、导航器的叶片、大型球体容器的内表面、聚光镜反射曲面、金属手柄、不锈钢餐具、乐器等复杂型面磨光及抛光。

⑤ 金属带材连续抛光与修磨：可用于加工带锯锯片、不锈钢薄板带和线材。

⑥ 用页轮与砂圈替代抛光轮：如对自行车车圈镀前抛光。

⑦ 砂盘大量用于大型壳体、箱体、车辆覆盖件、船体和桥梁等构件的打磨焊缝、除锈、除漆及磨光，使用方便、安全、效率高。

⑧ 精密及超精密砂带磨削：用聚酯膜带及超细微磨粒制成的砂带（抗拉强度为 60～68MPa），对硬磁盘基体进行超精密磨、抛加工。

涂附磨具应用广泛，在各工业部门均得到应用，与固结磨具并驾齐驱；但对于盲孔、阶梯轴端面、齿轮的齿面加工仍有困难。

8.2 砂带磨削

8.2.1 砂带磨削机理与特点

砂带是一种用黏结剂将磨料黏结在柔软的基体上的特殊磨具（取代砂轮）。砂带所选用磨料大都为精选的针状磨粒，粒度均匀，长、宽比一般大于 1.5，磨粒棱角比较明显，即磨粒微刃具有正前角与较小的负前角，故微刃锋利，切除率高。经静电植砂后，磨料以定向排列，呈单层均匀分布在基体表面；磨粒重叠、堆积较少，磨粒分布等高性好。通过改变植砂条件，可以控制磨料植砂密度以调整磨粒之间的空隙，利于排屑和容屑。砂带的周长与宽度一般比固结砂轮大得多，在单位时间内，磨料接触工件的次数减少，同时，磨粒接触工件的时间要比磨粒与空气接触时间短得多，且在空气中易散热。用砂带进行磨削时，每颗磨粒相当于一把锋利的多刃刀具，各刃与工件接触角度、接触深度不同。因此，磨粒对工件既有切削作用，又有刻划与滑擦作用。前颗磨粒在工件表面上所留下的切削沟痕边缘既因刻划而产生塑性变形，又被后一颗磨粒切削、刻划、滑擦，实现砂带对工件连续的磨削加工。由于砂带固有的特点，在砂带与工件接触区同时投入磨削的磨粒多且锋利，故磨除效率高于固结砂轮，产生的磨削热少；且因磨粒之间分布空隙及磨粒在空间与空气接触时间长，易于磨削热扩散，故砂带磨削温度低，使工件表面磨削烧伤的可能性降低。由于砂带具有柔软性且磨削速度稳定，加上具有弹性的橡胶接触轮，对振动响应不敏感，易实现高稳定性磨削加工，获得高的加工精度和表面质量。所以，砂带磨削与固结砂轮磨削相比，具有高效磨削、"冷态"磨削、弹性磨削的突出特点，具有广泛的应用范围，可补充或部分代替砂轮磨削。

砂带磨削在磨削加工机理与综合磨削性能方面均有别于砂轮磨削，其主要特点表现如下。

① 砂轮磨削是刚性接触磨削，而砂带磨削是弹性接触磨削。组成砂带的基材、黏结剂都具有一定的弹性。使用橡胶接触轮亦有弹性。砂带磨削过程中具有滑擦、耕犁和切削作用，砂带磨粒对工件表面产生挤压作用，使工件表层产生塑性变形，发生冷硬层及表层撕裂，并且摩擦使接触区温度升高，导致热塑性流动等综合作用。由于砂带弹性磨削特点，使砂带在磨削区域内与工件接触的长度比砂轮大，同时参加磨削的磨粒数目多，则单颗磨粒承受的载荷小且均匀。磨粒破损小，则使砂带的磨耗比（磨削比）小于砂轮磨削。

② 砂带磨削的磨粒几何形状常呈长三角形体。用静电植砂工艺制作时，磨粒的大小和分布均匀，等高性好，夹刃朝外，切削条件优于砂轮磨粒；磨削时工件材料变形小，切除率

高，磨削力小，磨削温度低。

③ 砂带磨粒间容屑空间比砂轮磨粒容屑空间大 10 倍。砂带磨粒切削能力比砂轮强。磨屑可随时带走。

④ 砂带具有一定的周长，远远超过砂轮的周长。砂带具有良好的散热条件。砂带在运行过程中的振荡可将粘在砂带上的磨屑自然抖掉，进一步减小砂带的堵塞，并减少摩擦发热。

8.2.2 砂带磨削方式

砂带磨削工件表面的生成所需磨削运动及砂带与工件之间位置，决定了磨削方式。砂带磨削方式分为开式砂带磨削与闭式砂带磨削两大类，如图 8-1 所示。

开式砂带磨削是用成卷的砂带由电动机经减速机构带动卷带轮极缓慢转动，带动砂带缓慢移动，砂带由接触轮压向工件，工件高速回转，实现对工件表面的磨削加工。由于砂带缓慢移动，磨粒不断投入磨削，磨削效果一致性好。所以，多用于精密和超精密加工。

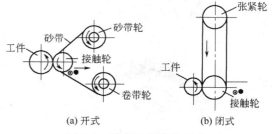

图 8-1 精密砂带磨削方式

闭式砂带磨削是采用环形砂带（有接头及无接头），通过接触轮与张紧轮撑紧，由电动机传动接触轮（或驱动轮）带动砂带高速回转，同时工件同向（或逆向）回转，同时伴随纵向及横向进给（或砂带头架纵向及横向进给），实现对工件的磨削加工。砂带磨损后再更换新砂带。闭式砂带磨削由于砂带高速回转易发热且噪声大，所以磨削质量不及开式砂带磨削方式，但效率高，适宜粗加工、半精加工及精加工。

按砂带与工件接触形式分为接触轮式、支撑板式、自由接触式和自由浮动接触式四种。在区分砂带磨削方式时，砂带磨床设备结构主要组成部件相互配置位置决定了砂带磨床的特征。砂带磨削机床的主要部件如下。

① 接触轮（辊） 是砂带磨床中的关键部件。在砂带与工件接触部位，支承砂带背面，使砂带获得有力支承。有的磨床中接触轮（辊）还同时起驱动轮（辊）的作用，有时兼起张紧轮（辊）作用。接触轮（辊）外层材料的物理力学性能及表面状况（光滑表面或齿槽表面等），对磨削精度与表面质量有重大影响。

② 张紧轮（辊） 一般起张紧砂带的作用，可以调节砂带张力，又具有实现换带的调节功能。

③ 驱动轮（辊） 获得动力源能量后，带动砂带高速移动。可单独设置，也可与接触轮（辊）合在一起。

④ 惰轮 起支承砂带或转变砂带传动方向的作用。根据砂带长度可设置一个或多个。

⑤ 压磨板（支承板） 在有些砂带磨床中设置压磨板部件进行平面或型面的磨削，起接触轮（辊）的作用。压磨板与砂带背面处于摩擦状态，接触面大，摩擦热产生多，故易磨损。常用材料为耐磨铸铁，也可选用硬质合金或在结构钢表面上涂层。

砂带磨床主要部件配置形式繁多，按常规磨削方式分类，其主要磨削方式有接触轮式、支承板式、自由式。

8.2.3 接触轮材料、形状、硬度选择

① 接触轮材料 接触轮一般由钢、铝合金、橡胶、塑料等材料制成，常由钢及铝合金制作基体，外包一层橡胶或塑料等软弹性材料。

② 接触轮外缘表面形状与尺寸　接触轮外缘表面形状有平坦形与齿形槽两类。齿形槽有矩形与锯齿形,且有直槽、斜槽、螺纹槽、X 形槽之分。螺旋角常用 30°～60°,螺旋角大,切削作用力大,噪声大,易在工件表面上留有振纹。螺旋角小,切削作用力小,在工件表面产生有规则的纹路。30°用于精磨,45°～60°用于粗磨。接触轮外缘截面形状见表 8-1。

表 8-1　接触轮外缘截面形状

类型	外缘截面简图	用途	类型	外缘截面简图	用途
平坦形		用于细粒度砂带精磨或抛光	齿形锯齿形		主要用于粗磨
齿形锯齿形		粗磨和精磨	金属填充橡胶		粗磨

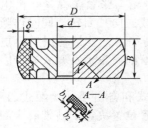

图 8-2　接触轮基本结构尺寸

接触轮基本结构尺寸如图 8-2 所示:直径 D 尺寸分为 60～80mm、80～120mm、120～200mm;齿槽 $b_2 : b_1$ 粗磨取 1:3,精磨取 1:(0.3～0.5);齿深 h 取 0.5～3mm,直径大取大值;接触轮凸缘高度 δ 值按 $\delta = 0.2\sqrt{B}$ 计算;接触轮宽 B 分为 20～60mm、60～100mm、100～150mm、250～400mm。

螺旋齿槽的螺旋角示于图 8-3 中。各类型接触轮与工件表面接触情形示于图 8-4 中。

③ 接触轮硬度　其对砂带与工件接触面积大小、切除率、有效切除深度、表面质量有重要影响。在接触压力相同条件下,接触轮外缘硬度低的比硬度高的接触面积大,单位面积受力就小。外缘硬度、切除率与表面粗糙度之间的关系如图 8-5 所示。

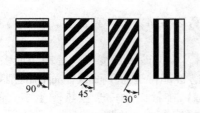

图 8-3　接触螺旋齿槽的螺旋角

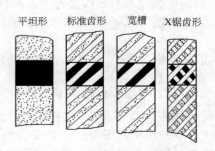

图 8-4　各类型接触轮与工件接触面情况

接触轮硬度与进给速度对有效切削深度的影响如图 8-6 所示。

接触轮外缘橡胶用邵氏 A 级表示,其硬度选择:粗磨一般取 Hs-A 70～Hs-A 90;半精磨用 Hs-A 30～Hs-A 60;精磨用 Hs-A 20～Hs-A 40。要求切除效率高时,可直接使用钢、铜、铝合金、胶木和尼龙外缘(或整体)。

接触轮外缘类型、特点及用途见表 8-2。

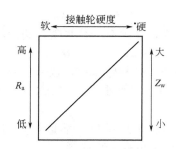

图 8-5 接触轮硬度、金属切除率
与表面粗糙度间的关系

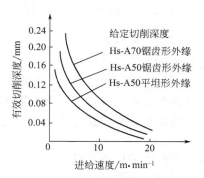

图 8-6 接触硬度、进给速度对
有效切削深度的影响

表 8-2 接触轮外缘类型、特点及用途

类 型	外缘材料	硬度 Hs-A	特 点	用 途
滚花(节距 $t=1.6$mm)	钢	—	切入性能最强	重负荷磨削
宽槽齿形($b_2=4.7$mm,$b_1=14$mm,$h=7.9$mm,胶厚 19mm)	橡胶	70~100	快速切削,砂带寿命较长	重负荷磨削及切除焊渣、铸件浇冒口残蒂等
标准锯齿形($b_2=b_1=h=9.5$mm,胶厚 22mm)	橡胶	30~50	可获得中等粗糙度加工表面,砂带寿命较长	磨平或切除平面凸出部分
X 锯齿形(齿背窄边宽 4.7mm,槽和锯齿背斜面共宽 14mm,槽深 7.9mm,胶厚 22mm)	橡胶	40~70	其柔曲性允许进行成形曲面磨削	适于轻、中负荷磨削及中负荷抛光,也适于加工成形面;对有色金属加工优于锯齿形轮
平坦形	橡胶	30~50	可有效控制切削深度	适于轻负荷磨削及抛光,可获得低粗糙度值的表面
柔软型	压缩帆布	可从软到硬	坚韧耐用	适于中负荷磨削及抛光,硬轮可获得较大金属切除率,软轮可抛出较低粗糙度值的表面
	涂橡胶帆布	中等	成形性能好	用于成形抛光,可切除少量余量
	实心帆布	软、中、硬	磨削表面光整,不留痕迹,价格便宜	各种类型的抛光及成形抛光,也可预制成一定形状,进行型面磨削
柔软型	软皮硬心帆布	软	由圆形帆布片叠合而成,增减帆布片可改变接触轮的宽度,价格低廉	抛光与精抛
充气型	充气橡胶	用气压控制硬度	可调整表面形状,加工表面粗糙度均匀	抛光与精抛
泡沫塑料型	聚氨酯	极软	最柔	复杂型面抛光、精抛

④ 接触轮安装与调整 接触轮本身回转精度及相对于工件表面轴线的位置精度对砂带与工件接触有重要影响:接触轮回转精度低,影响到接触面积、接触压力及磨削深度变化,发生振动;位置精度低也影响接触面积和方向的变化。所以,对接触轮的回转精度、位置精度应进行控制,提高接触轮圆度与圆柱度精度,选择高精度轴承,在结构上应能在接触轮轴

线的水平面内及垂直面内进行调整并对接触轮进行平衡。

8.2.4 张紧与调偏机构

为保障砂带正常运转及正常磨削，如同平带传动一样，必须有砂带张紧与调偏机构。张紧方式有内部张紧（张紧轮压在砂带背面）与外部张紧（张紧轮压在砂带的砂面上）两类，多用内部张紧方式。有时为减少砂带磨头架轮廓尺寸及增大接触轮包角，也采用外部张紧方式。外张紧轮与砂带面直接接触，为纯滚动摩擦，其轮面磨损很小，常用 HT200 铸铁制作外张紧轮。

张紧机构常采用螺旋机构与蜗轮机构实现周期性张紧；采用弹簧、配重及气、液压机构实现自动张紧，张紧装置如图 8-7 所示。也有使接触轮产生位移实现张紧。

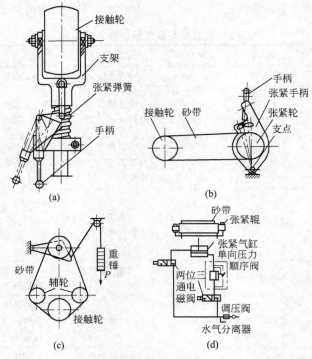

图 8-7　砂带张紧装置

为防止砂带在运行中跑偏、轴向窜动，保持砂带张力均衡，砂带磨损均匀，必须有砂带调偏机构。

8.2.5 砂带磨削工艺参数

（1）恒力磨削功率计算

据试验，砂带磨削切向力 $F_t = (0.5 \sim 0.6)F_n$，则磨削功率 $P_m(kW)$ 为

$$P_m = F_t v_s = 0.5 F_n v_s$$

式中　F_n——磨削施加在工件上的法向力，kN；

　　　v_s——砂带线速度，m/s。

（2）恒切除率磨削功率

用工件进给速度与磨削深度控制切除率 Z_w，用恒切除率计算法向力 F_n 的简化式为

$$F_n = \frac{Z_w E_e}{v_s}(1 + Kt)$$

式中　Z_w——金属切除率，mm^3/s；

　　　v_s——砂带线速度，m/s；

　　　t——磨削时间，s；

　　　K——与砂带钝化速度有关的系数；

　　　E_e——比磨削性能，$kW/(mm^3 \cdot s^{-1})$，E_e 参考数据见表 8-3。

表 8-3　比磨削性能 E_e 参考数据

工 件 材 料	$E_e/kW \cdot mm^{-3} \cdot s$	工 件 材 料	$E_e/kW \cdot mm^{-3} \cdot s$
低碳钢	8.963×10^{-3}	碳素工具钢	10.342×10^{-3}
铸铝	3.447×10^{-3}	铸铁	8.274×10^{-3}
不锈钢	13.790×10^{-3}		

据试验，新砂带使用初期 F_t 值小，F_t/F_n 一般为 0.4～0.6，砂带寿命终了时，F_t 值一般可增加到初值的两倍，如仍取 $F_t/F_n = 0.5$，此时应加倍计算，取 $F_t = F_n$ 的初值则功率计算式为

$$P_m = F_t v_s = F_n v_s = Z_w E_e (1 + Kt) v_s$$

当 $t = 0$ 时，则

$$Z_w = f_a b a_p$$

$$P_m = f_a b a_p E_e$$

式中　f_a——进给量，mm/s；

　　　b——磨削宽度，mm；

　　　a_p——磨削深度，mm。

一般机床传动效率取 0.8～0.9，则电动机功率 $P(kW)$ 为

$$P = \frac{P_m}{\eta}$$

（3）砂带磨削力

砂带磨削力是考察砂带磨削过程的重要参数。砂带磨削力可分解为法向磨削力 F_n，切向削力 F_t，轴向磨削力 F_a。F_n/F_t 之比称为磨削比。切入式砂带磨削的切向力 F_t 与法向力 F_n 可由经验式计算：

$$F_n = u_s \frac{v_w^{0.84}}{v_s} a_p^{0.71} B$$

$$F_t = u_s \frac{v_w^{0.84}}{v_s^{1.15}} a_p^{0.68} B$$

式中　u_s——比磨削能，kg/mm^2；各种工件材料的比磨削能：工具钢 $1500kg/mm^2$，铸铅 $460kg/mm^2$，低碳钢 $1100kg/mm^2$，玻璃 $600kg/mm^2$，石材 $500kg/mm^2$；

　　　v_w——工件速度，m/min；

　　　v_s——砂轮速度，m/s；

　　　a_p——磨削深度，mm；

　　　B——砂带宽度。

砂带磨削法向力 F_n 是切向力 F_t 的 2～5 倍，或者 $F_t/F_n = 0.133～0.55$。

（4）变压力模态砂带磨削计算机模拟

变压力模态砂带磨削是根据磨削过程中砂带磨损状态的不断加剧而逐渐增大法向磨削力，为提高砂带寿命和增大砂带对被磨材料始终有较高的去除率而不断改变磨削接触压力的一种自适应的磨削方法。

① 砂带表面磨粒分布模型的建立

根据静电植砂原理涂附在砂带基体材料上的磨料分布仍是不均匀且高低参差不齐的，因而实际参与工作的磨粒微刃数（即磨粒数）将少于砂带表面上磨粒数。为便于模拟，假设砂带上磨粒（有效磨粒）分布以某种平均间距均布。在工件和砂带接触面积上瞬时参与切削的磨粒会沿砂带长度方向上反复出现。设接触面积的长度为 L（沿垂直于砂带运动方向）、宽度为 B，在 LB 的面积范围内有若干个大小、形状相同的矩形区，每个小矩形面积占有一颗磨粒，如图 8-8 所示，设沿 L 长度上有 m_i 个（$i=1, 2, \cdots, m$），B 宽度上有 n_i 个（$i=1, 2, \cdots, n$），则在接触面积范围内的磨粒数的矩阵为

$$\boldsymbol{M}=[m \times n]$$

② 砂带磨削参数计算机模型

a. 砂带磨损系数 Z_s 由实验确定砂带磨损系数 Z_s，在 $0 \leqslant Z_s \leqslant 1$ 范围内，则

$$Z_s = t \exp(-\alpha P^\beta)$$

式中 t——磨削时间；

P——接触轮压力；

α，β——与工件材料和磨料种类有关的系数。

b. 磨削深度 a_p 根据文献关于砂带磨损的研究，可以把砂带磨粒与工件的接触问题视为一个硬锥体和软平面相接触的过程，把磨粒切削微刃部分简化为锥顶角为 $20°$ 的三角锥。在砂带表面为 LB 的面积内，磨粒受法向磨削力 F_n，各有效磨粒微刃的高度为 h_i（$i=1, 2, \cdots, k$，k 为有效磨削微刃数）。在经历磨削时间后，工件表面平均磨削深度为 $\overline{a_p}$，设工件材料的维氏硬度为 HV，则 $\overline{a_p}$ 与 F_n 的关系为

$$\overline{a_p} = \left\{ \frac{F_n}{1.08\pi \times \mathrm{HV} \times \tan\theta \times \sec\theta \times \sum_{i=1}^{k}\left[(1-\sin\theta)h_i^2 + 3t\dfrac{Z_s}{(\pi\tan\theta)^{\frac{2}{3}}}\right]} \right\}^{\frac{1}{2}}$$

c. 磨削表面粗糙度 Ra 根据小野浩二的磨削加工表面的后续磨粒微刃形成机理，图 8-8 中各磨粒微刃中，高度值 h_i 最大的磨粒微刃为成形工件磨削表面的有效后续磨粒微刃，则有

$$R_a = \frac{1}{r}\sum_{i=1}^{r}\overline{a_{pp}}(i)$$

r 为图 8-8 中矩阵行数，$\overline{a_{pp}}(i)$ 为 i 个有效后续磨粒微刃最后一次经过工件表面时的磨削深度，可根据 $\overline{a_p}$ 公式求得。

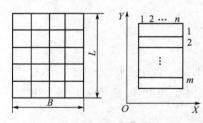

图 8-8   砂带表面磨粒分布模型

d. 磨削均匀性系数 C_u 在砂带磨削中，由于磨粒微刃高度不同和磨粒分布的随机性及磨粒相互间的间隔分散性，磨削表面质量均匀性存在差别。为求取磨削均匀性系数 C_u，在砂带平面内沿垂直于砂带运动的方向上，且在工件表面上选取 m 个大小、形状相同的矩形区域，如图 8-8 所示。设 i 个小矩形区域的工件材料的磨除量为 $Z_q(i)$（$i=1, 2, \cdots, m$），m 个小矩形区域内工件材料磨除量的总和为 Z_w。各个矩形区域内的平均工件材料的磨除量为 Z_p。设工件表面各处被磨粒磨削离散程度的标准差为 E，工件表面各处被磨粒磨削的均匀性系数为 C_u，则

$$Z_w = \sum_{i=1}^{m}Z_q(i)$$

$$Z_q = \frac{Z_w}{m}$$

$$E = \left\{ \frac{1}{m-1} \sum_{i=1}^{m} [Z_q(i) - Z_p]^2 \right\}^{\frac{1}{2}}$$

$$C_u = \frac{E}{Z_p}$$

有关 F_n、Z_s、a_p、Z_q、Z_w、Z_p、C_u、Ra 等参数的计算机模拟数值计算程序框图示于图 8-9 中。

根据建立的各磨削工艺参数计算模型的运行，可以获得 F_n、Z_p、Ra、C_u、Z_s、a_p 等参数。变压力模态砂带磨削时，Ra 和 C_u 能较快地趋于稳定，有利于获得比较好且稳定的表面粗糙度和磨削表面质量均匀性；使 Z_s 保持较小的值，从而延长砂带寿命，增加砂带寿命周期内累积磨除量 Z_w。采用变压力模态砂带磨削是一种行之有效的工艺方法，但在精磨或抛光加工时还是以采用恒压力磨削为好。

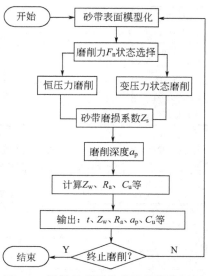

图 8-9　计算机模拟数值计算程序框图

(5) 磨削用量

磨削用量影响金属磨除率。纵磨时，当功率 P_m 为定值，纵向进给 f_a 增加，磨除率 Z_w 略有下降。采用较低的砂带速度 v_s，适当提高工件速度 v_w，选用较小的进给量 f_a，可获得较高的金属磨除率 Z_w。

磨削用量等对粗糙度 Ra 的影响：在使用 Hs-A80 的橡胶接触轮，磨料为 WA、A、GC，尺寸为 40mm×(900～1250)mm 砂带，磨削 $\phi 25～30$mm×200mm 的 45 钢棒料，硬度为 220HB，干磨且其他参数为定值时，v_s 提高，Ra 值随之下降；v_w 提高，Ra 值随之上升；f_a 增大，Ra 值增大；磨削深度 a_p，即径向进给量 f_t 增加，则 Ra 明显增大；砂带粒度号增大，Ra 值明显下降；接触轮硬度增加，Ra 值也增加。

① 砂带速度　一般大功率砂带粗磨选 $v_s = 12～20$m/s；中功率磨削选 $v_s = 20～25$m/s；轻负荷精磨选 $v_s = 25～30$m/s；按工件材料选取时，有色金属 $v_s = 22～30$m/s；碳钢 $v_s = 20～25$m/s；不锈钢 $v_s = 12～20$m/s；镍铬钢 $v_s = 10～18$m/s；铸铁 $v_s = 12～18$m/s；非金属 $v_s = 15～50$m/s。

磨削各种材料的砂带速度推荐值列于表 8-4 中。

表 8-4　磨削不同材料推荐的砂带速度　　　　　　　　　　　　单位：m/s

加工材料		砂带速度	加工材料		砂带速度
非铁金属	铝	22～28	铸铁	灰口铸铁 冷硬铸铁	12～18
	纯铜	20～25			
	黄铜、青铜	25～30			
钢	碳钢	20～25	非金属	棉纤维、玻璃纤维	30～50
	不锈钢	12～20		橡胶	25～35
	镍铬钢	10～18		花岗岩	15～20

② 接触轮压力　F_n 直接影响磨削效率与砂带寿命，应根据工件材质、性能、加工余量及加工要求选定，一般 F_n 为 50～300N。

③ 工件速度　v_w 提高，可降低表面烧伤，但 Ra 值增加；v_w 过高易产生振动，一般粗磨 $v_w = 20～30$mm/min；精磨 v_w 取 20mm/min 以下。

④ 砂带磨削进给量 f_a 与磨削吃刀量 a_e　粗磨时应该选择较大的进给量 f_a 和较大的吃

刀量 a_e；精磨时要选较小的 f_a 和 a_e。对含多种合金元素的材料，要求精度高、表面粗糙度值低的普通材料工件，f_a 和 a_e 均应选小一些。由于接触轮外缘多采用弹性材料，故实际吃刀量仅为给定吃刀量的 1/2～1/3。

轴类工件砂带磨削的磨削用量参考值见表 8-5。

表 8-5　轴类工件砂带磨削的用量参考值

粗　磨				精　磨			
工件直径 D/mm	工件转速 n_w/r·min^{-1}	吃刀量 a_e/mm	进给量 f_a/mm·r^{-1}	工件直径 D/mm	工件转速 n_w/r·min^{-1}	吃刀量 a_e/mm	进给量 f_a/mm·r^{-1}
50～100	136～68			50～100	98～48		
100～200	68～45			100～200	48～28		
200～400	45～23	0.05～0.10	0.17～3.00	200～400	28～14	0.01～0.05	0.40～2.00
400～800	23～12			400～800	14～7.5		
800～1200	12～8			800～1200	7.5～5		

⑤ 砂带磨削余量　工件材料硬度越高，磨前工件表面粗糙度值越低，其余量应越小。轴类工件砂带外圆磨削余量推荐值列于表 8-6 中。

表 8-6　轴类工件砂带外圆磨削余量参考值

工件材料	磨削表面状况	热处理	直径余量/mm
碳钢 合金钢 不锈钢	表面光整，无缺陷，表面粗糙度 Ra 值为 1.6μm	高硬度件 淬火、调质件 未经处理件	0.03～0.08 0.05～0.10 0.10～0.15
碳钢 合金钢 不锈钢	表面光整，无缺陷，表面粗糙度 Ra 值为 3.2μm	高硬度件 淬火、调质件 未经处理件	0.05～0.10 0.10～0.15 0.10～0.20
碳钢 合金钢 不锈钢	表面粗糙，有棱痕，不光整，有补焊，硬度不均，表面粗糙度 Ra 值为 6.3～3.2μm	高硬度件 淬火、调质件 未经处理件	0.05～0.12 0.15～0.20 0.20～0.25
黄铜 青铜 铸铁	表面光整，无缺陷，表面粗糙度 Ra 值为 6.3～3.2μm	—	0.20～0.30

⑥ 砂带磨料和接触轮的选择　参见表 8-7。

表 8-7　砂带磨料和接触轮的选择

工件材料	工序	砂　带		接　触　轮	
		磨料	粒度号	外缘形状	硬度 Hs-A
冷、热压延钢	粗磨	WA	P30～P60	锯齿形橡胶	70～90
	半精磨	WA	P80～P150	平坦形、X 锯齿形橡胶	20～60
	精磨	WA	P150～P500	平坦形或抛光轮	20～40
不锈钢	粗磨	WA	P50～P80	锯齿形橡胶	70～90
	半精磨	WA	P80～P120	平坦形、X 锯齿形橡胶	30～60
	精磨	C	P150～P180	平坦形或抛光轮	20～60
铝	粗磨		P30～P80	锯齿形橡胶	70～90
	半精磨	WA,C	P100～P180	平坦形、X 锯齿形橡胶	30～60
	精磨		P220～P320	平坦形、X 锯齿形橡胶	20～50
铜合金	粗磨		P36～P80	锯齿形橡胶	70～90
	半精磨	A,C	P100～P150	平坦形、X 锯齿形橡胶	30～50
	精磨		P180～P320	平坦形、X 锯齿形橡胶	20～30

续表

工件材料	工序	砂带		接触轮	
		磨料	粒度号	外缘形状	硬度 Hs-A
非铁金属	粗磨 半精磨 精磨	WA,C	P24～P80 P100～P180 P220～P320	根据使用目的选择硬橡胶轮 平坦形或抛光轮 平坦形或抛光轮	70～90 20～60 20～40
铸铁	粗磨 半精磨 精磨	C	P30～P60 P80～P150 P120～P320	锯齿形或X锯齿形橡胶 平坦形或X锯齿形橡胶 平坦形或X锯齿形橡胶	50～70 30～50 20～30
钛合金	粗磨 半精磨 精磨	WA,C	P36～P50 P60～P150 P120～P240	小直径锯齿形橡胶 平坦形或抛光轮 平坦形或抛光轮	70～90 50 20～40
耐热合金	粗磨 半精磨 精磨	WA	P36～P60 P40～P100 P100～P150	平坦形或X锯齿形橡胶 锯齿形 平坦形	70～90 50 30～40

⑦ 砂带磨削的各种磨削液及应用范围 列于表8-8中。

表8-8 砂带磨削的各种磨削液及应用范围

磨削剂			特点	应用范围
干磨剂(固态脂、蜡助剂)			可有效防止砂带堵塞	各种材料的干磨
湿磨液	油基磨削液	矿物油 混合油 硫化氯化油	可提高磨削性能 可获得良好的精磨表面 可提高磨削性能	非铁金属磨削 金属精磨 铁金属、不锈钢粗磨
	水溶性磨削液	乳化型 溶化型 液化型	润滑性能好、价格低廉 冷却、浸透性能好 冷却、浸透性能好、防锈性能好	金属磨削 金属磨削 金属精磨
	水磨削液	水	冷却性能好	玻璃、石料、塑料、橡胶等磨削

(6) 砂带尺寸和公差

砂带的宽度、周长的尺寸及其极限偏差、宽度与周长组合的选择按 GB/T 15305.3—1994 执行。

① 砂带宽度 b 及极限偏差应符合表8-9的规定。

表8-9 砂带宽度 b 及极限偏差（摘自 GB/T 15305.3—1994） 单位：mm

b		b		b		b	
基本尺寸	极限偏差	基本尺寸	极限偏差	基本尺寸	极限偏差	基本尺寸	极限偏差
2.5		75		500		1500	
5		100		600		1600	
7.5		125		700	±2	1700	
10		150		800		1800	
12.5		175		900		1900	
15	±1	200		1000		2000	±3
20		225	±2	1060		2120	
25		250		1120		2240	
30		300		1180		2360	
40		350		1250	±3	2500	
50		400		1320		2650	
60	±2	450		1400		—	

② 砂带周长 l 及极限偏差应符合表 8-10 的规定。

表 8-10　砂带周长 l 及极限偏差（摘自 GB/T 15305.3—1994）　　　单位：mm

l		l			l			l	
基本尺寸	极限偏差	基本尺寸	极限偏差		基本尺寸	极限偏差		基本尺寸	极限偏差
			$l\leqslant1000$	$l>1000$		$l\leqslant1000$	$l>1000$		
400	±3	1000	±3	—	2500			6300	±20
450		1120	±5	±10	2800			7100	
500		1250			3150	±5		8000	
560		1400			3550		±10	9000	
630		1600			4000			10000	
710		1800			4500			11200	
800		2000			5000	±10		12500	
900		2240			5600				

③ 砂带宽度与周长的组合应按 GB/T 15305.3—1994 规定选择。

8.2.6　砂带磨床

砂带磨床是根据工件形状，以相应的接触形式，用高速运动的砂带对工件表面进行磨削和抛光的机床，已发展成为高效、精加工设备，一般分为平面砂带磨床、外圆砂带磨床、内圆砂带磨床、无心砂带磨床、宽砂带磨床、砂带研抛机及专用砂带磨床。

（1）万能砂带磨床（XT001/5）

XT001/5 型万能砂带磨床结构如图 8-10 所示。

该机备有宽 25mm 及 50mm 的闭式砂带机供选择，其主要特点是：工件要求高效加工时，在接触轮 4 或在主动轮 8 处加工；要求磨平面的工件，在接触板 6 处加工；磨削曲面、砂光、抛磨异型面时，在接触轮 4 和支承轮 2 之间被绷紧的砂带柔性部位加工。该机结构简单、加工工艺范围宽，砂带线速度可达 30m/s。

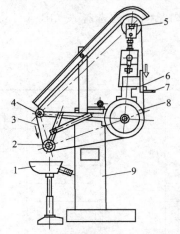

图 8-10　XT001/5 型万能砂带磨床
1—吸尘斗；2—支承轮；3—砂带；4—接触轮；5—张紧轮；6—接触板；7—工作台；8—主动轮；9—床身

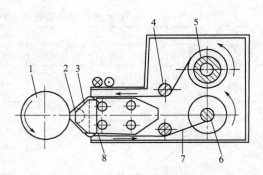

图 8-11　外圆砂带磨床
1—工件；2—接触轮；3—储气筒；4—张紧轮；5—送出轴；6—卷进轴；7—砂带；8—摇动头

（2）外圆砂带磨床

外圆砂带磨床分为两大类：一类是定心外圆砂带磨床，可在卧式车床等设备上加装万能砂带磨削装置组成；另一类是无心外圆砂带磨床。图 8-11 所示为一种振动式（摇动式）外圆砂带磨床，是一种收卷开式砂带外圆磨床。砂带卷在送出轴 5 上，经张紧轮 4 到储气筒 3 支承的接触轮 2，与工件 1 相接触，再经张紧轮卷回到卷进轴 6，接触轮工作横向摇头，可磨削、抛光出较低的表面粗糙度值，工效较高。

（3）砂带研抛机

砂带研抛机可研抛外圆、平面、曲面等。砂带研抛机结构原理示于图 8-12 中。图 8-12（a）所示为开式砂带研抛机工作原理，工件作摇动加压进给，工件由压模块支承，开式研抛砂带由工件与压模块中间通过。图 8-12（b）所示为复合砂带-钢丝刷研抛机，机床同时去毛刺和光整加工，借助传送带可研磨薄型工件，如铝合金和不锈钢的装饰研磨。

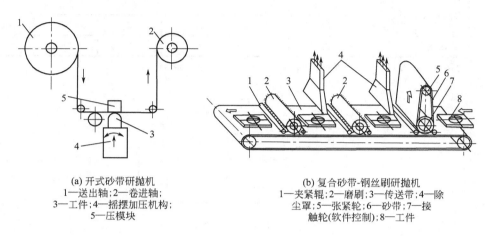

(a) 开式砂带研抛机
1—送出轴；2—卷进轴；
3—工件；4—摇摆加压机构；
5—压模块

(b) 复合砂带-钢丝刷研抛机
1—夹紧辊；2—磨刷；3—传送带；4—除
尘罩；5—张紧轮；6—砂带；7—接
触轮(软件控制)；8—工件

图 8-12　砂带研抛机

（4）涡轮机叶片砂带磨床

图 8-13 所示为 MTS-CN3/6 型涡轮机叶片砂带磨床运动示意。该机的运动有：工件纵向运动（X 轴），磨头的横向运动（Y 轴），磨头的上下运动（Z 轴），工件的旋转运动（A 轴），磨头绕 Y 轴转动（B 轴），磨头绕 Z 轴转动（C 轴）。其中，X、Y、A 为数控（NC）轴，且三轴联动。

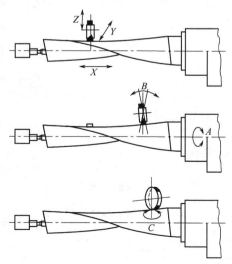

图 8-13　叶片砂带磨床运动示意

8.2.7 砂带磨削加工实例

(1) 大型工件外圆的砂带磨削

工件为轧钢机轧辊，如图 8-14 所示。工件材料为 20CrMnWV，硬度为 280～300HB，利用 C61160 型车床加装砂带磨头。磨前表面粗糙度 Ra 值为 6.3～3.2μm，磨削余量为 0.12～0.14mm，经粗磨、半精磨和精磨达到图样要求，工艺参数见表 8-11。

表 8-11　轧钢机轧辊砂带磨削工艺参数

工序	磨削方式	砂　带		磨削用量				冷却方式
		磨料	粒度	$v_s/m \cdot s^{-1}$	$n_w/r \cdot min^{-1}$	$f_a/mm \cdot r^{-1}$	F_p/N	
粗磨	接触轮式	棕刚玉	P120	25.17	12.5	4.8	250	干式
半精磨			P180	25.17	12.5	3	200	
精磨	自由式		P220	25.17	5.5	3	300	

注：f_a 选用 4.8mm/r 时，出现清晰的波纹；选用 3mm/r 时，则情况良好。

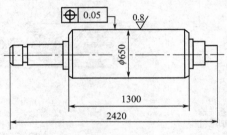

图 8-14　轧钢机轧辊

车床上无微量进给机构，a_p 大小可凭火花大小辨别，千分尺测量，在 1300mm 长度上，测量点以 4 个为宜。

(2) 深孔砂带磨削

深孔砂带磨削主要应用于接触气囊装置，将砂带压在深孔表面上进行砂带磨削，其结构及工作情况如图 8-15 所示。接触压力决定于吃刀量，过大则影响加工质量，也易使砂带跑偏甚至断裂。一般砂带每 10mm 宽选 20～30N 的压力，v_s =10～20m/s，v_w =15～30m/min，接触气囊进给速度为 10～25mm/r。磨削余量取决于磨前加工质量。可按表 8-12 所示选择深孔砂带磨削余量。

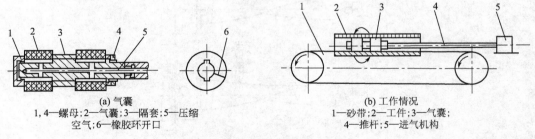

(a) 气囊　　　　　　　　　　　　　　　(b) 工作情况
1,4—螺母；2—气囊；3—隔套；5—压缩　　1—砂带；2—工件；3—气囊；
空气；6—橡胶环开口　　　　　　　　　　4—推杆；5—进气机构

图 8-15　接触气囊结构示意

表 8-12　深孔砂带磨削余量　　　　　　　　　　　　单位：mm

孔　　径		25～50	50～80	80～120	120～200	200～500
直径余量	钢件	0.015～0.03	0.03～0.05	0.05～0.07	0.07～0.09	0.09～0.13
	铸铁件	0.03～0.05	0.05～0.07	0.07～0.09	0.09～0.11	0.13～0.20

对于小深孔可以采用砂绳磨削，砂绳是以纱绳（或在纱绳内裹以金属丝）表面黏附磨料，磨料粒度为 $240^{\#}\sim280^{\#}$。可以获得小深孔内表面较低的粗糙度值。

（3）大平面砂带磨削

如大型平板、大型电机硅钢片去毛刺可采用平面砂带磨削。大型平板砂带平面磨削可在龙门刨床上进行粗磨、精磨和精修。精磨用 P80 棕刚玉砂带，$v_s=25\text{m/s}$，$a_p=0.03\sim0.05\text{mm}$，$v_w=15\text{m/min}$。精修时用 P120 砂带，进行无火花磨削。

（4）汽轮机叶片曲面砂带磨削

成形曲面砂带磨削方式有仿形砂带磨削、共轭接触砂带磨削与数控砂带磨削。所用的砂带有宽带、窄带两种。宽带是指砂带宽度与被加工工件等宽或稍宽于工件加工面宽度。加工时只有切深方向的进给，仅适用于工件表面变化不大的表面粗加工。窄砂带一般为 $15\sim20\text{mm}$，加工时，工件及砂带双向进给，适宜于加工尺寸较大、形状复杂的工件。窄砂带磨削按进给方向分为纵向行距法及横向行距法。

① 宽砂带仿形磨削叶片　加工方式示意如图 8-16 所示。工件装夹在工作台上，在工作台下部有靠模板与滚轮，工作台往复移动并随靠模板轨迹上下起伏，完成型面加工。$v_s=25\text{m/s}$，工作台移动速度小于 6m/s。

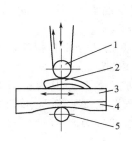

图 8-16　宽砂带仿形磨削示意
1—宽砂带接触轮；2—工件；3—工作台；
4—靠模板；5—靠模滚轮

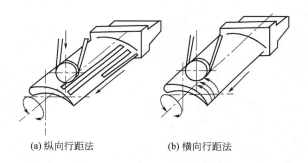

(a) 纵向行距法　　　(b) 横向行距法

图 8-17　窄砂带仿形磨削方法

② 窄砂带仿形纵向、横向行距磨削叶片　航空发动机叶片可用窄砂带仿形纵向与横向行距磨削，加工示意如图 8-17 所示。采用横向行距法加工，靠模同轴布置，接触轮与球面滚轮通过支架刚性连接，工件与靠模同步慢速旋转，工作台横向移动，一次装夹完成内弧与背弧加工，多用于粗磨。精磨则采用纵向行距法。

③ CNC 砂带精密磨削叶片　CNC 砂带磨削是目前提高叶片加工质量最有效的加工工艺方法。接触轮与工件的线接触，比数控切削加工所使用的球形刀具点接触加工优越。实现叶片的 CNC 砂带磨削，需进行坐标控制。叶片 CNC 控制加工流程如图 8-18 所示。叶片数控加工的前置处理部分，需建立起复杂曲面造型和刀位数据计算，开发 CAD 软件，后置处理需确定数控加工手段、刀具轨迹，编制数控加工程序，开发 CAM 软件。前置处理与后置处理采用数据共享，实现 CAD/CAM 系统集成。

图 8-18　叶片 CNC 砂带磨削加工流程

复杂曲面造型常用的数学方法有 Coons、Bezier 和 B 样条曲面。B 样条曲面在曲面造型和数控加工中应用广泛。对图样给定的叶片离散型值点用 B 样条曲面片法拟合叶片型面，建立拟合数学模型的矩阵表达式。用曲面反算法求出 B 样条曲面所对应的特征网络进行拟合插值计算，求出节点值；再按均匀或非均匀 B 样条光顺法检查叶片型面离散型值点是否光顺。

　　按 B 样条曲面片法拟合插值计算及造型，所得曲面并不是面向数控加工的曲面。面向数控加工的曲面应是直纹面，需要用逼近原理解决这一矛盾。由数学推导知均匀双一次 B 样条曲面是直纹面的一种特例。直纹面是一条直母线两端在两条直导线上按一定规律形成的，也称鞍形曲面，如图 8-19 所示。它是面向数控加工的曲面，利用它去逼近叶片拟合曲面。均匀双一次 B 样条曲面的矩阵表达式为

$$Q_{ij}(u,w) = [u \quad 1] \cdot \begin{bmatrix} -1 & 1 \\ 1 & 0 \end{bmatrix} \cdot \begin{bmatrix} V_{ij} & V_{i,j+1} \\ V_{i+1,j} & V_{i+1,j+1} \end{bmatrix} \cdot \begin{bmatrix} -1 & 1 \\ 1 & 0 \end{bmatrix} \cdot \begin{bmatrix} W \\ 1 \end{bmatrix}$$

$$= (1-w) \cdot Q_{ij}(u,0) + wQ(u,1)$$

$$\left\{ \begin{array}{l} i \in [1 \cdots n-1], j \in (1 \cdots m-1) \\ u,w \in [0,1] \end{array} \right\}$$

　　其中

$$Q_{ij}(u,0) = (1-u)V_{ij} + uV_{i+1,j} \quad Q_{ij}(u,1)$$
$$= (1-u)V_{i,j+1} + uV_{i+1,j+1}$$

根据均匀双一次 B 样条曲面的特性，可知离散型值点 P_{ij} 与 B 样条特征网络顶点 V_{ij}。

为保证对原曲面的逼近精度及插补精度，取不同的 u、w 值，将鞍形面细分为许多曲面片。

砂带磨削接触轮为圆柱体，可视为圆柱形刀具。加工中刀具中心轨迹应为鞍形曲面。对鞍形曲面这样的复杂曲面生成，可用 B 样条曲面方法对型面进行拟合、插值、造型及建模。

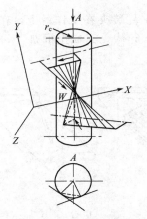

图 8-19　砂带磨削加工鞍形曲面

8.3　超精密砂带磨削

8.3.1　砂带

　　在聚酯薄膜基体上，黏结超微细磨料而成为砂带。其带宽为 8mm、12mm、23mm、37mm、50mm、75mm、125mm。所用磨料有氧化铬（PA）、碳化硅（GC）、氧化锆（ZA）、金刚石（RVD）、氧化铁（M）等，其磨粒尺寸见表 8-13。聚酯薄膜研磨砂带的宽度，可根据零件尺寸选择，最小可做到带宽 1mm。

表 8-13　超精密砂带磨粒尺寸

粒 度 代 号		磨粒平均直径/μm	砂带表面粗糙度/μm
JIS	GB		
2000	W10	8	0.7
4000	W3.5	3	0.2
6000	W1~1.5	1	0.16
8000	W0.5~1	0.5	0.15
10000	W0.3	0.3	0.08
15000	W0.2	0.2	0.07
20000	W0.1	0.1	0.057

8.3.2 超精密砂带磨削方式

超精密砂带磨削是很有发展前途的超精密加工方法，常用开式系统。图 8-20 所示为加工磁盘的开式加工系统。在系统中可对接触辊施加一径向振动，以便产生网状微切削痕纹，降低表面粗糙度值，砂带以极缓慢的速度进给；工件主轴转速为 40～50r/min；接触辊振动频率为 5～20Hz，振幅为 10～20μm，可用超声波振动来实现接触辊的振动。

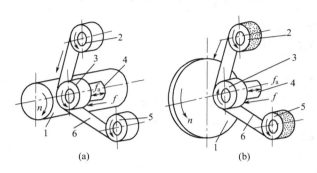

图 8-20 振动开式砂带研磨系统

1—工件；2—砂带轮；3—接触轮；4—激振轮；5—卷帘轮；6—砂带；
n—主轴转速；f_a—接触轮轴向振动频率；f—研磨头进给量

8.3.3 超声波砂带磨削运动与机理

将超声波振动叠加到开式砂带磨削运动上，使砂带在磨削过程中以超声频振动，达到提高加工质量和效率的目的，称为超声波砂带磨削。这是一种复合加工工艺，实现超声波振动与砂带磨削的叠加要解决三个问题。

① 波的反射对叠加效果的影响　根据声学理论可知，当超声波射到两种介质的平面分界面上时，产生反射波与折射波，反射波消耗声能，折射波是加工用的有效声能。在超声波振动系统设计中应尽量减少反射面，分界面应具有良好的平面度及粗糙度，系统应有利于超声能量向加工区传播。

② 超声波振动负载大小的决定　接触辊是作为负载来处理的，在设计超声波振动变幅杆时，要考虑负载的大小。经实验，一般应使接触辊的横向尺寸小于 1/10 波长，纵向尺寸小于 1/4 波长。满足这一条件时，接触辊直径最大为 30mm，长度为 75mm。接触辊过大，将影响超声波振动系统的固有频率，超声波发生器频率调节范围内找不到共振频率或根本不振动。

③ 超声波振动叠加方向的选择　以接触辊为参照系，超声波振动可沿 X、Y、Z 三个方向叠加。但实际上沿接触辊径向，即垂直于砂带与工件接触面方向上，叠加超声波振动较易实现。

超声波砂带精密磨削时有四个运动：工件随主轴的回转运动（主运动），砂带缓慢的送带运动，砂带头架沿工件加工表面方向的进给运动，接触辊的超声波振动。砂带磨削运动实现磨料对工件表面的切削、刻划与滑擦作用。接触辊的超声波振动有冲击磨削作用。砂带获得振动的每个振动周期，磨粒与切屑都有一个脱离接触面的瞬间，促进磨削液向磨削区扩散，促进了润滑作用，防止了黏结区形成，降低了摩擦因数与摩擦力。超声波振动使能量集中在磨粒的局部小范围内，使磨粒与工件接触区产生微观软化，降低了工件材料表层塑性变形抗力；同时材料晶格缺陷吸收超声波能量，激活位错的扩展，使加工变得容易。超声波强化作用使超声波砂带磨削能够提高加工质量和加工效率。

超声波砂带磨削磨粒运动轨迹合成，工件主运动角位移为 θ_1 为

$$\theta_1 = \frac{2\pi nt}{60} = \frac{1}{30}\pi nt$$

工件位移（S_1）与线速度（v_w）为

$$S_1 = \frac{1}{30}\pi R_w nt \ (\text{mm})$$

$$v_w = \frac{1}{30}\pi R_w n \ (\text{mm/s})$$

式中　R_w——工件加工面回转半径，mm；

　　　n——主轴转速，r/min；

　　　t——时间，s。

接触辊振动的位移（$X_接$）及振动速度（$v_接$）分别为

$$X_接 = A\sin\omega t \ (\mu\text{m})$$

$$v_接 = A\omega\cos\omega t \ (\mu\text{m/s})$$

式中　A——超声波振幅，mm；

　　　t——时间，s；

　　　ω——角频率，$\omega = 2\pi f$；

　　　f——超声波振动频率，Hz。

因砂带送带速度（v_s）缓慢，砂轮架进给速度（$v_进$）起继续加工作用。在考察运动轨迹合成时，可忽略不计。因此，砂带上某颗磨粒的运动轨迹为 S_1 与 $X_接$ 的位移合成，即

$$\begin{cases} S_1 = \dfrac{1}{30}\pi R_w nt \\ X_接 = A\sin\omega t \end{cases}$$

运动轨迹合成运动是一条以阿基米德螺旋线为中性轴的简谐振动。只要 n 与 f 互为质数，运动轨迹就不会重复，磨削轨迹成均匀的网纹。

将抛光砂带用于收录机磁头、计算机硬盘铝合金基体的抛光与纹理加工。采用图 8-20 所示的开式系统加工硬盘环形纹理，使用 $4000^\#$ 刚玉砂带，砂带厚 $25\mu\text{m}$，磨粒平均尺寸 $3\mu\text{m}$，工件转速为 400r/min，接触辊直径为 35mm，加压负荷为 22N，砂带进给速度为 500mm/min，加工 20s 即可获得良好的加工效果。

用超声波砂带精密磨削硬盘基体，使用聚酯薄膜砂带，切削速度 35m/min，采用滚花表面接触辊，其表面加工粗糙度 $Ra = 0.043\mu\text{m}$，加工时间 125min，用光滑表面接触辊，得 $Ra = 0.073\mu\text{m}$，平均加工时间为 20min。

8.4　强力砂带磨削

强力砂带磨削是一种高效率工艺，它是将缓进给磨削原理用于砂带磨削之中，使粗粒度的砂带以高速转动，工件缓慢进给，采用大的磨削深度（1~5mm）进行磨削加工。主要要求大的磨除率，对加工精度与加工表面质量要求不高。往往结合精密砂带磨头，实现两工位和三工位加工，达到高效高质量的加工。砂带粗磨也是一种常用的大切深、高效率去除加工方法。

强力砂带平面磨削方式为采用粗、精磨头两工位加工，如图 8-21 所示。粗磨头采用接触式，主要用来大量磨除余量，而尺寸精度和表面质量主要用精磨头保证。粗磨头接触辊采用硬橡胶带螺旋槽轮面。实现强力磨削，机床需要有足够的功率。在缓进给中，机床进给机构应无爬行现象产生，工件要装夹可靠。

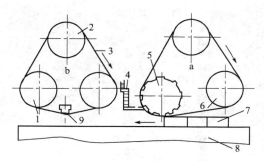

图 8-21　强力砂带粗、精磨头
1—主动轮；2—张紧轮；3—砂带；4—冷却管；5—接触轮；6—被动轮；7—工件；
8—工作台；9—接触板；a—粗磨头；b—精密头

经工艺试验表明，增大工件进给速度 v_w 和磨削深度 a_p，采用光滑橡胶接触轮加工，工件表面平面度下降，塌边现象严重，粗糙度值增大。采用螺旋槽接触轮轮面，塌边现象明显下降，粗糙度值有所降低。砂带速度 v_s 增加，磨粒在单位时间参与切削次数增加，磨除率增加。干磨时，随 v_w、a_p 增大，工件表面烧伤加剧；湿磨时，$a_p=5mm$，$v_w=120mm/min$，烧伤明显下降。逆磨比顺磨加工表面粗糙度值要小。磨粒粒径尺寸大，磨除率增加，粗糙度值增大。常用粒度为 $20^\#\sim80^\#$。

第9章

游离磨粒加工技术

9.1 概述

游离磨粒加工技术是历史久远而又不断发展的加工方法。在加工中研磨剂、研磨液、抛光剂、抛光液中的各种磨粒、微粉或超微粉呈游离状态（自由状态），它的切削由游离分散的磨粒自由滑动、滚动和冲击来完成。游离磨粒加工也属于精整和光整加工（Finishing Cut），是指不切除或切除极薄的材料层，用以降低工件表面粗糙度值或强化加工表面的加工方法，多用于最终工序加工。游离磨粒加工也用来作为修饰加工，主要是为了降低表面粗糙度值，以提高防蚀、防尘性能和改善外观，而不要求提高精度的加工方法，如砂光、辗光、抛光轮抛光等。抛光一词并非专指光整加工和修饰加工的抛光方法，也包含用低速旋转的软质材料（塑料、沥青、软皮等）研磨盘，或用高速旋转的低弹性材料（棉布、毛毡、皮革等）抛光轮，加研磨剂、抛光剂，具有一定研磨性质的精密和超精密抛光。去毛刺（De-burrig Burr）有时也被混称为抛光，它是影响零件工作质量的灵敏性、可靠性的重要技术。可用抛光方法去毛刺，但去毛刺还有其他方法。

现代新发展起来的超精研磨和抛光技术主要有两类：一类是为寻求降低表面粗糙度值及提高尺寸精度而展开的；另一类是为实现电子元件、光学元件等特定功能材料及其复合材料的各种元件机能而展开的。它要研究、解决与高形状精度和尺寸精度相匹配的表面粗糙度和极小的表面变质层问题，如对于单晶材料的加工，既要求平面度、板厚和方位的形状精度，又必须创成出物理或结晶学的完全晶面。

研磨分为手工研磨、机械研磨、动态浮起平面研磨、液态研磨、磨粒胶层带研磨、振动研磨、磁性研磨、电陡动研磨。抛光分为机械抛光、化学抛光、电化学抛光、磨液抛光、超声波抛光、超声波化学-机械抛光、电解复合抛光等，还有超精密研抛、磨粒喷射加工、磨料流动加工及弹性发射加工。化学抛光及电化学抛光是没有磨料参与的微切削，本书不再述及。

9.1.1 游离磨粒加工机理

（1）微量切削

游离磨粒加工可以获得比一般机械加工更高的加工精度和表面质量，是通过选用低的加工压力，细或超细磨粒及弹性支承或黏弹性支承手段，进行微量切削，容易得到极小的加工单位，在加工过程中的每个加工点局部，均是以材料微观变形或微量去除作用的集成来进行。它们的加工机理是随着其加工应力涉及范围（加工单位）和工件材料的不均匀程度（材料原有的缺陷或加工产生的缺陷）不同而不同。可使用比材料缺陷，特别是比工件材料微裂纹缺陷还小的超细磨粒，因磨粒的作用力比引起材料破坏的应力还小，所以可获得高质量的加工表面。图 9-1 所示为不同加工单位的变形破坏。目前超大规模集成电路半导体、磁头用的铁素体等磁性体、蓝宝石等压电体及诱电体和光学晶体等的表面加工均采用切除层很微细的游离磨粒超精密研磨与抛光加工方法完成。为了对此有定量理解，可将微细或超微细磨粒形状简化为圆锥体，如图 9-2 所示。

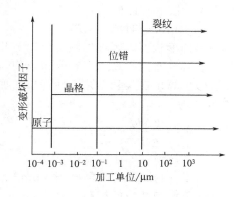

图 9-1　不同加工单位的变形破坏

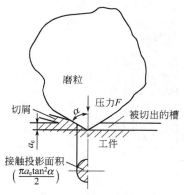

图 9-2　磨粒与工件接触模型

磨粒的磨削深度 a_p 为

$$a_p = \sqrt{\frac{2F}{\pi \sigma_s \tan^2 \alpha}} \quad (\text{mm})$$

式中　F——单个磨粒所承受的压力，N；

　　　α——假想圆锥磨粒的半顶角，($°$)；

　　　σ_s——工件材料的屈服点，MPa。

取 $\alpha = 60°$，$\sigma_s = 2000\text{MPa}$，$F = 10^{-3}\text{N}$，则 $a_p = 0.3\mu\text{m}$。每颗磨粒载荷为 $F = 10^{-3}\text{N}$，每 1cm^2（有 $600 \sim 6000$ 颗磨粒）载荷相当于 $0.6 \sim 6\text{N}$，如此小的力是很容易做到的。因此，得到小于 $0.3\mu\text{m}$ 的切深，这对精整和光整加工并不困难。故它能达到与检测精度相当的加工精度。

(2) 按创成原理形成表面

精整和光整加工大多是用非强制性的压力进给切削加工，其加工量的多少决定于工具与工件间的压力大小，并且首先切除工件与工具表面上的凸点。为了获得理想的按创成原理形成的加工表面，要求如下。

① 工具与工件能相互修整。

② 各点相对运动轨迹接近一致。

③ 采用在弹性或黏弹性压力下加载，能根据接触状态自动调整磨削深度，以保证加工质量。

图 9-3 示出这一切削过程的机理。首先加工工件上 P_1、P_2、P_3、P_4 等几个顶点，当顶点加工平坦后，由于比压减小，切除工件较为困难，反过来形成以工件来修整工具上的凸点。如此形成工件与工具间的相互修整，且由于所设计的运动轨迹使同一接触点再次重现的概率很小，提高了修整效果，从而获得高的平整表面。可见，加工精度与构成相对运动的机床运动精度几乎无关，主要是由工件与工具间的接触性质和压力特性，以及相对运动轨迹的形态等因素决定的，故称此加工原理为创成原理。应用此原理在合适条件下，加工精度就能超过机床本身的精度。

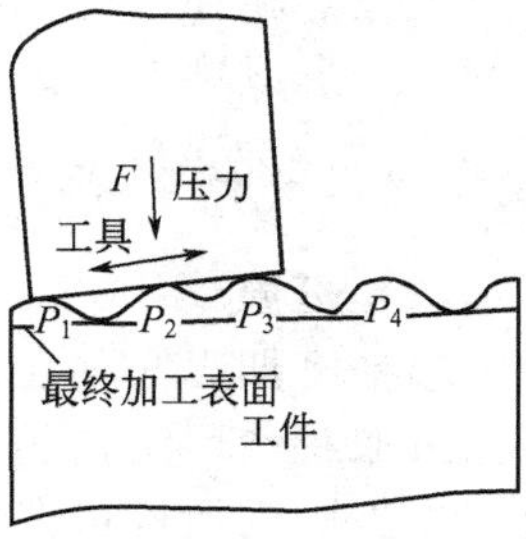

图 9-3　游离磨粒加工表面形成机理

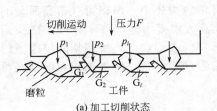

切削运动　压力 F

p_1　p_2　p_i

磨粒　G_1　G_2　工件　G_i

(a) 加工切削状态

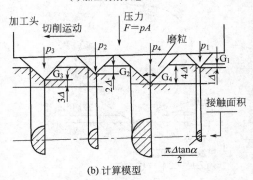

(b) 计算模型

图9-4　游离磨粒加工模型

游离磨粒加工的机械作用可用图9-4所示的磨粒切刃加工模型来表示。通过切削的相对运动产生沟槽 G_1、G_2、…、G_i，其体积总和为切削量。在这种情况下，磨粒与工件的接触压力大致等于工件材料的屈服点 σ_s，其值可根据维氏显微硬度值 HV，按下式计算：

$$\sigma_s = 10.584 \mathrm{HV}\ (\mathrm{MPa})$$

磨粒切刃的形状可以用近似圆锥、球等几何体来表示。若其分布按等高、正态分布或均匀分布时，可近似推算出在某种工艺条件下切削加工的单位体积 V 为

$$V = \frac{2ApL}{\pi\sigma_s \tan\alpha}\ (\mathrm{mm}^3)$$

式中　σ_s——工件材料的屈服点，MPa；

A——工件与磨粒的接触面积，mm^2；

p——工件与磨粒的接触压力，MPa；

L——工件与磨粒的相对移动距离，mm；

α——圆锥磨粒的半顶角，(°)。

加工表面粗糙度与最大切削深度 $a_{p\max}$ 成正比。$a_{p\max}$ 可由下式得出：

$$a_{p\max} = \left(\frac{\eta d_g^3 p}{G\sigma_s \tan^2\alpha}\right)^{\frac{1}{3}}\ (\mathrm{mm})$$

$$G = \frac{\pi n d_g^3 \eta}{6}$$

式中　η——磨粒体积率，等于直径为 d_g 磨粒的实际体积与直径为 d_g 的球体积之比；

d_g——磨粒的平均直径；

G——磨粒率；

n——磨粒数。

可见，提高工件与磨粒的接触面积、接触压力及相对移动距离，减少工件材料屈服点（硬度）和磨粒圆锥半顶角，可提高加工效率。降低表面粗糙度值就应减小磨粒粒径、减少工件与磨粒的接触压力和磨粒体积率，增大工件材料的屈服点、磨粒圆锥半顶角和磨粒率。

(3) 多刃加工特性与多方向切削功能

游离磨粒加工属于多刃性的微量切削，要求微细磨粒在微观上有极锋利的刀刃且要求游离均匀，以保证高精度及低粗糙度值的加工。

游离磨粒在工件上滑动与滚动，可实现多方向切削，使全体磨粒的切削机会和切刃破碎率均等，形成磨粒切刃的自锐。

9.1.2　超精密研磨及超精密抛光加工环境

(1) 恒温

超精密加工必须在严密多层恒温条件下进行，除对放置机床的房间保持恒温外，还要对机床采取特殊恒温措施。如机床外部罩有透明罩，罩内设有油管，对整台机床喷射恒温油流，加工区内温度可保持在 (20±0.06)℃范围内。

(2) 防振

除对机床设计制造采取提高动态特性措施外，还需采用隔振系统。如美国一实验室的一

台超精密研磨机安装在工字钢和混凝土防振床上，再用 4 个气垫支承约 75kN 的机床和防振垫，气垫由气泵供给恒压的氮气，能有效地隔离频率为 6～9Hz、振幅为 $0.1～0.2\mu m$ 的外来振动。

（3）超净

未经净化的环境绝大部分尘埃小于 $1\mu m$，也有 $1～10\mu m$ 的。如落到加工表面上将拉伤表面，落到量具测量表面上将造成错误判断。用预净室和净化室二次净化，可在 $1m^3$ 空间使大于 $0.5\mu m$ 的尘埃不超过 3500 个。

9.1.3 游离磨粒加工特点

① 有利于实现创成性加工　可获得很高的精度和很低的表面粗糙度值。

② 可完成复杂凹部表面加工　用自由运动的磨粒能实现各种复杂形状表面加工或处理（一般不要求形状和尺寸精度），诸如滚筒加工、喷射加工等。

③ 可高效切除表面材料　在不要求精度的场合，采用喷射加工等方法可简便而高效地加工表面。

④ 高速加工　多选用橡胶、塑料、布、麻等作为支承体，从安全角度考虑有利于采用高速来提高效率。

⑤ 化学的辅助切除作用　半固结磨粒加工由于磨具变形使接触面积增大，局部温度升高，使加工材料的切除不仅有机械作用，还有化学的辅助作用。

⑥ 可采用弹性磨具和半固结磨具　半固结磨具与工件平面接触状态如图 9-5 所示。弹性圆盘外圆上用各种方法固结磨粒。在力作用下，形成接触弧内的垂直压力分布 $f(x)$。接触弧内 x 点的磨粒可以近似地考虑为按 $F=f(x)$ 的压力进给加工，实际上，由于支承体是弹性的，当然会引起磨粒切刃的后退，使磨粒切刃与支承体共同分担，加工支承体通过摩擦升温来促进切削作用，其分担比例的大小，随磨粒粒度、支承体的弹性性质和施加压力 F 的不同而变化。

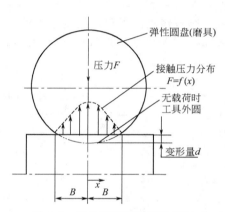

图 9-5　弹性圆盘与平面的接触

弹性圆盘压在刚性平面上的接触宽度 $2B$ 可近似按下式计算，即

$$B = 0.69 \sqrt{\frac{D}{E} \times \frac{F}{b}}$$

式中　E——橡胶的弹性模量；

　　　D——弹性圆盘直径；

　　　b——弹性圆盘宽度。

9.2　研磨

研磨（Lapping）是一种古老而不断技术创新的精整和光整加工工艺方法。图 9-6 所示为研磨示意。研磨是利用涂敷或压嵌游离磨粒与研磨剂的混合物，在一定刚性的软质研具上，通过研具与工件向磨料施加一定压力，磨粒滚动与滑动，从被研磨工件上去除极薄的余量，以提高工件的精度和降低表面粗糙度值的加工方法。按研磨时有无研磨液可分为干研与湿研。

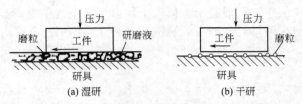

图 9-6 研磨示意

在现代先进制造技术中，精密研磨仍是实现尺寸精度不高于 $0.01\mu m$ 级的长度技术；角度误差不高于 $0.1''$ 级的分度技术；表面粗糙度 $Ra \leqslant 0.01\mu m$ 的镜面加工技术；圆度误差不高于 $0.01\mu m$、直线度误差不高于 $1\mu m/m$ 的超精密加工技术等的基本工艺途径。目前精密研磨机已实现 CNC 化。随着科学技术的发展，军用、民用工业品向高精度、高质量发展，精密和超精密研磨技术的应用将越来越广泛。

9.2.1 研磨原理及过程

在研磨过程中，在研磨压力下，众多的磨料微粒进行微量切削。研磨加工磨粒的切削作用示于图 9-7 中。镶嵌在研具中的磨粒如图 9-7(a) 所示，对工件表面进行挤压、刻划、滑擦；在研具运动中当研具压嵌的磨粒脱落后及液中磨粒相对工件发生滚动如图 9-7(b) 所示，磨粒锋利的微刃继续刻划工件表面。对于硬脆材料的工件，在磨粒的挤压作用下，工件表面可发生裂纹，如图 9-7(c) 所示。

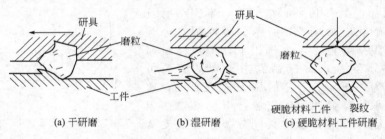

图 9-7 研磨加工磨粒的切削作用

研磨过程中，在研磨压力的作用下，众多磨粒进行微量切削，同时被研磨表面发生微小起伏的塑性流动，并且被加入的诸如硬脂酸、油酸、脂肪酸等活性物质与被研磨表面起化学作用，随着研磨加工的进行，研具与工件表面间更趋贴近，其间充满了微屑与破碎磨料的碎渣，堵塞了研具表面，对工件表面起滑擦作用。所以，研磨加工的实质是磨粒的微量切削、研磨表面微小起伏的塑性流动、表面活性物质的化学作用及研具堵塞物与工件表面滑擦作用的综合结果。

研磨过程可分为三个阶段，如图 9-8 所示。

① 游离磨粒破碎磨圆的切削阶段。由于磨粒大小不均，研磨开始只有较大的磨粒起切削作用，在接触点局部高压、高温下磨粒凸峰被破碎、棱边被磨圆，参与切削的磨粒数增多，研磨效率得以提高。

② 多磨粒均匀研磨，使被研磨表面发生微小起伏的塑性变形阶段。磨粒棱边进一步被磨圆变钝，在磨粒不断挤压下，研磨点局部温度逐渐升高，使被研表面材料局部软化产生塑性变形，工件表面峰谷在塑性流动中趋于平坦，并在反复变形中冷却硬化，最后断裂形成微切屑。

③ 研具被堵塞、活性研磨剂的化学作用阶段。微屑与磨粒的碎粒堵塞研具表面，对工件起滑擦作用，同时活性研磨剂在工件表面发生化学作用，在工件表面形成一层极薄的氧化

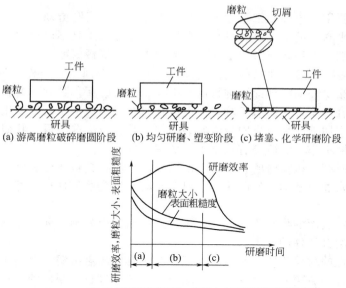

(a) 游离磨粒破碎磨圆阶段　(b) 均匀研磨、塑变阶段　(c) 堵塞、化学研磨阶段

(d) 三个阶段研磨效率、磨粒大小和表面粗糙度的变化

图 9-8　研磨过程示意

膜，这层氧化膜容易被摩擦掉而不伤基体，氧化膜反复地迅速形成，又不断很快被摩擦掉，从而加快研磨过程，使工件表面粗糙度值降低。压力增大时，其材料去除率大致按正比增加；在研具与工件之间的磨粒作用下，研磨表面产生划痕面；研磨划痕深度不大于 $0.1\mu m$ 时，形成镜面；当滚动磨粒为不规则多角形时，各切刃在工件表面上留下深浅不等的划痕，使研磨表面呈无光泽的细点状加工面。

9.2.2　研磨加工特点

① 研磨是一种"直接创造性加工"工艺方法。即用精度比较低的加工设备，加工出高精度的工件。因此，研磨机的设备简单。在新产品开发试制中，对于一些高精度零件，在没有现成设备可利用时，仍要依靠高级技术工人，用手工研磨工艺及技艺，来实现高精度零件的加工。

② 机床-研磨工具-工件所构成的工艺系统处于弹性、浮动的状态，可实现自动微量进给，获得极高的尺寸精度、几何精度和表面质量。

③ 具有较低的研磨运动速度，工件在运动中平稳，振动影响不大或不影响，可获得良好的工件形状精度与位置精度。

④ 研磨时工件处于自由状态，不受强制力作用，工件不易发生弹性变形，工件精度不受弹性恢复影响。

⑤ 研磨运动方向可以不断改变，可获得良好的运动轨迹网纹，有利于降低表面粗糙度值，容易获得镜面。

⑥ 研磨表面的耐腐蚀性、耐磨性有明显的提高且表面存在压应力，使疲劳强度得以提高。

⑦ 研磨剂易于飞溅，容易污染环境，使邻近的机械设备受腐蚀。

研磨精度可达 $0.025\sim0.01\mu m$；圆柱度可达 $0.1\mu m$；球体圆度可达 $0.025\mu m$，表面粗糙度 Ra 可达 $0.1\mu m$，并可使两个配合表面达到精密配合。

9.2.3　手工研磨与机械研磨

按操作方式分为手工研磨和机械研磨两类。按涂敷研磨剂的方式可分为干研磨、湿研磨和半干研磨。

手工研磨主要用于单件小批量生产和修理工作。手工研磨劳动强度大，并要求操作者技术熟练、技艺水平高。但手工研磨对某些高精度的工件加工是不可少的。机械研磨用于大批大量生产中，特别是工件几何形状不太复杂的加工常用机械研磨。

干研磨又称嵌砂研磨。研磨前把磨料嵌在研磨工具表面上（简称压砂），研磨时只要在研磨工具表面上涂少许润滑剂即可进行研磨工作。湿研磨又称敷砂研磨，研磨前把预先配制好的液状研磨混合剂涂敷在研磨工具表面上或在研磨过程中不断向研磨工具表面上添加研磨混合剂来进行研磨加工。半干研磨与湿研磨相似，是在研磨前将糊糊状研磨膏涂敷在研磨工具表面上进行研磨工作。湿研磨有较高生产效率。

无论是手工研磨、机械研磨，还是干研磨与湿研磨，其被研磨工件的质量主要取决于研磨方法、磨料、附加研磨剂、研磨压力、研磨运动及研磨前的预加工等方面因素。研磨加工应用广泛。

按被研磨工件表面的形状不同，研磨可用于平面、内外圆柱面、球面、螺纹、齿轮、锥面及各自由面和配合偶件的研磨。

按被研磨工件的材质不同，研磨可加工碳素工具钢、渗碳钢、合金工具钢、氮化钢、铸铁、铜、硬质合金、玻璃、单晶硅、天然油石、石英石等材料制成的工件。

研磨主要用于加工高精密零件、精密配合件，如透镜、棱镜等光学零件，半导体元件、电子元件，还可用于擦光宝石、铜镜等。

9.2.4　研磨工具

研磨工具在研磨过程中起着重要作用，对研磨加工质量和效率均有较大影响。研磨工具的主要作用是把研磨工具的几何形状传递给被研磨工件及涂敷或嵌入磨粒。

(1) 对研磨工具的技术要求

根据工件的表面几何形状不同，所使用的研磨工具有各种各样的几何形状：平面研磨工具（研具）有圆形和方形；圆柱研磨工具有开口可调研磨环和条状研磨板；圆柱孔研磨工具有研磨棒与可调研磨器；内螺纹研磨工具分为不可调研磨器与可调研磨器；圆锥孔研磨工具为锥度研磨棒等。为保证研磨质量，提高研磨效率，所采用的研磨工具应满足以下要求。

① 研磨工具的几何形状应和被研磨工件的几何形状相适应，以保证被研磨工件的精确几何形状。

② 为了保证研磨工具具有稳定的精确几何形状，要求研磨工具具有良好的耐磨性。常用的研磨工具材料有铸铁、软钢、青铜、紫铜、铝合金、玻璃、沥青等。

③ 研磨工具应具有足够的刚性，避免弹性变形。在连续使用中应具有热变形小、尺寸稳定的性能。

④ 平面研磨平板常制成圆形和正方形，而很少使用长方形平板。圆形和正方形平板易于获得良好的平面度。

⑤ 湿研磨时，研磨工具应具有涂敷和储存研磨剂的沟槽结构。

⑥ 干研磨的研磨工具应具有良好的嵌砂性能——良好的磨粒嵌入性、嵌固性和嵌砂的均匀性：嵌入性是磨料嵌入研磨工具表面难易程度；嵌固性是压嵌在研磨工具表面上的磨料，在研磨中抵抗切削力而不脱落的能力；嵌砂均匀性是磨粒嵌入平板各处的均匀程度。

(2) 研磨工具的材料

根据被研磨工件材料与磨料的不同，选择不同研磨工具材料。研磨工具材料硬度要比被研磨工件材料软，并具有较好的耐磨性。在同一工艺条件下，分别以铸铁、软钢和铜制作研磨工具，其磨损量的比分别为 $1:1.25:2.6$。铸铁研磨工具的耐磨性最好。磨料种类不同，研磨工具材料选用也应不同。用刚玉（Al_2O_3）磨料时，常用铸铁研磨工具；用氧化铬

（Cr_2O_3）磨料时，选用玻璃材料的研磨工具；使用氧化铁（Fe_2O_3）或氧化铈（Ce_2O_3）磨料时，选用沥青材料的研磨工具。常用研磨工具材料见表 9-1。

表 9-1　常用研磨工具材料

材　料	性能和要求	适 用 范 围
灰铸铁	硬度低(120～160HB)，结晶粒细小；金相组织以铁素体为主，可适当增加珠光体比例，用石墨球化及磷共晶等方法提高使用性能，石墨有润滑作用，由于其多孔性，磨粒的含浸性好	用于湿研平板 要求保持形状，使用含废钢铸铁
高磷铸铁	磨粒的硬度高(160～220HB)，以均匀细小的珠光体(体积分数 70%～80%)为基体，可提高平板的使用性能	用于干研平板及嵌砂研磨平板
10、20 低碳钢	强度较高	用于铸铁研具强度不足时，研磨孔径小于 8mm 的小孔、窄槽等
黄铜、纯铜	磨粒易嵌入，研磨功效高，但强度低，不宜过大压力，耐磨性低，加工表面粗糙度值高	用于研磨软金属，用于研磨大余量的工件，粗研磨小孔
锡、铅各种软合金	制成研光盘	研磨石英基片(可用于制造高精度振动元件)
木、竹、丝、纤维板、硬纸板、木炭	组织紧密、均匀、细致，纹理平直，无节疤虫伤等缺陷，以微观蜂窝状结构为最佳	用于抛光和擦亮。研磨铜、青铜等软金属零件
沥青、塑料、石蜡、钎料	磨粒易于嵌入，组织特软，不能承受较大压力	用于研磨光学零件、电子元件、玻璃、水晶等精研和晶面研磨
玻璃	脆性大，一般厚度不小于 10mm，并经 450℃退火处理后使用	用于精研，配用氧化铬、氧化铈研磨膏

（3）铸铁研磨工具

铸铁研磨工具具有良好的嵌砂性、耐磨性及良好的可加工性。

铸铁的良好嵌砂性能是由其金相组织决定的。铸铁组织中的石墨（C）硬度极低（3HB），磨粒易被嵌入，但又极易游离出石墨的洞穴，所以石墨处的嵌固性较差。珠光体（Fe_3C）与铁素体是铸铁的基本组织，其硬度比磨料要软得多，所以磨粒能嵌到金属基体表面上。铸铁中渗碳体能起到对磨料的限位作用。磷共晶（FeP）硬度最高，在平板校正中，铸铁中较软的金相组织易被磨料挤刮掉，而使较硬的磷共晶凸出表面，可加速研磨过程。因此，在精磨研磨中常选用含磷量较高的铸铁制作研磨工具。高磷铸铁研磨平板的含磷量一般为 0.6%～0.7%，高者可达 1.0%～1.1%。

精研磨用的铸铁研磨平板，其嵌砂粒度为 W0.5～W1 的金刚砂，研磨块规。铸铁采用低合金高磷铸铁，含磷量高（0.6%～1.0%）且含有微量铜（Cu）和钛（Ti），合金元素起稳定和细化珠光体、促进石墨化的作用。

湿研磨用铸铁研磨平板，选用 HT150，退火后，珠光体和铁素体各占一半，硬度 140～160HB。

研磨螺纹环规用的铸铁研磨器，采用 HT200 铸铁，其基体以珠光体为主，硬度 170～190HB。

研磨平板的校正均采用敷砂研磨方法，所选用的磨料由粗到细的顺序为 W20→W10→W7→W3.5→W1.5→W1 的刚玉（Al_2O_3）。

校正研磨平板可以采用手工校正研磨平板；在专用平板研磨机上校正研磨平板；在圆盘研磨机上校正研磨平板。

（4）铸铁研磨平板的嵌砂

嵌砂（压砂）是指将磨料的颗粒嵌入到研磨平板表面上。嵌砂是一项很难掌握的技艺，是保证工件质量的关键所在。可用手工方法进行，也可用机械方法进行，但机械方法很难保证嵌砂的质量，所以手工嵌砂方法最为常用。

在嵌砂工作进行之前，必须进行"赶砂"工作。赶砂工作就是将研磨平板上已用过失去切削作用的磨料从研磨平板表面去除掉，为嵌砂进行准备工作。赶砂就是在一块研磨平板上用硬脂酸划上直径约为10mm的两个小圆圈，然后滴上8~10滴煤油并用手涂均，将两块平板合在一起，由一个人用双手按"∞"字形晃动上面的平板，使煤油均布整个板面，之后由两人往复推拉并间断地转动180°。研磨平板间的油膜厚度为0.005~0.007mm，磨粒在油层给予的方向不断改变的力作用下，被驱赶到游离平板的表面。取下上研磨平板后，用脱脂棉擦净板面。

嵌砂的程序，以W1的金刚砂为例说明嵌砂的程序。

① 用脱脂棉将两块研磨平板擦净。

② 涂划硬脂酸。

③ 将配制好的研磨混合剂（刚玉＋硬脂酸＋航空汽油）倒在研磨平板表面上，用量为15~20mL。

④ 用手涂抹均匀，并待汽油完全挥发。

⑤ 滴加煤油3~5滴，并涂抹均匀。

⑥ 将一块研磨平板扣在另一块研磨平板上，由两个人用手按"∞"字形均匀柔和地晃动上平板，并间断地旋转180°，往复推拉数次（5~10次）。

⑦ 待到板面乌黑发亮时，取下上面研磨平板并用脱脂棉擦净。

⑧ 用试验块检查，如切削力强、条纹致密、均匀粗细适用即可完成嵌砂。一般嵌砂要进行4~5遍。

（5）研磨工具的设计

① 平面研磨工具的设计　常用方形平面研磨平板尺寸为300mm×300mm，用于机械研磨的圆形研磨平板直径为300mm。圆形及方形研磨平板的结构示于图9-9及图9-10中。其结构为对称结构。在湿研磨法粗研时，方形研磨工具表面开有沟槽，在精密研磨平板上不开沟槽。方形研磨平板中间开有宽58mm的槽。圆形研磨平板的环宽不超过65mm。

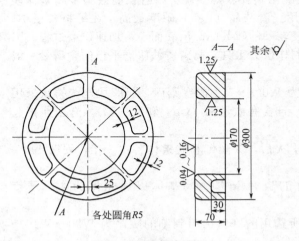

图 9-9　圆形研磨平板

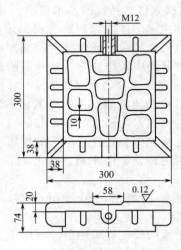

图 9-10　方形研磨平板

② 圆柱形研磨工具的设计　大直径圆柱研磨工具为开口可调研磨环如图9-11所示，用铸铁或铜铸成。其内径比被研磨工件直径大0.025~0.05mm，环的宽度为工件宽度的1/2~3/4。环宽过大，研磨的工件产生两头小、中间大的弊病；环宽过小，则研磨环导引面小，运动不平衡。

　　圆柱面的条状研磨板为长方形，常用玻璃制造。条状研磨板平面度在 100mm 长度上不大于 0.001mm。

　　③ 圆柱孔研磨工具的设计　孔径小于或等于 10mm 的圆柱孔，采用软钢制造研磨工具，制成实心的。当研磨余量较大时，应分组制造。

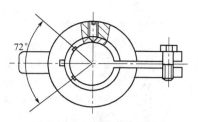

图 9-11　开口可调研磨环

　　孔径大于 10mm 的圆柱孔，研磨工具用 HT200 制造且制成可调整的，在研磨工具表面上开有四个沟槽，其中一个是切通的。其内孔制成 1∶20 或 1∶30 的锥度。靠其与心杆配合的松紧来调整研磨工具和工件之间的间隙，其工作部分约为工件长度的 3/4，外径比被研磨内孔小 0.03～0.05mm。研磨工具两端的 6～10mm 长度上制成 5°的锥角。可调光滑研磨器结构示于图 9-12 中。

　　④ 内螺纹研磨工具的设计　螺纹公称直径小于或等于 10mm 的研磨器是不可调整的；大于 10mm 的内螺纹的研磨工具是可调整的。两者结构示于图 9-13 及图 9-14 中。可调整的外表面上开有沟槽，内孔带有 1∶20 或 1∶30 的锥度，可分组制造。研磨器的螺距偏差应和被研工件的螺距偏差相同，半角偏差仅取被研工件半角偏差的负值。

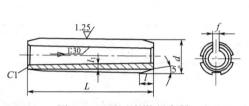

图 9-12　可调光滑研磨器

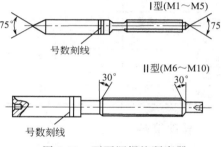

图 9-13　不可调螺纹研磨器

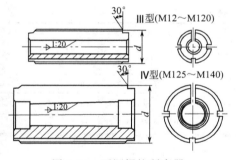

图 9-14　可调螺纹研磨器

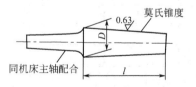

图 9-15　锥度研磨棒

　　⑤ 圆锥孔研磨工具的设计　锥度研磨棒如图 9-15 所示。莫氏圆锥套规及研磨棒的主要尺寸要分别给出大端直径、长度及锥度偏差。研磨棒的大端直径比工件直径大端大 1.5～2mm，长度比工件全长长 40～60mm，锥度偏差取研磨工件锥度偏差的正值。

9.2.5　研磨剂

　　研磨剂主要由磨料、研磨液、辅助填料构成。

(1) 磨料

　　研磨磨料按硬度分为硬磨料和软磨料两类。硬磨料有氧化铝系、碳化物系、超硬磨料系、软磨料系四种。常用磨料的粒度、硬度、颗粒形状参看磨料有关内容。

（2）研磨液

研磨液主要起润滑冷却作用，并使磨粒均布在研具表面上。对研磨液的要求如下。

① 能有效发散热量，避免研具与工件表面烧伤。

② 为提高研磨效率，研磨液黏度宜低一些。

③ 表面张力要低，粉末或颗粒能易于沉淀，以得到较好的研磨效果。

④ 应没有腐蚀性，不会锈蚀工件。

⑤ 物理化学性能稳定，不会因放置或温升而分解变质。

⑥ 能与磨粒很好地混合。

常用研磨液列于表9-2中。由水或水溶性油组成的研磨液对研磨钢等金属材料效率不高。研磨钢等金属材料常用煤油、全损耗系统用油、透平油、矿物油等。对研磨玻璃、水晶、半导体、塑料等硬脆材料用水及水溶性油组成的研磨液。

表9-2 常用研磨液

工件材料		研 磨 液
钢	粗研	煤油3份、N15全损耗系统用油1份、透平油或锭子油少量、轻质矿物油或变压器油适量
	精研	N15全损耗系统用油
铸铁		煤油
渗碳钢、淬火钢、不锈钢		植物油、透平油或乳化液
硬质合金		汽油、航空汽油
金刚石		橄榄油、圆度仪油或蒸馏水
铂、金、银		酒精或氨水
水晶、玻璃		蒸馏水

（3）辅助填料

辅助填料是一种混合脂，在研磨过程中起吸附及提高加工效率，防止磨料沉淀，且起润滑和化学作用；最常用的有硬脂酸、油酸、脂肪酸、工业甘油。常用研磨辅助填料见表9-3及表9-4。

表9-3 常用研磨填料

成分　　　种类	硬脂酸颗粒	石蜡（柏子油）	工业用猪油	蜂蜡	说　　明
	配比/%				
1	44	28	20	8	用于春季,温度18～25℃
2	57	—	26	17	用于冬季,温度高于18℃
3	47	45	—	8	用于夏季,温度低于25℃

成分　　　种类	硬脂酸	蜂蜡	癸二酸二异辛酯	十二烯基丁二酸	无水碳酸钠	甘油	仪表油	石油磺酸钡	航空汽油	说　　明
	/g								/mL	
4	100	11	16	0.8	—	—	—	—	2～4	将上述原料(汽油除外)一起加热(≤80℃),然后加入航空汽油,不停搅拌,不让其自由结晶,使各成分均匀混合为止
5	20～30	2～3			0.01～0.04	2～5滴				将硬脂酸和蜂蜡加热(180℃)熔化,然后加无水碳酸钠和甘油,搅拌1～2min停止加热,继续搅拌至凝固
6	100	10～12				6～8	0.5		10	将上述原料(除汽油外)加热熔化(约80℃),待温度降至70℃时,加入汽油搅拌均匀,然后倒入容器中成形备用

表 9-4　压砂常用研磨剂

序号	成　分	说　明
1	白刚玉（W3.5～W1）15g，硬脂酸混合脂 8g，航空汽油 200mL，煤油 35mL	使用时不加任何辅料
2	白刚玉（W3.5～W1）25g，硬脂酸混合脂 0.5g，航空汽油 200mL	使用时平板表面涂以少量硬脂酸混合脂，并加数滴煤油
3	白刚玉 50g，硬脂酸混合脂 4～5g 与航空汽油配成 500mL	航空汽油与煤油比例为：W0.5,9∶1;W5,7∶3
4	刚玉（W10～W3.5）适量，煤油 6～20 滴，直接放在平板上用氧化铬研磨膏调成稀糊状	

（4）混合研磨剂

① 液态研磨混合剂　这是一种自由磨粒研磨剂。湿研时用煤油混合脂、磨料的微粉配制而成。微粉的质量分数为 30%～40%。常用配方为白刚玉（W14）16g、硬脂酸 8g、油酸 15g、煤油 80g、航空汽油 80g。

② 研磨膏　分为研磨膏与抛光膏。抛光膏也可用于湿研。钢铁件主要选用刚玉类研磨膏；硬质合金、玻璃、陶瓷、半导体等可选用碳化硅、碳化硼类研磨膏；精细抛光或研磨非铁金属选用氧化铬类研磨膏。金刚石研磨膏主要用来研磨硬质合金等高硬度材料，常用研磨膏配方见表 9-5。

表 9-5　常用研磨膏配方

刚玉研磨膏					碳化硅、碳化硼研磨膏			人造金刚石研磨膏		
粒度	成分配比/%			用途	名称	成分配比/%	用途	粒度	颜色	加工表面粗糙度 Ra /μm
	微粉	混合脂	油酸	其他							
W20	52	26	20	硫化油 2 或煤油少许	粗研	碳化硅	碳化硅（240～W40）83、黄油 17	粗研	W14	青莲	0.16～0.32
W14	46	28	26	煤油少许	半精研、研窄长面		碳化硼（W20）65、石蜡 35	半精研	W10	蓝	0.08～0.32
W10	42	30	28	煤油少许	半精研	碳化硼			W7	玫瑰红	0.08～0.16
W7	41	31	28	煤油少许	精研、研端面		碳化硼（W7～W1）76、石蜡 12、羊油 10、松节油 2	精细研	W5	橘黄	0.04～0.08
									W3.5	草绿	0.04～0.08
W5	40	32	28	煤油少许	精研				W2.5	橘红	0.02～0.04
W3.5	40	26	26	凡士林 8	精细研		碳化硼（W20）35、白刚玉（W20～W10）15 与混合脂 15、油酸 35	半精研	W1.5	天蓝	0.01～0.02
W1.5	25	35	30	凡士林 10	精细研抛光	混合膏			W1	棕	0.008～0.012
									W0.5	中蓝	≤0.01

9.2.6　研磨运动轨迹

研磨运动包括轨迹和速度两个方面。为了使被研磨表面获得极低的表面粗糙度值，研磨运动轨迹是决定性重要因素。研磨运动轨迹应满足以下要求。

① 研磨运动轨迹应是周期性的，其运动方向在每一瞬间都应是不断改变的，以保证被研磨工件表面上获得均匀的、无主导方向的研磨条纹。研磨纹路交错多变，有利于降低表面

粗糙度值。

② 研磨运动轨迹应是不重复的，使工件上任一点的轨迹不出现周期性的重复情况。

③ 理想的研磨运动应是平面平行运动并保证工件上各点有相同或相近的研磨最短行程。

④ 工件研磨运动应力求平稳，避免曲率过大的转角。

⑤ 工件运动要遍及整个研具或研磨表面，以利于研具均匀磨损，保证工件的平面度。常用的研磨运动轨迹有直线式轨迹、正弦曲线及"8"字形轨迹、次摆线轨迹、外摆线轨迹、内摆线轨迹、椭圆线轨迹。

研磨运动速度是研磨运动的重要方面之一，对研磨工作效率和工件质量均有极大影响。对研磨运动速度的要求如下。

① 研磨运动速度应是匀速的，即使不是匀速的，其最大速度和最小速度之差应尽可能地小。

② 研磨运动在其轨迹上曲率半径较小的拐点处速度最小，运动的速度和方向不应有突变。

③ 研磨运动速度为低速运动。速度过高使运动平稳性变差。一般运动速度为 0.5～100m/min，应随工件精度的提高、粗糙度值的降低而降低。

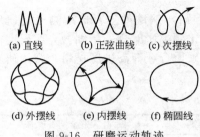

(a) 直线 (b) 正弦曲线 (c) 次摆线

(d) 外摆线 (e) 内摆线 (f) 椭圆线

图 9-16 研磨运动轨迹

(1) 直线研磨运动轨迹与速度

直线研磨运动用于平面研磨的手工研磨及某些机械研磨中。直线研磨运动由纵向和横向两个运动组合成的。纵向运动是主运动，横向运动为辅助运动。直线研磨运动轨迹示于图 9-16(a) 中。直线研磨运动是往复的，近似于匀速直线运动。在运动方向改变的瞬时，速度有突变，这对工件的几何形状精度产生不良影响。在运动方向改变的瞬时，纵向运动速度为零，仅有横向运动。这对于研磨精度要求高、横向刚性差的工件特别不利，因此时工件弹性变形大，影响工件平行度。直线研磨机常用于标称尺寸为 100mm 以下的研磨。最后精密研磨时应选用较低的研磨运动速度，一般为 5～20m/min。

直线研磨运动轨迹的优点是：被研工件相对于研磨平板的运动为平面平行运动，研磨平板移动的距离（路程）相等，运动平稳，有利于研磨大尺寸的工件。

(2) 正弦曲线及"8"字形研磨运动轨迹与速度

这种研磨运动轨迹是纵向和横向两个直线运动合成。纵向运动的行程为振幅，横向运动的行程为波长，运动合成的轨迹便为正弦曲线，轨迹的交角接近于 90°。正弦曲线的波长 λ 为

$$\lambda = 60 \frac{f_{横}}{f_{纵}}$$

式中　$f_{横}$——横向运动频率；

　　　$f_{纵}$——纵向运动频率。

运动轨迹的交角 β 为

$$\beta = 180° - 2\alpha$$

$$\tan\alpha = \frac{l_{c}}{\lambda/2}$$

式中　l_{c}——纵向行程。

正弦曲线式研磨机和直线式研磨机相比，其纵向行程大为缩短，横向运动频率增加。

正弦曲线式研磨运动主要用于 1、2、3 级块规的研磨。块规的标称尺寸在 10mm 以内，$v_{纵} = 0.63$m/min，$v_{横} = 0.5$m/min，合成速度为 0.81m/min；标称尺寸为 10～50mm，

$v_纵 = 0.84\text{m/min}$，$v_横 = 0.51\text{m/min}$，合成速度为 0.98m/min；标称尺寸为 $50\sim70\text{mm}$，$v_纵 = 1.26\text{m/min}$，$v_横 = 0.51\text{m/min}$，合成速度为 1.34m/min；标称尺寸为 $70\sim80\text{mm}$，$v_纵 = 1.36\text{m/min}$，$v_横 = 0.45\text{m/min}$，合成速度为 1.48m/min；标称尺寸为 $80\sim100\text{mm}$，$v_纵 = 1.62\text{m/min}$，$v_横 = 0.33\text{m/min}$，合成速度为 1.65m/min。表面粗糙度值可达 Ra $0.010\sim0.016\mu\text{m}$。

（3）外摆线研磨运动轨迹与速度

一个动圆沿一个定圆外滚动时，动圆上一点的轨迹称为外摆线。动圆内的一点的轨迹称为短幅外摆线，动圆外的一点的轨迹称为长幅外摆线。由于结构上的限制，常用短幅外摆线运动轨迹。

图 9-17（a）所示为外摆线的形成原理，图 9-17（b）所示为实现短幅外摆线研磨运动轨迹的机构。中心柱销轮固定不动，外柱销轮转动，并带动置于两者之间的链轮卡带盘实现公转与自转。链轮卡带盘的相应孔中的工件相对于固定不动的研磨平板的运动轨迹为短幅外摆线。短幅外摆线研磨运动轨迹的方程为

$$x = (R_1 + R_2)\cos\phi - R\cos\frac{R_1 + R_2}{R_2}\phi$$

$$y = (R_1 + R_2)\sin\phi - R\sin\frac{R_1 + R_2}{R_2}\phi$$

式中　R_1——固定圆半径，mm；

　　　R_2——滚动圆半径，mm；

　　　R——滚动圆内一点 $M(x, y)$ 与动圆心距离，mm；

　　　ϕ——滚动圆公转转过的角度，(°)。

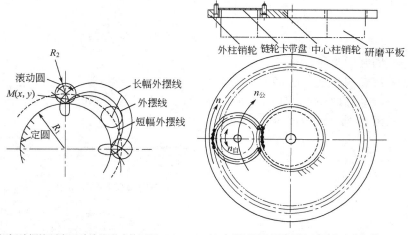

(a) 短幅外摆线研磨运动轨迹形成的原理　　　(b) 实现短幅外摆线研磨运动轨迹的机构

图 9-17　短幅外摆线研磨运动轨迹的形成原理与实现其轨迹的机构

为了降低工件的表面粗糙度值，在研磨机设计时尽量增大固定圆半径 R_1，减小滚动圆半径 R_2 和工件到滚动圆中心的距离 R。

短幅外摆线上点 M 的速度 v_M 为

$$v_M = \frac{\pi R_3 n_3}{60 R_2}\sqrt{R^2 + R_2^2 - 2RR_2\cos\theta}$$

式中　θ——链轮卡带盘自转转过的角度，(°)；

　　　R_3——外柱销轮半径；

n_3——外柱销轮转动角速度 ω_3 对应的转速。

$$\omega_3 = \frac{\pi n_3}{60} \text{ (rad/s)}$$

当 $\theta = 180°$ 时，$\cos\theta = -1$，则 v_M 有最大值：

$$v_{M\max} = \frac{\pi R_3 n_3}{60 R_2}(R_2 + R)$$

当 $\theta = 0°$ 时，$\cos\theta = 1$，则 v_M 有最小值：

$$v_{M\min} = \frac{\pi R_3 n_3}{60 R_2}(R_2 - R)$$

则速度差 Δv 为

$$\Delta v = \frac{\pi R R_3 n_3}{30 R_2}$$

短幅外摆线研磨运动轨迹的运动速度是非均匀的。外柱销轮转动机构比较复杂，所以在实际生产中这种运动轨迹应用较少。

(4) 内摆线研磨运动轨迹与速度

一动圆沿着一定圆内滚动时，动圆上一点的轨迹为内摆线。动圆外的一点的轨迹为长幅内摆线；动圆内的一点的轨迹为短幅内摆线。由于机构的限制，内摆线研磨运动轨迹常采用短幅内摆线。

图 9-18 所示为短幅内摆线研磨运动的形成与实现其轨迹的机构。短幅内摆线研磨运动轨迹的参数方程为

$$x = (R_3 - R_2)\cos\phi + R\cos\frac{R_3 - R_2}{R_2}\phi$$

$$y = (R_3 - R_2)\sin\phi - R\sin\frac{R_3 - R_2}{R_2}\phi$$

式中　R_3——固定圆半径，mm；

　　　R_2——滚动圆半径，mm；

　　　R——滚动圆内一点 $M(x, y)$ 与圆心之间的距离，mm；

　　　ϕ——滚动圆公转转过的角度，(°)。

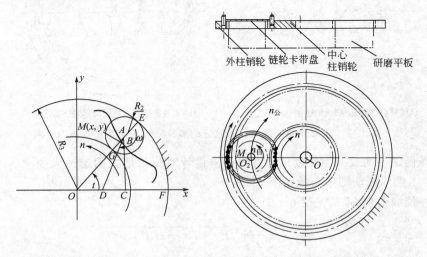

(a) 短幅内摆线研磨运动轨迹的形成原理　　　(b) 实现短幅内摆线研磨运动轨迹的机构

图 9-18　短幅内摆线研磨运动轨迹的形成原理与实现其轨迹的机构

工件上一点 $M(x,y)$ 的线速度 v_M 为

$$v_M = \frac{\pi R_1 n_1}{60 R_2} \sqrt{R^2 + R_2^2 - 2RR_2 \cos\theta}$$

式中　　θ——链轮卡带盘自转过的角度，(°)；

　　　R_1，n_1——中心柱销轮半径及转速。

当 $\theta = 0°$ 时，$\cos\theta = 1$，则 v_M 有最小值：

$$v_{Mmin} = \frac{\pi R_1 n_1}{60 R_2}(R_2 - R)$$

当 $\theta = 180°$ 时，$\cos\theta = -1$，则 v_M 有最大值：

$$v_{Mmax} = \frac{\pi R_1 n_1}{60 R_2}(R_2 + R)$$

则得速度差为

$$\Delta v = \frac{\pi R R_1 n_1}{30 R_2}$$

短幅内摆线研磨运动的速度是非匀速的。在中心柱销轮转数一定的条件下，若减小速度差值，必减小中心柱销轮半径和工件中心与链轮卡带盘的中心之距，增大链轮卡带盘的半径。当 $\theta = 0°$ 时，研磨运动速度有最小值，其轨迹曲线的曲率半径也最小；$\theta = 180°$ 时，运动速度有最大值，其曲率半径也最大。这对于研磨高度较大的工件有利。

（5）次摆线研磨运动轨迹

次摆线是动圆沿平面滚动时，动圆上一点的轨迹。此种轨迹能较好地走遍整个平面，不易重合，尺寸一致性好，研磨粗糙度值低。

（6）椭圆研磨运动轨迹

椭圆研磨运动轨迹的运动方向连续不断改变，可获得较好的研磨质量，但各处研磨行程不一致，尺寸一致性差，研磨盘磨损不均匀。

（7）研磨圆柱面的运动轨迹

圆柱面研具做旋转运动，被研工件沿研具轴线方向上做往复直线运动及适当的转动和摆动。运动合成轨迹为螺旋角周期性变化的螺旋线。研磨条纹是两个方向互相交错的螺旋线，螺旋线的交角接近 90°。若工件进行往复直线运动的同时施加一振动，则研磨条纹将是波浪式螺旋曲线，可获得很低的表面粗糙度值。

（8）圆锥面的研磨运动轨迹

研磨圆锥体所用研具为研磨直尺。研磨时圆锥体仅有旋转运动，研磨直尺沿锥体母线方向有往复直线运动。为避免研磨直尺的均匀磨损，研磨时研磨直尺又有沿圆锥体切线方向的往复直线运动。其研磨运动轨迹也是螺旋角不断变化的螺旋线，在工件表面上的研磨条纹也是两个方向互相交错的螺旋线。

若用锥度研具，研具做旋转运动，工件沿锥孔圆周方向有往复摆动并沿研具轴线方向有微小的往复直线运动。其研磨运动轨迹为交角很小的螺旋线。

9.2.7　研磨工艺参数

研磨工艺技术由磨料、研磨液、研磨方式及装置、研磨工具、研磨用量（工艺参数）构成。研磨工艺参数包括研磨速度、研磨压力、研磨效率。

（1）研磨速度

研磨速度增大使研磨生产率提高。但当速度过高时，由于过热而使工件表面生成氧化膜，甚至出现烧伤现象，使研磨剂飞溅流失，运动平稳性降低，研具急剧磨损，影响研磨精

度。一般粗研多用较低速、较高压力；精研多用低速、较低压力。常用研磨速度见表 9-6。

表 9-6　常用研磨速度　　　　　　　　　　　　　　　单位：m/min

研磨类型	平　面		外圆	内孔 (孔径 6～10mm)	其他
	单面	双面			
湿研	20～120	20～60	50～75	50～100	10～70
干研	10～30	10～15	10～25	10～20	2～8

　　注：工件材质较软或精度要求较高，速度取小值。

（2）研磨压力

　　研磨压力在一定范围内增加时可提高研磨生产率。但当压力大于 0.3MPa 时，由于研磨接触面积增加，实际接触压力不成正比增加，使生产率提高不明显。研磨压力按下式计算，即

$$p_0 = \frac{P}{NA} \text{（MPa）}$$

式中　P——研磨表面所承受的总压力，N；

　　　　N——每次研磨的件数；

　　　　A——每个工件实际接触面积，mm^2。

　　研磨压力可按表 9-7 所示选取。

表 9-7　研磨压力参考值　　　　　　　　　　　　　　　单位：MPa

研磨类型	平　面	外　圆	内孔(孔径 5～20mm)	其　他
湿研	0.10～0.15	0.15～0.25	0.12～0.28	0.08～0.12
干研	0.01～0.10	0.05～0.15	0.04～0.16	0.03～0.10

（3）研磨效率

　　研磨效率以每分钟研磨切除层厚度来表示：淬火钢为 $1\mu m$，低碳钢为 $5\mu m$，铸铁为 $13\mu m$，合金钢为 $0.3\mu m$，超硬材料为 $0.1\mu m$，水晶、玻璃为 $2.5\mu m$。

（4）各种材料的研磨特性

　　① 金属材料的研磨　铁系金属及有色金属材料的零件加工主要是用金属切削与磨削方法实现，但像块规、计量仪器的工作台、精密模具、电镀前的表面加工及磁盘基体等零件的加工不能使用切削方法实现高精度加工，研磨则是主要的加工方法。对金属材料的研磨加工包括粗糙面的加工与镜面加工。

　　金属材料粗糙面的研磨多采用铸铁研具，$1\mu m$ 至数十微米的刚玉、碳化硅与锆刚玉混合的粉末，研磨使用油性和水溶性添加活性剂。当研磨加工时，磨粒在研具与工件间转动，在工件表面上产生划痕和压痕，划痕形成切屑，形成表面凹凸及加工硬化层，凹凸大小及加工硬化层的深度与磨粒粒度大小有关。金属研磨分手动和机动，一般工件与研具之间相对速度为每分钟数米至几十米，研磨压力一般小于 100kPa，研磨非电解镀镍层，当使用 SiC $2000^{\#}$ 磨粒（8.9～7.1μm，相当于 W7）、铸铁研盘进行研磨，磨粒动态地翻动，在工件表面上主要形成凹凸，表面粗糙度 Ra 值达 $0.5\mu m$，在凹坑的底部存有切屑及破碎的磨粒，表面为没有光泽的梨皮面。但在其他条件相同条件下选用软质尼龙研具，磨料压入研具一定深度，磨粒对工件主要产生划痕。表面粗糙度 Ra 值达 $0.2\mu m$，表面污染较少，呈光泽表面，有利于后续工序抛光加工。研磨加工表面质量问题是残余应力及表面加工硬化层。图 9-19 是研磨长 40mm、宽 5mm、厚 2mm 铝合金板，使用铸铁研具，研磨速度为 18.8m/min，研磨压力为 1.75×10^4 Pa 水基研磨液、$800^{\#} \sim 4000^{\#}$ 金刚石磨料。磨粒粒度小，残余应力及加工硬化层深度小。残余应力最大值几乎和铝合金的抗拉强度 260MPa 一致。非电解镀镍层比铝合

金硬，研磨后表面最大残余应力为820MPa。硬磁盘铝合金基体在向着直径14～18in(1in＝25.4mm)、厚为1.9mm的尺寸发展。现常用的有8in、5in、3.5in、2in、1.2in，厚度为0.5～2mm。基体两面镀上10～20μm厚的非电解镀镍膜，要求高的平面度及适当的微小凹凸的表面。其制造过程为压延热处理→校正→切割成两平面研磨→镀镍→抛光。基体最终加工质量表面粗糙度 Ra 值为5～20μm。

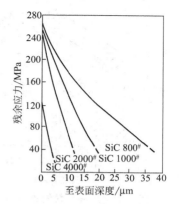

图 9-19　研磨应力与加工硬化层深度

② 陶瓷材料的研磨

a. 材料切除率。研磨 Al_2O_3、ZrO_2、SiC、Si_3N_4 四种陶瓷，使用粒径3～9.6μm的金刚石磨粒，水溶性乙二醇研磨液。研磨 SiC、Si_3N_4 及 ZrO_2 时，伴随着研磨压力增大，比研磨率（单位时间内单位加工面积上去除材料的体积）逐渐趋近定值。这是因为在高压力范围内，金刚石磨粒破碎成更微小的颗粒，切除能力（划痕）下降。在使用铸铁研具研磨 Al_2O_3 时，压力增大，Al_2O_3 陶瓷表面脆性破坏加剧，材料去除状态从塑性状态向脆性状态迁移，去除率增加。研磨陶瓷使用铸铁研具比使用铜研具的切除率高。铜研具材质软，磨粒易形成嵌砂状态，在要求表面粗糙度值低的情况下使用。

加工 Si_3N_4 时，研具与工件的相对研磨速度增加，比研磨率增加，相对速度达到一定值后，比研磨率趋于平缓。磨粒直径增大，各种材质的陶瓷去除率随之增加，如图9-20所示。

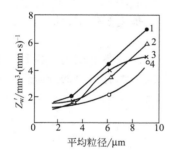

图 9-20　平均粒径与去除率的关系
1—SiC；2—Al_2O_3；3—ZrO_2；4—Si_3N_4
（研磨盘为铸铁材质，研磨压力 167kPa，
平均相对速率 0.47m/s，
加工液 9mL/120s）

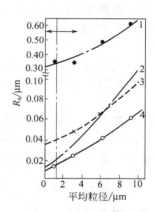

图 9-21　磨粒平均直径对粗糙度值影响
1—Al_2O_3；2—SiC；3—Si_3N_4；4—ZrO_2

b. 表面粗糙度。使用平均粒径为9μm金刚石磨粒，铸铁及铜质研具分别对四种陶瓷进行研磨加工，金刚石研磨剂分别以5.4mL/120s的流量供给，研具与工件相对平均速度为0.47m/s。加工结果是：铜质研具获得较小的表面粗糙度值，而铸铁研具获得表面粗糙度值稍大；当研磨各种陶瓷时，研磨压力对表面粗糙度值影响不大，Al_2O_3 陶瓷表面粗糙度值比较大，ZrO_2 陶瓷表面粗糙度值最小；磨粒平均直径大时表面粗糙度值大，如图9-21所示；研具与工件相对平均速度对表面粗糙度值影响不大，随研磨时间的增加，表面粗糙度值有所下降。

c. 异种材料的研磨特性。电子机械产品从机能上考虑，使用单一材料的零件较少，有很多是采用复合材料，如金属和陶瓷、金属与金属、陶瓷与陶瓷等多种异种材料的复合。由于构成材料性能不同，同时加工，其可加工性不同，材料的加工量不同，如在图9-22所示

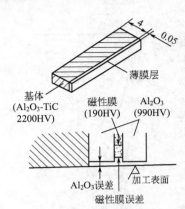

图 9-22 异种材料构成简图

的 Al_2O_3-TiC 基体的一边涂敷上磁性薄膜层，在研磨时使用金刚石磨料，两种材料的加工误差不同，使用 $6\mu m$ 磨粒，Al_2O_3-TiC 加工误差为 $40\mu m$，磁性膜的加工误差为 $125\mu m$，R_y 为 $50\mu m$。使用 $0.25\mu m$ 的磨粒时，Al_2O_3-TiC 的加工误差为 $7\mu m$，磁性膜的加工误差为 $14\mu m$，R_y 为 $3\mu m$。磨料粒径减少，加工误差下降。两者相比微磨料加工的粗糙度值约是粗磨料的 $1/15$，加工误差为 $1/6\sim 1/9$。研磨压力增加，加工误差下降。研具材质硬度增加，加工误差有增加趋势。工件材料构成是产生加工误差的主要因素。因此，从产品精度上考虑，必须重视不同材料的组合。若从性能上考虑，没有选择材料构成的余地，则必须从磨粒粒径选择上予以控制，尽量减少加工误差的产生。

d. 玻璃的研磨。玻璃的机械加工主要分粗磨、精磨及研磨三个阶段。粗磨、精磨主要采用金刚石砂轮磨削。玻璃的余量去除主要是利用机械破碎，获得所需求的形状和表面粗糙度。而玻璃的研磨则是在研磨接触区，以研具与玻璃的对研和擦光并获得镜面。玻璃的研磨方法历史悠久，玻璃的研磨机理有以下四种学说。

• 微量切除学说。由磨料对玻璃超微细的去除作用，产生破碎的切屑，达到平滑的表面要求。

• 流动学说。玻璃受研具、磨料作用，产生局部的瞬时高温高压，导致玻璃塑性流动与黏性流动，表面生成凹、凸镜面。

• 化学作用学说。由于水的作用，玻璃表面生成硅酸及硼酸层，在磨料作用下被去除，达到光滑表面。

• 综合作用学说。认为玻璃的研磨是材料去除、流动与化学共同作用的结果。有的认为在低压研磨中磨粒去除作用是主要的，在高压研磨中流动是主要作用，同时有切削与化学作用。

玻璃种类很多，其熔点、硬度、耐酸、耐水及质量损失性能各不相同。各种研磨机理学说是在特定的玻璃性能及加工条件下进行研究的。其研究成果都有一定的局限性，可见玻璃的研磨机理研究是一个复杂的问题，有待进一步探索。

9.2.8 研磨加工的应用

(1) 高平面度平板的研磨

高平面度平面的加工越来越多，如超大规模集成电路的芯片加工，也采用研磨法，研磨法平面度创成过程中的形状变化特点及达到高精度平面的合理加工条件，是平板研磨的重要问题。

采用三块或两块平板互研法实现高精度平面的研磨，对研磨的两平面的表面形状可用曲面表达，曲面方程式为

$$Z = ax^2 + by + c$$

Z 为实际曲面到基准面（理论面）的高度，其高度矩阵为 $\boldsymbol{Z} = (Z_1, Z_2)^T$。

则有曲面表达式：

$$\binom{Z_1}{Z_2} = \binom{a_1}{a_2}x^2 + \binom{b_1}{b_2}y + \binom{c_1}{c_2}$$

式中　a——往复研磨运动方向上曲面形状的代表值，下角 1、2 代表上、下平面；

　　　b——宽度方向上曲面值，下角 1、2 代表对研的上、下平面。

a、b 为决定曲面形状的系数项，常数项 c 可忽略不计。系数 a、b 的变化可以用矢量表示为

$$\boldsymbol{a}=(a_1,a_2)^{\mathrm{T}} \qquad \boldsymbol{b}=(b_1,b_2)^{\mathrm{T}}$$

可以认为曲面上点的位置为四次元空间，(a_1,a_2) 和 (b_1,b_2) 面上的点可以表示曲面形状，a_1 为负方向，a_2 为正方向。点 $(a_1,a_2)^{\mathrm{T}}$ 变化向倾斜 45°直线（平衡线）渐近，点 $(b_1,b_2)^{\mathrm{T}}$ 变化向倾斜 45°的线（极值线）终止，如图 9-23 所示。平板表面形状变化过程具有两个特性：特性 1，a 的变化沿着平衡线逼近，b 的变化终止在极值线；特性 2，a 及 b 各自向平衡线与极值线渐近。

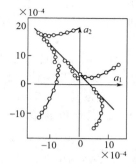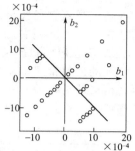

图 9-23 模拟结果

特性 1 的成因是研磨的往复运动，特性 2 是上、下面对研互为仿形的结果。表面曲面形状近似于抛物面形状。关于研磨距离 t 的变化率（$\mathrm{d}a/\mathrm{d}t$），可以认为是由研磨特性 1、2 起因的速度分量和它的变化是近线性的。则有

$$\frac{\mathrm{d}}{\mathrm{d}t}a(t)=T(a)+v_0$$

或

$$\frac{\mathrm{d}}{\mathrm{d}t}a(t)=K_0a(t)+v$$

式中，$v=v_0+\zeta d$；$T(a)=-\zeta[K_0a(t)-d]$；ζ 为正的常数；K_0 为 a 在 d 方向正投影分量。

同理 $(b_1,b_2)^{\mathrm{T}}$ 由于相互作用产生的速度成分存在，也有

$$\frac{\mathrm{d}}{\mathrm{d}t}b(t)=K_0b(t)$$

$$\boldsymbol{b}(t)=\begin{Bmatrix}b_1(t)\\b_2(t)\end{Bmatrix}\cdot K_1$$

$$K_1=-K_0$$

上述两式是形状生成过程的模型，在此基础上可进行形状生成过程的模拟计算与实验。对研磨加工条件进行最优化处理设计，实现高精度的平面研磨。

(2) 块规（量规）研磨

其技术要求如下。

块规厚度偏差，0 级为 $\pm0.1\mu m$，1 级为 $\pm0.2\mu m$。

块规平面度，0 级为 $\pm0.1\mu m$，1 级为 $\pm0.2\mu m$。

块规表面粗糙度，0 级 Ra 值为 $0.01\mu m$，1 级 Ra 值为 $0.016\mu m$。

材料 CrMn 或 GCr15，硬度不低于 64HRC。

研磨余量为 0.05mm，研磨前表面粗糙度 Ra 值为 $0.20\mu m$。

块规的研磨工艺见表 9-8，每批量的尺寸差小于 $0.1\mu m$，预选每批尺寸差不大于 3~5μm。在进行精研时需进行几次工件换位。

表 9-8 量规研磨工艺

工序	研磨尺寸余量/μm	研磨方式	研磨剂粒度号	表面粗糙度 Ra/μm
1 次研磨	10	机研、湿研	W7	0.1
2 次研磨	4		W3.5	0.05
3 次研磨	1.5	机研、湿研	W2.5	0.025
4 次研磨	0.3~0.6		W1.5	0.012
精研	0.1		W1	0.01~0.008

（3）外圆研磨

① 车床手工研磨　用可调节研磨环在卧式车床上进行，注意研磨压力及研磨剂浓度。工件转速视其直径大小而定，直径小于 80mm，转速在 100r/min 左右；直径大于 100mm，转速在 50r/min 左右。

② 双盘研磨机研磨　研磨时，工件放于上、下研磨盘之间的硬木质保持架上（按工件尺寸开的）斜槽之中，当下研磨盘和保持架旋转时，工件则在槽内做旋转和往复移动。双盘研磨机可分为单偏心式、三偏心式和行星式，可使工件除旋转外，分别按周摆线、内摆线和外摆线做复合运动。圆柱形工件研磨参数可按表 9-9 所示选取。

表 9-9　圆柱形工件研磨参数

研磨类型	下研磨盘与保持架速比	研磨速度/m·min⁻¹	偏心量/mm	斜角/(°)
粗研磨	0.3~0.4	50~60	15~18	15~18
精研磨	1.2~3.5	20~30	5~10	15~18

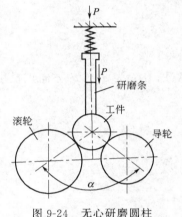

图 9-24　无心研磨圆柱的工作原理

每批工件研前尺寸差为 3~5μm，精研前应将比本批工件最大尺寸大 1μm 的三个工件，分别放于保持架相隔 120°的槽内，适当降低下研磨盘转速，以保证圆锥度的要求。对圆度要求高（≤0.8μm）的工件，研前圆度应小于 2~3μm。精研应按表 9-9 选择研磨参数，工件进行多次换位。

③ 无心研磨机研磨　研磨原理如图 9-24 所示。无心研磨机由滚轮、导轮和压板（铸铁研磨条）组成。压板与工件呈弹性接触，导轮导角为 2°~5°，锥度为 0.5°，两轮直径比一般取 1.3~1.5，两轮中心与工件中心连线夹角 α 一般取 130°~140°。研磨压力选 (0.4~1)×10⁵MPa；研磨速度，导轮取 1~2m/s，滚轮取 1.5~3m/s。研磨圆度不大于 0.3μm，圆柱度不大于 1μm，表面粗糙度 Ra 值为 0.1μm。

（4）内孔研磨

① 手工研磨　使用固定式或可调式研磨棒。将工件夹持在 V 形铁上，待研磨棒（可调式）放入孔内后调整螺母，使研磨棒弹性变形，给工件以适当压力，双手转动铰杠，同时沿工件做轴向往复运动。

② 车床手工研磨　将研磨棒夹持在车头上，手握工件在研磨棒全长上做均匀往复运动，研磨速度取 0.3~1m/s。研磨中不断调大研磨棒直径，以使工件得到要求的尺寸和几何精度。

③ 研磨盲孔　精密组合件盲孔尺寸和几何精度多为 1~3μm，表面粗糙度 Ra 值为 0.2μm，配合间隙为 0.01~0.04mm。工件孔径研磨前尽量接近最终要求，研磨余量尽量小。研磨棒长度长于工件 5~10mm，并使其前端有大于直径 0.01~0.03mm 的倒锥。粗研磨用 W20 研磨剂，精研磨前洗净残留研磨剂，再用细研磨剂研磨。

（5）高精度球体研磨

① 研磨柱塞球面　工件装夹在车头上，速度可取 15~30m/min，手持研具使其在自转同时沿工件球面摆动，研磨压力可根据测得误差加以控制。

② 研磨高精度球面

a. 半球面。一般在玻璃抛光机上研磨，用含有体积分数为 90%左右珠光体的铸铁研具，配合后其端面比工件端面高出 2~3mm，研具的研磨接触面宽度 b 小于工件弦高 h 的 40%~60%，研前工件表面粗糙度 Ra 值为 0.8μm，研磨时使工件不断转动和摆动，如图 9-25（a）

所示。

　b. 整体球。可用一筒状研具在工件下旋转，手按球体不断换向转动进行研磨。研具内径为工件直径的 2/3，接触面宽为 3～5mm［图 9-25（b）］。大量生产用带沟槽的研磨盘在钢球研磨机上进行，研磨盘槽形为若干同心的 90°（或 80°）的 V 形槽，研磨质量在很大程度上取决于研磨盘的结构和耐用度。

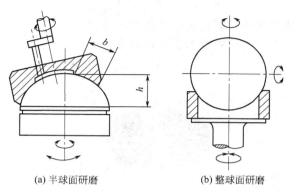

(a) 半球面研磨　　　(b) 整球面研磨

图 9-25　高精度球面研磨

　③ **球面碗研磨**　球面研磨加工原理是使用球面研磨机，在横梁刀架滑动导轨上装有研磨头［图 9-26（a）］，研磨碗摆动左右两根长臂。毛坯固定在下面圆工作台上，工作台做慢速回转。装在研磨主轴上的金刚石磨头研具（研磨碗）做成包括全部研磨工作表面的成形圆盘形状。根据要求如果研磨镜面时，里面要制出蜂窝孔。按要求的曲率，研具做水平、垂直的阶梯进给。研磨碗用铸铁材料制成，与透镜大致相同的直径，带有逆曲率，不断加给研磨磨料和水，用两根臂来摇动研磨［图 9-26（b）］。研磨碗在球面上不断地回转和移动，进行凹凸的研合。此过程称为挂砂，研合的接触面参差不齐，逐渐使研磨磨料粒度减细，使球面光洁。最后，用 W0.5～W0.1 磨料，可获得半光泽面。在研磨前做好了一对凹、凸铸铁碗，通过相互研合去除加工痕迹以确保球面度。最后为了上光要进行沥青研磨。沥青研磨碗是在铸铁碗上把熔化的流体沥青倒进，再用碗紧压使曲率吻合。研磨剂采用氧化铈、氧化锆等微粒，以上研磨方法称为球面的研磨碗，研磨过程如图 9-27 所示。

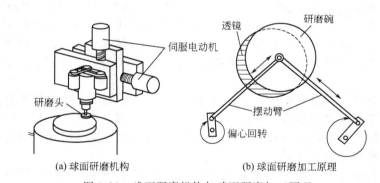

(a) 球面研磨机构　　　(b) 球面研磨加工原理

图 9-26　球面研磨机构与球面研磨加工原理

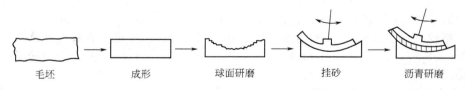

毛坯　　　成形　　　球面研磨　　　挂砂　　　沥青研磨

图 9-27　球面研磨过程

(6) 非球面研磨

　非球面是除了平面以外的曲面总称，代表的非球面是施密特透镜曲面，如图 9-28（a）所示，中央部分是凸的，周边是凹的非球面与平面产生出来。非球面侧部的凹、凸之差别是非常小的。例如，直径 400mm 的仅为 32μm，看起来很像是平行的平面板。

首先将两面研磨成两面平行的平板，然后研磨单面与施密特面外接的凸球面，最后研磨成非球面，即指去除球面与非球面之差 [图 9-28(b)]，一般是使用与去除部分接触很长的带有特殊面积分的沥青研磨盘 [图 9-28(c)]。

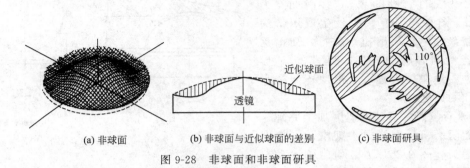

(a) 非球面 　　　 (b) 非球面与近似球面的差别 　　　 (c) 非球面研具

图 9-28 非球面和非球面研具

用小碗研磨局部时，不希望在研磨边界产生段差。用研磨碗难以获得非球面度小的非球面。当然，对于超大型透镜或特殊形状或作为微修整为目的的，可用小研磨碗研磨，但在这种情况下，确定研磨碗尺寸、研磨时间和摇摆轨迹的方法是非常困难的，需要很高的技巧。为此，为了进一步研究这种研磨方法，把具有光滑稳定研磨特性的小研磨工具与用数学方法来确定要求研磨量的研磨工具路线及滞留时间相组合，来创成任意三维自由曲面。先输入加工程序，在工作台装上工件，当空压机、油泵工作后，开启机床按指令加工。夏季温差小于 0.2（空载）～0.3℃（负载），湿度差 2%（空载）～3%（负载），冬季为 1℃（空载）。机床需减振，地基振动小，通过混凝土座振动减少。研磨后，非球面的表面粗糙度 Ra 值低于 $0.01\mu m$，精度小于 $0.1\mu m$。

(7) 精密丝杠螺纹研磨

研具采用黄铜或优质铸铁制造，研磨螺母可以是整体开口式，也可以制成半开螺母研具。实践证明，采用一组半开研磨螺母，经过不同的排列组合，可以对丝杠的螺旋线误差产生"均化"作用，从而提高螺纹精度。为了在研磨中不破坏丝杠的齿形，研磨螺母的齿形必须与被研工件一致，通常采用丝锥攻研磨螺母的内螺纹，而丝锥与被研丝杠是在一次调整中磨削出来的。

研磨丝杠使用立式或卧式车床，工件转速为 60～150r/min，根据工件的长短和粗细精研工步而定。在研磨前要仔细分析丝杠螺距误差曲线，判断要研磨的部位。并根据误差的大小和方向准确判断人工对研磨螺母施加轴向压力的大小和方向。操作者的技艺对研磨质量有重大影响。丝杠螺纹通过研磨可提高一个精度等级。

粗研时为提高效率，采用 W5 微粉金刚砂加油酸，工件转速为 120～150r/min；精研时为降低表面粗糙度值，在油酸和煤油的配比为 10% 和 50% 的溶液中加入 Cr_2O_3，工件转速为 60r/min，研磨压力应小并保持恒定。

JCS001 型千分尺螺纹磨床母丝杠，规格 T32×3，材料 CrWMn，56HRC，全长 280mm，螺纹长度 155mm，要求精度 3 级（JB 2886—92）。一批丝杠通过研磨后，周期误差为 0.5～0.9μm；$\Delta L_{25}=1\mu m$；$\Delta L_{100}=1.6\sim 2\mu m$；$\Delta L_u=1.6\sim 3\mu m$；表面粗糙度 Ra 值为 0.25μm。

M00RE 坐标镗床精密定位丝杠，采用合金氮化钢，75HRC，直径 $1\frac{1}{8}$in(28.58mm)，螺距 1/10in（2.54mm），长度 18in（457.2mm），经过研磨后，达到全长累计误差小于 0.9μm。

9.2.9 研磨机

研磨机是用涂上或嵌入研磨剂的研具按预定的复杂往复运动轨迹对工件表面进行研磨的

机床。经研磨的工件可达到亚微米级的精度（$10^{-2}\,\mu m$），并能提高工件表面的耐磨性和疲劳强度。研磨机主要用于研磨高精度平面、内外圆柱面、圆锥面、球面、螺纹齿型面、齿轮齿型面和其他型面。

研磨机的典型机床是圆盘研磨机，广泛应用于单面和双面研磨，增加附件也可研磨球面、其他型面，故被作为通用研磨机使用。在研磨机床中数量最多。

圆柱面研磨有无心研磨机，研磨机由大小研磨辊（滚轮和导轮）和压板（铸铁研磨条）组成，压板与工件呈弹性接触。

（1）圆盘研磨机

圆盘研磨机主要有：标准型研磨机［单面研磨机，见图 9-29(a)］，在大研磨盘上，放置几个保持环，其中放进工件，在工件上面加上适当压重进行研磨；摇摆型研磨机［单面研磨机，见图 9-29(b)］，将工件预先粘接在保持盘上，在研磨盘上进行左右摇摆研磨；双盘型研磨机［双面同时研磨，见图 9-29(c)］，在行星保持器上装进工件，工件被夹在上、下研磨盘之间，既自转又公转，两面同时研磨。

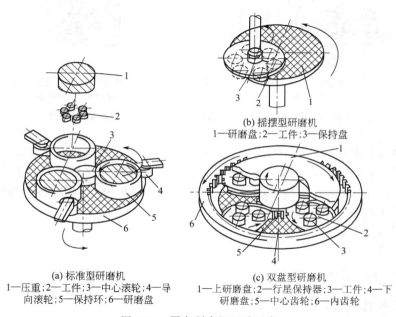

(b) 摇摆型研磨机
1—研磨盘；2—工件；3—保持盘

(a) 标准型研磨机
1—压重；2—工件；3—中心滚轮；4—导向滚轮；5—保持环；6—研磨盘

(c) 双盘型研磨机
1—上研磨盘；2—行星保持器；3—工件；4—下研磨盘；5—中心齿轮；6—内齿轮

图 9-29 圆盘研磨机运动示意

圆盘研磨机中摇摆型研磨机使用带有万向接头的研磨碗可研球面，多用于光学零件加工，通过数控装置还可加工非球面，已发展成为数控非球面研磨机。双盘型研磨机有三种运动类型，三种都是行星保持器自转和公转：第一种是上、下研磨盘均固定不动的，称为双动式（2Way）；第二种是下研磨盘旋转的，称为三动式（3Way）；第三种是上、下研磨盘做同向或反向运动的，称为四动式（4Way）。

MB4363B型半自动双盘研磨机由上研磨盘、下研磨盘、保持架、立柱和底座等组成。上研磨盘［图 9-30(a)］可旋转也可固定。主轴上端为一深沟球轴承，轴向可以浮动。主轴顶端带轮传动有卸载装置。主轴下端研磨盘与接盘之间可以浮动。下研磨盘［图 9-30(b)］可旋转，也可随动。研磨运动方式可任意组合，可双面研磨，也可单面研磨。有两套运动轨迹传动机构：单偏心机构和行星机构。保持架传动轴上端固定一套调整偏心装置，用于调整偏心小轴的偏心距，最大偏心距为 40mm。当使用行星机构时偏心距调到零，取下偏心轴套。通过独立的变速直流电动机驱动，能方便选择适宜的内、外摆线运动轨迹，待工件达到预定尺寸时自动停机。立柱可以摆动，以便带动摇臂旋转到工作位置。

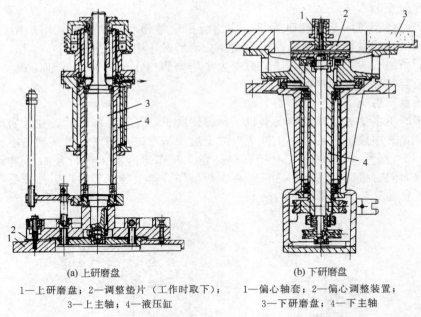

(a) 上研磨盘   (b) 下研磨盘

1—上研磨盘；2—调整垫片（工作时取下）；   1—偏心轴套；2—偏心调整装置；

3—上主轴；4—液压缸   3—下研磨盘；4—下主轴

图 9-30　MB4363B 型半自动双盘研磨机上下研磨盘结构

　　圆盘研磨机研磨盘的磨损状态有两种情况：保持架与研磨盘旋转方向相同时，研磨盘出现碟形（凹形）磨损；保持架与研磨盘旋转方向相反时，研磨盘出现伞形（凸形）磨损。使上、下研磨盘产生误差 δ_1 和 δ_2，影响加工精度。为改善影响，一般是拆下研磨盘，在其他设备上进行修正。

（2）专门化研磨机

专门化研磨机种类繁多。常用的有块规研磨机和钢球研磨机。

9.2.10　研磨新工艺

（1）动压浮起平面研磨

动压浮起平面研磨是一种非接触研磨，其工作原理如图 9-31 所示。

在研磨装置上装有带有平面和斜面的研磨圆盘，当它在油中旋转时，产生动压力，将上面保持架中的工件浮起（动压推力轴承工作原理），由油中微粒磨料对工件进行研磨。研磨盘的浮力 F 为

$$F=\frac{6\eta ULB^2}{h^2}K^2$$

式中　U——相对速度；

　　　η——流体黏度；

　　　L——研磨盘半径方向的分割长度；

　　　B——研磨盘面圆周方向的分割长度；

　　　h——研磨盘与工件间隙；

　　　K——形状系数，为 k、α、B、h 的系数。

由于研磨盘从内圆端到外圆端斜面和平面分割宽度之比 k 是一定的，而在不同半径处的相对速度 U 不同，故浮力分布外圆端加工量大，内圆端加工量小，使工件得不到正确的

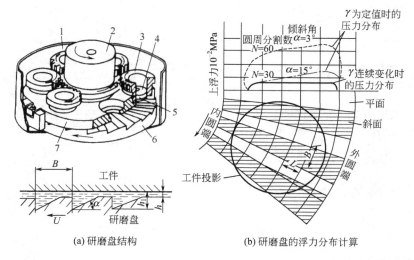

(a) 研磨盘结构   (b) 研磨盘的浮力分布计算

图 9-31 动压浮起研磨

1—研磨液槽；2—驱动齿轮；3—保持环；4—装工件的夹具；
5—工件；6—研磨盘；7—载环盘

平面精度。可调整形状系数 K 来调整压力分布，即调整倾斜角 α 及比率 k，使它们从内圆向外圆连续变化。例如，使比率 k 从内圆端到外圆端从 0.3 至 0.6 连续变化，可获得均一的压力分布。

动压浮动研磨主要用于超精密研磨半导体基片、各种结晶体、玻璃基片。可多片同时加工。

（2）液中研抛

图 9-32 所示为液中研抛平面的装置，液中研抛在恒温下进行。恒温油经螺旋管道不断循环流动于研抛液中，使研抛液保持一定温度。研抛盘用聚氨酯材料制成，由主轴带动旋转。工件由夹具定位夹紧，被加工表面全部浸泡在研抛液中，用搅拌器使磨料与研抛液混合均匀，载荷使工件与磨粒产生一定压力。这种研抛方法可防止空气中尘埃混入研抛区，并保证工件、夹具、抛光器不变形，可获得高

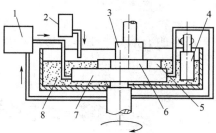

图 9-32 液中研抛示意图

1—恒温装置；2—研抛液定流量供应装置；3—载荷；4—搅拌器；5—夹具；6—工件；7—研抛盘；8—研抛液

的精度和表面质量。当研具采用硬质材料，则为研磨；采用软质材料抛光器则为抛光；采用中硬度橡胶或聚氨酯等材料的研抛器，则为研抛。

（3）液体结合剂砂轮研磨

液体结合剂是一种非固体的具有表面张力和黏着力强的结合剂。液体结合剂砂轮研磨是一种高效研磨方法，除研磨面外砂轮四周用罩壳封起。这种研磨方法的优点是随研磨压力和研磨速度加大，研磨效率比铸铁研具研磨高 3～4 倍；修整非常容易；可研磨软钢、非铁金属和硬脆材料，表面粗糙度 Ra 值可达 0.1～0.2 μm；可跟踪压力增加磨粒数等。用低泡沫氨基甲酸乙酯砂轮，研磨单晶的（111）面可获得高精度表面。使用不同硬度的结合剂对加工效果的影响如图 9-33 所示。液体结合剂砂轮，其磨粒结合剂气孔的体积比为 5：2：3。结合剂不是固体的，而是水、各种酸或碱溶液、油。这种液体表面张力和黏着力强，被黏结的磨粒不容易脱落。通常按上述比例混合黏结力最强。磨粒平均粒径小于 30 μm。液体结合剂砂轮可广泛用于硬脆材料研磨到软质材料的镜面加工。

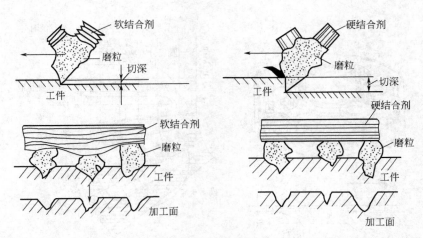

图 9-33　液体结合剂砂轮构造及对加工效果的影响

（4）磨粒胶片带研磨

磨粒胶片带研磨（Film Lapping）是固结磨粒研磨法。磨粒胶片带是用树脂结合剂将 W0.5～W10 研磨微粉黏结在 $100\mu m$ 左右厚的聚酯胶片上 [图 9-34(a)]。其加工机理是使用固结磨粒切刃的压力进行加工，是新的光整加工方法之一。其特点是清洁、省力、易于自动化和标准化，多用于研磨磁头、磁盘基片、曲轴和柔性焦距塑料透镜等零件。微观加工网纹类似珩磨，容易形成镜面，但加工时无珩磨的自锐作用。主要工艺参数为加工压力和研磨距离，切除量直接受研磨压力影响且在研磨开始时期，比同样研磨条件下游离磨粒（图上未表示游离磨粒）高得多。这是因为其磨粒比游离磨粒锋利，受结合剂干涉小。但随研磨时间增加，研磨能力逐渐下降，切刃被磨粒堵塞，表面粗糙度值降低 [图 9-34(b)]。

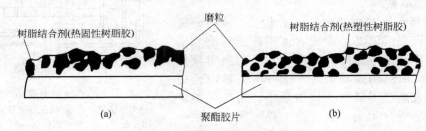

图 9-34　磨粒胶片带的组织构造

（5）磁性研磨

电场和磁性研磨加工（Field-assisted Fine Finishing，FFF）是利用和控制电磁场使磁流体带动磨粒对工件施加压力从而对高形状精度、高表面质量和完全与结晶相近的面进行加工的研磨方法。主要用于信息机械和精密机械高功能元件的加工。通过对电磁场控制也可以加工自由曲面。

磁性（流体）研磨是在电磁场的强磁感应下，被磁化磨料（或含铁磨料）沿磁力线方向被吸附在磁极上形成"磨料须子群"或称为"磨料软刷子"，它与工件做相对运动实现对工件表面研磨加工的新工艺。

磁性研磨可以对外圆表面、内圆表面、平面、复杂型面和精密棱边进行精密研磨，也可对工程陶瓷等硬脆材料进行精密研磨。磁性研磨法具有以下特征：能够精密研磨具有凹凸面、曲面等复杂形状产品；能够短时间创成超微细精密表面；能够精密研磨非磁性长圆管和环形管内壁、孔口狭小的容器内表面；可对塑料、工程陶瓷进行精密研磨；可对像切削刀具刀刃那样复杂形状的产品达到 0.01mm 级精密棱边的光整加工。

磁性研磨在轴承内外辊道、螺纹环规、丝锥、仪表电机轴、仪表齿轮、手表表座、照相机镜片和精密阀孔等多领域中得到应用。

① 磁性研磨加工原理　以圆柱表面研磨为例说明磁性研磨的加工原理，图 9-35 所示为圆柱表面磁性研磨加工原理示意。N-S 两极固定形成直流磁场，位于磁场中的被磁化磨料沿磁力线方向形成整齐排列成刷子状的磨料流，以一定压力施加在两极之间。工件以一定转速回转及以一定的振幅、频率轴向振动其上的磨料流，从而实现对工件表面的光整加工和棱边去毛刺的目的。附在工件表面上的磨料，由于受到工件旋转方向的切向力作用，出现磨料向切线方向飞散，但由于这些磨料还受到磁场作用力和磨料间相互吸引力的作用，磁场作用力与磨料间相互引力的合力大于切向力，从而有效地防止磨料向外流失。

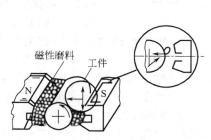

图 9-35　圆柱表面磁性研磨原理示意

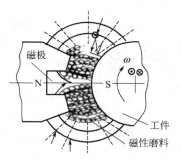

图 9-36　加工区二次圆磁场分布及磁性磨粒所受的磁场力

在研磨导磁材料的工件时，加工区的磁场分布如图 9-36 所示。在磁场内某一点 A 上一颗磨料将受到沿磁力线方向的力 F_X 及受沿等势（位）线方向的力 F_Y，可分别表达为

$$F_X = \left(\frac{\pi D^3}{6}\right) \chi H \left(\frac{\partial H}{\partial x}\right)$$

$$F_Y = \left(\frac{\pi D^3}{6}\right) \chi H \left(\frac{\partial H}{\partial y}\right)$$

式中　　　　　　D——磁性磨粒直径；

　　　　　　　　χ——磁化率；

　　　　　　　　H——磁场强度；

$(\partial H/\partial x)$，$(\partial H/\partial y)$——磁场变化率。

F_X，F_Y 的合力 F_M，其大小与 A 点的各方向磁场变化率成正比。

在磁性研磨中，工件加工表面上微小表面层面积 ΔS_i 上所承受的研磨压力 F_i，可用下式计算

$$F_i = \frac{B_i^2}{3\mu_0} \left(1 - \frac{1}{\mu_r}\right)$$

式中　B_i——微小面积 ΔS_i 上磁通密度；

　　　μ_0——真空磁导率，$4\pi \times 10^{-7}$ H/m；

　　　μ_r——磁性磨料相对磁导率，$\mu_r = \dfrac{\mu}{\mu_0}$；

　　　μ——磁导率，H/m。

② 圆柱磁性研磨的加工特性　经磁性研磨实验证明，圆柱磁性研磨加工特性如下。

a. 利用在磁极上开设切口有效地产生集中磁场分布是很重要的。

b. 研磨量随工件回转速度提高而增大。

c. 磁通密度增大研磨量增加。

d. 加工间隙增大，则研磨量减少。

e. 向工件叠加一振动可达到增大研磨量的效果及迅速达到表面平滑化的效果。

f. 研磨液对增大研磨量效果的作用很大。

g. 加工表面生成压缩残余应力，加工硬化层深度达数微米的程度。

h. 磁性研磨法对圆度、圆柱度等形状精度可以改善，但改善的速度很慢。

i. 可用金刚石磁性磨粒对工程陶瓷进行加工，可以获得 $R_z = 0.1\mu m$ 的精密表面，用

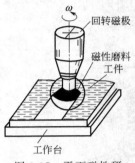

图 9-37　平面磁性研磨加工模式

Cr_2O_3 和 Fe_3O_4 铁粒混合磨粒，能对 Si_3N_4 进行磁性研磨，可获得 $R_z = 0.05\mu m$ 的超精密研磨表面。

③ 高效率平面磁性研磨　图 9-37 所示为平面磁性研磨加工模式。回转的磁极和工件表面之间保持一定间隙，充满磁性磨粒，沿磁力线方向形成磁性"磨料须子群"随磁极一起回转，同时工件进给，实现平面的精密研磨。作用在磁性磨料颗粒上的力有磁力 F_M、压力 F_i 和离心力 F_t。研磨中磁力 F_M 应大于离心力 F_t，否则磨料会飞散出去。为确保研磨正常进行，工件与"磨料须子群"之间需保持一定压力 F_i，这个压力 F_i 的大小取决于流过磁场线圈电流的大小、磁极与工件之间间隙大小。

图 9-38 所示为磁性平面研磨装置和磁极形状。磁性流体研磨装置由加工部分、驱动部分和电磁线圈组成。为防止电磁铁发热，在其周围加循环水冷却。可通过定位螺钉来调整工件与回转研具之间的位置。工件 4 为 1.2mm 厚钠钙玻璃，前工序用 $320^\#$ Al_2O_3 磨粒湿研。磁性流体为水中定量悬浮的 Al_2O_3。为了提高研磨效率，磁极锥

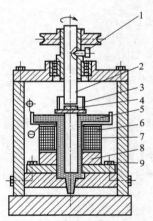

(a) 磁性流体研磨装置

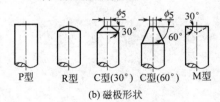

(b) 磁极形状

图 9-38　磁性流体加工
1—定位螺钉；2—回转研具；3—保持器；4—工件；
5—磨削液；6—磁极铁芯；7—电磁线圈；
8—非磁极板体；9—调整螺钉

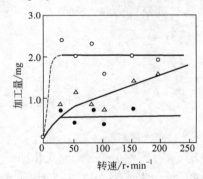

图 9-39　磁性流体研磨加工量与转速关系
○ M(ϕ24) 磁场中；△ 无磁场；
● C 型（30°）磁场中

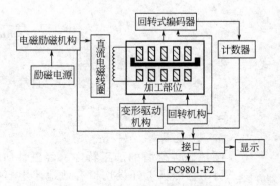

图 9-40　磁性流体研磨加工框图

度宜大，可制成 M、R 和 C 型。磁性流体研磨加工量与转速关系如图 9-39 所示。磁性流体研磨还能通过局部控制加工量来加工非球面和复杂曲面，图 9-40 所示为磁性流体研磨加工框图。工件与用黄铜制工件保持器的回转是同步的，利用此同步定位和励磁电流的变化可控制局部的加工量。回转同步由安装在工件回转机构上的回转式编码器来的输出信号经计数器、接口输入到电极励磁机构完成。

将磁化性能好的微细磨料与大于磨粒粒径数倍的纯铁粉颗粒混合。微细磨粒被吸附在粒径大的铁粉颗粒表面上，形成一个直径较大的磁性磨粒。这些混合的粒子群沿磁力线整齐地排列，形成如图 9-41 所示的高刚性"磁性刷"。提高了研磨压力，实现高效率的磁性研磨。

④ 内圆磁性研磨 将 N、S 磁极成直角地设置在非磁性圆管外，如图 9-42 所示，在圆管内部形成集中的磁场，工件回转且进给，磁性磨粒沿磁力线以一定压力对工件内表面进行加工。

对于长圆管及弯管不宜实现高速回转时，可采用图 9-43 所示的回转磁性工具在磁场内对圆管内表面进行磁性研磨。这种磁性研磨法采用六个线圈，通过三相交流电，在圆管内形成磁场，磁性研磨工具高速回转，实现对内管表面精密研磨。

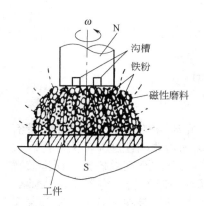

图 9-41 大颗粒铁粉混合
磁性磨粒高效研磨层

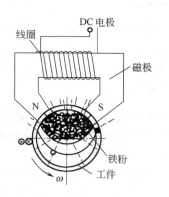

图 9-42 混合磁性磨粒
的圆管表面磁性研磨

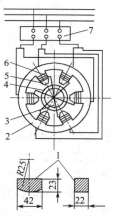

图 9-43 利用回转磁性工具磁
场对圆管内表面的磁性研磨
1—橡胶永久磁铁；2—圆形框；
3—磁性研磨工具；4—工件；
5—磁极；6—线圈；
7—转换开关

图 9-44 所示为磁性流体磨粒内圆研磨装置。电磁铁配置在工件的左右，在磁极周围

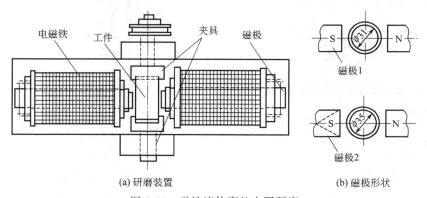

(a) 研磨装置　　　　　(b) 磁极形状

图 9-44 磁性流体磨粒内圆研磨

用水管冷却，磁极使用 P 型和 M 型两种。工件为非磁性材料黄铜套，前工序用金刚石砂纸手工研磨内圆，加工后加工表面粗糙度 R_z 值为 $2.7\mu m$。磁性流体为水和质量分数为 40％浓度的磁铁粉，磨粒为 GC W50～W40、W28～W20 两种。加工时间为 30min；磁极 2 用 W50～W40 磨粒、91.5mm/s（工件转速 50r/min）；磁极 1 用 W28～W20 磨粒、162mm/s（工件转速 100r/min）。由图 9-45(a) 可见，不加介质时，磁极 1 电流增加工件切除率减小，而磁极 2 电流增加，工件切除率增加。在流体中加上介质，磁极 1 电流增加，工件切除率也增加，如图 9-45(b) 所示。选择合适的磁极形状和介质可有效地进行内圆研磨。

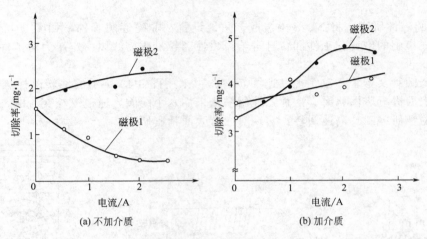

图 9-45　电流对加工率的影响

⑤ 控制磨粒数磁力研磨　加工原理如图 9-46(a) 所示。在研磨具的孔中预先注入带有非磁性磨粒的磁流体。当磁场方向与重力方向平行时，则磁场加给非磁性磨粒浮力，磨粒进入研磨具表层。调节电磁铁电流，可控制研磨的磨粒数，在压力下进行高效研磨。研磨装置如图 9-46(b) 所示。穿孔的研磨具贴在黄铜盘上，可随黄铜盘一起回转，容器里注入适量的磁性流体，液压控制黄铜盘上下位移，以实现加压和卸压。工件安装在夹具上并有一装置带动回转。

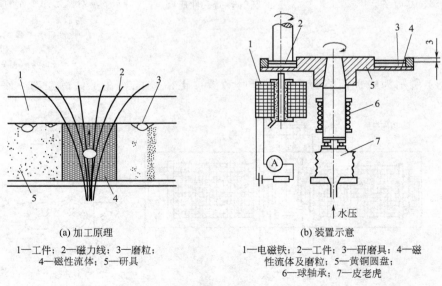

(a) 加工原理

1—工件；2—磁力线；3—磨粒；
4—磁性流体；5—研具

(b) 装置示意

1—电磁铁；2—工件；3—研磨具；4—磁
性流体及磨粒；5—黄铜圆盘；
6—球轴承；7—皮老虎

图 9-46　控制磨粒数磁力研磨加工原理与装置示意

⑥ 胶板鼓胀磁性流体研磨 图 9-47(a) 所示为胶板鼓胀磁性研磨装置。将磁性流体定量注入黄铜圆盘沟槽部位，在其上将 1mm 厚橡胶板胀开，作为研抛器。电磁铁对磁性流体在上、下方向施加磁场。工件安装在铁芯底部，与橡胶板接触（接触压力为零）。橡胶板上面注入磨粒悬浮于水的研磨剂。上部铁芯与黄铜圆盘的回转方向相反。图 9-47(b) 所示是其工作原理。当电磁铁通电时，磁性流体被推向磁极方向，使橡胶板向上鼓起给工件加研磨压力，并通过黄铜圆盘和铁芯的相对运动对工件进行研磨加工。电磁铁电流与加工压力之间在测定范围内（$0 \sim 10^5 \, \text{A/m}$）成线性关系。对钠钙玻璃、硅单晶、铜工件加工，当磁性流体相对密度为 1.35、黏度为 $2.3 \times 10^{-2} \, \text{Pa} \cdot \text{s}$，研磨剂为 $\text{GC800}^{\sharp}$ 磨粒与水，其配比为 24% 悬浮液时，前工序加工表面粗糙度 Ra 值为 $10 \mu\text{m}$。

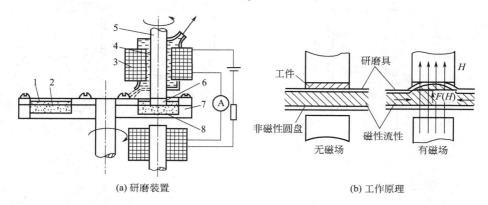

(a) 研磨装置　　　　　　　　　　　　　(b) 工作原理

图 9-47　胶板鼓胀磁性流体研磨装置与工作原理

1—研磨剂；2—研磨橡胶板；3—电磁铁线圈；4—冷却水；5—铁芯；6—工件；7—黄铜盘；8—磁性流体

(6) 电场电陡动研磨（Migration Polishing）

两个不同相物体接触时，一般在其界面上会引起正、负电荷的分离，产生电位差。在液体中分散的粒子周围也会存在这种正、负电相对存在的系统，称为界面二重层。如果在这个界面上施加平行的电场时，则在界面两侧的电荷相反，就产生了相对流动，称为界面动电现象，其中一种为电陡动。在胶态粒子系统施加电场，便产生粒子运动，称为电陡动。磨粒也存在电陡动现象，可用以进行研磨加工。

液体中分散的半径为 r 的磨粒带有电荷 $Q = 6\pi\varepsilon\zeta r$，$\varepsilon$、$\zeta$ 分别为液体的介电常数和磨粒的零电势，可利用这种性质控制磨粒的运动。如图 9-48 所示，工件接正极，工具接负极时，

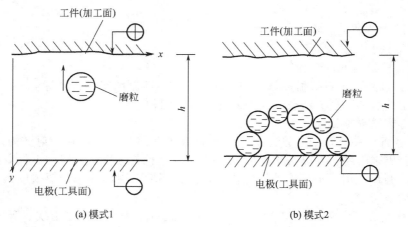

(a) 模式1　　　　　　　　　　　　　(b) 模式2

图 9-48　磨粒的电陡动示意

磨粒本身带负电，向工件加工面运动，速度为 $v_E = \varepsilon \zeta E / \mu$，$E$ 为电场强度，μ 为溶剂黏度。如图 9-48(b) 所示，工具接正极，工件接负极时，则磨粒集中于工具面。

图 9-49(a) 所示工件与电极正极相连，工件材料为碳钢，工件保持架材料为黄铜。图 9-49(b) 所示的工件与电极分开，工具接正极，工件为硅片，工件保持架用丙烯制造，由于自重浮压集于工具面的磨粒上，对置工具面外径 80mm，偏心距 20mm，上、下回转轴回转时便可进行研磨加工。

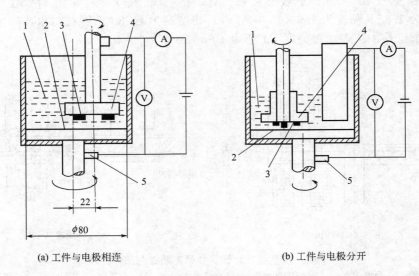

(a) 工件与电极相连   (b) 工件与电极分开

图 9-49　电陡动研磨装置示意

1—加工液；2—对置工具面；3—工件；4—工件保持架；5—电刷

9.3　磨粒喷射加工与磨料流动加工

9.3.1　磨粒喷射加工

喷射加工（俗称喷砂）是将磨料或其他固体磨粒以高速喷射到工件表面上，利用磨粒的动能将工件表面进行清理、去除和光饰加工。

主要加工范围如下。

① 铸、锻件热处理后零件表面清理。

② 钢板除锈、去涂层。

③ 油漆、电镀表面的预加工。

④ 玻璃、水晶、宝石等脆性材料的切割、光饰、喷刻图案、花纹等。

喷射加工按磨料喷射方法分为压力式和离心式两种。

(1) 压力式喷射加工

① 加工装置　图 9-50(a) 所示为干式喷砂装置，工件 2 安放在喷射室内，压缩空气夹带着由压力仓出来的磨料经喷头 1 斜射到工件上。落下来的磨料由料斗 4 收集并经自动阀 3 流回压力仓，循环使用。干式喷砂粉尘较大，污染环境，现已多采用湿式喷砂。图 9-50(b) 所示为湿式喷砂装置。

② 压力喷射方式　如图 9-51 所示压力喷射方式有三种：直接喷射式、吸入喷射式、重力喷射式。

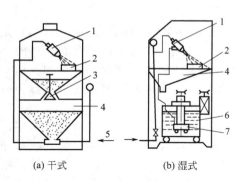

图 9-50 直接喷射式喷砂装置
1—喷头；2—工件；3—自动阀；4—料斗；
5—压缩空气；6—磨料液；7—泵

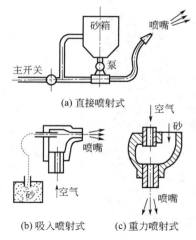

图 9-51 压力喷射方式

③ 主要工艺参数

a. 磨料。常用磨料为铁砂（含 C 3%、Cr 1.5%、P 1%的冷激铸铁碎粒），主要用于清砂或表面强化。人造磨料刚玉、碳化硅等效果较好，多用于玻璃、水晶、宝石等脆性材料加工。碳化硅磨料金属切除率高。

b. 运载流体。磨料运载速度总是比携带它的流体速度 v_q 低。用液体运载比用气体能使磨料获得较高的速度与动能，可获得较高的加工效率。另一方面，液体会散布在工件表面，形成液膜阻碍磨粒冲击，又会使加工效率下降，但却可使表面粗糙度值降低。

c. 混合液浓度。可用浓度系数 K 表示，即

$$K = \frac{W}{Q}$$

式中 W，Q——磨料和液体的重量。

一般磨料粒度越细，K 值越大。

$120^\#$：$K = 0.4 \sim 0.5$。

$200^\#$：$K = 0.6 \sim 0.8$。

W28：$K = 0.8 \sim 1$。

d. 喷射压力。通常取压力为 $(3 \sim 6) \times 10^5$ MPa，压力越高，金属切除率越高。压力提高会给技术上带来困难，并使设备费用上升。

e. 喷射角。喷射角 ϕ 指喷嘴中心线与工件表面切线之间的夹角，一般 $\phi = 30° \sim 60°$。工件材料硬度大、脆性高，ϕ 角选大值。

f. 喷射长度。该参数指从喷射出口沿喷嘴中心线至加工表面的距离。根据金属切除率最大来选取最佳喷射长度，其值为 $(6 \sim 8)d_a$，d_a 为喷射口直径。

(2) 离心式磨料抛射加工

离心式磨料抛射加工是利用叶轮旋转的离心力抛射磨料对工件进行加工。加工装置如图9-52 所示，与压力式喷射加工相比有以下特点。

① 投射面大，抛射力分布较均匀。

② 消耗单位功率所获得的金属切除率高。

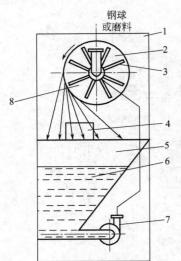

图 9-52 离心式磨料抛射
加工装置示意
1—工作室；2—叶轮；3—叶片；
4—工件；5—磨料液箱；6—磨
料混合液；7—泵；
8—钢球或磨料

③ 不能获得很高的磨粒速度。

离心式抛射不适于加工内凹表面、复杂型面和只需局部加工的零件，主要用于喷丸清理和喷丸强化处理。

9.3.2 磨料流动加工

磨料流动加工（Abrasive Flow Machining，AFM）是指在一定的机械压力（＜10MPa）作用下，使含有磨料的半固态黏弹性介质，往复流经工件的内外表面、边缘和孔道，以达到去毛刺、倒棱、抛光和去除再铸层的方法（也称为挤压珩磨）。

磨料流动加工的加工精度高且稳定，可去除精密零件上 0.15mm 的槽缝和 0.13mm 小孔的毛刺，可精确倒棱尺寸为 0.013～2mm。表面粗糙度 Ra 值为 $0.15\mu m$，加工重复精度为 $5\mu m$ 且不产生第二次毛刺、剩余应力和变质层。特别适用于精密零件和复杂型腔、交叉孔、深小孔槽的壳型零件、脆性零件加工。加工时间为 5s～10min。比涡轮叶片手抛工效高 12～16 倍，加工有 600 多个冷却孔（$\phi1.17～2.69mm$）的喷气发动机燃烧室零件，仅用 8min。全自动加工每天可加工燃油喷嘴 3 万件。

图 9-53 所示为磨料流动表面光整加工试验装置及磨料流动参数间的关系。

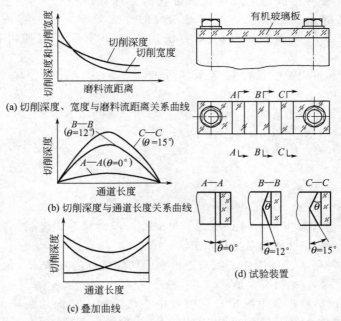

(a) 切削深度、宽度与磨料流距离关系曲线

(b) 切削深度与通道长度关系曲线

(c) 叠加曲线

(d) 试验装置

图 9-53 磨料流动表面光整加工试验装置及磨料流动参数间的关系

假定磨粒形状为半径 R 的球，磨粒转动是受约束的，则磨粒的切削深度 h 和切削宽度 x 为

$$h = h_0 e^{-Kl}$$

$$x = 2R^2 - (R - h_0 e^{-Kl})^2$$

$$K = 2\pi RC/C_0$$

式中 l——磨料流距离；

h_0——开始切削深度；

C_0——黏性系数；

C——常数。

由图 9-53(a) 可见，随着磨料流距离变长，切削深度、切削宽度缓慢地减小。磨料流属黏性流体，流经圆形通道时，沿流动方向压力梯度近似为常数，在入口处压力大，磨粒切痕深、宽（呈湍流状态，然后进入稳流状态），出口处压力小，切痕浅、窄。流体在入口湍流中磨料发生转动，磨粒锋利，刃口转向加工面，切削作用强，切削量大；在进入稳流过程中，以光滑面相切，主要是挤压、刮擦，切削弱，切削量小。通过图 9-53(d) 所示试验装置可得到图 9-53(b) 所示的切削深度与通道长度的关系曲线。可见，随 θ 角的增大，切深鼓形度增大。如果料缸往复运动，则是两条单程曲线叠加 [图 9-53(c)]。可用此原理修鼓形齿轮齿向，生产率高并能保证修形精度。调整磨料流压力、磨削介质和加工时间，容易控制修形量，同时可改善齿面粗糙度、降低综合噪声、提高齿轮副的传动效率。

常用磨料流加工装置有动力磨料流加工机和半固态挤压研磨机两种。

(1) 动力磨料流加工机

动力磨料流加工机示意如图 9-54 所示。将含有磨粒质量分数 25%～70% 的聚合物加入碳氢化合物凝胶均匀混合的加工介质，在上、下活塞推挤下高速流动，往复通过工件的径向小孔，由磨料对工件表面抛光、去毛刺或倒角等。动力磨料流加工机限制加工孔径大于 0.35mm，去除飞边最大厚度为 0.3mm，倒圆角半径为 1～1.5mm，表面粗糙度 Ra 值达 0.2μm。常用磨料有碳化硅和刚玉，加工淬硬工件可用碳化硼磨料，加工硬质合金、陶瓷工件可用金刚石磨料。磨料流动加工机因柔性加工，选用较粗磨粒仍可获得低表面粗糙度值的加工表面。常用磨粒为 $20^\#$～$100^\#$。细磨粒主要用于精细抛光和软金属抛光。

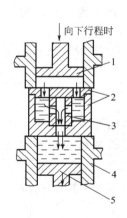

图 9-54　动力磨料流加工机示意

1—上活塞；2—夹具；3—工件；

4—介质液压缸；5—下活塞

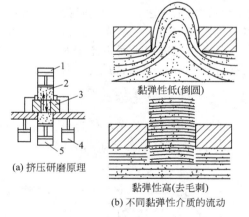

图 9-55　半固态挤压磨料流动研磨示意

1—上液压缸；2—介质；3—工件；

4—夹紧液压缸；5—下液压缸

(2) 半固态挤压研磨机

其加工机理与动力磨料流加工机相似，区别是挤压研磨机使用半固态黏弹性加工介质（似胶姆糖的高分子树脂），需在 10MPa 左右的高压推挤下工作；而动力磨料流加工机使用流动性较大的液体与磨料混合介质,压力在 $1\sim3.5$MPa 范围内。半固态挤压研磨机工作原理如图 9-55 所示,可对工件表面抛光、去毛刺和倒圆角等。黏弹性较低的介质越靠孔壁流速越小,越靠中心流速越大,这一速度差,在入口处拉伸滑动将锐角倒圆;黏弹性高的介质,在相对较低的压力下,以较小流量缓慢移动,各部分速度大致均一,孔壁可获得均匀的材料切除量。加工时随着磨粒磨钝、切屑增多、高分子树脂老化,需及时更新介质(介质寿命约为 600h)。

黏弹性介质种类及用途列于表 9-10 中。

表 9-10　黏弹性介质种类及用途

介质种类	特　征	通过孔径/mm		使用范围
		max	min	
S-S-S	超软	3.0	0.4	去毛刺、倒圆角(特别适用于通过性很差时)、小孔内表面研磨、模具微小孔研光
S-S	软	6.0	0.8	
S-H	中软	12.0	2.0	去毛刺、倒圆角、模具型腔等研光
H-S	中硬	25.0	3.0	不希望倒棱角、圆角零件,模具型面研磨出一定尺寸和表面粗糙度;刃口部位倒棱及不大于 $0.1\sim0.2$mm 的圆角等
H	硬	50.0	6.0	
U-H	超硬	70.0	20.0	

9.4　机械抛光

抛光是用柔软材料制成的抛光轮,用胶或油脂固定磨粒或半固定磨粒或浸含游离磨粒,抛光轮做高速旋转,工件与抛光轮做进给运动加工工件,使工件获得光滑、光亮表面的最终光饰加工工艺方法。其主要目的是去除前道加工工序的加工痕迹(刀痕、磨纹、划印、麻点、毛刺),一般不能提高工件形状精度和尺寸精度。通常还用于电镀或油染的衬底面、上光面和凹表面的光整加工,是一种简便、迅速、廉价的零件表面的最终光饰方法;在近代发展的抛光加工方法,还能同时提高工件的形状精度和尺寸精度。为与传统抛光方法相区别,将现代抛光称为精密抛光、高精密抛光和超精密抛光。

普通抛光工件表面粗糙度 Ra 值达 $0.4\mu m$;精密抛光工件表面粗糙度 Ra 值达 $0.01\mu m$,精度可达 $1\mu m$;超精密抛光工件表面粗糙度 R_z 值达 $0.05\mu m$。

9.4.1　机械抛光方式

抛光常用轮式抛光,分为手工抛光与机械抛光。常用的抛光方式如下。

① 固结磨粒抛光　如图 9-56(a) 所示,磨粒胶粘在柔软材料的抛光轮上,比较牢固。

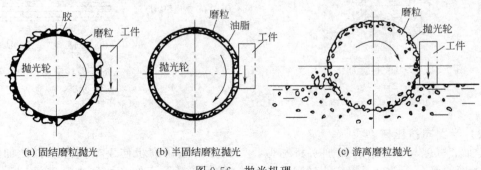

(a) 固结磨粒抛光　　　　(b) 半固结磨粒抛光　　　　(c) 游离磨粒抛光

图 9-56　抛光机理

抛光轮是弹性体，有一定的仿形性。在和工件的相对运动中，通过压力接触对工件进行加工。抛光轮常用棉布、帆布、毛毡、皮革、纸和麻等材料，经缝合、胶合或加固而成。经修整平稳后，在其切片层间和外圆周边交替涂敷一定的磨粒（如刚玉），达到规定的尺寸、厚度和质量要求，兼有一定的刚性和柔软性。棉布类抛光轮的弹性模量为 $100 \sim 200MPa$，麻类抛光轮的弹性模量为 $400MPa$。

② 半固结磨粒抛光　如图 9-56(b) 所示，磨粒用油脂涂敷到抛光轮上，磨粒大部分被油脂包裹，油脂同时起润滑缓冲作用，防止工件表面被划出深痕；磨粒在压力作用下在油脂中缓慢转动，使得磨粒全部切刃均有机会参加切削。

采用对抛光剂有良好含浸性的材料，以保证抛光轮黏附磨粒的性能。帆布胶压抛光轮刚性好，切除力强，但仿形性差。棉布非整体缝合的抛光轮柔软性好，但抛光效率低。

③ 游离磨粒抛光　磨粒有更大的活动自由，可固结、半固结于抛光轮上；也可在抛光轮与工件之间滑动和滚动，如图 9-56(c) 所示。

抛光轮为液中抛光轮，多采用脱脂木材和细毛毡制作。脱脂木材用红松、椴木制作较好，其材料松软，组织均匀，微观形状为蜂窝状结构，对抛光剂含浸性高且易于"壳膜化"（在抛光轮外圆面上磨料黏附一层硬壳），主要用于精密抛光和装饰抛光。

9.4.2　机械抛光机理

具有弹性和柔性的抛光轮在高速旋转下，微细磨粒被压向工件表面上，发生挤压和摩擦的机械作用，在工件表面上刻划出微小的划痕，生成细微的切屑；同时磨粒使工件表面产生熔融流动，工件表面上形成微观的凹凸的光滑表面。抛光剂中的脂肪酸在高温下起化学反应，从工件金属表面熔析出金属皂，形成一层薄膜。金属皂是一种易于被除去的化合物，起化学洗涤作用。由于摩擦及塑性流动的作用，工件被抛光后，也产生轻微的表面变质层。此外，加工环境中的尘埃、异物的混入，对抛光表面也产生机械作用，对被抛光的表面产生划痕，造成抛光缺陷。

一般抛光的线速度为 $2000m/min$ 左右，抛光压力随抛光轮的刚性不同而不同，最高不大于 $1kPa$，如过大则引起抛光轮变形。一般在抛光 $10s$ 后，可将前道工序的表面粗糙度减少 $1/10 \sim 1/3$，减少程度随不同磨粒种类而不同。

9.4.3　抛光剂

抛光剂由软磨料与油脂及其他适当介质成分均匀混合而成。软磨料种类和特性、抛光用磨粒种类和成分、固体抛光剂种类及适用范围分别列于表 9-11、表 9-12 及表 9-13 中。

表 9-11　软磨料种类和特性

名称	成分	颜色	密度/kg·m^{-3}	硬度	适用范围
氧化铁(红丹粉)	Fe_2O_3	红紫	5200	比 Cr_2O_3 软	软金属、铁
氧化铬	Cr_2O_3	深绿	5900	较硬,切削力强	钢、淬火钢
氧化铈	Ce_2O_3	黄褐		抛光能力大于 Fe_2O_3	玻璃、水晶、硅、锗等
矾土		绿			

表 9-12　抛光用磨料种类和成分

种类	粒径/μm	成分
粗抛光磨粒	$50 \sim 60$	刚玉、金刚砂(主要成分为 Al_2O_3,此外还有 Fe_2O_3、SiO_2 等)
半精抛光磨粒、精抛光磨粒	$0.1 \sim 50$	一般与油脂组合,有金刚砂、硅藻土(SiO_2 加工成微粉)、白云石($CaCO_3 + MgCO_3$,焙烧成 CaO,MgO 使用)、Fe_2O_3、Cr_2O_3

表 9-13 固体抛光剂种类及适用范围

类别	名 称	抛光软磨料	适用范围	
			工 序	工件材料
油脂性	赛扎尔抛光膏	熔融氧化铝（Al_2O_3）	粗抛	碳素钢、不锈钢、非铁金属
	金刚砂膏	熔融氧化铝（Al_2O_3）、金刚砂（Fe_2O_3，Al_2O_3）	粗抛 半精抛	碳素钢、不锈钢、铝、硬铝、铜等
	黄抛光膏	板状硅藻岩（SiO_2）	半精抛	铁、黄铜、铝、锌（压铸件）、塑料等
	棒状氧化铁（紫红铁粉）	氧化铁（粗制）（Fe_2O_3）	半精抛 精抛	铜、黄铜、铝、镀铜面、铸铁等
	白抛光膏	熔烧白云石（CaO，MgO）	精抛	铜、黄铜、铝、镀铜面、镀镍面等
	绿抛光膏	氧化铬（精制）（Cr_2O_3）	精抛	不锈钢、黄铜、铝、镀铬面等
	红抛光膏	氧化铁（精制）（Fe_2O_3）	精抛	金、银、铂等
	塑料抛光剂	微晶无水硅酸（SiO_2）	精抛	塑料、硬橡胶、象牙等
	润滑脂修整棒	—	粗抛	各种金属、塑料（作为抛光轮、抛光皮带等的润滑用加工油剂）
非油脂性	消光抛光剂	碳化硅（SiC）、熔融氧化铝（Al_2O_3）	消光加工，也用于粗抛光	不锈钢、黄铜、锌（压铸件）、镀铜面、镀镍面、镀铬面、塑料

9.4.4 浮动抛光

浮动抛光（Float Polishing）是一种平面度极高，没有端面塌边和变形缺陷的超精密精整加工方法，主要用于磁带录像机磁头喉口等的最终抛光加工。如图 9-57 所示，使用高平面度平面和带有同心圆或螺旋沟槽的锡抛光器、高回转精度的抛光装置，将抛光液盖住整个工具表面，使工具及工件高速回转，在两者之间抛光液呈动压流体状态并形成一层液膜，从而使工件不接触抛光器而在浮起状态下进行抛光。

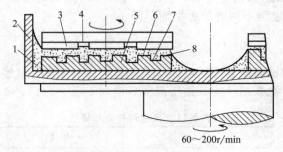

图 9-57 浮动抛光装置示意
1—抛光液；2—加工槽；3—工件；4—工件保持器；5—抛光器；
6—金刚石刀具的切削面；7—沟槽；8—液膜

(1) 浮动抛光原理

超精密浮动抛光原理如图 9-58 所示。由图 9-58(a) 可看出，实际结晶在表面上有很多晶格缺陷，从材料上去除表面原子所需能量比破坏材料原子结合所需的能量小，尤其是凸出部分易受冲击而被去除；当两物质相互摩擦时，如图 9-58(b) 所示，两物质表面的结合能量分布出现重叠，强度高的物质表面原子被强度低的物质表面原子冲击而去除，实现用软质粒子来加工硬质材料，而且工件材料也不会因塑性变形产生位错；如图 9-58(c) 所示，工件最外层表面原子和研磨剂粒子最外层表面原子相互扩散，降低了工件最外层表面原子的结合能量，被以后的磨粒粒子冲击而去除。这种加工方法的加工效率随抛光粒子向工件表面的冲击频率、冲击速度、工件与抛光剂的表面原子结合能量分布和相互扩散的难易程度、不纯物质的原子侵入时工件最外层表面原子的结合能量的降低比例而异。例如，可用极软的石墨和溶于水的 LiF 来抛光很硬的蓝宝石。为了提高加工效率，可使用能起机械化学反应的软质物质作抛光剂。

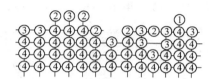
(a) 结晶材料的表面原子结合状态模型

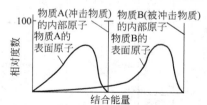
(b) 材料内部与表面原子结合能量的分布

用传统方法以硬质磨粒来抛光软质材料工件，虽然加工效率高，但难以避免工件材料的变形和破坏。但若选取直径极小的硬质粒子冲击工件表面时，如果设定加工条件无工件变形，只进行去除最外层表面原子，也可使工件不产生位错。例如，可使用公称直径为 $0.007\mu m$ 的 SiO_2 超微粒子等，进行抛光软质 Mn-Zn 铁素体和 $LiNbO_3$ 等单晶工件而不产生位错和增殖，技术要点是使用超微粒子，避免大的粒子混入。

(c) 浮动抛光工件最外表面原子的除去过程

图 9-58　超精密浮动抛光原理

（2）浮动抛光速度的影响因素

浮动抛光速度随下面诸因素而变化：工件形状、材料、晶面方位、抛光剂种类、粒径、浓度、加工液种类、氢离子浓度、黏度、化学药品种类、抛光压力、抛光器表面形状、直径、抛光器转速、工件转速、安装地点及抛光温度等。

（3）浮动抛光形状精度

为了减小贴附应力及热应力影响，在直径为 100mm 工件座垫上用布带（两面）贴附 BK-7 玻璃工件，在控制室温、抛光液温及静压油温条件下抛光 1h。抛前加工面为光学研磨面，$\lambda = 0.63\mu m$，内凹。浮动抛光后的工件经干涉系统 MarkⅢ测定，测定结果如图 9-59（a）所示，Zapp 的 $P\text{-}V$ 平面度为 $0.029\lambda = \lambda/34 = 0.018\mu m$，Phase 的 $P\text{-}V$ 平面度为 $0.049\lambda = \lambda/20 = 0.03\mu m$，rms 平面度均为 $0.006\lambda = \lambda/167 = 0.0038\mu m$。图 9-59（b）所示为线胀系数极小的 Zerodur 试件平面度变化过程，最初 $P\text{-}V$ 值为 $2.323\lambda = 1.47\mu m$ 的凹面，通过抛光去

Zapp 测定　　　　　Phase 测定　　　　　工件图像
(a) 直径 100mm 的 BK-7 的玻璃平面度

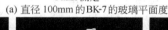

抛光前加工面　　　　　抛光中加工面　　　　　抛光后加工面
(b) 直径 100mm 的 Zerodur 试件平面度

图 9-59　浮动抛光的平面度测定

除凸部，最终用 $1\sim2h$ 达到 $0.043\lambda=0.027\mu m$ 平面度。

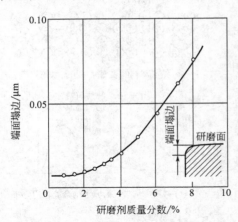

图 9-60　Mn-Zn 铁素体单晶端面塌边
与抛光剂质量分数的关系

（抛光剂：MgO）

图 9-60 所示为用不同质量分数的抛光液浮动抛光 Mn-Zn 铁素体单晶（用于磁带录像机磁头）端面塌边的测定结果，塌边半径小于 $0.01\mu m$。

（4）浮动抛光表面粗糙度和表面特性

① 浮动抛光表面粗糙度　表面粗糙度对光的反射率、散射、吸收、激光照射光学元素的损伤和材料破坏强度均有影响。用尖端半径 $0.1\mu m$、宽幅 $2\mu m$ 触针测量经浮动抛光的合成石英抛光面粗糙度 R_z 值在 $0.001\mu m$ 以下。

② 浮动抛光表面特性　晶体机能依赖于结晶构造，如果构造紊乱则机能低下。蓝宝石单晶（$\overline{1012}$）表面在 $100kV$ 加速电压下的反射电子衍射图像，表明用 SiC 和金刚石磨粒研磨，工件表面失掉了结晶特性，浮动抛光面和化学研磨面均获得明显的菊池线，具有良好的结晶特性，腐蚀相只有内在的变形缩孔而加工不产生变形缩孔，说明单晶浮动抛光不产生塑性变形。

9.4.5　修饰加工

修饰加工包括修饰抛光（光饰）和去毛刺抛光。修饰抛光是为降低表面粗糙度值，以提高防蚀、防尘性能和改善外观质量（感观质量），而不要求提高精度。去毛刺抛光不仅可改善外观质量，而且是保证产品内在质量的重要手段。例如，液压阀的阀孔与阀芯是精密偶件，要求配合间隙为 $5\sim12\mu m$，圆度为 $1\sim2\mu m$，圆柱度为 $1\sim2\mu m$。如阀体主阀孔、交叉孔、阀芯的沉割槽、平衡槽等去毛刺不彻底，会直接影响液压元件质量。当液压系统工作时，由于毛刺脱落损坏配合表面并造成元件动作不灵或卡紧现象，大大降低其系统的可靠性和稳定性。

修饰加工和去毛刺加工可用抛光轮和抛光刷（金刚石弹性刷、各种形状的含磨料尼龙刷、软轴刷及不锈钢丝刷）等。

9.4.6　端面非接触镜面抛光

图 9-61 所示为端面非接触镜面抛光装置示意。工具与工件不接触，工具高速旋转驱动微粒子冲击工件形成沟槽。加工表面粗糙度 Ra 值低于 $0.003\mu m$，而且没有层叠缺陷。可用于 $\phi0.1mm$ 左右的光导纤维线路零件端面镜面抛光以及精密元件的切断。传统抛光对沟槽的壁面、垂直柱状轴断面镜面加工是困难的。该抛光法可在石英片上加工相隔 $10\mu m$ 的沟槽，可加工 $\phi1mm$ 石英细棒料的 $15°$ 倾斜角断面，它们完全没有一般加工或切断的缺陷。

9.4.7　"8"字流动抛光

"8"字流动抛光是指使多个滚筒行星回转，滚筒内的磨料与工件在离心力作用下给工件加压并以"8"字形轨迹高速流动进行抛光的方法，

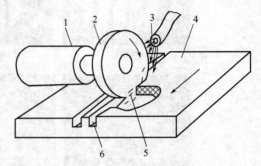

图 9-61　沟槽侧面的非接触抛光
1—空气主轴；2—工具；3—加工液；4—工件；
5—微粒子；6—抛光出的镜面

可用于抛光细、薄、长、容易缠绕贴连和弯曲的工件，比滚针抛光机（Needle Super Polishing Machines）、离心滚筒抛光机的适用范围广，其研磨能力比回转滚筒机和振动滚筒机高得多，还能进行超精密抛光。"8"字流动抛光总的介质用量小、成本低。"8"字流动工作原理如图 9-62 所示，滚筒同时上下、左右倾斜，即"8"字流动，去除工件磨削痕迹，表面精度可达 0.3μm。

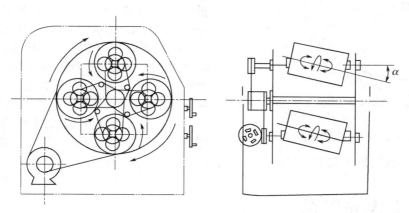

图 9-62　"8"字流动工作原理

9.4.8　刷光表面光整加工

刷光表面光整加工（Brushes Surface Finishing）是精密棱边光整加工和去毛刺光整加工的方法，所用含磨料尼龙毛刷和可内库斯毛刷（Cornex Filament）是一种弹性研磨工具 [图 9-63(a)]，能靠贴零件复杂形状表面进行光整加工。尼龙刷由混入质量分数为 25%、小

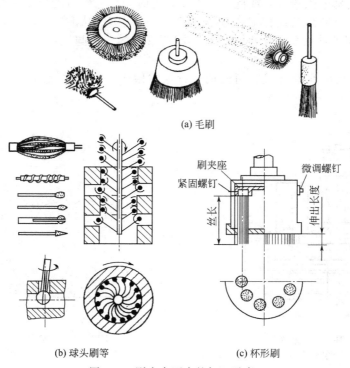

(a) 毛刷

(b) 球头刷等　　　　(c) 杯形刷

图9-63　刷光表面光整加工示意

于 W40 的 Al_2O_3 或 SiC 磨粒和直径 $\phi0.45\sim1.0mm$、熔点 $25\sim250℃$ 的尼龙细丝制成；可

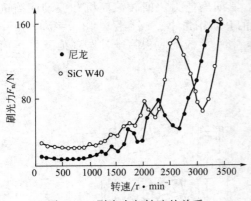

图 9-64 刷光力与转速的关系

内库斯刷丝含质量分数为 $4\%\sim50\%$，小于 W5 的 SiC 及 Al_2O_3 磨粒、金刚石或 CBN 磨粒，丝挺拔不易软化和熔敷，丝径 $\phi0.3\sim1.7mm$，熔点 $430℃$，丝径截面有正方形、矩形、椭圆形和梯形。用金刚石粉及含 $W110\sim W20$ 的 Al_2O_3 或 SiC 绕结成球头的球头刷 [图 9-63 (b)]，广泛用于抛光发动机缸体，可在较长时间内保持磨粒锋利。杯形刷多用于加工环状零件端面 [图 9-63(c)]，当背吃刀量为 0.3mm，刷丝伸出长度为 10mm 时，可获得最佳刷光效率。刷光抛光随着转速变化刷光力急剧波动 (图 9-64)，刷丝产生弯曲振动，出现周期性疏密状态。为了提高刷光效率，应选择合适的转速，以减小刷丝波动。

9.5 复合抛光工艺

9.5.1 机械化学抛光

机械化学抛光（Progressive Mechanical And Chemical Polishing，P-MAC）能自动地从机械切除作用向化学去除作用移行，由此来实现高精度和高品质的镜面加工。实现 P-MAC 抛光需变化工件与抛光工具之间的接触状态，其方法如下。

① 使抛光机具有随时调整工件与抛光工具之间间隙的功能。

② 随不同研磨液供给方式或抛光液黏度，随时调整工件与抛光工具之间间隙。

③ 使夹具上具有随时调整工件与抛光工具之间间隙的功能。

④ 利用不同工件材料产生的加工量不同所形成的工件与抛光工具之间的不同间隙来进行间隙调整。

为了使用普通的研磨装置能简便地进行这种抛光，可采用上述方法④实现，如图 9-65 所示。

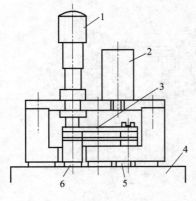

图 9-65 P-MAC 抛光装置示意
1—测微头；2—平衡重；3—弹簧；4—抛光盘；5—样件；6—工件

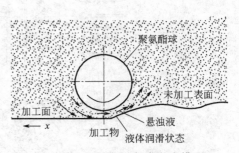

图 9-66 机械化学复合抛光模型

机械化学复合抛光的原理如图 9-66 所示，可达到表面变质层很轻微的高品位镜面加工：抛光压力增加，磨粒的机械作用加强，抛光器与工件接触面积增大，参与抛光的有效磨粒量增加，加大了抛光加工速度。机械化学抛光的加工速度比不用化学液的抛光高 $10\sim20$ 倍，表面粗糙度 R_y 值达 $10\sim20$nm。机械化学抛光是一种有效的工艺方法。

机械化学抛光机理是抛光加工速度应符合阿累尼乌斯（Arrhenius）方程，即抛光加工速度 v_m 为

$$v_m = v_0 \exp\left[-\frac{E_0}{R(T_0 + \Delta T)}\right] = v_0 \exp\left(\frac{E_0 - E_a}{RT_0}\right)$$

式中　R——气体常数；

　　　T_0——化学反应系统温度，K；

　　　ΔT——加工中温度上升值，$0 < \Delta T/T < 1$，K；

　　　E_0——抛光液与被加工物化学反应的固有活性能量，kJ/mol；

　　　E_a——磨料微粒机械作用表面变形能量或干摩擦能量，kJ/mol；

　　　v_0——常数，在 $E_0 = E_a$ 时，即机械作用时加工速度。

由 v_m 的计算公式知，抛光加工中温度越高，磨料的机械作用越强，表面上活性能量越低，加工效率越高。

对机械化学复合抛光，磨粒对工件表面产生切削、摩擦机械作用，化学溶液对工件表面起化学作用，如 GaAs（砷化镓）结晶片的抛光，使用亚溴酸钠（$NaBrO_2$）+0.6% 氢氧化钠（NaOH+DN）（DN 剂为非离子溶剂）+SiO_2 磨料微粒子组成的抛光剂，对 GaAs 进行抛光，发生下列化学反应。

① GaAs 与 $NaBrO_2$ 反应

$$4GaAs + 3NaBrO_2 \longrightarrow 4Ga + 2As_2O_3 + 3NaBr$$

② As_2O_3 与 NaOH 反应

$$As_2O_3 + 6NaOH \longrightarrow 2Na_3AsO_3 + 3H_2O$$

③ Ga_2O_3 与水中的 OH^- 反应

$$Ga_2O_3 + 6OH^- \longrightarrow 2Ga(OH)_3 + 3O^{2-}$$

生成物与 DN 剂作用，产生界面活性浸透机能，促进磨料的机械作用和加工表面的摩擦发热，有利于上述化学反应进行。在 GaAs 片表面生成薄膜层，易被磨粒去除。机械化学复合抛光可达到表面变质层微小的高品位镜面加工。

9.5.2　水合抛光

水合抛光（Hydration Polishing）是利用工件界面上产生水合反应的高效、超精密抛光方法。它是在普通抛光机上，给抛光工件部位上加耐热材料罩，使工件在过热水蒸气介质中进行抛光。通过加热，可调节水蒸气介质温度。随着抛光盘的旋转，工件保持架在它上边做往复运动。所选用的抛光盘材料常为低碳钢、石英玻璃、石墨、杉木等不易产生固相反应的材料，水蒸气介质的温度为常温、100℃、150℃、200℃。水蒸气介质温度越高，磨粒切除量越大。但有时在抛光过程中，从抛光盘上抛光下的微粉会黏附到工件上，使抛光切除量下降。水蒸气与石英玻璃抛光盘的 SiO_2 微粒会产生 $Cl_2O_3 \cdot SiO_2 \cdot H_2O$ 反应，生成含水硅酸氯化物 $2Cl_2O_3 \cdot 2SiO_2 \cdot 2H_2O$ 的粘连物。而软钢、杉木抛光盘则能获得切除量小、表面粗糙度值低的无粘连物的加工表面。图 9-67 所示为水合抛光装置示意。使用杉木抛光盘，压力为 $1000\sim2000$MPa，获得加工表面无划痕的光滑表面，经腐蚀处理后，表面无塑性变形的蚀痕，表面粗糙度 R_z 值低于 $0.0012\mu m$，其平面度相当于 $\lambda/20$。

9.5.3　胶质硅抛光

用胶质硅（SiO_2）超微粒子（粒径为 $0.01\sim0.02\mu m$）悬浮于含 NaOH 1g/L 和

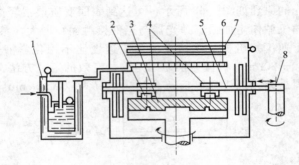

图 9-67　水合抛光装置示意

1—水蒸气产生装置；2—工件；3—抛光盘；4—施加载荷；5—保持架；
6—水蒸气喷嘴；7—加热器；8—偏心凸轮

Na_2CO_3 7g/L 的碱性溶液（pH 值 9.5～10.5）中，质数分数为 30%，对工件进行抛光。在配方时，添加高级乙醇可抑制凝胶；添加硫酸钠可促进快速凝胶。

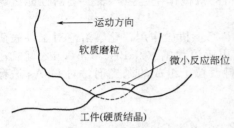

图 9-68　软质磨料机械化学抛光模型

胶质硅抛光的加工速度与结晶的维氏硬度 HV 倒数成正比。其加工表面粗糙度 Ra 值对任何一种结晶均为 0.002～0.003μm，表面无任何擦痕，使用腐蚀剂腐蚀也未发现潜在缺陷。这种机械化学抛光的基本要素为使用微细的软质磨料，进行固相反应。软质磨粒与适当的抛光液一起，在磨粒与抛光件的接触点附近，由于摩擦而产生高温高压，在很短的时间接触中，即产生固相反应。由摩擦力去除生成反应物，实现 0.1mm 微小单位的去除抛光。

图 9-68 所示为软质磨料机械化学抛光模型。

在干式软质磨料抛光中，由于磨料的表面活性不同，其加工效率就不同：如 SiO_2 粒径极小，但表面活性大，加工效率很高；在湿式软质磨料抛光中，因磨粒吸水性影响而使表面活性降低，在接触点温度低，故加工效率降低。

机械化学复合抛光，磨粒和抛光液在工件接触表面处，由于高速摩擦而产生高温高压，在接触点处产生固相反应，形成异质结构生成物，呈薄层状，容易被磨粒机械切除。加工表面不残留反应生成物，表面清洁度极高，加工变质层小。

9.5.4　非接触化学抛光

传统的普通研磨盘化学抛光是在树脂抛光盘上供给化学液，使其与被加工面相互滑动，来去除被加工面上的化学反应生成物。图 9-69 所示为水上飞滑非接触化学抛光（Hydroplane Polishing）装置，用于抛光 GaAs 或 InP 的印制电路板工件。将工件与 ϕ100mm 水晶平板接触，水晶平板边缘呈锥状，它与带轮相连。印制板工件表面可在抛光盘上方约 125μm 范围内用滚花螺母来调节高度。抛光盘以 1200r/min 转速回转，将腐蚀液注到研磨盘中心附近，通过液体摩擦力，使水晶平板以 1800r/min 转速回转，同时由于动压力使水晶平板上浮，抛光

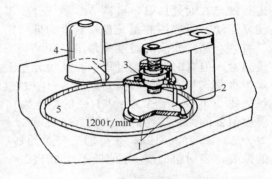

图 9-69　水上飞滑非接触化学抛光装置

1—GaAs 工件；2—水晶平板；3—上下移动
调节螺母；4—腐蚀液；5—抛光盘

盘使工件表面在非接触情况下进行抛光。工作液为甲醇、1,2-亚乙基二醇及溴的混合液，其中的1,2-亚乙基二醇起调节抛光液黏度的作用。工件在氢气中、600℃高温下热腐蚀15min，以10μm/min的切除率进行表面无损伤抛光。在φ2.5cm印制电路板80％范围内加工平面度为0.3μm。

9.6 硬脆材料的抛光

由陶瓷、玻璃、硅片、砷化镓等硬脆材料制造的电子及光学元件要求精度高、表面质量高，无加工变质层，不扰乱原子结晶排列的镜面，在磨削和研磨之后，进行精密及超精密抛光。

9.6.1 陶瓷的金刚石微粉抛光

机械工程及电子工程中所使用的陶瓷元器件要求高精度、高表面质量或镜面。在磨削和研磨之后，要进行抛光修整。有的零件在抛光之后，需进行非接触式抛光，如弹性发射方法。

陶瓷的抛光工序一般分为粗抛（修整）、半精抛（修整）与精抛（修整）。粗抛使用SDP工具，金刚石微粒固定，平均粒径20~30μm，半精抛使用DP工具，金刚石微粒固定，平均粒径4~8μm，精抛使用铜或锡磨盘工具，金刚石微粉的平均粒径为1~2μm。

(1) 固定磨粒抛光

① SDP（Small Diamond Pellet）抛光　它是将金刚石磨粒与金属混合成1mm左右的金属金刚石球，用合成树脂将小球固定而成的抛光工具。SDP这种黏合抛光器具有的特征是：SDP比单颗粒承受较大的抛光压力，磨粒切削作用增强。软质树脂与工件表面直接接触。易产生摩擦，使抛光切除能力增强。所以，用SDP抛光能够达到高效率抛光，如对φ50.8mm的99.5% Al_2O_3陶瓷进行抛光，分别使用800♯金刚石磨料的SDP与800♯的GC磨料进行对比试验。抛光盘外径φ560mm，内径260mm，转速87r/min，其抛光加工压力与加工效率的关系如图9-70所示。用SDP800♯加工的表面粗糙度Ra值为0.27~0.33μm。GC800♯加工的表面粗糙度Ra值为0.34~0.41μm。SDP是加工陶瓷的有效工具。

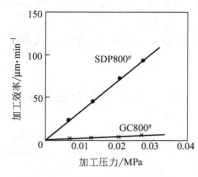

图 9-70　SDP 抛具的加工压力
与加工效率的关系

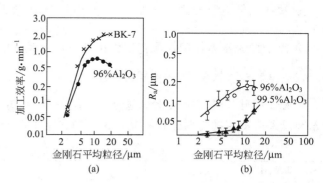

图 9-71　DP 抛具磨料平均粒径对
加工效率和表面粗糙度的影响

② DP（Diamond Pellet）抛光（金刚石球）　DP抛光工具主要是用来提高陶瓷基板的平行度、平面度及降低表面粗糙度值的精抛工具。它是由金刚石微粉与金属结合剂制成的约15mm大小的基体，分别贴附在上下抛光定盘的面上，对工件进行抛光加工。DP半精抛光特性是，加工96%的Al_2O_3陶瓷基板抛光压力0.19MPa，定盘直径φ120mm，转速200r/min，金刚石微粒2~6μm，加工效率线性增加，超过6μm，加工效率开始缓慢，到15μm，加工

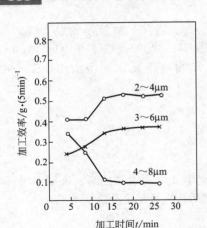

图 9-72   DP 工具抛光加工
时间与加工效率的关系

效率急剧下降，如图 9-71（a）所示。抛光后表面粗糙度值随粒径增大而增大，96％ Al$_2$O$_3$ 陶瓷的粗糙度值比99.5％纯度陶瓷高，99.5％陶瓷在金刚石粒径超过 6μm后，粗糙度值急剧增加，如图 9-71（b）所示。用 DP 加工直径 ϕ100.8mm 的 99.5％ Al$_2$O$_3$ 陶瓷件时，用金刚石磨料粒径 2～4μm、3～6μm、4～8μm 分别进行加工效率的对比试验。试验用抛光工具直径 ϕ120mm，加工压力0.19MPa，转速 2000r/min，所得结果如图图 9-72 所示。可以看出 4～8μm 磨料粒径在抛光初期磨粒微刃磨耗，切削能力下降，抛光到 15min 后，切削作用下降，加工效率趋于稳定；2～4μm 和 3～6μm 的磨粒在加工初期加工效率上升，15min 后微刃磨损，加工效率也趋于稳定。

DP 抛光工具的平面精度对加工零件有重要影响。DP抛光盘在连续加工中能均匀地磨损并能长时间不需修正。

（2）金刚石微粉

金刚石微粉分为人造聚晶、单晶及天然晶三种。聚晶微粉是数十至数千个微细结晶的集合体，使用中在所有方向上均易产生破碎，产生新的微粉，所以加工效率高且擦痕小。单晶金刚石晶格具有劈开性与耐磨损的方向性，容易损伤陶瓷表面精度及加重磨痕。用 1/8μm及 1μm 的聚晶与单晶金刚石微粉对 99.5％的 Al$_2$O$_3$ 陶瓷进行对比试验：粒径 1μm 的单晶具有较高的抛光效率；而粒径 1/8μm 的聚晶具有较高的加工能力。表面粗糙度方面 1/8μm和 1μm 单晶的加工粗糙度值高于聚晶，1/8μm 及 1μm 的金刚石微粉的 DP 工具抛光 99.5％Al$_2$O$_3$ 陶瓷粗糙度 Ra 值达 0.006μm。

（3）使用 DP 进行抛光时应注意的问题

① 应注意对金刚石微粉进行分级，提高品位，防止粗粒度的磨粒混入。

② 在粗粒度磨粒及其他异物易混入的场合应设法排除，在抛光具上设计出间隙。

③ 根据被加工材料的材质选择具有适应弹性的抛光工具。

④ 抛光环境应洁净。

⑤ 被加工件与抛光器之间保持一定间隔，DP 抛光器应具有高的平面度及高精度的保持性。

⑥ 由于抛光压力作用，陶瓷工件边缘易产生微小的碎片脱落，工件的周边应注意保护。

9.6.2   硅片的机械化学复合抛光

对 LSI 用硅片进行机械化学抛光，使用 SiO$_2$ 系或 ZrO$_2$ 微磨粉与碱性溶液混合而成的抛光剂及人造皮革抛光器进行抛光，达到抛光结果示于表 9-14 中。

表 9-14   LSI 用硅片的抛光加工条件及结果

工序 \ 加工条件	抛光剂	抛光器	抛光压力/Pa	抛光量	主要目标
第一次抛光	SiO$_2$ 或 ZrO$_2$ 磨粒粒径 0.1mm 左右，加工液呈碱性，pH 值 9～12	聚氨基甲酸乙酯浸渍聚酯无纺布	3×10^{-2}～8×10^{-2}	15～20μm	高效率化镜面 $R_z=$ 20～40nm
第二次抛光	SiO$_2$ 磨料平均粒径 10.0～20.0μm，加工液呈碱性，pH 值 9～12	发泡聚氨基甲酸乙酯和人造皮革软硬质两层构造的抛光器	1×10^{-2}～3×10^{-2}	1～数微米	提高表面质量 $R_z=$ 1.0～2.0nm

续表

工序＼加工条件	抛光剂	抛光器	抛光压力/Pa	抛光量	主要目标
第三次抛光	SiO_2 磨料平均粒径 9.0～10.0nm；加工液为氨水或胺剂，pH值 9～12	发泡聚氨基甲酸酯和人造皮革软硬质两层构造的抛光器	$1×10^{-2}$以下	0.1～数微米	

加工超大规模集成电路硅片，还可用 $0.01\mu m$ 级胶质硅微粒游离磨粒来研抛硅片表面，整体误差不大于 $2\mu m$，局部厚度误差不大于 $1\mu m$。其抛光装置示于图 9-73 中。

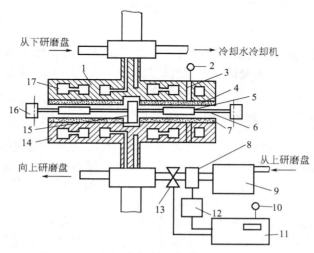

图 9-73 超大规模集成电路芯片抛光装置示意
1—上抛光盘；2—温度信号发送天线；3—温度传感器；4,7—抛光布；5—硅片工件；6—保持架；8—流量控制针阀；9—冷却水冷却机；10—温度信号接收天线；11—温度机及微机控制；12—脉冲马达；13—电磁阀；14—下抛光盘；15—中心齿轮；16—内齿轮；17—水路

9.7 弹性发射加工

9.7.1 弹性发射概念与加工原理

从量子力学观点出发，两种固体相接触时，在界面形成原子间结合力，在分离时，一方原子分离，另一方原子马上被去除。利用这种物理现象，将超微细粉磨料粒子向被加工物表面供给，磨料运动，加工物表面原子被分离，实现原子与加工物体分离的加工，这就是弹性发射 EEM(Elastic Emission Madrining) 加工概念。EEM 加工方法的本质是粉末粒子作用在加工物表面上，粉末粒子与加工表面第一层原子发生牢固的结合。第一层原子与第二层原子结合能低，当粉末粒子移去时，第一层原子与第二层原子分离，实现原子单位的极微小量弹性破坏的表面去除加工。EEM 加工原理如图 9-74 所示。

由超微细 ZrO_2 粉末粒子（0.1～0.01μm）与水混合而成的悬浮液，在聚氨酯小球回转中流向工件表面。微粉粒子与工件表面在狭小的区域发生原子间结合。在悬浮液流动下，工件表面产生原子去除。聚氨酯球与加工表面存在约 $1\mu m$ 的弹性流体润滑膜。这种流体膜通过调整施加聚氨酯球荷重与流体的动压自动平衡保持不变。若悬浮液中粉末粒子分散状态稳定不变，则单位时间内加工量达到非常稳定，用数控 EEM 法控制各点加工时间来控制各点

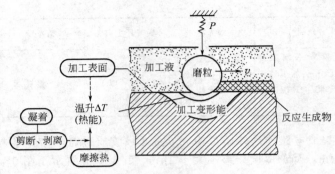

图 9-74 EEM 加工原理

的加工量。

EEM 加工已广泛应用于扫描式研磨技术、平面研磨、抛光技术中，是一种超精密加工技术及纳米级工艺技术。金属表面加工后表面层无塑性变形，不产生晶格转位等缺陷。对加工半导体材料极为有效。

9.7.2 弹性发射加工装置及 NC 控制

图 9-75(a) 所示为聚氨酯球在溶液中旋转扫描式加工（EEM 的数控加工方式）的装置。由于聚氨酯球的旋转，微粒与液体混合的流体，使球体受力抬起，形成一定的浮起间隙。该流体运动系统属黏性流体运动方程式的二维流动，可由弹性流体润滑理论来计算流体膜厚。当球径为 28mm，单位长度压力为 3N/mm，线速度为 3m/s 时，得到的最小膜厚为 0.7μm。本法通过间隙的流量是一定的，故单位时间作用的磨粒数也是一定的。图 9-75(a) 所示为一个三坐标数控系统，聚氨酯球装在数控主轴上，由变速电动机带动旋转，其载荷为 2N。加工硅片表面时，用含直径为 0.1μm 氧化锆微粉的流体以 100m/s 速度和与水平面成 20°的入射角，向工件表面发射，其加工精度为 ±0.1μm，表面粗糙度 R_y 值在 0.0005μm 以下。

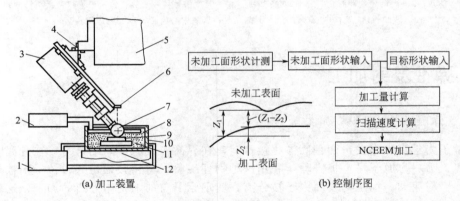

(a) 加工装置　　　　　　　　　　　(b) 控制序图

图 9-75 EEM 加工装置及控制序图

1—循环膜片泵；2—恒温系统；3—变速电动机；4—十字弹簧；5—数控主轴箱；6—加载杆；
7—聚氨酯球；8—抛光液和磨料；9—工件；10—容器；11—夹具；12—数控工作台

图 9-75(b) 所示为 EEM 加工装置的 NC 控制序图。对未加工表面形状信息及目标形状信息输入并通过计算，控制加工装置进行 EEM 的数控加工。

对 X、Z、C 三轴进行数控，可以实现光学元件表面创成。X、Z 轴的高精度滚珠丝杠由 DC 电动机驱动，C 轴由安装在 X 轴上驱动 DC 电动机实现回转。聚氨酯由无级调速电动机（0～4000r/min）驱动实现转动。

　　X-Z 轴数控加工路径与 X-C 轴加工路径如图 9-76 所示。X-Z 轴数控加工，C 轴处于停止状态。聚氨酯球开始从正 X 方向顺序以 ΔX/步距送进，沿 Z 轴方向以 ΔZ/步距进给，实现对平面加工。X-C 轴数控加工，是夹持聚氨酯球绕 C 轴以一定角速度从开始加工点回转，每转一周，X 轴进给，可加工对称曲面及对称轴非球面加工。送进速度（扫描次数）与加工量成线性变化，如图 9-77 所示。

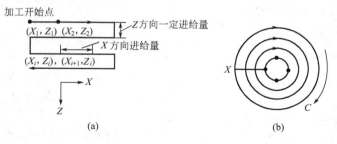

图 9-76　EEM 加工路径

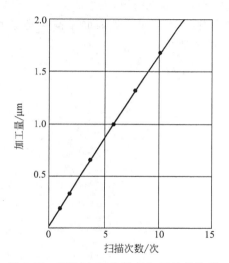

图 9-77　EEM 加工次数与加工量的关系
　［加工条件：工件 Si (111)；磨粒 ZrO_2
　（平均粒径 $0.6\mu m$）；载荷 3N；旋转速度
3.2m/s；进给速度 6mm/min；球径 28mm］

图 9-78　EEM 加工程序框图

　　图 9-78 所示为 EEM 数控加工程序框图。首先将加工特性数据输入到计算机，利用 EEM 加工装置中的形状检测器对要加工表面的原始形状进行检测，将所测数据与加工要求的形状数据之差作为加工余量，计算出相对的送进速度及送进次数，进行 NC 控制加工，以达到加工目的。

　　若加给磨粒相同的运动能量和形态，当用不同的磨料和工件材质时，其加工特性也不同。故采用此工艺时，需考虑磨粒与工件材料原子间化学结合的难易及工件原子间分离的难易。加工 Si 时，使用悬浮在弱碱性流体中平均直径为 10nm 的胶质硅（SiO_2）磨粒，加工效率、表面质量均优异。这时磨粒表面的硅烷醇基（—SiOH）与弱碱中 Si 表面形成的 SiOH 作为媒介，产生了 Si 结晶与 SiO_2 磨粒间结合，而 Si 表面原子与内部原子结合得弱，于是切除了表面 Si 原子。聚氨酯扫描次数越多，加工量越大。这种方法克服了普通研磨作用磨粒数和形态不稳定、研具磨耗等根本性困难。

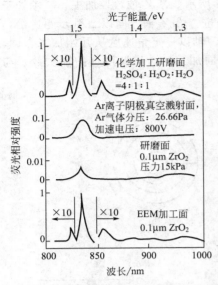

图 9-79 GaAs 的各种加工面荧光相对强度

9.7.3 弹性发射加工结果

EEM 加工实现了原子单位去除加工，达到高平面度、高平滑的表面创成。对硅片、GaAs 片、TiC 进行加工，表面没有加工硬化层缺陷；平面度达数纳米；加工非球面，其形状加工精度为 $0.05\mu m$；加工 28mm×28mm 大小的 BSO（硅酸铋）结晶基板、BSO 层厚 $50\mu m$，用 $X\text{-}Z$ 轴 EEM 数控加工，平面形状误差在 $\pm 0.04\mu m$ 以内。加工 X 射线的光学元件 ZP（Zone Plate），用粒径 $0.08\mu m$ 的 SiO_2 磨料悬浊液，荷重 100g，聚氨酯球直径为 $\phi 58mm$，回转转速为 $900r/min$，进行 $X\text{-}C$ 轴数控加工，经 SEM 检测，可得到明显的同心圆图像。

图 9-79 所示为用光激发光（荧光）的相对强度来测定 GaAs 各种加工面的结果。普通研磨面的荧光强度为化学研磨面的 1/100 以下，为 Ar 离子阴极真空溅射面的 1/10，其表面结晶构造紊乱，有大量气孔，而 EEM 加工面的荧光强度却没有荧光低下现象。

参考文献

[1] 李伯民，赵波主编.现代磨削技术.北京：机械工业出版社，2003.

[2] 华勇，李亚萍主编.磨料磨具导论.北京：中国标准出版社，2004.

[3] 王秦生主编.超硬材料制造.北京：中国标准出版社，2002.

[4] 万隆，陈石林，刘小磐.超硬材料与工具.北京：化学工业出版社，2006.

[5] 周玉编著.陶瓷材料学.第2版.北京：科学出版社，2004.

[6] 宋晓岚，黄学辉主编.无机材料科学基础.北京：化学工业出版社，2006.

[7] 李伯民，赵波编著.实用磨削技术.北京：机械工业出版社，1996.

[8] 机械工程手册编委会.机械工程手册.第8卷.机械制造工艺与装备（二）.北京：机械工业出版社，1997.

[9] 任敬心等.磨削原理.西安：西北工业大学出版社，1988.

[10] 李力均，傅杰才.磨削原理.长沙：湖南大学出版社，1988.

[11] 周志雄等.磨削技术的发展及关键技术.中国机械工程，2000（11）：1～2.

[12] 严文浩，朱峰.近年来我国CBN磨削应用发展中的一些思考.第九届全国磨削技术学术会议论文集.金刚石与磨料磨具工程增刊，1997.

[13] 孟少农主编.机械加工工艺手册.第2卷.北京：机械工业出版社，1991.

[14] 王先逵编著.机械制造工艺学.北京：清华大学出版社，1989.

[15] 刘蒲生等编著.磨具选择与使用.北京：机械工业出版社，1985.

[16] 机械工业部统编.磨工工艺学（中级本）.北京：科学普及出版社，1984.

[17] Tonshoff H K，Telle R，Roth P. Chip Formation and Material Removal in Grinding of Ceramics 4th Int. Grinding Conf.，SME Technical Paper MR 90-539，1990.

[18] Xu H K，Jahanmir S，Wang Y. Effect of Grain Size on Scratch Interactions and Material Removal in Aluminum. J. Amer. Ceram. Soc.，1995，78：881～891.

[19] Ives L K，Evans C J，Jahanmir S，et al. Effect of Ductile-Regime Grinding on the Strength of Hot Isostatically Pressed Silicon Nitride. NIST SP 847：341～352，1993.

[20] Zhu B，Guo C，Sunder L，et al. Energy Partition to the Work-piece for Grinding of Ceramics. Annals of the CIRP，1995，44（1）：267～271.

[21] ［日］隈部淳一郎.精密加工振动切削基础与应用.韩一昆，薛万夫译，北京：机械工业出版社，1985.

[22] 袁哲俊，王先逵.精密和超精密加工技术.北京：机械工业出版社，1999.

[23] 任敬心等.难加工材料的磨削.北京：国防工业出版社，1999.

[24] 赵波.纵向超声振动珩磨系统及硬脆材料的延性切削特征研究：［学位论文］.上海：上海交通大学博士论文，1996.

[25] Zhao Bo et al. Transformation characteristics from brittleness to ductility on ultrasonic ductile honing ZrO_2 ceramic by coarse grits (1)-analysis of ground surface feature. ICPMT' 2000，440～445.

[26] Zhao Bo et al. Transformation characteristics from brittleness to ductility on ultrasonic ductile honing ZrO_2 ceramic by coarse grits (2)-critical ductile cutting depth of ultrasonic honing ZrO_2 ceramic. ICPMT' 2000，446～451.

[27] Zhao Bo，Liu Chuanshao，Gao Guofu，et al. Frangibility of ultrasonic ductile-regime honing on ZrO_2 ceramic with coarse grain size-transformation characteristics of ductility (3). Proceeding of 1th ICME，2000，11.

[28] Li Bomin，Zhao Bo. Internal Grinding Characteristic Analysis of Engineering Ceramics Proceedings of 11th International Conference on Production Research. Taylor-Francis China Machine Press，1997，(8)：2023～2027.

[29] Zhao Bo，Liu Chuanshao，Gao Guofu. Ductile Mode Honing in Ultrasonic Machining of Al_2O_3 Ceramics with Coarse Grains Diamond Oil-Stone：International Journal of Machine Tools Manufacture.

[30] Zhao Bo，Liu Chuanshao，Jiao Feng. The Critical Velocity Model and Surface Characteristics of Mixed Longitudinal

Ultrasonic Vibration Honing. Key engineering material，2001，227～234：254～262.

[31] Zhao Bo，Jiao Feng，Liuchuanshao. Research on complex ultrasonic honing acoustics system by statistical energy analysis. Key engineering material，2001，202～203：253～259.

[32] Tie Z X，Zhao Bo. On Trans-characteristics of Coarse Grit Ultrasonic Honing Hard and Britile Materials in the Ductile mode. Key engineering materials，2001，202～203：411～414.

[33] Zhao Bo et al. Surface characteristics of ultrasonic ductile honing construction ceramics with coarse grits. Journal of materials processing technology，2001，246：48～55.

[34] Zhao Bo，Liu chuanshao. Research on dispersing range *Ra* and ductility cutting domain of hard-brittle material surface. Proceeding of 6th ICMT，2001.

[35] Liu Chuanshao，Zhao Bo. Model analysis of resonance of complex acoustics system in ultrasonic honing. Proceedings of 6th ICMT，2001.

[36] 盛晓敏，宓青海，陈涛，等. 汽车凸轮轴的高速精密磨削加工技术［J］. 新技术新工艺，2006（8）：61-64.

[37] 郭力，李波，郭晓敏，等. 工程陶瓷磨削温度研究的进展［J］. 中 93 国机械工程，2007，18（19）：2388.

[38] 张国华. 超高速磨削温度的研究［D］. 长沙：湖南大学，2006.

[39] 郭力，李波. Grinding Temperature in High Speed Deep Grinding of Engineering Ceramics［J］. International Journal of Abrasive Technology，2009，2（3）：245-258.

[40] 郭力，何利民. 超高速磨削温度的实验研究［J］. 精密制造与自动化，2007，（2）：12-16.

[41] 郭力，何利民. 工程陶瓷高效深磨温度场的有限元仿真［J］. 湖南大学学报，2009，36（7）：24-29.

[42] 何利民. 工程陶瓷高效深磨温度场的有限元分析与仿真［D］. 长沙：湖南大学，2009.

[43] 盛晓敏，陈涛，张国华，等. 超高速磨削工艺对 45# 钢表面磨削温度影响实验研究［J］. 机械设计与制造，2006（9）：177-179.

[44] 胡惜时. 高效磨削与磨床［M］. 长沙：国防科技大学出版社，2009.

[45] 郭力. 高效深切磨削加工中工件的热传递研究［J］. 精密制造与自动化，2006（4）：13-15.

[46] 宋春花著. 滚磨光整加工过程理论及计算机仿真. 北京：电子工业出版社，2011 年 5 月出版.